W0263085

Meinen Eltern gewidmet

Molekülverbindungen und Koordinationsverbindungen
in Einzeldarstellungen

Herausgegeben von

G. Briegleb · F. Cramer · H. Hartmann · H. L. Schläfer

Komplexbildung in Lösung

Methoden zur Bestimmung der Zusammensetzung und
der Stabilitätskonstanten gelöster Komplexverbindungen

von

Hans L. Schläfer

Dr. phil. nat., Privatdozent am Institut für Physikalische Chemie
der Universität Frankfurt am Main

Mit 76 Abbildungen

Springer-Verlag · Berlin · Göttingen · Heidelberg 1961

ISBN-13: 978-3-642-87214-3   e-ISBN-13: 978-3-642-87213-6
DOI: 10.1007/978-3-642-87213-6

Vorwort

In den letzten zwei Dezennien hat die Chemie der Koordinationsverbindungen durch die zunehmende Anwendung moderner physikalischchemischer Untersuchungsmethoden bedeutsame Fortschritte gemacht. Es sei als Beispiel an die experimentelle und theoretische Erforschung der Lichtabsorptionseigenschaften von Komplexverbindungen erinnert, die zu einer prinzipiellen Aufklärung des Problems Farbe und Konstitution geführt hat. So hat man auch die Gleichgewichte in Lösungen von Komplexionen — insbesondere in wäßrigen Lösungen —systematisch studiert. Die verschiedenen Methoden zur Untersuchung der Komplexbildung in Lösung stellen heute ein wichtiges Sondergebiet der Koordinationschemie dar. Wesentlich gefördert durch die grundlegenden Arbeiten von J. BJERRUM, besonders durch dessen im Jahre 1941 erschienene Dissertation "Metal ammine formation in aqueous solution" sind seitdem zahlreiche Komplexbildungsgleichgewichte untersucht worden.

Die Kenntnis der in Lösungen unter bestimmten Bedingungen vorliegenden Typen von Metallkomplexen, ihrer Stabilitätskonstanten und ihrer Existenzbereiche ist nicht nur von rein wissenschaftlichem, sondern auch darüber hinaus von erheblichem praktischen Interesse. In vielen Gebieten der Chemie, wie z. B. der analytischen Chemie, der Biochemie, der Gerbereichemie, der Homogenkatalyse, als Zwischenverbindungen bei organischen Synthesen und bei den modernen radiochemischen Methoden spielen Komplexverbindungen in Lösung eine wesentliche Rolle.

In dem vorliegenden Buch wird der Versuch unternommen, die heute zur Verfügung stehenden Methoden zur Untersuchung der in Lösung gebildeten Komplexverbindungen zusammenzustellen und ihren Anwendungsbereich zu beschreiben. Die verschiedenen Verfahren wurden nach dem Gesichtspunkt der jeweils für die Messungen ausgewählten physikalischen Eigenschaft geordnet. Dieses Ordnungsprinzip wurde gewählt, da das vorliegende Buch in erster Linie für den Gebrauch des experimentell arbeitenden Chemikers gedacht ist. Es wurde versucht, die Beschreibung der Verfahren in enger Anlehnung an die entsprechenden Originalarbeiten so ausführlich zu halten, daß das Wesentliche im allgemeinen ohne Studium der Originalliteratur ersichtlich ist. In vielen Fällen ist zur Verdeutlichung im Anschluß an die Darstellung der Methode ein für ihre Anwendung instruktives Beispiel angegeben. Die experimentelle Meßtechnik wird im einzelnen nicht behandelt, da dies der Gegenstand zahlreicher monographischer Darstellungen und Handbücher ist.

Man kann das heute vorliegende umfangreiche Material über Stabilitätskonstanten von Metallkomplexen von theoretischen Gesichtspunkten aus diskutieren. Z. B. ergeben sich gewisse Zusammenhänge zwischen Struktur und Elektronenkonfiguration der Komplexionen mit Übergangsmetallen einerseits und ihrer thermodynamischen Stabilität andererseits auf Grund von Überlegungen mit Hilfe der Kristallfeldtheorie. Auf solche Fragen soll in diesem Buch nicht eingegangen werden. Es werden lediglich die Methoden behandelt, wie man anhand von experimentellen Daten die in einem System vorhandenen Komplextypen identifizieren und ihre Stabilitätskonstanten ermitteln kann.

Die Literatur über die Untersuchungen von Komplexgleichgewichten ist in den letzten Jahren besonders umfangreich geworden und nimmt fortwährend zu. Ich habe mich bemüht, die mir vom methodischen Standpunkt aus wesentlich erscheinenden Arbeiten zu berücksichtigen. Darüber hinaus sind für jedes spezielle Verfahren am Ende des betreffenden Kapitels eine Reihe von Veröffentlichungen angegeben, in denen dieses — oft in mehr oder weniger modifizierter Form — verwendet wird.

Bei der Fülle der vorhandenen Arbeiten ist es unvermeidlich, die eine oder andere zu übersehen. Dies dürfte besonders auf die in russischer Sprache erschienenen Veröffentlichungen zutreffen, die zum Teil nur schwer zugänglich sind.

Eine Darstellung wie die vorliegende kann nicht als eine Art „Rezeptbuch" für die Untersuchung von Komplexgleichgewichten Verwendung finden. Sie gibt lediglich das Prinzipielle der Methoden und Hinweise auf ihren Anwendungsbereich an. Häufig sind bei der Bearbeitung eines speziellen Problems zusätzliche Überlegungen erforderlich. Es sei ausdrücklich darauf hingewiesen, daß es immer notwendig sein wird, ein System nach möglichst unterschiedlichen Methoden zu untersuchen und außerdem die Auswertung der Meßdaten, falls dies möglich ist, nach verschiedenen Auswerteverfahren vorzunehmen. Nur auf diese Weise gelingt es, gesicherte Aussagen zu erhalten.

Allen Kollegen, die mich durch wertvolle Ratschläge und durch Überlassung von Sonderdrucken ihrer Arbeiten bei der Abfassung unterstützt haben, sei auch an dieser Stelle herzlich gedankt. Besonders verpflichtet bin ich Herrn Doz. Dr. P. ZUMAN (Polarographisches Institut der Akademie der Wissenschaften, Prag) für seine Hilfe bei der Abfassung des Kapitels über polarographische Methoden. Den Herren Dr. O. KLING und Dr. G. RINCK, die Teile des Manuskriptes durchgesehen haben, möchte ich, ebenso wie Herrn Dipl.-Chem. W. TAUSCH für die mühevolle Arbeit des Korrekturlesens, danken.

Frankfurt am Main, im März 1960.

HANS LUDWIG SCHLÄFER

I.

Einleitung und allgemeine Vorbemerkungen

ALFRED WERNER, der Begründer der Koordinationslehre, faßte alle diejenigen Verbindungen höherer Ordnung als Komplexverbindungen zusammen, die in Lösung eine hinreichende Beständigkeit aufweisen und nur teilweise in ihre Bestandteile zerfallen*. Demnach handelt es sich bei den Komplexverbindungen um Stoffe, die durch Vereinigung von zwei oder mehreren einfachen, chemisch beständigen Komponenten (Verbindungen erster Ordnung) entstehen. Dabei werden die individuellen Eigenschaften der Verbindungspartner mehr oder weniger verdeckt, d. h. bestimmte, für die freien Bestandteile charakteristische Reaktionen bleiben für einen Teil der Komplexbestandteile aus oder sind nur sehr geschwächt zu beobachten. Durch eine derartige Kennzeichnung werden die Komplexverbindungen gegen die lockeren, wenig stabilen Molekülverbindungen abgegrenzt. Allerdings läßt sich eine Trennung beider Verbindungsgruppen nicht immer eindeutig durchführen.

Eine solche Definition der Molekül- und Komplexverbindungen als Verknüpfungsprodukte von Verbindungen erster Ordnung umfaßt die sehr umfangreiche Gruppe der Innerkomplexe nicht, da sich diese nicht als Verknüpfungsprodukte einzelner zur selbständigen Existenz befähigter Bestandteile auffassen lassen.

Im folgenden wird eine kritische Übersicht über die verschiedenen Methoden gegeben, die zur Untersuchung der Komplexbildung in Lösung heute zur Verfügung stehen. Dabei handelt es sich vornehmlich um Verfahren zur Charakterisierung von Metallkomplexionen in Lösung, insbesondere in wäßriger Lösung. Einige der angeführten Methoden können ebenso zur Untersuchung von Molekülverbindungen herangezogen werden.**

---

* Vgl. dazu z. B. WERNER, A.: Neuere Anschauungen auf dem Gebiet der anorganischen Chemie. Neue bearb. Aufl. von P. PFEIFFER. Braunschweig: Friedrich Vieweg & Sohn 1923.

WEINLAND, R.: Einführung in die Chemie der Komplexverbindungen. Stuttgart: Ferdinand Enke 1924.

HEIN, F.: Chemische Koordinationslehre. Leipzig: S. Hirzel 1950.

GRINBERG, A. A.: Einführung in die Chemie der Komplexverbindungen. Berlin: VEB Verlag Technik 1955 (Übersetzung aus dem Russischen).

BAILAR JR., J. C.: The chemistry of the coordination compounds. ACS Monograph No. 131. New York—London: Reinhold Publishing Corp. 1956.

** Eine ausgezeichnete Übersicht über die verschiedenen Methoden zur Bestimmung der Stabilitätskonstanten von Komplexionen in Lösung findet man in der Zusammenstellung der Stabilitätskonstanten von BJERRUM, SCHWARZENBACH und SILLÉN [3] im einführenden Kapitel des ersten Teils. Eine weitere Zusammenfassung ist vor kurzem von F. J. C. ROSSOTTI [7] gegeben worden. Vgl. dazu auch [4], [6] und [8].

Es ist das Ziel aller Verfahren zur Untersuchung der Komplexbildung in Lösung, die Zusammensetzung (Bruttoformeln) der Komplexe sowie die für ihre Stabilität charakteristischen Konstanten zu bestimmen. Damit erhält man auch Auskunft über die Existenzbereiche der Gleichgewichtsteilnehmer in Abhängigkeit von der Gesamtkonzentration bzw. der Konzentration an Komplexbildner. Betrachtet man z. B. eine Lösung, die ein Metallion M enthält, und setzt wechselnde Mengen einer komplexbildenden Komponente A hinzu, so können je nach den Konzentrationsverhältnissen oder, wenn A die zu einer schwachen Säure konjugierte Base ist, je nach der Acidität, ein oder mehrere Komplexe $M_n A_m$ entstehen. Die Aufgabe besteht darin festzustellen, welche Komplextypen sich unter den vorliegenden Bedingungen bilden, d. h. die Faktoren m und n zu bestimmen, sowie die zugehörigen Stabilitätskonstanten zu ermitteln. Es läßt sich sodann weiterhin die Verteilung der verschiedenen Typen in Abhängigkeit von der Konzentration von A bzw. von der Acidität angeben.

Am einfachsten liegen die Verhältnisse, wenn nur eine Komplexverbindung gebildet wird oder wenn verschiedene Typen entstehen, deren Existenzbereiche durch hinreichend große Konzentrations- bzw. Aciditätsintervalle voneinander getrennt sind. Wesentlich komplizierter wird die Aufgabe, wenn mehrere Komplexe gleichzeitig im Gleichgewicht miteinander vorhanden sind. Dieser Fall ist der häufigere.

Der quantitativen Untersuchung eines Systems vorauszugehen hat in jedem Fall eine qualitative Voruntersuchung, die bereits wesentliche Hinweise liefern kann. Diese Voruntersuchung beschränkt sich im allgemeinen darauf festzustellen, ob sich Komplexe gebildet haben und welche der in der Lösung vorhandenen Komponenten daran beteiligt sind. In vielen Fällen ist die Komplexbildung mit visuellen Farbänderungen verbunden, so daß man schon daraus bestimmte Schlüsse ziehen kann. Zum anderen kann man mit rein chemischen Methoden prüfen, für welche der gelösten Komponenten deren spezifische Nachweisreaktionen geschwächt oder überhaupt nicht zu beobachten sind. Die Komponenten, die sich so als „maskiert" erweisen, sind an der Komplexbildung beteiligt.

Wir wollen dazu ein Beispiel betrachten. Gibt man zu einer Kupfersulfatlösung, die die bekannte blaue Farbe des Cu^{2+}-Aquoions zeigt, eine Lösung, die CN^--Ionen enthält, so fällt zunächst ein gelber Niederschlag von $Cu^{II}(CN)_2$ aus, der bei Zugabe eines Überschusses von CN^--Ionen farblos in Lösung geht. Aus dieser Beobachtung kann man auf die Bildung von Kupfer-Cyanokomplexen schließen, eine Vermutung, die noch weiterhin dadurch gestützt wird, daß beim Einleiten von H_2S aus einer solchen farblosen Lösung kein Kupfersulfid gefällt wird, wie dies bei einer Kupfersulfatlösung der Fall ist. Der gelbe Niederschlag von $Cu^{II}(CN)_2$ geht unter Abspaltung von gasförmigem Dicyan in farbloses $Cu^I CN$ über. Da man eine solche Dicyanentwicklung auch bei Bildung der farblosen Lösung, die man mit einem Überschuß von CN^- erhält, nachweisen kann, folgt daraus, daß das Kupfer in den in diesen Lösungen vorhandenen Cyanokomplexen I-wertig sein muß. Nachdem man somit wahrscheinlich gemacht hat, daß Kupfer(I)-cyanokomplexe entstanden sind, kann man jetzt mit irgendeinem geeigneten Verfahren durch quantitative Untersuchungen die Formeln der betreffenden Komplexe, d. h. m und n, und weiterhin die zugehörigen Stabilitätskonstanten bestimmen. Im vorliegenden Fall entsteht bei hinreichendem Überschuß an CN^--Ionen im wesentlichen der Tetracyanokomplex $Cu^I(CN)_4^{3-}$.

Auch eine Lösung von Cadmiumsulfat gibt mit CN^- einen Niederschlag von $Cd(CN)_2$, der im Überschuß unter Komplexbildung gelöst wird. Beim Einleiten von H_2S fällt allerdings CdS aus. Daraus folgt, daß die Stabilität der Cadmiumcyanokomplexe geringer ist, als diejenige der Kupfer(I)-cyanokomplexe. Bei Zusatz von Alkali, das aus den Cadmiumsulfatlösungen Cadmiumhydroxyd ausfällt, beobachtet man hingegen keine Fällung. Bezüglich Alkali ist also die Maskierung des Cadmiums durch CN^- vollständig.

So kann man bereits mit Hilfe rein chemischer Methoden qualitative Aussagen auch über die relative Stabilität von Komplexen erhalten.

Quantitativ wird die *Stabilität* eines Komplexes durch die Konstante des Massenwirkungsgesetzes, das auf das Bildungs- oder Dissoziationsgleichgewicht angewendet wird, beschrieben.

Liegt in Lösung *ein* Komplexion MA_n vor*, so gilt für dessen Bildung

$$(\text{I}.1) \qquad\qquad M + nA \rightleftharpoons MA_n$$

bzw. für die Dissoziation

$$(\text{I}.2) \qquad\qquad MA_n \rightleftharpoons M + nA \,.$$

Man kann eine *Bildungskonstante*

$$(\text{I}.3) \qquad\qquad K = \frac{(MA_n)}{(M) \cdot (A)^n} \quad **$$

sowie eine *Dissoziationskonstante*

$$(\text{I}.4) \qquad\qquad K^{(d)} = \frac{1}{K} = \frac{(M) \cdot (A)^n}{(MA_n)} \quad ***$$

angeben. Der Wert dieser *Stabilitätskonstanten* ist ein quantitatives Maß für die Komplexbildungstendenz bzw. Beständigkeit. Die Komplexverbindungen lassen sich danach in beständige und weniger beständige (unbeständige) einteilen.

Liegen in dem betrachteten System *mehrere* Komplexe im Gleichgewicht miteinander vor, so muß man zwischen *Bruttokonstanten* K_i bzw.

---

* Dieser Fall kommt praktisch nur bei 1:1-Komplexen ($n = 1$) vor, in allen anderen Fällen hat man es immer mit stufenweiser Komplexbildung zu tun.

** Es bedeuten runde Klammern ( ) Aktivitäten und eckige Klammern [ ] Konzentrationen. Im folgenden ist auch für die Aktivität in einigen Fällen a und für die Konzentration c geschrieben.

*** Für die Dissoziationskonstanten verwendet man häufig auch die Bezeichnung instability constants (vgl. z. B. [8]).

Dann entsprechen den Bildungskonstanten die stability constants. In diesem Buch wird die Bezeichnung Stabilitätskonstante für alle Gleichgewichtskonstanten (Bildungs- und Dissoziationskonstanten) gebraucht.

$K_i^{(d)}$ und *individuellen Konstanten* k_i bzw. $k_i^{(d)}$ für die einzelnen Schritte unterscheiden*.

Wir betrachten das folgende reversible Stufengleichgewicht zwischen einem Zentralion M und einer komplexbildenden Komponente A, das verschiedene einkernige Komplextypen MA, MA_2, ... MA_i umfaßt. i kann die Werte 1, 2, ... bis zur maximalen Koordinationszahl annehmen.

$$\begin{aligned} M + A &\rightleftharpoons MA \\ MA + A &\rightleftharpoons MA_2 \\ &\cdots\cdots\cdots \\ MA_{i-1} + A &\rightleftharpoons MA_i \end{aligned}$$

(I.5)

Die *Bildung* der Komplexe MA_i kann durch die *Bruttobildungskonstanten* K_i beschrieben werden. Diese sind

$$\begin{aligned} K_1 &= \frac{(MA)}{(M)\cdot(A)} \quad [\mathrm{Mol}^{-1}\,\mathrm{l}] \\[1em] K_2 &= \frac{(MA_2)}{(M)\cdot(A)^2} \quad [\mathrm{Mol}^{-2}\,\mathrm{l}^2] \\[1em] &\cdots\cdots\cdots\cdots \\[1em] K_i &= \frac{(MA_i)}{(M)\cdot(A)^i} \quad [\mathrm{Mol}^{-i}\,\mathrm{l}^i]\,**. \end{aligned}$$

(I.6)

Entsprechend kann man die *Dissoziation* durch die *Bruttodissoziationskonstanten* $K_i^{(d)}$, die jeweils das Reziproke der Bruttobildungskonstanten sind, kennzeichnen.

$$\begin{aligned} K_1^{(d)} &= \frac{(M)\cdot(A)}{(MA)} = K_1^{-1} \quad [\mathrm{Mol}\cdot\mathrm{l}^{-1}] \\[1em] K_2^{(d)} &= \frac{(M)\cdot(A)^2}{(MA_2)} = K_2^{-1} \quad [\mathrm{Mol}^2\cdot\mathrm{l}^{-2}] \\[1em] &\cdots\cdots\cdots\cdots\cdots\cdots \\[1em] K_i^{(d)} &= \frac{(M)\cdot(A)^i}{(MA_i)} = K_i^{-1} \quad [\mathrm{Mol}^i\cdot\mathrm{l}^{-i}] \end{aligned}$$

(I.7)

---

* In diesem Buch wird die von J. BJERRUM (vgl. Metal ammine formation in aqueous solution, 2. Aufl. Kopenhagen 1957) ursprünglich gewählte Bezeichnungsweise für die Stabilitätskonstanten verwendet. In der Zusammenstellung der Stabilitätskonstanten von BJERRUM, SCHWARZENBACH und SILLÉN [3] werden die individuellen Bildungskonstanten statt mit $k_1, k_2, \ldots, k_N$ mit $K_1, K_2, \ldots, K_N$ und die Bruttobildungskonstanten anstelle von $K_1, K_2, \ldots, K_N$ mit $\beta_1, \beta_2, \ldots, \beta_N$ bezeichnet. (Dies ist vor allem geschehen, um eine Verwechslung der individuellen Bildungskonstanten mit den gewöhnlich ebenfalls mit k bezeichneten Reaktionsgeschwindigkeitskonstanten auszuschließen.)

In der Literatur findet man häufig für die hier individuelle Konstanten genannten Gleichgewichtskonstanten die Bezeichnung stepwise bzw. intermediate constants. Die Bruttokonstanten werden als overall, cumulative oder gross constants bezeichnet [3,7].

** Hier, wie im folgenden, sind die koordinierten Lösungsmittelmoleküle — im Fall von wäßrigen Lösungen die koordinierten Wassermoleküle — fortgelassen. Dies ist gerechtfertigt, da das Lösungsmittel in der Regel in so großem Überschuß gegenüber den gelösten Komponenten vorhanden ist, daß seine Aktivität praktisch über die gesamten Meßserien konstant bleibt. Bei wäßrigen Lösungen sind M und A die hydratisierten komplexbildenden Komponenten, wobei man annehmen kann, daß die meisten Metallionen M in verdünnter Lösung eine Anzahl von koordinierten Wassermolekülen in erster Sphäre gebunden enthalten, die gleich der maximalen Koordinationszahl ist. Ebenso bedeutet MA_i einen gemischten Komplex, den man, wenn N die maximale Koordinationszahl von M ist, als $MA_i(H_2O)_{N-i}$ annehmen kann.

Davon zu unterscheiden sind die *individuellen Bildungskonstanten* der einzelnen Komplexe.

$$k_1 = \frac{(MA)}{(M) \cdot (A)} \quad [Mol^{-1} \cdot l]$$

(I.8)
$$k_2 = \frac{(MA_2)}{(MA) \cdot (A)} \quad [Mol^{-1} \cdot l]$$

$$\cdots \cdots \cdots \cdots \cdots \cdots \cdots$$

$$k_i = \frac{(MA_i)}{(MA_{i-1}) \cdot (A)} \quad [Mol^{-1} \cdot l] \, ,$$

die mit den Bruttobildungskonstanten durch

(I.9)
$$K_i = k_1 \cdot k_2 \cdots \cdots k_i = \prod_i k_i$$

verknüpft sind.

Ebenso kann man als reziproke Werte der k_i die *individuellen Dissoziationskonstanten* $k_i^{(d)}$ definieren

$$k_1^{(d)} = \frac{(M) \cdot (A)}{(MA)} = k_1^{-1} \quad [Mol \cdot l^{-1}]$$

(I.10)
$$k_2^{(d)} = \frac{(MA) \cdot (A)}{(MA_2)} = k_2^{-1} \quad [Mol \cdot l^{-1}]$$

$$\cdots \cdots \cdots \cdots \cdots \cdots \cdots$$

$$k_i^{(d)} = \frac{(MA_{i-1}) \cdot (A)}{(MA_i)} = k_i^{-1} \quad [Mol \cdot l^{-1}] \, ,$$

die nach

(I.11)
$$K_i^{(d)} = k_1^{(d)} \cdot k_2^{(d)} \cdots \cdots k_i^{(d)} = \prod_i k_i^{(d)}$$

mit den Bruttodissoziationskonstanten zusammenhängen. Für $i = 1$ entfällt die Unterscheidung zwischen Bruttokonstanten und individuellen Konstanten ($K_1 = k_1$; $K_1^{(d)} = k_1^{(d)}$).

Häufig gibt man die Werte der Stabilitätskonstanten in Form der pK-Werte an. Diese sind durch

(I.12)
$$\mathrm{p}K = - \log K$$

definiert.

Bei Reaktionen, die zur Bildung von mehrkernigen Komplexen führen können,

(I.13)
$$p\mathrm{M} + q\mathrm{A} \rightleftharpoons \mathrm{M}_p\mathrm{A}_q \qquad (p, q) = 1, 2, \ldots$$

definiert man entsprechend die Konstanten

(I.14)
$$K_{p,q} = \frac{(\mathrm{M}_p\mathrm{A}_q)}{(\mathrm{M})^p \cdot (\mathrm{A})^q} \quad \text{bzw.}$$

(I.15)
$$K_{p,q}^{(d)} = \frac{(\mathrm{M})^p \cdot (\mathrm{A})^q}{(\mathrm{M}_p\mathrm{A}_q)} = K_{p,q}^{-1} \, .$$

Die Verhältnisse bei der Komplexbildung und damit die möglichen Gleichgewichte können dadurch kompliziert werden, daß ein als Ligand in Frage kommender Partner Z nicht nur eine sondern mehrere Koordinationsstellen besetzen kann (z. B. bei Polyaminen als Liganden). Zudem kann ein solcher Partner im Prinzip nicht nur an ein und demselben Metallion M mehr als eine Koordinationsstelle besetzen, sondern er vermag auch zwei oder mehrere Metallionen zu binden oder neben einem Metallion noch Protonen H^+ anzulagern. Bei der Behandlung dieser Gleichgewichte sind dann folgende drei Typen von Komplexen der allgemeinen Formel $M_y H_j Z_i$ zu berücksichtigen.

1. Einkernige Hydrogenkomplexe:
   MHZ, MHZ_2, MHZ_3, . . . ; MH_2Z, MH_2Z_2, MH_2Z_3, . . . usw.
2. Mehrkernige Komplexe:
   M_2Z, M_2Z_2, M_2Z_3, . . . ; M_3Z, M_3Z_2, M_3Z_3, . . . usw.
3. Mehrkernige Hydrogenkomplexe:
   M_2HZ, M_2HZ_2, M_2HZ_3, . . . ; M_2H_2Z, $M_2H_2Z_2$, . . . usw.

Man kann hierbei drei Sorten individueller Bildungskonstanten angeben

$$(I.16) \qquad k_i^Z = \frac{(M_y H_j Z_i)}{(M_y H_j Z_{i-1}) \cdot (Z)} \qquad [Mol^{-1} \cdot l]$$

$$(I.17) \qquad k_j^H = \frac{(M_y H_j Z_i)}{(M_y H_{j-1} Z_i) \cdot (H)} \qquad [Mol^{-1} \cdot l]$$

$$(I.18) \qquad k_y^M = \frac{(M_y H_j Z_i)}{(M_{y-1} H_j Z_i) \cdot (M)} \qquad [Mol^{-1} \cdot l] \,.$$

Dabei handelt es sich um die Bildungskonstanten des Komplexes $M_y H_j Z_i$, wenn man denselben aus dem Teilchen, das als oberer Index der Konstanten angegeben ist, und dem Rest der Partikel aufbaut. Es lassen sich entsprechend drei Bruttobildungskonstanten definieren

$$(I.19) \qquad K_i^Z = k_1^Z \cdot k_2^Z \ldots k_i^Z = \prod_i k_i^Z = \frac{(M_y H_j Z_i)}{(M_y H_j) \cdot (Z)^i} \qquad [Mol^{-i} \cdot l^i]$$

$$(I.20) \qquad K_j^H = k_1^H \cdot k_2^H \ldots k_j^H = \prod_j k_j^H = \frac{(M_y H_j Z_i)}{(M_y Z_i) \cdot (H)^j} \qquad [Mol^{-j} \cdot l^j]$$

$$(I.21) \qquad K_y^M = k_1^M \cdot k_2^M \ldots k_y^M = \prod_y k_y^M = \frac{(M_y H_j Z_i)}{(H_j Z_i) \cdot (M)^y} \qquad [Mol^{-y} \cdot l^y] \,.$$

Sie ergeben sich als Produkt der aufeinanderfolgenden individuellen Konstanten, wenn jeweils zwei der drei Variablen i, j und y konstant sind und die dritte, die als unterer Index an der Konstanten steht, die Werte $1, 2, 3 \ldots$ durchläuft. Entsprechende Dissoziationskonstanten erhält man als reziproke Werte der Bildungskonstanten.

Im Falle von Polyaminen als Liganden Z sind die Hydrogenkomplexe und die polynuclearen Komplexe höher geladen als das einfache Metallion M. Ihre Ladung beträgt, wenn v die Ladung des Metallions ist: $v \cdot y + j$. Auf Grund elektrostatischer Überlegungen sieht man, daß die Bildung derartiger Aggregate aus zwei gleichsinnig geladenen Reaktionspartnern ungünstig ist. Es ist zu erwarten, daß deren Bildungskonstanten kleiner sind als diejenigen der normalen Komplexe MZ, MZ_2, MZ_3, ... Die Werte für y und j werden aus diesem Grund kaum größer sein als 2, so daß die Anzahl der Gleichgewichte dadurch in der Praxis im allgemeinen eingeschränkt wird.

Prinzipiell ist es möglich, Komplexbildungskonstanten sowohl nach kinetischen als auch nach Gleichgewichtsmethoden zu bestimmen. Wenn nur ein Komplex gebildet wird und man die Geschwindigkeitskonstanten der Bildung (k^+) und Dissoziation (k^-) messen kann, ist $K = \dfrac{k^+}{k^-}$. Die kinetischen Methoden* sind jedoch gegenüber den Gleichgewichtsmethoden von untergeordneter Bedeutung.

In der Regel hat man es mit Systemen zu tun, bei denen sich nach Zusammengeben der Komponenten das betreffende Gleichgewicht augenblicklich einstellt. Man bestimmt daher die Gleichgewichtskonzentrationen bzw. -aktivitäten von einem oder mehreren Gleichgewichtspartnern. Dazu sind physikalische Methoden notwendig, die die Gleichgewichtslage nicht beeinflussen.

In den folgenden Kapiteln wird zur Ableitung der Komplexzusammensetzung und der Stabilitätskonstanten immer das Massenwirkungsgesetz verwendet. In den entsprechenden Beziehungen kommen daher die *Gleichgewichtsaktivitäten* der an den Reaktionen beteiligten Stoffe vor. In den meisten Fällen handelt es sich um Reaktionen zwischen elektrisch geladenen Komponenten (Ionen), so daß die Ionenaktivitäten zu berücksichtigen sind. Während man in stark verdünnten Lösungen in Näherung die Aktivitäten mit den Konzentrationen identifizieren kann, ist dies in konzentrierteren Lösungen nicht mehr erlaubt. Konzentriertere Lösungen sind bei schwachen Elektrolyten solche, deren Konzentration > 0.1 m und bei mittelstarken und starken solche, deren Konzentration $> 0{,}01$ bzw. $> 0{,}001$ m ist.

Die Systeme, die man hinsichtlich der Bildung von Komplexen untersucht, sind fast immer nicht so verdünnt, daß man die Aktivitäten mit den Konzentrationen gleichsetzen darf. Man müßte die Aktivitätskoeffizienten f_i der beteiligten Stoffe kennen, um aus den bekannten Konzentrationen c_i die Aktivitäten nach

$$(\text{I.22}) \qquad a_i = f_i \cdot c_i$$

zu berechnen. Die Aktivitätskoeffizienten wären durch gesonderte Messungen zu bestimmen oder aber, man müßte sie nach der Debye-Hückelschen Theorie** abschätzen.

Im allgemeinen macht man sich bei solchen Untersuchungen die Tatsache zunutze, daß bei konstanter *Ionenstärke* die Aktivitäten der vorliegenden Ionen ihren Gleichgewichtskonzentrationen proportional sind. Die Ionenstärke ist nach

$$(\text{I.23}) \qquad \mu = \frac{1}{2} \sum_i z_i^2 c_i$$

---

* Vgl. z. B.: Jazimirskij, K. B., Zavod. lab. **21**, 1410 (1955), und Sykes, K. W., u. H. J. Fudge, J. Chem. Soc. (London) **1952**, 124.

** Vgl. z. B.: Falkenhagen, H.: Elektrolyte. Leipzig: S. Hirzel 1932.

Harned, H. S., u. B. B. Owen: Physical chemistry of electrolytic solutions. New York: Reinhold Publ. Corp. 1950.

Kortüm, G.: Lehrbuch der Elektrochemie. Weinheim: Verlag Chemie 1957.

Robinson, R. A., u. R. H. Stokes: Electrolytic solutions. New York: Academic Press 1955.

zu berechnen, wenn z_i die Wertigkeit des $i$ten Ions und c_i seine Konzentration ist. Man arbeitet daher in den meisten Fällen bei hoher Ionenstärke und relativ geringen Konzentrationen der komplexbildenden Komponenten, so daß man die gesamte ionale Konzentration als praktisch konstant ansehen kann. Dann ändern sich die Aktivitätskoeffizienten mit der Zusammensetzung der Lösung nur wenig, und man kann sie in erster Näherung ebenfalls als konstant ansehen*. Die Ionenstärke wird durch Zusatz eines indifferenten Elektrolyten (Neutralsalzzusatz), der nicht an der Komplexbildung beteiligt ist, eingestellt.

Man findet beim Arbeiten mit konstanter Ionenatmosphäre Gleichgewichtskonstanten K_c, die auf die vorhandene ionale Konzentration c bezogen sind. Sie unterscheiden sich von den Gleichgewichtskonstanten K, die auf stark verdünnte Lösungen der Gleichgewichtspartner in reinem Wasser bezogen sind, durch einen Faktor, der die Aktivitätskoeffizienten f_i der am Gleichgewicht beteiligten Stoffe enthält. Zum Beispiel gilt für das Bildungsgleichgewicht (I.1) für einen Komplex MA_n aus den Bestandteilen mit (I.3) und (I.22)

$$(I.24) \qquad K = \frac{c_{MA_n}}{c_M \cdot c_A{}^n} \cdot \frac{f_{MA_n}}{f_M \cdot f_A{}^n} = K_c \cdot \frac{f_{MA_n}}{f_M \cdot f_A{}^n} \,.$$

Die auf reines Wasser als Standardzustand bezogenen Gleichgewichtskonstanten K können im Prinzip erhalten werden:

1. durch Arbeiten in sehr verdünnten Lösungen, so daß die Aktivitätskoeffizienten praktisch alle den Wert 1 annehmen,

2. durch Bestimmung von K_c für verschiedene Konzentrationen c und Extrapolation auf $c \to 0$ (unendliche Verdünnung)**,

3. durch Berechnung der Aktivitätskoeffizienten aufgrund theoretischer Überlegungen.

Im allgemeinen verwendet man das zweite Verfahren. Das dritte Verfahren der theoretischen Berechnung ist dadurch begrenzt, daß die Debye-Hückelsche Theorie nur für einfache Ionen bei geringer Ionenstärke verwendet werden kann. Für den individuellen Aktivitätskoeffizienten eines Ions ergibt die Theorie

$$(I.25) \qquad -\log f_i = \frac{A z_i{}^2 \sqrt{\mu}}{1 + B\sqrt{\mu}} \,,$$

wenn z_i die Ladungszahl, μ die Ionenstärke und A eine Konstante ist, die durch

$$(I.26) \qquad A = \frac{1.82 \cdot 10^6}{(\varepsilon \cdot T)^{3/2}}$$

gegeben ist. ε ist die Dielektrizitätskonstante des Mediums und T die Temperatur in Grad Kelvin. Für H_2O bei $25°$ C ist $A = 0{,}509$. $B = a\dfrac{50.29}{(\varepsilon T)^{1/2}}$ ist eine Konstante von der Größenordnung 1 und kann auf halb-

* Vgl. BIEDERMANN, G., u. L. G. SILLÉN: Arkiv Kemi 5, 425 (1953).

** Vgl. CARINI, F. F., u. A. E. MARTELL: J. Am. Chem. Soc. 74, 5745 (1952). MILBURN, R. M., u. W. C. VOSBURGH: J. Am. Chem. Soc. 77, 1352 (1955). NÄSÄNEN, R.: Acta Chem. Scand. 3, 959 (1949); 4, 140 (1950); 7, 1261 (1953); 8, 112 (1954).

RABINOWITSCH, E., u. W. H. STOCKMAYER: J. Am. Chem. Soc. 64, 335 (1942).

empirischem Wege abgeschätzt werden*. Sie hängt unter anderem vom Minimalabstand a ab, auf den sich die Ionen annähern können. Die Beziehung für f_i gilt im allgemeinen für Ionenstärken von $\mu < 0,1$.

Kennt man Werte für die Gleichgewichtskonstante K bei verschiedenen Temperaturen, so kann man daraus die Standardwerte der freien Enthalpie ΔG^0, der Enthalpie ΔH^0 und der Entropie ΔS^0 berechnen. Es gelten die thermodynamischen Beziehungen

(I.27)
$$\Delta G^0 = - RT \ln K$$

(I.28)
$$\frac{d \ln K}{dT} = \frac{\Delta H^0}{R T^2}$$

(I.29)
$$\Delta G^0 = \Delta H^0 - T \Delta S^0.$$

Die in der Literatur angegebenen Gleichgewichtskonstanten für Komplexe sind in der Regel nicht die Konstanten K, da fast immer bei konstanter und hoher Ionenstärke gearbeitet wird. Auch die in den folgenden Kapiteln beschriebenen Methoden zur Untersuchung von Komplexgleichgewichten liefern stets die auf eine bestimmte ionale Konzentration c bezogenen Konzentrationskonstanten K_c. Die mit K_c verknüpften Werte der freien Enthalpie, der Enthalpie und der Entropie ΔG^c, ΔH^c und ΔS^c gehören zu der Bildungsreaktion des Komplexes in der betreffenden Salzlösung als Lösungsmittel. Gegenüber den oben definierten Werten mit dem Index ^{0} hat man also einen verschiedenen Standardzustand, nämlich denjenigen der Salzlösung bestimmter ionaler Stärke**.

Man verwendet als Neutralsalz in vielen Fällen Natriumperchlorat***. Über die Tendenz des ClO_4^--Ions zur Komplexbildung ist nur wenig bekannt. Man hat jedoch Gründe dafür anzunehmen, daß sie im allgemeinen sehr gering ist, so daß praktisch keine Perchloratkomplexe entstehen. Es gibt allerdings auch einige Hinweise dafür, daß unter Umständen doch mit einer Komplexbildung von seiten des Perchlorations zu rechnen ist, z. B. mit Ionen wie Ce^{3+}, Fe^{3+} und Hg_2^{2+} ****.

Durch Gleichgewichtsuntersuchungen an verdünnten Lösungen kann man nicht feststellen, wieviele Lösungsmittelmoleküle die verschiedenen Typen von Komplexen enthalten [1]. Zum Beispiel läßt sich nicht unterscheiden, ob das Boration mit der Ladung –1 als BO_2^-, $H_2BO_3^-$ oder

---

* Vgl. GÜNTELBERG, E.: Z. phys. Chem. **123**, 199 (1926).

GUGGENHEIM, E. A.: Phil. Mag. **19**, 588 (1935).

ROBINSON, R. A., u. R. H. STOKES: Electrolytic solutions. New York: Academic Press **1955**.

** Vgl. z. B. den Artikel von F. J. C. ROSSOTTI: "The thermodynamics of metal ion complex formation in solution" in der Monographie von LEWIS u. WILKINS [7].

*** Als Neutralsalz werden auch andere 1:1-Elektrolyte der Alkalimetalle benutzt. Li-Perchlorat ist in Fällen verwendet worden, in denen die Wasserstoffionenkonzentration stark variiert wurde. [Vgl. J. Am. Chem. Soc. **75**, 5659 (1953)].

**** SUTTON, J.: Nature (London) **169**, 71 (1952).

OLSON, A. R., u. T. R. SIMONSON: J. Chem. Phys. **17**, 1322 (1949).

SYKES, K. W.: Spec. Publ. Chem. Soc. (London) **1954**, No. 1, S. 64.

HIETANEN, S., u. L. G. SILLÉN: Suomen Kem. B **29**, 31 (1956); Arkiv Kemi **10**, 103 (1956).

MURRAY, M. J., u. F. F. CLEVELAND: J. Am. Chem. Soc. **65**, 2110 (1943).

SUTCLIFFE, L. H., u. J. R. WEBER: Trans. Faraday Soc. **52**, 1225 (1956).

$B(OH)_4^-$ vorliegt. In solchen Fällen ist es üblich, eine konventionelle Formel zu verwenden, die manchmal auf Grund struktureller Daten eine gewisse Berechtigung besitzt. Meist benutzt man bei wäßrigen Lösungen Formeln mit so wenig H_2O wie möglich.

Verwendet man z. B. $NaClO_4$ zur Herstellung einer konstanten Ionenatmosphäre, so weiß man im allgemeinen nichts darüber, ob die entstehenden Komplexe noch Ionen des Mediums, also Na^+ und ClO_4^- enthalten. Untersucht man z. B. das System Cu^{2+}/NH_3 in einem $NaClO_4$-Medium und findet, daß in einem bestimmten Konzentrationsbereich vorwiegend $Cu(NH_3)_3^{2+}$ vorliegt, so bedeutet dies genau genommen die Summe aller Ionentypen mit verschiedenem Wassergehalt und verschiedenen Gehalten an Na^+ und ClO_4^-, also

$$Cu(NH_3)_3^{2+} = \sum_x \sum_y \sum_z Cu(NH_3)_3(H_2O)_x(Na^+)_y(ClO_4^-)_z^{(2+y-z)+} \,,$$

wobei offen bleibt, wie die Verteilung von H_2O und ClO_4^- auf im Sinne WERNERS in erster Sphäre koordinierte Liganden oder in zweiter Sphäre assoziierte Bestandteile ist.

Eine Entscheidung darüber, ob Anionen des Mediums an der Komplexbildung beteiligt sind, läßt sich dadurch treffen, daß man zu Salzmedien anderer Zusammensetzung und gleicher Ionenstärke übergeht, also z. B. $NaNO_3$ oder Na_2SO_4 verwendet. Sind die gefundenen Gleichgewichtskonstanten unabhängig vom Medium, so ist eine Koordination der Anionen auszuschließen. Entsprechendes gilt für Kationen. Aus diesen Überlegungen geht hervor, daß sich alle Aussagen, die man hinsichtlich Komplexbildung und Konstanten machen kann, nur auf die speziellen Bedingungen des untersuchten Systems beziehen und daß durch das verwendete Ionenmedium gewisse Grenzen vorgegeben sind.

SILLÉN [1] hat darauf hingewiesen, daß man bei der Untersuchung eines speziellen Systems drei Punkte zu beachten hat:

1. Es ist notwendig, bei konstanter und hoher Ionenstärke zu arbeiten, um die Aktivitätskoeffizienten konstant zu halten. .

2. Die verwendete Meßmethode, die je nach den Eigenschaften des Systems geeignet zu wählen ist, soll eine möglichst große Meßgenauigkeit gestatten.

3. Alle Experimente sind über den größtmöglichen Konzentrationsbereich zu erstrecken.

Nicht immer sind bei derartigen Untersuchungen diese drei Punkte mit der notwendigen Sorgfalt beachtet worden, wodurch viele veröffentlichte Daten in ihrem Wert beeinträchtigt werden.

Man kann die Frage stellen, ob die Stabilitätskonstanten, die man durch formale Anwendung des Massenwirkungsgesetzes erhält, Typen von Komplexen entsprechen, die in den Lösungen wirklich vorhanden sind, oder ob nicht vielleicht andere Effekte eine Rolle spielen können, die falsch interpretiert werden. Es sei in diesem Zusammenhang daran erinnert, daß man vor etwa 50 Jahren Leitfähigkeitsmessungen und Messungen der Gefrierpunktserniedrigung verwendete, um die Dissoziationskonstanten von starken Säuren und Salzen wie HCl und KCl zu bestimmen. Heute weiß man, daß man mit solchen Untersuchungen nicht die Bildung von Molekülen HCl bzw. KCl erfaßt, sondern den Effekt der elektrostatischen Wechselwirkung zwischen den Ionen.

Deshalb ist es notwendig, ein System stets nach mehreren, möglichst unterschiedlichen Methoden zu untersuchen. Findet man auf verschiedenen, voneinander unabhängigen Wegen für die Konstanten dieselben Werte, so erscheint es berechtigt anzunehmen, daß man wirklich die Bildung der Komplexionen des angenommenen Typs mißt. Es ist jedoch zu beachten, daß die erhaltenen Stabilitätskonstanten in der Regel keine größere Genauigkeit als $\pm$ 0,1 bis $\pm$ 0,2 in log K besitzen. Um sich über die Genauigkeit der für die Gleichgewichtskonstanten erhaltenen Werte zu unterrichten, ist es zweckmäßig, diese — wenn möglich — nach mindestens zwei verschiedenen Auswertemethoden zu berechnen. Günstig ist es auch, graphische Auswerteverfahren mit heranzuziehen, die einen guten Überblick über die Streuung der Meßdaten sowie der ermittelten Konstanten liefern. Die Bestimmung der Konstanten erfolgt im allgemeinen mit Hilfe von Näherungsmethoden, deren Beschreibung Gegenstand des vorliegenden Buches ist. Durch die Verwendung solcher Näherungsmethoden ist es schwer, die Genauigkeit der erhaltenen Stabilitätskonstanten anzugeben. Nachdem heute zunehmend elektronische Rechenmaschinen zur Verfügung stehen, liegt es nahe, diese für die Auswertung der Meßresultate einzusetzen. Für die so gewonnenen Werte der Gleichgewichtskonstanten lassen sich präzise Fehlerangaben machen. Von RYDBERG und SILLÉN [Acta Chem. Scand. **13**, 186 (1959)] wurden nach der Methode der kleinsten Quadrate die Resultate von Extraktionsmessungen am System U(IV)/Acetylaceton in H_2O/org. Lösungsmitteln unter Verwendung eines Computors ausgewertet [vgl. auch Acta Chem. Scand. **13**, 2023, 2057 (1959)].

SILLÉN [1] hat darauf aufmerksam gemacht, daß es sehr wichtig wäre, eine Methode zu besitzen, die die Existenz der einzelnen Komplextypen unabhängig voneinander zu testen gestattet. Leider gibt es bis heute keine solche Methode. Raman-Spektren der Lösungen wären für diesen Zweck ideal geeignet, wenn sie um 5—6 Zehnerpotenzen stärker zu erhalten wären. Jeder Komplex würde eine charakteristische Linienanordnung ergeben, so daß man so die einzelnen Typen voneinander unterscheiden könnte. Aus der Linien-Intensität könnte man die Einzelkonzentrationen bestimmen.

Nach SILLÉN [1] lassen sich die verschiedenen Methoden zur Untersuchung von Komplexbildung in Lösung in drei Gruppen einteilen.

1. Methoden der ersten Gruppe sind solche, die die Konzentration c_i eines bestimmten Bestandteils, der an der Komplexbildung beteiligt ist, messen. Hierher gehören Messungen der elektromotorischen Kraft von geeigneten galvanischen Ketten, mit deren Hilfe man die Konzentration des freien Metallions, der Wasserstoffionen oder auch gewisser Liganden, wie etwa Cl^-, bestimmen kann. Ferner sind polarographische Messungen, Dampfdruckmessungen (NH_3, CO_2, HCN) oder Verteilungsmessungen zu erwähnen.

2. In die zweite Gruppe fallen diejenigen Methoden, bei denen man die Summe der Konzentrationen $\sum_i c_i$ aller anwesenden Teilchen erfaßt.

Dies sind z. B. Messungen der Gefrierpunktserniedrigung, der Siedepunktserhöhung oder der Änderung des Dampfdruckes des Lösungsmittels.

3. Die dritte Gruppe umfaßt die Methoden, bei denen man eine Funktion $\sum_i y_i c_i$ ermittelt, wenn y_i eine individuelle Konstante und c_i die Konzentration des $i$ten Teilchens ist. Hierher gehören Lichtabsorptionsmessungen, Leitfähigkeitsmessungen oder Untersuchungen der magnetischen Suszeptibilität.

Methoden der dritten Gruppe werden häufig dann verwendet, wenn nur eine einzige Reaktion zu untersuchen ist. Zum Beispiel kann man die Dissoziation einer Säure mit Hilfe von Leitfähigkeitsmessungen studieren. Es sind in diesem Fall zwei Konstanten zu bestimmen: die Gleichgewichtskonstante und die Äquivalentleitfähigkeit des Ionenpaares, die gesondert ermittelt werden kann. Betrachtet man jedoch ein System mit stufenweiser Komplexbildung, so ist bei Verwendung solcher Methoden die doppelte Zahl von Unbekannten zu bestimmen als bei Benutzung von Verfahren, die zur ersten oder zweiten Gruppe gehören. Die spektrophotometrische Methode bietet den Vorteil, eine zusätzliche Information dadurch zu liefern, daß man die Messungen der Extinktion bei verschiedenen Wellenlängen vornehmen kann. So ist es möglich, die Bildungskonstanten einer Serie stufenweise gebildeter Komplexe zu bestimmen, falls es sich um einkernige Typen handelt. Werden auch polynucleare Komplexe gebildet, so muß man andere Methoden hinzunehmen, um die Verhältnisse aufzuklären.

Die zur zweiten Gruppe zählenden Methoden erweisen sich für einen größeren Konzentrationsbereich im allgemeinen als nicht genau genug. Die zur ersten Gruppe gehörige Methode der EMK-Messung hingegen gewährleistet eine sehr große Genauigkeit, in manchen Fällen über 20 und mehr Einheiten im Logarithmus der Konzentration. Löslichkeitsmessungen sind durch die Tatsache begrenzt, daß bezüglich der Konzentration der reagierenden Komponenten nur ein Freiheitsgrad besteht. In nichtgesättigten Lösungen dagegen existieren zwei Freiheitsgrade. Löslichkeitsmessungen allein erlauben keinen Schluß darauf, ob mono- oder polynucleare Typen gebildet werden. Eine Entscheidung ist jedoch durch Kombination solcher Messungen mit EMK-Messungen möglich.

Im folgenden wird eine Einteilung der verschiedenen Methoden zur Untersuchung der Komplexbildung nach den jeweils an den Systemen untersuchten Eigenschaften vorgenommen. Prinzipiell sind auch andere Einteilungsschemata denkbar, etwa das beschriebene, von SILLÉN [1] angegebene, oder eine Unterscheidung der Verfahren nach der Arbeitsweise. In letzterem Fall ergäbe sich zunächst eine grobe Unterteilung in direkte und indirekte Verfahren. Bei den direkten Verfahren werden die Meßgrößen in ein System von Gleichungen eingesetzt, die allgemeine Gültigkeit für das betreffende Verfahren besitzen. Daraus ergeben sich dann die gesuchten Größen des speziellen untersuchten Systems, wie Ligandenzahl und Stabilitätskonstanten der vorliegenden Komplexe.

Bei den indirekten Verfahren versucht man die gemessenen Größen durch die Annahme bestimmter für das spezielle System gültiger Reaktionsgleichungen zu interpretieren. Gelingt dies, so sind die angenommenen Reaktionsgleichungen wahrscheinlich gemacht.

Die indirekten Verfahren erfordern also im Gegensatz zu den direkten von Fall zu Fall neue Betrachtungen. Es zeigt sich aber, daß oft auch bei den direkten Verfahren im Einzelfall spezielle Überlegungen notwendig werden, die hier allerdings darin bestehen, auftretende Störungen zu diskutieren, die in der allgemeinen Theorie von vorne herein nicht berücksichtigt sind. Eine scharfe Trennung zwischen direkten und indirekten Verfahren läßt sich somit nicht durchführen.

Die verschiedenen Methoden zur Untersuchung der Komplexbildung in Lösung sind in Kapiteln zusammengefaßt. Jedes Kapitel enthält Verfahren, die auf Messung einer bestimmten physikalischen Eigenschaft, wie z. B. der Löslichkeit, der Verteilung zwischen zwei nichtmischbaren Lösungsmitteln, der elektromotorischen Kraft einer galvanischen Kette, der Extinktion usw. beruhen. Einleitend werden zunächst die allgemeinen theoretischen Grundlagen, die für das Verständnis der Methoden notwendig sind, kurz dargelegt. Die experimentelle Technik wird nur angedeutet. In vielen Fällen wird die Anwendung der für den allgemeinen Fall beschriebenen Verfahren anhand eines speziellen aus der Literatur ausgewählten Beispiels erläutert. Am Schluß eines jeden Abschnitts befindet sich ein Literaturverzeichnis, in dem neben den allgemeinen Arbeiten, die die Grundlagen der Verfahren enthalten, eine größere Zahl von repräsentativen Veröffentlichungen über spezielle Systeme angeführt ist, die mit den betreffenden Methoden untersucht wurden. Nach Möglichkeit wurde versucht, die Literatur bis 1958 zu berücksichtigen.

Die hier verwendete Einteilung nach den untersuchten Eigenschaften besitzt insofern einen Nachteil, als gewisse Methoden der mathematischen Auswertung der Meßdaten für verschiedene physikalische Eigenschaften identisch sind. Zum Beispiel können die unter den potentiometrischen Methoden in Kapitel V zur Untersuchung von reversiblen Stufengleichgewichten angeführten Auswerteverfahren auch dann verwendet werden, wenn man die Konzentration des freien Zentralions bzw. des freien Liganden polarographisch oder auf spektrophotometrischem Wege bestimmt. Bei der in Kapitel VIII.1 beschriebenen Methode der kontinuierlichen Veränderungen kann man als physikalische Eigenschaft sowohl die Extinktion verwenden als auch z. B. den Brechungsindex oder die Gefrierpunktserniedrigung. Die Gesamtheit der Methoden zur Untersuchung von Komplexbildung in Lösung ließe sich sicherlich in geschlossenerer und eleganterer Form darstellen, wenn man primär von rein mathematischen Gesichtspunkten ausginge und die am System gemessenen physikalischen Eigenschaften erst sekundär betrachtete. Darauf wird aber in dieser in erster Linie zur Orientierung des experimentell arbeitenden Chemikers bestimmten Darstellung bewußt verzichtet.

Die meisten der Meßmethoden zur Untersuchung der Gleichgewichte zwischen Komplexionen in wäßriger Lösung wurden im Prinzip bereits um die Jahrhundertwende eingeführt. Die Leitfähigkeitsmethode geht auf W. OSTWALD (1888) zurück und wurde von ihm zuerst zur Untersuchung der Protolyse von Säuren verwendet. Die Bestimmung der Metallionenkonzentration in Lösung durch Messung der elektromotorischen Kraft einer galvanischen Kette wurde zuerst von NERNST (1889) angewendet. BODLÄNDER (1901) war der erste, der solche Messungen zum Studium der Komplexbildung heranzog und Cu^+- sowie Ag^+-Komplexe untersuchte. Dabei verwendete er zusammen mit FITTIG (1902) auch Löslichkeitsmessungen beim Studium des Systems Ag^+/NH_3. MORSE (1902) untersuchte zur gleichen Zeit das System Hg^{2+}/Halogenionen mit Hilfe von Löslichkeitsmessungen. Verteilungsmessungen wurden von LUTHER, ABEGG u. Mitarb. zum Studium von Hg^{2+}-Komplexen verwendet.

Die spektrophotometrische Methode wird erst in neuerer Zeit zur Untersuchung der Komplexbildung benutzt, da erst in den letzten Jahren bequem zu handhabende lichtelektrische Spektralphotometer entwickelt wurden. Das gleiche gilt für die polarographische Methode. Ebenso ist die Arbeitsweise, die Gleichgewichte mit Hilfe von Ionenaustauschern zu studieren, neueren Datums.

Das bedeutsame Prinzip der stufenweisen Komplexbildung wurde von MORSE und SHERRILL (1902) bereits am System Hg^{2+}/Cl^- nachgewiesen, bei dem die Ionen Hg^{2+}, $HgCl^+$, $HgCl_2$ und $HgCl_3^-$ gefunden wurden. 1915 erschien die klassische Arbeit von N. BJERRUM über das System Cr^{3+}/SCN^-. Es gelang hier, die Bildungskonstanten für 6 Komplexe vom $Cr(SCN)^{2+}$ bis zum $Cr(SCN)_6^{3-}$ zu bestimmen. N. BJERRUM untersuchte auch bereits (1906—08) Fälle polynuclearer Komplexbildung bei Studien über die Hydrolyse von Cr^{3+}. Die wichtige Konzeption der konstanten Ionenatmosphäre geht wahrscheinlich bereits auf BODLÄNDER zurück. GROSSMANN (1905), ein Schüler BODLÄNDERs, verwendete sie bei der Untersuchung des Systems Hg^{2+}/SCN^-. Er benutzte KNO_3, um eine Kaliumionenkonzentration von 1 m einzustellen. Die Arbeitsweise der konstanten Ionenatmosphäre geriet jedoch daraufhin längere Zeit in Vergessenheit und wurde 1931 zuerst wieder von J. BJERRUM bei Untersuchungen über Kupfer(II)-Amminkomplexe angewendet. Heute werden praktisch alle Untersuchungen bei konstanter und hoher Ionenstärke durchgeführt.

Seit etwa 1940, eingeleitet durch die fundamentalen Arbeiten von J. BJERRUM, begann eine intensive Erforschung der Gleichgewichte in wäßrigen Lösungen von Komplexen. Dabei sind es insbesondere skandinavische Forscher, die auf diesem für die Chemie der Lösungen wichtigen Gebiet grundlegende Arbeiten publiziert haben. Neben J. BJERRUM und Mitarbeitern, von denen zahlreiche derartige Untersuchungen durchgeführt wurden, ist es vor allem L. G. SILLÉN und seine Schule, die sich in den letzten Jahren besonders mit dem Studium von Hydrolysereaktionen und polynuclearen Komplexen beschäftigt hat. Zu erwähnen sind noch die umfangreichen Arbeiten von G. SCHWARZENBACH u. Mitarb., die hauptsächlich die Komplexbildung von Polyaminen, Aminocarbonsäuren und anderen Chelatbildnern als Grundlage für die von SCHWARZENBACH entwickelten komplexometrischen Titrationsverfahren behandeln.

Außer in England und in den Vereinigten Staaten wurden auch in der Sowjetunion in den letzten Jahren von verschiedenen Forschern, so z. B. A. K. Babko [2] und Mitarbeitern (vgl. auch [8]), zahlreiche systematische Untersuchungen an Komplexbildungsgleichgewichten durchgeführt.

Es hat sich gezeigt, daß die Komplexverbindungen in vielen Gebieten der Chemie, z. B. in der analytischen Chemie, der Katalyse, der Gerbereichemie sowie der Biochemie, zunehmend an Bedeutung gewinnen. Daher sind die Stabilitätskonstanten von Metallkomplexverbindungen von großem praktischem und theoretischem Interesse. Seit kurzem ist, herausgegeben von J. Bjerrum, G. Schwarzenbach und L. G. Sillén, eine Zusammenstellung [3] aller in der Literatur zugänglichen Stabilitätskonstanten erschienen. In ihr sind sowohl Komplexe mit anorganischen als auch mit organischen Liganden berücksichtigt*. Damit ist dem Chemiker für seine Arbeiten ein nützliches Hilfsmittel in die Hand gegeben.

Literatur

[1] Sillén, L. G.: Stability constants. Vortrag auf dem Symposium "Chemistry of the co-ordinate compounds" Rom Sept. 1957. J. Inorg. Nucl. Chem. 8, 176 (1958).

[2] Babko, A. K.: Physikalisch-chemische Analyse von Komplexverbindungen in Lösungen. Kiew 1955. (Fiziko-khimicheskii analiz kompleksnykh soyedinenii v rastvorakh).

[3] Bjerrum, J., G. Schwarzenbach and L. G. Sillén: Stability constants of metal-ion complexes. Part I (Organic ligands); Part II (Inorganic ligands and solubility products). Chem. Soc. London. Burlington House 1957 and 1958.

[4] Charlot, G., et R. Gaugin: Les méthodes d'analyse des réactions en solution. Paris: Masson et Cie. 1951.

[5] Schwarzenbach, G.: Die Chemie der wäßrigen Metallsalzlösungen. Angew. Chem. 70, 451 (1958).

[6] Martell, A. E., and M. Calvin: Chemistry of chelate compounds. New York 1952. (Deutsche Übersetzung Verlag Chemie, Weinheim/Bergstr.).

[7] Rossotti, F. C. J.: The thermodynamics of metal ion complex formation in solution. 1. Kapitel in J. Lewis and R. G. Wilkins, Modern coordination chemistry. New York-London: Interscience Publ. Inc. 1960.

[8] Jazimirskij, K. B., and V. P. Vasilev: Instability constants of complex compounds. Pergamon Press, Oxford, London, New York, Paris 1960. (Übersetzung aus dem Russischen.)

II.
Die Methoden der freien Diffusion und der Dialyse

Die Methoden der freien Diffusion und der Dialyse sind zunächst keine Verfahren zur Untersuchung von Komplexbildung in Lösung. Vielmehr ermittelt man mit ihrer Hilfe Molekular- bzw. Ionengewichte. Es ist jedoch möglich, aus den so erhaltenen Teilchengewichten — allerdings mit Einschränkung — qualitative Schlüsse auf die in den Lösungen vorhandenen Typen von Komplexverbindungen zu ziehen.

---

* Eine Zusammenstellung von Stabilitätskonstanten ist auch in der Monographie von Jazimirskij [8] enthalten.

Die bekannten Methoden zur Bestimmung des Teilchengewichtes (Siedepunktserhöhung, Gefrierpunktserniedrigung, osmotischer Druck und Dampfdruck) zählen lediglich die in der Lösung vorhandenen Teilchen. Das Teilchengewicht M wird dann nach $M = g/n$ berechnet, wenn g die Menge des gelösten Stoffes in Gramm und n die Anzahl der in Lösung vorhandenen Teilchen ist. M läßt sich nur dann mit Sicherheit angeben, wenn die gelösten Teilchen unverändert in der Lösung erhalten bleiben und keinerlei Veränderung durch Dissoziations- bzw. Assoziationsprozesse erfahren. Bei der Komplexbildung in Lösung handelt es sich aber gerade um ein Zusammentreten von Molekülen oder Ionen zu Aggregaten, so daß diese Methoden zur Untersuchung der Komplexbildung nicht ohne weiteres verwendet werden können. Von den Verfahren zur Teilchengewichtsbestimmung verbleiben dann nur die Methoden der freien Diffusion und der Dialyse, die das Gewicht der gelösten Teilchen *direkt* zu erfassen gestatten. Die Diffusionsmethode geht auf ÖHOLM (1904), die Methode der Dialyse auf BRINTZINGER (1928) zurück.

1. Die Methode der freien Diffusion

Bestehen innerhalb einer Lösung Konzentrationsunterschiede, so wandern die Teilchen des gelösten Stoffes von den Gebieten höherer zu denjenigen niedrigerer Konzentration. Für die Menge dS eines gelösten Stoffes, der infolge Diffusion in der Zeiteinheit dt durch eine Fläche q hindurchtritt, gilt

$$(\text{II.1.1}) \qquad dS = - D \cdot q \cdot \frac{dc}{dx} \, dt \, ,$$

wenn dc/dx das Konzentrationsgefälle in x-Richtung und D eine für die gelöste Substanz charakteristische Konstante ist. Die Diffusionskonstante D ist um so größer, je kleiner das Molekular- bzw. Ionengewicht des diffundierenden Stoffes ist. RIECKE [1] fand, ausgehend von der kinetischen Theorie, eine Beziehung zwischen freier Weglänge l und dem Teilchengewicht M,

$$(\text{II.1.2}) \qquad l = 1{,}332 \cdot 10^{-10} \sqrt{1 + 0{,}00367 \, t} \cdot D_t \cdot \sqrt{M} \, ,$$

die z. B. für $t = 10°$ C in

$$(\text{II.1.3}) \qquad l = 1{,}381 \cdot 10^{-10} \, D_{10} \cdot \sqrt{M}$$

übergeht. Nimmt man in erster Näherung an, daß die mittlere freie Weglänge l vom Teilchengewicht M unabhängig ist, so gilt

$$(\text{II.1.4}) \qquad D \cdot \sqrt{M} \cong \text{const.} \, ,$$

wobei die Konstante nach ÖHOLM [2] Werte besitzt, die je nach der Natur des gelösten Stoffes etwas verschieden sind, jedoch nahe bei ~ 6 liegen. Chemisch sehr ähnliche Substanzen liefern gleiche Werte der Konstanten, so daß beim Vergleich zweier solcher Substanzen

$$(\text{II.1.5}) \qquad D_1 \sqrt{M_1} = D_2 \sqrt{M_2}$$

gilt, wenn D_1 und M_1 Diffusionskonstante und Teilchengewicht der ersten und D_2 und M_2 die entsprechenden Größen der zweiten Substanz sind. In der Form

$$(\text{II.1.6}) \qquad M_1 = \left(\frac{D_2}{D_1}\right)^2 \cdot M_2$$

kann (II.1.5) zur Bestimmung eines unbekannten Molekular- bzw. Ionengewichtes verwendet werden, wenn die Diffusionskonstante der Substanz und diejenige einer chemisch ähnlichen Substanz mit bekanntem Molekulargewicht experimentell ermittelt werden.

Die Abhängigkeit der Diffusionskonstanten von der Zähigkeit der Lösung wird durch

$$(\text{II.1.7}) \qquad D \cdot z = \text{const.}$$

dargestellt, wobei z die relative Viscosität $z = \dfrac{\eta_{\text{Lösung}}}{\eta_{\text{Lösungsmittel}}}$ ist.

Die experimentelle Durchführung der Bestimmung des Teilchengewichtes mit der Diffusionsmethode erfolgt in Gegenwart eines großen Überschusses an Fremdelektrolyten (z. B. $NaNO_3$), um eine einheitliche Ionenatmosphäre zu schaffen. Da die Diffusion sehr langsam erfolgt, ist im allgemeinen mit einer Versuchsdauer von mehreren Tagen bis zu Wochen zu rechnen. Dabei muß die Apparatur [6] vollständig erschütterungsfrei aufgestellt sein, und es muß auf weitgehende Temperaturkonstanz geachtet werden, da die Diffusionskonstante temperaturabhängig ist. Zur Auswertung von Messungen zur Bestimmung der Diffusionskonstanten ist das erste Ficksche Gesetz (II.1.1) zu integrieren. Die Integration wurde von STEFAN [4] angegeben. Von KAWALKI [5] wurden Tabellen als Hilfsmittel für die Auswertung von Diffusionsmessungen berechnet, die später von JANDER und SCHULZ [6] ergänzt wurden. Ein graphisches Verfahren zur Auswertung der experimentellen Befunde wurde von JANDER und BRÜHL [7] angegeben.

Diffusionsmessungen sind vor allem von JANDER und seiner Schule systematisch zum Studium der Kondensationsreaktionen bei Iso- und Heteropolysäuren sowie für die Untersuchung von Hydrolyseprozessen verwendet worden [7—26]. Sie können zwar für sich allein keine genauen quantitativen Aussagen liefern, sind aber im Zusammenhang mit anderen Methoden ein wertvolles Hilfsmittel. Zumindest haben solche Untersuchungen einen wesentlichen Beitrag zu dem Bild gegeben, das man sich heute über das Gebiet der Polysäuren macht. Eine Kritik der Janderschen Arbeiten ist von P. SOUCHAY [27] gegeben worden.

Die Brauchbarkeit der Diffusionsmethode ist aus folgenden Gründen sehr begrenzt:

Alle Ionengewichtsbestimmungen sind Relativbestimmungen, da es sich um den Vergleich von Diffusionsgeschwindigkeiten mit einem Ion bekannten Ionengewichtes handelt. Dabei ist man stets auf ganz bestimmte Annahmen über den Hydratationsgrad und damit über die tatsächlich diffundierende Masse des Vergleichsions angewiesen. Dadurch ist der Schluß von den Teilchengewichten auf Komplexbildung, d. h. die

Ermittlung der Zusammensetzung des Komplexions A_mB_n, mit großer Unsicherheit behaftet. Man kann für m und n willkürlich ganze Zahlen einsetzen und jeweils das entsprechende Teilchengewicht berechnen, das einem so postulierten hypothetischen Komplex zukommt. Deckt es sich innerhalb der Fehlergrenzen mit dem experimentell gefundenen, so ist damit die Existenz des entsprechenden Komplexes wahrscheinlich gemacht.

Eine erste Unbestimmtheit liegt immer dann vor, wenn die Komplexbestandteile A und B für sich nahezu gleiches Teilchengewicht haben. Es ist innerhalb der Fehlergrenzen der Methode genauso gut die Formel A_mB_n wie z. B. $A_{m-1}B_{n+1}$ oder $A_{m+1}B_{n-1}$ möglich. Eine zweite Unsicherheit ist allgemeiner Natur und hängt mit der Hydratation der Teilchen zusammen, über die keine genauen Angaben vorhanden sind. Es kann jede Verbindung A_mB_n vorliegen, deren theoretisch berechnetes Teilchengewicht unter dem experimentell gefundenen liegt, da es prinzipiell möglich ist, daß der Komplex Lösungsmittelmoleküle entweder komplex gebunden oder als mitdiffundierende Solvathülle enthält. Zum Beispiel kann er beim Arbeiten in wäßriger Lösung die allgemeine Formel $A_mB_n(H_2O)_x$ haben. Abweichungen zwischen theoretisch und experimentell gefundenen Teilchengewichten können somit im Prinzip immer durch eine entsprechende Anzahl von Molekülen des Lösungsmittels ausgeglichen werden.

Literatur

[1] RIECKE, E.: Molekulartheorie der Diffusion und Elektrolyse. Z. physik. Chem. **6**, 564 (1890.)

[2] ÖHOLM, L. W.: Die Hydrodiffusion der Elektrolyte. Z. physik. Chem. **50**, 312 (1904).

[3] HERZOG, R. O.: Biochem. Z. **11**, 172 (1908); Zur Kenntnis der Lösungen. Z. Elektrochem. u. angew. physik. Chem. **16**, 1003 (1910).

[4] STEFAN, J.: Ber. Wien. Akad. **1879**, 161 (Integration des 1. Fickschen Gesetzes).

[5] KAWALKI, W.: Wied. Ann. **52**, 166 (1894). (Tabellen zur Auswertung von Diffusionsmessungen).

[6] JANDER, G., u. H. SCHULZ: Versuche über die Verwendung des Diffusionskoeffizienten zur Bestimmung der Molekelgröße schwer löslicher amphoterer Oxydhydrate in alkalischer Lösung. Kolloid-Z. **36**, 109 (1926). (Tabellen zur Auswertung von Diffusionsmessungen, Beschreibung der apparativen Methodik.)

[7] JANDER, G., u. W. BRÜHL: Über amphotere Oxydhydrate, deren alkalische Lösungen und feste Salze. (Isopolysäuren und isopolysaure Salze). IV. Mitt. Über Antimonsäure und Antimonate. Z. anorg. u. allgem. Chem. **158**, 331 (1926). (Angaben über ein graphisches Auswerteverfahren bei der Bestimmung des Diffusionskoeffizienten.)

[8] JANDER, G., u. H. SCHULZ: Über amphotere Oxydhydrate, deren alkalische Lösungen und feste Salze. (Isopolysäuren und isopolysaure Salze.) II. Mitt. Die Tantalsäure und ihre Alkalitantalate. Z. anorg. u. allgem. Chem. **144**, 255 (1925).

[9] SCHULZ, H., u. G. JANDER: V. Mitt. Über das Verhalten des Diffusionskoeffizienten und der optischen Absorption in Wolframatlösungen. Z. anorg. u. allgem. Chem. **162**, 141 (1927).

[10] JANDER, G., F. BUSCH u. TH. ADEN: VII. Mitt. Die Vorgänge in wäßr. Lösungen von Stannaten bei Veränderung der Wasserstoffionenkonzentration durch HCl. Z. anorg. u. allgem. Chem. **177**, 345 (1929).

[11] JANDER, G., D. MOJEST u. TH. ADEN: VIII. Mitt. Über Wolframate, Isopoly- und Heteropoly-Wolframsäuren. Z. anorg. u. allgem. Chem. **180**, 129 (1929).

[12] JANDER, G., u. W. HEUKESHOVEN: IX. Mitt. Die Beziehungen von Metawolf-
     ramaten zu den Para- und Monowolframaten in Lösung. Z. anorg. u. allgem.
     Chem. **187**, 60 (1930).
[13] JANDER, G., u. A. WINKEL: X. Mitt. Die Hydrolysenvorgänge und Aggrega-
     tionsprodukte in wäßrigen Eisen(III)-salzlösungen. Z. anorg. u. allgem. Chem.
     193, 1 (1930).
[14] JANDER, G., K. F. JAHR u. W. HEUKESHOVEN: XI. Mitt. Auf- und Abbau
     hochmolekularer anorganischer Verbindungen in Lösung am Beispiel der
     Molybdate, Polymolybdate und Polymolybdänsäuren. Z. anorg. u. allgem.
     Chem. **194**, 383 (1930).
[15] JANDER, G., u. A. WINKEL: XII. Mitt. Hydrolysierende Systeme und ihre
     Aggregationsprodukte mit besonderer Berücksichtigung der Erscheinungen in
     wäßrigen Aluminiumsalzlösungen. Z. anorg. u. allgem. Chem. **200**, 257 (1931).
[16] JANDER, G., u. W. HEUKESHOVEN: XIII. Mitt. Über Kieselsäuren und gelöstes
     Siliciumdioxydhydrat in alkalischer und saurer Lösung. Z. anorg. u. allgem.
     Chem. **201**, 361 (1931).
[17] JANDER, G., u. W. SCHEELE: XIV. Mitt. Über Hydrolyseprodukte und Ag-
     gregationsvorgänge in den Salzlösungen III-wertiger Metalle, insbesondere
     Chrom(III)-salzlösungen Z. anorg. u. allgem. Chem. **206**, 241 (1932).
[18] JANDER, G., u. H. WITZMANN: XV. Mitt. Der Übergang der Wolframationen
     in die Ionen der Hexawolframsäure bei Erhöhung der Wasserstoffionenkonzen-
     tration in wäßrigen Alkaliwolframatlösungen. Z. anorg. u. allgem. Chem. **208**,
     145 (1932).
[19] JANDER, G., u. K. F. JAHR: XVII. Mitt. Auf- und Abbau höhermolekularer
     Verbindungen in Lösung am Beispiel der Vanadinsäuren, Polyvanadate und
     Vanadansalze. Z. anorg. u. allgem Chem. **212**, 1 (1933).
[20] JANDER, G., u. H. WITZMANN: XIX. Mitt. Über Hetero- und Iso-Polysäuren
     des Wolframs, insonderheit die Perjodwolframsäure. Z. anorg. u. allgem. Chem.
     214, 145 (1933).
[21] JANDER, G., u. H. WITZMANN: XXI. Mitt. Über Iso- und Heteropolymolybdän-
     säuren, insbesondere die Phosphormolybdänsäure. Z. anorg. u. allgem. Chem.
     215, 310 (1933).
[22] JANDER, G., K. F. JAHR u. H. WITZMANN: XXII. Mitt. Über Iso- und Hetero-
     polyvanadinsäuren, Purpureo- und Luteo-phosphorvanadate, Beitrag zur Klä-
     rung des Aufbauprinzips. Z. anorg. u. allgem. Chem. **217**, 65 (1934).
[23] JANDER, G.: Kolloid Beih. **41**, 1, 297 (1934); **54**, 1 (1942). (Zusammenfassung
     der Arbeiten über Polysäuren und Kondensationsreaktionen.)
[24] JANDER, G., u. H. SPANDAU: Die Bestimmung von Molekular- und Ionen-
     gewichten gelöster Stoffe nach der Methode der Dialyse und der freien Diffu-
     sion. 1. Mitt. Z. physik. Chem. **A 185**, 325 (1939). (Vergleich der Diffusions-
     und Dialysenmethode, Kritik an den Arbeiten von BRINTZINGER.) 2. Mitt.
     Z. physik. Chem. **A 187**, 13 (1940); 3. Mitt. Z. physik. Chem. **A 188**, 65 (1941).
[25] JANDER, G., u. F. EXNER: Über hochmolekulare Verbindungen vom Typus der
     Heteropolysäuren, ihre Struktur, Eigenschaften und Bildungsweise. II. Mitt.
     Metawolframsäure und Phosphorwolframsäuren. Z. physik. Chem. **A 190**,
     195 (1942).
[26] JANDER, G., u. E. DREWS: III. Mitt. Heteropolyverbindungen von der Art der
     Arsen-Trimolybdänsäure und Phosphormolybdänsäure. Z. physik. Chem.
     A 190, 217 (1942).
[27] SOUCHAY, P.: Condensation en chimie minér. Critique des mesures diffusion
     et dialyse. Bull. Soc. Chim. France **1947**, 914. (Kritik der Janderschen Ar-
     beiten.)
[28] JANDER, G., u. A. WINKEL: Untersuchungen über die Verwendbarkeit des
     Diffusionskoeffizienten zur Bestimmung des Molgewichtes von Ionen mit
     besonderer Berücksichtigung der Verhältnisse in wäßrigen Lösungen amphote-
     rer Oxydhydrate. Z. physik. Chem. **A 149**, 97 (1930).
[29] MARKOVICH, V. G.: Anwendung der Diffusionsmethode für die Untersuchung
     von Ionen in Lösung. Trudy Leningrad. Tekhnol. Inst. im. Lensoveta **37**, 34
     (1957). (Kapillar-Diffusionsmethode).

2. Die Methode der Dialyse

Günstigere experimentelle Arbeitsbedingungen als bei der Diffusionsmethode liegen bei der auf BRINTZINGER [5, 6, 7, 20, 23] zurückgehenden Dialysenmethode vor*. Vorteilhaft ist vor allem, daß die Versuchsdauer gegenüber der Diffusionsmethode wesentlich herabgesetzt ist, wodurch auch noch leicht zersetzliche Substanzen untersucht werden können.

Die Lösung der zu untersuchenden Substanz, die sogenannte „Innenlösung“, wird dabei durch eine geeignete Membran vom reinen Lösungsmittel, der „Außenlösung“, getrennt. Es erfolgt Diffusion der gelösten Teilchen aus der Lösung durch die Membran in das reine Lösungsmittel. Dabei ist Voraussetzung, daß die verwendete Membran genügend permeabel ist, d. h. daß die Poren des Capillarsystems so beschaffen sind, daß die Wanderung der gelösten Ionen unbehindert erfolgen kann. Durch ständiges Umrühren in Innen- und Außenlösung wird dafür gesorgt, daß lediglich innerhalb der Membran ein Konzentrationsgefälle besteht. Die Volumina von Innen- und Außenlösung verhalten sich etwa wie $1:100$, so daß während der Versuchsdauer in der Außenlösung auftretende Konzentrationsänderungen praktisch vernachlässigt werden können. Entsprechend der Arbeitsweise beim Diffusionsverfahren benutzt man an Stelle des reinen Lösungsmittels eines mit Fremdelektrolytzusatz, dessen Konzentration mindestens das Zehnfache der Konzentration des zu untersuchenden Stoffes beträgt.

Nach BRINTZINGER [1—3] gelten folgende empirische Beziehungen für die Dialyse. Ist c_0 die Anfangskonzentration des gelösten Stoffes in der Innenlösung und c_t seine Konzentration nach der Zeit t, so gilt

$$(\text{II.2.1}) \qquad c_t = c_0 \cdot e^{-\lambda t},$$

wenn λ der sogenannte Dialysen-Koeffizient ist, eine für eine bestimmte vorgegebene apparative Anordnung konstante Größe. Diese hängt von der spezifischen Oberfläche, d. h. dem Verhältnis der Membranoberfläche zum Flüssigkeitsvolumen der Innenlösung, ab. λ ist also nicht wie der Diffusionskoeffizient D eine Stoffkonstante, sondern ist von der Beschaffenheit der Membran (Membrandicke, Porenzahl, Durchmesser der Poren usw.) abhängig. Aus (II.2.1) folgt

$$(\text{II.2.2}) \qquad \lambda = \frac{1}{t}\ln\frac{c_0}{c_t}.$$

Durch Bestimmung des Dialysen-Koeffizienten kann man Folgerungen bezüglich des Molekular- bzw. Ionengewichtes ziehen, wenn man die einzelnen Untersuchungen in der gleichen Apparatur unter identischen Versuchsbedingungen vornimmt. Es gilt dann nach BRINTZINGER eine Gl. (II.1.5) entsprechende Beziehung

$$(\text{II.2.3}) \qquad \lambda_1\sqrt{\overline{M_1}} = \lambda_2\sqrt{\overline{M_2}}.$$

---

* Vgl. H. SPANDAU: Teilchengewichtsbestimmung organ. Verbindungen mit Hilfe der Dialysenmethode, Weinheim, Verlag Chemie 1959.

Sie kann in der Form

$$(\text{II.2.4}) \qquad M_1 = \left(\frac{\lambda_2}{\lambda_1}\right)^2 M_2$$

zur Bestimmung eines unbekannten Teilchengewichtes verwendet werden, wenn der Dialysen-Koeffizient der zu untersuchenden Substanz und der einer chemisch ähnlichen Vergleichssubstanz mit bekanntem Teilchengewicht bestimmt werden.

Für die Brauchbarkeit der Dialysenmethode zur Untersuchung der Komplexzusammensetzung in Lösung gilt das bereits bei der Besprechung der Diffusionsmethode Ausgeführte. Hinzu kommt nun aber noch eine weitere Unsicherheit durch die Eigenschaften der verwendeten Membran. Eine kritische vergleichende Betrachtung des Diffusions- und des Dialysenverfahrens [28] wurde von JANDER und SPANDAU [29] sowie von v. KISS [25, 26] durchgeführt. Dabei wird besonders das Problem der Membran behandelt.

BRINTZINGER [10, 16, 17] hat versucht, aus Dialysemessungen Schlüsse auf den Hydratationsgrad von Ionen zu ziehen. Derartige Betrachtungen sind, wie aus den Ausführungen zur Diffusionsmethode im vorigen Abschnitt hervorgeht, grundsätzlich mit großen Unsicherheiten behaftet. Eine Kritik der Brintzingerschen Arbeiten ist von SCHMITZ-DUMONT [27] gegeben worden.

Das folgende Beispiel zeigt, wie vorsichtig man bei der Diskussion der Resultate von Dialysenmessungen sein muß. BRINTZINGER und ECKARDT [19] untersuchten das System Natriumthiosulfat/Silberthiosulfat (wäßr. Lsg.) mit Hilfe der Dialysenmethode. Als Vergleichsion wurde das Chromation benutzt. Zur Bestimmung von λ und damit des gesuchten Ionengewichtes eines sich bildenden Silberthiosulfatkomplexes unbekannter Zusammensetzung ist die Bestimmung von c_0 und c_t notwendig (II.2.2). Die Konzentration des sich bildenden Silberthiosulfatkomplexes wurde durch Fällung mit $Na_2S_2O_4$ bestimmt, das in ammoniakalischer oder thiosulfathaltiger Lösung Silber quantitativ abscheidet. Dabei wird vorausgesetzt, daß alles Silber in Form des Thiosulfatkomplexes vorliegt, so daß die Komplexkonzentration gleich der ermittelten Silberkonzentration ist. Diese Voraussetzung ist bei starken Komplexen mit praktisch zu vernachlässigender Dissoziation gerechtfertigt, nicht hingegen bei schwachen Komplexen. Das Problem der Bestimmung der Komplexkonzentration, das bei Diffusions- und Dialysemessungen immer auftritt, bringt also eine zusätzliche Schwierigkeit. Bei schwachen Komplexen ist die Voraussetzung, daß die Komponente, deren Konzentration gemessen wird, vollständig komplex gebunden ist, nur dann erfüllt, wenn die andere komplexbildende Komponente in extrem großem Überschuß zugegen ist.

BRINTZINGER und ECKARDT [19] fanden mit steigender Thiosulfatkonzentration drei verschiedene Bereiche mit Ionengewichten von 428—462, 481—852 und 871—888. Im ersten Konzentrationsbereich nehmen sie das Ion $Ag_2(S_2O_3)_2^{2-}$ an, dessen Ionengewicht 440 beträgt, und im dritten Bereich ein Ion $Ag_2(S_2O_3)_6^{10-}$ mit einem Ionengewicht von 888. Den zweiten Bereich betrachten sie als ein Übergangsgebiet zwischen beiden Ionentypen, bei dem mit zunehmender $Na_2S_2O_3$-Konzentration $Ag_2(S_2O_3)_2{}^{2-}$ zu $Ag_2(S_2O_3)_6{}^{10-}$ umgewandelt wird.

Daß ein solcher Schluß falsch ist, konnten SCHMITZ-DUMONT und SCHMITZ* durch potentiometrische Untersuchungen an diesem System zeigen. Sie fanden im ersten Gebiet ein einkerniges Komplexion $Ag(S_2O_3)_3{}^{5-}$ (Ionengewicht 444,4).

Dieses Beispiel zeigt deutlich, daß Schlüsse aus den Resultaten von Dialyse- bzw. Diffusionsmessungen auf die in den Lösungen vorliegenden Komplexionen im allgemeinen nur dann möglich sind, wenn zusätzliche andere Untersuchungsmethoden mit herangezogen werden.

BRINTZINGER [2]** hat an anderer Stelle auf Grund von Dialyseuntersuchungen den Schluß gezogen, daß Komplexionen in Gegenwart von anderen Ionen unter bestimmten Bedingungen mit diesen Überkomplexe bilden können, d. h., daß sich um das quasi als Zentralion fungierende Komplexion weitere Ionen koordinieren können. So soll z. B. das Hexammin-Cobalt(III)-ion mit $SO_4{}^{2-}$-Ionen einen Überkomplex $\{[Co(NH_3)_6](SO_4)_4\}^{5-}$ bilden können.

Assoziate mit Anionen bei Hexammin-Cobalt(III)-salzen in wäßriger Lösung konnte M. LINHARD*** spektroskopisch durch das Auftreten charakteristischer Assoziationsbanden im nahen UV nachweisen. Einen weiteren Hinweis auf die Existenz solcher Überkomplexe fanden LAITINEN, BAILAR, HOLTZCLAW u. QUAGLIANO**** bei der polarographischen Untersuchung von Cobalt(III)-hexamminlösungen bei Gegenwart von Sulfat-, Citrat- und Tartrationen. Alle diese Befunde deuten auf die Existenz solcher Überkomplexe bei Gegenwart bestimmter Zusatzionen hin, so daß die qualitativen Grundannahmen BRINTZINGERs hinsichtlich der Überkomplexbildung heute als gesichert angesehen werden können.

Aus Diffusions- und Dialysemessungen lassen sich also — mit den dargelegten Einschränkungen — lediglich qualitative Hinweise auf die in den Lösungen vorhandenen Typen von Komplexionen gewinnen. Eine Aussage über die Bildungskonstanten dieser Komplexe liefern derartige Messungen nicht.

Literatur

[1] BRINTZINGER, H.: Beiträge zur Kenntnis der Dialyse. I. Mitt. Das Abklinggesetz der Dialyse. Z. anorg. u. allgem. Chem. **168**, 145 (1928).

[2] BRINTZINGER, H.: II. Mitt. Der Verlauf der Geschwindigkeit der Dialyse, eine Funktion der spezif. Oberfläche. Z. anorg. u. allgem. Chem. **168**, 150 (1928).

[3] BRINTZINGER, H., u. B. TROEMER: III. Mitt. Der Temperaturkoeffizient der Dialyse. Z. anorg. u. allgem. Chem. **172**, 426 (1928).

[4] BRINTZINGER, H., u. B. TROEMER: Ein Beitrag zur Kenntnis der molekulardispersen Kieselsäure. Z. anorg. u. allgem. Chem. **181**, 239 (1929).

---

* SCHMITZ-DUMONT, O., u. E. SCHMITZ: Z. anorg. u. allgem. Chem. **247**, 35 (1941); **248**, 208 (1941).

** BRINTZINGER, H., u. H. OSSWALD: Z. anorg. u. allgem. Chem. **223**, 253 (1935); **224**, 283 (1935).

BRINTZINGER, H., u. F. JAHN: Z. anorg. u. allgem. Chem. **230**, 176 (1936); **231**, 281 (1937).

*** LINHARD, M., Z. Elektrochem. u. angew. phys. Chem. **50**, 224 (1944).

**** LAITINEN, H. A., J. C. BAILAR JR., H. F. HOLTZCLAW and J. V. QUAGLIANO: J. Am. Chem. Soc. **70**, 2999 (1948).

[5] BRINTZINGER, H., u. B. TROEMER: Messungen mit Hilfe der Dialysenmethode, Beiträge zur Kenntnis des Systems Elektrolyt/Wasser. Z. anorg. u. allgem. Chem. **184**, 97 (1929). (Experimentelle u. theoretische Grundlagen der Diffusion durch Membranen, Meßmethode.)

[6] BRINTZINGER, H.: Die Verwendung des Dialysekoeffizienten zur Bestimmung des Molekulargewichtes. Naturwiss. **18**, 354 (1930).

[7] BRINTZINGER, H., u. W. BRINTZINGER: Die Bestimmung des Molgewichtes aus dem Dialysenkoeffizienten. Z. anorg. u. allgem. Chem. **196**, 33 (1931).

[8] BRINTZINGER, H., u. H. OSSWALD: Die Anionengewichte einiger Sulfosalze in wäßriger Lösung. Z. anorg. u. allgem. Chem. **220**, 172 (1934).

[9] BRINTZINGER, H., u. H. OSSWALD: Die Anionengewichte der komplexen Cyanide in wäßriger Lösung. Z. anorg. u. allgem. Chem. **220**, 177 (1934).

[10] BRINTZINGER, H., u. H. OSSWALD: Die Hydratation der Ionen, eine Funktion ihres elektrostatischen Potentials. Z. anorg. u. allgem. Chem. **223**, 101 (1935).

[11] BRINTZINGER, H., u. W. ECKARDT: Oxalatoverbindungen. Z. anorg. u. allgem. Chem. **224**, 93 (1935).

[12] BRINTZINGER, H., u. CH. RATANARAT: Die Molybdän- und Wolframsäureionen bei variierender Wasserstoffionenkonzentration in wäßr. Lösung. Z. anorg. u. allgem. Chem. **224**, 97 (1935).

[13] BRINTZINGER, H., u. J. WALLACH: In alkalischer Lösung existierende Polyvanadationen. Z. anorg. u. allgem. Chem. **224**, 103 (1935).

[14] BRINTZINGER, H., u. CH. RATANARAT: Aufbau und Zusammensetzung in H_2O gelöster Metallionen, Aquokomplexe und Hydrate der Metallionen. Z. anorg. u. allgem. Chem. **222**, 113 (1935).

[15] BRINTZINGER, H., u. H. OSSWALD: Die komplexen Ionen der beiden Blutlaugensalze sowie der Prussi- und Prussoverbindungen. Z. anorg. u. allgem. Chem. **225**, 217 (1935).

[16] BRINTZINGER, H.: Zur Frage der Ionenhydratation und der Aquokomplexe. Z. anorg. u. allgem. Chem. **225**, 221 (1935).

[17] BRINTZINGER, H.: Über Hydratation von Ionen. Z. anorg. u. allgem. Chem. **227**, 341, 351 (1936).

[18] BRINTZINGER, H., u. H. BEIER: Die Diasolyse. Kolloid-Z. **79**, 324 (1937).

[19] BRINTZINGER, H., u. W. ECKARDT: Das System Natriumthiosulfat/Silberthiosulfat in festem und gelöstem Zustand. Z. anorg. u. allgem. Chem. **231**, 327 (1937).

[20] BRINTZINGER, H.: Ionen- und Molgewichtsbestimmung mit der Dialysenmethode. Z. anorg. u. allgem. Chem. **232**, 415 (1937).

[21] BRINTZINGER, H., u. W. ECKARDT: Zur Kenntnis der Dialysenmethode. V. Der Einfluß der Fremdelektrolytkonzentration auf die Größe des Dialysenkoeffizienten. Z. anorg. u. allgem. Chem. **231**, 337 (1937).

[22] BRINTZINGER, H.: Z. physik. Chem. A **187**, 317 (1940). [Entgegnung auf die Arbeiten von JANDER u. SPANDAU, Z. physik. Chem. A **185**, 325 (1939); A **187**, 13 (1940).]

[23] BRINTZINGER, H.: Die Ionengewichtsbestimmung mit der Dialysenmethode. Z. anorg. u. allgem. Chem. **256**, 98 (1948).

[24] GUTBIER, A., u. H. BRINTZINGER: Verhalten von Wasserglas bei der Schnelldialyse. Z. anorg. u. allgem. Chem. **159**, 236 (1927).

[25] KISS, Á. v., u. M. GEGÖ: Zur Bestimmung von Ionengewichten mit der Dialysenmethode. 1. Mitt. Z. anorg. u. allgem. Chem. **244**, 57 (1940).

[26] KISS, Á. v., u. V. ÁCS: 2. Mitt. Fehlerquellen der Meßmethode. Z. anorg. u. allgem. Chem. **247**, 190 (1941).

[27] SCHMITZ-DUMONT, O.: Über die Hydratation von Ionen. Z. anorg. u. allgem. Chem. **226**, 33 (1935); **227**, 347 (1936). [Kritik der Arbeiten BRINTZINGERs, Z. anorg. u. allgem. Chem. **227**, 341, 357 u. a. (1936).]

[28] SOUCHAY, P.: Condensation en chimie minér. Critique des mesures diffusion et dialyse. Bull. Soc. Chim. France **1947**, 914.

[29] JANDER, G., u. H. SPANDAU: Die Bestimmung von Molekular- und Ionengewichten gelöster Stoffe nach der Methode der Dialyse und der freien Diffusion. 1. Mitt. Z. physik. Chem. A **185**, 325 (1939); 2. Mitt. Z. physik. Chem. A **187**, 13 (1940); 3. Mitt. Z. physik. Chem. A **188**, 65 (1941).

[*30*] Spitsyn, V. I., u. G. N. Pirogova: Studie von Natrium-para-Wolframat-Lösungen mit Hilfe der Dialysenmethode. Zhur. Neorg. Khim. 2, 2102 (1957).

III.

Methoden zur Untersuchung der Komplexbildung mit Hilfe von Löslichkeitsmessungen

In einer gesättigten Lösung existiert ein Gleichgewicht zwischen Bodenkörper und gelöster Substanz. Liegt als Bodenkörper eine schwerlösliche Verbindung $A_m B_n$ vor, die in Lösung nach

$$A_m B_n \rightleftharpoons mA + nB \, ,$$

$$K^{(d)} = \frac{(A)^m (B)^n}{(A_m B_n)} \, ,$$

in die Komponenten (Ionen) A und B dissoziiert ist, so ist das Löslichkeitsprodukt nach Nernst (1889) bekanntlich durch

$$L = K^{(d)} (A_m B_n) = (A)^m (B)^n$$

definiert. L ist für eine bestimmte Temperatur eine Konstante, da $(A_m B_n)$, die Aktivität der gelösten undissoziierten Substanz, für diese Temperatur konstant ist. (A) und (B), die Aktivitäten der Komponenten, sind dann eindeutig bestimmt. Kann man in Näherung die Aktivitäten durch die Konzentrationen ersetzen, so gilt

$$L = [A]^m [B]^n.$$

Löst man eine Substanz C in der Lösung, die mit A oder B unter Komplexbildung reagiert, so ändert sich das Produkt $[A]^m [B]^n$. Die Folge davon ist, daß vom Bodenkörper eine solche Menge in Lösung geht, bis das Produkt $[A]^m [B]^n$ wieder den vorgeschriebenen Wert L besitzt. Die Konzentrationen [A] und [B] besitzen dann aber im allgemeinen andere Werte, als vor Zugabe der komplexbildenden Substanz C. Bildet z. B. A mit C einen Komplex $A_p C_q$, so wird nach Zugabe von C [A] kleiner und [B] größer als vorher sein. Die Gesamtkonzentration von A in der Lösung, die sich aus der Konzentration von freiem und komplex gebundenem A zusammensetzt, hat dabei ebenso wie die Konzentration von B zugenommen. [A] und [B], bzw. die Gesamtkonzentration von A, oder letztlich die Löslichkeit von $A_m B_n$ sind also eine Funktion der Komplexbildung. Somit können aus solchen Löslichkeitsuntersuchungen Schlüsse auf die gebildeten Komplexe gezogen werden. Durch Bestimmung der Konzentrationen der einzelnen Komponenten in der Lösung nach Verfahren, die je nach den im speziellen Fall vorliegenden Bedingungen auszuwählen sind, kann man Aussagen über die Komplexzusammensetzung, d. h. über die Werte p und q machen und dann die zugehörige Bildungs- bzw. Dissoziationskonstante berechnen.

1. Die ältere Arbeitsweise nach BODLÄNDER

Löslichkeitsbestimmungen gehören mit zu den ältesten Methoden zur Untersuchung von Komplexbildung in Lösung. BODLÄNDER [1, 2] untersuchte bereits 1892 die Komplexbildung zwischen Silberchlorid und Ammoniak, indem er Messungen über die Löslichkeit von AgCl in wäßrigem Ammoniak bei Gegenwart von AgCl als Bodenkörper durchführte.

Nach BODLÄNDER werden Beziehungen abgeleitet, die durch Anwendung des Massenwirkungsgesetzes unter bestimmten Voraussetzungen erhalten werden können. Die gewonnenen Formeln prüft man durch Vergleich mit dem Experiment und kann so auf die Komplexzusammensetzung schließen.

Wir betrachten eine Lösung, in der als Bodenkörper die schwerlösliche Verbindung $A_m B_n$ vorhanden ist, deren Löslichkeitsprodukt durch

$$(\text{III.1.1}) \qquad L = [\text{A}]^m [\text{B}]^n$$

definiert ist. A bilde mit einer zur Lösung zugesetzten Substanz C eine Komplexverbindung der Formel $A_p C_q$, wodurch eine bestimmte Menge des Bodenkörpers, je nachdem wieviel C zugegeben wurde, in Lösung geht. Für die Komplexbildung gelten die Beziehungen

$$(\text{III.1.2}) \qquad p\text{A} + q\text{C} \rightleftharpoons A_p C_q \,,$$

$$(\text{III.1.3}) \qquad K^{(d)} = \frac{[\text{A}]^p \cdot [\text{C}]^q}{[A_p C_q]} \,.$$

Aus (III.1.1) folgt

$$(\text{III.1.4}) \qquad [\text{A}] = \frac{L^{\frac{1}{m}}}{[\text{B}]^{\frac{n}{m}}}$$

und damit

$$(\text{III.1.5}) \qquad K^{(d)} = \frac{L^{\frac{p}{m}} \cdot [\text{C}]^q}{[\text{B}]^{\frac{np}{m}} \cdot [A_p C_q]} \,.$$

Die Konzentration des Komplexes kann in Näherung mit der Gesamtkonzentration von A identifiziert werden, $[A_p C_q] \cong c_\text{A}$, da die Löslichkeit von $A_m B_n$ sehr klein sein soll. Dann erhält man, wenn man die Konstanten $K^{(d)}$ und L zu einer Konstanten K_1 zusammenfaßt

$$(\text{III.1.6}) \qquad K_1 = \frac{[\text{C}]^q}{c_\text{A} \cdot [\text{B}]^{\frac{np}{m}}} \,.$$

m und n der als Bodenkörper vorliegenden Verbindung $A_m B_n$ sind bekannt. Man kann dann experimentell prüfen, wie [B] von [C] abhängt und damit das Verhältnis q/p bestimmen. Zum Beispiel wird (III.1.6) für $A_m B_n = \text{AgCl}$ und $\text{C} = \text{NH}_3$ mit $m = n = 1$ zu

$$(\text{III.1.7}) \qquad K_1 = \frac{[\text{NH}_3]^q}{c_\text{Ag} \cdot [\text{Cl}^-]^p} \,.$$

Durch Bestimmung der Löslichkeit von AgCl in wäßrigem Ammoniak bei Anwesenheit variabler Mengen von Chlorionen konnte BODLÄNDER für dieses Verhältnis den Wert 2 erhalten. Als einfachste Annahme für die Zusammensetzung des Komplexes würde mit $q = 2$ und $p = 1$ $Ag(NH_3)_2{}^+$ folgen. Es wären jedoch prinzipiell alle Fälle möglich, die der Formel $Ag_p(NH_3)_{2p}{}^{p+}$ mit $p = 1, 2, \ldots$ genügen.

Hält man in einer Serie von Experimenten die Ammoniakkonzentration konstant, dann sollte $c_{Ag} \cdot [Cl^-]^p$ eine Konstante sein, und man kann dann p bestimmen. In diesem Fall findet man $p = 1$, womit die Existenz eines einkernigen Silberdiammin-Komplexes nachgewiesen ist.

Arbeitet man nicht in Lösungen mit zusätzlichen Mengen B (im Falle des Systems $AgCl/NH_3$ — wie oben erwähnt — mit variablen Mengen von Cl^--Ionen), so kann man in (III.1.6) die Konzentration von B in der Lösung gleich der Komplexkonzentration setzen, d. h. $[A_pC_q] \cong c_A = [B]$. Dann gilt

$$(\mathrm{III.1.8}) \qquad\qquad K_1 = \frac{[C]^q}{c_A{}^{\frac{np}{m}+1}} \, .$$

Für das Beispiel $AgCl/NH_3$ erhält man

$$(\mathrm{III.1.9}) \qquad\qquad K_1 = \frac{[NH_3]^q}{c_{Ag}{}^{p+1}} \, .$$

Es ist somit möglich, das Verhältnis $q/p + 1$ aus einer Meßserie in ammoniakalischen Lösungen verschiedener Konzentration zu bestimmen. Für dieses Verhältnis fand BODLÄNDER den Wert 1. Daraus folgt unter Berücksichtigung von $q/p = 2$ für p der Wert 1.

Ist man von vorne herein sicher, daß nur einkernige Komplexe gebildet werden, so vereinfachen sich die Überlegungen. Von FORBES [7] wurde 1911 die Bildung von Silberchlorokomplexen durch Untersuchung der Löslichkeit von AgCl in NH_4Cl, NaCl und HCl studiert. Die Komplexbildung verläuft nach der Reaktionsgleichung

$$(\mathrm{III.1.10}) \qquad\qquad AgCl + q\,Cl^- \rightleftharpoons AgCl_{q+1}^{q-} \, .$$

Dann gilt die Beziehung

$$(\mathrm{III.1.11}) \qquad\qquad [AgCl] \cdot [Cl^-]^q = K^{(d)} \cdot [AgCl_{q+1}^{q-}] \, .$$

Da festes AgCl als Bodenkörper vorliegt, ist die Konzentration von AgCl in der Lösung konstant. Unter der Voraussetzung, daß praktisch alles in Lösung befindliche Silber komplex gebunden ist, kann man $[AgCl_{q+1}^{q-}]$ gleich der Silberkonzentration c_{Ag} setzen. Dann folgt

$$(\mathrm{III.1.12}) \qquad\qquad c_{Ag} = \mathrm{const} \cdot [Cl^-]^q \, .$$

Die Silberkonzentration in der Lösung ist der q-ten Potenz der Chlorionenkonzentration proportional. Trägt man $\log c_{Ag}$ gegen $\log [Cl^-]$ auf, so erhält man den gesuchten q-Wert als Neigung der resultierenden Geraden

$$(\mathrm{III.1.13}) \qquad\qquad \log c_{Ag} = \log \mathrm{const} + q \log [Cl^-] \, .$$

Die Ergebnisse der Messungen von FORBES sind in Abb. III. 1. in doppelt-
logarithmischer Darstellung gezeichnet. Als Abszisse ist der Logarithmus
der Gesamtkonzentration an NH_4Cl, $NaCl$ bzw. HCl angegeben. Dabei
ist angenommen, daß die Chlorionenkonzentration in Näherung der
Gesamtkonzentration an Chlorid proportional ist.

FORBES fand, daß die Löslichkeit ganzzahligen Potenzwerten der
Chlorionenkonzentration proportional ist und schloß aus seinen Experimenten im Konzentrationsbereich bis zu 5,5 m an Cl^- auf die Chloro-

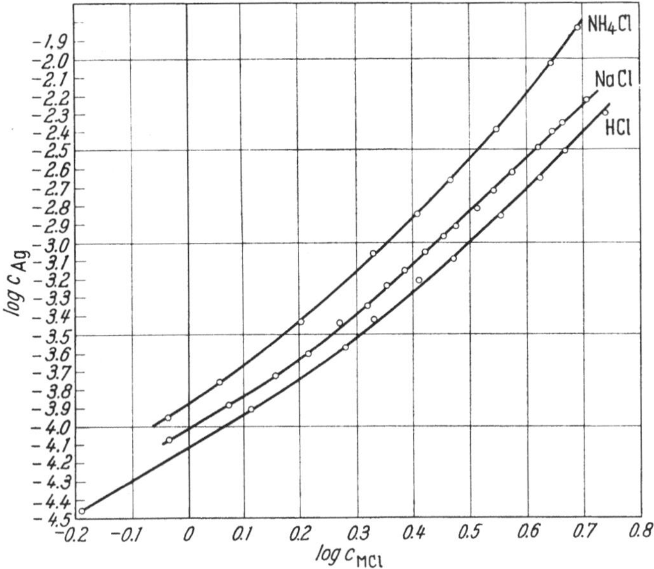

Abb. III. 1. Abhängigkeit der Löslichkeit von AgCl von der Chlorionenkonzentration nach FORBES.
[7] (Doppeltlogarithmische Darstellung, $\log c_{Ag}$ als Funktion von $\log c_{MCl}$ mit M = NH_4^+, Na^+ und H^+)

komplexe $AgCl_3^{2-}$, $AgCl_4^{3-}$ und $AgCl_5^{4-}$, die mit zunehmender Chlorionenkonzentration gebildet werden. Für die Existenz von $AgCl_2^-$ fand er keine
Anhaltspunkte.

ERBER u. SCHÜHLY [8] untersuchten das System AgCl/HCl im Konzentrationsbereich von 5—12,5 m an HCl und geben eine Kritik der
Interpretation von FORBES. Sie nehmen an, daß die von FORBES angegebenen Komplextypen gleichzeitig vorhanden sind, wobei jeweils
einer bei den entsprechenden Chlorionenkonzentrationen vorherrscht.

Zweikernige Silberkomplexe wurden von ERBER [9] bei der Untersuchung des Systems AgJ/HJ gefunden. Sie besitzen die Formel $Ag_2J_6^{4-}$.

Die auf BODLÄNDER zurückgehenden Verfahren versagen immer dann,
wenn mehrere Komplexe in merklichen Konzentrationen im Gleichgewicht nebeneinander vorliegen.

Die Dissoziationskonstanten $K^{(d)}$ werden dadurch bestimmt, daß
man die experimentell ermittelten Konzentrationen des Komplexes und
seiner Dissoziationsprodukte in (III.1.3) einsetzt. Die Bestimmung dieser

Konzentrationen ist vielfach sehr schwierig, und man ist im allgemeinen darauf angewiesen, bestimmte Näherungsannahmen zu machen. Dadurch sind die so erhaltenen Konstanten jedoch meist mit größeren Unsicherheiten belastet.

2. Bestimmung der Zusammensetzung und der Stabilitätskonstanten von Komplexionen aus Löslichkeitsminima

REYNOLDS u. ARGERSINGER [10] geben ein Verfahren an, um die Summenformeln sowie die Dissoziationskonstanten von Komplexionen

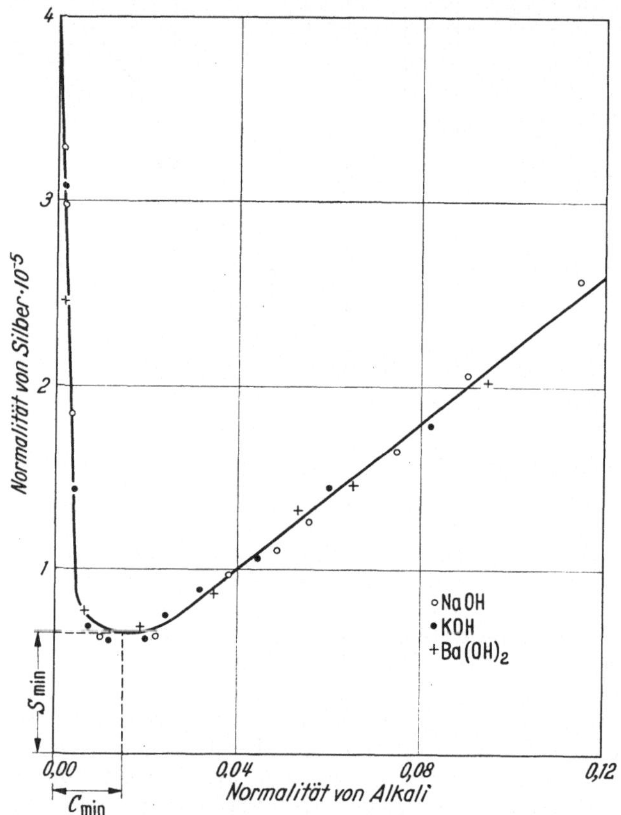

Abb. III. 2. Löslichkeit von Silberoxyd in wäßrigen Lösungen von NaOH, KOH und Ba(OH)₂

aus der Lage des Minimums der Löslichkeitskurve zu bestimmen. Zu diesem Zweck untersucht man die Löslichkeit einer schwerlöslichen Substanz in Abhängigkeit von der Konzentration an komplexbildendem Anion in der Lösung.

Die Löslichkeitskurve einer schwerlöslichen Verbindung zeigt im allgemeinen einen Verlauf, wie er in Abb. III. 2. für Ag₂O in alkalischer Lösung (NaOH, KOH, Ba(OH)₂) dargestellt ist. Dabei ist die Löslichkeit der schwerlöslichen Verbindung, die im vorliegenden Fall durch Angabe der Silberkonzentration gekennzeichnet wird, als Funktion der Konzentration an komplexbildendem Anion, im angegebenen Beispiel OH⁻, dargestellt. Man erkennt ein Minimum der Löslichkeit bei einer bestimmten Alkalikonzentration. Die anfängliche Löslichkeitserniedrigung kann als ein normaler Ioneneffekt gedeutet werden. Das Minimum und die darauf folgende zunehmende Löslichkeit können durch zwei voneinander unabhängige Effekte verursacht werden. Eine Abnahme des mittleren Aktivitätskoeffizienten bei hohen Gesamtkonzentrationen führt ihrerseits schon allein zu einer Erhöhung der Löslichkeit des als Bodenkörper vorliegenden Salzes. Beobachtet man dagegen eine solche Löslichkeitserhöhung jedoch bereits bei geringen Konzentrationen des Anions, bei denen ein derartiger Aktivitätseffekt vernachlässigbar klein ist, so ist die alleinige Ursache für eine Zunahme der Löslichkeit die Bildung löslicher Komplexverbindungen.

Das Minimum der Löslichkeitskurve ist durch zwei experimentelle Daten bestimmt: die Löslichkeit des schwerlöslichen Salzes am Minimum (S_{min}) sowie die Konzentration des komplexbildenden Anions an diesem Punkt (C_{min}). Aus diesen zwei Daten sowie dem Löslichkeitsprodukt des Bodenkörpers ist es möglich, die Anzahl der Liganden pro Zentralion und die Dissoziationskonstante des gebildeten Komplexes zu bestimmen. Die einzigen Voraussetzungen dazu sind:
Die Aktivitätseffekte sind in dem Konzentrationsbereich, in dem das Minimum auftritt, vernachlässigbar;
der gelöste Anteil Bodenkörper ist vollständig in seine Ionen dissoziiert;
das Minimum wird zumindest überwiegend von einem einzigen Komplexion verursacht.

Experimentell hat man die Lage des Löslichkeitsminimums mit möglichst großer Genauigkeit zu bestimmen und anschließend eine genaue Bestimmung der Löslichkeit der schwerlöslichen Verbindung in reinem Wasser vorzunehmen, um so deren Löslichkeitsprodukt zu ermitteln.

Es soll die Löslichkeit eines schwerlöslichen Salzes A_mB_n in einer Lösung des Ions B untersucht werden, wobei mit B der lösliche Komplex AB_q gebildet wird (z. B. AgCl in einer Lösung von Chlorionen). Vorausgesetzt sei, daß gelöstes A_mB_n in Lösung vollständig in A und B dissoziiert ist und daß die Aktivitätskoeffizienten alle den Wert 1 besitzen. Die Löslichkeit von A_mB_n in Mol/l in einer Lösung von B der Konzentration C Mol/l sei S. Dann gelten die Gleichungen:

$$(\text{III.2.1}) \qquad [A] + [AB_q] = m \cdot S$$

$$(\text{III.2.2}) \qquad [B] + q\,[AB_q] = n \cdot S + C \, .$$

Da die Lösung mit dem festen Bodenkörper A_mB_n im Gleichgewicht ist, gilt weiterhin die Beziehung für das Löslichkeitsprodukt

$$(\text{III.2.3}) \qquad L = [A]^m \cdot [B]^n \, .$$

Die Dissoziationskonstante für das Komplexion AB_q ist

(III.2.4)
$$K^{(d)} = \frac{[A]\,[B]^q}{[AB_q]}.$$

Mit $[B] = x$, $[A] = y$ und $[AB_q] = z$ erhält man, wenn man aus (III.2.3) und (III.2.4) y und z als Funktionen von x berechnet und die Resultate in (III.2.1) und (III.2.2) einsetzt:

(III.2.5)
$$S = \frac{1}{m}\left[L^{\frac{1}{m}} \cdot x^{-\frac{n}{m}} + \frac{L^{\frac{1}{m}}}{K^{(d)}}\, x^{q-\frac{n}{m}}\right]$$
und

(III.2.6)
$$C = x - \frac{n}{m} L^{\frac{1}{m}} \cdot x^{-\frac{n}{m}} + \left(q - \frac{n}{m}\right) \frac{L}{K^{(d)}}\, x^{q-\frac{n}{m}}.$$

(III.2.5) und (III.2.6) sind die Parametergleichungen der Löslichkeitskurve $S = f(C)$. In den meisten Fällen ist es nicht möglich, x aus den Gleichungen zu eliminieren. Für unsere Zwecke ist dies auch nicht nötig. Wir verwenden lediglich die Tatsache, daß für das Minimum der Löslichkeitskurve $dS/dC = 0$ ist.

Durch Differentiation von (III.2.5) und (III.2.6) nach C unter Berücksichtigung von $dS/dC = 0$ folgt

(III.2.7)
$$\left[-\frac{n}{m} L^{\frac{1}{m}} \cdot x_{\min}^{-\frac{n}{m}-1} + \left(q - \frac{n}{m}\right) \frac{L^{\frac{1}{m}}}{K^{(d)}} x_{\min}^{q-\frac{n}{m}-1}\right]\left(\frac{dx}{dC}\right)_{c=c_{\min}} = 0$$
und

(III.2.8)
$$\left[1 + \left(\frac{n}{m}\right)^2 L^{\frac{1}{m}} x_{\min}^{-\frac{n}{m}-1} + \left(q - \frac{n}{m}\right)^2 \frac{L^{\frac{1}{m}}}{K^{(d)}} x_{\min}^{q-\frac{n}{m}-1}\right]\left(\frac{dx}{dC}\right)_{c=c_{\min}} = 1,$$

wenn $x_{\min}$ und $C_{\min}$ die Werte von x und C im Minimum der Löslichkeitskurve sind. Da der Klammerausdruck in (III.2.8) sicher nicht unendlich ist, ist $(dx/dC)_{c=c_{\min}}$ von Null verschieden. Damit verschwindet der Klammerausdruck in (III.2.7), so daß

(III.2.9)
$$\frac{L^{\frac{1}{m}}}{K^{(d)}}\, x_{\min}^{q-\frac{n}{m}} = \frac{n\, L^{\frac{1}{m}} \cdot x_{\min}^{-\frac{n}{m}}}{m\left(q - \frac{n}{m}\right)}$$

folgt.

Durch Einsetzen von (III.2.9) in (III.2.5) und (III.2.6) findet man

(III.2.10)
$$S_{\min} = \frac{1}{m}\left(1 + \frac{n}{mq-n}\right) L^{\frac{1}{m}} \cdot x_{\min}^{-\frac{n}{m}}$$
und

(III.2.11)
$$C_{\min} = x_{\min}.$$

Nun kann man Gl. (III.2.10) nach q auflösen und erhält für die Zahl der Liganden pro Zentralion

(III.2.12)
$$q = \frac{n \cdot S_{\min} \cdot C_{\min}^{\frac{n}{m}}}{m \cdot S_{\min} \cdot C_{\min}^{\frac{n}{m}} - L^{\frac{1}{m}}}.$$

Setzt man x_{min} in (III.2.9) ein, so folgt für die Dissoziationskonstante

$$(III.2.13) \qquad K^{(d)} = \left(\frac{m}{n} q - 1\right) C_{min}^q \; .$$

Für ein einfaches 1,1-Salz AB als Bodenkörper ($m = n = 1$) geht (III.2.12) und (III.2.13) in

$$(III.2.14) \qquad q = \frac{S_{min} \cdot C_{min}}{S_{min} \cdot C_{min} - L}$$

und

$$(III.2.15) \qquad K^{(d)} = (q - 1) \, C_{min}^q$$

über.

Wie aus Abb. III. 2. zu sehen ist, liegt das Löslichkeitsminimum für das System Ag_2O/OH^- bei einer Alkalikonzentration von $0,015$ m ($= C_{min}$). Die zugehörige Löslichkeit beträgt $6,0 \cdot 10^{-6}$ m ($= S_{min}$). Die Löslichkeit von Ag_2O in reinem H_2O ist $2,22 \cdot 10^{-4}$ m. Daraus folgt nach (III.2.14) für $q = 2,20$, womit das Komplexion $Ag(OH)_2^-$ nachgewiesen ist. Der Wert der Dissoziationskonstanten für das Gleichgewicht

$$Ag(OH)_2^- \rightleftharpoons Ag^+ + 2\,OH^-$$

ist nach (III.2.15) $K^{(d)} = 2,3 \cdot 10^{-4}$.

In vielen Fällen findet man in solchen Systemen mehr als ein Komplexion, wie beispielsweise beim System $PbCl_2/Cl^-$, bei dem die Ionen $PbCl_3^-$ und $PbCl_4^{2-}$ existieren. Wenn nicht einer der Komplexe im Bereich des Löslichkeitsminimums überwiegt, ist die angeführte Methode direkt nicht zu verwenden.

Liegen im Bereich des Löslichkeitsminimums zwei Komplexe nebeneinander vor, und kennt man von einem von ihnen die Brutto-Formel und die Dissoziationskonstante, die man nach anderen Verfahren bestimmt hat, so kann man aus der Lage des Löslichkeitsminimums die entsprechenden Daten des zweiten Komplexes ermitteln. Wegen der Einzelheiten sei auf die Originalarbeit [10] verwiesen.

Es ist leicht einzusehen, daß man mit dem angegebenen Verfahren im allgemeinen den Komplex mit der geringsten Zahl koordinierter Liganden erfaßt. Komplexe mit einer höheren Zahl von Liganden machen sich im ansteigenden Ast der Löslichkeitskurve, d. h. bei höheren Anionenkonzentrationen bemerkbar. Über diese höheren Komplexe kann man Auskunft durch eine vollständige Analyse der Löslichkeitskurve bekommen, wie dies im nächsten Abschnitt an einem Beispiel erläutert wird.

BECK [11] hat sich mit der Interpretation des Löslichkeitsminimums bei Komplexbildung beschäftigt und die von REYNOLDS u. ARGERSINGER gefundene Beziehung für die Dissoziationskonstante auf einem einfacheren Weg abgeleitet.

Das Minimum der Löslichkeit ist mit dem isoelektrischen Punkt identisch. Dieser Begriff wird für eine Serie stufenweise sich bildender Komplexe verallgemeinert und nicht nur, wie allgemein üblich, auf amphotere Verbindungen angewendet. Man kann von einem isoelektrischen Punkt nicht nur bei Hydroxokomplexen sprechen, wo dieser durch einen bestimmten pH-Wert charakterisiert ist, sondern ganz allgemein bei jeder Art von Komplexen, bei denen infolge stufenweiser Bildung der Komplexionen ein bestimmter Ionentyp abwechselnd positive und negative Ladung besitzen kann.

Ist M^{n+} das Metallion und X^{m-} das als Ligand fungierende Ion, q die jeweilige Koordinationszahl der einzelnen Komplextypen bei stufenweiser Komplexbildung und Q die maximale Koordinationszahl, so gilt für den isoelektrischen Punkt die Beziehung

$$(III.2.16) \qquad \sum_{q=0}^{q=\frac{n-1}{m}} (n - mq) \, [MX_q^{(n-mq)+}] = \sum_{q=\frac{n+1}{m}}^{q=Q} (mq - n) \, [MX_q^{(mq-n)-}] \, .$$

Der Fall $n = mq$ ist derjenige des neutralen Moleküls, dessen Konzentration vernachlässigbar ist. Der Konzentrationswert für ein Zentralion mit $n = 1$ am isoelektrischen Punkt ist somit gleich der Summe der Konzentrationen der Anionenkomplexe (unter Berücksichtigung der Gewichte der einzelnen Typen). Wenn nur ein einziger Komplex gebildet wird — dies entspricht dem von REYNOLDS u. ARGERSINGER [10] diskutierten Fall —, so gilt

$$(III.2.17) \qquad n \, [M^{n+}] = (mq - n) \, [MX_q^{(mq-n)-}] \, .$$

Die Dissoziationskonstante des Komplexes

$$(III.2.18) \qquad K^{(d)} = \frac{[M^{n+}] \, [X^{m-}]^q}{[MX_q^{(mq-n)-}]}$$

wird dann

$$(III.2.19) \qquad K^{(d)} = \left(\frac{m}{n} q - 1 \right) [X^{m-}]^q \, .$$

Die Beziehung (III.2.19) ist mit (III.2.13) identisch.

Aus diesen Überlegungen folgt, daß jede Methode, die es gestattet, den isoelektrischen Punkt zu ermitteln, gleichzeitig dazu verwendet werden kann, die entsprechende Komplexkonstante zu bestimmen. Man kann z. B. den isoelektrischen Punkt auch papierchromatographisch bestimmen, wofür nur sehr geringe Substanzmengen erforderlich sind.

REYNOLDS u. ARGERSINGER [10] fanden für den Silberhydroxokomplex eine Koordinationszahl von 2,2. Ein solcher Wert kann als Mittelwert der Koordinationszahl angesehen werden, wenn man annimmt, daß neben $Ag(OH)_2^{-}$ noch $Ag(OH)_3^{2-}$ und $Ag(OH)_4^{3-}$-Ionen vorliegen [11]. Sind nur die beiden ersten Typen im Bereich des Minimums der Löslichkeitskurve in merklicher Konzentration vorhanden, so findet man für die Molenbrüche dieser Komplexe aus der mittleren Koordinationszahl von 2,2 mit

$$2a + 3b = 2,2$$

$$a + \quad b = 1 \qquad a = 0,8 \text{ und } b = 0,2 \, .$$

Für den Fall, daß zwei Komplexe gleichzeitig existieren, geht (III.2.19) in

$$(III.2.20) \qquad K_a^{(d)} = \left(\frac{m}{n} q_a - 1 \right) \frac{[X^{m-}]^{q_a}}{a}$$

und

(III.2.21) $$K_b^{(d)} = \left(\frac{m}{n}\, q_b - 1\right) \frac{[\mathrm{X}^{m-}]\, q_b}{b}$$

über, wenn q_a und q_b die Koordinationszahlen der beiden Typen von Komplexionen sind. Mit $m = n = 1$, $q_a = 2$, $q_b = 3$ findet man für die beiden Dissoziationskonstanten der Silberhydroxokomplexe

$$K_{(2)}^{(d)} = \frac{[\mathrm{OH}^-]^2}{0,8} \quad \text{und} \quad K_{(3)}^{(d)} = 2 \cdot \frac{[\mathrm{OH}^-]^3}{0,2}\,.$$

Die OH^--Konzentration am isoelektrischen Punkt, d. h. im Löslichkeitsminimum, ist $[\mathrm{OH}^-] = 1,5 \cdot 10^{-2}$, womit die beiden Konstanten die Werte $K_{(2)}^{(d)} = 2,81 \cdot 10^{-4}$ und $K_{(3)}^{(d)} = 3,36 \cdot 10^{-5}$ annehmen[*].

3. Rechnerische Analyse von Löslichkeitskurven

Im vorigen Abschnitt wurde beschrieben, wie man aus der Lage des Minimums der Löslichkeitskurve Zusammensetzung und Dissoziationskonstante des im Konzentrationsbereich des Minimums vorliegenden Komplexes bestimmen kann. Die Methode gestattet nur diesen einen Komplex zu erfassen bzw., wenn zwei Komplexe nebeneinander vorkommen und Zusammensetzung und Dissoziationskonstante des einen bekannt sind, die Daten des anderen zu berechnen.

Wenn man die Aktivitätskoeffizienten der beteiligten Ionen kennt, ist es im Prinzip möglich, durch eine genaue rechnerische Analyse der gesamten Löslichkeitskurve alle Typen von Komplexen zu identifizieren, die im untersuchten Konzentrationsgebiet vorliegen. Diese Art der Auswertung von Löslichkeitsmessungen soll anhand eines Beispiels beschrieben werden. LIESER [12] untersuchte die Löslichkeit von Silberhalogeniden AgX (X = Cl, Br, J) in Natriumhalogenidlösungen im Konzentrationsbereich bis zu 2 m NaX. Zur Bestimmung kleiner Löslichkeiten ist die Methode der radiochemischen Indizierung besonders geeignet. Als Leitisotop mit brauchbarer Halbwertszeit wurde $^{110}\mathrm{Ag}$ verwendet. Dadurch lassen sich Löslichkeiten bis herunter zu 10^{-7} m mit einem relativ kleinen statistischen Fehler von etwa 2% noch direkt messen. Außerdem wurde $^{111}\mathrm{Ag}$ benutzt, das in trägerfreier Form aus bestrahltem Palladium gewonnen werden kann.

Die Auflösung der Silberhalogenide in Alkalihalogenidlösungen erfolgt nach dem Schema

(III.3.1) $$n\,\mathrm{AgX} + m\,\mathrm{X}^- \rightleftharpoons \mathrm{Ag}_n\mathrm{X}_{n+m}^{m-}\,.$$

Abb. III. 3. zeigt die Löslichkeitskurven der Silberhalogenide in Natriumhalogenidlösungen in doppelt-logarithmischem Maßstab.

In Tab. 1 ist die radiochemisch bestimmte Löslichkeit der Silberhalogenide in Wasser und jeweils das zugehörige Löslichkeitsprodukt für die Temperatur von 18° C enthalten.

---

[*] Nach neuen Messungen von DYRSSEN (1959) kommt über festem AgOH in der Lösung neben Ag^+ nur der Komplex $\mathrm{Ag(OH)}_2^-$ vor.

Aus der Form der Löslichkeitskurven in Abb. III.3. kann man schließen, daß sich in den einzelnen Systemen nicht nur ein Komplex bildet. Mit zunehmender Halogenionenkonzentration entstehen mehrere Typen von Komplexverbindungen. Würde über einen größeren Konzentrationsbereich eine Komplexverbindung vorherrschen, so wäre ein längeres geradliniges Kurvenstück zu erwarten; denn es gilt, wie man aus (III.3.1) unter Berücksichtigung des Massenwirkungsgesetzes sowie

Tabelle 1. *Löslichkeit der Silberhalogenide in Wasser sowie Löslichkeitsprodukte der Silberhalogenide* (18°C)

	Löslichkeit in Wasser (Mol/l)	Löslichkeitsprodukt
AgCl	$9{,}61 \cdot 10^{-6}$ ($\pm$ 1%) $(9{,}5 \cdot 10^{-6})$*	$8{,}82 \cdot 10^{-11}$ ($\pm$ 2%)
AgBr	$4{,}70 \cdot 10^{-7}$ ($\pm$ 1%) $(4{,}6 \cdot 10^{-7})$*	$2{,}11 \cdot 10^{-13}$ ($\pm$ 2%)
AgJ	$5{,}74 \cdot 10^{-9}$ ($\pm$ 3%) $(5{,}3 \cdot 10^{-9})$**	$3{,}16 \cdot 10^{-17}$ ($\pm$ 6%)

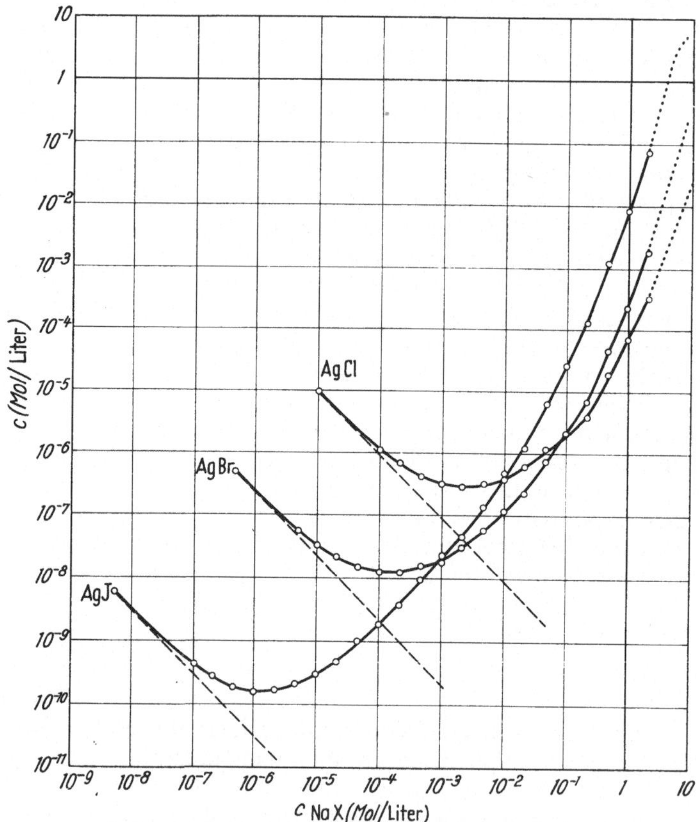

Abb. III.3. Löslichkeitskurven der Silberhalogenide in Natriumhalogenidlösungen. Gesamtkonzentration an gelöstem Silberhalogenid als Funktion der Natriumhalogenidkonzentration in doppelt-logarithmischer Darstellung. (Alle Kurven beginnen mit der Löslichkeit in reinem H_2O.) Nach LIESER [12]

* GLEDHILL, J. A., and G. McP. MALAN: Trans. Faraday Soc. **50**, 126 (1954).
** OWEN, B. B., and ST. R. BRINKLEY JR.: J. Am. Chem. Soc. **60**, 2233 (1938).

der Beziehung für das Löslichkeitsprodukt von AgX ableiten kann,

$$\text{(III.3.2)} \quad \log [\mathrm{Ag}_n\mathrm{X}_{n+m}{}^{m-}] = \log \mathrm{const} + m \cdot \log [\mathrm{X}^-] \quad \text{(vgl. III.1.13)}.$$

Prüft man die Löslichkeitskurven in dieser Weise, so findet man qualitativ, daß im System AgCl/NaCl Komplexe mit $m = 1, 2$ und 3 eine Rolle spielen könnten. In den Systemen AgBr/NaBr und AgJ/NaJ könnten Komplexe mit $m = 1, 2, 3$ und 4 am Gleichgewicht beteiligt sein.

Während man so aus der qualitativen Betrachtung der in doppeltlogarithmischem Maßstab gezeichneten Löslichkeitskurven Aussagen über die möglichen Werte von m bekommt, ist die Zahl n aus den Kurven nicht festzulegen. Es könnten im Falle $m = 1$ z. B. das einkernige Ion AgX_2^- oder auch das zweikernige Ion $\mathrm{Ag}_2\mathrm{X}_3^-$ bzw. andere Typen $\mathrm{Ag}_n\mathrm{X}_{n+1}^-$ vorhanden sein.

Prinzipiell kann man aus Löslichkeitsmessungen allein nicht zwischen ein- und mehrkernigen Typen unterscheiden. Nimmt man potentiometrische Methoden zu Hilfe — im vorliegenden Fall kann man Messungen mit Silberelektroden vornehmen — so ist eine solche Entscheidung möglich. LEDEN u. Mitarb.* konnten zeigen, daß erst bei höheren Halogenionenkonzentrationen, im Falle von AgCl/NaCl und AgBr/NaBr für $[\mathrm{X}^-] >$ 2 m, polynucleare Typen auftreten. Im System AgJ/NaJ setzt die Bildung mehrkerniger Komplexe schon bei geringeren Halogenionenkonzentrationen ein. Unter den von LIESER gewählten Bedingungen der Ionenstärke erscheint es aber berechtigt, im untersuchten Konzentrationsbereich auch in diesem Fall nur mit einkernigen Typen zu rechnen.

Die Gesamtkonzentration des in einer Lösung von Halogenionen gelösten Silberhalogenids ist durch die Beziehung

$$\text{(III.3.3)} \quad c = [\mathrm{Ag}^+] + [\mathrm{AgX}_{aq}] + \sum_n \sum_m n\,[\mathrm{Ag}_n\mathrm{X}_{n+m}{}^{m-}]$$
$$n = 1, 2, \ldots; \; m = 1, 2, \ldots$$

gegeben. Die Konzentration der Silberionen in Lösung kann durch das Löslichkeitsprodukt des Silberhalogenids und die Konzentration der Halogenionen ersetzt werden. Unter Berücksichtigung der Aktivitätskoeffizienten f gilt

$$\text{(III.3.4)} \quad L = [\mathrm{Ag}^+] \cdot f(\mathrm{Ag}^+) \cdot [\mathrm{X}^-] \cdot f(\mathrm{X}^-).$$

Für das Lösungsgleichwicht von AgX gilt nach dem Massenwirkungsgesetz

$$\text{(III.3.5)} \quad K_1^{(d)} = \frac{[\mathrm{Ag}^+] \cdot f(\mathrm{Ag}^+) \cdot [\mathrm{X}^-] \cdot f(\mathrm{X}^-)}{[\mathrm{AgX}_{aq}]} = \frac{L}{[\mathrm{AgX}_{aq}]};$$

für die Dissoziationsgleichgewichte der komplexen Ionen

$$\text{(III.3.6)} \quad \mathrm{Ag}_n\mathrm{X}_{n+m}{}^{m-} \rightleftharpoons n\,\mathrm{Ag}^+ + (n + m)\,\mathrm{X}^-$$

findet man

$$\text{(III.3.7)} \quad K_{n,m}^{(d} = \frac{[\mathrm{Ag}^+]^n \cdot f(\mathrm{Ag}^+)^n \cdot [\mathrm{X}^-]^{n+m} \cdot f(\mathrm{X}^-)^{n+m}}{[\mathrm{Ag}_n\mathrm{X}_{n+m}{}^{m-}] \cdot f(n, m)}$$
$$= \frac{L^n \cdot [\mathrm{X}^-]^m \cdot f(\mathrm{X}^-)^m}{[\mathrm{Ag}_n\mathrm{X}_{n+m}{}^{m-}] \cdot f(n, m)},$$

wenn $f(n, m)$ der Aktivitätskoeffizient der komplexen Ionen ist.

---

* BERNE, E., u. I. LEDEN: Z. Naturforsch. **10 a**, 67 (1955).
LEDEN, I.: Acta Chem. Scand. **10**, 540, 812 (1956).

Für c erhält man

$$(\text{III.3.8}) \quad c = \frac{L}{[\mathrm{X}^-] \cdot f(\mathrm{Ag}^+) \cdot f(\mathrm{X}^-)} + \frac{L}{K_1^{(d)}} + \sum_n \sum_m n \frac{L^n}{K_{n,m}^{(d)}} [\mathrm{X}^-]^m \frac{f(\mathrm{X}^-)^m}{f(n, m)}.$$

Man sieht, daß in (III.3.8) die Aktivitätskoeffizienten eine wichtige Rolle spielen, insbesondere das Verhältnis $\dfrac{f(\mathrm{X}^-)^m}{f(n, m)}$, das als zusätzlicher Faktor neben der Halogenionenkonzentration auftritt. Werte für die Aktivitätskoeffizienten von Natriumhalogenidlösungen können aus der Literatur entnommen werden. Die Aktivitätskoeffizienten der Silberhalogenkomplexe lassen sich näherungsweise berechnen. In Abb. III. 4. sind die Aktivitätskoeffizienten der Natriumhalogenide, diejenigen der Halogenokomplexe, sowie die Quotienten dieser Aktivitätskoeffizienten in Abhängigkeit von der Konzentration dargestellt. Die Quotienten $\dfrac{f(\mathrm{X}^-)^m}{f(n, m)}$ sind bei allen Konzentrationen größer als 1 und erreichen bei hohen Halogenidkonzentrationen große Werte, die nach (III.3.8) einen Anstieg der Löslichkeit bewirken.

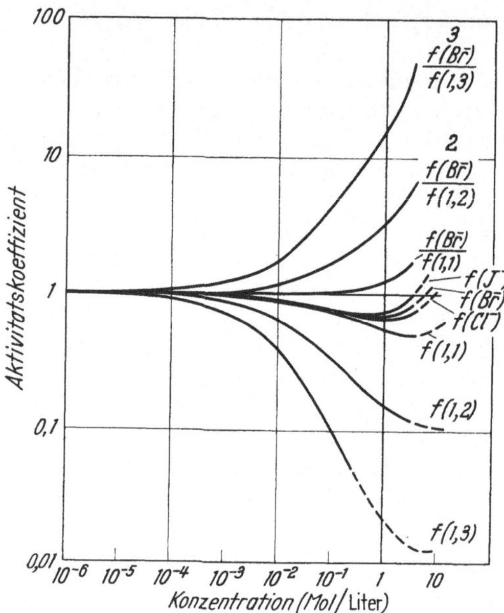

Abb. III.4. Abhängigkeit der Aktivitätskoeffizienten von der Konzentration. Nach LIESER [12]

Unter Verwendung der Aktivitätskoeffizienten kann man nun mit Gl. (III.3.8) die Löslichkeitskurven der Abb. III. 3. rechnerisch analysieren. Dabei geht man schrittweise von niedrigen zu höheren Konzentrationen vor und zieht die auftretenden Konstanten $\dfrac{L}{K_1^{(d)}}$ bzw. $\dfrac{L}{K_{n,m}^{(d)}}$ nacheinander heraus. Bei der Durchführung dieser Analyse bei verschiedenen Konzentrationen, die um ein bis zwei Zehnerpotenzen auseinanderliegen, findet man gute Konstanz der $\dfrac{L}{K_1^{(d)}}$ - bzw. $\dfrac{L}{K_{n,m}^{(d)}}$ -Werte. Das bedeutet, daß bei diesen Konzentrationen die entsprechenden zur Komplexbildung führenden Gleichgewichte vorherrschen.

Die Rechnung liefert die in den Tab. 2—4 angegebenen Ergebnisse. Setzt man die gefundenen Werte in Gl. (III.3.8) ein, so kann man die Löslichkeitskurven der drei Silberhalogenide im gesamten Konzentrationsbereich wiedergeben.

Tabelle 2. *Die Gleichgewichte in wäßrigen Lösungen von Silberchlorid und Chlorionen*

$\mathrm{AgCl}_{aq} = \mathrm{Ag}^+ + \mathrm{Cl}^-;$ $\dfrac{a_{\mathrm{Ag}^+} \cdot a_{\mathrm{Cl}^-}}{a_{\mathrm{AgCl}_{aq}}} = K_1^{(d)} = 3{,}9 \cdot 10^{-4} \ (18^\circ\ \mathrm{C})$

(vorherrschend zwischen etwa 10^{-4} und
    10^{-2} m NaCl)

$\mathrm{AgCl}_2^- = \mathrm{Ag}^+ + 2\,\mathrm{Cl}^-;$ $\dfrac{a_{\mathrm{Ag}^+} \cdot a_{\mathrm{Cl}^-}^2}{a_{\mathrm{AgCl}_2^-}} = K_{1,1}^{(d)} = 5{,}1 \cdot 10^{-6} \ (18^\circ\ \mathrm{C})$

(vorherrschend zwischen etwa 10^{-2} und
    0,2 m NaCl)

$\mathrm{AgCl}_3^{2-} = \mathrm{Ag}^+ + 3\,\mathrm{Cl}^-;$ $\dfrac{a_{\mathrm{Ag}^+} \cdot a_{\mathrm{Cl}^-}^3}{a_{\mathrm{AgCl}_3^{2-}}} = K_{1,2}^{(d)} = 5{,}7 \cdot 10^{-6} \ (18^\circ\ \mathrm{C})$

Tabelle 3. *Die Gleichgewichte in wäßrigen Lösungen von Silberbromid und Bromionen*

$\mathrm{AgBr}_{aq} = \mathrm{Ag}^+ + \mathrm{Br}^-;$ $\dfrac{a_{\mathrm{Ag}^+} \cdot a_{\mathrm{Br}^-}}{a_{\mathrm{AgBr}_{aq}}} = K_1^{(d)} = 2{,}1 \cdot 10^{-5} \ (18^\circ\ \mathrm{C})$

(vorherrschend zwischen etwa 10^{-5} und
    10^{-3} m NaBr)

$\mathrm{AgBr}_2^- = \mathrm{Ag}^+ + 2\,\mathrm{Br}^-;$ $\dfrac{a_{\mathrm{Ag}^+} \cdot a_{\mathrm{Br}^-}^2}{a_{\mathrm{AgBr}_2^-}} = K_{1,1}^{(d)} = 2{,}2 \cdot 10^{-8} \ (18^\circ\ \mathrm{C})$

(vorherrschend zwischen etwa 10^{-3} und
    $5 \cdot 10^{-2}$ m NaBr)

$\mathrm{AgBr}_3^{2-} = \mathrm{Ag}^+ + 3\,\mathrm{Br}^-;$ $\dfrac{a_{\mathrm{Ag}^+} \cdot a_{\mathrm{Br}^-}^3}{a_{\mathrm{AgBr}_3^{2-}}} = K_{1,2}^{(d)} = 3{,}1 \cdot 10^{-9} \ (18^\circ\ \mathrm{C})$

(vorherrschend zwischen etwa 0,1 und
    2 m NaBr)

$\mathrm{AgBr}_4^{3-} = \mathrm{Ag}^+ + 4\,\mathrm{Br}^-;$ $\dfrac{a_{\mathrm{Ag}^+} \cdot a_{\mathrm{Br}^-}^4}{a_{\mathrm{AgBr}_4^{3-}}} = K_{1,3}^{(d)} \approx 6 \cdot 10^{-8} \ (18^\circ\ \mathrm{C})$

(oberhalb 2 m NaBr)

Tabelle 4. *Die Gleichgewichte in wäßrigen Lösungen von Silberjodid und Jodionen*

$\mathrm{AgJ}_{aq} = \mathrm{Ag}^+ + \mathrm{J}^-;$ $\dfrac{a_{\mathrm{Ag}^+} \cdot a_{\mathrm{J}^-}}{a_{\mathrm{AgJ}_{aq}}} = K_1^{(d)} = 2{,}6 \cdot 10^{-7} \ (18^\circ\ \mathrm{C})$

(vorherrschend zwischen etwa 10^{-7} und
    10^{-5} m NaJ)

$\mathrm{AgJ}_2^- = \mathrm{Ag}^+ + 2\,\mathrm{J}^-;$ $\dfrac{a_{\mathrm{Ag}^+} \cdot a_{\mathrm{J}^-}^2}{a_{\mathrm{AgJ}_2^-}} = K_{1,1}^{(d)} = 1{,}8 \cdot 10^{-12} \ (18^\circ\ \mathrm{C})$

(vorherrschend zwischen etwa 10^{-5} und
    10^{-3} m NaJ)

$\mathrm{AgJ}_3^{2-} = \mathrm{Ag}^+ + 3\,\mathrm{J}^-;$ $\dfrac{a_{\mathrm{Ag}^+} \cdot a_{\mathrm{J}^-}^3}{a_{\mathrm{AgJ}_3^{2-}}} = K_{1,2}^{(d)} = 2{,}1 \cdot 10^{-14} \ (18^\circ\ \mathrm{C})$

(vorherrschend zwischen etwa $5 \cdot 10^{-3}$
    und 0,2 m NaJ)

$\mathrm{AgJ}_4^{3-} = \mathrm{Ag}^+ + 4\,\mathrm{J}^-;$ $\dfrac{a_{\mathrm{Ag}^+} \cdot a_{\mathrm{J}^-}^4}{a_{\mathrm{AgJ}_4^{3-}}} = K_{1,3}^{(d)} \approx 8 \cdot 10^{-14} \ (18^\circ\ \mathrm{C})$

    (oberhalb 0,5 m NaJ)

Allgemein lassen sich nach LEDEN [*32*] für die Auflösung einer als Bodenkörper vorliegenden schwerlöslichen Verbindung MA durch Komplexbildung mit A^- folgende Überlegungen durchführen:

Wenn die Ionen M^+ und A^- lösliche Komplexe miteinander bilden, so sind für die Auflösung von MA bei Zugabe von Ionen A^- Gleichgewichte vom Typ

$$(III.3.9) \qquad m\,MA + x\,A^- \rightleftharpoons M_m A_{m+x}^{x-}$$

maßgebend.

Nach dem Massenwirkungsgesetz kann man für die durch die Konzentrationen der Reaktionsteilnehmer ausgedrückten Gleichgewichtskonstanten der Reaktion (III.3.9)

$$(III.3.10) \qquad k_x^m = \frac{[M_m A_{m+x}^{x-}]}{[A^-]^x}$$

schreiben. Die Konzentration an MA ist, da diese Verbindung als Bodenkörper vorliegt, für eine bestimmte Temperatur konstant und wird in die Gleichgewichtskonstante mit einbezogen. Der untere Index gibt die negative Ladung des gebildeten Komplexes an, der obere Index die Anzahl der Metallionen M.

Die Löslichkeit c von MA ist durch den Ausdruck

$$(III.3.11) \qquad c = \sum m\,[M_m A_{m+x}^{x-}]$$

gegeben. Dabei ist die Summation über alle gelösten Komplexe, die M enthalten, vorzunehmen. Setzt man

$$(III.3.12) \qquad K_x = k_x' + 2\,k_x'' + 3\,k_x''' + \cdots$$

so folgt mit Gln. (III.3.10) und (III.3.11)

$$(III.3.13) \qquad c = \sum K_x [A^-]^x.$$

Die Grenzen der Summation sind nach den experimentellen Resultaten zu wählen. Ist die Löslichkeit c als Funktion der Konzentration von A^- bestimmt (Löslichkeitskurve), so können die Koeffizienten K_x aus Gl. (III.3.13) berechnet werden. Im allgemeinen kann man nur die Summen, die in Gl. (III.3.12) auftreten, bestimmen, jedoch nicht die einzelnen Komplexkonstanten. Für den Fall, daß keine mehrkernigen Komplexe gebildet werden, vereinfacht sich Gl. (III.3.13) zu

$$(III.3.14) \qquad c = \frac{L}{[A^-]} + k_0' + k_1'\,[A^-] + k_2'\,[A^-]^2 + \cdots + k_{N-1}'\,[A^-]^{N-1} ,$$

wenn N die Koordinationszahl von M und L das Löslichkeitsprodukt (k_{-1}') ist. In diesem Fall können die Gleichgewichtskonstanten aus den Ergebnissen von Löslichkeitsmessungen bestimmt werden.

Die Bildungskonstanten K_{m+x}^m von der Form

$$(III.3.15) \qquad K_{m+x}^m = \frac{[M_m A_{m+x}^{x-}]}{[M^+]^m\,[A^-]^{m+x}}$$

stehen mit den durch Gl. (III.3.10) definierten Gleichgewichtskonstanten k_x^m in dem Zusammenhang

$$(III.3.16) \qquad\qquad k_x^m = L^m \cdot K_{m+x}^m \, .$$

Das Löslichkeitsprodukt L kann mit Hilfe von potentiometrischen Messungen an Lösungen, die MA als Bodenkörper besitzen, bestimmt werden. Gln. (III.3.12) und (III.3.16) ermöglichen es, die Resultate von Löslichkeitsmessungen mit denjenigen, die aus potentiometrischen Messungen an ungesättigten Lösungen gewonnen werden können, zu vergleichen.

4. Die indirekte Arbeitsweise

Die bisher beschriebenen direkten Verfahren mit Ausnahme des im vorhergehenden Abschnitt angegebenen versagen im allgemeinen immer dann, wenn mehrere Komplexe nebeneinander in merklicher Konzentration vorhanden sind. In einigen in neuerer Zeit veröffentlichten Arbeiten wird so gearbeitet, daß man von der Zahl der nebeneinander vorliegenden Komplexe unabhängig ist und möglichst in einem Arbeitsgang Aussagen über die Komplexkonstanten sowie die Konzentrationsverhältnisse der einzelnen Typen von Komplexverbindungen erhält.

Man mißt mit geeigneten Verfahren die Konzentrationen der wesentlichen Reaktionspartner und stellt probeweise Reaktionsgleichungen auf, die so lange zu modifizieren sind, bis die nach ihnen berechneten Ergebnisse mit den experimentellen Daten übereinstimmen. Ist eine Übereinstimmung erreicht, so sind die postulierten Reaktionsgleichungen wahrscheinlich gemacht. Ein solches Verfahren mutet bezüglich der Auswahl der zugrundeliegenden Reaktionsgleichungen zunächst recht willkürlich an, sofern man nicht auf Grund anderer Erfahrungen bereits vorher gewisse Anhaltspunkte gewonnen hat. Das Hauptproblem stellt immer die Aufstellung der richtigen Reaktionsgleichungen dar.

Als Beispiel für diese Arbeitsweise sei eine Untersuchung von ANDREWS u. KEEFER [14] über die Löslichkeit von Kupfer(I)-chlorid in wäßrigen Lösungen von Maleinsäure angeführt.

Die Löslichkeit des als Bodenkörper vorliegenden Kupfer(I)-chlorids hängt nicht nur von der Maleinsäurekonzentration, sondern auch von der Wasserstoffionen- sowie der Chlorionenkonzentration in der flüssigen Phase ab. Gemessen wird die Abhängigkeit der Gesamtkonzentration an Kupfer in der Lösung c_{Cu} in Abhängigkeit von der Konzentration an gelöster Maleinsäure c_{H_2M} sowie der Wasserstoffionen- und Chlorionenkonzentration. Die beiden letzten Konzentrationen werden durch Zusatz von HCl der Konzentration c_{HCl} und von KCl der Konzentration c_{KCl} variiert. Die Ionenstärke der untersuchten Lösungen beträgt bei den in Tab. 5 angeführten Messungen Nr. 1—9 $\mu \sim 1{,}0$ und bei den Messungen Nr. 10—27 $\mu \sim 0{,}1$. Sie wurde bei den Messungen Nr. 1—18 durch Zugabe von Perchlorsäure und bei Nr. 19—27 durch Zusatz von Natriumperchlorat eingestellt. Zur Berechnung der Gleichgewichtskonstanten wurden keine Korrekturen für die Aktivitätskoeffizienten benutzt. In

Tab. 5 sind in Spalte 7 die gemessenen sowie die unter Verwendung der Beziehungen (III.4.1)—(III.4.10) berechneten Löslichkeiten c_{Cu} angegeben.

Man sieht aus der Tabelle, daß eine Zunahme der Wasserstoffionenkonzentration eine Abnahme der Löslichkeit des Kupfer(I)-chlorids bewirkt (vgl. Messungen Nr. 1, 10 und 19, bei denen c_{H_2M} konstant ist). Durch Zunahme der Chlorionenkonzentration wird die Bildung von Maleinsäurekomplexen verringert. Dieser Effekt wirkt sich jedoch nicht merklich auf die Werte von c_{Cu} aus, da in diesen die Konzentrationen von $CuCl_2^-$ mitenthalten sind.

Auf Grund dieser qualitativen Beobachtungen wurden die Gleichungen (III.4.1)—(III.4.7) angenommen, um die Gleichgewichtsverhältnisse in den Lösungen zu deuten. Die Löslichkeitsdaten wurden dazu benutzt, die Werte der Konstanten K_3, K_4, K_5 und K_6 zu berechnen. K_1 und K_2 waren in einer früheren Untersuchung bestimmt worden[*] und $K_7^{(d)}$ konnte einer Arbeit von Ashton u. Partington[**] entnommen werden.

Tabelle 5. *Löslichkeit von CuCl in wäßrigen Lösungen von Maleinsäure bei 25° C* (Konzentrationen in Mol/l)

Versuch Nr.	c_{H_2M}	c_{HCl}	$[H^+]$	$[H_2M]$	$[Cl^-] \cdot 10^3$	$c_{Cu} \cdot 10^3$ gemess.	berechnet
1	0,202	0	1,03	0,187	7,1	11,8	12,0
2	0,101	0	1,02	0,094	5,1	7,7	7,7
3	0,0503	0	1,02	0,045	3,5	4,8	5,0
4	0,202	0,100	1,03	0,193	94,5	11,0	10,7
5	0,101	0,100	1,02	0,097	94,2	8,0	8,4
6	0,0503	0,100	1,02	0,048	94,0	6,8	7,3
7	0,184	0,0091	1,03	0,174	12,3	9,2	8,6
8	0,101	0,0100	1,02	0,097	11,6	5,3	5,2
9	0,0503	0,0100	1,02	0,048	10,5	3,0	3,0
10	0,202	0	0,138	0,159	11,0	19,2	18,8
11	0,152	0	0,129	0,117	9,7	16,0	15,8
12	0,101	0	0,122	0,075	7,9	12,8	12,2
13	0,0505	0	0,113	0,036	5,6	8,3	8,1
14	0,202	0,100	0,133	0,166	94,0	14,2	14,4
15	0,152	0,100	0,126	0,124	95,0	12,4	12,5
16	0,101	0,100	0,118	0,081	94,0	10,9	10,6
17	0,202	0,0100	0,136	0,161	16,8	15,8	15,5
18	0,101	0,0100	0,120	0,079	14,2	9,6	9,4
		c_{KCl}					
19	0,202	0	0,067	0,134	13,6	24,0	24,3
20	0,101	0	0,043	0,056	10,4	17,0	17,1
21	0,0504	0	0,028	0,021	7,9	11,8	11,8
22	0,202	0,100	0,060	0,139	96,1	17,6	17,8
23	0,152	0,100	0,051	0,098	96,0	15,4	15,9
24	0,101	0,100	0,040	0,060	95,3	12,8	13,3
25	0,202	0,010	0,062	0,136	19,1	20,2	21,0
26	0,152	0,010	0,053	0,096	18,4	17,3	17,7
27	0,101	0,010	0,043	0,057	16,5	14,1	13,8

[*] Keefer, R. M., and L. J. Andrews: J. Am. Chem. Soc. **71**, 1723 (1949).
[**] Ashton, H. W., and J. R. Partington: Trans. Faraday Soc. **30**, 598 (1934).

$$(III.4.1) \quad CuCl_{aq} \rightleftharpoons Cu^+ + Cl^-;\; L = K_1 = [Cu^+] \cdot [Cl^-] = 1{,}85 \cdot 10^{-7}$$

$$(III.4.2) \quad Cu^+ + 2\,Cl^- \rightleftharpoons CuCl_2^-;\; K_2 = \frac{[CuCl_2^-]}{[Cu^+] \cdot [Cl^-]^2} = 3{,}51 \cdot 10^5$$

$$(III.4.3) \quad Cu^+ + H_2M \rightleftharpoons H_2M \cdot Cu^+;\; K_3 = \frac{[H_2M \cdot Cu^+]}{[Cu^+] \cdot [H_2M]} = 1{,}13 \cdot 10^3$$

$$(III.4.4) \quad Cu^+ + Cl^- + H_2M \rightleftharpoons H_2M \cdot CuCl;\; K_4 = \frac{[H_2M \cdot CuCl]}{[Cu^+] \cdot [Cl^-] \cdot [H_2M]} =$$
$$= 9{,}7 \cdot 10^4$$

$$(III.4.5) \quad Cu^+ + HM^- \rightleftharpoons HM \cdot Cu;\; K_5 = \frac{[HM \cdot Cu]}{[Cu^+] \cdot [HM^-]} = 2{,}02 \cdot 10^4$$

$$(III.4.6) \quad Cu^+ + Cl^- + HM^- \rightleftharpoons HM \cdot CuCl^-;\; K_6 = \frac{[HM \cdot CuCl^-]}{[Cu^+] \cdot [Cl^-] \cdot [HM^-]} =$$
$$= 7{.}6 \cdot 10^5$$

$$(III.4.7) \quad H_2M \rightleftharpoons H^+ + HM^-;\; K_7^{(d)} = \frac{[H^+]\,[HM^-]}{[H_2M]} = 0{,}022$$

Zur Berechnung der Gleichgewichtskonstanten wurden die Beziehungen (III.4.8)—(III.4.10) verwendet, wobei c_{H_2M} und c_{Cl^-} die Anfangskonzentrationen an Maleinsäure und Chlorionen in den Lösungen bedeuten, bevor CuCl zugesetzt wurde.

$$(III.4.8) \quad c_{Cu} = [Cu^+] + [CuCl_2^-] + [H_2M \cdot CuCl] + [H_2M \cdot Cu^+] +$$
$$+ [HM \cdot CuCl^-] + [HM \cdot Cu]$$

$$(III.4.9) \quad c_{Cu} + c_{Cl^-} = [Cl^-] + 2\,[CuCl_2^-] + [H_2M \cdot CuCl] + [HM \cdot CuCl^-]$$

$$(III.4.10) \quad c_{H_2M} = [H_2M] + [HM^-] + [H_2M \cdot CuCl] + [H_2M \cdot Cu^+] +$$
$$+ [HM \cdot CuCl^-] + [HM \cdot Cu]$$

Ein Vergleich der in Tab. 5, Spalte 7 angegebenen gemessenen c_{Cu}-Werte mit den berechneten zeigt, daß die angenommenen Gleichungen (III.4.1)—(III.4.7) zur Deutung der Verhältnisse ausreichen und damit wahrscheinlich gemacht sind. Um die Konzentrationen der verschiedenen Komplextypen zu berechnen, sind in den Spalten 4, 5 und 6 die Gleichgewichtskonzentrationen von H^+, Maleinsäure und Cl^- angegeben.

Die Konzentration

von $H_2M \cdot CuCl$ variiert zwischen 0,4 $\cdot 10^{-3}$ m in Messung Nr. 21 und
3,5 $\cdot 10^{-3}$ m in Messung Nr. 4

von $H_2M \cdot Cu^+$ 0,1 $\cdot 10^{-3}$ m in Messung Nr. 6 und
5,5 $\cdot 10^{-3}$ m in Messung Nr. 1

von $HM \cdot CuCl^-$ 0,1 $\cdot 10^{-3}$ m in Messung Nr. 6 und
7,1 $\cdot 10^{-3}$ m in Messung Nr. 22

von $HM \cdot Cu$ 0,04 $\cdot 10^{-3}$ m in Messung Nr. 6 und
12,7 $\cdot 10^{-3}$ m in Messung Nr. 19

von $CuCl_2^-$ 0,2 $\cdot 10^{-3}$ m in Messung Nr. 3 und
6,3 $\cdot 10^{-3}$ m in Messung Nr. 23.

K_5 ist etwa zwanzigmal größer als K_1, das bedeutet, daß HM^- das Cu^+-Ion in stärkerem Maße komplex bindet als H_2M. Aus den Konstanten $K_3 - K_7^{(d)}$ lassen sich die Gleichgewichtskonstanten der unter (III.4.11) bis (III.4.14) angeführten Reaktionen herleiten.

$$\text{(III.4.11)} \qquad H_2M \cdot CuCl \rightleftharpoons H_2M \cdot Cu^+ + Cl^-$$

$$\frac{[H_2M \cdot Cu^+] \cdot [Cl^-]}{[H_2M \cdot CuCl]} = \frac{K_3}{K_4} = 1{,}2 \cdot 10^{-2}$$

$$\text{(III.4.12)} \qquad HM \cdot CuCl^- \rightleftharpoons HM \cdot Cu + Cl^-$$

$$\frac{[HM \cdot Cu] \cdot [Cl^-]}{[HM \cdot CuCl^-]} = \frac{K_5}{K_6} = 2{,}7 \cdot 10^{-2}$$

$$\text{(III.4.13)} \qquad H_2M \cdot CuCl \rightleftharpoons HM \cdot CuCl^- + H^+$$

$$\frac{[HM \cdot CuCl^-] \cdot [H^+]}{[H_2M \cdot CuCl]} = \frac{K_6 \cdot K_7^{(d)}}{K_4} = 0{,}17$$

$$\text{(III.4.14)} \qquad H_2M \cdot Cu^+ \rightleftharpoons HM \cdot Cu + H^+$$

$$\frac{[HM \cdot Cu] \cdot [H^+]}{[H_2M \cdot Cu^+]} = \frac{K_5 \cdot K_7^{(d)}}{K_3} = 0{,}39 \,.$$

Man sieht, daß sowohl $H_2M \cdot CuCl$ als auch $H_2M \cdot Cu^+$ stärkere Säuren sind als Maleinsäure. Ebenso ist $H_2M \cdot Cu^+$ etwas stärker sauer als $H_2M \cdot CuCl$. Die Tendenz, Chlorionen abzuspalten, ist bei $HM \cdot CuCl^-$ größer als bei $H_2M \cdot CuCl$.

Mit der skizzierten indirekten Methode wurde die Existenz der fünf wasserlöslichen Komplexe $H_2M \cdot CuCl$, $H_2M \cdot Cu^+$, $HM \cdot CuCl^-$, $HM \cdot Cu$ und $CuCl_2^-$ nachgewiesen. Die Komplexkonstanten konnten berechnet und die Konzentrationsbereiche, in denen unter den Versuchsbedingungen die einzelnen Komplextypen vorliegen, angegeben werden.

In einer früheren Arbeit hatten ANDREWS u. KEEFER [13] zunächst nur die Komplexe $H_2M \cdot CuCl$ sowie $HM \cdot CuCl^-$ wahrscheinlich gemacht. Die Annahme der zur Bildung dieser Komplexe führenden Reaktionen erschien zur Deutung der experimentellen Daten ausreichend. In einer späteren Arbeit [14] wurde jedoch festgestellt, daß die Komplexbildung und damit die Löslichkeit von CuCl auch von der Chlorionenkonzentration abhängig ist. Nach erneuten Untersuchungen wurde dann das angegebene Reaktionsschema zur Deutung der Befunde aufgestellt. Daraus ist zu sehen, welche Schwierigkeiten prinzipiell in der Auffindung der richtigen Reaktionsgleichungen bestehen.

Literatur

[1] BODLÄNDER, G.: Das Verhalten von Molekularverbindungen bei der Auflösung. I. Verbindungen von Chlorsilber und Bromsilber mit Ammoniak. Z. physik. Chem. **9**, 730 (1892).

[2] BODLÄNDER, G., u. R. FITTIG: Das Verhalten von Molekularverbindungen bei der Auflösung. II. Z. physik. Chem. **39**, 597 (1902).

[3] BODLÄNDER, G., u. W. EBERLEIN: Beiträge zur Kenntnis der Cuproverbindungen. I. u. II. Z. anorg. u. allgem. Chem. **31**, 1, 458 (1902).

[4] BODLÄNDER, G., u. W. EBERLEIN: Über einige komplexe Silbersalze. Z. anorg. u. allgem. Chem. **39**, 197 (1904).

[5] BODLÄNDER, G., u. W. EBERLEIN: Über die Zusammensetzung der in Lösungen existierenden Silberverbindungen des Methyl- und Äthylamins. Ber. 36, 3945 (1903).

[6] BODLÄNDER, G.: Über einige komplexe Metallverbindungen. Ber. 36, 3933 (1903).

[7] FORBES, G. S.: The solubility of silver chloride in chloride solutions and the existence of complex argenti-chloride ions. J. Am. Chem. Soc. 33, 1937 (1911).

[8] ERBER, W., u. A. SCHÜHLY: Löslichkeit von Silberchlorid in Salzsäure (Beitrag zur Kenntnis der Komplexsalze). J. prakt. Chem. N. F. 158, 176 (1941).

[9] ERBER, W.: Die Löslichkeit von Silberjodid in wäßriger Jodwasserstoffsäure. (Komplexverbindungen III). Z. anorg. u. allgem. Chem. 248, 36 (1941).

[10] REYNOLDS, C. A., and W. J. ARGERSINGER JR.: Constitution and stability of complex ions from solubility minima. J. Phys. Chem. 56, 417 (1952).

[11] BECK, M. T.: Correlation between "isoelectric point" and the stability of complex compounds. Acta Chim. Acad. Sci. Hung. 4, 227 (1954).

[12] LIESER, K. H.: Radiochemische Untersuchung der Löslichkeit von Silberhalogeniden in Wasser und Natriumhalogenidlösungen und die Komplexbildung der Silberhalogenide mit Halogenionen. Z. anorg. u. allgem. Chem. 292, 97 (1957). (Rechnerische Analyse der Löslichkeitskurven unter Berücksichtigung der Aktivitätskoeffizienten.)

[13] ANDREWS, L. J., and R. M. KEEFER: Cuprous complexes of malic and fumaric acid. J. Am. Chem. Soc. 70, 3261 (1948).

[14] ANDREWS, L. J., and R. M. KEEFER: Cation complexes of compounds containing carbon-carbon double bonds. II. The solubility of cuprous chloride in aqueous malic acid solutions. J. Am. Chem. Soc. 71, 2379 (1949).

[15] ANDREWS, L. J., R. M. KEEFER and R. E. KEPNER: III. Cuprous complexes of some unsaturated acids. J. Am. Chem. Soc. 71, 2381 (1949).

[16] ANDREWS, L. J., and R. M. KEEFER: IV. The argentation of aromatic hydrocarbons. J. Am. Chem. Soc. 71, 3645 (1949).

[17] KEEFER, R. M., and L. J. ANDREWS: The solubility of cuprous chloride in aqueous solution. J. Am. Chem. Soc. 71, 1723 (1949).

[18] JOHNSTON, H. L., F. C. CUTA and A. B. GARETT: The solubility of silver oxide in water, alkali and alkaline salt solutions. J. Am. Chem. Soc. 55, 2311 (1933).

[19] GARETT, A. B., and A. E. HIRSCHLER: The solubility of red and yellow mercuric oxides in H_2O, alcalic and alcaline salt solutions. J. Am. Chem. Soc. 60, 299 (1938).

[20] GARETT, A. B.: The solubility of mercuric halides in solutions of potassium halides. The character of the mercuric complex ions. Evidence for polymerisation of mercuric chloride. J. Am. Chem. Soc. 61, 2744 (1939).

[21] GARETT, A. B., S. VELLENGA and C. M. FONTANA: The solution of red, yellow and black lead oxides and hydrated lead oxide in alkaline solutions. J. Am. Chem. Soc. 61, 367 (1939).

[22] GARETT, A. B., O. HOMES and A. LAUBE: The solution of arsenious oxide in dilute solutions of HCl and NaOH. The character of the ions of trivalent arsenic, evidence for polymerisation of arsenic acid. J. Am. Chem. Soc. 62, 2024 (1940).

[23] GARETT, A. B., and R. E. HEIKS: Equilibria in the stannous oxides-sodium hydroxyde and stannous oxide-hydrochlorid acid systems at 25° C. J. Am. Chem. Soc. 63, 562 (1941).

[24] GAYER, K. H., and A. B. GARETT: The equilibria of nickel hydroxyd, $Ni(OH)_2$, in solutions of HCl and NaOH at 25° C. J. Am. Chem. Soc. 71, 2973 (1949). (Verwendung von [58]Ni.)

[25] HARKINS, W. D., u. Mitarb.: The effect of salts upon the solubility of other salts. V., VI. u. VII. J. Am. Chem. Soc. 33, 1807 ff. (1911).

[26] KENDALL, J., and C. H. SLOANE: The solubility of slightly solubel chlorides in concentrated solutions. J. Am. Chem. Soc. 47, 2306 (1925).

[27] CROUTHAMEL, C. E., and D. S. MARTIN: The solubility of ytterbium oxalate and complex ion formation in oxalate solution. J. Am. Chem. Soc. 72, 1328 (1950). (Radiochemische Löslichkeitsbestimmung.)

[28] VESTIN, R., A. SOMERSALB u. B. MUELLER: Cuprous compounds of acetylene. III. Identification of dissolved addition compounds in chloride solution. Acta Chem. Scand. 7, 745 (1953).

[29] LEDEN, I.: Mono- and polynuclear silver halide complexes. Proceedings of the symposium on co-ordination chemistry, Copenhagen 1953, S. 77.

[30] LEDEN, I., and C. PARCK: The solubility of silver iodide in aqueous solutions of silver perchlorate. Acta Chem. Scand. 10, 535 (1956). (Verwendung von radioaktivem ^{131}J.)

[31] LEDEN, I.: Anionic silver iodide complexes in aqueous solution. Acta Chem. Scand. 10, 812 (1956).

[32] LEDEN, I.: The complex formation between silver and chloride ion at high chloride concentrations. Svensk. Kem. Tidskr. 64, 249 (1952).

[33] BARNEY, J. E., W. J. ARGERSINGER JR. and C. A. REYNOLDS: A study of some complex chlorides and oxalates by solubility measurementes J. Am. Chem. Soc. 73, 3785 (1951).

[34] JONTE, J. H., and D. S. MARTIN: The solubility of silver chloride and the formation of complexes in chloride solutions. J. Am. Chem. Soc. 74, 2052 (1952).

[35] DEY, A. K.: Calculation of composition and formulas of some complex compounds from solubility data. Doklady Akad. Nauk S.S.S.R. 58, 1047 (1947).

[36] DEY, A. K.: Calculation of the formula of polyhalides from solubility data. J. Indian Chem. Soc. 24, 207 (1947).

[37] NILSSON, R. O.: Complex formation between silver and thiosulfate ions. I. Solubility measurements. Arkiv Kemi 12, 219 (1958).

IV.

Untersuchungen mit Hilfe von Verteilungsmessungen. (Extraktionsmethode)

In manchen Fällen kann man zur Untersuchung von Komplexbildung mit gutem Erfolg Verteilungsmessungen verwenden.

Für die Verteilung eines Stoffes zwischen zwei Lösungsmitteln gilt der Nernstsche Verteilungssatz. Sind in einem System zwei Phasen 1 und 2, z. B. zwei begrenzt mischbare Flüssigkeiten, miteinander im Gleichgewicht, so verteilt sich ein in den beiden Phasen löslicher dritter Stoff derart, daß das Verhältnis der Konzentration dieses Stoffes in beiden Phasen bei konstanter Temperatur konstant ist.

$$\frac{c_1}{c_2} = \Lambda$$

Λ ist die Verteilungskonstante, auch Verteilungskoeffizient genannt. Voraussetzung für die Gültigkeit dieser Beziehung ist, daß der gelöste Stoff in beiden Phasen den gleichen Molekularzustand besitzt.

Die Untersuchung von Komplexbildung mit Hilfe von Verteilungsmessungen wird so durchgeführt, daß man eine wäßrige Lösung, die das Metallion (M) enthält, mit einem mit Wasser nicht mischbaren organischen Lösungsmittel bei Gegenwart der komplexbildenden Komponente (A) extrahiert. Man bestimmt dann die Verteilung des Metalls zwischen beiden Phasen als Funktion der Konzentration von A oder auch die Verteilung von A als Funktion der Konzentration von M. Daraus lassen sich Aussagen über die in der wäßrigen Phase gebildeten Komplexe sowie ihre Bildungskonstanten gewinnen. Die Bestimmung der Gesamtkonzentration des Metallions in beiden Phasen kann in manchen Fällen unter Verwendung von Radioisotopen erfolgen. Bei Untersuchungen mit Hilfe der Extraktionsmethode arbeitet man stets mit einer konstanten Ionenatmosphäre, indem man einen inerten Zusatzelektrolyten benutzt. Dadurch kann man in guter Näherung mit den Konzentrationen anstatt mit den Aktivitäten rechnen.

Für die mathematische Behandlung derartiger Systeme kann man im allgemeinen als Voraussetzung annehmen, daß in der organischen Phase nur ungeladene Komplexe vorliegen, während die wäßrige Phase neben dem freien Metallion alle möglichen Komplextypen enthält. Besonders einfache Verhältnisse liegen dann vor, wenn nur in einer, z. B. der wäßrigen Phase, ein einziger Komplex gebildet wird. Dann untersucht man die Verteilung der Ligandenkomponente zwischen beiden Phasen als Funktion der Metallionenkonzentration. Schon schwieriger zu analysieren ist ein System, bei dem in einer Phase mehrere Komplexe vorkommen, die miteinander im Gleichgewicht stehen. Kompliziert werden die Verhältnisse, wenn in beiden Phasen mehrere Typen vorkommen und Hydrolyseneffekte sowie Einbau von organischen Lösungsmittelmolekülen mit in Betracht zu ziehen sind.

Im folgenden werden zunächst einige einfache Fälle beschrieben, um das Prinzipielle der Extraktionsmethode zu erläutern. Anschließend wird der allgemeine Fall behandelt, der diese einfachen Fälle als Grenzfälle einschließt.

1. Bildung eines einzigen Komplexes in der wäßrigen Phase

In der wäßrigen Phase soll durch Reaktion der Komponenten A und B nach

$$(IV.1.1) \qquad m\mathrm{A} + n\mathrm{B} \rightleftharpoons \mathrm{A}_m\mathrm{B}_n$$

eine Komplexverbindung gebildet werden. Die wäßrige Lösung wird mit einem organischen Lösungsmittel ausgeschüttelt, in dem nur B löslich ist, nicht jedoch A und der Komplex $\mathrm{A}_m\mathrm{B}_n$.

Der Verteilungskoeffizient für die Substanz B zwischen beiden reinen Phasen (in Abwesenheit von A) ist

$$(IV.1.2) \qquad \Lambda = \frac{[\mathrm{B}]_{org}}{[\mathrm{B}]_{aq}} \, ,$$

wenn $[\mathrm{B}]_{org}$ und $[\mathrm{B}]_{aq}$ die Konzentrationen von B im organischen Lösungsmittel und in der wäßrigen Phase sind. Man schüttelt nun die wäßrige Lösung, die die Komponenten A und B enthält, mit dem organischen Lösungsmittel bis sich das Verteilungsgleichgewicht eingestellt hat. Eine Analyse ergibt dann Werte $c_{\mathrm{B}org}$ und $c_{\mathrm{B}aq}$ für die jeweilige Gesamtkonzentration an B in beiden Phasen.

Nach dem Verteilungssatz gilt nunmehr ($[\mathrm{B}]_{org} = c_{\mathrm{B}org}$)

$$(IV.1.3) \qquad \Lambda = \frac{c_{\mathrm{B}org}}{[\mathrm{B}]_{aq}}$$

und damit für die Konzentration an freiem, nicht komplex gebundenem
B in der wäßrigen Phase

$$(IV.1.4) \qquad [B]_{aq} = \frac{c_{Borg}}{\Lambda} .$$

Für die Komplexkonzentration erhält man

$$(IV.1.5) \qquad [A_mB_n]_{aq} = \frac{1}{n}\left(c_{Baq} - [B]_{aq}\right) = \frac{1}{n}\left(c_{Baq} - \frac{c_{Borg}}{\Lambda}\right)$$

und für die Konzentration an freiem A, wenn c_{Aaq} die Gesamtkonzentration von A ist

$$(IV.1.6) \qquad [A]_{aq} = c_{Aaq} - m\,[A_mB_n]_{aq} = c_{Aaq} - \frac{m}{n}\left(c_{Baq} - \frac{c_{Borg}}{\Lambda}\right) .$$

Setzt man (IV.1.4), (IV.1.5) und (IV.1.6) in die Beziehung für die Bildungskonstante

$$(IV.1.7) \qquad K = \frac{[A_mB_n]_{aq}}{[A]_{aq}^m[B]_{aq}^n}$$

ein, so findet man

$$(IV.1.8) \qquad K = \frac{\Lambda^n\left(c_{Baq} - \dfrac{c_{Borg}}{\Lambda}\right)}{n \cdot c_{Borg}^n\left\{c_{Aaq} - \dfrac{m}{n}\left(c_{Baq} - \dfrac{c_{Borg}}{\Lambda}\right)\right\}^m} .$$

Damit ist die Bildungskonstante des Komplexes durch Größen ausgedrückt, die der experimentellen Bestimmung zugänglich sind. Man erhält Λ durch eine Messung der Verteilung von B zwischen beiden reinen Lösungsmitteln. Dann mißt man die Gesamtkonzentration von B in beiden Phasen in Abhängigkeit von verschiedenen Gesamtkonzentrationen von A. K läßt sich nunmehr nach Gl. (IV.1.8) berechnen. m und n werden bestimmt, indem man probeweise verschiedene Wertpaare einsetzt und prüft, bei welcher Kombination von m und n ($m = 1, 2, \ldots; n = 1, 2, \ldots$) man für verschiedene c_A-Werte einen konstanten Wert für die Bildungskonstante erhält.

Von EBERZ, WELGE, YOST u. LUCAS [1] wurde so z. B. die Komplexbildung zwischen Isobuten und Silberionen untersucht. Als Lösungsmittel dienten CCl_4 und wäßrige KNO_3-Lösung. Die Ionenstärke in der wäßrigen Phase wurde auf $\mu = 1$ eingestellt. Die Verteilung von Isobuten zwischen beiden Phasen wurde in Abhängigkeit von der Silberkonzentration in der wäßrigen Phase gemessen. Es konnte ein 1:1-Komplex $C_4H_8 \cdot Ag^+$ nachgewiesen werden, dessen Bildungskonstante $K = 61{,}7$ bei 25° C beträgt.

2. Bildung mehrerer Komplexe in der wäßrigen und einer Komplexverbindung in der organischen Phase

WINSTEIN u. LUCAS [2] untersuchten ein System mit der Extraktionsmethode, bei dem in der wäßrigen Phase 3 Komplexe vorkommen, in der organischen Phase hingegen keiner von diesen löslich ist. Als wäßrige Phase wurde eine KNO_3-Lösung verwendet, in der $AgNO_3$ gelöst war. Diese Lösung wurde bei Gegenwart von Olefinen mit CCl_4 ausgeschüttelt. Durch Bestimmung der Verteilung der Olefinkomponente zwischen beiden Phasen in Abhängigkeit von der Konzentration an Silberionen konnten in der wäßrigen Phase die Gleichgewichte

$$B + Ag^+ \rightleftharpoons B \cdot Ag^+$$
$$B \cdot Ag^+ + Ag^+ \rightleftharpoons Ag \cdot B \cdot Ag^{++}$$
$$B \cdot Ag^+ + B \rightleftharpoons B \cdot Ag \cdot B^+$$

nachgewiesen und die zugehörigen Bildungskonstanten bestimmt werden. Wegen der Einzelheiten sei auf die Originalarbeit [2] verwiesen.

Im folgenden wollen wir quantitativ den von RYDBERG [3] behandelten allgemeineren Fall diskutieren, bei dem in der wäßrigen Phase eine Reihe einkerniger Komplexe MA, MA_2, MA_3, MA_4 gebildet wird. In der organischen Phase sei nur der ungeladene Komplex MA_4 löslich. Solche Verhältnisse findet man z. B. bei dem System $M = Th^{4+}$ und $HA = $ Acetylaceton. In der wäßrigen Phase sind die Gleichgewichte

$$Th^{4+} + A^- \rightleftharpoons ThA^{3+}$$
$$ThA^{3+} + A^- \rightleftharpoons ThA_2^{2+}$$
$$ThA_2^{2+} + A^- \rightleftharpoons ThA_3^+$$
$$ThA_3^+ + A^- \rightleftharpoons ThA_4$$

zu beachten. Außerdem kann im Prinzip noch Hydrolyse auftreten, so daß Hydroxokomplexe $Th(OH)^{3+}$, $Th(OH)_2^{2+}$, ... sowie eventuell gemischte Typen, z. B. $Th(OH)A_2^+$, vorkommen können. Für hinreichend niedrige Konzentrationen ist die Bildung mehrkerniger Komplexe auszuschließen.

Bei der nachstehenden Ableitung wird vorausgesetzt, daß Hydrolyse nur in so geringem Umfang auftritt, daß praktisch keine gemischten Komplextypen gebildet werden. Für die beiden in der wäßrigen Phase möglichen Komplexbildungsreaktionen

$$(IV.2.1) \qquad M + A \rightleftharpoons MA$$
$$MA + A \rightleftharpoons MA_2$$
$$\cdots \cdots \cdots \cdots$$

und

$$(IV.2.2) \qquad M + OH \rightleftharpoons MOH$$
$$MOH + OH \rightleftharpoons M(OH)_2$$
$$\cdots \cdots \cdots \cdots \cdots *$$

sind die zugehörigen Bruttobildungskonstanten für die Typen MA_n bzw. $M(OH)_n$ nach dem Massenwirkungsgesetz durch

$$(IV.2.3) \qquad K_n = \frac{[MA_n]}{[M] \cdot [A]^n}$$

---

* Die Ladungen sind im folgenden aus Gründen einer einfacheren Schreibweise fortgelassen.

und

$$(IV.2.4) \qquad K'_n = \frac{[M(OH)_n]}{[M] \cdot [OH]^n}$$

gegeben. Die Gesamtkonzentration von M in der wäßrigen Phase ist

$$(IV.2.5) \qquad c_{M_{aq}} = [M] + \sum_{n=1}^{n=N} [MA_n] + \sum_{n=1}^{n=P} [M(OH)_n] \,,$$

wenn N die maximale Zahl von A und P die maximale Zahl von OH pro Metallion ist.

In der organischen Phase existiere M nur in Form des ungeladenen Komplexes MA_4. Der Verteilungskoeffizient λ_4 für diese Komplexverbindung zwischen den beiden Phasen ist

$$(IV.2.6) \qquad \lambda_4 = \frac{[MA_4]_{org}}{[MA_4]_{aq}} \,.$$

Der direkten experimentellen Bestimmung zugänglich ist ein Verteilungsverhältnis q, das als Quotient der Gesamtkonzentration von M in beiden Phasen

$$(IV.2.7) \qquad q = \frac{c_{M_{org}}}{c_{M_{aq}}}$$

definiert ist. Die Bestimmung der Gesamtkonzentration an M in jeder der beiden Phasen kann mit irgendwelchen geeigneten chemisch analytischen Methoden oder auch unter Verwendung von radioaktivem M erfolgen. In letzterem Fall mißt man die Strahlungsaktivität I in jeder Phase, die proportional der Metallkonzentration ist. Es gilt

$$(IV.2.8) \qquad I_{org} = k_{org} \cdot c_{M_{org}}$$

$$I_{aq} = k_{aq} \cdot c_{M_{aq}}$$

und somit

$$(IV.2.9) \qquad q = \frac{I_{org}}{I_{aq}} = \frac{c_{M_{org}}}{c_{M_{aq}}} \cdot \frac{k_{org}}{k_{aq}} \,.$$

Aus den Gleichungen (IV.2.3)—(IV.2.7) folgt

$$(IV.2.10) \qquad q = \frac{\lambda_4 K_4 [A]^4}{1 + \sum_1^N K_n [A]^n + \sum_1^P K'_n [OH]^n} \,.$$

Für den Fall der Konzentrationsbestimmung mit radioaktivem M tritt an Stelle von λ_4 in Gl. (IV.2.10) infolge von (IV.2.8) und (IV.2.9)

$$(IV.2.11) \qquad \lambda' = \lambda_4 \cdot \frac{k_{org}}{k_{aq}} \,.$$

In vielen Fällen ist der Quotient der Proportionalitätsfaktoren k_{org}/k_{aq} näherungsweise gleich 1.

Man erkennt aus Gl. (IV.2.10), daß für verschiedene pH-Werte verschiedene Verteilungskurven $q = f([A])$ resultieren. Ist in Gl. (IV.2.10) $\sum_1^P K'_n [OH]^n$ vernachlässigbar klein gegenüber $1 + \sum_1^N K_n [A]^n$, findet also unter den Versuchsbedingungen praktisch keine Hydrolyse statt, so erhält man unabhängig vom pH-Wert stets dieselbe Verteilungskurve, und es gilt dann

$$(IV.2.12) \qquad q = \frac{\lambda_4 K_4 [A]^4}{\sum\limits_0^N K_n [A]^n}$$

mit $K_0 = 1$. Führt man eine Reihe neuer Konstanten

$$(IV.2.13) \qquad \varphi_{4-n} = \frac{[MA_n]}{[MA_4] \cdot [A]^{n-4}} = \frac{K_n}{K_4}$$

ein, so nimmt (IV.2.12) die Form

$$(IV.2.14) \qquad q = \lambda_4 \cdot \left(\sum\limits_{n=0}^{n=N} \varphi_{4-n} [A]^{n-4} \right)^{-1}$$

an, wobei $\varphi_0 = K_0 = 1$ ist. Für den Fall $n = 0,1,..,4$, wenn also bei einem vierfach positiv geladenen Metallion keine negativ geladenen Komplexe MA_5^-, MA_6^{2-}, ... auftreten (maximale Koordinationszahl 4), gilt somit

$$(IV.2.15) \qquad q = \frac{\lambda_4}{\varphi_4 [A]^{-4} + \varphi_3 [A]^{-3} + \varphi_2 [A]^{-2} + \varphi_1 [A]^{-1} + 1} \, .$$

(Beim Vorhandensein negativ geladener Komplexe kommen im Nenner von (IV.2.15) zusätzliche Glieder $\varphi_{-1} [A]$, $\varphi_{-2} [A]^2$ usw. hinzu.)

Bei Bildung von polynuclearen Komplexen hat man als Bruttobildungskonstanten

$$(IV.2.16) \qquad K_{m,n} = \frac{[M_m A_n]}{[M]^m [A]^n}$$

und

$$(IV.2.17) \qquad K'_{m,n} = \frac{[M_m (OH)_n]}{[M]^m [OH]^n} \quad (K_{1,n} = K_n; K'_{1,n} = K'_n) \, .$$

Es gilt dann eine Gl. (IV.2.10) entsprechende Beziehung

$$(IV.2.18) \qquad q = \frac{\lambda_4 K_4 [A]^4}{1 + \sum\limits_m \sum\limits_n m K_{m,n}[M]^{m-1}[A]^n + \sum\limits_m \sum\limits_n m \, K'_{m,n} [M]^{m-1} [OH]^n} \, .$$

Das Verteilungsverhältnis q ist hier nicht nur eine Funktion von [A] und pH, sondern hängt zusätzlich noch von der Metallkonzentration ab.

Werden weder polynucleare Komplexe noch Hydrolysenprodukte gebildet, so gilt Gl. (IV.2.12) bzw. speziell für $n = 0, 1, .., 4$ Gl. (IV.2.15), und die Verteilungskurve ist lediglich eine Funktion von [A]. Meist werden die experimentellen Daten dargestellt, indem man $\log q$ gegen $\log [A]$ aufträgt. Nach (IV.2.12) gilt

$$(IV.2.19) \qquad \log q = \log \lambda_4 + \log K_4 + 4 \log [A] - \log \sum\limits_{n=0}^{n=N} K_n [A]^n \, .$$

Die Bildungskonstanten $K_1, K_2, ..$ erhält man aus der experimentellen Verteilungskurve. Dazu kann man z. B. die Bjerrumsche Methode der Bildungsfunktion (vgl. dazu V. Kapitel 2. a) verwenden. Man definiert die durchschnittliche Zahl von Liganden A pro Zentralion M

$$(IV.2.20) \qquad \bar{n} = \frac{\sum\limits_{1}^{N} n\,[MA_n]_{aq}}{c_{M_{aq}}}$$

[vgl. (V.2.3) u. (V.2.6)]. Der Anteil von M, der in Form des n-ten Komplexes vorliegt — der Bildungsgrad des n-ten Komplexes — ist durch

$$(IV.2.21) \qquad \alpha_n = \frac{[MA_n]_{aq}}{c_{M_{aq}}} \qquad\qquad [vgl.\ (V.2.10)]$$

gegeben. Durch Vergleich mit (IV.2.6) und (IV.2.7) folgt

$$(IV.2.22) \qquad\qquad q = \alpha_4 \cdot \lambda_4 \,.$$

α_4 ist der Bildungsgrad des ungeladenen Komplexes MA_4.

Aus (IV.2.20) und (IV.2.21) erhält man die Beziehung [vgl. (V.2.15)]

$$(IV.2.23) \qquad \bar{n} = n - \frac{d \log \alpha_n}{d \log [A]} = n + \frac{d \log \alpha_n}{d\mathrm{p}\,[A]} \,,$$

also mit (IV.2.22)

$$(IV.2.24) \qquad\qquad \bar{n} = 4 + \frac{d \log q}{d\mathrm{p}\,[A]} \,.$$

Durch graphische Differentiation der Kurve $\log q = f(\mathrm{p}\,[A])$ findet man die Bildungskurve $\bar{n} = f(\mathrm{p}\,[A])$. Aus dieser Bildungskurve gewinnt man dann die Komplexkonstanten nach einem der in Kapitel V. Abschnitt 2.a bzw. 2.d beschriebenen Verfahren.

Man kann auch die Methode von LEDEN [vgl. V. Kapitel 2.b bzw. 2.d] verwenden. Gl. (IV.2.15) kann in

$$(IV.2.25) \quad F = \frac{1}{q} = (1 + \varphi_1\,[A]^{-1} + \varphi_2\,[A]^{-2} + \varphi_3\,[A]^{-3} + \varphi_4\,[A]^{-4})\,\lambda_4^{-1}$$

umgewandelt werden. Trägt man F als Funktion von $[A]^{-1}$ auf, so findet man durch Extrapolation auf $[A]^{-1} = 0$ als Achsenabschnitt mit der F-Achse $1/\lambda_4$ und als Steigung φ_1/λ_4.

Entsprechend kann man weitere Funktionen

$$(IV.2.26) \quad G = \left(\frac{\lambda_4}{q} - 1\right)[A] = \varphi_1 + \varphi_2\,[A]^{-1} + \varphi_3\,[A]^{-2} + \varphi_4\,[A]^{-3}\,,$$

$$(IV.2.27) \quad H = (G - \varphi_1)\,[A] = \varphi_2 + \varphi_3\,[A]^{-1} + \varphi_4\,[A]^{-2}\,,$$

$$\cdots\cdots\cdots\cdots\cdots\cdots\cdots\cdots\cdots\cdots$$

berechnen und durch Extrapolation auf $[A]^{-1} = 0$ auf graphischem Wege die gesuchten Bildungskonstanten erhalten.

3. Der allgemeine Fall, Bildung zusammengesetzter einkerniger Komplexe

RYDBERG [4, 5] hat den allgemeinen Fall theoretisch behandelt, wie man aus der Verteilung eines Metalls zwischen einer wäßrigen und einer organischen Phase die Bildungskonstanten der unter gegebenen Bedingungen vorliegenden Typen von zusammengesetzten Komplexen ableiten kann.

a) Grundlagen der Methode.
Die allgemeine Verteilungsgleichung

Wir betrachten ein Metall M mit der Ladung $N+$, das bei Gegenwart einer komplexbildenden Säure HA zwischen einer wäßrigen und einer organischen Phase verteilt ist. Im Prinzip können zusammengesetzte Komplexverbindungen der allgemeinen Form

$$(IV.3.1) \qquad M_m A_n(OH)_p(HA)_r(Org)_s(H_2O)_t$$

gebildet werden. Die Werte für die Indizes m, n, p, ... und die Bildungskonstanten der zugehörigen Komplextypen lassen sich aus Verteilungsmessungen des Metalls zwischen beiden Phasen in Abhängigkeit von den verschiedenen Variablen (Metallkonzentration, Konzentration an HA, Wasserstoffionenkonzentration usw.) gewinnen.

Die Komplexbildungskonstanten für Komplexe der Form (IV.3.1) sind durch

$$(IV.3.2) \qquad \varkappa_{m,n,p,r,s,t} = \frac{[M_m A_n(OH)_p(HA)_r(Org)_s(H_2O)_t]}{[M]^m\,[A]^n\,[OH]^p\,[HA]^r\,[Org]^s\,[H_2O]^t}$$

definiert. Alle Variablen in (IV.3.1) bzw. (IV.3.2) sind nicht voneinander unabhängig, vielmehr gelten die Beziehungen

$$(IV.3.3) \qquad [HA] \cdot k_a = [H] \cdot [A]$$

sowie

$$(IV.3.4) \qquad [H_2O] \cdot k_w' = [H] \cdot [OH]\ .$$

Damit folgt

$$(IV.3.5) \qquad [M]^m[A]^n[OH]^p[HA]^r[Org]^s[H_2O]^t$$
$$= [M]^m[HA]^{n+r}[H]^{-n-p}[H_2O]^{p+t}[Org]^s \cdot k_a^n \cdot k_w'^p$$

und, wenn wir die Größen

$$(IV.3.6) \qquad x = n + r$$

$$(IV.3.7) \qquad y = n + p$$

und

$$(IV.3.8) \qquad z = p + t$$

einführen, für die Zusammensetzung des Komplexes (IV.3.1) der Ausdruck

$$(IV.3.9) \qquad M_m(HA)_x(H)_{-y}(H_2O)_z(Org)_s\ .$$

Im allgemeinen ist es sehr schwierig, wenn nicht unmöglich, die Anzahl von H_2O-Molekülen in einem Komplexion in wäßriger Lösung zu bestimmen. Führt man die Untersuchungen bei konstanter Ionenstärke durch, wie dies in der Regel der Fall ist, so kann man den Effekt der Hydratation in die Komplexbildungskonstanten mit einbeziehen, da in diesem Fall die Konzentration des Wassers praktisch konstant ist. Wir beschränken unsere Überlegungen somit auf Komplexe

$$(IV.3.10) \qquad M_m(HA)_x(H)_{-y}(Org)_s\ ,$$

deren Bildungskonstanten durch

$$(IV.3.11) \qquad K_{m,x,y,s} = \frac{[M_m(HA)_x(H)_{-y}(Org)_s]}{[M]^m\,[HA]^x\,[H]^{-y}[Org]^s}$$

definiert sind. K und $\varkappa$ hängen über die Beziehung

$$(IV.3.12) \qquad \varkappa_{m,n,p,r,s,t} \cdot k_a^n \cdot k_w'^p = K_{m,x,y,z,s}$$

zusammen. Die geladenen Komplexe besitzen die Ladung $mN - y$, die ungeladenen genügen der Bedingung $mN = y$. Für die folgenden Überlegungen wird vorausgesetzt, daß nur ungeladene Komplexe in der organischen Phase gelöst sind. Diese Bedingung ist fast immer erfüllt, insbesondere, wenn es sich um Lösungsmittel mit geringem Dipolmoment handelt. Dann befinden sich im organischen Lösungsmittel nur Komplexe der allgemeinen Formel $M_m(HA)_x(H)_{-mN}(Org)_s$. Der Verteilungskoeffizient zwischen beiden Phasen für diese ungeladenen Komplexe ist

$$(IV.3.13) \qquad \Lambda_{m,x,mN,s} = \frac{[M_m(HA)_x(H)_{-mN}(Org)_s]_{org}}{[M_m(HA)_x(H)_{-mN}(Org)_s]_{aq}}.$$

Das Verteilungsverhältnis für das Metall M zwischen beiden Phasen, das als Quotient der Gesamtkonzentration von M in der organischen und der wäßrigen Phase definiert ist (IV.2.7), ergibt sich im vorliegenden Fall zu

$$(IV.3.14) \qquad q = \frac{\sum\limits_1^m \sum\limits_0^x \sum\limits_0^s m \cdot K_{m,x,mN,s} \cdot \Lambda_{m,x,mN,s}\,[M]^m\,[HA]^x\,[H]^{-mN}\,[Org]^s}{\sum\limits_1^m \sum\limits_0^x \sum\limits_0^y \sum\limits_0^s m \cdot K_{m,x,y,s} \cdot [M]^m\,[HA]^x\,[H]^{-y}\,[Org]^s}.$$

Die oberen Summationsindices m, x, y und s entsprechen den maximalen Werten von m, x, y und s.

Zur Vereinfachung der Überlegungen wird angenommen, daß nur einkernige Komplexe gebildet werden ($m = 1$). Dies ist bei niedrigen Konzentrationen ($c < 10^{-3}$ m) meistens der Fall, wenn nicht starke Hydrolyse auftritt.

Bei polynuclearer Komplexbildung hängt q ⌊vgl. (IV.3.14)⌋ auch von der Metallkonzentration ab. Werden nur einkernige Komplexe gebildet, so hängt q nicht von der Metallkonzentration, sondern nur von [HA] und [H] ab.

b) Einfluß des organischen Lösungsmittels
auf die Verteilungskurve

Die Frage, ob sich das organische Lösungsmittel an der Komplexbildung beteiligt oder nicht, läßt sich entscheiden, indem man die Verteilungsverhältnisse für ein Metall zwischen zwei verschiedenen organischen Lösungsmitteln und H_2O untersucht. Das Verteilungsverhältnis von M zwischen dem einen organischen Lösungsmittel Org′ und H_2O sei q', das zwischen dem zweiten Lösungsmittel Org″ und H_2O sei q''. Die zugehörigen Komplexbildungskonstanten für $m = 1$ seien $K'_{x,y,s}$ und $K''_{x,y,s}$ und die Verteilungskoeffizienten für die ungeladenen Komplexe zwischen beiden Phasen $\Lambda'_{x,N,s}$ und $\Lambda''_{x,N,s}$.

Vergleicht man beide Verteilungskurven bei denselben Werten für [H] und [HA] in der wäßrigen Phase, so gilt für das Verhältnis der beiden Faktoren q' und q''

(IV.3.15)

$$\frac{q'}{q''} = \frac{\overset{x}{\sum}\,\overset{s}{\sum}\, K'_{x,N,s} \cdot \Lambda'_{x,N,s}\, [HA]^x [H]^{-N} [Org']^s \,\overset{x}{\sum}\,\overset{y}{\sum}\,\overset{s}{\sum}\, K''_{x,y,s}\, [HA]^x\, [H]^{-y}\, [Org'']^s}{\overset{x}{\sum}\,\overset{s}{\sum}\, K''_{x,N,s} \cdot \Lambda''_{x,N,s}\, [HA]^x [H]^{-N}\, [Org'']^s \,\overset{x}{\sum}\,\overset{y}{\sum}\,\overset{s}{\sum}\, K'_{x,y,s}\, [HA]^x\, [H]^{-y}\, [Org']^s}$$

Im Gleichgewicht ist die wäßrige Phase mit dem organischen Lösungsmittel gesättigt und umgekehrt. Die Löslichkeit der organischen Komponente in H_2O ist bei konstanter Ionenstärke praktisch konstant. Daher sind [Org'] und [Org''] konstant und man kann [Org'] und [Org''] in die K-Werte mit einbeziehen. Es gilt dann

(IV.3.16) $$K'_{x,y} = \overset{s}{\sum} K'_{x,y,s} \cdot [Org']^s .$$

Entsprechende Beziehungen gelten für $K''_{x,y}$ sowie $K'_{x,N}\,\Lambda'_{x,N}$ und $K''_{x,N}\,\Lambda''_{x,N}$. Gl. (IV.3.15) reduziert sich daher auf die Form

(IV.3.17) $$\frac{q'}{q''} = \frac{\overset{x}{\sum} K'_{x,N}\,\Lambda'_{x,N}\, [HA]^x\, [H]^{-N} \cdot \overset{x}{\sum}\,\overset{y}{\sum} K''_{x,y}\, [HA]^x\, [H]^{-y}}{\overset{x}{\sum} K''_{x,N}\,\Lambda''_{x,N}\, [HA]^x\, [H]^{-N} \cdot \overset{x}{\sum}\,\overset{y}{\sum} K'_{x,y}\, [HA]^x\, [H]^{-y}} .$$

Beteiligen sich Moleküle der organischen Lösungsmittel Org' und Org'' an der Komplexbildung, so muß $K'_{x,y}$ von $K''_{x,y}$ verschieden sein (wenn man von dem seltenen Fall zufälliger Übereinstimmung absieht). Weiterhin wird sich $\Lambda'_{x,N}$ im allgemeinen von $\Lambda''_{x,N}$ unterscheiden. Man findet daher, daß das Verhältnis q'/q'' bei konstantem [HA] mit [H] oder bei konstantem [H] mit [HA] variiert, wenn das eine der organischen Lösungsmittel oder auch beide an der Komplexbildung teilnehmen.

Wenn kein Komplex zwischen den organischen Lösungsmitteln und dem Metall gebildet wird, so ist $s = 0$. In diesem Fall tritt nur mit HA, A und OH Komplexbildung ein, und die Komplexbildungskonstanten in der wäßrigen Phase sind identisch, d. h.

(IV.3.18) $$K'_{x,y} = K''_{x,y}$$

woraus mit (IV.3.17)

(IV.3.19) $$\frac{q'}{q''} = \frac{\overset{x}{\sum} K_{x,N}\,\Lambda'_{x,N}\, [HA]^x}{\overset{x}{\sum} K_{x,N}\,\Lambda''_{x,N}\, [HA]^x}$$

folgt. Dann ist q'/q'' lediglich eine Funktion von [HA] und von [H] unabhängig. Man prüft dies unter Verwendung experimenteller Daten, indem man bei demselben konstanten Wert für [HA] in der wäßrigen Phase $\log q'$ und $\log q''$ gegen $\log [H]$ aufträgt. Findet man, daß $\log \frac{q'}{q''}$ konstant ist, so ist dies als Beweis dafür anzusehen, daß die organischen Lösungsmittel Org' und Org'' sich hinsichtlich der Komplexbildung praktisch indifferent verhalten.

Im Spezialfall, daß nur ein einziger ungeladener Komplex gegenüber allen anderen im organischen Lösungsmittel überwiegt, besitzt x einen einzigen Wert, den wir a nennen wollen. Dann geht (IV.3.19) in

$$(IV.3.20) \qquad \frac{q'}{q''} = \frac{\Lambda'_{a,N}}{\Lambda''_{a,N}}$$

über.

Das Verhältnis q'/q'' ist in diesem Fall sowohl von [H] wie von [HA] unabhängig. Die Kurven für $\log q'$ und $\log q''$ als Funktion von [HA] bei konstantem [H] oder als Funktion von [H] bei konstantem [HA] werden parallel. Findet man dieses Verhalten, so ist das als Hinweis dafür anzusehen, daß in beiden Lösungsmittelkombinationen ein Komplex der Formel $M(HA)_a(H)_{-N}$ überwiegt.

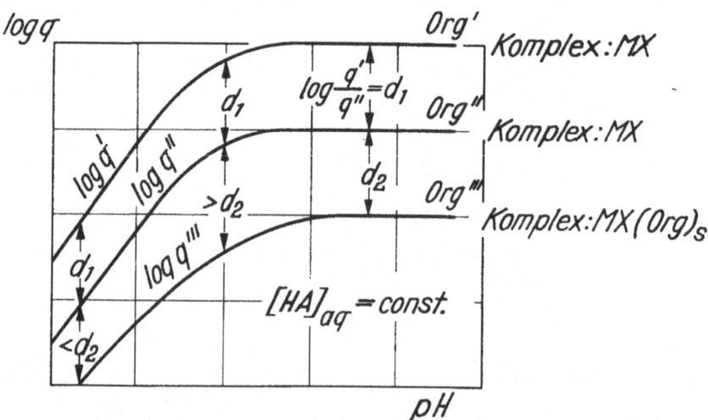

Abb. IV.1. Vergleich des Verteilungsverhältnisses q [Gl. (IV. 3.14)] eines Metalles zwischen Wasser und verschiedenen organischen Lösungsmitteln (Org', Org'' und Org'''). $\log q = f(\mathrm{pH})$; $[\mathrm{HA}]_{aq} = \mathrm{const.}$ Nach RYDBERG [5]

In Abb. IV.1. sind die Logarithmen der Verteilungsverhältnisse q', q'' und q''', die an Lösungsmittelsystemen Org'/H_2O, Org''/H_2O und Org'''/H_2O erhalten wurden, gegen den pH-Wert für denselben Wert von [HA] in der wäßrigen Phase aufgetragen. Da der Unterschied $d_1 = \log \frac{q'}{q''}$ (vertikaler Abstand zwischen der $\log q'$- und der $\log q''$-Kurve) konstant ist, ist zu schließen, daß zwischen M und Org' sowie Org'' keine Komplexe gebildet werden. Man erkennt jedoch, daß sich $d_2 = \log q''/\log q'''$ mit dem pH-Wert ändert. Daraus folgt, daß zwischen Org''' und M Komplexbildung stattfindet.

c) Berechnung der Bruttobildungskonstanten $K_{x,y}$

Für $m = 1$ (nur einkernige Komplexe vorhanden) und $s = 0$ (keine Komplexbildung mit Molekülen des organischen Lösungsmittels) gilt

$$(IV.3.21) \qquad q = \frac{\overset{x}{\sum} K_{x,N}\, \Lambda_{x,N}\, [\mathrm{HA}]^x\, [\mathrm{H}]^{-N}}{\overset{x}{\sum}\overset{y}{\sum} K_{x,y}\, [\mathrm{HA}]^x\, [\mathrm{H}]^{-y}} \cdot$$

Die Verteilung des Metalls zwischen beiden Phasen kann in verschiedener Weise von [H] und [HA] abhängen, je nachdem welche Typen von Komplexen $M(HA)_x(H)_{-y}$ gebildet werden. Es lassen sich verschiedene Spezialfälle unterscheiden, die im folgenden diskutiert werden. Die experimentellen Daten werden zweckmäßig als Verteilungskurven vom Typ $q = f([H])$ oder $q = f([HA] [H]^{-1})$ dargestellt. Charakteristische Beispiele sind in Abb. IV.2, IV.3. und IV.4. enthalten. Die Verteilungskurven bestehen im allgemeinen aus einem geraden Teil mit konstanter Steigung, der dann in einen horizontalen Teil übergeht, bei dem q von [H] bzw. [HA] [H]$^{-1}$ unabhängig ist. Manchmal findet man auch an Stelle des horizontalen Teiles lediglich ein Maximum mit anschließendem Abfall (vgl. die gestrichelten Linien in Abb. IV.2).

α) $q = f([HA] [H]^{-1})$; Komplexe vom Typ MAn

Hängt das Verteilungsverhältnis q sowohl von [H] als auch von [HA] in der Weise ab, daß es für konstante Werte von [HA] [H]$^{-1}$ im gesamten untersuchten Konzentrationsbereich von [H] und [HA] konstant ist, so erhält man Verteilungskurven, wie sie in Abb. IV.2. dargestellt sind.

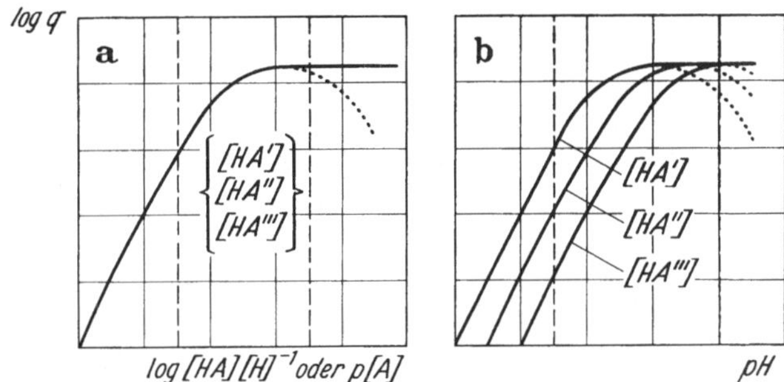

Abb. IV.2. Verteilungsverhältnis q eines Metalls M zwischen zwei Phasen als Funktion von a) log [HA] [H]$^{-1}$ bzw. b) pH bei verschiedenen Konzentrationen von HA ([HA'] > [HA''] > [HA''']) für den Fall, daß positiv geladene und ungeladene Komplexe vom Typ MA$_n$ gebildet werden. (Gestrichelte Kurventeile entsprechen negativ geladenen Komplexen.) Nach RYDBERG [4]

Abb. IV.2a. zeigt log q als Funktion von log [HA] [H]$^{-1}$ bzw. p [A] = — log [A] für verschiedene Konzentrationen von [HA] ([HA'] > [HA''] > [HA''']). (log [HA] [H]$^{-1}$ = pk_a—p [A]). Ist q lediglich eine Funktion von [HA] [H]$^{-1}$, so muß x gleich y oder gleich N sein [vgl. (IV.3.21)]. Dann gilt

$$(IV.3.22) \qquad q = \frac{K_{N,N}\, \Lambda_{N,N}\, [\mathrm{HA}]^N\, [\mathrm{H}]^{-N}}{\overset{x}{\sum} K_{x,x}\, [\mathrm{HA}]^x\, [\mathrm{H}]^{-x}} \, .$$

Unter der Annahme, daß eine HA- und eine OH-Gruppe, die gleichzeitig im selben Komplexion auftreten, sofort unter Bildung von A und H_2O reagieren, können wir $r = p = 0$ (pH $\ll$ pk_a) setzen. Dann geht (IV.3.22) in

$$(IV.3.23) \qquad q = \frac{\varkappa_N\, \lambda_N\, [\mathrm{A}]^N}{\overset{n}{\sum} \varkappa_n\, [\mathrm{A}]^n}$$

über. Diese Beziehung ist mit der im vorigen Abschnitt abgeleiteten Gl. (IV.2.12) identisch, wenn man speziell $N = 4$ setzt. (Für $\varkappa_4$ steht in (IV.2.12) die Bezeichung K_4.) Sie gilt für Komplexe der Formel MA$_n$.

Aus Abb. IV.2. sieht man, daß die linke Seite der Verteilungskurven eine konstante Steigung aufweist. Aus (IV.3.22) ergibt sich, daß dies nur möglich ist, wenn x einen konstanten Wert besitzt. Im einfachsten Fall ist $x = 0$ und die Steigung der Kurve ist dann gleich N, also gleich der Ladung des freien Metallions. N ist gleichzeitig die maximale Steigung der Kurve.

In dem Gebiet, in dem q von $[HA]\,[H]^{-1}$ unabhängig ist, folgt aus (IV.3.22), daß x gleich N ist, d. h. es überwiegt dort in beiden Phasen der Komplex $M(HA)_N(H)_{-N}$. Dieses Gebiet liegt rechts von der zweiten senkrechten gestrichelten Linie in Abb. IV.2.a.

Ein Maximum der Verteilungskurve mit anschließendem Abfall (gestrichelte Kurventeile in Abb. IV.2.) läßt erkennen [vgl. (IV.3.22) u. (IV.3.23)], daß x oder $n > N$ ist, d. h. daß negativ geladene Komplexe gebildet werden. Erfolgt der Abfall mit konstanter Neigung, so muß ein stabiler negativ geladener Komplex MA_s existieren. Die konstante Neigung der Kurve ist dann $N - S$, gibt also die Ladung des Komplexes MA_s an.

Die Bestimmung der Bildungskonstanten aus einer Beziehung von der Art der Gl. (IV.3.22) kann nach der Methode von LEDEN (vgl. Kapitel V, Abschnitt 2b bzw. 2d) sowie nach dem Verfahren von BJERRUM (Kapitel V, Abschnitt 2a) erfolgen. Von DYRSSEN u. SILLÉN [6] wurde ein graphisches Verfahren angegeben, um λ_N und $\varkappa_n$ aus Verteilungskurven zu bestimmen. Wegen der Einzelheiten sei auf die Originalarbeit verwiesen.

β) $q = f([HA\,][H]^{-1})$ nur bei niedrigen pH-Werten, nicht jedoch bei höheren pH-Werten; Komplexe der Form $MA_n(OH)_p$

Abb. IV.3. zeigt schematisch die Verteilungskurven, die man findet, wenn q nur bei niedrigen pH-Werten, wo die Hydrolyse sehr gering ist,

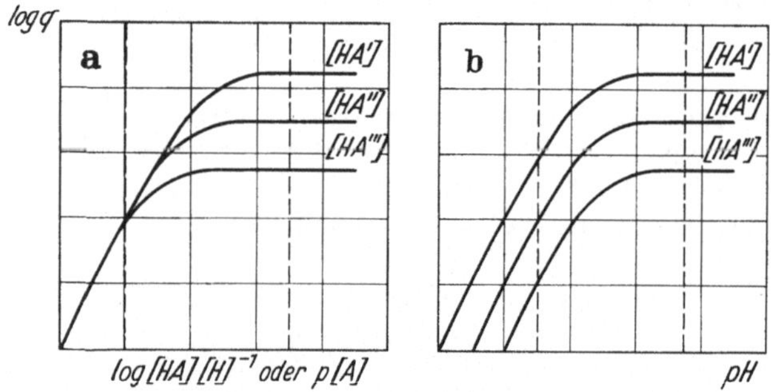

Abb. IV.3. Verteilungsverhältnis q eines Metalls M zwischen zwei Phasen als Funktion von a) log $[HA]\,[H]^{-1}$ und b) pH bei verschiedenen Konzentrationen von HA ($[HA'] > [HA''] > [HA''']$) für den Fall, daß positiv geladene und ungeladene Komplexe des Typs $MA_n(OH)_p$ gebildet werden. Nach RYDBERG [4]

eine Funktion von $[HA]\,[H]^{-1}$ ist. Bei höheren pH-Werten macht sich die Hydrolyse stärker bemerkbar und diese Bedingung ist nicht mehr erfüllt.

Im Gebiet links von der ersten senkrechten gestrichelten Linie ist wie unter α) ausgeführt $x = y$. Dort liegen nur Komplexe $M(HA)_x(H)_{-x}$ (bzw. MA_n) vor. Es existieren in diesem Bereich keine Komplextypen, die sich aus MA_n und HA zusammensetzen, auch nicht bei der höchsten Konzentration an HA, $[HA']$. Aus Gl. (IV.3.21) sieht man, daß der pH-Wert die Bildung von Komplexen, die HA enthalten, nicht beeinflußt. Man kann somit annehmen, daß solche Komplexe im gesamten pH-Bereich der Abb. IV.3. vernachlässigt werden können, d. h. in (IV.3.1) ist $r = 0$.

Bei hohen pH-Werten, im Gebiet rechts von der zweiten senkrechten gestrichelten Linie macht sich die Hydrolyse bemerkbar; es ist $x \neq y$ und, da $r = 0$ ist, muß p von Null verschieden sein. Die dort vorliegenden Komplexe sind vom Typ $MA_n(OH)_p$, und es gilt für das Verteilungsverhältnis

$$(IV.3.24) \qquad q = \frac{\sum\limits^{n} \varkappa_{n,N-n}\,\lambda_{n,N-n}\,[A]^n\,[OH]^{N-n}}{\sum\limits^{n}\sum\limits^{p} \varkappa_{n,p}\,[A]^n\,[OH]^p} .$$

Nach dieser Beziehung überwiegt der Komplex $MA_n(OH)_{N-n}$ in beiden Phasen in dem Gebiet, in dem die Verteilungskurven parallel zur Abszisse verlaufen. n kann jeden ganzzahligen Wert zwischen 0 und N annehmen. Die Verteilungskonstante von $M(OH)_N$, $\lambda_{0,N}$, ist praktisch in allen Fällen zu gering, um sie nach der Verteilungsmethode bestimmen zu können. Wird nur $M(OH)_N$ gebildet, so sollte q von $[HA]$ unabhängig sein und lediglich von $[H]$ abhängen.

Manchmal ist es schwierig, zwischen dem diskutierten Fall β) und dem nun folgenden Fall γ) (Abb. IV.3 und Abb. IV.4) zu unterscheiden. Man benutzt daher zur Untersuchung der experimentellen Verteilungskurven, — wenn man nicht festgestellt hat, daß Fall α) vorliegt, d. h. lediglich MA_n-Komplexe gebildet werden, — im allgemeinen die für den Fall γ) angegebenen Beziehungen.

γ) q hängt sowohl von $[HA]$ als auch von $[H]$ bei konstanten Werten von $[HA]\,[H]^{-1}$ ab; Komplexe vom Typ $MA_n(OH)_p(HA)_r$

Ergibt sich aus der Verteilungskurve, daß q in keinem Bereich eine Funktion von $[HA]\,[H]^{-1}$ allein ist, so ist daraus zu schließen, daß Komplexe der Form $MA_n(OH)_p(HA)_r$ gebildet werden. Nach der Verteilungsmethode kann man prinzipiell nicht zwischen diesen Komplexen und solchen vom Typ $MA_{n+k}(OH)_{p-k}(HA)_{r-k}(H_2O)_k$ unterscheiden. Daher betrachten wir im folgenden Komplexe $M(HA)_x(H)_{-y}$, die alle Fälle mit variablem k einschließen. Die Verteilungskurven sind schematisch in Abb. IV.4 dargestellt.

Zur Berechnung der Bildungskonstanten ist es zweckmäßig, eine Reihe von Funktionen von $[HA]$

$$(IV.3.25) \qquad f_\lambda = \sum\limits^{x} K_{x,N}\,\Lambda_{x,N}\,[HA]^x$$

und

$$(IV.3.26) \qquad f_y = \sum\limits^{x} K_{x,y} \cdot [HA]^x$$

zu definieren. Unter Berücksichtigung von (IV.3.21) erhält man

$$(IV.3.27) \qquad q = \frac{f_\lambda [H]^{-N}}{\sum\limits^{y} f_y [H]^{-y}} = \frac{f_\lambda [H]^{-N}}{f_0 + f_1 [H]^{-1} + f_2 [H]^{-2} + f_3 [H]^{-3} + \cdots} .$$

Um f_y und f_λ zu erhalten, wird diese Gleichung in

$$(IV.3.28) \qquad q^{-1}[H]^{-N} = F = f_0 \cdot f_\lambda^{-1} + f_1 \cdot f_\lambda^{-1}[H]^{-1} + f_2 \cdot f_\lambda^{-1}[H]^{-2} + \cdots$$

umgeformt. Gl. (IV.3.28) kann nach $f_0 f_\lambda^{-1}$, $f_1 f_\lambda^{-1}$, ... aufgelöst werden. Man erhält für jede Konzentration von HA einen bestimmten $f_y \cdot f_\lambda^{-1}$-Wert.

Die Lösung einer Gleichung dieses Typs kann auf verschiedene Weise erfolgen. Häufig wird bei der Auswertung der Resultate von Extraktions-

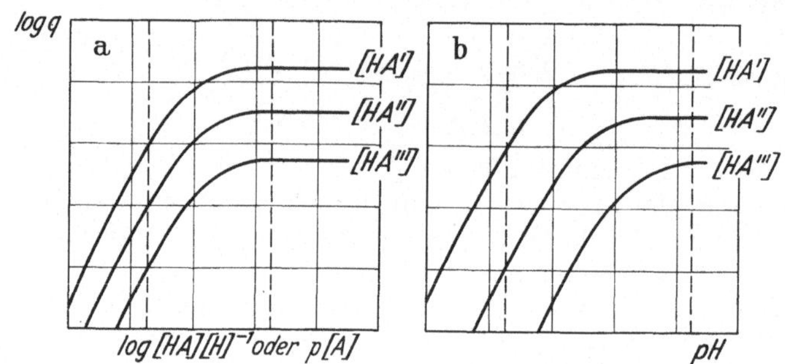

Abb. IV.4. Verteilungsverhältnis q eines Metalls M zwischen zwei Phasen als Funktion von a) log [HA] [H]$^{-1}$ und b) pH bei verschiedenen Konzentrationen von HA ([HA'] > [HA''] > [HA''']) für den Fall, daß positiv geladene und ungeladene Komplexe $MA_n(OH)_p(HA)_r$ gebildet werden. Nach RYDBERG [4]

untersuchungen die Methode nach LEDEN (Kapitel V. 2b bzw. 2d) benutzt, die eine Bestimmung der Koeffizienten von Gl. (IV.3.28) auf graphischem Wege erlaubt.

Für jeden Wert der Konzentration von HA trägt man F gegen $[H]^{-1}$ auf. Die resultierende Kurve wird auf $[H]^{-1} = 0$ extrapoliert. Als Ordinatenabschnitt findet man $f_0 \cdot f_\lambda^{-1}$ und im Punkt $[H]^{-1} = 0$ als Steigung $f_1 \cdot f_\lambda^{-1}$.

$$(IV.3.29) \qquad \lim_{[H] \to \infty} F = f_0 \cdot f_\lambda^{-1} + (f_1 \cdot f_\lambda^{-1}[H]^{-1} + \cdots).$$

Mit dem erhaltenen Wert für $f_0 \cdot f_\lambda^{-1}$ berechnet man eine Funktion

$$(IV.3.30) \qquad G = \frac{F - f_0 \cdot f_\lambda^{-1}}{[H]^{-1}} = f_1 f_\lambda^{-1} + f_2 f_\lambda^{-1}[H]^{-1} + f_3 f_\lambda^{-1}[H]^{-2} + \cdots$$

und erhält auf entsprechende Weise durch graphische Extrapolation auf $[H]^{-1} = 0$ $f_1 f_\lambda^{-1}$ und $f_2 f_\lambda^{-1}$. Durch sukzessive Bildung weiterer Funktionen kann man alle $f_y \cdot f_\lambda^{-1}$-Werte für die verschiedenen HA-Konzentrationen finden.

Nach (IV.3.26) ist

$$(IV.3.31) \qquad f_0 = \sum^x K_{x,0}[HA]^x = K_{0,0} + K_{1,0}[HA] + K_{2,0}[HA]^2 + \cdots,$$

wobei per definitionem $K_{0,0} = 1$ ist. Die Glieder mit $x > 0$ in dieser Gleichung entsprechen Komplexverbindungen zwischen dem Metallion M^{N+} und einem oder mehreren Molekülen HA, d. h. Komplexen vom Typ $M(HA)_x^{N+}$. Nehmen wir an, daß die Konzentration dieser Komplexe im

Vergleich zu $[M^{N+}]$ vernachlässigt werden kann — eine Annahme, die in vielen Fällen berechtigt ist — so folgt $f_0 = 1$ und damit

$$(\text{IV.3.32}) \qquad \frac{f_0}{f_\lambda} = \frac{\sum K_{x,0}\,[\text{HA}]^x}{\sum K_{x,N}\,\Lambda_{x,N}\,[\text{HA}]^x} \approx \frac{1}{f_\lambda}.$$

Für jede Konzentration von HA erhält man einen bestimmten Wert für f_λ. Aus den früher auf graphischem Wege bestimmten Werten der Produkte $f_y \cdot f_\lambda^{-1}$ bei diesen HA-Konzentrationen und mit der Annahme die zu Gl. (IV.3.32) führt, kann man die verschiedenen f_y-Werte bekommen. So erhält man z. B. f_1 nach

$$(\text{IV.3.33}) \qquad f_1 = \frac{f_1/f_\lambda}{f_0/f_\lambda} = \frac{f_1}{f_0} \approx f_1 = \overset{x}{\sum} K_{x,1}\,[\text{HA}]^x.$$

Die f_λ- und die verschiedenen f_y-Funktionen sind dann nach $K_{x,N}\Lambda_{x,N}$ und $K_{x,y}$ aufzulösen. Damit findet man auch die Verteilungskonstanten $\Lambda_{x,N}$ für die verschiedenen ungeladenen Komplexe.

Wenn merkliche Mengen von Komplexen der Form $M(\text{HA})_x^{N+}$ gebildet werden, so kann die in (IV.3.32) benutzte Näherung für f_0 nicht verwendet werden. Die exakte Lösung dieser Gleichung ist dann

$$(\text{IV.3.34}) \quad \frac{f_\lambda}{f_0} = \Lambda_{0,N}\,K_{0,N} + (\Lambda_{1,N}\,K_{1,N} - \Lambda_{0,N}\,K_{0,N}\cdot K_{1,0})\,[\text{HA}]$$

$$+\,(\Lambda_{2,N}\,K_{2,N} - \Lambda_{1,N}\,K_{1,N}\cdot K_{1,0} + \Lambda_{0,N}\,K_{0,N}\cdot K_{1,0}^2 - \Lambda_{0,N}\,K_{0,N}\cdot K_{2,0})\,[\text{HA}]^2$$

$$+\,\cdots\cdots$$

$$+\,\Big(\Lambda_{x,N}\,K_{x,N} - \overset{i=x-1}{\underset{i=0}{\sum}}\,C_i\,K_{x-i,0}\Big)\,[\text{HA}]^x.$$

C_i ist der Koeffizient vor dem $[\text{HA}]$-Glied $i$ten Grades ($C_0 = \Lambda_{0,N}K_{0,N}$). Mit der beschriebenen Methode kann man alle Konstanten in (IV.3.34) bestimmen mit Ausnahme von $K_{x,0}$. Kann man $K_{x,0}$ nicht vernachlässigen, so enthalten alle diese Konstanten kleine systematische Fehler.

Bei Untersuchungen nach der Verteilungmethode ist es im allgemeinen üblich mit einer Gesamtkonzentration von HA zu arbeiten, die viel größer ist, als die Gesamtmetallkonzentration. Dadurch werden die Messungen wesentlich vereinfacht, da die Konzentration von freiem HA, die in diesem Fall mit der Gesamtkonzentration an HA praktisch identisch ist, von der Metallkonzentration unabhängig ist. Sind die Gesamtkonzentrationen von HA und M von der gleichen Größenordnung, so hängt $[\text{HA}]$ von der Metallkonzentration ab und ist eine Funktion der Komplexbildung. Oftmals stößt man auf große experimentelle Schwierigkeiten, die Konzentration von freiem nicht komplex gebundenem HA zu bestimmen.

Manchmal ist es möglich, Näherungswerte für $K_{x,0}$ mit Hilfe anderer Methoden zu erhalten, z. B. mit spektrophotometrischen Untersuchungen an Lösungen hoher Acidität, die M enthalten und zu denen man HA zusetzt. Dann kann (IV.3.34) genauer gelöst werden.

Für den horizontalen Teil der Verteilungskurven in Abb. IV.2b—IV.4b ist q vom pH-Wert unabhängig. Dann muß nach (IV.3.21) y gleich N sein,

d. h. die wäßrige Phase enthält nur sehr geringe Anteile an geladenen Komplexionen. Trägt man in diesem pH-Bereich q gegen [HA] auf, so gilt

$$(IV.3.35) \qquad \lim_{[HA] \to \infty} q = \lim_{[HA] \to \infty} \frac{\sum\limits_{x=0}^{x=a} K_{x,N} \, \Lambda_{x,N} \, [HA]^x \, [H]^{-N}}{\sum\limits_{x=0}^{x=a} K_{x,N} \, [HA]^x \, [H]^{-N}} = \Lambda_{a,N} \, ,$$

wenn a die maximale Zahl von HA- und A-Gruppen ist, die an M gebunden werden kann.

In neuester Zeit sind Extraktionsmessungen von RYDBERG u. SILLÉN [43] nach der Methode der kleinsten Quadrate mit Hilfe eines Analogierechners (Computors) ausgewertet worden [vgl. auch Acta Chem. Scand. 13, 2023, 2057 (1959)].

Arbeiten von grundsätzlicher methodischer Bedeutung über Untersuchungen von Komplexgleichgewichten nach der Extraktionsmethode sind von DIAMOND [11, 12] und F. J. C. ROSSOTTI [9] veröffentlicht worden.

4. Beispiel für die Anwendung der Extraktionsmethode, Untersuchung des Systems U(VI)-Acetylaceton-H₂O-organisches Lösungsmittel

RYDBERG [7] untersuchte die Komplexbildung zwischen U(VI) und Acetylaceton mit Hilfe von Verteilungsmessungen. Die wäßrige Phase enthielt 0,1 m ClO_4^- und $UO_2(ClO_4)_2$. Verschiedene pH-Werte wurden durch entsprechende Zusätze von $HClO_4$ bzw. NaOH eingestellt. Die Acetylacetonkonzentration in der organischen Phase wurde zwischen $c_{HA} = 1{,}0$—$0{,}005$ m variiert. Jeweils gleiche Volumina der wäßrigen und der organischen Phase wurden bei 25°C 20 Stunden bis zur Gleichgewichtseinstellung geschüttelt, sodann wurden beide Phasen durch Zentrifugieren getrennt und aliquote Teile zur Bestimmung der Urankonzentration entnommen. Als organisches Lösungsmittel fanden Benzol, Chloroform sowie Methyl-isobutylketon (Hexon) Verwendung. Die Uranbestimmung erfolgte spektrophotometrisch bzw. fluorescenzphotometrisch. Der pH-Wert wurde jeweils nach Gleichgewichtseinstellung in der wäßrigen Phase potentiometrisch gemessen.

Die Konzentration an undissoziiertem Acetylaceton in der wäßrigen Phase kann nach

$$(IV.4.1) \qquad [HA]_{aq} = [HA]_{org}^{\circ} \, (1 + k_a \, [H^+]^{-1} + k_d \, v_{org}/v_{aq})^{-1} \, v_{org}^{\circ}/v_{aq}$$

berechnet werden.

Dabei ist $[HA]_{org}^{\circ}$ die Anfangskonzentration an HA in der organischen Phase, deren Anfangsvolumen vor dem Ausschütteln v_{org}° ist. Die wäßrige Phase besitzt ursprünglich das Anfangsvolumen v_{aq}° und die Anfangskonzentration an HA $[HA]_{aq}^{\circ} = 0$. Nach Ausschütteln liegen die Gleichgewichtsvolumina v_{org} und v_{aq} vor, die zugehörigen Gleichgewichtskonzentrationen an HA sind $[HA]_{org}$ und $[HA]_{aq}$. Wenn $v_{aq} = v_{org}$ ist, so kann

$[HA]^\circ_{org}$ in Gl. (IV.4.1) durch c_{HA}, die Gesamtkonzentration an Acetylaceton, d. h. die Summe der Konzentrationen von HA und A^- in beiden Phasen, ersetzt werden. k_a ist die Dissoziationskonstante von Acetylaceton in 0,1 m $NaClO_4$, k_d bedeutet die Verteilungskonstante von Acetylaceton zwischen beiden Phasen. Für die Temperatur 25° C ist $pk_a = 8{,}82$. Die k_d-Werte sind für Benzol/H_2O 5,95, für Hexon/H_2O 5,9 und für Chloroform/H_2O 23,5. Ist $v_{aq} = v_{org}$ und findet gleichzeitig keine Volumenänderung infolge des Ausschüttelns statt ($v^0 = v$, Gesamtvolumen vor und nach dem Ausschütteln gleich), so kann man $[A^-]$ nach

(IV.4.2)

$$-\log[A^-] = p[A] = pk_a + \log[H^+] - \log c_{HA} + \log(k_d + 1 + k_a[H^+]^{-1})$$

berechnen.

Bei den Systemen Benzol/H_2O und Chloroform/H_2O beobachtet man praktisch keine Volumenänderung ($v^0 - v \sim 0$). Im System Hexon/H_2O nimmt das Volumen der wäßrigen Phase etwa um denselben Betrag zu,

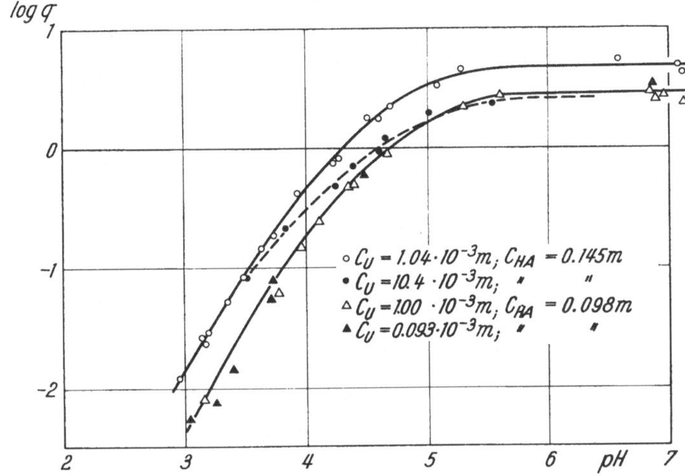

Abb. IV.5. Verteilungsverhältnis q von U(VI) zwischen $CHCl_3$ und H_2O bei Gegenwart von Acetylaceton in Abhängigkeit vom pH-Wert bei verschiedenen Metall-Konzentrationen. Nach RYDBERG [7]

um den das Volumen der organischen Phase abnimmt ($\sim 5\%$). Diese Änderung macht nur $\sim 0{,}02$ p[A]-Einheiten aus und kann für die Rechnungen vernachlässigt werden.

Wenn unter den Versuchsbedingungen mehrkernige Komplextypen gebildet werden, so sollte das Verteilungsverhältnis q bei konstantem pH und konstanter Ligandenkonzentration mit der Metallkonzentration variieren [vgl. Gl. (IV.3.14)]. In Abb. IV.5. ist $\log q$ als Funktion von pH für vier verschiedene Metallkonzentrationen und zwei verschiedene Konzentrationen an Acetylaceton dargestellt.

Die Gesamtkonzentration an Uran sei c_U; dann gilt, wenn $v_{aq} = v_{org}$ ist, $c_U = c_{U_{aq}} + c_{U_{org}}$. Man erkennt aus der Abb. IV.5, daß die beiden Verteilungskurven für $c_U = 0{,}001$ m ($\triangle$) und für $c_U = 0{,}0001$ m ($\blacktriangle$) zusammenfallen, während dies für diejenigen mit $c_U = 0{,}010$ m ($\bullet$) und $c_U = 0{,}001$ m (○) nicht der Fall ist. Dies deutet darauf hin, daß für $c_U \geqq 0{,}001$ m unter den Versuchsbedingungen polynucleare Typen gebildet werden, für $c_U \leqq 0{,}001$ m jedoch praktisch nur einkernige Komplexe vorhanden sind.

Um mehrkernige Komplexe auszuschließen, führte RYDBERG die Untersuchungen bei $c_U \leqq 0{,}001$ m aus, d. h. daß m in Gl. (IV.3.1) den Wert 1 besitzt. Abb. IV.6 zeigt die Verteilungskurven für die drei organischen Lösungsmittel bei konstanter Acetylacetonkonzentration in der wäßrigen Phase.

Aus den Kurven in Abb. IV.6 ist zu sehen, daß die senkrechten Abstände zwischen ihnen für konstante pH-Werte konstant sind. Man findet

$$\frac{q_{C_4H_9COCH_3}}{q_{CHCl_3}} = 1{,}8 \quad \text{und} \quad \frac{q_{C_4H_9COCH_3}}{q_{C_6H_6}} = 33 \; .$$

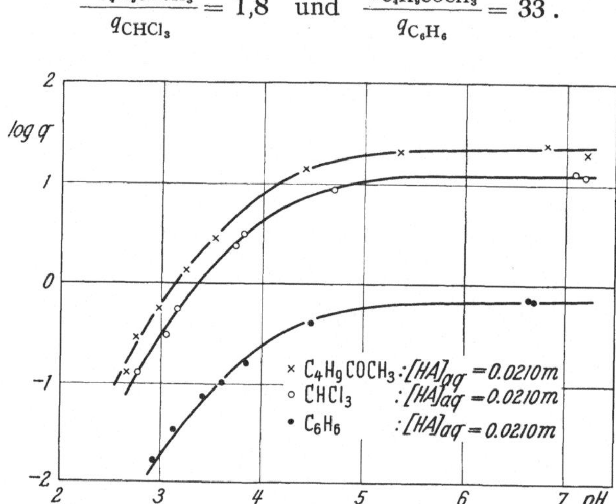

Abb. IV.6. Verteilungsverhältnis q von U(VI) zwischen Wasser und den organischen Lösungsmitteln $C_4H_9COCH_3$, $CHCl_3$ und C_6H_6 als Funktion des pH-Wertes bei konstanter Acetylacetonkonzentration in der wäßrigen Phase. Nach RYDBERG [7]

Mit Hilfe der Überlegungen des Abschnitts 3 ist damit nachgewiesen, daß praktisch keine Komplexbildung mit Molekülen der organischen Lösungsmittel im pH-Bereich < 7 stattfindet.

Es wurde weiterhin die Verteilung von U(VI) der Gesamtkonzentration $c_U \leqq 0.001$ m zwischen $CHCl_3$ und einer wäßrigen 0,1 m $NaClO_4$-Lösung bei verschiedenen pH-Werten und Acetylacetonkonzentrationen studiert. In Abb. IV.7 sind die Resultate in der Form $\log q = f(\mathrm{pH})$ und in Abb. IV.8 in der Form $\log q = f(\mathrm{p}[A])$ dargestellt.

$\mathrm{p}[A]$ wurde nach Gl. (IV.4.2) berechnet, die, wenn man für die Konstanten die entsprechenden Werte einsetzt, in

$$\mathrm{p}[A] = 10{,}21 - \mathrm{pH} - \log c_{HA}$$

übergeht. Diese Beziehung gilt für pH $< 7{,}5$, gleiche Volumina der wäßrigen und der organischen Phase, sowie $c_U \ll c_{HA}$.

Vergleicht man Abb. IV.7 und IV.8 mit den Abb. IV.2, IV.3 und IV.4, so sieht man, daß die Verhältnisse denjenigen von Abb. IV.4 entsprechen, d. h. es liegen Komplexe MA$_n$(OH)$_p$(HA)$_r$ vor, die (vgl. dazu Abschnitt 3) auch durch die Formel M(HA)$_x$(H)$_{-y}$ dargestellt werden können. Die Aufgabe besteht nun darin, aus den experimentellen Daten die Bildungskonstanten $K_{x,y}$ bzw. $\varkappa_{n,p,r}$ [vgl. (IV.3.11) u. (IV.3.2)] zu berechnen.

Dazu bestimmt man zunächst die verschiedenen $f_y \cdot f_\lambda^{-1}$-Funktionen, die durch (IV.3.25) und (IV.3.26) definiert sind, indem man Gleichungen der Form (IV.3.28) benutzt. Die Werte für die Funktionen $f_y \cdot f_\lambda^{-1}$ für verschiedene Konzentrationen von HA findet man unter Verwendung der Funktionen $F, G, \ldots$ Gln. (IV.3.28), (IV.3.30), $\ldots$ durch graphische Extrapolation auf $[H]^{-1} = 0$. Sie sind in Tab. 1 angegeben.

Wenn man Komplexbildung zwischen UO$_2{}^{2+}$ und HA vernachlässigen kann, was sehr wahrscheinlich ist, ist $f_0 = 1$ und die verschiedenen f_y-Werte können aus den $f_y \cdot f_\lambda^{-1}$-Werten leicht nach Gl. (IV.3.32) und Gl. (IV.3.33) berechnet werden. Die Resultate sind zusammen mit den f_λ-Werten ebenfalls in Tab. 1 angegeben.

Mit den f_y-Werten lassen sich dann die $K_{x,y}$-Werte berechnen. Da $K_{0,0}$ definitionsgemäß gleich 1

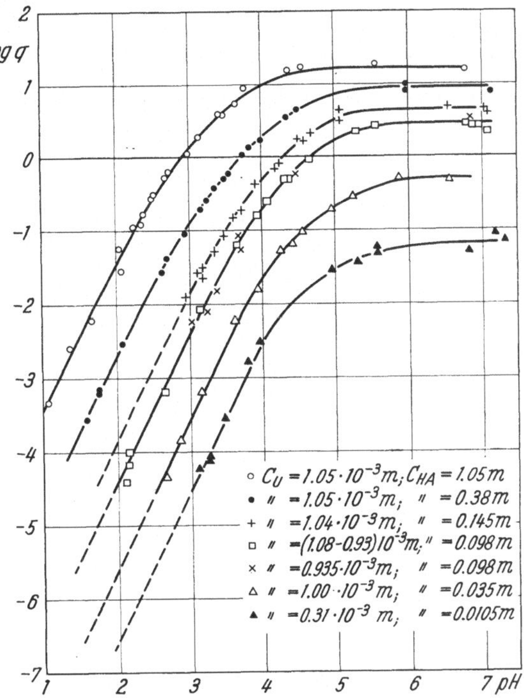

Abb. IV.7. Verteilungsverhältnis q von U(VI) zwischen CHCl$_3$ und H$_2$O als Funktion des pH-Wertes für verschiedene Werte der Gesamtkonzentration an Acetylaceton c_{HA}. Nach Rydberg [7]

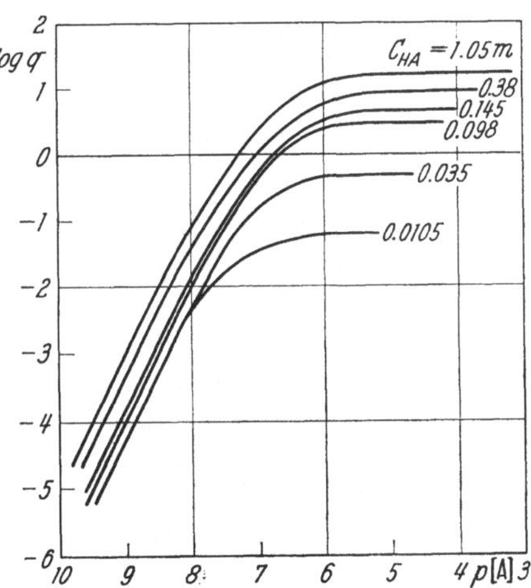

Abb. IV.8. Verteilungsverhältnis q von U(VI) zwischen CHCl$_3$ und H$_2$O als Funktion der Konzentration des Acetylacetonat-Ions [A]. Nach Rydberg [7]

Tabelle 1. *Durch graphische Extrapolation erhaltene $f_y f_\lambda^{-1}$-Werte, sowie zugehörige f_y-Werte, die unter der Annahme $f_0 = 1$ berechnet wurden*

$[HA]_{aq}\,10^3$	$f_0 f_\lambda^{-1}$	$f_1 f_\lambda^{-1}$	$f_2 f_\lambda^{-1}$	f_λ	f_1	f_2
42,8	$3,14 \cdot 10^5$	$4,5 \cdot 10^2$	0,060	$3,18 \cdot 10^{-6}$	$1,43 \cdot 10^{-3}$	$1,91 \cdot 10^{-7}$
15,8	$6,30 \cdot 10^6$	$3,0 \cdot 10^3$	0,103	$1,59 \cdot 10^{-7}$	$4,76 \cdot 10^{-4}$	$1,64 \cdot 10^{-8}$
5,90	$8,14 \cdot 10^7$	$1,1 \cdot 10^4$	0,212	$1,23 \cdot 10^{-8}$	$1,35 \cdot 10^{-4}$	$2,60 \cdot 10^{-9}$
4,00	$2,78 \cdot 10^8$	$2,5 \cdot 10^4$	0,320	$3,60 \cdot 10^{-9}$	$0,90 \cdot 10^{-4}$	$1,15 \cdot 10^{-9}$
1,43	$3,81 \cdot 10^9$	$2,5 \cdot 10^5$	1,93	$2,62 \cdot 10^{-10}$	$0,66 \cdot 10^{-4}$	$0,51 \cdot 10^{-9}$
0,43	$3,64 \cdot 10^{10}$	$2,5 \cdot 10^6$	15,7	$2,75 \cdot 10^{-11}$	$0,69 \cdot 10^{-4}$	$0,43 \cdot 10^{-9}$

ist und f_0 als 1 angenommen wurde, kann $K_{x,0}$ nicht bestimmt werden. Aus den f_1-Werten werden die $K_{x,1}$ und aus den f_2-Werten die $K_{x,2}$ bei verschiedenen [HA]-Werten ermittelt. Dazu benutzt man Funktionen vom Typ

$$P = f_y\,; \quad Q = \frac{P - K_{0,y}}{[HA]}\,; \ldots \text{usw.,}$$

die ähnlich wie die Funktionen F, G, ... gebildet werden. Man extrapoliert sie graphisch auf $[HA] = 0$ (vgl. Abb. IV.9 u. IV.10). Zum Beispiel findet man aus der Q-Kurve der Abb. IV.10 bei $[HA] = 0$ $K_{1,2} \leqq 0,1 \cdot 10^{-6}$

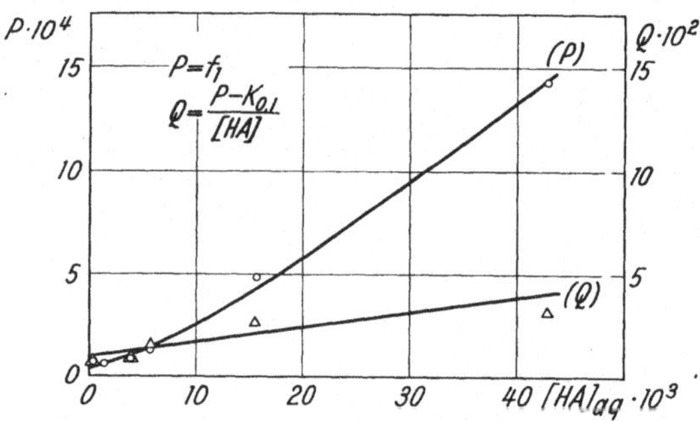

Abb. IV.9. Graphische Ermittlung von $K_{x,1}$ mit Hilfe der Funktionen P und Q. Nach RYDBERG [7]

Tabelle 2. *$K_{x,y}$-Werte für $U(VI)$-Komplexe in wäßrigen Lösungen bei Gegenwart von Acetylaceton unter der Annahme*

$$\sum_{x}^{x} K_{x,0} \cdot [HA]^x = 1$$

$x \backslash y$	1	2
0	$0,6 \cdot 10^{-4}$	$0,4 \cdot 10^{-9}$
	$10^{-4,2 \pm 0,1}$	$10^{-9,40 \pm 0.04}$
1	$1,0 \cdot 10^{-2}$	$\leqq 0,1 \cdot 10^{-6}$
	$10^{-2,0 \pm 0,1}$	$\leqq 10^{-7,0}$
2	0,7	$0,3 \cdot 10^{-4}$
	$10^{-0,15 \pm 0,1}$	$10^{-4,5 \pm 0,2}$
3	—	$1,7 \cdot 10^{-3}$
	—	$10^{-2,8 \pm 0,2}$

als Ordinatenabschnitt, entsprechend aus der R-Kurve (gerade Linie) $K_{2,2} = 0,3 \cdot 10^{-4}$ als Ordinatenabschnitt bei $[HA] = 0$ und aus der Steigung $K_{3,2} = 1,7 \cdot 10^{-3}$.

Die so gefundenen $K_{x,y}$-Werte sind in Tab. 2 angeführt. Außerdem sind sie dort in der exponentiellen Form mit den experimentellen Fehlergrenzen angegeben.

Die Verteilungskurven in Abb. IV.7 nähern sich mit abnehmenden pH-Werten einer

Asymptote der Steigung 2. Es besteht in diesem Fall zwischen q und $[H]$ der Zusammenhang $q = \text{const} \, [H]^{-2}$. Aus Gl. (IV.3.27) sieht man, daß diese Steigung gleich $-N$ ist, wenn N die Ladung des freien Zentralions ist. Dies stimmt mit der Tatsache überein, daß U(VI) in sauren Lösungen als UO_2^{2+} vorliegt, das als Zentralion fungiert.

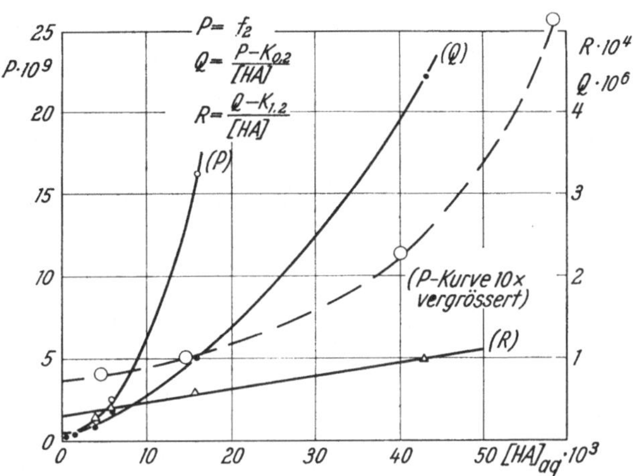

Abb. IV.10. Graphische Ermittlung von $K_{x,2}$ mit Hilfe der Funktionen P, Q und R. Nach RYDBERG [7]

Zur Bestimmung von $K_{x,N}\Lambda_{x,N}$ ($N = 2$) verwendet man die f_λ-Werte (Tab. 1), die unter der Annahme $f_0 = 1$ erhalten wurden. Die $K_{x,2}\Lambda_{x,2}$-Werte bekommt man wiederum durch graphische Extrapolation mit Funktionen

$$U = f_\lambda \cdot f_0^{-1}; \quad V = \frac{U - K_{0,2}\Lambda_{0,2}}{[HA]}; \ldots \text{usw.}$$

auf $[HA] = 0$, die entsprechend den Funktionen F, $G, \ldots$ und $P, Q, \ldots$ gebildet werden.

Die $K_{x,2}\Lambda_{x,2}$-Werte, die man so findet, sind in Tab. 3 enthalten. Bei der graphischen Auswertung (Abb. IV. 11) ergibt sich, daß für $K_{x,N}\Lambda_{x,N}$ keine höheren Werte als $K_{3,N}\Lambda_{3,N}$ erhalten werden können. Daraus folgt, daß die einzigen Urankomplexe, die in der organischen Phase nachweisbar sind, solche mit $x = 2$ und $x = 3$

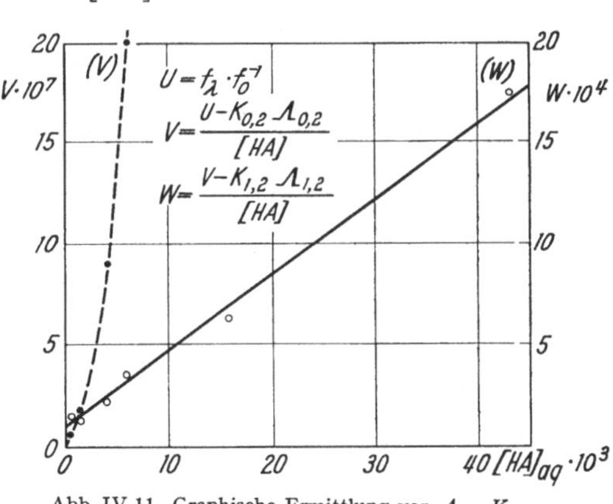

Abb. IV.11. Graphische Ermittlung von $\Lambda_{x,2} K_{x,2}$. Nach RYDBERG [7]

sind, d. h. Typen, die 2 bzw. 3 HA- oder A-Gruppen enthalten.

Mit den $K_{x,2}\,\Lambda_{x,2}$-Werten und den früher bestimmten $K_{x,2}$-Werten bekommt man die Verteilungskonstanten $\Lambda_{x,2}$ der ungeladenen Komplexe, die ebenfalls in Tab. 3 angegeben sind. Außerdem ist in der Tabelle in der letzten Spalte die Formel der betreffenden Komplexe angeführt.

Tabelle 3. *Berechnete Konstanten für die Verteilung der ungeladenen U(VI)-Komplexe zwischen $CHCl_3$ und H_2O*

x	$K_{x,2}\,\Lambda_{x,2}$	$K_{x,2}$	$\Lambda_{x,2}$	Zusammensetzung der Komplexe
0	$\ll 10^{-11}$	$0,4 \cdot 10^{-9}$	$\ll 0,02$	$UO_2(H)_{-2}(H_2O)$?
1	$\ll 10^{-8}$	$\leqq 0,1 \cdot 10^{-6}$	$\ll 0,1$	$UO_2(HA)\,(H)_{-2}(H_2O)$?
2	$1,0 \cdot 10^{-4}$	$0,3 \cdot 10^{-4}$	$3,3$	$UO_2(HA)_2\,(H)_{-2}(H_2O)$?
3	$3,8 \cdot 10^{-2}$	$1,7 \cdot 10^{-3}$	22	$UO_2(HA)_3\,(H)_{-2}(H_2O)$?

Trägt man den Wert von $\log q$ für den horizontalen Teil der Kurven in Abb. IV.7 ($\log q_{max}$) gegen $\log [HA]_{aq}$ auf, so nähern sich die resultierenden Kurven bei hoher $[HA]_{aq}$-Konzentration einem Maximalwert, d. h. sie laufen parallel der $\log [HA]_{aq}$-Achse. Dieser Maximalwert muß gleich der Verteilungskonstanten des Komplexes mit der maximalen Zahl von HA- und A-Gruppen sein [vgl. (IV.3.35)]. Es wurde bereits nachgewiesen, daß es sich um $M(HA)_3(H)_{-2}$ handeln muß. Aus der graphischen Darstellung $\log q_{max} = f(\log [HA]_{aq})$ findet man für den Maximalwert $\log q_{max} = 1,30 \pm 0,1$, d. h. $q_{max} = 20 \pm 5$, einen Wert, der mit dem unabhängig davon erhaltenen Wert $\Lambda_{3,2}$ der Tab. 3 gut übereinstimmt.

Setzt man die gefundenen Werte für $K_{x,y}$ und $\Lambda_{x,2}$ der Tab. 2 und 3 in Gl. (IV.3.34) ein, so erkennt man, daß sie solange richtig sind als $K_{1,0} < 10$, $K_{2,0} < 10^6$ und $K_{3,0} < 10^9$ ist. Mit diesen Werten rechnet man leicht nach, daß der maximale Anteil des Metalls, das als $UO_2(HA)_x^{2+}$-Komplexe vorliegt, vernachlässigbar klein ist. Daß dies der Fall ist, kann man unabhängig davon nachprüfen, indem man bei pH = 0, wo Komplexe mit OH^- und A^- praktisch nicht gebildet werden, zu einer 0,010 m Lösung an UO_2^{2+} steigende Mengen HA bis zu 0,10 m zusetzt und die spektralen Änderungen studiert. Es läßt sich so zeigen, daß sich die UO_2^{2+}-Extinktion und damit die Konzentration bei HA-Zusatz bis zu 0,10 m nicht wesentlich ändert. Damit ist nachgewiesen, daß die Voraussetzung auf der die Berechnung der Konstanten beruht, nämlich, daß unter den Versuchsbedingungen keine merklichen Anteile $UO_2(HA)_x^{2+}$-Komplexe gebildet werden, erfüllt ist, ($f_0 = 1$). Somit sind die berechneten Konstanten nicht mit Fehlern belastet, die von der Bildung solcher Komplextypen herrühren.

Die Untersuchung ergibt, daß in die organische Phase im wesentlichen die Komplextypen UO_2A_2 und $UO_2A_2(HA)$ extrahiert werden. Ihre Verteilungskonstanten zwischen $CHCl_3$ und H_2O wurden zu $\Lambda_{2,2} = 3,3$ und $\Lambda_{3,2} = 22$ (Tab. 3) gefunden.

Nach (IV.3.12) entspricht jedem $K_{x,y}$-Wert ein $\varkappa_{n,p,r}$-Wert. Es gilt unter Berücksichtigung von k_a und k'_w

$$\varkappa_{n,p,r} = K_{x,y} \cdot 10^{+8.82n + 13.80p}.$$

Für ein Wertepaar von x und y kann man verschiedene Kombinationen von r, n und p erhalten. Mit der Dissoziationskonstanten von Acetylaceton $k_a = 10^{-8,82}$ und dem Ionenprodukt des Wassers $k'_w = 10^{-13\,80}$ in $0,1$ m $NaClO_4$ bei $25°$ C folgt

$$\frac{[HA]\,[OH]}{[A]} = 10^{-5,0},$$

sodaß es unwahrscheinlich erscheint, daß HA und OH gleichzeitig in einem Komplex vorliegen können. In einem Komplex $MA_n(OH)_p(HA)_r$ reagieren HA und OH sofort zu H_2O und es bildet sich $MA_{n+r}(OH)_{p-r}(H_2O)_r$ für $p > r$. Die möglichen Kombinationen von n, p und r werden durch die plausible Annahme eingeschränkt, daß Komplexe mit minimaler Zahl von OH-Gruppen gegenüber den anderen Typen mit den gleichen Werten für x und y überwiegen (p nimmt den minimalen Wert an). In Tab. 4 sind die aus den $K_{x,y}$-Werten berechneten $\varkappa_{n,p,r}$-Werte angegeben.

Tabelle 4. *Gleichgewichtskonstanten für U(VI)-Komplexe in 0,1 m $NaClO_4$ bei 25° C*

Reaktion		Gleichgewichtskonstante $\varkappa_{n,p,r}$
$UO_2^{2+} + OH^-$	$\rightleftarrows UO_2OH^+$	$10^{9.6}$
$UO_2^{2+} + 2\,OH^-$	$\rightleftarrows UO_2(OH)_2$	$10^{18.2}$
$UO_2^{2+} + OH^- + A^-$	$\rightleftarrows UO_2AOH$	$\leqq 10^{15.6}$
$UO_2^{2+} + A^-$	$\rightleftarrows UO_2A^+$	$10^{6.8}$
$UO_2^{2+} + A^- + HA$	$\rightleftarrows UO_2A\,HA^+$	$10^{8.7}$
$UO_2^{2+} + 2\,A^-$	$\rightleftarrows UO_2A_2$	$10^{13.1}$
$UO_2^{2+} + 2\,A^- + HA$	$\rightleftarrows UO_2A_2HA$	$10^{14.8}$
$UO_2^{2+} + HA$	$\rightleftarrows UO_2HA^{2+}$	< 1
$UO_2^{2+} + 2\,HA$	$\rightleftarrows UO_2(HA)_2^{2+}$	< 10
$UO_2^{2+} + 3\,HA$	$\rightleftarrows UO_2(HA)_3^{2+}$	< 100
		Verteilungskonstante $\Lambda_{x,2}$
$(UO_2A_2)_{aq}$	$\rightleftarrows (UO_2A_2)_{CHCl_3}$	$3,3$
$(UO_2A_2HA)_{aq}$	$\rightleftarrows (UO_2A_2HA)_{CHCl_3}$	22

Literatur

[1] EBERZ, W. F., H. J. WELGE, D. M. YOST and H. J. LUCAS: The hydration of unsaturated compounds. IV. The rate of hydration of isobutene in the presence of silver ion. The nature of the isobutene-silver complex. J. Am. Chem. Soc. **59**, 45 (1937).

[2] WINSTEIN, S., and H. J. LUCAS: The coordination of silver ion with unsaturated compounds. J. Am. Chem. Soc. **60**, 836 (1938).

[3] RYDBERG, J.: On the complex formation between thorium and acetylacetone. Acta Chem. Scand. **4**, 1503 (1950).

[4] RYDBERG, J.: Studies on the extraction of metal complexes. XII-A. Part A: Theoretical. Arkiv för Kemi **8**, 101 (1955); (Allgemeine Grundlagen).

[5] RYDBERG, J.: Studies on the formation of composite complexes by means of an extractive technique. Rec. Trav. Chim. Pays-Bas **75**, 207 (1955).

[6] DYRSSEN, D., and L. G. SILLÉN: Studies on the extraction of metal compounds V. Two-parameter equation for a complexformation system and their application to the two-phase distribution of metal-complexes. Acta Chem. Scand. **7**, 663 (1953).

[7] RYDBERG, J.: Studies on the extraction of metal complexes. XII-B. The formation of composite mononuclear complexes. Part B: Studies on the Th- and U (VI)-acetylacetone-H_2O-organic solvent systems. Arkiv för Kemi 8, 113 (1955).

[8] RYDBERG, J.: Studies on complex formation by means of liquid-liquid distribution method. Application to some actinide complexes of acetylacetone. Svensk. Kem. Tidskr. 67, 499 (1955).

[9] ROSSOTTI, F. J. C.: Partition equilibria of indium halide complexes. Rec. Trav. Chim. Pays-Bas 75, 214 (1955). (Allgemeine Methode zur Untersuchung von Komplexen mit anorgan. Liganden mit Hilfe von Verteilungsmessungen).

[10] NELIDOW, I., and R. M. DIAMOND: The solvent-extraction behavior of inorganic compounds. I. Molybdenum (VI). J. Phys. Chem. 59, 710 (1955).

[11] DIAMOND, R. M.: II. General equations. J. Phys. Chem. 61, 69 (1957).

[12] DIAMOND, R. M.: III. Variation of the distribution quotient with metal-ion concentration. J. Phys. Chem. 61, 75 (1957).

[13] KEPNER, R. E., and L. J. ANDREWS: Complex formation between allyl alcohol and cuprous chloride. J. org. Chem. XIII, 208 (1948).

[14] CONNICK, R. E., and W. H. McVEY: The aqueous chemistry of zirconium. J. Am. Chem. Soc. 71, 3182 (1949).

[15] MACDONALD, J. Y., K. M. MITCHELL and A. T. S. MITCHELL: Ferric thiocyanate. Part II. The distribution of ferric thiocyanate between ether and H_2O. J. Chem. Soc. (London) 1951, 1574.

[16] DYRSSEN, M.: The application of solvent extraction to the study of chelate complexes of thorium. Rec. Trav. Chim. Pays-Bas 75, 220 (1955).

[17] DYRSSEN, D.: The influence of the structure of chelating agents on the complexity and distribution constants of thorium complexes. Rec. Trav. Chim. Pays-Bas 75, 225 (1955).

[18] DYRSSEN, D.: Studies on extraction of metal complexes. IV. The dissociation constants and their partition coefficients of 8-quinolinol (oxine) and N-nitroso-N-phenylhydroxylamine (cupferron). Svensk. Kem. Tidskr. 64, 213 (1952).

[19] DYRSSEN, D.: VI. On the complex formation of thorium with oxine and cupferron. Svensk. Kem. Tidskr. 65, 43 (1953).

[20] DYRSSEN, D., and V. DAHLBERG: VIII. The extraction of La, Sm, Hf, Th and U (VI) with oxine and cupferron. Acta Chem. Scand. 7, 1186 (1953).

[21] DYRSSEN, D.: XIV. On the complex formation of strontium with oxine. Svensk. Kem. Tidskr. 67, 311 (1955).

[22] DYRSSEN, D.: XVII. On the complex formation of lanthanum and samarium with oxine and cupferron. Svensk. Kem. Tisdkr. 66, 234 (1954).

[23] DYRSSEN, D.: XVIII. The dissociation constant and partition coeffizient of tropolone. Acta Chem. Scand. 8, 1394 (1954).

[24] DYRSSEN, D.: XXI. The complex formation of thorium with tropolone. Acta Chem. Scand. 9, 1567 (1955).

[25] DYRSSEN, D., M. DYRSSEN and E. JOHANSSON: XXII. The complex formation of thorium with 1-nitroso-2-naphthol and 2-nitroso-1-naphthol. Acta Chem. Scand. 10, 106 (1956).

[26] DYRSSEN, D., M. DYRSSEN and E. JOHANSSON: XXXI. Investigation with some 5,7-dihalogen derivates of 8-quinolinol. Acta Chem. Scand. 10, 341 (1956).

[27] DYRSSEN, D.: XXXII. N-Phenylbenzohydroxamic acid. Acta Chem. Scand. 10, 353 (1956).

[28] HEALY, T. V., and H. A. C. McKAY: Complexes between tributyl phosphate and inorganic nitrates. Rec. Trav. Chim. Pays-Bas 75, 200 (1955).

[29] SULLIVAN, J. C., and J. C. HINDMAN: Thermodynamics of the neptunium-(IV)-sulphat complexes. J. Am. Chem. Soc. 76, 5931 (1954).

[30] HÖK-BERNSTRÖM, B.: Studies on the extraction of metal complexes. XIV. Distribution studies on the complex formation with salicylic acid and methoxybenzoic acid. Acta Chem. Scand. 10, 163 (1955).

[31] HÖK-BERNSTRÖM, B.: XIII. On the complex formation of thorium with salicylic acid, methoxybenzoic acid and cinnamic acid. Acta Chem. Scand. 10, 174 (1955).

[32] HÖK-BERNSTRÖM, B.: XXIV. The extraction of La, Th and U (VI) with some phenylcarboxylic acids. Svensk. Kem. Tidskr. **68**, 34 (1956).

[33] RYDBERG, J., and B. BERNSTRÖM: XXVII. The distribution of some actinides and fission products between methyl isobutyl ketone and aqueous solutions of HNO_3 and $Ca(NO_3)_2$. Acta Chem. Scand. **11**, 86 (1957).

[34] BERNSTRÖM, B., and J. RYDBERG: XXVIII. The distribution of some actinides and fission products between tributyl phosphate (TBP) and aqueous solutions of HNO_3 and $Ca(NO_3)_2$. Acta Chem. Scand. **11**, 1173 (1957).

[35] MARCUS, Y.: Mercury-II-halide mixed complexes in solution. I. The experimental method and the distribution of the neutral complexes. Acta Chem. Scand. **11**, 329 (1957).

[36] MARCUS, Y.: II. Complexity constants of binary complexes. Acta Chem. Scand. **11**, 599 (1957).

[37] MARCUS, Y.: III. The uncharged mixed complexes. Acta Chem. Scand. **11**, 610 (1957).

[38] MARCUS, Y.: IV. Mixed bromo-iodo-complexes. Acta Chem. Scand. **11**, 811 (1957).

[39] ROSSOTTI, F. J. C., and H. ROSSOTTI: Studies on the hydrolysis of metal ions. XV. Partition equilibrium in the system ^{114}In/TTA/benzene. Acta Chem. Scand. **10**, 779 (1956).

[40] FOMIN, V. V., and N. P. SIGIDA: Determination of the stability constants for the $Th(NO_3)_x^{4-x}$-ions. II. Experiments with macroquantities of thorium. Zhur. Neorg. Khim. **1**, 2749 (1956).

[41] THAMER, B. J.: Spectrophotometric and solvent extraction studies of uranyl phosphate complexes. U. S. Atomic Energy Comm. LA-1966 (1956) 85 pp.

[42] KOMAR, N. P.: Distribution of a complex compound between two solvents. Zhur. Neorg. Khim. **2**, 1015 (1957). (Simultaneous use of spectrophotometric and radiometric measurements simplifies and renders more precise the study of a complex and reagent in a 2-phase system.)

[43] RYDBERG, J., and L. G. SILLÉN: Least square method for computor calculation of stability constants. Acta Chem. Scand. **13**, 186 (1959). (Berechnung von Stabilitätskonstanten aus experimentellen Daten von Extraktionsmessungen mit Hilfe einer elektronischen Rechenmaschine.)

[44] JENSEN, B. S.: Solvent extraction of metal chelates. I. Application of a titration procedure to the study of the extraction of metal chelates. Acta Chem. Scand. **13**, 1347 (1959). (Zweiphasen-Titrationsverfahren zur Untersuchung von Metallchelatgleichgewichten, Verwendung von Lanthan 140 als Tracersubstanz.)

V.

Potentiometrische Methoden

Die elektromotorische Kraft einer Konzentrationskette ohne Überführung ist nach der Nernstschen Formel durch

$$E = \frac{RT}{\nu F} \ln \frac{a_1}{a_2}$$

gegeben, wenn R die Gaskonstante, T die Temperatur in Grad Kelvin, F die Faradaysche Konstante und ν die Ladung der betreffenden Ionenart ist. a_1 und a_2 sind die Aktivitäten der Ionen in den beiden Lösungen. Diese Beziehung gilt nur, wenn man eine Überführung ausschließen kann. Das läßt sich praktisch z. B. durch Einschalten eines Elektrolyten mit gleicher Wanderungsgeschwindigkeit für Kationen und Anionen zwischen beide Halbelemente erreichen. [N. BJERRUM: Z. physik. Chem. **53**, 128 (1905)]. Andernfalls muß man die auftretenden Diffusionspotentiale in

Rechnung setzen. [Vgl. P. HENDERSON, Z. physik. Chem. **59**, 118 (1907); **63**, 325 (1908); A. K. AIROLA: Svensk Kem. Tidskr. **50**, 128, 235, 278 (1938).]

Eine solche Konzentrationskette bietet die Möglichkeit, die Ionenaktivität in einer Lösung zu messen*. Hat man zwei Lösungen, von denen die Aktivität einer Ionenart in der ersten bekannt ist, so kann man die Aktivität dieser Ionenart in der zweiten Lösung durch eine Potentialmessung zwischen beiden Lösungen bei Verwendung geeigneter Elektroden nach der obigen Gleichung berechnen.

Reagieren in einer Lösung Teilchen unter Komplexbildung miteinander, so werden die Konzentrationen der freien, nicht komplex gebundenen Teilchen durch den Grad der Komplexbildung bestimmt. Die Konzentrationen bzw. Aktivitäten der freien, nicht komplex gebundenen Teilchen können in vielen Fällen durch potentiometrische Messungen an geeignet gewählten Ketten bestimmt werden, so daß man derartige Messungen zur Untersuchung der Komplexbildung heranziehen kann.

Prinzipiell gibt es zwei Möglichkeiten, die Bildung von Komplexionen potentiometrisch zu untersuchen. Man kann einmal die Konzentration des freien Zentralions, d. h. also die Konzentration des an der Komplexbildung beteiligten Metallions, bestimmen. Zum anderen ist es oftmals möglich, die Konzentration des freien Liganden zu messen. Einige Verfahren bedienen sich des ersten, andere des zweiten Weges. In manchen Fällen erweist es sich als vorteilhaft, beide Konzentrationen zu bestimmen, wenn dies experimentell möglich ist.

---

* Literatur über potentiometrische Messungen:

MÜLLER, E.: Die elektrometrische Maßanalyse, Leipzig 1942.

KOLTHOFF, I. M., and H. A. LAITINEN: pH and electrotitrations. New York: John Wiley & Sons 1944, 2. Auflage, Interscience Publ. Inc., New York 1958.

CHARLOT, G., et D. BÉZIER: Méthodes modernes d'analyse quantitative. 3. Aufl. Paris: Masson et Cie 1955. Engl. Übers. Methuen & Co. Ltd. London. New York: John Wiley & Sons, Inc. 1957.

CHARLOT, G., et R. GAUGIN: Les méthodes d'analyse des réactions en solution. Paris: Masson et Cie. 1951.

FURMAN, N. H.: Ind. Eng. Chem. Anal. Ed. **14**, 367 (1942). Anal. Chem. **14**, 367 (1942); **22**, 33 (1950).

MILAZZO, G.: Elektrochemie. Wien: Springer 1952.

KORTÜM, G.: Lehrbuch der Elektrochemie. Weinheim, Bergstraße: Verlag Chemie 1957; Elektrolytlösungen. Leipzig 1941.

LINGANE, J. J.: Electroanalytical chemistry. New York: Interscience Publ. 1953.

CLARK, W. M.: The determination of hydrogen ions. London 1928.

DOYLE, M.: The glass electrode. New York: John Wiley & Sons 1941.

KRATZ, L.: Die Glaselektrode und ihre Anwendungen. Frankfurt/Main: Steinkopf 1950.

KOLTHOFF, I. M.: Die kolorimetrische und potentiometrische pH-Bestimmung. Dresden 1932.

KORDATZKI, W.: Taschenbuch der praktischen pH-Messung. 4. Aufl. München 1949.

LEHMANN, G.: Die Wasserstoffionenmessung. 3. Aufl. Leipzig 1948.

MCINNES, D. A.: The principles of electrochemistry. New York 1939.

BATES, R. G.: Electrometric pH-determinations. New York 1954.

DELAHAY, P.: New instrumental methods in electrochemistry-theory, instrumentation and applications to analytical and physical chemistry. Interscience Publ. Inc., New York 1954.

1. Die Methode nach Bodländer

Bereits um die Jahrhundertwende wurden von Bodländer [1—6] zusammen mit den in Kapitel III angeführten Löslichkeitsuntersuchungen an Silberhalogenkomplexen potentiometrische Messungen zur Ermittlung der stöchiometrischen Zusammensetzung der Komplexe und ihrer Dissoziationskonstanten verwendet.

Wenn nach

$$(V.1.1) \qquad q\mathrm{M} + r\mathrm{A} \rightleftharpoons \mathrm{M}_q\mathrm{A}_r$$

eine Komplexverbindung gebildet wird, deren Dissoziationskonstante

$$(V.1.2) \qquad K^{(d)} = \frac{[\mathrm{M}]^q\,[\mathrm{A}]^r}{[\mathrm{M}_q\mathrm{A}_r]}$$

ist, so folgt für die Konzentration an freiem Metallion

$$(V.1.3) \qquad [\mathrm{M}] = \left\{ \frac{[\mathrm{M}_q\mathrm{A}_r]\cdot K^{(d)}}{[\mathrm{A}]^r} \right\}^{1/q}.$$

Für zwei Lösungen mit verschiedenen Konzentrationen von [M] gilt dann

$$(V.1.4) \qquad \frac{[\mathrm{M}]_1}{[\mathrm{M}]_2} = \left\{ \frac{[\mathrm{M}_q\mathrm{A}_r]_1 \cdot [\mathrm{A}]_2^r}{[\mathrm{M}_q\mathrm{A}_r]_2 \cdot [\mathrm{A}]_1^r} \right\}^{1/q},$$

wenn die beiden Lösungen durch die Indices 1 und 2 unterschieden werden. Das Verhältnis der Metallionenkonzentrationen in beiden Lösungen läßt sich mit Hilfe der Nernstschen Formel

$$(V.1.5) \qquad E = \frac{R\,T}{v\,F} \ln \frac{[\mathrm{M}]_1}{[\mathrm{M}]_2}$$

bestimmen, wenn man die Potentialdifferenz E einer geeigneten galvanischen Konzentrationskette mißt. Bodländer verwendete bei Silbersalzlösungen in beiden durch die verschieden konzentrierten Lösungen gebildeten Halbelementen der Kette Silberelektroden.

Kennt man die Konzentrationen an Komplex und an Ligand A in zwei Paaren von Lösungen, so kann man nach (V.1.4) q und r berechnen. Nach Bodländer hält man dazu bei der einen Kette $[\mathrm{M}_q\mathrm{A}_r]$ konstant und variiert [A], bei der anderen hält man [A] konstant und variiert $[\mathrm{M}_q\mathrm{A}_r]$, so daß (V.1.4) im ersten Fall in

$$(V.1.6) \qquad \frac{[\mathrm{M}]_1}{[\mathrm{M}]_2} = \left\{ \frac{[\mathrm{A}]_2}{[\mathrm{A}]_1} \right\}^{r/q}$$

und im zweiten Fall in

$$(V.1.7) \qquad \frac{[\mathrm{M}]_1}{[\mathrm{M}]_2} = \left\{ \frac{[\mathrm{M}_q\mathrm{A}_r]_1}{[\mathrm{M}_q\mathrm{A}_r]_2} \right\}^{1/q}$$

übergeht.

Ist das Verhältnis der Ligandenkonzentrationen bekannt, so erhält man r/q aus (V.1.6), womit das Verhältnis der Zahl der Liganden zur Zahl der Zentralionen im Komplex bestimmt ist. Bei Kenntnis des Verhältnisses der Komplexkonzentrationen ergibt sich nach (V.1.7) die Zahl der Zentralionen pro Komplexverbindung. Beide Ergebnisse zusammen liefern eine eindeutige Aussage über die Zusammensetzung des betreffenden Komplexions.

Im allgemeinen ergeben sich jedoch Schwierigkeiten bei der Bestimmung der Komplexkonzentrationen bzw. der Ligandenkonzentrationen. Für den Grenzfall, daß praktisch alle Metallionen in der Lösung komplex gebunden sind, lassen sich einigermaßen genaue Angaben über $[M_qA_r]$ machen. Ist das Komplexion jedoch mehr oder weniger in die Komponenten zerfallen, so wird die Bestimmung von $[M_qA_r]$ wesentlich erschwert. Ist mindestens eine der Komponenten schwer löslich, so ist ein derartiger Zerfall nicht zu befürchten. BODLÄNDER untersuchte nur solche Komplexe, die durch Auflösen einer praktisch unlöslichen Verbindung in einer Salzlösung entstehen, die dasselbe Anion enthält, wie der schwerlösliche Bodenkörper (z. B. AgCN in KCN-Lösung, AgJ in KJ-Lösung).

Die Bestimmung der Konzentration an freiem Liganden A geschieht nach BODLÄNDER am einfachsten auf indirektem Wege. In Gl. (V.1.4) wird für r eine willkürliche Annahme gemacht und damit [A] berechnet. Dann prüft man, ob die Konzentrationskette zu demselben r-Wert führt. Ist dies nicht der Fall, so muß [A] mit Hilfe einer anderen Annahme berechnet werden, bis Übereinstimmung hergestellt ist.

Schließlich wird die Dissoziationskonstante $K^{(d)}$ nach (V.1.2) berechnet, indem die einzelnen Konzentrationswerte eingesetzt werden. Die so gefundenen Konstanten sind im allgemeinen mit einer gewissen Unsicherheit behaftet, da die in Gl. (V.1.2) eingehenden Gleichgewichtskonzentrationen nur schwierig und meist nur näherungsweise erhalten werden können.

Nach der Bodländerschen Methode, die von JAQUES [7] ausführlich diskutiert wurde, kann man lediglich die Bildung eines einzigen Komplexes erfassen. In neuerer Zeit war man daher bestrebt, potentiometrische Methoden zu entwickeln, die so gestaltet sind, daß man die gleichzeitige Anwesenheit mehrerer Komplexe erfassen kann und nur die Gleichgewichtskonzentration eines Reaktionsteilnehmers bekannt zu sein braucht. Während man mit dem Bodländerschen Verfahren nur einen Komplex identifizieren kann und zuerst seine Zusammensetzung und dann anschließend die Dissoziationskonstante bestimmt, arbeiten die neueren Verfahren so, daß Zusammensetzung und Konstanten der verschiedenen Komplexverbindungen in einem Arbeitsgang anfallen. Bei diesen Verfahren wird die stufenweise Bildung gewisser Komplexe, im einfachsten Fall sämtlicher möglicher einkerniger Typen MA_i, angenommen. i kann dabei alle ganzzahligen Werte bis zur maximal möglichen Koordinationszahl für das betreffende Metallion durchlaufen. Es lassen sich bestimmte Beziehungen für die Bildungskonstanten dieser Komplexe angeben. Findet man nach Einsetzen der experimentellen Werte für diese Konstanten definierte Werte, so gilt damit die Existenz der zugehörigen Komplextypen als erwiesen. In den folgenden Abschnitten werden derartige Verfahren besprochen.

Literatur

[1] BODLÄNDER, G.: Die Untersuchung von komplexen Verbindungen. Festschrift zum 70. Geburtstag von R. DEDEKIND Braunschweig 1901 S. 153—182.
[2] BODLÄNDER, G., u. R. FITTIG: Das Verhalten von Molekularverbindungen bei der Auflösung II. Z. physik. Chem. 39, 597 (1901).

[3] BODLÄNDER, G., u. O. STORBECK: Beiträge zur Kenntnis der Cuproverbindungen I. u. II. Z. anorg. Chem. 31, 1, 458 (1902).
[4] BODLÄNDER, G.: Über einige komplexe Metallverbindungen. Ber. 36, 3933 (1903).
[5] BODLÄNDER, G., u. W. EBERLEIN: Über die Zusammensetzung der in Lösungen existierenden Silberverbindungen des Methyl- und Äthyl-Amins. Ber. 36, 3945 (1903).
[6] BODLÄNDER, G., u. W. EBERLEIN: Über einige komplexe Silbersalze. Z. anorg. Chem. 39, 197 (1904).
[7] JAQUES, A.: Complex ions in aqueous solutions. Longmans Green and Co. 1914.
[8] HIRATA, T.: Electrochemical investigation of cadmium complex ions. Repts. Research Sci. Dept. Kyushu Univ. 1, 199 (1950).

2. Methoden zur Untersuchung stufenweiser Komplexbildung beim Vorliegen einkerniger Komplexe

Im folgenden wird nachstehende Bezeichnungsweise verwendet:

M = Zentralion bzw. Molekül

A = Ligand (Ion bzw. neutrales Molekül)

c_M = Gesamtkonzentration an Zentralion M

c_A = Gesamtkonzentration an Ligand A

$[M]$ = Konzentration an freiem, nicht komplex gebundenem Zentralion (Gleichgewichtskonzentration von M)

$[A]$ = Konzentration an freiem, nicht komplex gebundenem Liganden (Gleichgewichtskonzentration von A)

$MA, MA_2, \ldots, MA_i$ = Serie von einkernigen Komplexen mit $1, 2, \ldots i$ Liganden

N = maximaler Wert der Koordinationszahl, maximale Zahl von Liganden A pro M

$[MA_i]$ bzw. $[MA_n]$ = Konzentration des i-ten bzw. n-ten Komplexes (Gleichgewichtskonzentration von MA_i bzw. MA_n)

$\bar{n}$ = Durchschnittliche Zahl von Liganden, die in einer Lösung bestimmter Zusammensetzung an ein Metallion gebunden sind

$$\bar{n} = \frac{c_A - [A]}{c_M}$$

n^* = Durchschnittliche Zahl von Liganden, die in einer Lösung bestimmter Zusammensetzung pro komplex gebundenem Metallion gebunden sind $n^* = \dfrac{c_A - [A]}{c_M - [M]}$

$\alpha_n = \dfrac{[MA_n]}{c_M}$ = Bildungsgrad des n-ten Komplexes MA_n

$\alpha = \dfrac{\bar{n}}{N}$ = Bildungsgrad des Systems

$k_n = \dfrac{[MA_n]}{[MA_{n-1}] \, [A]}$ = individuelle Bildungskonstante des n-ten Komplexes

$K_n = \dfrac{[MA_n]}{[M] \, [A]^n}$ = Bruttobildungskonstante des n-ten Komplexes

$p[A] = -\log[A]$ bzw. $p[M] = -\log[M]$

$s = \sum\limits_{n=1}^{n=N} K_n [A]^n$ = Komplexitätssumme.

a) Die Methode nach J. BJERRUM

Der wesentliche Fortschritt bei der Untersuchung der Komplexbildung in Systemen, in denen stufenweise gebildete einkernige Komplexe nebeneinander vorliegen, wurde durch die von J. BJERRUM im Jahre 1941 publizierte Methode eingeleitet. Die in seiner Dissertation "Metal ammine formation in aqueous solution" [1] dargelegte Theorie der reversiblen Stufenreaktionen [2] bildet den Ausgangspunkt für die verschiedenen ähnlichen Methoden, die später von anderen Autoren entwickelt wurden.

In der ursprünglichen Form unter Verwendung einer Glaselektrode für pH-Messungen ist das Verfahren hauptsächlich zur Untersuchung von Komplexen mit NH_3 und allen anderen Liganden mit sauren bzw. basischen Eigenschaften (z. B. organischen Mono- und Diaminen) geeignet. Durch Messung der Wasserstoffionenaktivität wird die jeweilige Konzentration des freien Liganden bestimmt. In anderen Fällen kann man die Konzentration des freien Liganden mit einer Metallelektrode zweiter Art messen. Zur Bestimmung der Konzentration des freien Liganden können aber auch, je nach den speziellen Verhältnissen, andere Methoden wie z. B. Löslichkeitsuntersuchungen, Verteilungsmessungen, Dampfdruckmessungen oder Messungen der Lichtabsorption verwendet werden (vgl. die entsprechenden Kapitel).

Im folgenden wird beschrieben, wie man nach BJERRUM bei Kenntnis der jeweiligen Konzentration an freiem Liganden die Stabilitätskonstanten der einzelnen Komplextypen finden kann.

α) Bildungsfunktion und Bildungskurve

Für ein reversibles Stufengleichgewicht vom Typ

(V.2.1)
$$M + A \rightleftharpoons MA$$
$$MA + A \rightleftharpoons MA_2$$
$$\cdot \quad \cdot \quad \cdot \quad \cdot \quad \cdot \quad \cdot \quad \cdot$$
$$MA_{N-1} + A \rightleftharpoons MA_N$$

gelten für die individuellen Bildungskonstanten der einzelnen einkernigen Komplextypen die Beziehungen

(V.2.2)
$$k_1 = \frac{[MA]}{[M] \cdot [A]}$$
$$k_2 = \frac{[MA_2]}{[MA] \cdot [A]}$$
$$\cdot \quad \cdot \quad \cdot \quad \cdot \quad \cdot \quad \cdot \quad \cdot$$
$$k_N = \frac{[MA_N]}{[MA_{N-1}] \cdot [A]} ,$$

wenn man die Aktivitäten mit den Konzentrationen identifizieren kann, was bei hoher und konstanter Ionenstärke erlaubt ist.

Die *durchschnittliche Ligandenzahl $\bar{n}$ pro in der Lösung vorhandenem Metallion* läßt sich durch die Konzentrationen der Komplexe ausdrücken, und man findet

$$(V.2.3) \qquad \bar{n} = \frac{[MA] + 2\,[MA_2] + \cdots + N\,[MA_N]}{[M] + [MA] + [MA_2] + \cdots + [MA_N]} \,.$$

Aus (V.2.3) erhält man mit den Gleichungen (V.2.2) einen Ausdruck, der $\bar{n}$ als Funktion der individuellen Bildungskonstanten und der Konzentration des freien Liganden A enthält.

$$(V.2.4) \qquad \bar{n} = \frac{k_1\,[A] + 2\,k_1 k_2\,[A]^2 + \cdots + N\,k_1 k_2 \ldots k_N\,[A]^N}{1 + k_1\,[A] + k_1 k_2\,[A]^2 + \cdots k_1 k_2 \ldots k_N\,[A]^N}$$

Die Funktion (V.2.4) wird als *Bildungsfunktion* bezeichnet. Die Größe

$$(V.2.5) \qquad \mathrm{p}\,[A] = -\log\,[A]$$

wird Ligandenexponent genannt und die Kurve, die $\bar{n}$ als Funktion von p[A] darstellt, heißt die *Bildungskurve* des betreffenden Systems.

β) Ermittlung der Bildungsfunktion bzw. Bildungskurve

Die Bildungsfunktion bzw. Bildungskurve läßt sich für ein zu untersuchendes System immer dann aufstellen, wenn man die Konzentration des freien, nicht komplex gebundenen Liganden experimentell bestimmen kann. Ist sie bekannt, so kann die Bildungsfunktion nach

$$(V.2.6) \qquad \bar{n} = \frac{c_A - [A]}{c_M} = \frac{\sum\limits_{n=1}^{n=N} n\,[MA_n]}{[M] + \sum\limits_{n=1}^{n=N} [MA_n]}$$

berechnet werden. Die Gesamtkonzentrationen an Metallion und an Ligand c_M und c_A sind von vornherein aus der Zusammensetzung der jeweiligen Lösung bekannt. Es gelten für die Gesamtkonzentrationen die Beziehungen

$$(V.2.7) \qquad c_A = [A] + \sum\limits_{n=1}^{n=N} n\,[MA_n]$$

$$(V.2.8) \qquad c_M = [M] + \sum\limits_{n=1}^{n=N} [MA_n] \,.$$

Die linke Seite von Gl. (V.2.6) ist nur dann zur Berechnung von $\bar{n}$ brauchbar, wenn sich die Konzentration des freien Liganden merklich von seiner Gesamtkonzentration unterscheidet, so daß der Zähler $c_A - [A]$ einen wohldefinierten Wert besitzt. In Systemen, bei denen die Komplexbildung erst bei hohen Ligandenkonzentrationen beginnt, wird es, um Gl. (V.2.6) anwenden zu können, notwendig, sehr hohe Konzentrationen c_A und c_M zu verwenden. Dann ist es aber nicht mehr möglich, das Massenwirkungsgesetz in seiner einfachen Form mit den Konzentrationen zu benutzen. Man muß dann mit den Aktivitäten rechnen, wodurch die Ermittlung der Konzentration des freien Liganden sehr erschwert wird. In solchen Fällen kann man sich jedoch helfen, indem man entsprechende Korrekturen für den Salzeffekt anbringt.

Ist es nicht möglich, $\bar{n}$ nach (V.2.6) zu berechnen, da $[A] \cong c_A$ ist, so ist es zweckmäßig, folgendermaßen zu verfahren: man definiert einen *Bildungsgrad* des Systems durch

$$\text{(V.2.9)} \qquad \alpha = \frac{\bar{n}}{N}$$

und entsprechend für den n-ten Komplex einen Bildungsgrad

$$\text{(V.2.10)} \qquad \alpha_n = \frac{[MA_n]}{c_M} = \frac{K_n [A]^n}{1 + \sum\limits_{n=1}^{n=N} K_n [A]^n},$$

wobei

$$\text{(V.2.11)} \qquad \sum\limits_{n=0}^{n=N} \alpha_n = 1 \quad \text{und} \quad \sum\limits_{n=1}^{n=N} n \alpha_n = \bar{n}$$

ist. Dabei ist K_n die Bruttobildungskonstante des n-ten Komplexes, die mit den individuellen Bildungskonstanten durch die Beziehung

$$\text{(V.2.12)} \qquad K_n = \prod\limits_{n=1}^{n} k_n = k_1 \cdot k_2 \cdot \; \cdots \; \cdot k_n$$

verknüpft ist.

Umformung von (V.2.10) und Differentiation nach $[A]$ führt zu

$$\text{(V.2.13)} \quad \frac{d\alpha_n}{d[A]} \left(1 + \sum\limits_{n=1}^{n=N} K_n [A]^n\right) + \alpha_n \sum\limits_{n=1}^{n=N} n K_n [A]^{n-1} - n K_n [A]^{n-1} = 0 \,.$$

Mit

$$\text{(V.2.14)} \qquad -\frac{d \log \alpha_n}{d \log [A]} = -\frac{[A]\, d\alpha_n}{\alpha_n d[A]}$$

sowie (V.2.6) und (V.2.13) erhält man

$$\text{(V.2.15)} \qquad \bar{n} = n + \frac{d \log \alpha_n}{d\,\mathrm{p}\,[A]} = n - \frac{d \log \alpha_n}{d \log [A]} \,.$$

Gl. (V.2.15) erlaubt die Bildungsfunktion zu berechnen, wenn die Gesamtkonzentration des Liganden und die Konzentration des freien Liganden von gleicher Größenordnung sind. Ist die Konzentration von M oder einem der MA_n-Komplexe als Funktion der Konzentration des freien Liganden bekannt, so kann man $\bar{n}$ graphisch aus der Steigung der Tangente der Kurve finden, die man erhält, wenn man $\log \alpha_n$ gegen $\mathrm{p}\,[A]$ aufträgt. Für bestimmte $[A]$-Werte kann man so die zugehörigen $\bar{n}$-Werte erhalten und dann die Bildungskurve zeichnen. Im speziellen Fall, wenn man den Bildungsgrad durch Änderung der elektromotorischen Kraft bestimmen kann, nimmt (V.2.15) die Form

$$\text{(V.2.16)} \qquad \left| \frac{dE}{d\mathrm{p}\,[A]} \right| = \frac{2,3\,RT}{vF} (\bar{n} - n) \qquad * \text{ an.}$$

---

* (V.2.16) und ähnliche Beziehungen sind in der Literatur in Fällen angewendet worden, in denen sowohl $\bar{n}$ als auch n ganze Zahlen sind. (Vgl. z. B. BODLÄNDER, Festschrift für R. DEDEKIND, Braunschweig 1901). Die oben abgeleitete Beziehung gilt ganz allgemein auch für gebrochene Werte von $\bar{n}$. Sie kann z. B. zur Berechnung der Änderung in der Steigung von Potentialkurven $E = f(\mathrm{pH})$ verwendet werden.

γ) Die Form der Bildungskurve, Mittelpunktssteigung und mittlere Konstante

Zur Veranschaulichung der verschiedenen möglichen Formen der Bildungskurven werden die Verhältnisse zunächst für den einfachsten Fall $N = 2$ diskutiert.

Setzt man voraus, daß das Verhältnis zwischen zwei aufeinanderfolgenden individuellen Bildungskonstanten rein statistisch bestimmt ist, so gilt

$$(\text{V}.2.17) \qquad \frac{k_n}{k_{n+1}} = \frac{(N - n + 1)\,(n + 1)}{(N - n)\,n} \; * .$$

Speziell für $N = 2$ folgt dann

$$(\text{V}.2.18) \qquad \frac{k_1}{k_2} = 4 \; .$$

Führt man einen *Ausdehnungsfaktor* x mit der Beziehung

$$(\text{V}.2.19) \qquad \frac{k_1}{k_2} = 4\,x^2$$

ein, der so definiert ist, daß für $x = 1$ der rein statistische Fall resultiert und Werte von $x \neq 1$ Abweichungen vom rein statistischen Fall angeben, so kann man k_1 und k_2 durch eine mittlere Konstante k ausdrücken.

$$(\text{V}.2.20) \qquad k_1 = 2\,x \cdot k\,; \qquad k_2 = \frac{1}{2\,x} \cdot k$$

Setzt man die Ausdrücke für k_1 und k_2 Gl. (V.2.20) in die Bildungsfunktion (V.2.4) ein, so erhält man

$$(\text{V}.2.21) \qquad \overline{n} = \frac{2\,xk\,[\text{A}] + 2\,k^2\,[\text{A}]^2}{1 + 2\,xk\,[\text{A}] + k^2\,[\text{A}]^2} \; .$$

Für $\overline{n} = 1$ am Kurvenmittelpunkt ist $k\,[\text{A}] = 1$ bzw. $k = 1/[\text{A}]$, d. h. die mittlere Konstante k des Systems ist gleich der reziproken Konzentration des freien Liganden für den Bildungsgrad 0,5. Dies gilt ganz allgemein auch für Fälle mit $N = 3, 4, 5, 6$, wenn die Bildungskurve symmetrisch ist.

Man kann sich leicht überlegen, wie die Form der Bildungskurve sowie ihre Steigung von x abhängt. In Abb. V.1 sind die Bildungskurven $\overline{n} = f(\text{p}\,[\text{A}])$ für ein System mit $N = 2$, $k = 1$ und den Werten $x = 0, 1, 2, 10$ und 100 dargestellt.

Für Werte $x > 100$ sind die zwei Stufen der Bildungskurve vollständig getrennt. Die Konstanten des Systems sind unter diesen Bedingungen gleich den reziproken Ligandenkonzentrationen für $\overline{n} = 0,5$ und $1,5$. Mit abnehmenden x-Werten nähern sich die drei Wendetangenten der Bildungskurve einander, um schließlich am Kurvenmittelpunkt in eine

---

* Man erhält Gl. (V.2.17), wenn man annimmt, daß die Tendenz einen Liganden A abzuspalten für eine Komplexverbindung MA_n proportional n und die Tendenz einen weiteren Liganden A aufzunehmen proportional $N - n$ ist. Die N aufeinander folgenden Bildungskonstanten $k_1, k_2, \ldots, k_{N-1}, k_N$ sind dann proportional

$$\frac{N}{1}\,,\;\frac{N-1}{2}\,,\;\ldots\;\frac{N-n+1}{n}\,,\;\frac{N-n}{n+1}\,,\;\ldots\;\frac{2}{N-1}\,,\;\frac{1}{N} \; .$$

einzige zusammenzufallen. Dies geschieht bei $x = 2$. Man findet dann keine Wellenkurve mehr, sondern eine S-Kurve.

Die Form der Bildungskurve hängt ganz allgemein vom Verhältnis der aufeinanderfolgenden individuellen Bildungskonstanten eines Systems ab. Sind die Bildungskonstanten hinreichend voneinander verschieden (große x-Werte), so besitzt die Bildungskurve Wellenform mit Minima der Steigung in der Umgebung aller ganzzahligen $\bar{n}$ und Maxima der Steigung bei allen halbzahligen $\bar{n}$. Insgesamt besitzt eine Bildungskurve dann $2N - 1$ Wendepunkte. Sind die Bildungskonstanten nicht hinreichend verschieden voneinander (kleine x-Werte), so resultiert eine

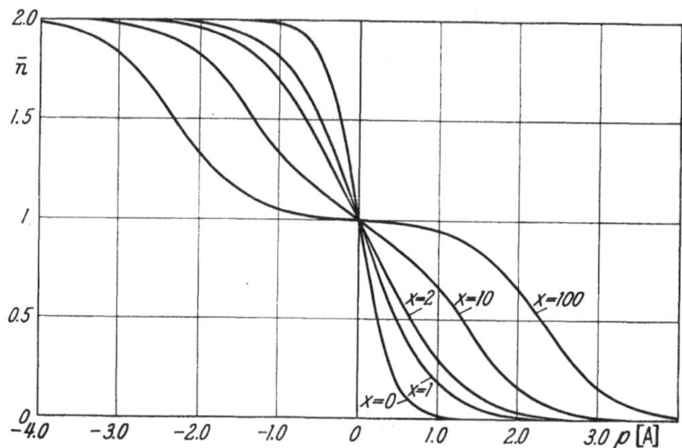

Abb. V.1. Bildungskurven für ein System mit $N = 2$ und $k = 1$ für verschiedene Werte des Ausdehnungsfaktors x. Nach J. Bjerrum [1]

S-förmige Kurve mit einem Wendepunkt am Mittelpunkt. Die Mittelpunktssteigung hängt von x ab und nimmt mit abnehmenden Werten von x stark zu.

Im folgenden wird angenommen, daß auch im allgemeinen Fall das Verhältnis zweier aufeinanderfolgender individueller Bildungskonstanten durch

$$(V.2.22) \qquad \frac{k_n}{k_{n+1}} = f \cdot x^2$$

dargestellt werden kann, wobei

$$f = \frac{(N - n + 1)\,(n + 1)}{(N - n)\,n}$$

der allgemeine Ausdruck für den rein statistischen Fall Gl. (V.2.17) und x der Ausdehnungsfaktor ist. x ist für ein bestimmtes System eine Konstante, die alle Werte von 0 bis ∞ annehmen kann. Gl. (V.2.22) wurde bereits im Fall $N = 2$ verwendet, sie gilt auch exakt für $N = 3$, wenn die Bildungskurve symmetrisch ist. Im Falle größerer N-Werte (also insbesondere für die häufig vorkommenden maximalen Koordinationszahlen $N = 4$ und 6) gilt sie näherungsweise. Nimmt man die Gültigkeit von (V.2.22) an, so gewinnt man eine Reihe einfacher Beziehungen, die trotz ihres Näherungscharakters für $N > 3$ von großer praktischer Bedeutung für die Ermittlung der Konstanten eines Systems aus der Bildungskurve sind, insbesondere für Werte $x < \sim 1$.

Entsprechend dem Fall $N = 2$ kann man eine mittlere Konstante k mit

$$(\text{V.2.23}) \qquad k_n = \frac{N - n + 1}{n}\, k \cdot x^{N+1-2n}$$

einführen, womit für die Bruttobildungskonstanten

$$(\text{V.2.24}) \quad K_n = k_1 \cdot k_2 \cdots \cdot k_n = \frac{N!}{(N-n)!\, n!}\, k^n\, x^{n(N-n)} = \binom{N}{n} \cdot k^n \cdot x^{n(N-n)}$$

folgt.

Die Bildungsfunktion (V.2.4) kann unter Verwendung der Bruttobildungskonstanten K_n (V.2.12) in der Form

$$(\text{V.2.25}) \qquad \bar{n} = \frac{\sum\limits_{n=1}^{n=N} n\, K_n [\text{A}]^n}{1 + \sum\limits_{n=1}^{n=N} K_n [\text{A}]^n} = \frac{\sum\limits_{n=1}^{n=N} n\, K_n [\text{A}]^n}{\sum\limits_{n=0}^{n=N} K_n [\text{A}]^n} \qquad (\text{mit } K_0 = 1)$$

geschrieben werden. Mit (V.2.24) findet man

$$(\text{V.2.26}) \qquad \bar{n} = \frac{\sum\limits_{1}^{N} n \binom{N}{n} k^n [\text{A}]^n\, x^{n(N-n)}}{1 + \sum\limits_{1}^{N} \binom{N}{n} k^n [\text{A}]^n\, x^{n(N-n)}}\,.$$

Kombiniert man die Glieder mit n und $(N-n)$ paarweise, so sieht man, daß am Kurvenmittelpunkt für $\bar{n} = N/2$ die Bildungsfunktion mit $k\,[\text{A}] = 1$ erfüllt ist, d. h. daß die mittlere Konstante auch im allgemeinen Fall gleich der reziproken Konzentration des freien Liganden für den Bildungsgrad 0,5 ist.

Für die Steigung $\varDelta'$ der Bildungskurve am Mittelpunkt ($\bar{n} = N/2$, $k\,[\text{A}] = 1$) findet man die Beziehung

$$(\text{V.2.27}) \qquad \varDelta = \frac{\sum\limits_{1}^{N} n \left(n - \dfrac{N}{2}\right) \binom{N}{n} x^{n(N-n)}}{1 + \sum\limits_{1}^{N} \binom{N}{n} x^{n(N-n)}}\,.$$

Gl. (V.2.27) gibt den Zusammenhang zwischen *Mittelpunktssteigung* und Ausdehnungsfaktor x für jeden Wert von N an.

Speziell ist für

$$(\text{V.2.28}) \qquad N = 2 \qquad x = \frac{1 - \varDelta}{\varDelta}$$

und für

$$(\text{V.2.29}) \qquad N = 3 \qquad x = \frac{9 - 4\varDelta}{12\varDelta - 3}\,.$$

(V.2.27) kann nur für $N = 2$ und 3 nach x aufgelöst werden. Für x-Werte in der Nähe des statistischen Wertes gilt in guter Näherung auch die folgende Beziehung

$$(V.2.30) \qquad \Delta = \frac{1}{2 \ln x + 4/N} \, .$$

In Abb. V.2. ist die Mittelpunktssteigung als Funktion von $\log x$ für $N = 1$ bis 6 graphisch dargestellt. Sie kann zur Bestimmung von x verwendet werden, wenn man Δ graphisch aus der experimentellen Bildungskurve bestimmt hat.

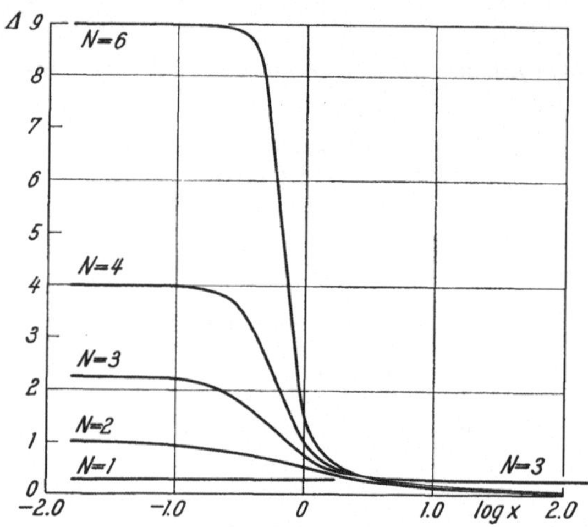

Abb. V.2. Mittelpunktssteigung Δ als Funktion des Logarithmus des Ausdehnungsfaktors x. Nach J. Bjerrum [1]

δ) Berechnung der Bildungskonstanten aus der Bildungsfunktion

Nachdem man für ein System die Bildungsfunktion bzw. die Bildungskurve $\bar{n} = f(\text{p}[A])$ experimentell ermittelt hat, besteht die Aufgabe darin, die individuellen Bildungskonstanten $k_1, k_2, \ldots, k_N$ bzw. die Bruttobildungskonstanten $K_1, K_2, \ldots, K_N$ zu bestimmen.

Die Bildungsfunktion (V.2.25) kann in der Form

$$(V.2.31) \quad \bar{n} + (\bar{n} - 1)\,[A]\,K_1 + (\bar{n} - 1)\,[A]^2 K_2 + \cdots + (\bar{n} - N)\,[A]^N K_N = 0$$

$$\sum_{n=0}^{n=N} (\bar{n} - n)\,[A]^n K_n = 0$$

geschrieben werden.

Jeder Punkt der Bildungskurve ergibt eine Gleichung der Form (V.2.31), in der N Unbekannte $K_1, K_2, \ldots, K_N$ enthalten sind. Wählt man N Punkte der Bildungskurve aus, so genügen die so erhaltenen N linearen Gleichungen zur Bestimmung der N Konstanten. Ein solches Gleichungssystem kann mit Hilfe der Determinantentheorie gelöst werden, wobei für die Determinante der Koeffizienten

$$(V.2.32) \qquad |D| = \begin{vmatrix} (\bar{n}_1 - 1)\,[A_1] \,\ldots\ldots\ldots\ldots\, (\bar{n}_N - N)\,[A_1]^N \\ \vdots \qquad\qquad\qquad\qquad \vdots \\ (\bar{n}_1 - 1)\,[A_N] \,\ldots\ldots\ldots\ldots\, (\bar{n}_N - N)[A_N]^N \end{vmatrix} \neq 0$$

gilt. Für irgendein Experiment können die Werte der Kolonnen der Determinante nicht Null oder untereinander gleich sein, so daß das Kriterium der Eindeutigkeit der Lösungen erfüllt ist.

Eine derartige Berechnung der Konstanten ist im allgemeinen vergleichsweise mühsam, so daß man vorteilhafter Näherungsverfahren zu ihrer Bestimmung verwendet.

BJERRUM gibt ein Verfahren an, mit dem man zunächst eine Folge von *vorläufigen Bildungskonstanten* berechnet. Das sind Konstanten, aus denen man durch sukzessive Annäherung dann die endgültigen Werte der Bildungskonstanten erhalten kann.

Zur Bestimmung dieser vorläufigen Konstanten kann man

1. die reziproke Ligandenkonzentration bei allen halbzahligen $\bar{n}$-Werten ($^1/_2$, $^3/_2$, $^5/_2$, ..., $N - ^1/_2$), und

2. die Steigung der Bildungskurve an ihrem Mittelpunkt verwenden.

Die erste Methode beruht auf der Tatsache, daß eine Lösung, in der $\bar{n} = n - ^1/_2$ ist, ungefähr gleiche Mengen der Komplexe MA_{n-1} und MA_n enthält. Dies führt zu der Beziehung

$$(V.2.33) \qquad k_n = \left(\frac{1}{[A]}\right)_{\bar{n}\,=\,n\,-\,^1/_2}.$$

Bei der zweiten Methode verwendet man die Mittelpunktssteigung Δ und die mittlere Konstante k des Systems, für die die Gleichung

$$(V.2.34) \qquad k = \left(\frac{1}{[A]}\right)_{\bar{n}\,=\,N/2}$$

gilt. Dann kann man den Ausdehnungsfaktor x aus der Mittelpunktssteigung bestimmen und die vorläufigen Konstanten nach Gl. (V.2.23)

$$k_n = \frac{N - n + 1}{n}\, k\, x^{N+1-2n}$$

berechnen.

Aus der Form der experimentell erhaltenen Bildungskurve ist jeweils zu sehen, welche der beiden Methoden im speziellen Fall anzuwenden ist. Für $x > 1$, wenn die Bildungskurve wellenförmig ist, gibt Gl. (V.2.33) die beste Näherung. Ist sie S-förmig, hat man also x-Werte von ≈ 1, so ist sowohl (V.2.33) als auch (V.2.23) anwendbar, wobei (V.2.23) im allgemeinen die beste Näherung gibt. Ist x so klein, daß $k_n < k_{n+1}$ ist, so erhält man mit Gl. (V.2.23) eine brauchbare Näherung, wenn die Bildungskurve symmetrisch ist, während Gl. (V.2.33) versagt. (V.2.23) kann nur verwendet werden, wenn der Ausdehnungsfaktor x bestimmt wird. Dies kann in Systemen mit $N = 2$ bzw. 3 rechnerisch nach (V.2.28) bzw. (V.2.29) geschehen, wenn Δ graphisch ermittelt wird. In anderen Fällen $(N > 3)$ bedient man sich der in Abb. V.2 gezeichneten Kurven, die den Zusammenhang zwischen Δ und $\log x$ angeben. Hat man auf diese Weise eine Folge von vorläufigen individuellen Bildungskonstanten bestimmt, so sind auch die Produkte dieser Konstanten und damit die vorläufigen Bruttobildungskonstanten bekannt. Man kann dann eine Annäherung mit Hilfe von Gl. (V.2.31) vornehmen. Es ist jedoch vorteilhafter, die individuellen Bildungskonstanten selbst anzunähern.

Durch Einsetzen der Werte der Konstanten in (V.2.31) und Auflösen nach k_n erhält man

$$(V.2.35) \qquad k_n = \frac{1}{[A]} \cdot \frac{\sum\limits_{t=0}^{t=n-1} \dfrac{\bar{n} - n + 1 + t}{[A]^t k_1 k_2 \ldots k_t}}{\sum\limits_{t=0}^{t=N-n} (n - \bar{n} + t)\, [A]^t k_{n+1} k_{n+2} \ldots k_{n+t}},$$

wobei der Parameter t alle ganzzahligen Werte zwischen den angegebenen Grenzen annehmen kann. Benutzt man (V.2.35) als Konvergenzformel, so sind für $\bar{n}$ und [A] Werte aus dem Bereich einzusetzen, in dem k_n am besten definiert ist. Besonders vorteilhaft ist es, $\bar{n} = n - {}^1/_2$ einzusetzen. (V.2.35) geht dann, wenn man gleichzeitig Zähler und Nenner mit 2 multipliziert in

$$(V.2.36) \qquad k_n = \left(\frac{1}{[A]}\right)_{\bar{n} = n - {}^1/_2} \cdot \frac{1 + \sum\limits_{t=1}^{t=n-1} \dfrac{1 + 2t}{[A]^t k_1 k_2 \ldots k_t}}{1 + \sum\limits_{t=1}^{t=N-n} (1 + 2t)\, [A]^t k_{n+1} k_{n+2} \ldots k_{n+t}}$$

über. Gl. (V. 2.36) entspricht Gl. (V.2.33) für die vorläufigen individuellen Bildungskonstanten. Sie ist lediglich mit einem Ausdruck multipliziert, der im Zähler und Nenner die Form 1 + eine Summe von Korrekturgliedern besitzt.

Gl. (V.2.36) ist nicht unter allen Bedingungen anwendbar. Im Fall, daß $x < \sim 1$ ist, ist die Summe der Korrekturglieder im allgemeinen so groß, daß Gl. (V.2.36) — wenn die Summen überhaupt konvergieren — nur langsam zu Ergebnissen führt. Bei zu kleinen x-Werten $(x \ll 1)$ führt eine solche Näherung zu Schwierigkeiten, und man muß sich dann damit begnügen, nach (V.2.23) die vorläufigen Konstanten auszurechnen. Damit erhält man in diesem Fall lediglich Hinweise über die zwischen M und MA_n auftretenden Komplextypen.

Eine ausführliche Diskussion der verschiedenen Methoden zur Bestimmung der Bildungskonstanten aus experimentellen Bildungskurven wurde von IRVING u. ROSSOTTI [3] publiziert. Weiterhin sei auf die Angabe der exakten Lösung der Determinanten für $N = 1, 2$ und 3 bei BLOCK u. McINTYRE [4] sowie die Methode von SCATCHARD [5] zur Bestimmung der Konstanten hingewiesen. Seit 1941 sind zahlreiche Systeme mit Komplexbildung nach der Bjerrumschen Methode untersucht worden [6—12].

ε) Beispiel für die Anwendung der Bjerrumschen Methode, Aminkomplexe des Zn^{2+}, Cd^{2+}, Ni^{2+}, Cu^{2+} und Ag^+

Bjerrum untersucht in seiner Dissertation [1] im wesentlichen Komplexe mit NH_3 als Liganden. Es wird stets bei hoher und konstanter Konzentration eines Neutralsalzes und geringer Konzentration der komplexbildenden Komponenten gearbeitet, wodurch erreicht wird, daß die Aktivitäten in guter Näherung den Konzentrationen proportional sind. Bei den Amminsystemen ist jeweils die Konzentration an freiem NH_3 zu bestimmen. Dies geschieht durch EMK-Messungen mittels einer Glaselektrode, wobei die Bestimmung der Konzentration an freiem NH_3 auf die Messung der Wasserstoffionenkonzentration zurückgeführt wird. Arbeitet man bei hoher und konstanter Ammonsalzkonzentration, so ist das Produkt aus Wasserstoffionenkonzentration und Konzentration an freiem NH_3 eine Konstante, da die Beziehung

$$[NH_3] \cdot [H^+] = k_{NH_4}^{(d)} \cdot [NH_4^+]$$

gilt, wenn $k_{NH_4}^{(d)}$ die Dissoziationskonstante des Ammoniumions ist. Die durchschnittliche Zahl von NH_3-Molekülen pro Metallion ist [vgl. (V.2.6)]

$$\bar{n} = \frac{c_{NH_3} - [NH_3]}{c_M},$$

wenn man mit c_{NH_3} die Gesamtkonzentration an Ammoniak und mit c_M die Gesamtmetallionenkonzentration bezeichnet.

Für das Potential der Glaselektrode gilt unter den oben genannten Bedingungen

$$E = \frac{RT}{F} \ln \frac{[H]_1}{[H]_2} = \frac{RT}{F} \ln \frac{[NH_3]_2}{[NH_3]_1} \cdot$$

Ist $[NH_3]$ in der einen Lösung bekannt, so gibt die EMK-Messung direkt die Konzentration an freiem NH_3 in der zweiten Lösung an. Auch die Komplexbildung mit aliphatischen Aminen wie z. B. Äthylendiamin, das in zwei sauren Formen enH^+ und enH_2^{++} vorkommt, kann durch Messung der Wasserstoffionenkonzentration untersucht werden.

Im folgenden wird als charakteristisches Beispiel die Untersuchung der Komplexbildung von Cd^{2+}, Zn^{2+}, Ni^{2+} und Cu^{2+} mit Äthylendiamin und Propylendiamin sowie von Ag^+ mit Äthylamin und Diäthylamin beschrieben, die von Carlson, McReynolds u. Verhoek [6] durchgeführt wurde.

Die Konzentration an freiem Amin wurde durch pH-Messungen mit einer gegen eine Kalomelelektrode geschalteten Glaselektrode bestimmt. Es wurde jeweils zu $50\ cm^3$ einer Standardlösung des Metallions, die außerdem einen Neutralsalzzusatz (0,5—1,0 m) sowie Säure enthielt, eine bestimmte Menge Aminlösung aus einer Bürette zugesetzt und der pH-Wert bestimmt.

In diesem Fall liegen Liganden mit basischen Eigenschaften vor, die sowohl mit Metallionen, als auch mit Wasserstoffionen reagieren können.

Hat man ein Monoamin (Äthyl- bzw. Diäthylamin), so ist die Gesamtkonzentration

$$(V.2.37) \qquad c_A = [A] + [AH^+] + \bar{n}\, c_M ,$$

wenn AH^+ die saure Form des Monoamins und c_M die Gesamtmetallionenkonzentration ist. Bezeichnet man den Bruchteil nicht komplex gebundenen Amins, der als freies Amin in Lösung ist, mit γ und bedeutet $\bar{n}_A$ die durchschnittliche Zahl von H^+-Ionen, die an das nichtkomplex gebundene Amin gebunden sind, so gilt

$$(V.2.38) \qquad \gamma = \frac{[A]}{[A] + [AH^+]} = \frac{k_{AH}^{(d)}}{k_{AH}^{(d)} + [H^+]}$$

und

$$(V.2.39) \qquad \bar{n}_A = \frac{[AH^+]}{[A] + [AH^+]} = \frac{[H^+]}{k_{AH}^{(d)} + [H^+]} ,$$

wenn $k_{AH}^{(d)}$ die Dissoziationskonstante des protonierten Amins ist. Eliminiert man $([A] + [AH^+])$ aus (V.2.37) und (V.2.39) sowie aus (V.2.38) und (V.2.39), so findet man

$$(V.2.40) \qquad \bar{n} = \frac{c_A - \dfrac{[AH^+]}{\bar{n}_A}}{c_M} = \frac{c_A - \dfrac{c_H - [H^+]}{\bar{n}_A}}{c_M}$$

$$(V.2.41) \qquad [A] = \frac{\gamma\,[AH^+]}{\bar{n}_A} = \frac{\gamma}{\bar{n}_A}\,(c_H - [H^+]) ,$$

wobei c_H die Gesamtkonzentration an Säure ist. Nach (V.2.40) und (V.2.41) können $\bar{n}$ und $[A]$ aus den bekannten Werten der Gesamtkonzentration an Metallion, Amin und Säure sowie der gemessenen Wasserstoffionenkonzentration bestimmt werden, wenn die Dissoziationskonstante des protonierten Amins bekannt ist.

Ist der Ligand ein Diamin (z. B. Äthylen- bzw. Propylendiamin), so gelten die Beziehungen

$$(V.2.42) \qquad c_A = [A] + [AH^+] + [AH^{++}] + \bar{n}\, c_M = c_A' + \bar{n}\, c_M ,$$

$$(V.2.43) \qquad k_{AH}^{(d)} = \frac{[A] \cdot [H^+]}{[AH^+]} ,$$

$$(V.2.44) \qquad k_{AH_2}^{(d)} = \frac{[AH^+] \cdot [H^+]}{[AH_2^{++}]}$$

und

$$(V.2.45) \qquad \gamma = \frac{[A]}{c_A'} = \frac{k_{AH}^{(d)}\, k_{AH_2}^{(d)}}{k_{AH}^{(d)}\, k_{AH_2}^{(d)} + k_{AH_2}^{(d)}\,[H^+] + [H^+]^2} .$$

Man findet für $\bar{n}_A$

$$(V.2.46) \quad \bar{n}_A = \frac{[AH^+] + 2\,[AH_2^{++}]}{[A] + [AH^+] + [AH_2^{++}]} = \frac{k_{AH_2}^{(d)}\,[H^+] + 2\,[H^+]^2}{k_{AH}^{(d)}\, k_{AH_2}^{(d)} + k_{AH_2}^{(d)}\,[H^+] + [H^+]^2} ,$$

während die rechte Seite der Gl. (V.2.40) und (V.2.41) in unveränderter Form bestehen bleibt.

Jedes gefundene Wertepaar von $\bar{n}$ und [A] liefert eine Gleichung der Form (V.2.4) mit $N = 3$

$$(V.2.47) \qquad \bar{n} = \frac{k_1[A] + 2\,k_1 k_2[A]^2 + 3\,k_1 k_2 k_3[A]^3}{1 + k_1[A] + k_1 k_2[A]^2 + k_1 k_2 k_3[A]^3}\,.$$

Durch Auflösen von (V.2.47) nach den individuellen Bildungskonstanten erhält man

$$(V.2.48) \qquad k_1 = \frac{1}{[A]} \cdot \frac{\bar{n}}{(1 - \bar{n}) + (2 - \bar{n})\,[A]\,k_2 + (3 - \bar{n})\,[A]^2 k_2 k_3}\,,$$

$$(V.2.49) \qquad k_2 = \frac{1}{[A]} \cdot \frac{(\bar{n} - 1) + \dfrac{\bar{n}}{[A] \cdot k_1}}{(2 - \bar{n}) + (3 - \bar{n})\,[A]\,k_3}$$

und

$$(V.2.50) \qquad k_3 = \frac{1}{[A]} \cdot \frac{(\bar{n} - 2) + \dfrac{\bar{n} - 1}{[A] \cdot k_2} + \dfrac{\bar{n}}{[A]^2 k_1 k_2}}{(3 - \bar{n})}\,.$$

Man bekommt vorläufige angenäherte Konstanten, wenn man die erste Näherungsmethode Gl. (V.2,33) verwendet

$$k_n = \left(\frac{1}{[A]}\right)_{\bar{n} = n - 1/2}\,.$$

Durch Einsetzen der so erhaltenen angenäherten Konstanten in (V.2.48), (V.2.49) und (V.2.50) erhält man

$$(V.2.51) \qquad k_1 = \frac{1}{[A]_{\bar{n} = 1/2}} \cdot \frac{1}{1 + 3\,k_2[A]_{\bar{n} = 1/2} + 5\,k_2 k_3[A]^2_{\bar{n} = 1/2}}$$

$$(V.2.52) \qquad k_2 = \frac{1}{[A]_{\bar{n} = 3/2}} \cdot \frac{1 + \dfrac{3}{k_1[A]_{\bar{n} = 3/2}}}{1 + 3\,k_3[A]_{\bar{n} = 3/2}}$$

$$(V.2.53) \qquad k_3 = \frac{1}{[A]_{\bar{n} = 5/2}} \cdot \left(1 + \frac{3}{k_2[A]_{\bar{n} = 5/2}} + \frac{5}{k_1 k_2[A]^2_{\bar{n} = 5/2}}\right)\,.$$

Liegen die Werte der Konstanten nicht zu dicht beieinander, so konvergieren diese Beziehungen sehr schnell.

Für $N = 2$ empfiehlt es sich, von der zweiten Näherungsmethode Gebrauch zu machen und die Mittelpunktssteigung der Bildungskurve zu verwenden. Nach (V.2.20) bzw. (V.2.23) gilt mit $k = \sqrt{k_1 k_2} = \sqrt{K_2}$

$$(V.2.54) \qquad k_1 = 2\,x\,\sqrt{K_2}\,; \quad k_2 = \sqrt{K_2}/2\,x$$

und damit nach (V.2.21) für die Bildungsfunktion

$$(V.2.55) \qquad \bar{n} = \frac{2\,x\,\sqrt{K_2}\,[A] + 2\,K_2[A]^2}{1 + 2\,x\,\sqrt{K_2}\,[A] + K_2[A]^2}\,.$$

Für $\bar{n} = 1$, den Mittelpunkt der Bildungskurve, ist nach (V.2.34)

$$(V.2.56) \qquad K_2 = \left(\frac{1}{[A]^2}\right)_{\bar{n} = 1}\,.$$

Durch logarithmische Differentiation von (V.2.55) folgt

$$(V.2.57) \qquad \frac{d\bar{n}}{d\ln[A]} = \frac{2\,\varkappa\,K_2^{1/2}\,[A] + 4\,K_2\,[A]^2 + 2\,\varkappa\,K_2^{3/2}\,[A]^3}{(1 + 2\,\varkappa\,K_2^{1/2}\,[A] + K_2\,[A]^2)^2}\,.$$

Wegen (V.2.56) und $\bar{n} = 1$ ist die Mittelpunktssteigung $\varDelta$ der Kurve [vgl. (V.2.27) und (V.2.28)]

$$(V.2.58) \qquad \left(\frac{d\bar{n}}{d\ln[A]}\right)_{\bar{n}=1} = -\,0.4343\left(\frac{d\bar{n}}{d\mathrm{p}[A]}\right)_{\bar{n}=1} = \frac{1}{1+\varkappa} = \varDelta\,.$$

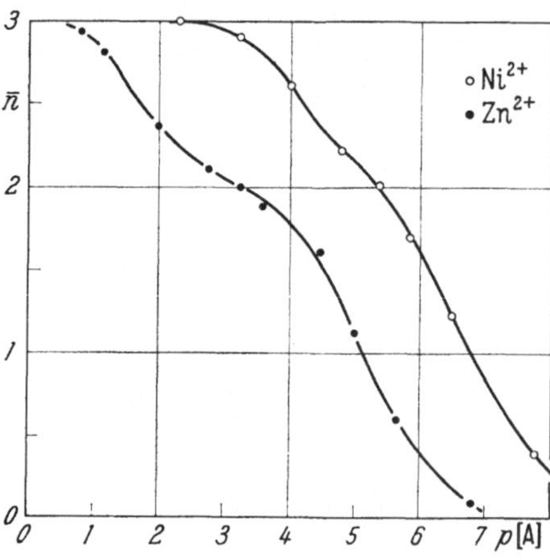

Abb. V.3. Bildungskurven für die Systeme Zn²⁺/Äthylendiamin und Ni²⁺/Äthylendiamin. Nach CARLSON, McREYNOLDS u. VERHOEK [6]

k_1 und k_2 können somit aus $[A]_{\bar{n}=1}$ und der aus der Bildungskurve zu entnehmenden Mittelpunktssteigung $\varDelta$ berechnet werden.

Die Bedingung, daß der Zähler in (V.2.40) einen wohldefinierten Wert liefern muß, damit $\bar{n}$ nach dieser Beziehung berechnet werden kann, ist bei den untersuchten Aminsystemen gut erfüllt $\left(c_A \neq [A] \text{ bzw. } c_A \neq \dfrac{c_H - [H^+]}{\bar{n}_A}\right)$. Die Komplexbildung tritt bei pH-Werten auf, bei denen $[H^+]$ gegenüber c_H sehr klein ist, so daß in guter Näherung $c_H \cong c_H - [H^+]$ gesetzt werden kann.

In Abb. V.3 sind als Beispiel die Bildungskurven für Zn²⁺ und Ni²⁺ mit Äthylendiamin und in Abb. V.4 die Bildungskurven für Ag⁺ mit Äthyl- und

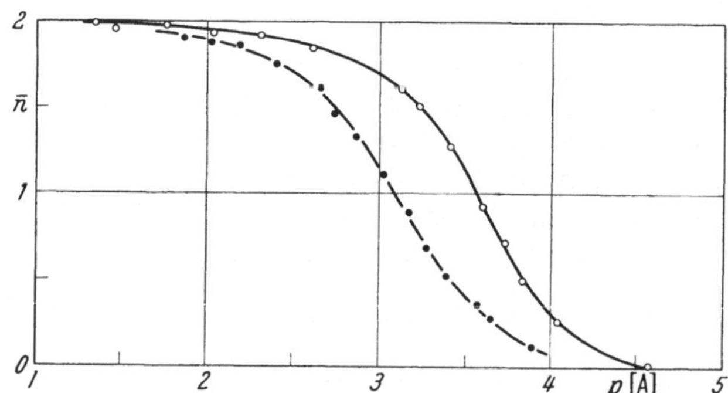

Abb. V.4. Bildungskurven für Äthyl- und Diäthylamin mit Ag⁺. $\circ$ Äthylamin; $\bullet$ Diäthylamin. Nach CARLSON, McREYNOLDS u. VERHOEK [6]

Methylamin angegeben. Im ersten Fall werden maximal 3, im zweiten Fall maximal 2 Aminmoleküle koordiniert.

Die berechneten Konstanten für die verschiedenen untersuchten Systeme sind in den Tab. 1 und 2 enthalten.

Tabelle 1. *Bildungskonstanten von Metall-Diaminsystemen* (30° C)

	Zn^{2+}	Cd^{2+}	Ni^{2+}	Cu^{2+}
Äthylendiamin				
$\log k_1$	5.71	5.47	7.52	10.55
$\log k_2$	4.66	4.55	6.28	9.05
$\log k_3$	1.72	2.07	4.26	—
$\log K_N$	12.09	12.09	18.06	19.60
Propylendiamin				
$\log k_1$	5.89	5.42	7.41	10.58
$\log k_2$	4.98	4.55	6.30	9.08
$\log k_3$	1.70	2.15	4.29	—
$\log K_N$	12.57	12.12	18.00	19.66

Tabelle 2. *Bildungskonstanten von Silber-Aminkomplexen* (30° C)

	$\log k_1$	$\log k_2$	$\log K_2$	$p\,k_{AH}^{(d)}$	k_1/k_2	$p\,k_{AH}^{(d)}-\log k_1$
Äthylamin . .	3.30	3.84	7.14	10.61	0.29	7.31
Diäthylamin .	2.98	3.22	6.20	10.96	0.57	7.98

Zn^{2+}, Cd^{2+} und Ni^{2+} bilden Komplexe mit 1, 2 und 3 Molekülen der Diamine Äthylendiamin und Propylendiamin, Cu^{2+} nur solche mit 1 und 2 Molekülen. Ag^+ bildet Komplexe mit 1 und 2 Molekülen der Monoamine Äthyl- und Diäthylamin.

Literatur

[1] BJERRUM, J.: Metal ammine formation in aqueous solution. (Theory of reversible step reactions). Kopenhagen: Haase and Son 1. Aufl. 1941, 2. Aufl. 1957.

[2] BJERRUM, J.: On the tendency of the metal ions towards complex formation. Chem. Rev. **46**, 381 (1950).

[3] IRVING, H., and H. S. ROSSOTTI: Methods for computing successive stability constants from experimental formation curves. J. Chem. Soc. (London) **1953**, 3397.

[4] BLOCK, B. P., and G. H. McINTYRE: The calculation of formation constants for systems involving polydentate ligands. J. Am. Chem. Soc. **75**, 5667 (1953).

[5] ADSALL, J. T., G. FELSENFELD, D. S. GOODMAN and F. R. N. GURD: The association of imidazole with the ions of zinc and cupric copper. J. Am. Chem. Soc. **76**, 3054 (1954). (Hier Methode von SCATCHARD beschrieben.)

Zusammenstellung einiger Arbeiten über Untersuchungen an Komplexsystemen nach der Methode von J. BJERRUM

[6] CARLSON, G. A., J. P. McREYNOLDS and F. H. VERHOEK: Equilibrium constants for the formation of ammine complexes with certain metallic ions. J. Am. Chem. Soc. **67**, 1334 (1945).

[7] LI, N. C., O. GAWRON and G. BASCUAS: Stability of zinc complexes with glutathione and oxidized glutathione. J. Am. Chem. Soc. **75**, 225 (1954).

[8] BJERRUM, J., and P. ANDERSEN: Metal ammine formation in aqueous solution. V. Stability of the zinc and cadmium ethylenediamine ions and the coordination numbers of the metal ions. Mat.-fys. Medd. Dan. Vid. Selsk. **22**, No. 7, 1 (1945).

[9] BJERRUM, J., and S. E. RASMUSSEN: Metal ammine formation in aqueous solution. VIII. Acid-base, cis-trans and complex equilibria in the cobalt-III-ethylene-diamine system. Acta Chem. Scand. **6**, 1265 (1952).

[10] AHRLAND, S.: On the complex chemistry of the uranyl ion. VII. The complexity of uranyl glycolate. Acta Chem. Scand. **7**, 485 (1953).
[11] BJERRUM, J., and E. J. NIELSEN: Metal ammine formation in aqueous solution. VI. Stability and light absorption of copper ethylenediamine ions. Acta Chem. Scand. **2**, 297 (1948).
[12] BJERRUM, J., and C. G. LAMM: Metal ammine formation in aqueous solution. VII. Cupric-pentammine formation with n-butylamine. Acta Chem. Scand. **4**, 997 (1950).
[13] JONASSEN, H. B., R. B. LEBLANC and R. M. ROGAN: Inorganic compounds containing polydentade groups IV. Formation constants of diethylene-tetra-amine-nickel-II- and -copper-II-complexes. J. Am. Chem. Soc. **72**, 4968 (1950).
[14] Vgl. auch IRVING, H. M., and H. S. ROSSOTTI: J. Chem. Soc. (London) **1954**, 2904, 2910, CALVIN, M. u. Mitarb. J. Am. Chem. Soc. **67**, 2003, (1945); **70**, 3270 (1948).

b) Die Methode nach LEDEN

Während man nach der Bjerrumschen Methode ein Komplexsystem durch Bestimmung der Konzentration des freien Liganden untersucht, geschieht dies bei dem Verfahren von LEDEN [1, 2] durch Messung der Konzentration des freien, nicht komplex gebundenen Zentralions. Die Ermittlung der Konzentration an freiem Metallion kann potentiometrisch mit Hilfe geeigneter Konzentrationsketten erfolgen.

α) Grundzüge der Methode

Wir betrachten wiederum ein System mit stufenweiser Bildung einkerniger Komplexe MA, MA_2, ..., MA_N und setzen voraus, daß bei hoher und konstanter Ionenstärke gearbeitet wird. Die Bruttobildungskonstanten K_i der einzelnen Komplexe MA_i lassen sich dann nach dem Massenwirkungsgesetz durch die entsprechenden Konzentrationen ausdrücken.

$$(V.2.59) \qquad K_i = \frac{[MA_i]}{[M][A]^i}$$

Für die Gesamtkonzentrationen an Metallion und Ligand gelten die Beziehungen [vgl. (V.2.7) und (V.2.8)]

$$(V.2.60) \qquad c_M = [M] + \sum_{i=1}^{i=N} [MA_i]$$

$$(V.2.61) \qquad c_A = [A] + \sum_{i=1}^{i=N} i\,[MA_i]\,.$$

Man kann eine Funktion $F([A])$ definieren

$$(V.2.62) \qquad F([A]) = \frac{c_M - [M]}{[M] \cdot [A]}\,,$$

die durch die Bruttobildungskonstanten K_i der einzelnen Komplextypen und die Konzentration des freien Liganden (V.2.59) und (V.2.61) ausgedrückt werden kann.

$$(V.2.63) \qquad F([A]) = \sum_{i=1}^{i=N} K_i\,[A]^{i-1}$$
$$= K_1 + K_2\,[A] + \cdots + K_N\,[A]^{N-1}$$

Aus dieser Funktion lassen sich die Bildungskonstanten ermitteln. Das kann z. B. graphisch nach folgender Näherungsmethode geschehen.

Trägt man $F([A])$ gegen $[A]$ auf, so findet man bei Extrapolation auf $[A] \to 0$ als Ordinatenabschnitt K_1.

$$(V.2.64) \quad \lim_{[A]\to 0} \left\{ \frac{c_M - [M]}{[M]\,[A]} \right\} = \lim_{[A]\to 0} \left\{ \frac{\sum\limits_{i=1}^{i=N} [MA_i]}{[M]\cdot[A]} \right\} = \lim_{[A]\to 0} \left\{ \frac{\dfrac{d}{d[A]} \sum\limits_{i=1}^{i=N} [MA_i]}{[M]} \right\}$$
$$= \lim_{[A]\to 0} \{K_1 + 2 K_2 [A]\} = K_1$$

Die weiteren Konstanten erhält man aus entsprechenden Funktionen und Extrapolation auf $[A] \to 0$. K_2 findet man mit Hilfe der Funktion

$$(V.2.65) \quad G([A]) = \frac{F([A]) - K_1}{[A]} = K_2 + K_3 [A] + \cdots + K_N [A]^{N-2}$$

$$(V.2.66) \quad \lim_{[A]\to 0} G([A]) = \lim_{[A]\to 0} \left\{ \frac{(F([A]) - K_1)}{[A]} \right\} = \lim_{[A]\to 0} \left\{ \frac{\dfrac{d^2}{d[A]^2} \sum\limits_{i=2}^{i=N} [MA_i]}{2\,[M]} \right\} = K_2$$

Auf gleiche Weise erhält man die anderen Bruttobildungskonstanten K_3, $K_4, \ldots K_N$.

An Stelle der graphischen Extrapolationsmethode kann man im Prinzip auch ein System von Gleichungen (V.2.63) mittels der Determinantentheorie lösen, wenn man die K_i als Unbekannte auffaßt. Für die Determinante der Koeffizienten muß

$$(V.2.67) \quad |D| = \begin{vmatrix} 1 & [A_1] & [A_1]^2 & \ldots\ldots & [A_1]^{N-1} \\ 1 & & & & \cdot \\ \cdot & & & & \cdot \\ \cdot & & & & \cdot \\ 1 & & & & \cdot \\ 1 & [A_N] & [A_N]^2 & \ldots\ldots & [A_N]^{N-1} \end{vmatrix} \neq 0$$

gelten, da die $[A_i]$ nicht Null bzw. untereinander gleich sein können.

Um die Funktion $F([A])$ (V.2.62) zu erhalten, benötigt man sowohl die Konzentration an freiem Metallion wie auch an freiem Liganden. Die erstere wird potentiometrisch direkt gemessen. In speziellen Fällen, bei denen das Metallion etwa als Radioisotop in sehr geringer Konzentration hinzugefügt wird, und wenn außerdem die Komplexe schwach oder zumindest wenig stark sind, kann man die Gesamtligandenkonzentration in Näherung mit der Konzentration an freiem Liganden identifizieren, so daß $[A] \cong c_A$ ist. Im allgemeinen ist jedoch $[A] \neq c_A$. Dann muß $[A]$ anderweitig bestimmt werden.

LEDEN definiert eine *durchschnittliche Zahl von Liganden pro komplex gebundenem Metallion*

$$(V.2.68) \quad n^* = \frac{\sum\limits_{i=1}^{i=N} i\,[MA_i]}{\sum\limits_{i=1}^{i=N} [MA_i]} = \frac{\sum\limits_{i=1}^{i=N} i\,[MA_i]}{c_M - [M]} = \frac{\sum\limits_{i=1}^{i=N} i\,K_i\,[A]^{i-1}}{\sum\limits_{i=1}^{i=N} K_i\,[A]^{i-1}} \quad *.$$

---

* Die hier mit n^* bezeichnete Größe wird bei LEDEN [1, 2] N genannt.

Sie unterscheidet sich von der von BJERRUM verwendeten Größe $\bar{n}$, die die durchschnittliche Zahl von Liganden pro Metallion (freie plus komplex gebundene Metallionen) angibt, dadurch, daß [vgl. (V.2.6)] im Nenner nur $\sum\limits_1^N [MA_i]$ steht und nicht $[M] + \sum\limits_1^N [MA_i]$.

[A] ist dann nach (V.2.68), (V.2.60) und (V.2.61)

$$(V.2.69) \qquad\qquad [A] = c_A - n^* (c_M - [M]) \,.$$

Kennt man n^*, so kann [A] mit dieser Beziehung berechnet werden.

LEDEN verwendet folgende Näherungsmethode: Man wählt eine meßbare Größe des untersuchten Systems, deren Wert proportional zu n^* ist. Trägt man den Logarithmus dieser Größe gegen den Logarithmus von [A] auf, wobei man zunächst $[A] = c_A$ setzt, so erhält man einen angenäherten ersten Wert für n^*. Entsprechende [A]-Werte erster Näherung liefert dann Gl. (V.2.69). Mit diesen gewinnt man mit den Gln. (V.2.63), (V.2.64), (V.2.65), (V.2.66) usw. eine Folge von vorläufigen Konstanten. Mit diesen geht man in (V.2.68) ein und findet eine zweite Näherung für n^*, die in (V.2.69) eingesetzt genauere [A]-Werte liefert. Diese können dazu verwendet werden, eine zweite Folge genauerer Konstanten zu erhalten. Dies wird solange fortgesetzt, bis die gefundenen Werte der Bruttobildungskonstanten K_i sich nicht mehr ändern.

Ist das an einer Konzentrationskette gemessene Potential E durch [M] bestimmt, so findet man aus der Steigung $dE/d\ln[A]$ der Kurve $E = f(\ln[A])$ die Größe $\bar{n}$, denn es gilt [vgl. (V.2.16)]

$$(V.2.70) \qquad\qquad \frac{dE}{d\ln[A]} = -\bar{n}\,\frac{RT}{vF} \,,$$

so daß n^* nur in Fällen ermittelt werden kann, wo $c_M \gg [M]$ ist, da die Beziehung

$$(V.2.71) \qquad\qquad \bar{n} = n^* \left(\frac{c_M - [M]}{c_M} \right)$$

gilt. Man kann auch $\bar{n}$ an Stelle von n^* benutzen und die [A]-Werte nach

$$(V.2.72) \qquad\qquad [A] = c_A - \bar{n}\, c_M$$

berechnen. Gln. (V.2.71) und (V.2.72) geben den Zusammenhang zwischen der Bjerrumschen und der Ledenschen Methode an.

β) Beispiel für die Anwendung der Ledenschen Methode, Potentiometrische Untersuchungen an Cadmiumkomplexen

LEDEN [1, 2] untersuchte die Komplexbildung zwischen Cd^{2+} und Cl^-, Br^-, J^-, SCN^-, NO_3^- sowie SO_4^{2-}.

Die Messungen an den verschiedenen Systemen wurden als potentiometrische Titrationen durchgeführt. Die Titerlösung enthält sowohl Cd^{2+} als auch komplexbildendes Anion A. Die zu titrierende Lösung in der Meßzelle enthält zu Beginn der Titration nur Cd^{2+}-Ionen. Die Cd^{2+}-Konzentration ist in beiden Lösungen gleich, wodurch erreicht wird, daß im Laufe einer Titration die Cadmium-Konzentration konstant bleibt und sich nur jeweils die Anionenkonzentration ändert. Sämtliche Titrationen werden in Gegenwart eines großen Überschusses Neutralsalz (3 m $NaClO_4$) vorgenommen, so daß eine konstante Ionenstärke gewährleistet ist. Zur Bestimmung der Konzentration an freiem Cd^{2+} wurde die Konzentrationskette

Au	Chinhydron (fest) 2,99 m $NaClO_4$ 0,01 m $HClO_4$	3 m $NaClO_4$	x m $Cd(ClO_4)_2$ $(3{-}3x{-}y)$ m $NaClO_4$ y m NaA	Cd(Hg)

verwendet. Das linke Halbelement der Kette, das als Elektrode ein vergoldetes Platinblech besitzt, ist das Bezugselement. Die Meßelektrode ist eine Cadmiumamalgamelektrode. Nähere experimentelle Angaben sind aus der Originalarbeit [1] zu ersehen.

Ist x die Gesamtkonzentration an Cd^{2+} und y die des komplexbildenden Anions, und mißt man die elektromotorische Kraft der Kette einmal für $y = 0$ und dann für einen bestimmten Wert $y > 0$, so läßt sich aus der Differenz E zwischen beiden EMK-Werten die Konzentration an freien Cadmiumionen nach

$$(V.2.73) \qquad E = \frac{RT}{2F} \ln \frac{x}{[Cd^{2+}]}$$

berechnen.

Aus den so bestimmten Cd^{2+}-Werten lassen sich die Konstanten für die Komplexe CdA_i ($i = 1, 2, 3$ und 4) folgendermaßen erhalten:

Die Funktion $F([A])$ (V.2.63) hat die Form

$$(V.2.74) \qquad F([A]) = \sum_{i=1}^{i=4} K_i [A]^{i-1} = K_1 + K_2 [A] + K_3 [A]^2 + K_4 [A]^3 .$$

Zur Berechnung von [A] wird die durchschnittliche Ligandenzahl pro komplex gebundenem Metallion n^* (V.2.68) verwendet und es gilt entsprechend (V.2.69)

$$(V.2.75) \qquad [A] = y - n^*(x - [Cd^{2+}]) ,$$

woraus [A] gefunden werden kann, wenn n^* und $[Cd^{2+}]$ bekannt sind.

Einen ersten Näherungswert für n^* erhält man direkt aus der Veränderung von E mit y, da n^* nach Definition die durchschnittliche Anzahl von [A]-Ionen pro komplex gebundenem Cadmium-Ion ist. Nimmt man nämlich einmal an, daß in der Lösung alles Cadmium in Form eines einzigen Komplexes enthalten ist, so muß dieser die Formel CdA_{n*} besitzen, wobei n^* als ein variabler durchschnittlicher Wert anzusehen ist und keine ganze Zahl zu sein braucht. Es gilt dann

$$(V.2.76) \qquad \text{const} = \frac{[CdA_{n*}]}{[Cd^{2+}] [A]^{n*}} .$$

Unter Berücksichtigung von (V.2.73) ist

$$(V.2.77) \qquad E = -\frac{RT}{2F} \ln [Cd^{2+}] + \text{const.}$$

Da nach den genannten Voraussetzungen auch $[CdA_{n*}]$ bei einer Titration konstant, nämlich gleich x ist, folgt

$$(V.2.78) \qquad E = \frac{RT}{2F}\, n^*\, \ln\,[A] + \text{const.}$$

Für zwei bei einer Titration aufeinanderfolgende Potentialmessungen E_I und E_{II} kann n^* angenähert als konstant angesehen werden, so daß sich für die Differenz

$$(V.2.79) \qquad E_I - E_{II} = \frac{RT}{2F}\, n^* (\ln\,[A]_I - \ln\,[A]_{II}) \cong \frac{RT}{2F}\, n^* (\ln\, y_I - \ln\, y_{II})$$

ergibt.

Aus (V.2.79) kann n^* und dann nach (V.2.75) $[A]$ berechnet werden. Die so gefundenen Werte für n^* und entsprechend die $[A]$-Werte sind nur Näherungswerte. Es läßt sich $F([A])$ in erster Näherung berechnen und als Funktion von $[A]$ aufzeichnen. Extrapoliert man diese Funktion auf $[A] = 0$, so läßt sich K_1 als Ordinate der Kurve für $[A] = 0$ ablesen

(V.2.64). Um K_2 zu erhalten, trägt man $\dfrac{F([A]) - K_1}{[A]}$ als Funktion von $[A]$ auf und findet die Konstante durch Extrapolation auf $[A] = 0$ (V.2.66). Entsprechend erhält man K_3 und K_4.

Die so erhaltenen Bruttobildungskonstanten K_i sind nur als erste Näherung aufzufassen. Man verwendet sie nun zur Ermittlung besserer Werte der Konstanten. Zunächst berechnet man verbesserte n^*-Werte unter Verwendung der rechten Seite von Gl. (V.2.68).

$$(V.2.80) \qquad n^* = \frac{\displaystyle\sum_{i=1}^{i=4} i\, K_i [A]^{i-1}}{\displaystyle\sum_{i=1}^{i=4} K_i [A]^{i-1}}\,,$$

wobei für K_i und $[A_i]$ die mit der ersten Näherung erhaltenen Werte einzusetzen sind. Mit den so gefundenen n^*-Werten werden nach (V.2.75) neue $[A]$-Werte berechnet und entsprechend dem ersten Rechengang durch graphische Extrapolation neue und bessere K_i-Werte bestimmt. Dieses Verfahren wird solange fortgesetzt, bis die Werte der Bruttobildungskonstanten sich nicht mehr verändern.

Für das System Cd^{2+}/Cl^- sind die experimentellen Daten in Tab. 3 angegeben; ferner sind die berechneten Werte für n^*, $[Cl^-]$ und $[Cd^{2+}]$ sowie $F([Cl^-])$ angeführt. In Klammern sind die Nummern der Gleichungen angegeben, nach denen die einzelnen Größen aus den bekannten Größen der Spalten 1—3 berechnet wurden. In der letzten Spalte ist die experimentell mit einer geeigneten Elektrode gemessene Chlorionenkonzentration angegeben, die mit der nach (V.2.75) berechneten gut übereinstimmt. Die in der vorletzten Spalte enthaltene Konzentration an $[Cd^{2+}]$ wurde mit Gl. (V.2.81) (Zähler gleich 1) berechnet. Sie stimmt gut mit der aus EMK-Messungen bestimmten Konzentration in der vierten Spalte der Tabelle überein.

Tabelle 3. *Daten zur Bestimmung der Bildungskonstanten für das System Cd^{2+}/Cl^-*

$x \cdot 10^3$	$y \cdot 10^2$	E	$[Cd^{2+}] \cdot 10^3$	n^*	$[Cl^-] \cdot 10^3$	$F([Cl^-])$	$[Cd^{2+}] \cdot 10^3$ ber.	$[Cl^-] \cdot 10^3$ gem.
			(V.2.73)	(V.2.80)	(V.2.75)	(V.2.74)		
9,52	0	0	9,52	1	0			
9,52	20	6,5	5,74	1,07	16,0	41,2	5,62	15,9
9,52	40	11,8	3,80	1,15	33,5	44,9	3,81	34,5
9,52	100	22,6	1,64	1,35	89,4	53,8	1,60	90,6
9,52	128	27,1	1,15	1,43	116	62,8	1,16	115
9,52	200	34,7	0,637	1,62	186	75,0	0,603	185
9,52	400	51,7	0,1695	2,00	381	145	0,167	389
9,52	600	62,8	0,0741	2,22	579	228	0,072	579
31,7	0	0	31,7	1	0			
31,7	40	8,8	16,0	1,11	22,4	43,8	16,0	22,9
31,7	70	14,4	10,3	1,195	44,4	46,8	10,4	44,6
31,7	100	19,1	7,16	1,28	68,6	49,9	7,01	67,2
31,7	200	31,7	2,68	1,54	152	71,2	2,70	149
31,7	400	48,2	0,741	1,93	340	123	0,70	335
31,7	600	59,9	0,298	2,17	532	198	0,300	520
95,2	0	0	95,2	1	0			
95,2	200	24,1	14,56	1,35	91,2	60,7	15,7	90,6
95,2	400	41,4	3,78	1,75	240	100	3,97	229
95,2	600	53,5	1,47	2,04	409	156	1,50	389
95,2	10	1,2	86,7	1,01		36,0	87,6	2,39
95,2	20	2,4	79,0	1,02		38,3	80,3	4,85
95,2	40	4,3	68,1	1,05		38,7	67,3	10,7
95,2	100	12,4	36,2	1,15		44,2	37,7	34,5
47,6	40			1,08		39,4	27,6	18,4
190,4	40			1,025		38,8	157	5,53
380,8	40			1,01		39,2	344	2,74

Tab. 4 gibt die von LEDEN berechneten Bruttobildungskonstanten der Cadmiumchlorokomplexe an. Man sieht, daß maximal Komplexe mit drei Chloroliganden vorkommen. Solche mit vier sind unter den Versuchsbedingungen nicht in meßbarer Menge vorhanden.

Tabelle 4. *Bruttobildungskonstanten von Cadmiumchlorokomplexen*

$CdCl^+$	K_1	38,5
$CdCl_2$	K_2	170
$CdCl_3^-$	K_3	260
$CdCl_4^{2-}$	K_4	0

Der Teil des Gesamtcadmiums, der als CdA_i vorliegt, ist in Prozenten ausgedrückt $\dfrac{100 \cdot [CdA_i]}{x}$, d. h. unter Berücksichtigung von (V.2.59) und (V.2.60)

$$(\text{V}.2.81) \qquad \% \, CdA_i = 100 \, \frac{K_i[A]^i}{1 + \sum\limits_{i=1}^{i=4} K_i[A]^i} \,.$$

Bei Kenntnis von K_i und [A] kann man somit die Konzentration der einzelnen Komplextypen, die in einer Lösung bestimmter Zusammensetzung vorliegen, berechnen*.

Literatur

[1] LEDEN, I.: Einige Messungen zur Bestimmung der Komplexionen in Cadmiumsalzlösungen. Z. physik. Chem. **188A**, 160 (1941).

[2] LEDEN, I.: Potentiometrisk Undersøkning av några Kadmiumsalters Komplexitet. Dissertation. Lund 1943.

Zusammenstellung einiger Arbeiten von Untersuchungen an Komplexsystemen nach der Methode von LEDEN

[3] LEDEN, I.: A potentiometric study of the complex formation between silver and iodide ions. Acta Chem. Scand. **10**, 541 (1956).

[4] LEDEN, I.: A potentiometric study of the complex compounds between silver and benzoate ions. Acta Chem. Scand. **3**, 1318 (1949).

[5] LEDEN, I.: On the complexity of cadmium and silver sulfate. Acta Chem. Scand. **6**, 971 (1952). („Competition"-Methode).

[6] LEDEN, I., and L. E. MARTHÉN: The dissociation constant of silver fluoride. Acta Chem. Scand. **6**, 1125 (1952).

c) Die Methode von FRONAEUS

Bei diesem Verfahren [1] wird die von J. BJERRUM definierte durchschnittliche Zahl von Liganden pro Metallion $\bar{n}$ in Verbindung mit einem Grenzprozeß, ähnlich demjenigen, den LEDEN angegeben hat, zur Bestimmung der Bildungskonstanten verwendet. Ursprünglich wurde die Methode für Systeme formuliert [2], in denen Komplexbildung eines Metallions M mit zwei Sorten von Liganden A und B stattfinden kann, so daß auch gemischte Komplexe der Form MA_jB_k entstehen können.

α) Grundzüge der Methode

Wir wollen zunächst die Verhältnisse für ein System diskutieren, in dem lediglich eine Sorte von Liganden A anwesend ist und nur Komplexe der Form MA_i $(i = 1, 2, \ldots N)$ gebildet werden. Entsprechend (V.2.60),

---

* Gewöhnlich kennt man nur die Gesamtkonzentrationen y und x von A und Cd^{2+}. [A], die Konzentration des freien Anions, läßt sich daraus leicht ermitteln. Nach (V.2.25) gilt

$$\bar{n} = \frac{\sum\limits_{1}^{4} i\,[CdA_i]}{x} = \frac{\sum\limits_{1}^{4} i\,K_i[A]^i}{1 + \sum\limits_{1}^{4} K_i[A]^i}.$$

Nach (V.2.61) ist

$$y = [A] + \sum\limits_{1}^{4} i\,[CdA_i],$$

so daß

$$[A] = y - \bar{n}\,x$$

folgt [vgl. (V.2.72)]. Da man die Werte für alle K_i kennt, kann man $\bar{n}$ als Funktion von [A] aufzeichnen. Aus der so erhaltenen Kurve findet man leicht einen Punkt, der diese Gleichung befriedigt, womit der gesuchte [A]-Wert bestimmt ist.

(V.2.61) und (V.2.59) gelten die Beziehungen

$$\text{(V.2.82)} \qquad c_\text{M} = [\text{M}] + \sum_{i=1}^{i=N} [\text{MA}_i] \,,$$

$$\text{(V.2.83)} \qquad c_\text{A} = [\text{A}] + \sum_{i=1}^{i=N} i\,[\text{MA}_i]$$

und

$$\text{(V.2.84)} \qquad K_i = \frac{[\text{MA}_i]}{[\text{M}] \cdot [\text{A}]^i} \,,$$

wenn man bei hoher und konstanter Ionenstärke arbeitet. Durch Kombination von (V.2.82) mit (V.2.84) und von (V.2.83) mit (V.2.84) erhält man die Gleichungen

$$\text{(V.2.85)} \qquad c_\text{M} = [\text{M}]\,(1 + \sum_{i=1}^{i=N} [\text{A}]^i K_i)$$

und

$$\text{(V.2.86)} \qquad c_\text{A} = [\text{A}] + [\text{M}] \sum_{i=1}^{i=N} i\,[\text{A}]^i K_i \,.$$

Man kann eine Funktion von der Form

$$\text{(V.2.87)} \qquad X([\text{A}]) = 1 + K_1[\text{A}] + K_2[\text{A}]^2 + \cdots + K_N[\text{A}]^N$$

definieren. Differenziert man (V.2.87) nach [A], so folgt

$$\text{(V.2.88)} \qquad \frac{dX([\text{A}])}{d[\text{A}]} = \sum_{i=1}^{i=N} i\,K_i[\text{A}]^{i-1} = K_1 + 2K_2[\text{A}] + \cdots + N K_N[\text{A}]^{N-1} \,.$$

Die Bjerrumsche durchschnittliche Ligandenzahl pro Metallion ist [vgl. (V.2.4)] durch die Beziehung

$$\text{(V.2.89)} \qquad \bar{n} = \frac{K_1[\text{A}] + 2K_2[\text{A}]^2 + \cdots + N K_N[\text{A}]^N}{1 + K_1[\text{A}] + \cdots + K_N[\text{A}]^N} = \frac{c_\text{A} - [\text{A}]}{c_\text{M}}$$

definiert.

Für die Funktion $\bar{n}/[\text{A}]$ findet man mit (V.2.88) und (V.2.89)

$$\text{(V.2.90)} \qquad \frac{\bar{n}}{[\text{A}]} = \frac{dX([\text{A}])}{d[\text{A}]} \bigg/ X([\text{A}]) = \frac{d}{d[\text{A}]} \{\log\{1 + [\text{A}] \cdot F([\text{A}])\}\} \,,$$

d. h.

$$\text{(V.2.91)} \qquad \frac{d\log X([\text{A}])}{d\log[\text{A}]} = \bar{n} \,.$$

$X([\text{A}])$ kann numerisch berechnet werden, wenn man die rechte Seite der Gleichung

$$\text{(V.2.92)} \qquad \ln X([\text{A}]) = \int_0^{[\text{A}]} \frac{\bar{n}}{[\text{A}]}\, d[\text{A}]$$

graphisch integriert.

Die Konstante K_1 erhält man mit Hilfe der Funktion

$$(\text{V.2.93}) \quad Y([A]) = \frac{X([A]) - 1}{[A]} = K_1 + K_2[A] + \cdots + K_N[A]^{N-1}$$

durch Extrapolation auf $[A] = 0$, denn es ist

$$(\text{V.2.94}) \qquad \lim_{[A] \to 0} Y([A]) = K_1 .$$

Entsprechend findet man K_2 durch Extrapolation der Funktion

$$(\text{V.2.95}) \quad Z([A]) = \frac{Y([A]) - K_1}{[A]} = K_2 + K_3[A] + \cdots + K_N[A]^{N-2}$$

auf $[A] = 0$. Es gilt

$$(\text{V.2.96}) \qquad \lim_{[A] \to 0} Z([A]) = K_2 .$$

Auf gleichem Wege erhält man die übrigen Konstanten.

Man kann auch K_2 durch graphische Differentiation von (V.2.93) in der Nachbarschaft von $[A] = 0$ bestimmen.

Eine weitere Möglichkeit, die Bruttobildungskonstanten K_i zu erhalten, besteht darin, das entsprechende System linearer Gleichungen vom Typ (V.2.93) zu lösen, in dem die K_i die Unbekannten sind. Damit die Konstanten eindeutige Lösungen sind, muß die Determinante der Koeffizienten des Gleichungssystems von Null verschieden sein.

$$(\text{V.2.97}) \qquad |D| = \begin{vmatrix} 1 & [A_1] & \ldots\ldots\ldots & [A_1]^{N-1} \\ 1 & & & \cdot \\ \cdot & & & \cdot \\ \cdot & & & \cdot \\ 1 & [A_N] & \ldots\ldots\ldots & [A_N]^{N-1} \end{vmatrix} \neq 0 .$$

Diese Bedingung ist in jedem Experiment erfüllt, da die $[A_i]$ nicht Null oder untereinander gleich sein können.

Der Zusammenhang zwischen den von LEDEN angegebenen Beziehungen und denjenigen von FRONAEUS ist durch

$$(\text{V.2.98}) \qquad X([A]) = [A] \cdot F([A]) + 1$$

gegeben. Mit den Bjerrumschen Beziehungen besteht kein einfacher Zusammenhang {vgl. (V.2.90), Zusammenhang zwischen $\bar{n}$ und $[A]$ sowie $X([A])$}.

Kennt man die Konstanten, so kann man die Zusammensetzung des betreffenden Systems, d. h. die Molenbrüche x_i der betreffenden Komplexe MA_i, als Funktion von $[A]$ angeben.

$$x_0 = \frac{[M]}{c_M} = \frac{1}{X([A])}$$

$$(\text{V.2.99}) \qquad \cdot\,\cdot\,\cdot\,\cdot\,\cdot\,\cdot\,\cdot\,\cdot\,\cdot\,\cdot\,\cdot\,\cdot\,\cdot\,\cdot$$

$$x_i = \frac{[MA_i]}{c_M} = \frac{K_i[A]^i}{X([A])} .$$

Diese sind mit den Bildungsgraden α_i (V.2.10) identisch.

β) Die Methode der Ligandenverdrängung*

Wir wollen nun zu dem Fall übergehen, daß zwei Sorten von Liganden A und B anwesend sind und auch gemischte Komplexe MA_jB_k entstehen können [2].

Bisher wurde der Fall betrachtet, daß man zur Bestimmung der in einem System vorhandenen Typen einkerniger Komplexe und ihrer Stabilitätskonstanten, die Konzentration an freiem Zentralion oder an freiem Liganden potentiometrisch ermittelt. Die praktische Durchführbarkeit hängt von der Möglichkeit ab, für ein spezielles System geeignete galvanische Ketten ausfindig zu machen. Viele Komplexsysteme können potentiometrisch direkt nicht untersucht werden, da es keine brauchbaren Elektroden dafür gibt. Unter Umständen bieten sich dann andere Methoden an, die Konzentration von M oder A zu bestimmen, z. B. auf spektrophotometrischem Wege. In manchen Fällen kommt man jedoch auch auf einem Umweg potentiometrisch zum Ziel, wenn man die Methode der Ligandenverdrängung verwendet. Das Prinzip dieser Methode ist das folgende:

Wir betrachten eine Lösung, die neben einem Metallion M zwei mit diesem hinsichtlich der Komplexbildung konkurrierende Liganden A und B enthält, so daß neben Komplexen, die nur M und A oder M und B enthalten, auch gemischte Typen mit den beiden Liganden A und B vorkommen können. Ist z. B. in einem solchen Dreikomponentensystem die Komplexbildungstendenz von B zu M größer, als diejenige von A zu M, so verdrängt B den Liganden A vollständig, wenn man die Konzentration von A konstant hält und diejenige von B innerhalb eines gewissen Bereiches ansteigen läßt. Kann man die Gleichgewichtskonzentration des freien Liganden B in der Lösung potentiometrisch bestimmen, so ist es möglich, aus diesen Messungen die Bildungskonstanten der Komplexe, die nur M und A enthalten, also der Typen MA, MA_2, . . ., MA_N, zu berechnen. Gleichzeitig erhält man die Bildungskonstanten der Komplexe MB, MB_2, . . ., MB_j, sowie diejenigen der gemischten Typen der Zusammensetzung MA_jB ($j = 1, 2, . . .$). Man kann also in Fällen, in denen es nicht möglich ist, die Komplexbildung zwischen M und A direkt potentiometrisch zu untersuchen, dies auf dem Umweg über den Hilfsliganden B vornehmen, dessen Gleichgewichtskonzentration potentiometrisch bestimmt wird.

Für ein System, in dem die einkernigen Komplexe MA_j, MB_j und MA_jB_k vorliegen, gelten die Beziehungen

$$(\text{V.2.100}) \qquad c_M = [M] + \sum_{j+k=1}^{N} [MA_jB_k] \quad \text{mit } j, k \geqq 0 ,$$

$$(\text{V.2.101}) \qquad c_B = [B] + \sum_{j+k=1}^{N} k\,[MA_jB_k]$$

---

* Derartige Methoden (vgl. auch dieses Kapitel 4, γ sowie Kapitel VI, 4, b) werden im angelsächsischen Schrifttum als "Competition methods" bezeichnet. Genau genommen kann man auch die Arbeitsweise zur Untersuchung der Komplexbildung in Amminsystemen durch Messung der Protonenkonzentration zu diesen Methoden zählen.

sowie

$$(V.2.102) \qquad K_{j,k} = \frac{[MA_j B_k]}{[M]\,[A]^j\,[B]^k}\,.$$

Aus (V.2.102) folgt mit (V.2.100) und (V.2.101)

$$(V.2.103) \qquad c_M = [M]\left(1 + \sum_{j+k=1}^{N} K_{j,k}\,[A]^j\,[B]^k\right)$$

und

$$(V.2.104) \qquad c_B = [B] + [M]\sum_{j+k=1}^{N} k\,K_{j,k}[A]^j\,[B]^k\,.$$

Für $k = 0$ gehen die Gln. (V.2.100), (V.2.102) und (V.2.103) in die Gln. (V.2.82), (V.2.84) und (V.2.85) über. Entsprechend (V.2.87) kann man eine Funktion $X([A], [B])$ definieren, die die Form

$$(V.2.105) \qquad X([A], [B]) = 1 + \sum_{j+k=1}^{N} K_{j,k}[A]^j\,[B]^k$$

besitzt. Durch partielle Differentiation nach [B] folgt

$$(V.2.106) \qquad \frac{\partial\,X([A],\,[B])}{\partial\,[B]} = \sum_{j+k=1}^{N} k\,K_{j,k}\,[A]^j\,[B]^{k-1}\,.$$

Die durchschnittliche Ligandenzahl pro Metallion $\bar{n}$ ist unter Berücksichtigung von (V.2.103) und (V.2.104)

$$(V.2.107) \qquad \bar{n} = \frac{c_B - [B]}{c_M} = \frac{\displaystyle\sum_{j+k=1}^{N} k\,K_{j,k}[A]^j\,[B]^k}{1 + \displaystyle\sum_{j+k=1}^{N} K_{j,k}[A]^j\,[B]^k}\,.$$

Weiterhin gilt

$$(V.2.108) \qquad \frac{\bar{n}}{[B]} = \frac{\partial\,X([A],\,[B])}{\partial[B]}\Big/ X([A],\,[B])$$

und entsprechend (V.2.91)

$$(V.2.109) \qquad \frac{\partial\,\log X([A],\,[B])}{\partial\,\log\,[B]} = \bar{n}$$

bzw.

$$(V.2.110) \qquad \frac{\partial\,\ln X([A],\,[B])}{\partial\,[B]} = \frac{\bar{n}}{[B]}\,.$$

Nach (V.2.110) ist $\bar{n}$ eine Funktion von [A] und [B] [vgl. (V.2.107)]. Dies ist, wie FRONAEUS [1, 2] gezeigt hat, nur dann der Fall, wenn lediglich einkernige Komplexe vorliegen. Entstehen hingegen mehrkernige Komplexe, so treten im Ausdruck für $\bar{n}$ Potenzen von [M] als Faktoren auf, d. h. $\bar{n}$ ist dann eine Funktion von [A], [B] und c_M. Gl. (V.2.110) gilt ganz allgemein — auch, wenn sich mehrkernige Komplexe bilden — für $c_M \to 0$, d. h. [M] $\to 0$, da dann die entsprechenden Glieder, die [M] bzw. Potenzen von [M] enthalten, verschwinden.

$$(V.2.111) \qquad \frac{\partial\,\ln X\,([A],\,[B])}{\partial\,[B]} = \left(\frac{\bar{n}}{[B]}\right)_{c_M = 0}.$$

$\bar{n}$ ist für $c_M = 0$ stets eine Funktion von [A] und [B] allein

$$(V.2.112) \qquad (\bar{n})_{c_M = 0} = \bar{n}([A], [B]) \,.$$

Wir betrachten zwei Lösungen, wobei in der ersten Lösung [A] = 0 und in der zweiten [A] > 0 ist, während [B] und c_M in beiden Lösungen gleich sind. Der Unterschied zwischen beiden $\bar{n}$-Werten der Lösungen ist dann

$$(V.2.113) \qquad (\Delta\bar{n})_{c_M = 0} = \bar{n}(0, [B]) - \bar{n}([A], [B]) \,.$$

Denken wir uns [A] auf einem bestimmten konstanten Wert $[A]_n$ gehalten und [B] zwischen 0 und dem Wert $[B]_n$ variiert, so folgt durch Integration von (V.2.110)

$$(V.2.114) \qquad \ln \frac{X([A]_n, [B]_n)}{X([A]_n, 0)} = \int\limits_0^{[B]_n} \frac{\bar{n}([A]_n, [B])}{[B]} \, d[B] \,.$$

Für $[A]_n = 0$ geht (V.2.114) in

$$(V.2.115) \qquad \ln X(0, [B]_n) = \int\limits_0^{[B]_n} \frac{\bar{n}(0, [B])}{[B]} \, d[B]$$

über. Subtrahiert man (V.2.114) von (V.2.115) und ordnet die linke Seite um, so folgt unter Berücksichtigung von (V.2.113)

$$(V.2.116) \qquad \ln X([A]_n, 0) - \ln \frac{X([A]_n, [B]_n)}{X(0, [B]_n)} = \int\limits_0^{[B]_n} \left(\frac{\Delta\bar{n}}{[B]} \right)_{c_M = 0} d[B] \,.$$

Nach (V.2.105) ist $X([A], [B])$ ein Polynom, dessen Glied mit dem höchsten Grad in bezug auf [B] von der Form $K_{0,N}[B]^N$ ist.

Für den angenommenen Fall, daß die Komplexbildungstendenz zwischen M und B größer ist, als zwischen M und A, kann erwartet werden, daß der Komplex MB_N, der keine weiteren Liganden B mehr aufnehmen kann, auch keine Liganden A mehr bindet. Dies bedeutet

$$(V.2.117) \qquad \lim_{[B]_n \to \infty} \frac{X([A]_n, [B]_n)}{X(0, [B]_n)} = 1 \,.$$

Wenn c_A konstant bleibt und c_B anwächst, so werden in den Lösungen die Komplexe mit größerer Zahl von B-Liganden immer mehr vorherrschen. A wird vollständig von B verdrängt, und zwar um so mehr, je stärker die Komplexbildungstendenz von B gegenüber A in bezug auf M ist.

Die Richtigkeit dieser Überlegung kann experimentell nachgeprüft werden. Besitzt der Ligand B gegenüber M eine stärkere Affinität als A, so läßt sich ein Wert b der Konzentration von freiem B finden, derart daß für $[B] \geq b$ die Funktion $(\Delta\bar{n}/[B])_{c_M = 0} = 0$ wird. Mit b als oberer Integrationsgrenze nimmt (V.2.116) dann die Form

$$(V.2.118) \qquad \ln X([A]_n, 0) = \int\limits_0^b \left(\frac{\Delta\bar{n}}{[B]} \right)_{c_M = 0} d[B]$$

an. Je größer $[A]_n$ ist, um so größer wird der Wert b, der verwendet werden muß, damit $(\Delta\bar{n}/[B])_{c_M=0} = 0$ wird.

Mit Hilfe der angegebenen Beziehungen kann man die Bildungskonstanten der Komplexe finden, wenn man lediglich $[B]$ potentiometrisch bestimmt. Dazu geht man so vor, daß man in einer Reihe von Messungen c_A, die Gesamtkonzentration an A, und c_M, die Gesamtkonzentration an Metallion, konstant hält und c_B, die Gesamtkonzentration an B, variiert. Die Konzentration an freiem B wird potentiometrisch ermittelt. Dann läßt sich $\bar{n}$ nach (V.2.107) und daraus sofort $\bar{n}/[B]$ berechnen. $\bar{n}/[B]$ wird dann gegen $[B]$ mit c_M (oder dem Anfangswert von c_M in den Meßserien) und c_A als Parameter aufgetragen.

Wiederholt man nun die Messungen, die zweckmäßig als potentiometrische Titrationen ausgeführt werden, für verschiedene Gesamtkonzentrationen an Metallion c_M aber stets gleiche Konzentration c_A, so kann die Grenzfunktion (V.2.111)

$$\left(\frac{\bar{n}}{[B]}\right)_{c_M=0} = \frac{\bar{n}([A]_n, [B])}{[B]}$$

durch Extrapolation bestimmt werden. Es ist möglich durch Variation von c_M in den einzelnen Meßreihen die Zahl der Titrationen zu reduzieren. Dann muß aber c_M eine bekannte Funktion von c_B sein [vgl. dazu das angegebene Beispiel Gl. (V.2.121)]. Ist $c_M = 0$, so ist $[A]_n$ bei variablem $[B]$ konstant und gleich c_A.

In entsprechender Weise bestimmt man die Funktion $\bar{n}(0, [B])/[B]$ bei $c_A = 0$. Aus der Differenz beider Grenzfunktionen findet man $(\Delta\bar{n}/[B])_{c_M=0}$.

Nun kann die Integration Gl. (V.2.118) graphisch durchgeführt werden. Sie liefert eine Anzahl von Wertepaaren $[A]_n$ und $X([A]_n, 0)$. Mit diesen so erhaltenen Wertepaaren kann man jetzt die Komplexkonstanten der einfachen einkernigen Komplexe MA_j ($j = 1, 2, \ldots$) aus dem Gleichungssystem

$$\text{(V.2.119)} \qquad X([A]_n, 0) = 1 + \sum_{j=1}^{N} K_j [A]_n^j \qquad (K_j = K_{j,0})$$

erhalten. Dabei muß man soviele Wertepaare $X([A]_n, 0)$; $[A]_n$ bzw. soviele Gleichungen (V.2.119) heranziehen, als Bildungskonstanten K_j zu berechnen sind.

Sind die Komplexkonstanten der Komplexe MB_j, die vom Hilfsliganden B mit M gebildet werden, nicht im voraus bekannt, so können sie nach (V.2.115) berechnet werden.

Die Bestimmung der Bildungskonstanten der gemischten Komplexe MA_jB kann folgendermaßen durchgeführt werden:

Durch Kombination von (V.2.105) mit (V.2.111) folgt

$$\text{(V.2.120)} \qquad \lim_{[B]\to 0}\left(\frac{\bar{n}}{[B]}\right)_{c_M=0} = \frac{\sum_{j=0}^{N-1} K_{j,1}[A]^j}{X([A], 0)}.$$

Für verschiedene Werte von $[A]$ lassen sich die Grenzwerte der linken Seite von (V.2.120) durch graphische Extrapolation von $(\bar{n}/[B])_{c_M=0}$ auf

[B] = 0 erhalten. Sind die zugehörigen Werte des Polynoms $X([A], 0)$ und die Konstante $K_{0,1}$ des Komplexes MB nach den bereits dargelegten Methoden bestimmt, so kann man aus (V.2.120) soviele Bildungskonstanten $K_{1,1}$; $K_{2,1}$; $\dots K_{N-1,1}$ berechnen, als es der Konzentrationsbereich von A erlaubt.

γ) Beispiel für die Anwendung der Methode von FRONAEUS; Untersuchung des Systems Cu^{2+}/SO_4^{2-} nach dem Verfahren der Ligandenverdrängung mit Acetat als Hilfsligand

Die Komplexbildung im System Cu^{2+}/SO_4^{2-} wurde von FRONAEUS [2] als Anwendungsbeispiel für die Methode der Ligandenverdrängung untersucht. Für dieses System lagen bereits frühere potentiometrische und spektrophotometrische Untersuchungen ohne zusätzliche komplexbildende Komponente vor [1].

Die Kupfer(II)-sulfato-Komplexe sind beträchtlich schwächer, als die Acetato-Komplexe. Aus diesem Grund wurde das Acetation als verdrängender Ligand verwendet. Die Gleichgewichtskonzentration [B] an Acetat in Lösungen, die Cu^{2+} und SO_4^{2-} zusammen mit Acetationen enthalten, wurde potentiometrisch mit einer Chinhydronelektrode durch Messung der Wasserstoffionenkonzentration bestimmt. Es wurde in Lösungen konstanter Ionenstärke ($\mu = 1$) gearbeitet und eine Kette vom Typ

(+) Vergleichselektrode ‖ Chinhydron Komplexlösung │ Au (—)

verwendet. Als Salzbrücke diente eine 1-molare Natriumperchloratlösung. Die Messungen wurden bei 20° C durchgeführt.

Die Lösungen in der Meßzelle wurden durch Mischung zweier verschiedener Volumina Standardlösung jeweils der Ionenstärke 1 erhalten. Diese Lösungen L_1 und L_2 hatten die Zusammensetzung:

L_1: a Millimole $Cu(ClO_4)_2$
c_A Millimole Na_2SO_4
$(1000 - 3\,a - 3\,c_A)$ Millimole $NaClO_4$

L_2: c_A Millimole Na_2SO_4
500 Millimole NaAc
250 Millimole HAc
$(500 - 3\,c_A)$ Millimole $NaClO_4$

In den Mischlösungen, die durch Zusammengeben von x Volumenteilen der Lösung L_2 zu $1 - x$ Volumenteilen der Lösung L_1 hergestellt werden, besteht zwischen der Gesamtkonzentration an Cu^{2+} und der Gesamtkonzentration an Acetationen die Beziehung

$$(V.2.121) \qquad c_M = a\,(1 - c_B/500)\,.$$

Die elektromotorische Kraft der Kette sei E. Für den Spezialfall, daß c_A und c_B gleich geblieben sind, aber $c_M = 0$ ist, sei die EMK E_0. E_0 ist, wie aus Tab. 5 zu sehen ist, im untersuchten Konzentrationsbereich praktisch unabhängig von c_B, variiert jedoch etwas mit c_A. Die Differenz $E_0 - E$ ist die EMK einer Konzentrationskette. Gibt man die Konzentrationen in Millimolen an, so gilt

$$(V.2.122) \qquad E_B = E_0 - E = 58{,}16 \log \frac{[H^+]}{[H^+]_0} \qquad \text{für } T = 20° \text{ C.}$$

$[H^+]_0$ ist die $c_M = 0$ entsprechende Wasserstoffionenkonzentration. Die Konzentration der undissoziierten Essigsäure (HAc) beträgt

$$(V.2.123) \qquad 0{,}500 \cdot c_B - [HSO_4^-] - [H^+] = 0{,}500 \cdot c_B - \vartheta \,,$$

wobei ϑ ein Korrekturglied ist, das sich nach

$$(V.2.124) \qquad \vartheta = [H^+] \frac{[SO_4^{2-}]}{K_2^{(d)} + 1}$$

berechnen läßt, wenn $K_2^{(d)}$ die zweite Dissoziationskonstante der Schwefelsäure ist. Zur Berechnung von ϑ wird $[SO_4^{2-}] \cong c_A$ angenommen. Für die Dissoziation der Essigsäure gilt dann

$$(V.2.125) \qquad \frac{[H^+] \cdot [B]}{0{,}500 \cdot c_B - \vartheta} = \frac{[H^+]_0 (c_B + \vartheta_0)}{0{,}500 \, c_B - \vartheta_0}$$

bzw. in Näherung

$$(V.2.126) \qquad \frac{[H^+]}{[H^+]_0} = \frac{c_B - 2\,\vartheta + 3\,\vartheta_0}{[B]} \,.$$

ϑ_0 ist das Korrekturglied für $c_M = 0$.

Die durchschnittliche Ligandenzahl pro Cu^{2+}, bezogen auf das Acetation, ist

$$(V.2.127) \qquad \bar{n} = \frac{c_B + \vartheta - [B]}{c_M} \,,$$

wenn $c_B + \vartheta$ der korrigierte Wert für die Gesamtkonzentration an Acetationen ist. Zur Bestimmung der Korrekturglieder ϑ und ϑ_0 ist es notwendig, die Dissoziationskonstante $K_2^{(d)}$ zu ermitteln.

Dies geschieht durch EMK-Messungen mit der angegebenen Kette, wobei sich in der Meßzelle statt der Mischlösung $(L_1 + L_2)$ c_H Millimole $HClO_4$ und $(1000 - c_H)$ Millimole $NaClO_4$ befinden. Man erhält so eine Eichkurve, die den Zusammenhang zwischen EMK und $[H^+] = c_H$ darstellt.

In einer zweiten Meßreihe gibt man in die Meßzelle c_A Millimole Na_2SO_4 und c_H Millimole $HClO_4$ sowie $(1000 - 3\,c_A - c_H)$ Millimole $NaClO_4$ und arbeitet derart, daß die Bedingung $8\,c_A + 3\,c_H = 1000$ erfüllt ist. Aus der für verschiedene Werte von c_H gemessenen EMK und der Eichkurve können die Werte von $[H^+]$ in diesen Lösungen berechnet werden. Man kann dann $K_2^{(d)}$ bestimmen und findet für $c_H \leqq 100$ Millimol einen nahezu konstanten Wert von $(8{,}4 \pm 0{,}5) \cdot 10^{-2}$. Damit sind alle für die Ermittlung von $[B]$ und $\bar{n}/[B]$ benötigten Daten bekannt.

Die für das System Cu^{2+}/SO_4^{2-} mit Acetat als Hilfsliganden aus den potentiometrischen Messungen erhaltenen Werte sind in Tab. 6 angegeben. Für die Messungen 1—13 ist der Faktor a in Gl. (V.2.121) gleich 100 (Ausgangskonzentration an Cu^{2+}) und für die Messungen 14—27 gleich 50. Jeder angeführte E_B-Wert stellt einen Mittelwert aus mindestens zwei Messungen dar. Aus der Tabelle ist zu sehen, daß die E_B-Werte für verschiedene Werte von c_A mit zunehmendem c_B

Tabelle 5. *Bestimmung von $[H^+]_0$ und ϑ_0 bei verschiedenen Werten von c_A*

c_A mMol	E_0 mV	$[H^+]_0$ mMol	ϑ_0 mMol
0	169,6	0,012	0,01
50	169,0	0,012	0,02
100	168,5	0,013	0,03
150	167,3	0,013	0,04

sich allmählich einander annähern. In Tab. 7 sind die für $[B]$ und $\bar{n}/_{[B]}$ berechneten Werte angegeben. Es ist leicht einzusehen, daß $[HSO_4^-]$ gegenüber c_A vernachlässigt werden kann, so daß das Korrekturglied mit ϑ nur bei den Experimenten mit kleinen c_B-Werten zu berücksichtigen ist.

Tabelle 6. *Potentiometrische Messungen am System Cu^{2+}/SO_4^{2-} mit Acetat als Hilfsligand*

$$M = Cu^{2+}, \quad A = SO_4^{2-}, \quad B = Ac^-$$

No.	c_M mMol	c_B mMol	$c_A = 0$ mMol	$c_A = 50$ mMol	$c_A = 100$ mMol	$c_A = 150$ mMol
			E_B	mV		
1	97,4	12,99	43,2	39,7	36,7	33,4
2	96,2	19,23	42,0	38,6	35,8	32,3
3	93,8	31,3	39,8	36,6	34,1	30,5
4	90,9	45,5	37,4	34,4	31,8	28,5
5	88,2	58,8	35,1	32,1	29,8	26,8
6	83,3	83,3	30,6	28,2	26,2	23,5
7	75,0	125,0	23,8	22,0	20,8	18,8
8	68,2	159,1	18,9	17,9	16,9	15,3
9	60,0	200,0	14,3	13,8	13,2	11,9
10	50,0	250	10,1	9,9	9,6	8,7
11	37,5	313	6,5	6,6	6,3	5,9
12	25,9	370	4,1	4,1	4,0	3,8
13	13,04	435	2,0	1,9	2,0	2,0
14	49,3	6,58	29,6	26,8	23,9	21,3
15	48,7	12,99	28,4	25,6	23,0	20,2
16	48,1	19,23	27,1	24,4	21,8	19,2
17	46,9	31,3	24,7	22,2	20,1	17,7
18	45,4	45,5	22,2	20,0	18,2	16,1
19	44,1	58,8	20,1	18,0	16,4	14,6
20	41,7	83,3	16,6	15,0	14,0	12,5
21	37,5	125,0	12,0	11,1	10,5	9,6
22	34,1	159,1	9,3	8,8	8,4	7,7
23	30,0	200,0	7,1	6,8	6,5	6,0
24	25,0	250	4,9	4,9	4,8	4,4
25	18,75	313	3,2	3,3	3,3	3,1
26	13,00	370	2,2	2,1	2,2	2,1
27	6,52	435	1,1	1,0	1,2	1,2

Die Ergebnisse der Messungen sind in Abb. V.5 graphisch dargestellt. Dabei ist $\bar{n}/[B]$ gegen $[B]$ aufgetragen. Jede Kurve entspricht einem bestimmten c_A-Wert. Die ausgezogenen Kurven sind für einen Faktor a [Gl. (V.2.121)] von 100, die gestrichelten für einen Faktor von $a = 50$ berechnet.

Die Funktion $\bar{n}/[B]$ hängt von diesem Faktor a ab. Der Grund dafür ist, daß in zwei Lösungen mit den gleichen Werten für c_A und $[B]$, aber

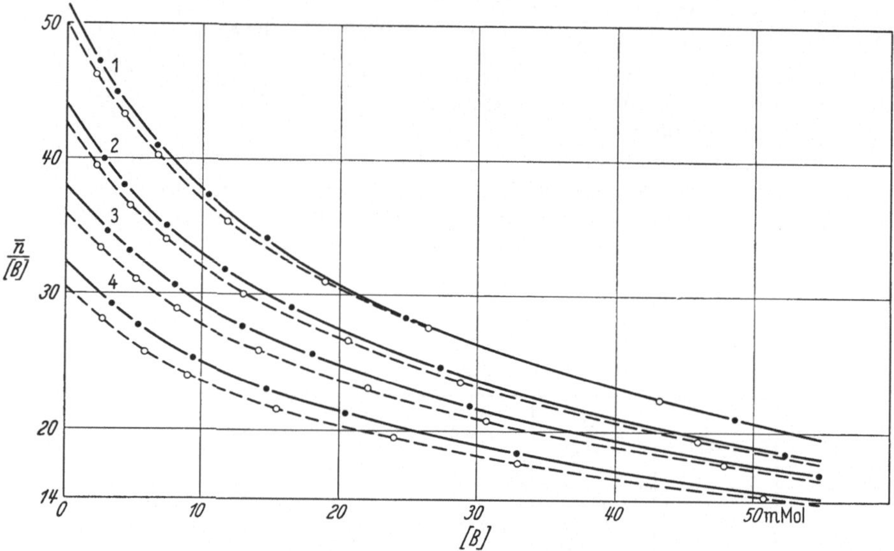

Abb. V.5. $\bar{n}/[B]$ als Funktion von $[B]$. 1. $c_A = 0$ mMol; 2. $c_A = 50$ mMol; 3. $c_A = 100$ mMol; 4. $c_A = 150$ mMol. Ausgezogene Kurven $a = 100$ mMol; gestrichelte Kurven $a = 50$ mMol. Nach FRONAEUS [2]

mit verschiedenen c_M-Werten (d. h. aber auch a-Werten), $[A]$ in derjenigen Lösung am größten ist, die die geringste Konzentration c_M besitzt. Zu der Abhängigkeit von a können auch polynucleare Komplexe beitragen.

In Tab. 8 ist die Funktion $\Delta\bar{n}/[B]$ für verschiedene Werte von $[B]$ angegeben. $\Delta\bar{n}$ ist nach Gl. (V.2.113) definiert. Die Werte in den Spalten 2—7 wurden aus der graphischen Darstellung Abb. V.5 entnommen. Da die potentiometrischen Messungen nur für zwei Werte des Parameters a durchgeführt wurden, wurde durch Extrapolation von $\Delta\bar{n}/[B]$ auf $a = 0$ geschlossen, daß $\Delta\bar{n}/[B]$ eine lineare Funktion von a bei einem konstanten Wert von $[B]$ ist. Man sieht aus der Tabelle, daß die Abhängigkeit von a vergleichsweise gering ist, so daß diese Approximation gerechtfertigt erscheint. Die extrapolierten Werte für $(\Delta\bar{n}/[B])_{c_M = 0}$ für $[A]_n = 50$, 100 und 150 sind in den Spalten 8—10 angegeben. Als obere Integrationsgrenze in Gl. (V.2.118) für diese drei $[A]_n$-Werte wird $b = 200$, 250 und 300 gewählt

In Tab. 9 sind die durch graphische Integration gefundenen Werte von $\ln X([A]_n, 0)$ enthalten.

Tabelle 7. *Bestimmung von $\bar{n}/[B]$ als Funktion von $[B]$ bei verschiedenen Werten der Parameter c_A und a*

No.	$c_A = 0$			$c_A = 50$ mMol			$c_A = 100$ mMol			$c_A = 150$ mMol		
	ϑ mMol	$[B]$ mMol	$\dfrac{\bar{n}}{[B]}$	ϑ mMol	$[B]$ mMol	$\dfrac{\bar{n}}{[B]}$	ϑ mMol	$[B]$ mMol	$\dfrac{\bar{n}}{[B]}$	ϑ mMol	$[B]$ mMol	$\dfrac{\bar{n}}{[B]}$
1	0,07	2,33	47,3	0,09	2,67	40,0	0,12	3,00	34,6	0,14	3,41	29,3
2	0,07	3,62	45,0	0,08	4,15	38,0	0,11	4,62	33,1	0,13	5,30	27,6
3		6,47	40,9	0,08	7,33	35,0	0,1	8,06	30,7	0,1	9,30	25,3
4		10,35	37,4		11,65	31,9		12,92	27,7		14,72	23,0
5		14,65	34,2		16,50	29,1		18,07	25,6		20,4	21,4
6		24,8	28,3		27,3	24,7		29,5	21,9		32,9	18,4
7		48,7	21,0		52,3	18,5		54,9	17,0		59,4	14,7
8		75,2	16,3		78,4	15,1		81,5	14,0		86,8	12,2
9		113,5	12,7		115,9	12,1		118,7	11,5		125,0	10,0
10		168	9,8		169	9,6		171	9,2		177	8,2
11		242	7,8		242	7,8		244	7,6		248	7,0
12		315	6,8		315	6,8		315	6,8		319	6,3
14	0,04	2,02	46,2	0,06	2,25	39,5	0,07	2,51	33,4	0,09	2,80	28,0
15	0,04	4,20	43,3	0,05	4,69	36,6	0,07	5,19	31,1	0,08	5,80	25,7
16	0,04	6,57	40,2	0,05	7,30	34,1	0,07	8,08	28,9	0,08	8,96	24,0
17		11,77	35,3		13,00	30,0		14,13	25,9		15,53	21,6
18		18,88	31,0		20,6	26,6		22,1	23,2		24,1	19,6
19		26,5	27,6		28,8	23,6		30,7	20,8		33,0	17,7
20		43,2	22,3		46,0	19,5		47,9	17,7		50,8	15,4
21		77,7	16,2		80,6	14,6		82,5	13,7		85,6	12,3
22		110,1	13,1		112,3	12,2		114,1	11,6		117,3	10,5
23		150,9	10,8		152,8	10,3		154,6	9,8		157,8	8,9
24		206	8,6		206	8,6		207	8,3		210	7,6
25		276	7,2		276	7,2		276	7,2		276	7,2

Tabelle 8. *Bestimmung von $(\Delta\bar{n}/[B])_{c_M = 0}$ als Funktion von $[B]$ bei verschiedenen Werten des Parameters $c_A = [A]_n$*

$[B]$ mMol	$c_M = 100 - \dfrac{c_B}{5}$ mMol			$c_M = 50 - \dfrac{c_B}{10}$ mMol			$c_M = 0$		
	$c_A = 50$ mMol	$c_A = 100$ mMol	$c_A = 150$ mMol	$c_A = 50$ mMol	$c_A = 100$ mMol	$c_A = 150$ mMol	$c_A = 50$ mMol	$c_A = 100$ mMol	$c_A = 150$ mMol
	$\dfrac{\Delta\bar{n}}{[B]}$			$\dfrac{\Delta\bar{n}}{[B]}$			$\dfrac{\Delta\bar{n}}{[B]}$		
0	7,2	13,3	19,0	7,5	14,1	19,5	7,8	14,9	20,0
5,0	5,9	10,3	15,2	6,1	11,0	15,9	6,3	11,7	16,6
10,0	4,7	8,5	12,7	4,9	9,1	13,3	5,1	9,7	13,9
15,0	3,9	6,9	10,7	4,2	7,6	11,5	4,5	8,3	12,3
20,0	3,3	5,8	9,2	3,6	6,6	10,0	3,9	7,4	10,8
30,0	2,5	4,6	7,3	3,0	5,3	8,0	3,5	6,0	8,7
50,0	1,8	3,0	4,9	2,3	3,6	5,3	2,8	4,2	5,7
75,0	1,0	1,8	3,2	1,3	2,1	3,4	1,6	2,4	3,6
100	0,6	1,2	2,4	0,9	1,5	2,6	1,2	1,8	2,8
150	0,3	0,6	1,6	0,5	1,0	1,8	0,7	1,4	2,0
200	0,1	0,4	1,0	0,1	0,4	0,9	0,1	0,4	0,8
250	0	0,2	0,6	0	0,1	0,4	0	0	0,2
300	0	0	0,4	0	0	0	0	0	0

Die Werte der Funktion $\Delta \bar{n}/[B]$ für $c_A = 50$ sind im Mittel für $a = 50$ um 0,3 größer, als für $a = 100$. Die größte Abweichung von diesem Mittelwert beträgt 0,2. Das bedeutet, daß der maximale Fehler in den zwei Meßserien etwa 0,1 ist, woraus folgt, daß die Funktionswerte für $a = 0$ einen maximalen Fehler von 0,2 besitzen. Derselbe Fehler wird auch für andere Konzentrationen c_A erhalten. Mit einer Fehlerrechnung kann man zeigen, daß der maximale zufällige Fehler von $\ln X$ dann $0,4\,b$ beträgt.

Tabelle 9. *Entsprechende Werte von* $[A]_n$, $X([A]_n, 0)$ *und* $(\bar{n}/[B])_{\substack{c_M = 0 \\ [B] = 0}}$

$[A]_n$ mMol	$\ln X([A]_n, 0)$	$X([A]_n, 0)$	$(\bar{n}/[B])_{\substack{c_M = 0 \\ [B] = 0}}$	$\sum\limits_{j=0}^{N-1} K_{j,1}[A]_n^j$
0			48,2	48,2
50	$0,37 \pm 0,08$	1,45	40,8	59,2
100	$0,65 \pm 0,10$	1,92	33,8	64,9
150	$0,97 \pm 0,12$	2,64	28,6	75,5

Aus den entsprechenden Werten von $[A]_n$ und $X([A]_n, 0)$ in Tab. 9 kann man die Konstanten für die Sulfatokomplexe nach (V.2.119) berechnen. Man erhält

$$\text{Cu SO}_4 \qquad K_1 = 9 \pm 2$$
$$\text{Cu(SO}_4)_3^{4-} \qquad K_3 = 80.$$

Für K_2 findet man einen kleinen Wert, doch ist dessen Unsicherheit so groß, daß ihm keine Bedeutung zugeschrieben werden kann. Zur Berechnung von K_3 wird K_2 daher $\cong 0$ gesetzt.

Bei einer Ionenstärke von 1 kann man, wenn Acetationen zugegen sind, die Sulfationenkonzentration nicht wesentlich über 150 mMol steigern. Aus diesem Grund ist der Wert von $K_3 \cdot [A]^3$ klein im Vergleich zum Wert des Polynoms $X([A]_n, 0)$. Daher ist es schwierig, K_3 genau zu bestimmen.

Die in Spalte 4 der Tab. 9 angegebenen Werte von $(\bar{n}/[B])_{c_M = 0}$ für $[B] = 0$ wurden aus Abb. V.5 durch lineare Extrapolation auf $c_M = 0$ aus den Schnittpunkten der Kurven mit der $\bar{n}/[B]$-Achse erhalten. Die Werte von $\sum\limits_{j=0}^{N-1} K_{j,1}[A]_n^j$ in Spalte 5 wurden nach Gl. (V.2.120) berechnet. Die Konstante für den gemischten Sulfato-Acetato-Komplex CuSO_4Ac^- ergibt sich zu

$$K_{1,1} = 190 \pm 50.$$

Die übrigen Konstanten $K_{j,1}$ können aus den Messungen nicht bestimmt werden.

Durch die Bestimmung der Bildungskonstanten K_1, K_3 und $K_{1,1}$ ist die Existenz der Komplexionen CuSO_4, $\text{Cu(SO}_4)_3^{4-}$ sowie CuSO_4Ac^- bewiesen. $\text{Cu(SO}_4)_2^{2-}$-Komplexe lassen sich nicht mit Sicherheit nachweisen.

Literatur

[1] FRONAEUS, S.: Komplexsystem Hos Koppar. Dissertation, Lund 1948.
[2] FRONAEUS, S.: A new principle for the investigation of complex equilibria and the determination of complexity constants. Acta Chem. Scand. 4, 72 (1950).

Zusammenstellung einiger Arbeiten über Untersuchungen von Komplexsystemen nach der Methode von FRONAEUS

[3] FRONAEUS, S.: A potentiometric and extinctometric study of the cupric nitrite complex system. Acta Chem. Scand. 5, 139 (1951).
[4] FRONAEUS, S.: The equilibrium between nickel and acetate ions. Acta Chem. Scand. 6, 1200 (1952).
[5] AHRLAND, S.: On the complex chemistry of the uranyl ion. II. The complexity of uranylmonochloroacetate. A comparative potentiometric and extinctometric investigation. Acta Chem. Scand. 3, 783 (1949).
[6] AHRLAND, S.: III. The complexity of the uranyl thiocyanate. Acta Chem. Scand. 3, 1067 (1949).
[7] AHRLAND, S.: IV. The complexity of uranyl acetate. Acta Chem. Scand. 5, 199 (1951).
[8] AHRLAND, S.: V. The complexity of uranyl sulfate. Acta Chem. Scand. 5, 1151 (1951).
[9] AHRLAND, S.: VI. The complexity of uranyl chloride, bromide and nitrate. Acta Chem. Scand. 5, 1271 (1951).
[10] AHRLAND, S., R. LARSSON and W. ROSENGREN: VIII. The complexity of uranyl fluoride. Acta Chem. Scand. 10, 705 (1956).
[11] AHRLAND, S.: The stability of metal halide complexes in aqueous solution. II. The fluoride complexes of divalent Ni, Cu and Zn. Acta Chem. Scand. 10, 727 (1956).
[12] AHRLAND, S., and I. GRENTHE: III. The chloride, bromide and iodide complexes of bismuth. Acta Chem. Scand. 11, 1111 (1957).

d) Ergänzungen zu den Verfahren zur Untersuchung stufenweiser Komplexbildung

In den Abschnitten 2a—2c wurden verschiedenartige Methoden beschrieben, um aus experimentellen Werten der Konzentration des freien Liganden bzw. des freien Zentralions die Bildungskonstanten einkerniger Komplexe MA_i ($i = 1, 2, \ldots N$) zu bestimmen. Bei der Methode nach J. BJERRUM sowie derjenigen nach LEDEN ist Voraussetzung, daß in den betrachteten Systemen nur mononucleare Komplextypen auftreten, während man nach FRONAEUS durch Extrapolation der Daten auf geringe Metallionenkonzentrationen ($c_M \to 0$) die Konstanten der einkernigen Komplexe auch in solchen Fällen erhalten kann, in denen daneben polynucleare Typen vorkommen.

Eine vorzügliche Analyse der Methoden 2a—2c sowie ein Vergleich derselben wurde von SULLIVAN und HINDMAN [1] gegeben. Diese Autoren zeigten, daß alle drei Verfahren hinsichtlich der Komplexkonstanten zu denselben Resultaten führen müssen. Am Beispiel des Systems Uran-(IV)/Sulfat wurde dies mit entsprechenden experimentellen Daten bestätigt.

Findet man bei einem System Unterschiede in den nach den drei verschiedenen Methoden ermittelten Komplexkonstanten, so spiegelt sich darin lediglich die diesen Methoden eigene Unsicherheit bei der Handhabung der experimentellen Daten wider.

Die Methode nach LEDEN ist 1. nur auf Systeme anwendbar, bei denen man [M], die Konzentration der freien Metallionen, experimentell messen kann; 2. ist die physikalische Bedeutung der Berechnung nicht ohne weiteres übersehbar. Wenn die Bedingung $c_A \cong [A]$ realisiert ist, so besitzt die Ledensche Methode den großen Vorteil, daß die graphische Verarbeitung der Meßdaten vermieden werden kann. Sogar wenn man [A], die Konzentration des freien Liganden, durch sukzessive Näherung bestimmt, benötigt man bei keinem der Näherungsschritte mehr als eine graphische Differentiation, außer, wenn man [A] über $\bar{n}$ berechnet.

Das Bjerrumsche Verfahren bietet zwei Vorteile: 1. kann man es in allen Fällen verwenden, in denen man als Meßgröße [M], [A] oder die Konzentration eines der Komplexe MA_i bestimmt. 2. Aus der graphischen Darstellung der Bildungsfunktion, der Bildungskurve, ersieht man sofort die Anzahl der insgesamt vorliegenden Komplextypen. Für $[A] \cong c_A$, d. h. im Falle schwacher Komplexe oder bei Verwendung von Tracerkonzentrationen eines Radioisotops, wenn man [M] oder die Konzentration eines der MA_i-Komplexe bestimmt, kann man Gl. (V.2.5) nicht verwenden, um $\bar{n}$ zu berechnen. Bei der graphischen Differentiation von Gl. (V.2.15) sind eine Reihe von Fehlern möglich. Diese Fehler in $\bar{n}$ machen sich dann bei den Werten der Stabilitätskonstanten bemerkbar. Es ist leicht einzusehen, daß solche Fehler besonders groß in den Fällen sind, in denen man $\bar{n}$ und [A] durch sukzessive graphische Näherung ermittelt.

Für die Fronaeussche Methode gelten allgemein dieselben Kriterien wie für das Bjerrumsche Verfahren.

Die verschiedenen Möglichkeiten, aus den an einem System gemessenen Daten die Gleichgewichtskonstanten vorkommender Komplextypen zu bestimmen, wurden von IRVING u. H. S. ROSSOTTI [2] kritisch diskutiert. Speziell wurde der Fall betrachtet, daß die Konzentration des freien Liganden und damit die Bildungsfunktion $\bar{n} = f([A])$ bekannt ist und $N = 2$ beträgt. Die Autoren geben ein Verfahren an, um aus Meßdaten, die mit einer gewissen Unsicherheit behaftet sind, die besten Werte für die Konstanten zu erhalten. Dabei wird die Methode der kleinsten Quadrate in Verbindung mit einer algebraischen Transformation verwendet. Das Verfahren kann auch für Systeme mit $N > 2$ benutzt werden. Außerdem wird eine Korrekturgliedmethode beschrieben.

Von besonderem Interesse sind *graphische Methoden* zur Bestimmung der Gleichgewichtskonstanten. Solche Methoden wurden bereits bei den Verfahren von LEDEN u. FRONAEUS 2b u. 2c erwähnt. Sie sollen hier jedoch noch ergänzt und in größerem Zusammenhang dargelegt werden.

Bei den graphischen Methoden zur Ermittlung der Konstanten geht man häufig so vor, daß man gewisse Funktionen auf den Wert Null der Konzentration an freiem Liganden extrapoliert. Diese Funktionen sind immer Polynome in [A] bzw. $[A]^{-1}$, deren Koeffizienten die interessierenden Konstanten K_i sind. Man erhält die Polynome aus den Meßdaten, wobei man entweder die Konzentration des freien Liganden [A], oder diejenige des freien Zentralions [M] bzw. diejenige eines der gebildeten Komplexe $[MA_i]$ bestimmt. Die graphische Extrapolation auf $[A] \rightarrow 0$

reduziert das betreffende Polynom auf N lineare Gleichungen, wenn man N Konstanten hat, bzw. wenn N Komplexe $MA_i (i = 1, 2, \ldots, N)$ vorliegen.

Die folgende Zusammenstellung der graphischen Methoden lehnt sich eng an die von F. J. C. ROSSOTTI und H. S. ROSSOTTI [3] gegebene Darstellung an.

α) [A], $\bar{n}$

Bekannt ist die Konzentration an freiem Liganden und damit die durchschnittliche Zahl von Liganden pro Metallion.

αα) Mißt man [A] für bestimmte Werte von c_A und c_M, so kann man die zugehörigen Werte von $\bar{n}$ nach (V.2.6) berechnen. Es gilt dann Gl. (V.2.25)

$$(V.2.128) \qquad \bar{n} = \frac{\sum\limits_{i=1}^{N} i\, K_i [A]^i}{1 + \sum\limits_{i=1}^{N} K_i [A]^i} = \frac{\sum\limits_{i=1}^{N} i\, K_i [A]^i}{\sum\limits_{i=0}^{N} K_i [A]^i} ,$$

wobei nach Definition $K_0 = 1$ ist. (V.2.128) kann auch [vgl. (V.2.31)] in der Form

$$(V.2.129) \qquad \sum\limits_{i=0}^{i=N} (\bar{n} - i)\, K_i [A]^i = 0$$

oder

$$(V.2.130) \qquad \frac{\bar{n}}{(1 - \bar{n})[A]} = K_1 + K_2 \left(\frac{2 - \bar{n}}{1 - \bar{n}}\right)[A] + \sum\limits_{i=3}^{i=N} \left(\frac{i - \bar{n}}{1 - \bar{n}}\right) K_i [A]^{i-1}$$

geschrieben werden.

Trägt man $\dfrac{\bar{n}}{(1 - \bar{n})\,[A]}$ gegen $\left(\dfrac{2 - \bar{n}}{1 - \bar{n}}\right)$ [A] auf, so geht für [A] → 0 die resultierende Kurve in eine Gerade mit dem Ordinatenabschnitt K_1 und der Steigung K_2 über. Einen Wert für eine beliebige Konstante K_t bekommt man, wenn man (V.2.130) in Form der Gleichung

$$(V.2.131) \qquad \sum\limits_{i=0}^{i=t-1} \left(\frac{\bar{n} - i}{t - \bar{n}}\right) K_i [A]^{i-t} = K_t + \sum\limits_{i=t+1}^{i=N} \left(\frac{i - \bar{n}}{t - \bar{n}}\right) K_i [A]^{i-t}$$

verwendet, die man durch Division von (V.2.129) durch $(t - \bar{n})\,[A]^t$ und geeignete Umformung erhält. Die Konstanten $K_1, K_2, \ldots, K_{t-1}$ sind bereits vorher ermittelt worden, so daß die linke Seite von (V.2.131) bestimmt ist. Trägt man die linke Seite gegen $\left(\dfrac{t + 1 - \bar{n}}{t - \bar{n}}\right)$ [A] auf, so erhält man bei Extrapolation auf [A] → 0 als Ordinatenabschnitt K_t und K_{t+1} als Näherungswert aus der Steigung.

Für $t = N - 1$ geht (V.2.131) in

$$(V.2.132) \qquad \sum\limits_{i=0}^{i=N-2} \left(\frac{\bar{n} - i}{N - 1 - \bar{n}}\right) K_i [A]^{i-N+1} = K_{N-1} + K_N \left(\frac{N - \bar{n}}{N - 1 - \bar{n}}\right)[A]$$

über. Trägt man die linke Seite dieser Gleichung gegen $\left(\dfrac{N - \bar{n}}{N - 1 - \bar{n}}\right)$ [A] auf, so findet man K_{N-1} als Ordinatenabschnitt bei Extrapolation auf [A] → 0 und K_N als Näherungswert für die Steigung.

Alle Fehler bei der Bestimmung der Konstanten $K_1, \ldots, K_{t-1}$ summieren sich bei der Ermittlung von K_t.

Gl. (V.2.129) kann auch in der Form

$$(V.2.133) \qquad \left(\frac{N-\bar{n}}{N-1-\bar{n}}\right)[A] = -\frac{K_{N-1}}{K_N} + \frac{K_{N-2}}{K_N}\left(\frac{\bar{n}-N+2}{N-1-\bar{n}}\right)[A]^{-1}$$

$$+ \sum_{i=0}^{i=N-3}\left(\frac{\bar{n}-i}{N-1-\bar{n}}\right)\frac{K_i}{K_N}[A]^{i-N+1}$$

geschrieben werden. Trägt man $\left(\dfrac{N-n}{N-1-\bar{n}}\right)[A]$ gegen $\left(\dfrac{\bar{n}-N+2}{N-1-\bar{n}}\right)[A]^{-1}$ auf, so findet man bei Extrapolation auf $[A]^{-1} \to 0$ als Ordinatenabschnitt $-\dfrac{K_{N-1}}{K_N}$ und als Grenzsteigung der Kurve $\dfrac{K_{N-2}}{K_N}$. Entsprechend kann man die Werte für alle Quotienten $\dfrac{K_t}{K_N}$ $\left(\text{wobei } \dfrac{K_0}{K_N} = \dfrac{1}{K_N} \text{ ist}\right)$ erhalten. (V.2.133) kann somit dazu benutzt werden, die mit Hilfe von (V.2.130) bis (V.2.132) gefundenen Werte der Bildungskonstanten zu überprüfen.

Spezialfälle: $N = 1$, es wird nur ein Komplex MA gebildet. Gl.(V.2.131) nimmt dann die Form

$$(V.2.134) \qquad\qquad \frac{\bar{n}}{1-\bar{n}} = K_1[A]$$

bzw.

$$\log\left(\frac{\bar{n}}{1-\bar{n}}\right) = \log K_1 + \log[A]$$

an. Eine derartige Beziehung, die als Hendersonsche* bzw. Hasselbachsche** Gleichung bekannt ist, wird häufig verwendet, um die Dissoziationskonstante einbasischer Säuren zu bestimmen.

$N = 2$, es werden zwei Komplexe MA und MA$_2$ gebildet. Es gilt dann

$$(V.2.135) \qquad\qquad \frac{\bar{n}}{(1-\bar{n})[A]} = K_1 + K_2\frac{(2-\bar{n})[A]}{(1-\bar{n})}.$$

Diese Gleichung ist mit einer von SPEAKMAN*** angegebenen Beziehung

$$(V.2.136) \qquad \frac{1}{K_2} + \frac{(\bar{n}-1)[A]}{\bar{n}}\frac{K_1}{K_2} = \frac{(2-\bar{n})[A]^2}{\bar{n}}$$

identisch, die dazu verwendet werden kann, die Dissoziationskonstanten zweibasischer Säuren zu berechnen.

Weitere Verfahren zur graphischen Bestimmung der Komplexkonstanten bei gegebenen Wertepaaren $\bar{n}$ und $[A]$ wurden von FRONAEUS [vgl. dieses Kap. 2.c] und OLERUP [7, 8] angegeben.

$\alpha\beta$) Die von FRONAEUS definierte Funktion $X([A])$ besitzt die Form

$$(V.2.137) \qquad\qquad X([A]) = 1 + s = 1 + \sum_{i=1}^{i=N}K_i[A]^i. \qquad [\text{vgl. (V.2.87)}]$$

<hr>

* HENDERSON, J. L.: J. Am. Chem. Soc. 30, 954 (1908).
** HASSELBACH, K. A.: Biochem. Z. 78, 116 (1917).
*** SPEAKMAN, J. C.: J. Chem. Soc. (London) 1940, 855.

Nach (V.2.92) gilt

$$(\text{V.2.138}) \qquad X([\mathrm{A}]) = \exp \int_0^{[\mathrm{A}]} \frac{\bar{n}}{[\mathrm{A}]}\, d\,[\mathrm{A}] = \exp \int_0^{[\mathrm{A}]} \bar{n}\, d\ln[\mathrm{A}]$$

$$= \sum_{i=0}^{i=N} K_i [\mathrm{A}]^i = 1 + s\,.$$

Den Wert des Integrals bestimmt man unter der Annahme, daß bei sehr geringen Konzentrationen von A nur der erste Komplex MA in merklicher Konzentration vorkommt. Dann ist

$$(\text{V.2.139}) \qquad \lim_{[\mathrm{A}]\to 0} \int_0^{[\mathrm{A}]} \frac{\bar{n}}{[\mathrm{A}]}\, d\,[\mathrm{A}] = \frac{1}{1-\bar{n}}\,.$$

Die Konstanten $K_1, K_2, \ldots, K_N$ erhält man durch sukzessive graphische Extrapolation der Funktionen

$$(\text{V.2.140}) \qquad Y([\mathrm{A}]) = \frac{X([\mathrm{A}]) - 1}{[\mathrm{A}]} = \frac{s}{[\mathrm{A}]}$$

$$Z([\mathrm{A}]) = \frac{Y([\mathrm{A}]) - K_1}{[\mathrm{A}]} = \frac{s - [\mathrm{A}]\,K_1}{[\mathrm{A}]^2}$$

$$U([\mathrm{A}]) = \frac{Z([\mathrm{A}]) - K_2}{[\mathrm{A}]} = \frac{s - [\mathrm{A}]\,K_1 - [\mathrm{A}]^2\,K_2}{[\mathrm{A}]^3}$$

$$\cdot \quad \cdot \quad \cdot \quad \cdot \quad \cdot \quad \cdot \quad \cdot \quad \cdot \quad \cdot \quad \cdot \quad \cdot \quad \cdot \quad \cdot$$

auf $[\mathrm{A}] = 0$ [vgl. (V.2.93) u. (V.2.95)].
Andererseits kann man auf analoge Weise durch Verwendung der Funktion

$$(\text{V.2.141}) \qquad \frac{s}{[\mathrm{A}]^N} = \sum_{i=1}^{i=N} K_i [\mathrm{A}]^{i-N} = K_N + K_{N-1}[\mathrm{A}]^{-1} + \cdots$$

die Konstanten durch graphische Extrapolation finden. Man verwendet (V.2.141) vorteilhaft zur Kontrolle der höheren Konstanten, die man mit (V.2.140) gefunden hat, um etwa vorhandene Fehler auszugleichen.

$\alpha\gamma$) Nach OLERUP [7, 8] kann man folgendermaßen verfahren: (V.2.129) kann in

$$(\text{V.2.142}) \qquad D = \frac{\bar{n}}{[\mathrm{A}]} = (1 - \bar{n})\,K_1 + (2 - \bar{n})\,K_2[\mathrm{A}] + \cdots$$

$$= \sum_{i=1}^{i=N} (i - \bar{n})\,K_i[\mathrm{A}]^{i-1}$$

umgeformt werden. Man findet K_1 aus dem Ordinatenabschnitt für $[\mathrm{A}] = 0$, wenn man D gegen $[\mathrm{A}]$ aufträgt. Entsprechend erhält man K_2 durch Extrapolation auf $[\mathrm{A}] \to 0$, wenn man

$$\frac{D - (1 - \bar{n})\,K_1}{[\mathrm{A}]}$$

gegen $[\mathrm{A}]$ aufträgt. Auf analogem Wege lassen sich die höheren Konstanten bestimmen.

Allgemein gilt

$$(\text{V.2.143}) \qquad F_t = \frac{D - \sum_{i=1}^{i=t-1} (i - \bar{n})\, K_i [A]^{i-1}}{[A]^{t-1}}$$

$$= (t - \bar{n})\, K_t + \sum_{i=t+1}^{i=N} (i - \bar{n})\, K_i [A]^{i-t}\,.$$

Hat man Werte für die Konstanten $K_1, \ldots, K_{t-1}$ bestimmt, so kann man, da F_t dann bekannt ist, $t \cdot K_t$ prinzipiell als Ordinatenabschnitt der Funktion $F_t = f([A])$ durch Extrapolation auf $[A] \to 0$ erhalten. Der Koeffizient $(t - \bar{n})$ von K_t ist jedoch eine Variable. Daher bekommt man im allgemeinen auch bei kleinen Werten von $[A]$ gekrümmte Kurven, so daß die Extrapolation auf die Konzentration Null des freien Liganden nur schwer durchführbar ist. Die Olerupsche Methode hat sich jedoch zur Bestimmung der ersten beiden Konstanten bei Systemen, in denen nur schwache Komplexe vorliegen, als brauchbar erwiesen.

Das von F. J. C. Rossotti und H. S. Rossotti angegebene Verfahren $\alpha\alpha$) hat den Vorteil, daß die graphische Integration, die beim Fronaeusschen Verfahren $\alpha\beta$) durchzuführen ist, vermieden wird. Gegenüber dem Verfahren von Olerup $\alpha\gamma$) besteht der Vorteil darin, daß der Koeffizient von K_t (V.2.131) eine Konstante ist. Daher sind die Kurven, die man auf $[A] \to 0$ extrapolieren muß, wesentlich schwächer gekrümmt, als diejenigen, die man nach Olerup berechnet. Die Bildungskonstanten lassen sich somit genauer bestimmen. Man muß allerdings beim Verfahren $\alpha\alpha$) berücksichtigen, daß man eine große Zahl experimenteller Meßpunkte benötigt, die über den Bereich $0 < \bar{n} < N$ gleichmäßig verteilt und möglichst genau gemessen sein müssen.

Block und McIntyre [13] haben zur Berechnung der individuellen Bildungskonstanten die Bjerrumsche Bildungsfunktion (V.2.128) und (V.2.129) für $N = 1$, 2 und 3 in allgemeiner Form gelöst. Diese N-Werte entsprechen den bei Komplexverbindungen mit mehrzähligen Liganden in der Regel vorkommenden Fällen.

β) [M], [A]

Bekannt ist die Konzentration an freiem Metallion und damit auch an freiem Liganden.

Die Konzentration $[M]$ an freiem Metallion wird gemessen. Die zugehörigen Werte von $[A]$ können in erster Näherung nach

$$(\text{V.2.144}) \qquad c_A \sim [A]$$

erhalten und dann durch sukzessive Annäherung nach der Methode von Leden [vgl. dieses Kap. 2.b] genauer bestimmt werden.

Nach Hedström [9] gilt die Beziehung [vgl. (V.3.219)]

$$(\text{V.2.145}) \qquad \log \frac{[A]}{c_A} = \left[\int_0^{c_M} \left(\frac{\partial \log [M]/c_M}{\partial c_A} \right)_{c_M} d c_M \right]_{c_A}\,.$$

Die Werte [M] und [A] lassen sich nach LEDEN [vgl. (V.2.62) und (V.2.63)] als einfaches Polynom in [A] von der Form

$$(V.2.146) \qquad F([A]) = \frac{c_M - [M]}{[M] \cdot [A]} = K_1 + K_2[A] + K_3[A]^2 + \cdots$$

$$= \sum_{i=1}^{i=N} K_i[A]^{i-1} = \frac{s}{[A]}$$

ausdrücken. Durch die in Abschnitt 2.b) beschriebene Extrapolation auf $[A] \to 0$ gewinnt man die einzelnen Bildungskonstanten K_i. Es gilt allgemein

$$(V.2.147) \qquad F'_t = \frac{F([A]) - \sum\limits_{i=1}^{i=t-1} K_i[A]^{i-1}}{[A]^{t-1}} = K_t + \sum_{i=t+1}^{i=N} K_i[A]^{i-t}.$$

Hat man die Werte für $K_1, K_2, \ldots, K_{t-1}$ bereits berechnet, so läßt sich F'_t berechnen. Man findet dann für $[A] = 0$ die gesuchte Konstante K_t als Ordinatenabschnitt, wenn man F'_t gegen [A] aufträgt.

Man kann auch die durchschnittliche Ligandenzahl pro Metallion $\bar{n}$ aus den [M], [A]-Daten berechnen [vgl. Gln. (V.2.71) und (V.2.72)] und dann die unter α) angegebenen Verfahren zur Ermittlung der Bildungskonstanten verwenden.

γ) [MA$_i$], [A]

Bekannt ist die Konzentration eines der gebildeten Komplexe [MA$_i$], *sowie die Konzentration an freiem Liganden* [A].

Ist es möglich, nach irgendeiner Methode die Konzentration eines der Komplexe [MA$_t$] zu bestimmen, so kann man durch sukzessive Annäherung die zugehörigen Werte für die Konzentration des freien Liganden ermitteln. Der Bildungsgrad α_t für einen Komplex mit $i = t$ ist nach (V.2.10)

$$(V.2.148) \qquad \alpha_t = \frac{[MA_t]}{c_M} = \frac{K_t[A]^t}{\sum\limits_{i=0}^{i=N} K_i[A]^i}.$$

$\bar{n}$ kann als Steigung der Kurve $\log \alpha_t = f(p[A])$ [vgl. (V.2.15)] erhalten werden, und man kann dann die gesuchten Konstanten nach einer der bereits beschriebenen Methoden berechnen.

Durch Umformung von (V.2.148) folgt

$$(V.2.149) \qquad \frac{[A]^t}{\alpha_t} = \frac{1}{K_t} + \frac{K_1}{K_t}[A] + \frac{K_2}{K_t}[A]^2 + \cdots$$

$$= \sum_{i=0}^{i=N} \frac{K_i}{K_t}[A]^i = \frac{1+s}{K_t}.$$

Trägt man $\dfrac{[A]^t}{\alpha_t}$ gegen [A] auf, so erhält man den Wert für $\dfrac{1}{K_t}$ als Ordinatenabschnitt für $[A] = 0$. Werte für K_1/K_t, K_2/K_t, $\ldots$ lassen sich durch sukzessive Extrapolation gewinnen.

δ) Kurvenvergleich

Es ist im Prinzip auch möglich, die Werte der Bildungskonstanten für ein System aufzufinden, indem man die experimentell gefundene Bildungskurve $\bar{n} = f(\text{p}[\text{A}])$ mit Kurven vergleicht, die man nach (V.2.128) unter Verwendung verschiedener Werte für K_i berechnet hat. Dieses Verfahren (Methode des Kurvenvergleiches) ist besonders in solchen Fällen nützlich, bei denen nur ein einziger Komplex gebildet wird, d. h. $N = 1$ ist. Dann ist die Form der Bildungskurve eindeutig. Für ein System mit zwei Komplexen, $N = 2$, ist die Lage der Bildungskurve durch den Wert der Konstanten K_2 und ihre Form durch das Verhältnis K_1^2/K_2 bestimmt. In diesem Fall ist es notwendig, Bildungskurven für eine große Zahl von Werten für dieses Verhältnis zu berechnen und zu zeichnen, um diejenige berechnete Kurve herauszufinden, die mit der experimentellen Kurve am besten übereinstimmt. Irving und H. S. Rossotti [2] haben für diesen Fall eine Methode angegeben, wie man den Rechenaufwand verringern kann, indem man eine Reihe theoretischer Kurven ermittelt, bei denen eine Eigenschaft P^* der Bildungskurve als Funktion von K_1^2/K_2 für bestimmte $\bar{n}$-Werte aufgetragen wird. Wegen der Einzelheiten sei auf die Originalarbeit [2] verwiesen.

Im allgemeinen ist die angegebene Methode bei Systemen mit mehr als zwei Komplexen ($N > 2$) nicht mehr brauchbar, da der damit verbundene Rechenaufwand zu umfangreich wird. Man kann sie jedoch in Fällen verwenden, in denen die Komplexkonstanten hinreichend voneinander verschieden sind, die Bildungskurve also eine deutliche Wellenform zeigt.

Näherungswerte der Bildungskonstanten können immer dann berechnet werden, wenn man über das Glied $R_i = K_i^2/K_{i-1}K_{i+1}$ bestimmte Aussagen machen kann. Dieses Glied ist mit dem Quotient zweier aufeinanderfolgender individueller Bildungskonstanten identisch, so daß $R_i = \dfrac{k_i}{k_{i+1}}$ ist. J. Bjerrum [vgl. dieses Kap. 2.a γ] gibt eine Methode zur näherungsweisen Bestimmung der Konstanten an, die auf der Annahme beruht, daß dieses Verhältnis bis zu einem gewissen Grad rein statistisch bestimmt, also $R_i = f(i, N)$ ist. Nach Sillén und Dyrssen [10] wird R_i als Konstante angesehen und das System durch zwei Parameter a und b beschrieben, für die

$$(\text{V.2.150}) \qquad\qquad a = \frac{1}{N}\log K_N$$

und

$$b = \log K_i - {}^1\!/_2 \log K_{i-1}K_{i+1} = {}^1\!/_2(\log k_i - \log k_{i+1})$$

gilt. Man erhält den Wert für b, indem man die experimentelle Kurve $\log \alpha_i = f(\text{p}[\text{A}])$ mit den für bestimmte b-Werte berechneten Kurven vergleicht. Den a-Wert findet man aus der Lage der Kurve bezüglich der p[A]-Achse. Eine solche Methode hat sich z. B. bei der näherungsweisen Bestimmung der Bildungskonstanten aus Verteilungsmessungen als nützlich erwiesen. Sie ist exakt jedoch nur für $N = 2$ gültig.

---

* z. B. $P = \dfrac{d\bar{n}}{d\text{p}[\text{A}]}$ bzw. $P = (\bar{n}_1 - \bar{n}_2)/\text{p}[\text{A}]_1 - \text{p}[\text{A}]_2$.

Sillén [4, 5, 6] hat die graphischen Methoden zur Bestimmung der Gleichgewichtskonstanten für den Fall eingehend diskutiert, daß man eine Anzahl unbekannter Parameter p_1, p_2, ... (dies können die Konstanten selbst sein, oder sie können zu den Konstanten in irgendeiner Beziehung stehen) aus den experimentellen Wertepaaren $y(x)$ bestimmen will, wenn die Funktion $y(x, p_1, p_2, ...)$ bekannt ist. Gelingt es x, y und p_i so zu wählen, daß einer oder zwei Parameter derart mit den Variablen verknüpft sind, daß „normierte" Variable der Form $X = x + p_1$; $Y = y + p_2$ entstehen, so kann man die Parameter durch Kurvenvergleich mit „normierten" Kurven auffinden. Wegen näherer Einzelheiten über diese zur Bestimmung der Bildungskonstanten aus experimentellen Daten sehr nützlichen Verfahren sei auf die Originalarbeiten hingewiesen.

Hearon und Gilbert [11] haben die Methoden zur Bestimmung der Stabilitätskonstanten einkerniger Komplexe aus potentiometrischen Meßdaten diskutiert und besonders die Zusammenhänge zwischen den verschiedenen Verfahren herausgestellt. Sie beschreiben außerdem neue Methoden, die speziell zur Auswertung potentiometrischer Titrationskurven dienen. Gilbert, Otey und Hearon [12] benutzten letztere Methoden zur Bestimmung der Stabilitätskonstanten von Kobaltkomplexen mit Glycin und Glycylglycin.

Literatur

[1] Sullivan, J. C., and J. C. Hindman: An analysis of the general mathematical formulations for the calculation of association constants of complex ion systems. J. Am. Chem. Soc. **74**, 6091 (1952). (Vergleich der Methoden von Bjerrum, Leden und Fronaeus.)

[2] Irving, H., and H. S. Rossotti: Methods for computing successive stability constants from experimental formation curves. J. Chem. Soc. (London) **1953**, 3397.

[3] Rossotti, F. J. C., and H. S. Rossotti: Graphical methods for determining equilibrium constants. I. Systems of mononuclear complexes. Acta Chem. Scand. **9**, 1166 (1955).

[4] Sillén, L. G.: Some graphical methods for determining equilibrium constants. II. On "curve-fitting" methods for two-variable data. Acta Chem. Scand. **10**, 186 (1956).

[5] Rossotti, F. J. C., H. Rossotti and L. G. Sillén: III. A projection strip method for two parameter systems. Acta Chem. Scand. **10**, 203 (1956).

[6] Sillén, L. G.: IV. On methods for three-variable data $\omega(x, y)$. Acta Chem. Scand. **10**, 803 (1956).

[7] Olerup, H.: Dissertation. Lund 1944.

[8] Olerup, H.: Svensk. Kem. Tidskr. **85**, 324 (1943).

[9] Hedström, B. O.: Equilibria in systems with polynuclear complex formation. III. Derivation of a generalized Bodländer formula and a general method of calculating equilibrium constants. Acta Chem. Scand. **9**, 613 (1955).

[10] Sillén, L. G., and D. Dyrssen: Studies on the extraction of metal complexes. V. Two-parameter equations for a complexformation system and their application to the two-phase distribution of metal complexes. Acta Chem. Scand. **7**, 663 (1953).

[11] Hearon, J. Z., and J. B. Gilbert: New methods for the calculation of association constants of complex ion systems. J. Am. Chem. Soc. **77**, 2594 (1955).

[12] Gilbert, J. B., M. C. Otey and J. Z. Hearon: Association constants of cobalt-glycine and cobalt-glycylglycine complexes in aqueous solution. J. Am. Chem. Soc. **77**, 2599 (1955).

[*13*] BLOCK, B. P., and G. H. McINTYRE: The calculation of formation constants for systems involving polydentate ligands. J. Am. Chem. Soc. **75**, 5667 (1953). (Allgemeine Beziehungen zur Berechnung der Bildungskonstanten über die Bjerrumsche Bildungsfunktion für $N = 1, 2$ und 3).

3. Methoden zur Untersuchung stufenweiser Komplexbildung beim Vorliegen polynuclearer Komplexe

Alle bisher behandelten Methoden zur Untersuchung konsekutiver Komplexbildung waren auf den Fall beschränkt, daß zwei Komponenten A und B (B = Metallion) lediglich einkernige Komplexe A_pB ($p = 1, 2, \ldots, N$) bilden. In vielen Systemen, z. B. bei Hydrolyseprozessen, treten jedoch daneben noch mehrkernige Typen der allgemeinen Form A_pB_q auf. Es ist nun die Frage zu beantworten, wie man in solchen Fällen durch Bestimmung der Konzentration an freiem A bzw. B die in einem System unter gegebenen Bedingungen vorhandenen polynuclearen Komplexe identifizieren und ihre Bildungskonstanten bestimmen kann.

Dieses Problem wurde in neuester Zeit durch die grundlegenden Arbeiten von SILLÉN und seiner Schule einer Lösung näher gebracht. Im folgenden werden die Methoden zur Untersuchung der Gleichgewichte bei stufenweiser Bildung mehrkerniger Komplexe beschrieben. Dabei wird die folgende Bezeichnungsweise benutzt:

A und B   komplexbildende Komponenten, B kann ein Metallion sein

c_A, c_B Gesamtkonzentrationen an A bzw. B

[A], [B]   Gleichgewichtskonzentrationen an freiem A, bzw. freiem B

A_pB_q aus den Komponenten gebildeter Komplex, p und q können beliebige ganze Zahlen sein

$[A_pB_q]$ Gleichgewichtskonzentration des Komplexes A_pB_q

Z durchschnittliche Zahl von A pro B, $Z = \dfrac{c_A - [A]}{c_B}$

$K_{p,q}$ Bruttobildungskonstante des Komplexes A_pB_q

$$K_{p,q} = \frac{[A_pB_q]}{[A]^p[B]^q}$$

S Komplexitätssumme

$$S = \sum_p \sum_q [A_pB_q] = \sum_p \sum_q K_{p,q}[A]^p[B]^q \;*$$

a) Methoden zur Untersuchung von Systemen mit polynuclearer Komplexbildung unter Verwendung der „core + links"-Hypothese nach SILLÉN**

α) Allgemeine Grundlagen

Wir betrachten zwei Komponenten A und B, die nach

$$(V.3.1) \qquad\qquad pA + qB \rightleftharpoons A_pB_q$$

---

* Im allgemeinen ist es üblich, für polynucleare Systeme eine etwas andere Nomenklatur zu verwenden als die hier gebrauchte (vgl. SILLÉN [*1, 2*]). Aus Gründen einer einheitlichen Bezeichnungsweise wird aber auch hier die bei mononuclearen Systemen verwendete Symbolik benutzt.

** Die nachstehende Zusammenfassung stellt einen Auszug aus den Publikationen von SILLÉN [*1, 2, 4, 5*] dar.

mehrkernige Komplexe bilden, die durch die zugehörigen Bildungskonstanten

$$(V.3.2) \qquad K_{p,q} = \frac{[A_p B_q]}{[A]^p [B]^q}$$

charakterisiert werden können. Unter der Voraussetzung, daß in einem Medium hoher und konstanter Ionenstärke gearbeitet wird, kann man das Massenwirkungsgesetz mit Konzentrationen statt Aktivitäten schreiben. Nach (V.3.1) können einer oder mehrere $A_p B_q$-Komplexe gebildet werden, wobei p und q irgendwelche ganze Zahlen sind. Die Gesamtkonzentrationen der Komponenten A und B sind

$$(V.3.3) \qquad \begin{aligned} c_A &= [A] + \sum_p \sum_q p\,[A_p B_q] \\ c_B &= [B] + \sum_p \sum_q q\,[A_p B_q] \end{aligned} \qquad \text{mit } p, q \neq \begin{cases} 1,0 \\ 0,1 \end{cases},$$

wobei die Summation über alle möglichen Wertepaare (p, q) auszuführen ist mit Ausnahme von $(1, 0)$ und $(0, 1)$, die freiem A bzw. B entsprechen.

Führt man die Komplexitätssumme S ein

$$(V.3.4) \qquad S = \sum_p \sum_q [A_p B_q] = \sum_p \sum_q K_{p,q} [A]^p [B]^q \,,$$

so erhält man für den komplex gebundenen Anteil von A bzw. B (in Mol/l)

$$(V.3.5) \qquad c_A - [A] = \sum_p \sum_q p\,[A_p B_q] = \sum_p \sum_q p\,K_{p,q}[A]^p [B]^q$$

$$= [A] \left(\frac{\partial S}{\partial [A]} \right)_{[B]} = \left(\frac{\partial S}{\partial \ln [A]} \right)_{[B]}$$

$$(V.3.6) \qquad c_B - [B] = \sum_p \sum_q q\,[A_p B_q] = \sum_p \sum_q q\,K_{p,q}[A]^p [B]^q$$

$$= [B] \left(\frac{\partial S}{\partial [B]} \right)_{[A]} = \left(\frac{\partial S}{\partial \ln [B]} \right)_{[A]} .$$

Die durchschnittliche Zahl von A, die pro B gebunden ist, ergibt sich zu

$$(V.3.7) \qquad Z = \frac{c_A - [A]}{c_B}$$

und entspricht der von BJERRUM eingeführten durchschnittlichen Ligandenzahl $\bar{n}$ [vgl. (V.2.6)] bei einkernigen Komplexen. Aus (V.3.7) folgt mit (V.3.5) und (V.3.6)

$$(V.3.8) \qquad Z = \frac{[A] \left(\dfrac{\partial S}{\partial [A]} \right)_{[B]}}{[B] \left\{ 1 + \left(\dfrac{\partial S}{\partial [B]} \right)_{[A]} \right\}} = \frac{\left(\dfrac{\partial (S + [B])}{\partial \ln [A]} \right)_{[B]}}{\left(\dfrac{\partial (S + [B])}{\partial \ln [B]} \right)_{[A]}} .$$

β) Die experimentellen Daten

Aus der Art und Weise, wie die die Komponenten A und B enthaltenden Lösungen angesetzt werden, sind die Gesamtkonzentrationen c_A und c_B immer bekannt. Im allgemeinen arbeitet man so, daß man die Konzentration einer Komponente, z. B. c_B, bei einer Meßreihe konstant hält und die Konzentration der anderen Komponente c_A variiert. In einer zweiten Meßreihe wählt man einen anderen konstanten c_B-Wert bei variablem c_A usw. Eine der Konzentrationen [A] oder [B] wird nach irgendeiner Methode, z. B. potentiometrisch durch EMK-Messung mit einer geeigneten Kette, bestimmt. Manchmal ist es auch möglich, sowohl [A] als auch [B] zu bestimmen.

Es lassen sich dann, je nach den Größen, die der Messung zugänglich sind, folgende Fälle unterscheiden: *

1. [A], c_A, c_B.

Man stellt die Meßresultate graphisch dar, indem man $Z = \dfrac{c_A - [A]}{c_B}$ als Funktion von log [A] aufträgt. Für jede mit einem bestimmten festen c_B durchgeführte Meßreihe resultiert im allgemeinen eine Kurve.

2. [A], [B], c_A, c_B.

Zur Auswertung benutzt man die Konzentrationswerte derjenigen freien Komponente, die man am genauesten messen kann. Ist dies z. B. [B], so trägt man $\dfrac{[B]}{c_B}$ bzw. $\dfrac{c_B - [B]}{c_A}$ gegen log [A] auf. Es ist aber auch möglich $\dfrac{c_A - [A]}{c_B}$ oder $\dfrac{c_A - [A]}{c_B - [B]}$ zu verwenden und gegen log [A] aufzutragen.

Neben EMK-Messungen lassen sich im Prinzip auch Verteilungsmessungen sowie Untersuchungen mit Ionenaustauschern zum Studium polynuclearer Komplexgleichgewichte verwenden. In diesen Fällen mißt man direkt die Konzentration einer bzw. mehrerer der Komponenten. Absorptionsspektroskopische- oder Leitfähigkeitsmessungen allein sind nicht geeignet. Die hierbei erhaltenen Daten sind zwar Funktionen der Konzentrationen. Man benötigt aber für jeden Komplextyp zusätzliche Konstanten, die nicht ohne weiteres bekannt sind. Auch Löslichkeitsmessungen sind nur in Kombination mit potentiometrischen Messungen brauchbar.

γ) Die Konzeption der „core + links"-Komplexe

Man kann die Gesamtheit aller Wertepaare p und q und damit die Gesamtheit aller Komplexe A_pB_q in einem zweidimensionalen Schema, einer p-q-Ebene, darstellen (Abb. V.6a). Ein spezielles System ist dann durch eine Verteilung von Punkten in dieser p-q-Ebene gekennzeichnet, wobei jeder Punkt einem bestimmten Wertepaar p, q und damit einem unter den vorliegenden Bedingungen auftretenden Komplextyp entspricht. In Abb. V.6a ist ein System dargestellt, in dem keinerlei Komplexbildung auftritt. Nur bei A(1,0) und B(0,1) sind Punkte eingezeichnet, die den reinen Komponenten entsprechen. Abb. V.6b zeigt die Verhältnisse für den Fall, daß nur einkernige Komplexe AB, A_2B, A_3B, . . ., A_6B gebildet werden.

Man kann sich leicht überlegen, daß es im allgemeinen äußerst unwahrscheinlich ist, daß bei polynuclearer Komplexbildung die einzelnen

---

* Die im folgenden abgeleiteten Beziehungen sind auch gültig, wenn man c_A und c_B vertauscht. Daher genügt es, die beiden angegebenen Fälle zu diskutieren.

Typen von Komplexen gleichmäßig über die p-q-Ebene verteilt sind. Dies erkennt man aus rein elektrostatischen Überlegungen für den Fall, daß A und B entgegengesetzt geladene Ionen sind. Es ist dann nicht zu erwarten, daß Komplexe gebildet werden, die durch Punkte im Schema repräsentiert werden, die nahe den Koordinatenachsen liegen. Solche Komplexe würden aus einer großen Zahl gleichartig geladener Ionen mit nur wenigen entgegengesetzt geladenen Ionen bestehen. Sie sind daher nicht stabil.

Denkt man sich das Diagramm durch eine dritte auf der p-q-Ebene senkrecht stehende Achse zu einer dreidimensionalen Darstellung erweitert und in dieser Koordinatenrichtung die jeweilige Konzentration der

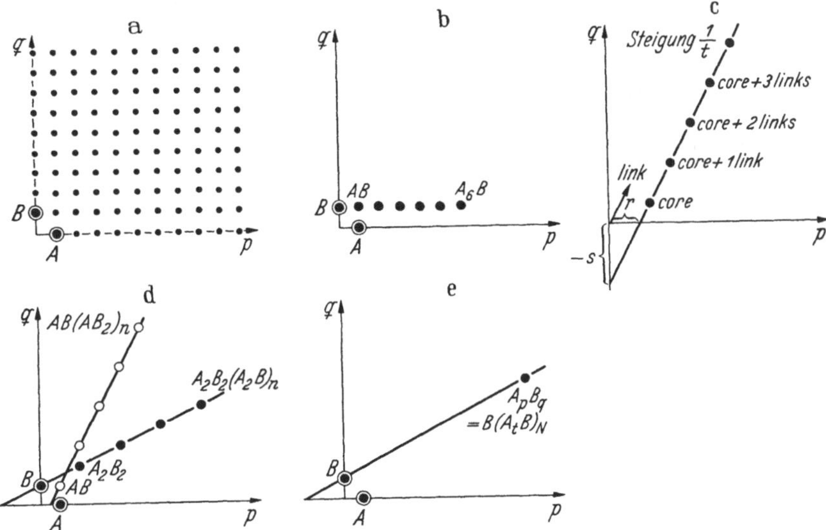

Abb. V.6. Geometrische Darstellung der Wertepaare (p, q) in einem zweidimensionalen Schema. Nach Sillén [1]

Jeder Punkt entspricht einem Wertepaar (p, q), die Punkte ● entsprechen (p, q)-Werten vorhandener Komplexe A_pB_q. Die reinen Komponenten A und B sind durch Punkte ◉ gekennzeichnet.

a Keine Komplexbildung.

b Nur einkernige Komplexe A_pB ($p = 1, 2, \ldots, 6$).

c Es treten nur Komplexe auf, die aus einem Grundkörper („core“) bestehen mit n Bindungen („links“) mit einem zweiten Aggregat. Die entsprechenden Punkte liegen alle auf einer Geraden mit der Steigung $1/t$ und den Achsenabschnitten r und s.

d Zwei Reihen von „core + links“-Komplexen werden gebildet: $A_2B_2(A_2B)_n$ ($r = -2$, $s = 1$, $t = 2$) ● und $AB(AB_2)_n$ ($r = 1/2$, $s = -1$, $t = 1/2$) ○.

e Es liegt lediglich ein einziger Komplex $A_pB_Q = B(A_tB)_N$ vor.

A_pB_q-Komplexe aufgetragen, so hat man an Stelle der Punkte auf der Ebene senkrecht stehende Strecken verschiedener Länge. Die Länge jeder Strecke, die auf einem Punkt der Ebene errichtet ist, stellt ein Maß für die Konzentration des Komplexes dar, der die entsprechende Zusammensetzung besitzt. Anhand dieser Überlegungen erkennt man, daß die Streckenenden auf einer gekrümmten Fläche liegen, die etwa wie ein Dachfirst aussieht, d. h. daß sie sich von einer Kammlinie nach beiden Koordinatenachsen hin neigt.

Im Prinzip ist es möglich, für jede Art experimenteller Daten geeignete mathematische Verfahren anzugeben, um die Gleichgewichtskonstanten $K_{p,q}$ für alle auftretenden Komplexe zu berechnen. Diese Methoden erfordern aber im allgemeinen eine so große Genauigkeit der Meßdaten, wie man sie in der Praxis nicht erreichen kann. Aus diesem Grund hat SILLÉN [1, 2] die Auswertung dieser Daten auf den Fall beschränkt, daß nur solche Komplexe in merklicher Konzentration auftreten, die sich aus einem bestimmten Grundkörper, dem Kern (core), und einer variablen Anzahl eines zweiten Aggregats mit der entsprechenden Anzahl von Bindungen (links) zusammensetzen. Diese von SILLÉN als „core + links"-Hypothese bezeichnete Annahme hat sich in zahlreichen Fällen als brauchbares Hilfsmittel zur Interpretation experimenteller Daten erwiesen. Im p-q-Diagramm bedeutet das, daß alle in einem System auftretenden Komplexe auf einer Geraden liegen, die durch den Punkt, der der Zusammensetzung des Grundkörpers entspricht, geht und deren Steigung von der stöchiometrischen Zusammensetzung des zweiten Körpers, der an den Grundkörper gebunden wird, abhängt. In Abb. V.6c sind diese Verhältnisse für ein Beispiel dargestellt. Abb. V.6d enthält zwei Beispiele, nämlich A_2B_2 als Grundkörper und A_2B als zweiten Körper, so daß die allgemeine Formel der Komplexe $A_2B_2(A_2B)_n$ ist, sowie AB als „core" und AB_2 als „link" mit der allgemeinen Formel $AB(AB_2)_n$.

Jede Gerade im p-q-Diagramm, die einer solchen Reihe von „core + links"-Komplexen entspricht, ist durch ihre Steigung $1/t$ und ihre Abschnitte r und s mit der p- und q-Achse gekennzeichnet (vgl. Abb. V.6c). Es gilt

$$(V.3.9) \qquad\qquad r = -ts$$

und damit für die Gleichung einer solchen Geraden

$$(V.3.10) \qquad\qquad p = tq + r = t(q - s) \, ,$$

so daß man die Komplexe auch als $A_r(A_tB)_n$ bzw. $B_s(A_tB)_n$ schreiben kann. r, s und t sind Konstanten und n ist jede Zahl, die für p und q ganzzahlige Werte ergibt. Die drei Konstanten r, s und t können ganze und gebrochene Werte annehmen.

Tab. 10 enthält einige Beispiele dafür, wie man jede „core + links"-Formel in eine dieser beiden Formeln umformen kann. Die Konstante t ist gewöhnlich positiv, während entweder s oder r negativ ist. s und r können auch beide gleich Null sein.

Nicht alle Komplexe, die auf der Geraden (V.3.10) liegen, müssen wirklich in der Lösung vorhanden sein. Es genügt, daß einer oder einige wenige tatsächlich existieren. Vorausgesetzt wird lediglich, daß kein Komplex A_pB_q in merklicher Menge gebildet wird, der nicht einem Punkt der Geraden (V.3.10) entspricht.

Tabelle 10. *Formeln für Komplexe, die aus ,,core + n links" aufgebaut sind* (Darstellung der verschiedenen möglichen Wege, die Komplexzusammensetzung anzugeben)

core	link	core(link)$_n$	$A_r(A_tB)_n$	$B_s(A_tB)_n$	r	s	t
A_2B_2	A_2B	$A_2B_2(A_2B)_n$	$A_{-2}(A_2B)_n$	$B(A_2B)_n$	-2	1	2
A_2B	AB	$A_2B(AB)_n$	$A(AB)_n$	$B_{-1}(AB)_n$	1	-1	1
A_3B_2	AB_2	$A_3B_2(AB_2)_n$	$A_2(A^{1}/_{2}B)_n$	$B_{-4}(A^{1}/_{2}B)_n$	2	-4	$^{1}/_{2}$
AB	AB_2	$AB(AB_2)_n$	$A^{1}/_{2}(A^{1}/_{2}B)_n$	$B_{-1}(A^{1}/_{2}B)_n$	$^{1}/_{2}$	-1	$^{1}/_{2}$
B	A_tB	$B(A_tB)_n$	$A_{-t}(A_tB)_n$	$B(A_tB)_n$	$-t$	1	
A	A_tB	$A(A_tB)_n$	$A(A_tB)_n$	$B_{-1/t}(A_tB)_n$	1	$-^{1}/_{t}$	
$-$	A_tB	$(A_tB)_n$	$(A_tB)_n$	$(A_tB)_n$	0	0	

Falls die experimentellen Daten mit einer Geraden $p = tq + r$ verträglich sind, bedeutet das, daß in diesem Fall die ,,core + links"-Hypothese zumindest eine brauchbare Näherung zur Beschreibung des betreffenden Systems darstellt. Unter Zugrundelegung dieser Hypothese folgt, daß von den Gleichgewichtskonstanten $K_{p,q}$ nur diejenigen von Null verschieden sind, die Punkten (p, q) auf der Geraden (V.3.10) entsprechen.

Die Gleichgewichtskonstante für die Bildung von $A_r(A_tB)_n$ nach

$$(\text{V.3.11}) \qquad (r + nt)A + n\,B \rightleftharpoons A_r(A_tB)_n$$

sei K_n. Dann gilt

$$(\text{V.3.12}) \qquad [A_r(A_tB)_n] = K_n[A]^{(r+nt)}[B]^n = K_n[A]^r([A]^t[B])^n$$
$$= K_n[A]^r \cdot u^n,$$

wenn man die Variable

$$(\text{V.3.13}) \qquad u = [A]^t[B]$$

einführt. Mit (V.3.12) und (V.3.4) erhält man

$$(\text{V.3.14}) \qquad S = [A]^r \sum_n K_n u^n = [A]^r \cdot \varphi(u).$$

Für $c_A - [A]$ und $c_B - [B]$ findet man mit (V.3.14), (V.3.5) und (V.3.7) sowie (V.3.14) und (V.3.6)

$$(\text{V.3.15}) \qquad c_A - [A] = [A]\left(\frac{\partial S}{\partial[A]}\right)_{[B]} = [A]^r\{r\,\varphi(u) + tu\,\varphi'(u)\} = c_B \cdot Z$$

$$(\text{V.3.16}) \qquad c_B - [B] = [B]\left(\frac{\partial S}{\partial[B]}\right)_{[A]} = [A]^r u\,\varphi'(u).$$

Die Beziehungen (V.3.15), (V.3.16) und (V.3.13) bilden die Grundlage der Methoden zur Bestimmung von r und t aus den experimentellen Daten.

δ) Auswertung der experimentellen Daten

Aus den Meßdaten ist zunächst abzuleiten, welche Typen von ,,core + links"-Komplexen im speziellen System vorliegen. Sodann kann man die zugehörigen Bildungskonstanten und damit die Verteilung dieser Komplexe im untersuchten Konzentrationsbereich bestimmen.

δ1. *Ermittlung der vorhandenen Typen polynuclearer Komplexe*

a) *Bekannt:* [A], c_A und c_B.

Die graphische Darstellung der experimentellen Daten geschieht in der Weise, daß man $Z = \dfrac{c_A - [A]}{c_B}$ gegen $\log [A]$ aufträgt. Man bekommt so eine Anzahl von $Z (\log [A])_{c_B}$-Kurven, von denen jede im allgemeinen einem bestimmten Wert der Gesamtkonzentration von B (c_{B_1}, c_{B_2}, ...) entspricht.

SILLÉN beschränkt seine Überlegungen auf den Fall, daß die zu verschiedenen c_B-Werten gehörigen Kurven alle dieselbe Form aufweisen und entweder parallel verlaufen, d. h. proportional $\Delta \log c_B$ gegeneinander um $\Delta \log [A]$ verschoben sind (Abb. V.7), oder für alle c_B-Werte zu einer einzigen Kurve zusammenfallen. Dieses Verhalten, das man im Rahmen der Meßgenauigkeit bei zahlreichen Systemen vorfindet, entspricht einer Komplexbildung nach der oben dargelegten „core + links"-Hypothese. Aus den Kurven sind die Werte für r und t abzuleiten.

Zunächst sollen einige *Grenzfälle* diskutiert werden. Es kann vorkommen, daß die Konzentration eines Komplexes $A_r(A_tB)_n$ mit einem bestimmten n-Wert gegenüber der Konzentration aller anderen Komplexe und der Konzentration von freiem B überwiegt. Dann ist die durchschnittliche Zahl von Ionen bzw. Molekülen A, die pro B gebunden ist, $Z = t + r/n$, wie man aus der Bruttoformel des Komplexes ableiten kann. Ist die Konzentration an freiem B in dem gesamten untersuchten Konzentrationsbereich vernachlässigbar klein, so nimmt, wie man mit (V.3.14) bis (V.3.16) einsieht, Z die beiden Grenzwerte

$$(\text{V}.3.17) \qquad Z = \frac{c_A - [A]}{c_B} \; \nearrow \; \begin{array}{l} t + \dfrac{r}{n_{\max}} \;\; \text{für abnehmende Werte} \\ \qquad\qquad \text{von } \log [A] \\[2mm] t + \dfrac{r}{n_{\min}} \;\; \text{für zunehmende Werte} \\ \qquad\qquad \text{von } \log [A] \end{array} \left.\begin{array}{l} \\ \\ \\ \end{array}\right\} \begin{array}{l} \text{mit } r > 0 \\ \text{und} \\ [\text{B}] \ll c_B \end{array}$$

an [vgl. Abb. V.7b]. Gl. (V.3.17) gilt für positive Werte von r. Ist r negativ, so sind $n_{\max}$ und $n_{\min}$ zu vertauschen. Da n jeden Wert zwischen 1 und ∞ annehmen kann, sind die Grenzwerte für Z t und $t + r$.

Überwiegt die Konzentration an freiem B gegenüber derjenigen aller Komplexe an einem Ende des Konzentrationsintervalls, so gilt [vgl. Abb. V.7a]

$$(\text{V}.3.18) \qquad Z = \frac{c_A - [A]}{c_B} \; \nearrow \; \begin{array}{l} 0 \qquad\qquad\quad \text{für abnehmende Werte} \\ \qquad\qquad\quad \text{von } \log [A] \\[2mm] t + \dfrac{r}{n_{\max}} \;\; \text{für zunehmende Werte} \\ \qquad\qquad\quad \text{von } \log [A] \end{array} \qquad \begin{array}{l} ([\text{B}] \approx c_B) \\[4mm] ([\text{B}] \ll c_B) \end{array}$$

Gl. (V.3.18) gilt für negative r-Werte. Für positive Werte von r ist für den Grenzfall großer [A]-Werte $n_{\max}$ durch $n_{\min}$ zu ersetzen.

aa) *Fall paralleler Kurven* $Z (\log [A])_{c_B}$.

Man findet häufig Kurven $Z (\log [A])_{c_B}$, die innerhalb der Meßgenauigkeit dieselbe Form besitzen und lediglich längs der $\log [A]$-Achse parallel zueinander verschoben sind. Es zeigt sich, daß der Unterschied $\Delta \log [A]$ zwischen jeweils zwei Kurven, die verschiedenen Gesamtkonzentrationen an B, z. B. c_{B_1} und c_{B_2}, entsprechen, proportional dem Logarithmus des Verhältnisses der Gesamtkonzentrationen $\Delta \log c_B = \log \left(\dfrac{c_{B_1}}{c_{B_2}}\right)$ ist.

Wenn wir das konstante Verhältnis $\dfrac{\Delta \log c_B}{\Delta \log [A]}$ mit R bezeichnen, so gilt

$$(V.3.19) \qquad \left(\frac{\partial \log c_B}{\partial \log [A]}\right)_Z = R = \text{const.}; \quad Z([A]^{-R} \cdot c_B),$$

d. h. $Z = \dfrac{c_A - [A]}{c_B}$ ist in diesem Fall eine Funktion von $[A]^{-R} \cdot c_B$. Wenn wir zunächst die Bildung jedes möglichen Komplexes $A_p B_q$ zulassen, so folgt mit (V.3.5), (V.3.6) und (V.3.7)

$$(V.3.20) \qquad Z = \frac{c_A - [A]}{c_B} = \frac{\sum\limits_{p} \sum\limits_{q} p\, K_{p,q} [A]^p [B]^{q-1}}{1 + \sum\limits_{p} \sum\limits_{q} q\, K_{p,q} [A]^p [B]^{q-1}}$$

$$(V.3.21) \qquad [A]^{-R} \cdot c_B = [A]^{-R} \left([B] + \sum\limits_{p} \sum\limits_{q} q K_{p,q} [A]^p [B]^q\right)$$

$$= [A]^{-R} [B] \left(1 + \sum\limits_{p} \sum\limits_{q} q K_{p,q} [A]^p [B]^{q-1}\right).$$

Ist in speziellen Fällen Z eine Funktion von $[A]^{-R} \cdot c_B$ allein, so folgt:

α) Wenn $[B]$ gegenüber c_B nicht vernachlässigbar ist, müssen alle Glieder $[A]^p [B]^{q-1}$ in den Summen (V.3.20) und (V.3.21) Potenzen von $[A]^{-R} [B]$ sein. $[A]^{-R} [B]$ erscheint in (V.3.21) als besonderes Glied. Dann ist $p = -R(q-1)$ bzw.

$$(V.3.22) \qquad p = -Rq + R.$$

Durch Vergleich mit (V.3.10) erkennt man, daß „core + links"-Komplexe mit

$$(V.3.23) \qquad R = r = -t; \qquad s = 1$$

vorliegen. Die Formel der Komplexe schreibt man zweckmäßiger als $B(A_t B)_n$ statt $A_{-t}(A_t B)_n$.

Die Abszissenverschiebung zwischen den $Z(\log [A])_{c_B}$-Kurven erlaubt somit, r und t zu bestimmen.

β) Wenn $[B]$ gegenüber c_B vernachlässigbar ist, so verschwindet im Nenner von (V.3.20) sowie in (V.3.21) die „1". Durch Multiplikation beider Summen in (V.3.20) mit $[A]^{-R} [B]$ erreicht man, daß die in (V.3.20) und (V.3.21) auftretenden Summen dieselben Glieder $[A]^{p-R} [B]^q$ enthalten. Aus der Bedingung, daß Z eine Funktion nur von $[A]^{-R} c_B$ sein muß, folgt dann, daß alle diese Glieder Potenzen ein und derselben Variablen sind, die in der Form $[A]^t [B]$ geschrieben wird, wobei t eine zu bestimmende Konstante ist. Man erhält dann

$$(V.3.24) \qquad p - R = tq.$$

Durch Vergleich mit (V.3.10) sieht man, daß ebenfalls „core + links"-Komplexe der Form $A_r(A_tB)_n$ mit

$$(V.3.25) \qquad\qquad r = R$$

vorliegen, so daß r aus der Parallelverschiebung der Kurven erhalten werden kann. Zur Bestimmung von t benutzt man (V.3.17).

Aus diesen Überlegungen geht hervor, daß sich, wenn man eine Schar paralleler $Z(\log[A]_{c_B}$-Kurven findet, die in Lösung vorliegenden Aggregate als „core + links"-Komplexe darstellen lassen, deren allgemeine

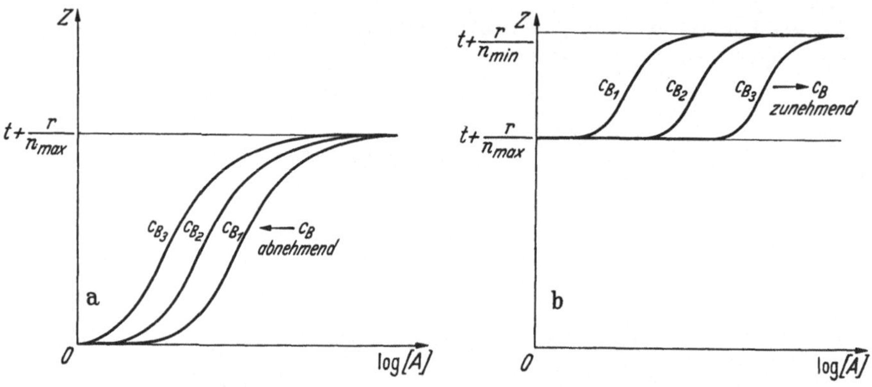

Abb. V.7. Kurven $Z(\log[A])_{c_B}$ (schematisch). Nach Sillén [1]

Für jede Kurve besitzt c_B einen konstanten Wert: c_{B1}, c_{B2}, ... Die Horizontalverschiebung zwischen zwei Kurven für einen bestimmten Z-Wert ist im Text mit $\Delta \log[A]$ bezeichnet.
a) Parallele Kurven, die Komplexen der Formel $B(A_tB)_n$ entsprechen
b) Parallele Kurven, die in einem Konzentrationsgebiet, in dem [B] vernachlässigbar ist, Komplexen $A_r(A_tB)_n$ entsprechen.

Formel man aus der Parallelverschiebung der Kurven, d. h. der Größe R [vgl. (V.3.19)] bzw. aus den Verhältnissen bei den Grenzfällen [vgl. (V.3.17) und (V.3.18)] bestimmen kann. Als nächstes hat man dann zu untersuchen, ob einer oder mehrere Komplexe gebildet werden und wie groß die zugehörigen Komplexkonstanten sind.

Da Z eine Funktion von $[A]^{-r} \cdot c_B$ ist, kann man auch eine Funktion y von Z gegen eine Funktion x von $[A]^{-r} \cdot c_B$ auftragen und die Meßdaten in dieser Weise graphisch darstellen. Dann sollten alle für verschiedene c_B-Werte erhaltenen Punkte auf eine einzige Kurve $y(x)$ fallen. Man kann nun die unter Verwendung der Meßdaten durch eine solche Transformation erhaltene Kurve mit theoretischen $y(x)$-Kurven vergleichen, die unter verschiedenen Annahmen berechnet werden.

Komplexe mit B *als Grundkörper und der allgemeinen Formel* $B(A_tB)_n$.

Wenn $r = -t$ ist (V.3.23), kann man für die Komplexe die Formel $B(A_tB)_n$ schreiben. Dabei ist t eine Konstante und n variabel. Die Gleichgewichtskonstante für die Bildung des n-ten Komplexes nach

$$(V.3.26) \qquad\qquad nt\,A + (1+n)\,B \rightleftharpoons B(A_tB)_n$$

sei K_n. Dann gilt

(V.3.27) $\qquad [B(A_tB)_n] = K_n [A]^{nt} [B]^{(1+n)} = K_n [B] ([A]^t [B])^n$

oder

$$c_n = K_n [B] u^n$$

mit

(V.3.13) $\qquad u = [A]^t [B] \ .$

Mit (V.3.4) bis (V.3.7), (V.3.27) und (V.3.13) folgt:

(V.3.28)

a $\quad S = \sum_n c_n = [B] \sum_n K_n \cdot u^n = [B] \cdot f(u)$

b $\quad c_A - [A] = [A] \left(\dfrac{\partial S}{\partial [A]}\right)_{[B]} = [A] [B] \dfrac{df}{du} \left(\dfrac{\partial u}{\partial [A]}\right)_{[B]}$
$\qquad\qquad = [B] \cdot t \cdot u \cdot f' = c_B Z$

c $\quad c_B - [B] = [B] (f + uf')\ ;\ c_B = [B](1 + f + uf')$

(V.3.29) $\qquad Z = \dfrac{c_A - [A]}{c_B} = \dfrac{t \cdot u \cdot f'}{1 + f + uf'}\ .$

f ist eine Funktion $f(u)$, f' ihre erste Ableitung. Durch Vergleich der Beziehungen für S (V.3.14) und (V.3.28) unter Berücksichtigung von (V.3.23) und (V.3.13) erkennt man, daß $u \cdot f(u) = \varphi(u)$, also gleich der in (V.3.14) definierten Funktion ist. Für konstantes Z ist $u = [A]^t [B] = \text{const}$, $c_B = [B] \cdot \text{const}$ und somit $[A]^t \cdot c_B = \text{const}$, d. h.

(V.3.30) $\qquad \left(\dfrac{\partial \log c_B}{\partial \log [A]}\right)_Z = -t$

[vgl. (V.3.19) und (V.3.23)].

Zur graphischen Darstellung der Meßdaten trägt man y als Funktion von x auf, wobei

(V.3.31) $\qquad y = \dfrac{c_A - [A]}{c_B \cdot t} = \dfrac{uf'}{1 + f + uf'}$

und

(V.3.32) $\qquad x = t \log [A] + \log c_B = \log u + \log (1 + f + uf')$

ist. Da sowohl y wie auch x lediglich eine Funktion von u sind, ist auch y nur eine Funktion von x, d. h. alle Meßpunkte der für verschiedene c_B-Werte durchgeführten Meßreihen müssen auf einer einzigen Kurve $y(x)$ liegen.

Die so erhaltene Kurve kann man nun verwenden, um die Gleichgewichtskonstanten zu ermitteln (vgl. Abschnitt δ 2.).

Spezialfall: Es liegt nur ein einziger Komplex $A_P B_Q = B(A_tB)_N$ vor $(N = Q - 1\ ;\ t = P/Q - 1)$. Dann ist:

(V.3.33)

a $\quad S = [A_P B_Q] = K_{P,Q} [A]^P [B]^Q$

b $\quad c_A - [A] = P K_{P,Q} [A]^P [B]^Q = c_B \cdot Z$

c $\quad c_B - [B] = Q K_{P,Q} [A]^P [B]^Q$

(V.3.34) $\qquad Z = P (Q + K_{P,Q}^{-1} [A]^{-P} [B]^{1-Q})^{-1}\ .$

Wenn Z konstant ist, ist $[A]^P [B]^{Q-1} = \text{const}$ sowie $c_B - [B] = [B] \cdot \text{const}$, $c_B = [B] \cdot \text{const}$ und $[A]^P c_B{}^{Q-1} = \text{const}$. Dann gilt:

$$(V.3.35) \qquad \left(\frac{\partial \log c_B}{\partial \log [A]}\right)_Z = \frac{-P}{Q-1} = -t \,.$$

Die $Z(\log [A])_{c_B}$-Kurven sind im gesamten Gebiet parallel. Lediglich für $Q = 1$ fallen alle Kurven zu einer einzigen zusammen. Bei Vorliegen eines einzigen Komplexes kann man die Schar paralleler Kurven auf eine einzige Kurve transformieren, wenn man die oben angegebenen Funktionen x und y Gln. (V.3.32) und (V.3.31) verwendet. Um festzustellen, ob die Meßdaten einem Komplex oder mehreren entsprechen, muß man die $y(x)$-Kurve analysieren (vgl. dazu Abschnitt δ 2).

Komplexe der allgemeinen Formel $A_r(A_t B)_n$, $[B]$ *vernachlässigbar klein.*

Wir nehmen an, daß nur A und die Komplexe $A_r(A_t B)_n$ in meßbaren Mengen vorhanden sind und die Konzentration an freiem B im gesamten Konzentrationsbereich vernachlässigbar ist. Um Beziehungen zu erhalten, die mit den im vorigen Abschnitt abgeleiteten vergleichbar sind, betrachten wir als Grundkörper den einfachsten Komplex $A_r(A_t B) = A_{r+t}B$ und verwenden die folgende Bezeichnungsweise:

$$(V.3.36) \qquad \begin{aligned} &[A_{r+t}B] = [C] = c \,; \; [A_{r+t}B(A_t B)] = [C(A_{-r}C)] = c_1 \,; \ldots \\ &[A_{r+t}B(A_t B)_n] = [C(A_{-r}C)_n] = c_n \,; \; [A]^{-r} \cdot c = u \,. \end{aligned}$$

Die Reaktionen können dann als solche zwischen A und C aufgefaßt werden.

$$2\,A_{r+t}B \rightleftharpoons A_{r+t}B(A_t B) + r A$$

bzw.

$$2\,C \rightleftharpoons C(A_{-r}C) + r A$$

$$c_1 = K_1 c([A]^{-r}c) = K_1 \cdot c \cdot u$$

$$(V.3.37) \qquad \cdots \cdots \cdots \cdots \cdots \cdots \cdots \cdots \cdots$$
$$\cdots \cdots \cdots \cdots \cdots \cdots \cdots \cdots \cdots$$

$$(n + 1)\,A_{r+t}B \rightleftharpoons A_{r+t}B(A_t B)_n + r n\,A$$

bzw.

$$(n + 1)\,C \rightleftharpoons C(A_{-r}C)_n + r n\,A$$

$$c_n = K_n \cdot c \cdot u^n \,.$$

Die so erhaltenen Beziehungen sind analog den Beziehungen (V.3.27). Das hier verwendete $u = [A]^{-r}c$ unterscheidet sich nur durch einen Faktor, nämlich die Gleichgewichtskonstante von $(r + t)\,A + B \rightleftharpoons C$, von $[A]^t[B]$, Gl. (V.3.13). Die pro Liter vorhandene Gesamtmenge c_C an C ist gleich c_B. Wir denken uns die Lösungen statt aus A und B nunmehr aus A und C zusammengesetzt und kennzeichnen die Größen, die sich auf so gebildete Lösungen beziehen, durch den Index c. Zum Beispiel findet man die Gesamtmenge c_{A_c} an A, indem man von der früher definierten Größe c_A den Anteil subtrahiert, der an C gebunden ist. Es gelten dann die Beziehungen:

$$(V.3.38) \quad \begin{cases} a & c_{A_c} = c_A - (r + t)\, c_C \,;\; c_C = c_B \\[2mm] b & S_c = \sum_1^\infty c_n = c \sum K_n \cdot u^n = c \cdot f(u) \\[2mm] c & c_{A_c} - [A] = [A] \left(\dfrac{\partial S_c}{\partial [A]}\right)_c = -r \cdot c \cdot u \cdot f' = Z_c \cdot c_C \\[2mm] d & c_C - c = c \left(\dfrac{\partial S_c}{\partial c}\right)_{[A]} = c\,(f + u \cdot f')\,. \end{cases}$$

Für y und x findet man

$$(V.3.39) \qquad y = \frac{c_{A_c} - [A]}{c_C \cdot (-r)} = \frac{r + t - \dfrac{c_A - [A]}{c_B}}{r} = \frac{u \cdot f'}{1 + f + uf'}$$

$$(V.3.40) \qquad \begin{aligned} x &= -r \log [A] + \log c_C = -r \log [A] + \log c_B \\ &= \log u + \log (1 + f + uf')\,. \end{aligned}$$

Die Gleichungen (V.3.39) und (V.3.40) haben dieselbe Form wie die Beziehungen (V.3.31) und (V.3.32). Man kann somit auch bei $C(A_{-r}C)_n$-Komplexen bzw. $A_r(A_tB)_n$-Komplexen unter Verwendung von (V.3.39) und (V.3.40) die Schar experimenteller $Z(\log [A])_{c_B}$-Kurven auf eine einzige Kurve $y(x)$ transformieren.

ab) Fall zusammenfallender $Z(\log [A])_{c_B}$-Kurven .

Findet man, daß die für verschiedene Werte der Gesamtkonzentration von B erhaltenen Kurven zu einer einzigen Kurve zusammenfallen, so bedeutet dies, daß Z nur eine Funktion von $[A]$ alleine ist und nicht von $[A]$ und c_B.

Aus der allgemeinen Beziehung für Z, die sich aus (V.3.5), (V.3.6) und (V.3.7) ergibt,

$$(V.3.41) \qquad Z = \frac{c_A - [A]}{c_B} = \frac{\sum\limits_p \sum\limits_q p K_{p,q} [A]^p [B]^q}{[B] + \sum\limits_p \sum\limits_q q\, K_{p,q} [A]^p [B]^q}\,,$$

ist zu sehen, daß Z unter folgenden Bedingungen eine Funktion lediglich von $[A]$ ist.

α) Ist $[B]$ nicht vernachlässigbar klein, so ist es notwendig, daß die Summen in bezug auf $[B]$ von der ersten Ordnung sind, damit $[B]$ eliminiert werden kann. Dies bedeutet aber, daß q immer gleich 1 ist, somit also einkernige Komplexe der Form A_nB vorliegen.

β) Ist $[B]$ im Nenner von Gl. (V.3.41) im gesamten Konzentrationsbereich vernachlässigbar klein, so kann es nur dann eliminiert werden, wenn ein einziger Wert für q existiert. Dieser Wert muß nicht notwendig gleich 1 sein. In diesem Fall sind die Komplexe homonuclear und von der Form A_nB, A_nB_2, usw. Für $p/q = $ const und $Z = $ const fallen alle Kurven zu einer horizontalen Linie zusammen. Dies kann entweder in einem Konzentrationsbereich eintreten, in dem $[B]$ vernachlässigbar ist und nur ein Komplex überwiegt oder wenn alle Komplexe die Formel $(A_tB)_n$ besitzen. Die Analyse der Bildungskurven einkerniger Komplexe wurde bereits in diesem Kapitel unter 2.a) und 2.d) besprochen. Der Fall homonuclearer Komplexe kann leicht auf ähnliche Weise behandelt werden.

ac) Allgemeine Beziehungen zur Bestimmung von r und t aus den Meßdaten [A], c_A, c_B.

Im folgenden wird zusammenfassend beschrieben, wie man bei Gültigkeit der „core + links"-Hypothese r und t aus den Meßdaten bestimmen kann. Es wurden bereits die Beziehungen (V.3.17) und (V.3.18), die in Grenzfällen eine Ermittlung von r und t erlauben, angegeben.

Ist $[B] \ll c_B$, d. h. kann in einem bestimmten Konzentrationsgebiet die Konzentration an freiem B gegenüber der Gesamtkonzentration an B vernachlässigt werden, so gilt [vgl. (V.3.19) und (V.3.25)]

$$(\text{V.3.42}) \qquad \left(\frac{\partial \log c_B}{\partial \log [A]}\right)_Z = r \quad \text{für } [B] \ll c_B.$$

Im allgemeinen ist zu erwarten, daß (V.3.42) mit zunehmenden Werten von Z erreicht wird. Ist jedoch das Verhältnis p/q für alle Komplexe dasselbe, so ist $[B]$ gegenüber c_B nicht mehr vernachlässigbar, wenn nicht Z konstant wird. Eine derartige Komplikation tritt entweder auf, wenn nur ein Komplex A_PB_Q gebildet wird oder wenn $r = 0$ ist und damit alle Komplexe die Formel $(A_tB)_n$ besitzen.

Wenn wir alle Typen von Aggregaten mit Ausnahme von A, B und einem Komplex $A_PB_Q = A_r(A_tB)_N$ vernachlässigen können [vgl. (V.3.35)], so gilt

$$(\text{V.3.43}) \qquad \left(\frac{\partial \log c_B}{\partial \log [A]}\right)_Z = \frac{-P}{Q-1} = -\frac{r+Nt}{N-1}.$$

(V.3.43) ist nur dann anwendbar, wenn $[B]$ gegenüber c_B nicht vernachlässigbar ist, denn sonst ist $Z = \text{const} = P/Q$ und $Z(\log [A])_{c_B}$ ergibt eine zur Abszisse parallele Gerade.

Ist $[B] \approx c_B$ — dies ist in dem Konzentrationsgebiet der Fall, in dem die Komplexbildung beginnt und Z klein ist — kann man annehmen, daß praktisch nur B und der niedrigste Komplex mit $n = n_{min}$ existiert. Dann gilt mit (V.3.43)

$$(\text{V.3.44}) \qquad \left(\frac{\partial \log c_B}{\partial \log [A]}\right)_Z \to -\frac{r+n_{min}\cdot t}{n_{min}-1} \quad \text{für } [B] \approx c_B.$$

Für $n_{min} = 1$ sind zwei Fälle denkbar:

α) $r = -t$, so daß (V.3.44) $= -t$ ist,

β) $r + t \neq 0$, so daß die Ableitung in (V.3.44) unendlich wird und damit der Unterschied der Kurven bezüglich der $\log [A]$-Achse, d. h. die Parallelverschiebung, mit abnehmenden Werten von Z Null wird.

Zur Prüfung eines bestimmten Wertes von r und zur Ermittlung von t kann man die Größe $[A]^{-r}(c_A - [A])$ berechnen und als Funktion von $\log [A]$ auftragen, wobei für jeden c_B-Wert eine Kurve resultiert.

Es gilt die Beziehung

$$(\text{V.3.45}) \qquad \left(\frac{\partial \log c_B}{\partial \log [A]}\right)_{[A]^{-r}(c_A-[A])} \begin{cases} \nearrow r & \text{für } [B] \ll c_B \\ \searrow -t & \text{für } [B] \approx c_B. \end{cases}$$

Für Komplexe $(A_t B)_n$, d. h. $r = 0$, findet man mit (V.3.15) und (V.3.16)

(V.3.46)
$$c_A - [A] = t \cdot u \cdot \varphi'(u) = t \cdot c_B \cdot y$$
$$c_B - [B] = u \cdot \varphi'(u) = c_B \cdot y$$

mit $y = Z/t$ [vgl. (V.3.31)]. Dann ist $[B] = c_B(1 - y)$, so daß $[B]$ gegenüber c_B nicht vernachlässigt werden kann, wenn nicht y gleich 1 wird und damit $Z = t$. In diesem speziellen Fall kann man r und t nicht mehr mit Hilfe von Gl. (V.3.42) bestimmen.

Man kann sich jedoch helfen, wenn man t nach Gl. (V.3.45) oder als oberen Grenzwert von Z bestimmt. Man berechnet $[B] = c_B - \dfrac{c_A - [A]}{t}$.

Trägt man $t \cdot \log[A] + \log\left(c_B - \dfrac{c_A - [A]}{t}\right) = t \cdot \log[A] + \log[B] = \log u$ gegen $c_A - [A]$ bzw. $\log(c_A - [A])$ auf, so sollten alle experimentellen Punkte auf eine Kurve fallen, da $c_A - [A]$ nur eine Funktion von u alleine ist.

b) Bekannt: $[A], [B], c_A$ *und* c_B.

Ist es möglich, sowohl $[A]$ als auch $[B]$ mit hinreichender Genauigkeit zu messen, so kann man zur Bestimmung von r und t die Beziehungen (V.3.14) bis (V.3.16) heranziehen.

Kann man $[A]$ messen, jedoch die Differenz $c_A - [A]$ nicht genau genug berechnen, so verwendet man Kurven für konstante Werte c_B, in denen $\dfrac{[B]}{c_B}$ bzw. $\log\dfrac{c_B}{[B]}$ als Funktion von $\log[A]$ dargestellt wird. Für geringe Werte von $[A]$ erhält man für beide Funktionen zur $\log[A]$-Achse parallele Gerade, $\dfrac{[B]}{c_B} = 1$ und $\log\dfrac{c_B}{[B]} = 0$. Mit steigenden Werten von $\log[A]$ geht $\dfrac{[B]}{c_B} \to 0$ und $\log\dfrac{c_B}{[B]} \to \infty$. Bei sehr großen Werten von $\log[A]$ ist $[B] \ll c_B$. Es überwiegt dann ein Komplex $A_r(A_t B)_n$ mit $n = n_{\max}$, wenn r negativ ist. Für $r > 0$ überwiegt der Komplex mit $n = n_{\min}$. Mit (V.3.33) gilt

(V.3.47)
$$\left(\frac{\partial \log \dfrac{c_B}{[B]}}{\partial \log[A]}\right)_{c_B} = -\left(\frac{\partial \log[B]}{\partial \log[A]}\right)_{c_B} = \frac{P}{Q} = t + \frac{r}{n_{\max}}.$$

ba) Fall paralleler Kurven $\log\dfrac{c_B}{[B]}$ $(\log[A])_{c_B}$.

Wir betrachten den Fall, daß die Kurven, die man beim Auftragen von $\log\dfrac{c_B}{[B]}$ gegen $\log[A]$ erhält, innerhalb der Meßgenauigkeit dieselbe Form besitzen und jeder mit einem c_B-Wert durchgeführten Meßreihe eine Kurve entspricht. Alle diese Kurven sind einander parallel und um $\Delta \log[A]$ verschoben, wobei die Verschiebung proportional zu $\Delta \log c_B$ ist. Dann sind auch die Kurven, die den Funktionen $\dfrac{[B]}{c_B}$ $(\log[A])_{c_B}$ oder irgendwelchen anderen Funktionen von $\dfrac{c_B}{[B]}$ entsprechen, zueinander parallel mit derselben Verschiebung. Es gilt somit

$$(V.3.48) \qquad \left(\frac{\partial \log c_B}{\partial \log [A]} \right)_{\frac{c_B}{[B]}} = -T = \text{const} \quad \text{bzw.} \quad \frac{c_B}{[B]} \left([A]^T \cdot c_B \right).$$

Mit der Annahme, daß a priori alle Komplexe $A_p B_q$ existieren können, findet man

$$(V.3.49) \qquad \frac{c_B}{[B]} = 1 + \sum_p \sum_q q K_{p,q} [A]^p [B]^{q-1}$$

$$[A]^T \cdot c_B = [A]^T [B] + \sum_p \sum_q q K_{p,q} [A]^{p+T} [B]^q .$$

Aus der Bedingung, daß $\frac{c_B}{[B]}$ lediglich eine Funktion von $[A]^T \cdot c_B$ ist, folgt, daß alle Glieder $[A]^p [B]^{q-1}$ Potenzen von $[A]^T [B]$ sind. Auch für $[B] \ll c_B$ ergeben sich keine neuen Möglichkeiten. Dann gilt für alle Komplexe

$$(V.3.50) \qquad p = T (q - 1) .$$

Vergleicht man (V.3.50) mit (V.3.10), so sieht man, daß „core + links"-Komplexe mit

$$(V.3.51) \qquad r = -T, \ s = 1 \ \text{und} \ t = T$$

vorliegen. Damit ist $B (A_t B)_n$ mit $t = T$ die allgemeine Formel für diese Komplexe. Die Verhältnisse liegen also hier analog wie im Falle paralleler $Z (\log [A])_{c_B}$-Kurven. Aus (V.3.27) und (V.3.28) mit $r = -t$ folgt

$$(V.3.52) \qquad \left(\frac{\partial \log c_B}{\partial \log [A]} \right)_{\frac{c_B}{[B]}} = -t .$$

Man kann die Meßdaten nun wiederum auf eine einzige Kurve reduzieren, indem man eine geeignete Koordinatentransformation vornimmt. Dazu trägt man

$$(V.3.53) \qquad \eta = \log \frac{c_B}{[B]} = \log (1 + f + u f')$$

als Funktion von

$$(V.3.54) \qquad x = t \log [A] + \log c_B = \log u + \log (1 + f + u f')$$

bzw. von

$$\log u = t \log [A] + \log [B]$$

auf. Speziell für den Fall, daß nur ein einziger Komplex $A_P B_Q$ vorhanden ist, gilt mit (V.3.33) und (V.3.52)

$$(V.3.55) \qquad \left(\frac{\partial \log c_B}{\partial \log [A]} \right)_{\frac{c_B}{[B]}} = -t = - \frac{P}{Q - 1} .$$

bb) Fall zusammenfallender Kurven $\log \frac{c_B}{[B]} (\log [A])_{c_B}$.

Wenn alle $\log \frac{c_B}{[B]} (\log [A])$-Kurven für verschiedene c_B-Werte zusammenfallen, so ist $\frac{c_B}{[B]}$ nur eine Funktion von $[A]$ alleine. Aus (V.3.49) ist zu sehen, daß dies nur für $q = 1$ möglich ist, d. h. wenn einkernige Komplexe vom Typ $A_n B$ vorliegen.

bc) Allgemeine Beziehungen zur Bestimmung von r und t aus den Meß-daten [A], [B], c_A, c_B.

Die Steigung der $\log \dfrac{c_B}{[B]}$ ($\log$ [A])$_{c_B}$-Kurve ergibt nach (V.3.47) für die beiden Grenzfälle $t + r \cdot n_{\max}^{-1}$ für $r < 0$ und $t + r \cdot n_{\min}^{-1}$ für $r > 0$.

Für $[B] \approx c_B$ und $[B] \ll c_B$ findet man analog zu (V.3.44) mit (V.3.16) und (V.3.14) für negative Werte von r

$$(V.3.56) \qquad \left(\frac{\partial \log c_B}{\partial \log [A]} \right)_{\frac{c_B}{[B]}} \begin{cases} \nearrow\; -\dfrac{r + n_{\min} \cdot t}{n_{\min} - 1} & \text{für} \quad [B] \approx c_B \\[2ex] \searrow\; -\dfrac{r + n_{\max} \cdot t}{n_{\max} - 1} & \text{für} \quad [B] \ll c_B. \end{cases}$$

Für positive Werte von r sind die Indices „min" und „max" zu vertauschen. Für $n_{\min} = 1$ verschwindet die seitliche Verschiebung zwischen den Kurven für $[B] \approx c_B$, wenn nicht $r = -t$ ist, d. h. wenn der Fall vorliegt, bei dem die Kurven immer parallel sind. Für $n_{\max} = \infty$ findet man t aus der Grenzverschiebung sowie der Grenzsteigung.

Verwendet man versuchsweise einen Wert von $s = -r/t$, so kann man $[B]^{-s}(c_B - [B])$ als Funktion von $\log$ [A] auftragen und findet so eine Schar von Kurven, von denen jede entweder einem konstanten c_B oder konstantem [B] entspricht. Im allgemeinen hält man c_B innerhalb einer Meßreihe konstant, so daß man die entsprechenden Kurven mit konstantem c_B direkt bekommt, während man diejenigen mit konstantem [B] durch Interpolation berechnen muß.

Aus (V.3.16) und (V.3.9) kann man ableiten, daß $[B]^{-s} \cdot (c_B - [B])$ lediglich eine Funktion von u sein sollte, wenn man den richtigen s-Wert gewählt hat. Es gelten die Beziehungen

$$(V.3.57) \qquad \left(\frac{\partial \log c_B}{\partial \log [A]} \right)_{[B]^{-s}(c_B - [B])} \begin{cases} \nearrow\; - t \;\text{für}\; [B] \approx c_B \\[1.5ex] \searrow\; -ts = r \;\text{für}\; [B] \ll c_B \end{cases}$$

$$(V.3.58) \qquad \left(\frac{\partial \log [B]}{\partial \log [A]} \right)_{[B]^{-s}(c_B - [B])} = -t$$

im gesamten Gebiet.

Nimmt man versuchsweise verschiedene Werte für s an, so kann man damit untersuchen, ob die für t und r nach (V.3.57) und (V.3.58) erhaltenen Werte miteinander und mit dem angenommenen s-Wert verträglich sind.

Man kann außerdem für eine Reihe von Werten $c_{A_1}, c_{A_2}, \dots \dfrac{c_B - [B]}{c_A}$ gegen $\log$ [B] auftragen und die Grenzwerte sowie die Parallelverschiebung der resultierenden Kurven studieren. Die entsprechenden Beziehungen, die hier gelten, sind analog Gln. (V.3.17) bis (V.3.44), wobei lediglich c_B und c_A miteinander zu vertauschen sind. Die allgemeine Formel für den Komplex $A_r(A_t B)_n$ ist durch $B_{r'}(A B_{t'})_{n'}$ zu ersetzen, mit

$r' = s = -r/t$, $t' = 1/t$ und $n' = r + nt$. Zum Beispiel ergibt die entsprechende Umwandlung von (V.3.42) und (V.3.44) für diesen Fall

$$(V.3.59) \quad \left(\frac{\partial \log c_A}{\partial \log [B]}\right)_{\frac{c_B - [B]}{c_A}} \nearrow r' = -r/t \text{ für } [A] \ll c_A \atop \searrow \frac{r' + n'_{min} \cdot t'}{n'_{min} - 1} = - \frac{n_{min}}{r + n_{min} \cdot t - 1} \text{ für } [A] \approx c_A.$$

Hat man die Meßreihen mit konstanten c_B-Werten ausgeführt, so findet man die Kurven mit konstanten c_A-Werten durch Interpolation.

Will man prüfen, ob ein bestimmtes Paar von r, t-Werten mit den experimentellen Daten in Übereinstimmung ist, so berechnet man $[A]^{-r}(c_B - [B]) = u \cdot \varphi'(u)$ und trägt diese Größe gegen $t \cdot \log [A] + \log [B] = \log u$ auf. Dann sollten alle experimentellen Punkte unabhängig von den c_B-Werten auf einer einzigen Kurve liegen.

δ2. Prüfung des vorliegenden Mechanismus unter Annahme einfacher Hypothesen; Bestimmung der Gleichgewichtskonstanten [2].

Im vorigen Abschnitt δ1. wurde dargelegt, wie man bei der Untersuchung von Systemen mit polynuclearer Komplexbildung aufgrund der experimentellen Daten feststellen kann, ob man die vorliegenden Verhältnisse durch einen „core + links"-Mechanismus beschreiben kann, d. h., ob lediglich Komplexe der Formel $B(A_t B)_n$ auftreten. Ist dies der Fall, so findet man, wenn man $Z = \dfrac{c_A - [A]}{c_B}$ gegen $\log [A]$ aufträgt, eine Schar einander paralleler Kurven von gleicher Form, von denen jede einem c_B-Wert entspricht.

Ist [B], die Konzentration an freier Komponente B, in dem betrachteten Konzentrationsgebiet vernachlässigbar, so lautet die allgemeine Formel für die Komplexe $A_r(A_t B)_n$, wobei r und t Konstante sind und n variabel ist. Sind die Kurven in einem Gebiet einander parallel, in dem [B] nicht vernachlässigt werden kann, so gilt als zusätzliche Bedingung $r = -t$, d.h. wir haben Komplexe $B(A_t B)_n$ [vgl. (V.3.19) bis (V.3.25)]. Findet man, daß die Kurven $\dfrac{[B]}{c_B}$ $(\log [A])_{c_B}$ bzw. $\log \dfrac{c_B}{[B]}$ $(\log [A])_{c_B}$ parallel verlaufen, so ist die einzig mögliche Formel für die Komplexe $B(A_t B)_n$ [vgl. (V.3.48) bis (V.3.51)].

Wie weiterhin beschrieben wurde, kann man eine Koordinatentransformation in der Weise vornehmen, daß die ursprünglich parallelen Kurven zu einer einzigen Kurve zusammenfallen und damit die Konstanten r und t verschwinden [vgl. (V.3.31) und (V.3.32), (V.3.53) und (V.3.54)]. Die so erhaltene Kurve kann man nun mit einer Anzahl theoretischer Kurven vergleichen, die unter bestimmten einfachen Annahmen berechnet wurden.

Im folgenden sollen nur Komplexe der Form $B(A_t B)_n$ behandelt werden. Ist die Formel der Komplexe $A_r(A_t B)_n$ und ist [B] immer vernachlässigbar, so kann man den Grundkörper als $C = A_{r+t} B$ ansehen und die Komplexe als $C(A_{-r} C)_n$ schreiben. Dann kann man dieselben

Beziehungen und Kurven benutzen, wie sie für den Fall $B(A_tB)_n$ angegeben wurden [vgl. (V.3.39) und (V.3.40) mit (V.3.31) und (V.3.32)], so daß dieser Fall auf den ersten zurückgeführt werden kann.

a) Allgemeine Beziehungen.

Für Komplexe der Formel $B(A_tB)_n$ gilt für die Bildung aus den Komponenten A und B (V.3.26) und (V.3.27). Unter Verwendung der durch (V.3.13) definierten Variablen $u = [A]^t[B]$ findet man die Beziehungen (V.3.28) für die Komplexitätssumme und die komplex gebundenen Anteile von A und B.

Wir führen nun eine neue Variable $v = k \cdot u$ und einen neuen Satz Konstanten l_n ein. k ist eine Konstante, die mit den Gleichgewichtskonstanten K_n zusammenhängt [vgl. (V.3.77) und (V.3.86)]

$$(V.3.60) \qquad v = k \cdot u = k[A]^t[B] \; ; \; K_n = l_n \cdot k^n \, .$$

Die Komplexitätssumme (V.3.28) ist dann

$$(V.3.61) \qquad S = \sum_n [B] l_n \cdot v^n = [B]g(v) \quad \text{mit } g(v) = \sum_n l_n v^n \, ,$$

wobei $g(v)$ eine Funktion von v alleine ist. Aus (V.3.61) und (V.3.60) folgt

$$(V.3.62) \qquad f(u) = g(v) = S[B]^{-1}; \; u \cdot f'(u) = v \cdot g'(v)$$

und damit

$$(V.3.63) \qquad c_A - [A] = c_B Z = [B] \cdot t \cdot v \cdot g'(v)$$

$$(V.3.64) \qquad c_B - [B] = [B]\{g(v) + vg'(v)\}$$
$$c_B = [B](1 + g + vg') \, .$$

Je nach den jeweils bekannten experimentellen Daten behandeln wir entsprechend dem vorigen Abschnitt auch die Auswertung der Meßkurven in zwei Teilen.

b) Bekannt: $[A]$, c_A, c_B.

t kann aus dem Unterschied zwischen den $Z(\log[A])c_B$-Kurven nach (V.3.30) erhalten werden. Man trägt in einem Diagramm die Größe y gegen x auf [vgl. (V.3.31) und (V.3.32)]. Mit (V.3.31) und (V.3.32) sowie (V.3.60) und (V.3.62) findet man

$$(V.3.65) \qquad y = \frac{c_A - [A]}{c_B \cdot t} = vg'(1 + g + vg')^{-1}$$

$$(V.3.66) \quad x = t\log[A] + \log c_B = \log v - \log k + \log(1 + g + vg') \, .$$

Die rechten Seiten von (V.3.65) und (V.3.66) enthalten nur Konstanten und Funktionen der Variablen v. Trägt man y als Funktion von x auf, so sollten alle Punkte unabhängig von c_B auf eine einzige Kurve fallen. Damit reduziert sich das Problem darauf, $y(x)$ unter verschiedenen Annahmen zu berechnen [Gln. (V.3.65) und (V.3.66) rechte Seite] und die so erhaltenen Kurven mit der experimentellen Kurve [Gln. (V.3.65) und (V.3.66) linke Seite] zu vergleichen.

Ein derartiger Vergleich läßt sich leichter durchführen, wenn wir die berechneten Kurven längs der Abszisse verschieben, so daß sie alle durch einen Punkt laufen. Dazu wählen wir für die berechneten Kurven als Abszisse

$$(V.3.67) \qquad X = x + \log 2 - x_{1/2},$$

wenn $x_{1/2}$ der Wert von x für $y = 1/2$ ist. Dann gehen alle berechneten $y(X)$-Kurven durch den Punkt

$$(V.3.68) \qquad X = \log 2; \ y = 1/2.$$

Mit (V.3.65) und (V.3.66) folgt

$$(V.3.69) \qquad x_{1/2} = \log 2 - \log k + \log (v^2 g')_{y = 1/2}$$

und mit (V.3.66) und (V.3.67)

$$(V.3.70) \qquad X = \log v + \log (1 + g + v g') - \log (v^2 g')_{y = 1/2}.$$

Man zeichnet ein Diagramm mit irgendeiner der berechneten $y(X)$-Kurven auf Transparentpapier und legt es über das Diagramm, das die experimentelle $y(x)$-Kurve enthält. Kann man die beiden Kurven durch Verschiebung längs der x-Achse zur Deckung bringen, so kann man $x_{1/2}$ ablesen und Gl. (V.3.69) benutzen, um die Gleichgewichtskonstanten zu berechnen.

Eine *direkte Analyse* zur Bestimmung der Konstanten kann in manchen Fällen vorgenommen werden, wenn sehr genaue Meßdaten vorliegen.

Mit (V.3.65) findet man $1 + g + v g' = (1 + g)/(1 - y)$. Durch Einsetzen in (V.3.66) erhält man nach Differentiation und Eliminieren von $d \ln v$ unter Berücksichtigung von $d \ln v = (y^{-1} - 1) \, d \ln (1 + g)$ [aus (V.3.65)] sowie $v g' = d (1 + g)/d \ln v$

$$(V.3.71) \qquad \log (1 + g) = \int_{-\infty}^{x} y \, dx + \log (1 - y) + y \log e,$$

woraus mit (V.3.66) sowie $1 + g + v g' = (1 + g)/(1 - y)$ (V.3.65) $\log v - \log k = u$ (V.3.60) und (V.3.71)

$$(V.3.72) \qquad \log u = x - y \log e - \int_{-\infty}^{x} y \, dx$$

folgt.

Sind [A], c_A, c_B bekannt, so kann man die Kurve $y(x)$, (V.3.71) und (V.3.72), benutzen, um $g(v) = f(u)$ als Funktion von u zu berechnen. Sodann versucht man, die Koeffizienten K_n (die Gleichgewichtskonstanten) in den Potenzreihen $\sum_n K_n \cdot u^n$ [vgl. (V.3.28a)] zu ermitteln.

Sind [A], [B], c_A, c_B bekannt, so findet man u direkt. Durch Integration von (V.3.28c) folgt

$$(V.3.73) \qquad 1 + g = 1 + f(u) = \frac{1}{u} \int_{0}^{u} \frac{c_B}{[B]} \, du.$$

Damit hat man $f(u)$ aus den experimentellen Daten bestimmt. Die Methode der direkten Analyse ist im allgemeinen für die praktische Anwendung nicht brauchbar, da die zur Verfügung stehenden experimentellen Daten dafür nicht genau genug sind.

Sillén [2] legt aus diesem Grunde der Interpretation der Meßdaten einige *einfache Hypothesen* zugrunde, die so beschaffen sind, daß nicht mehr als zwei unbekannte Konstanten aus den experimentellen Kurven zu bestimmen sind. Er betrachtet folgende Fälle:

I. Es wird vorausgesetzt, daß sich keine löslichen Komplexe bilden, jedoch festes $A_t B$ ausgeschieden wird, das noch Lösungsmittel bzw. Ionen des Mediums enthalten kann.

II. Von allen möglichen Komplexen $B(A_t B)_n$ existiert nur ein einziger $B(A_t B)_N$ mit konstantem N.

III. Es werden alle Komplexe $B(A_t B)_n$ gebildet, wobei n alle positiven Werte annehmen kann.

Hypothese I: Kein löslicher Komplex, festes $A_t B$ wird ausgeschieden.

Für alle zu betrachtenden Mechanismen finden wir als einen Grenzfall diejenigen Kurven, die man erhalten würde, wenn sich nur festes $A_t B$ bildete und keine löslichen Komplexe entstünden. Die für diese Kurven gültigen Beziehungen erhält man wie folgt: Wenn $c_B - [B]$ Mole $A_t B$ abgeschieden worden sind, gilt

$$(V.3.74) \qquad c_A - [A] = t(c_B - [B]); \quad u = [A]^t[B] = k^{-1}; \quad v = 1,$$

wobei k^{-1} das Löslichkeitsprodukt von $A_t B$ mit Einschluß der von Lösungsmittelmolekülen und Ionen des Mediums herrührenden Glieder ist. Mit (V.3.65), (V.3.74), (V.3.66) und (V.3.67) erhält man

$$(V.3.75) \quad \begin{cases} y = \dfrac{c_A - [A]}{c_B \cdot t} = \dfrac{c_B - [B]}{c_B} = 1 - \dfrac{[B]}{c_B} \\[2mm] x = \log [A]^t \cdot c_B = -\log k - \log \dfrac{[B]}{c_B} = -\log k - \log(1 - y) \\[2mm] x_{1/_2} = \log 2 - \log k; \quad X = x + \log k = -\log(1 - y). \end{cases}$$

Ist $u = [A]^t[B] < k^{-1}$, so erfolgt keine Niederschlagsbildung und es ist $[A] = c_A$, $[B] = c_B$, $y = 0$, da keine löslichen Komplexe vorhanden sind.

In der Kurve $y(X)$ findet man an dem Punkt, an dem die Ausfällung des Niederschlags einsetzt, einen deutlich ausgeprägten Knick.

$$(V.3.76) \qquad \begin{aligned} X &= -\log(1 - y) \quad &\text{für } X > 0 \\ y &= 0 \quad &\text{für } X < 0. \end{aligned}$$

Die $y(X)$-Kurve, die durch (V.3.76) bestimmt ist, ergibt sich als Grenzkurve für den Fall $N \to \infty$ bei Gültigkeit von Hypothese II bzw. für $k_0 \to 0$, wenn Hypothese III zutrifft [vgl. Abb. V.8 und Abb. V.9].

Hypothese II: Es entsteht nur ein Komplex.

Unter der Annahme, daß nur ein löslicher Komplex $B(A_tB)_N$ mit der Gleichgewichtskonstanten k^N gebildet wird, erhält man mit (V.3.60) und (V.3.61)

$$(V.3.77) \qquad S = [B(A_tB)_N] = k^N[B]([A]^t[B])^N = [B] \cdot v^N = [B] \cdot g,$$

wobei

$$(V.3.78) \qquad g(v) = v^N; \; v g'(v) = N \cdot v^N = N \cdot g$$

ist. Aus (V.3.63), (V.3.64) und (V.3.78) folgt

$$(V.3.79) \qquad \begin{aligned} c_A - [A] &= N \cdot t \cdot [B] \cdot g \\ c_B - [B] &= (N + 1) \cdot [B] \cdot g. \end{aligned}$$

Wir wollen nun untersuchen, welche Typen von $y(x)$-Kurven unter diesen Bedingungen zu erwarten sind. Mit (V.3.65) und (V.3.79) bzw. (V.3.65) und (V.3.78) findet man

$$(V.3.80) \qquad y = N g [1 + (N + 1) g]^{-1}$$

und mit (V.3.66) und (V.3.78)

$$(V.3.81) \qquad x + \log k = N^{-1} \log g + \log [1 + (N + 1) g].$$

Aus (V.3.80) erhält man $y = {}^1/_2$ für $g = (N - 1)^{-1}$ und damit mit (V.3.81) und (V.3.67)

$$(V.3.82) \qquad x_{1/_2} = \log 2 - \log k + \log N - (1 + N^{-1}) \log (N - 1)$$

$$(V.3.83) \qquad X = x + \log 2 - x_{1/_2} =$$
$$N^{-1} \log g + \log [1 + (N + 1) g] - \log N + (1 + N^{-1}) \log (N - 1).$$

Die Beziehungen (V.3.80) und (V.3.83) enthalten nur N und die einzige Variable g. Man kann somit für jedes N eine Kurve zeichnen, die y als Funktion von X angibt. In Abb. V.8 ist eine Schar derartiger $y(X)_N$-Kurven mit $N = 1, 2, 3, 4, 5, 20$ und ∞ gezeichnet. Für $N = 1$ wurde die Abszisse willkürlich als $x + \log k - 1$ gewählt, da diese Kurve den Wert $y = {}^1/_2$ nur asymptotisch erreicht (V.3.82). Alle übrigen Kurven dagegen gehen durch den Punkt $y = {}^1/_2$; $X = \log 2$ [Gl. (V.3.68)].

Die Grenzkurve für $N \to \infty$ ist $X = -\log(1 - y)$, wie man aus (V.3.80) und (V.3.83) sieht, wenn man $N \to \infty$ und $g \to 0$ derart gehen läßt, daß Ng endliche Werte besitzt. Sie entspricht dem für die Hypothese I diskutierten Fall [Gl. (V.3.76)], daß lediglich festes A_tB ausfällt.

Sind die experimentellen Daten in Form einer $y(x)$-Kurve gegeben, so kann man prüfen, ob Hypothese II zutreffend ist, indem man diese Kurve mit den $y(X)$-Kurven der Abb. V.8 vergleicht. Kann man die experimentelle Kurve mit einer der $y(X)$-Kurven der Abb. V.8 zur Dekkung bringen, so kann man damit N bestimmen. Dies kann mit Hilfe der oberen Grenze

$$(V.3.84) \qquad y \to \frac{N}{N + 1} \quad \text{für } x \to \infty$$

und mit der Steigung am Punkt $y = {}^1/_2$

$$(V.3.85) \qquad \left(\frac{dy}{dX}\right)_{y={}^1/_2} = \left(\frac{dy}{dx}\right)_{y={}^1/_2} = \frac{(N-1)\ln 10}{2(N+3)}$$

erfolgen. Mit $x_{{}^1/_2}$, dem x-Wert für $y = {}^1/_2$, kann man nach (V.3.82) die Konstante k bestimmen.

Hypothese III: Alle möglichen Komplexe $B(A_tB)_n$ *entstehen.*

Der andere Extremfall ist der, daß in der Lösung Komplexe $B(A_tB)_n$ gebildet werden, wobei n alle möglichen ganzzahligen positiven Werte

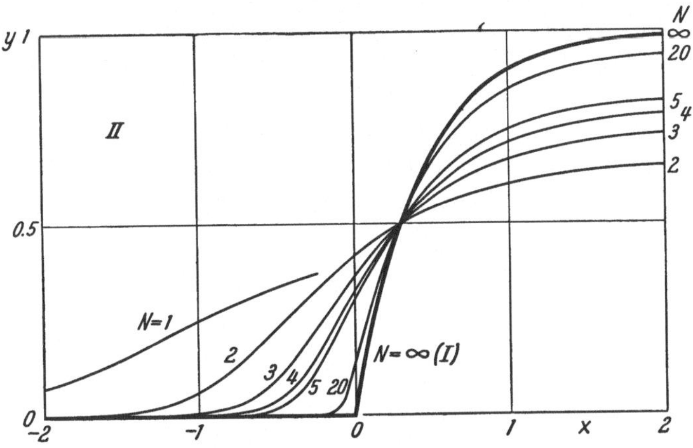

Abb. V.8. Kurven $y(X)_N$ für Hypothese II: Es wird lediglich ein Komplex $B(A_tB)_N$ gebildet. Nach SILLÉN [2]

annehmen kann. Es werden im folgenden drei Arbeitshypothesen angegeben, die festlegen, wie die Gleichgewichtskonstanten K_n mit n variieren. K_n ist die Bildungskonstante für den n-ten Komplex aus den Komponenten A und B (V.3.26).

$$(V.3.86a) \qquad \text{IIIa} \qquad K_n = k_0 k^n \; ; \; l_n = k_0 \; ; \; \frac{K_{n+1}}{K_n} = k$$

$$(V.3.86b) \qquad \text{IIIb} \qquad K_n = k_0 n k^n \; ; \; l_n = k_0 n \; ; \; \frac{K_{n+1}}{K_n} = k(1 + n^{-1})$$

$$(V.3.86c) \qquad \text{IIIc} \qquad K_n = \frac{k_0 k^n}{n} \; ; \; l_n = \frac{k_0}{n} \; ; \; \frac{K_{n+1}}{K_n} = k(n+1)^{-1}.$$

In allen drei Fällen ist die Gleichgewichtskonstante für die Bildung des ersten Komplexes $K_1 = k \cdot k_0$.

$$t A + 2 B \rightleftharpoons B(A_tB)$$

$$(V.3.87) \qquad K_1 = \frac{[B(A_tB)]}{[A]^t [B]^2} = c_1 [A]^{-t} [B]^{-2} = k \cdot k_0 .$$

Die Gleichgewichtskonstante für die Anlagerung eines neuen Aggregates an den Grundkörper ist

$$B(A_tB)_n + t A + B \rightleftharpoons B(A_tB)_{n+1}$$

$$(V.3.88) \qquad \frac{K_{n+1}}{K_n} = \frac{c_{n+1}}{c_n [A]^t [B]} .$$

Nach III a besitzt $K_{n+1} \cdot K_n^{-1}$ immer denselben Wert k; wenn $k_0 = 1$ ist, ist $K_1 = k$. Nach III b führt $K_{n+1} \cdot K_n^{-1} = k(1 + n^{-1})$ zu einem konstanten Wert, jedoch erfolgt die Anlagerung der ersten Aggregate an den Kern B etwas leichter. Nach III c geht $K_{n+1} \cdot K_n^{-1} = k(n + 1)^{-1}$ mit wachsendem n nach Null, so daß die Bildung der höheren Komplexe zunehmend schwieriger vor sich geht.

Die erste Hypothese ist die einfachste und hat sich in vielen Fällen als zutreffend erwiesen. Sie wird daher ausführlicher als die beiden anderen behandelt. Faßt man die polynuclearen Komplexe als Kettenaggregate auf, so kann sie aus statistischen Überlegungen abgeleitet werden. Die beiden anderen Hypothesen wurden gewählt, da sie die Summation in (V.3.61) erleichtern. Sie lassen sich nicht statistisch begründen.

Hypothese III a: Alle konsekutiven Konstanten sind gleich.

Mit (V.3.86a) und (V.3.61) folgt

$$(V.3.89) \qquad g(v) = \sum_1^\infty l_n \cdot v^n = k_0 \cdot v(1 - v)^{-1}; \; v \cdot g'(v) = k_0 \cdot v(1 - v)^{-2}.$$

Setzt man (V.3.89) in (V.3.65) ein, so findet man

$$(V.3.90) \qquad y = k_0 v\,[(1 - v)^2 + k_0 v(2 - v)]^{-1}$$

und aus (V.3.90) und (V.3.69) mit (V.3.89)

$$(V.3.91) \qquad v_{1/2} = (1 + \sqrt{k_0})^{-1}; \; x_{1/2} = \log 2 - \log k$$

sowie mit (V.3.67), (V.3.91), (V.3.66) und (V.3.89)

$$(V.3.92) \qquad X = x + \log k = \log v + \log\,[1 + k_0\{(1 - v)^{-2} - 1\}].$$

Mit (V.3.90) und (V.3.92) kann man Kurven zeichnen, die y als Funktion von $X = x + \log k$ für verschiedene Werte von k_0 angeben. Alle diese Kurven (Abb. V.9a) gehen durch den Punkt $X = \log 2$; $y = 1/2$. Die Grenzkurve für $y(X)_{h_0}$ ist die Kurve für $k_0 = 0$, deren Gleichung $X = \log(1-y)$ lautet (V.3.76).

Für $k_0 = 1$ erfolgt der schrittweise Aufbau der Komplexe mit der identischen Gleichgewichtskonstanten für die Addition jedes Aggregats an den Grundkörper. Die Beziehungen (V.3.90) und (V.3.92) nehmen dann die Form

$$(V.3.93) \qquad\qquad\qquad\qquad y = v$$

$$(V.3.94) \qquad X = x + \log k = \log y - 2 \log(1 - y)$$

an.

Sind die experimentellen Daten in Übereinstimmung mit einer der in Abb. V.9a enthaltenen Kurven, so kann man aus der x-Koordinate $x_{1/2}$, am Punkt $y = 1/2$, mit (V.3.91) k berechnen. k_0 findet man entweder aus der Steigung der $y(x)$-Kurve bei $y = 1/2$

$$(V.3.95) \qquad \left(\frac{dy}{dX}\right)_{y = 1/2} = \left(\frac{dy}{dx}\right)_{y = 1/2} = 1/2 \ln 10 \cdot (1 + 2\sqrt{k_0})^{-1},$$

wie man aus (V.3.90) und (V.3.92) sieht, oder indem man für eine Reihe von y-Werten x bestimmt und 10^X mit Gl. (V.3.67) berechnet,

(V.3.96) $$10^X = 2 \cdot 10^{(x - x_{1/2})} ,$$

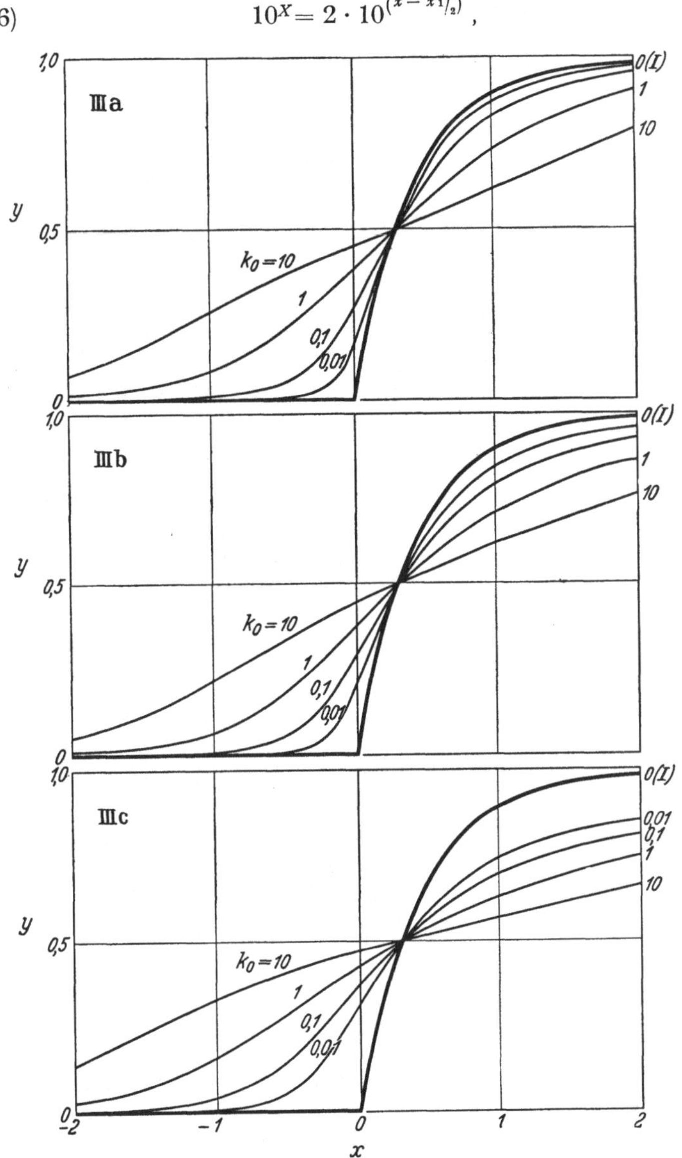

Abb. V.9. Kurven $y(X)_{k_0}$ für Hypothese III a—c. Es werden Komplexe $B(A_tB)_n$ gebildet. [Gl. (V. 3.86) a—c]. Nach Sillén [2]

und dann die Beziehung

(V.3.97) $$k_0 = y\,[1 - 10^X(1 - y)]^2\,[10^X(1 - 2y)^2]^{-1}$$

verwendet. Daß (V.3.97) gilt, sieht man aus (V.3.90) und (V.3.92), woraus $y \cdot 10^X = k_0 v^2 (1 - v)^{-2}$ folgt. Wenn man diese Beziehung benutzt, um v aus (V.3.90) zu eliminieren, findet man (V.3.97).

Hypothese III b:

Aus (V.3.61) und (V.3.86b) folgt

$$(V.3.98) \qquad g(v) = \sum_1^\infty l_n v^n = k_0 \sum_1^\infty n\, v^n = k_0 v (1 - v)^{-2} ;$$

$$v\, g'(v) = k_0 v (1 + v) (1 - v)^{-3} .$$

Mit (V.3.65) findet man

$$(V.3.99) \qquad y = k_0 v (1 + v) \cdot [(1 - v)^3 + 2\, k_0 v]^{-1}$$

und für $y = {}^1/_2$ mit (V.3.99), (V.3.69) und (V.3.98)

$$(V.3.100) \qquad 2\, k_0 v_{{}^1/_2}^2 = (1 - v_{{}^1/_2})^3 ;\; x_{{}^1/_2} + \log k = \log (1 + v_{{}^1/_2}) .$$

(V.3.100) ist vom dritten Grad bezüglich $v_{{}^1/_2}$ und kann für jeden k_0-Wert gelöst werden. Mit (V.3.67) und (V.3.100) sowie (V.3.66) und (V.3.98) erhält man

$$(V.3.101) \qquad X - \log 2 + \log (1 + v_{{}^1/_2}) = x + \log k$$
$$= \log v + \log [1 + 2k_0 v (1 - v)^{-3}] .$$

In Abb. V.9b sind Kurven $y(X)_{k_0}$ dargestellt, die nach (V.3.99) bis (V.3.101) berechnet wurden. Die Grenzkurve für $k_0 \to 0$ folgt der Gleichung $X = -\log(1 - y)$ [vgl. (V.3.76)].

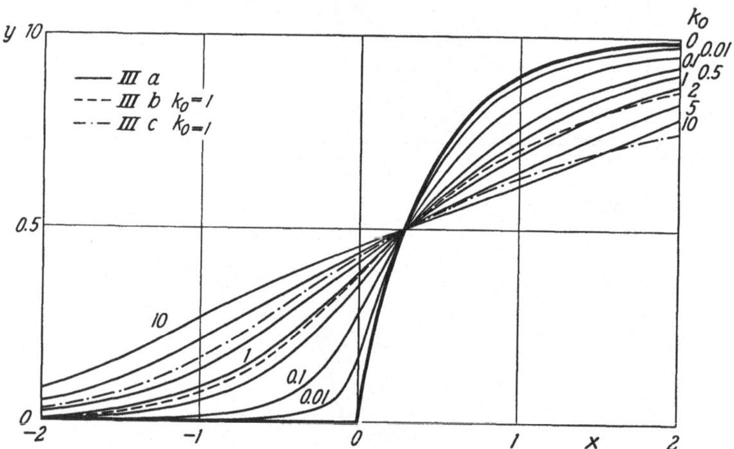

Abb. V.10. Kurven für $k_0 = 1$ nach Hypothese III b und III c sowie $y(X)_{k_0}$-Kurven für III a. Nach SILLÉN [2]

Abb. V.10 zeigt die Kurven $y(X)_{k_0}$ für $k_0 = 1$ nach Hypothese III b zusammen mit Kurven nach Hypothese III a.

Hypothese III c:

Mit (V.3.61) und (V.3.86c) erhält man

$$(V.3.102) \qquad g(v) = \sum_1^\infty l_n v^n = k_0 \sum_1^\infty \frac{v^n}{n} = k_0 (e^v - 1) ;\; v\, g'(v) = k_0 \cdot v \cdot e^v .$$

Setzt man (V.3.102) in (V.3.65) ein, so folgt

(V.3.103) $\qquad y = k_0 v\, e^v\, [1 + k_0(v \cdot e^v + e^v - 1)]^{-1}$.

Mit (V.3.103), (V.3.69) und (V.3.102) findet man

(V.3.104) $\quad e^{v_{1/2}}(v_{1/2} - 1) = k_0^{-1} - 1;\; x_{1/2} = \log 2 - \log k + \log k_0 \cdot v_{1/2}^2 \cdot e^{v_{1/2}}$.

Mit (V.3.67) und (V.3.104) sowie (V.3.66) und (V.3.102) erhält man schließlich

(V.3.105) $\quad X + \log k_0 v_{1/2}^2 e^{v_{1/2}} = x + \log k = \log v + \log\,[1 + k_0(v e^v + e^v - 1)]$.

Kurven $y(X)_{k_0}$, die nach (V.3.103) bis (V.3.105) berechnet wurden, sind in Abb. V.9c dargestellt. Für $k_0 \to 0$ ergibt sich als Grenzgleichung der entsprechenden Kurve wiederum Gl. (V.3.76). Abb. V.10 enthält für $k_0 = 1$ Kurven für Hypothese IIIc zusammen mit $y(X)_{k_0}$-Kurven für Hypothese IIIa.

Speziell für $k_0 = 1$ ist $v_{1/2} = 1$ und es gelten die einfachen Beziehungen

(V.3.106) $\qquad y = v\,(1 + v)^{-1}$

(V.3.107) $\quad X + \log e = x + \log k = \log v + v\,\log e + \log\,(1 + v)$
$$= y\,(1 - y)^{-1} \cdot \log e + \log y - 2\log\,(1 - y) \,.$$

c) *Bekannt*: [A], [B], c_A, c_B.

Zur graphischen Darstellung der experimentellen Daten kann man

(V.3.108) $\qquad \eta = \log \dfrac{c_\mathrm{B}}{[\mathrm{B}]} \quad$ gegen $\quad \log\,[\mathrm{A}]$

auftragen und erhält für jede Meßreihe mit konstantem c_B eine Kurve. Bei Vorliegen von „core + links"-Komplexen $B\,(A_t B)_n$ sind diese Kurven, die alle dieselbe Form besitzen, innerhalb der Meßgenauigkeit einander parallel und proportional zu $\Delta \log c_\mathrm{B}$ um $\Delta \log\,[\mathrm{A}]$ gegeneinander verschoben. t kann aus der Verschiebung der $\eta\,(\log\,[\mathrm{A}])_{c_\mathrm{B}}$-Kurven nach (V.3.52) erhalten werden.

Mit der Koordinatentransformation

(V.3.109) $\qquad \log u = t \log\,[\mathrm{A}] + \log\,[\mathrm{B}]$

(V.3.110) $\qquad x = t \log\,[\mathrm{A}] + \log c_\mathrm{B} = \log u + \eta$

erreicht man, daß alle experimentellen Punkte auf eine einzige Kurve fallen, wenn man als Ordinate η und als Abszisse $\log u$ bzw. x wählt.

Die Kurve $\eta\,(\log u)$ ist etwas mehr zusammengedrängt als die $\eta\,(x)$-Kurve. Bei der Kurve $\eta\,(x)$ erkennt man die experimentellen Unsicherheiten in $\log\,[\mathrm{A}]$ und $\log\,[\mathrm{B}]$ getrennt auf jeder Koordinatenachse, so daß diese Art der Darstellung gegenüber der $\eta\,(\log u)$-Auftragung vorteilhafter ist.

Aus (V.3.64) und (V.3.108) erhält man

(V.3.111) $\qquad \eta = \log\,(1 + g + v g')$

und aus (V.3.66)

(V.3.112) $\qquad x + \log k = \log v + \log\,(1 + g + v g')$
$$= \log v + \eta \,.$$

Auf der rechten Seite von (V.3.111) und (V.3.112) stehen nur Funktionen von v. Da k konstant ist, muß η eine Funktion von x sein.

Bei hohen Werten von v überwiegt der Komplex mit $n = n_{\max}$ und in Gl. (V.3.61) ist $g = l_{n_{\max}} \cdot v^{n_{\max}}$. Man erkennt dann unter Berücksichtigung von (V.3.111) und (V.3.112), daß die maximale Steigung für $\eta(x)$ durch $(1 + n_{\max}^{-1})^{-1}$ gegeben ist und daß $\eta(x)$ eine lineare Asymptote dieser Steigung besitzt.

Um die einzelnen Kurven besser miteinander vergleichen zu können, ist es zweckmäßig, sie seitlich so zu verschieben, daß ihre Asymptoten immer durch den Koordinatennullpunkt gehen. Dies geschieht durch Transformation der Abszisse.

$$(V.3.113) \quad \xi = x + \log k + n_{\max}^{-1} \left[\log(n_{\max} + 1) + \log l_{n_{\max}} \right]$$
$$= \log v + \log(1 + g + v g') + n_{\max}^{-1} \left[\log(n_{\max} + 1) + \log l_{n_{\max}} \right].$$

Für große Werte von v nähert sich $\eta(\xi)$ der Asymptote

$$(V.3.114) \qquad \eta = \xi (1 + n_{\max}^{-1})^{-1}.$$

Für kleine v-Werte, $g \to 0$, erhalten wir eine andere lineare Asymptote

$$(V.3.115) \qquad \eta = 0.$$

Ferner gelten die Beziehungen

$$(V.3.116) \qquad \xi = x + \log k + \lim_{n \to \infty} (n^{-1} \log l_n)$$
$$= \log v + \eta + \lim_{n \to \infty} (n^{-1} \log l_n).$$

Ist der Grenzwert endlich, so besitzt v einen maximalen Wert, und für große Werte von ξ erreicht (V.3.116) asymptotisch die Gerade

$$(V.3.117) \qquad \eta = \xi.$$

Man kann die berechneten Kurven $\eta(\xi)$ auf Transparentpapier zeichnen und untersuchen, wie sie sich mit der experimentellen Kurve $\eta(x)$ durch Parallelverschiebung längs der Abszisse zur Deckung bringen lassen. Dann kann man nach (V.3.113) die Gleichgewichtskonstanten bestimmen.

Hat man die experimentellen Daten als $\eta(\log u)$ aufgetragen, so kann man sie mit berechneten Kurven vergleichen, die η als Funktion von $(\xi - \eta)$ enthalten. Mit (V.3.110) und (V.3.113) sowie (V.3.111) und (V.3.113) erhält man

$$(V.3.118) \quad \xi - \eta = \log u + \log k + n_{\max}^{-1} \left[\log(n_{\max} + 1) + \log l_{n_{\max}} \right]$$
$$= \log v + n_{\max}^{-1} \left[\log(n_{\max} + 1) + \log l_{n_{\max}} \right].$$

Der zweite Teil von (V.3.118) mit dem Parameter v kann zusammen mit (V.3.111) verwendet werden, um $\eta(\xi - \eta)$ unter verschiedenen Annahmen zu berechnen, während der erste Teil von (V.3.118) herangezogen wird, um die Gleichgewichtskonstanten zu ermitteln, wenn eine Deckung der experimentellen $\eta(\log u)$-Kurve und einer berechneten $\eta(\xi - \eta)$-Kurve erreicht werden kann.

Die Asymptoten für $\eta(\xi - \eta)$ sind [vgl. (V.3.114) und (V.3.115)]

(V.3.119) $$\eta = n_{max}(\xi - \eta)$$

und $$\eta = 0 \,.$$

Wir wollen nun die Beziehungen betrachten, die dazu dienen, $\eta(\xi)$- und $\eta(\xi - \eta)$-Kurven unter Zugrundelegung der Hypothesen I—III zu berechnen. η und ξ werden dazu — wie vorher y und X — durch v oder g ausgedrückt.

Hypothese I: Kein löslicher Komplex; festes $A_t B$ wird abgeschieden.

Hat sich etwas $A_t B$ ausgeschieden, so gilt mit (V.3.74)

$$\log u + \log k = 0$$

und mit (V.3.110)

$$x = \log [A]^t \cdot c_B = \log u + \eta = \eta - \log k \,.$$

Setzt man $\xi = x + \log k$, so wird $\eta(\xi)$ zu einer Geraden $\eta = \xi$, die durch den Nullpunkt geht.

Ist $[A]^t [B] < k^{-1}$, so erfolgt keine Ausfällung und keine Komplexbildung; somit ist $[B] = c_B$ und $\eta = 0$. Jede der $\eta(\xi)$- und $\eta(\xi - \eta)$-Kurven besteht aus zwei Linien, die sich an dem Punkt, an dem die Ausfällung beginnt, schneiden. Es gilt:

(V.3.120a) $\quad \begin{cases} \eta = \xi ; & \xi > 0 \text{ Niederschlag} \\ \eta = 0 ; & \xi < 0 \text{ kein Niederschlag} \end{cases}$

(V.3.120b) $\quad \begin{cases} \eta > 0 ; \xi - \eta = 0 \text{ (vertikale Gerade), Niederschlag} \\ \eta = 0 ; \xi - \eta < 0 \text{ (horizontale Gerade), kein Niederschlag.} \end{cases}$

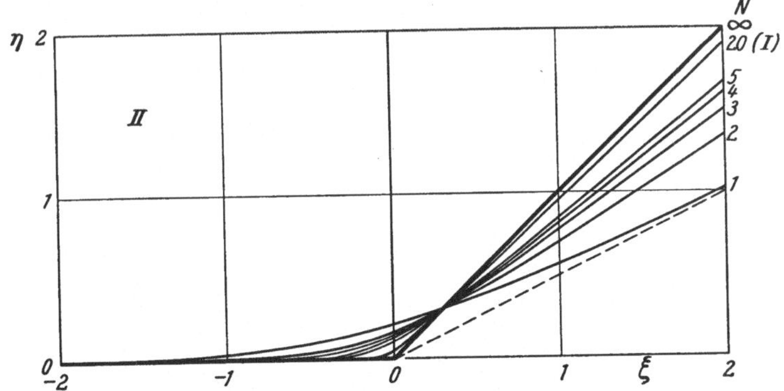

Abb. V.11. Kurven $\eta(\xi)_N$ unter Annahme von Hypothese II: Es wird lediglich ein Komplex $B(A_tB)_N$ gebildet (gestrichelte Kurve Asymptote $\eta = {}^1/_2 \xi$ für $N = 1$). Nach Sillén [2]

Die zwei Geraden (V.3.120a) bzw. (V.3.120b) entsprechen den Grenzfällen der Kurven $\eta(\xi)$ bzw. $\eta(\xi - \eta)$ in Abb. V.11 (Hypothese II $N \to \infty$) und in Abb. V.12 und V.13 (Hypothese III $k_0 \to 0$).

Hypothese II: Es wird nur ein Komplex $B(A_iB)_N$ *gebildet.*
Mit (V.3.79) bzw. (V.3.111) und (V.3.78) findet man

(V.3.121) $\eta = \log \dfrac{c_B}{[B]} = \log\,[1 + (N + 1)\,g]$

und unter Berücksichtigung von (V.3.113), da $n_{max} = N$, $l_{n_{max}} = 1$ ist,
[vgl. (V.3.61) und (V.3.78)]

(V.3.122) $\xi = x + \log k + N^{-1} \log (N + 1)$
$ = N^{-1} \log g + \log\,[1 + (N + 1)\,g] + N^{-1} \log (N + 1)\,.$

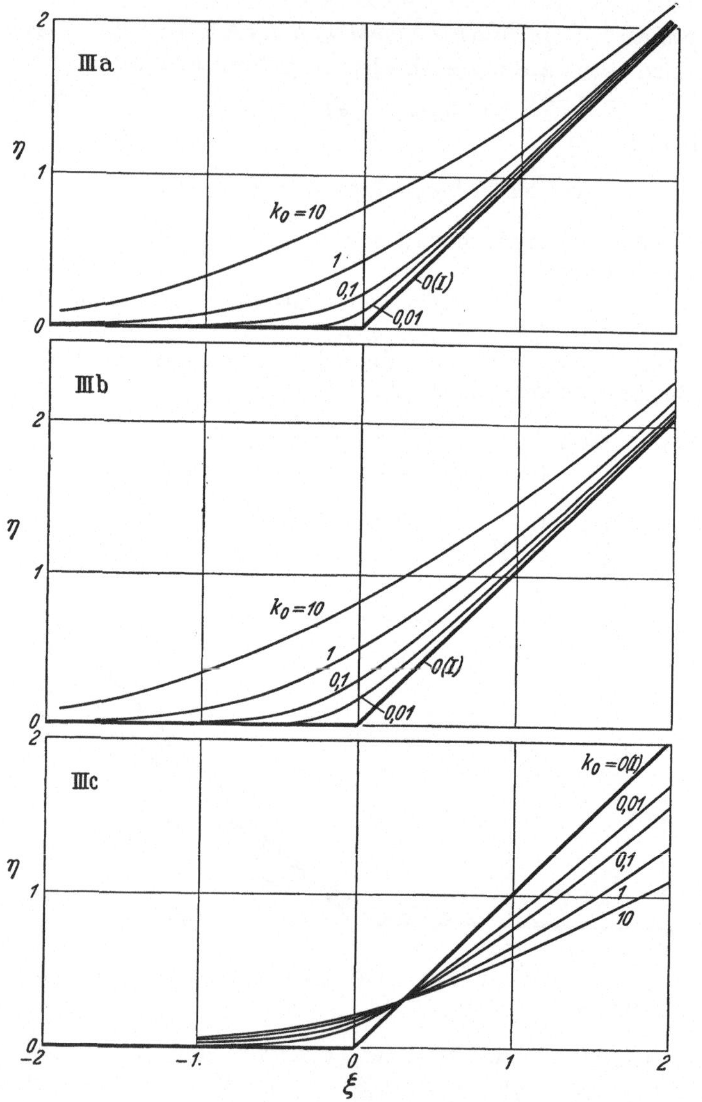

Abb. V.12. Kurven $\eta(\xi)_{k_0}$ unter Annahme eines Mechanismus nach Hypothesen IIIa—c [Gl. (V.3.86 a—c)].
Nach SILLÉN [2]

Da die rechte Seite von (V.3.121) und der zweite Teil von (V.3.122) nur die Konstante N und die Variable g enthalten, sollte man, wenn man η als Funktion von ξ bzw. $(\xi - \eta)$ darstellt, für jeden Wert von N eine Kurve erhalten. Derart berechnete Kurven können dann mit den experimentellen Kurven $\eta(x)$ bzw. $\eta(\log u)$ verglichen werden.

In Abb. V.11 sind einige $\eta(\xi)_N$-Kurven dargestellt. Alle gehen durch den Punkt

$$(\text{V.3.123}) \qquad \eta = \xi = \log 2.$$

Die Asymptoten jeder Kurve [vgl. (V.3.114) und (V.3.115)] sind

$$(\text{V.3.124}) \qquad \eta = 0$$

und

$$\eta = \xi(1 + N^{-1})^{-1}.$$

Geht N nach unendlich, so wird eine Grenzkurve erreicht, die aus zwei Geraden (V.3.120) besteht.

Hypothese III: Alle möglichen Komplexe $B(A_tB)_n$ *entstehen.*

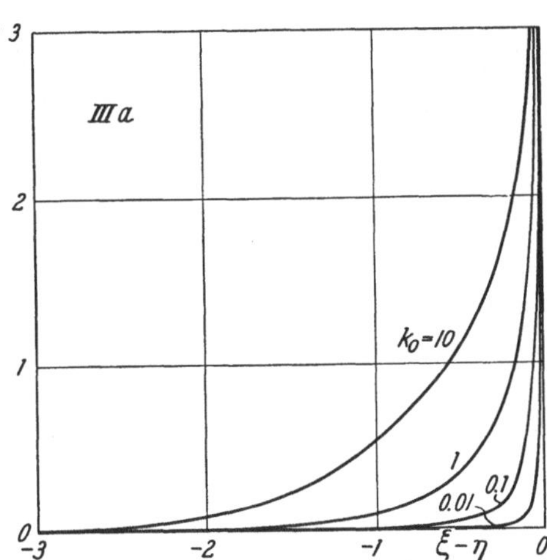

Abb. V.13. Kurven $\eta(\xi - \eta)_{k_0}$ unter Annahme von Hypothese IIIa. Nach Sillén [2]

Wir diskutieren wiederum die drei Fälle (V.3.86a—c).

Hypothese IIIa:

Mit (V.3.111) und (V.3.89) folgt

$$(\text{V.3.125}) \qquad \eta = \log\left[1 + k_0\{(1 - v)^{-2} - 1\}\right].$$

Aus (V.3.86a) ergibt sich $n^{-1}\log l_n \to 0$ für $n \to \infty$ und daraus mit (V.3.116) und (V.3.125)

$$(\text{V.3.126}) \qquad \xi = x + \log k = \log v + \log\left[1 + k_0\{(1 - v)^{-2} - 1\}\right],$$

$$(\text{V.3.127}) \qquad \xi - \eta = \log u + \log k = \log v.$$

Kurven $\eta(\xi)_{k_0}$ und $\eta(\xi - \eta)_{k_0}$ mit denselben k_0-Werten, wie sie in Abb. V.9c benutzt wurden, sind in Abb. V.12a und Abb. V.13 gezeichnet. Sie wurden mit (V.3.125) bis (V.3.127) berechnet. Die Kurven schneiden sich nicht. Für $k_0 \to 0$ bekommt man die Grenzkurven (V.3.120a) und (V.3.120b), von denen jede aus zwei Geraden besteht, die die beiden Asymptoten aller Kurven darstellen.

Man kann die berechneten Kurven dazu verwenden, um die experimentellen Daten $\eta(x)$ bzw. $\eta(\log u)$ damit zu vergleichen und die Gleichgewichtskonstanten zu bestimmen.

Hypothese III b:

Aus (V.3.111) und (V.3.98) folgt

$$(V.3.128) \qquad \eta = \log\left[1 + 2\,k_0 v\,(1-v)^{-3}\right]$$

und mit (V.3.86 b) $n^{-1} \log l_n \to 0$ für $n \to \infty$, woraus man mit (V.3.116) und (V.3.128)

$$(V.3.129) \qquad \xi = x + \log k = \log v + \log\left[1 + 2\,k_0 v\,(1-v)^{-3}\right]$$

erhält.

In Abb. V.12b sind die Kurven $\eta(\xi)_{k_0}$ dargestellt. Die Grenzkurve für $k_0 \to 0$ besteht aus zwei Geraden (V.3.120a), die für jede der Kurven gleichzeitig Asymptoten sind. Die Kurven schneiden sich nicht.

Hypothese III c:

Mit (V.3.111) und (V.3.102) findet man

$$(V.3.130) \qquad \eta = \log\left[1 + k_0(v\,e^v + e^v - 1)\right] .$$

Weiterhin gilt

$$(V.3.131) \qquad x + \log k = \log v + \eta .$$

Die Kurven $\eta(x + \log k)_{k_0}$ schneiden sich nicht. Sie nähern sich der Steigung $+1$, besitzen jedoch für zunehmende Werte von η keine Asymptote.

Zum Vergleich mit den experimentellen Daten verschiebt man die Abszisse derart, daß sich alle Kurven in dem Punkt

$$(V.3.132) \qquad \eta = \log 2 = \xi$$

schneiden. Das wird erreicht, indem man als Abszisse

$$(V.3.133) \qquad \xi = x + \log k - \log v_2 = \log v + \eta - \log v_2$$

wählt, wenn v_2 der Wert von v für $\eta = \log 2$ ist. Dieser Wert ergibt sich als Lösung der Gleichung

$$(V.3.134) \qquad e^{\eta_2}(v_2 + 1) = 1 + k_0^{-1} .$$

In Abb. V.12 sind Kurven $\eta(\xi)_{k_0}$, die nach (V.3.130) und (V.3.132) berechnet wurden, dargestellt. Man erkennt, daß sich für $k_0 \to 0$ die Kurven den beiden Grenzgeraden (V.3.120a) nähern.

d) Kompliziertere Fälle

Es ist möglich, daß man aus den experimentellen Daten klar ersehen kann, daß zwar die in der Hauptsache sich bildenden Komplexe vom Typ $B(A_t B)_n$ sind, daß es aber nicht möglich ist, die Kurven $y(x)$ bzw. $\eta(x)$ mit den nach einem der diskutierten Mechanismen berechneten Kurven zur Deckung zu bringen. Man ist dann gezwungen, zu komplizierteren Annahmen überzugehen. Zum Beispiel kann man als Komplikation der Hypothese II annehmen, daß statt nur einer Komplexverbindung zwei oder drei Komplexe gebildet werden. Man kann auch bei Hypothese III andere Relationen für die Abhängigkeit von K_n von n in Erwägung ziehen, als sie in (V.3.86a—c) angenommen wurden.

In sehr vielen Fällen hat sich jedoch erwiesen, daß man mit den einfachen Hypothesen I, II und III als brauchbarer Näherung auskommt.

ε) Verteilung der Komplexe

Hat man für ein System aus den experimentellen Daten nach den beschriebenen Methoden den in Frage kommenden Bildungsmechanismus und die Gleichgewichtskonstanten der entsprechenden Komplexionen ermittelt, so kann man die Konzentration jedes Komplexes in einer Lösung bestimmter Zusammensetzung berechnen. Die Konzentration des n-ten Komplexes ist nach (V.3.27) und (V.3.60)

$$(V.3.135) \qquad c_n = [\mathrm{B}(\mathrm{A}_i\mathrm{B})_n] = l_n\,[\mathrm{B}]\,v^n.$$

Den Anteil aller B-Gruppen, die im n-ten Komplex vorhanden sind, erhält man [vgl. (V.3.135) u. (V.3.64)] zu

$$(V.3.136) \qquad \frac{(n+1)\,c_n}{c_\mathrm{B}} = \frac{(n+1)\,l_n v^n}{1+g+vg'}$$

und die durchschnittliche Zahl von Bindungen vom Grundkörper zum zweiten Aggregat pro Komplex [vgl. (V.3.61)] zu

$$(V.3.137) \qquad \frac{\sum n c_n}{\sum c_n} = \frac{vg'}{g} = \frac{d\ln g}{d\ln v}.$$

Für g ist dabei die dem jeweiligen Mechanismus entsprechende Beziehung einzusetzen. Die Beziehungen (V.3.136) und (V.3.137) sind lediglich Funktionen von v.

ε) Übergang von polynuclearer zu mononuclearer Komplexbildung

Mit dem häufig vorkommenden Fall des Überganges von mehrkernigen zu einkernigen Komplexen, wenn die Konzentration einer Komponente variiert wird, haben sich BIEDERMANN und SILLÉN [4] in einer Arbeit ausführlich beschäftigt.

Bei hohen Konzentrationen von B kann man die experimentellen Daten unter Zugrundelegung der „core + links"-Hypothese analysieren. Die $Z(\log[\mathrm{A}])_{c_\mathrm{B}}$-Kurven sind parallel. Wenn man Z gegen $\log[\mathrm{A}]^t c_\mathrm{B}$ aufträgt, liegen alle Meßpunkte für verschiedene c_B-Werte auf einer einzigen Kurve. Ist dies der Fall, so sind die Komplexe im untersuchten System vom Typ $\mathrm{B}(\mathrm{A}_i\mathrm{B})_n$.

Geht man zu geringeren Konzentrationen von B über, so beobachtet man Abweichungen von diesem Verhalten, die man mit der Annahme erklären kann, daß Typen von Komplexen entstehen, die einen höheren Gehalt an A aufweisen als $\mathrm{B}(\mathrm{A}_i\mathrm{B})_n$, z. B. Typen wie $\mathrm{AB}(\mathrm{A}_i\mathrm{B})_n$ und $\mathrm{B}(\mathrm{A}_{i+1}\mathrm{B})_n$.

Ist c_B hinreichend klein, so hat man immer zu erwarten, daß die Konzentration an einkernigen Komplexen $\mathrm{A}_i\mathrm{B}$ gegenüber derjenigen an mehrkernigen merklich wird und schließlich überwiegt. BIEDERMANN und SILLÉN [4] haben das Verhalten der Größen Z und $\eta = \log(c_\mathrm{B}[\mathrm{B}]^{-1})$ in einem solchen Übergangsgebiet diskutiert und Methoden angegeben, die entsprechenden Daten unter diesen Verhältnissen aus den Meßwerten abzuleiten. Das Übergangsgebiet kann nur 2 Einheiten in $\log c_\mathrm{B}$ umfassen.

10*

Wegen der Einzelheiten sei auf die Originalarbeit [4] verwiesen, in der graphische und numerische Methoden zur Bestimmung der Gleichgewichtskonstanten dargelegt werden.

ζ) Beispiel für die Anwendung der Sillénschen Methoden, Untersuchung des Mechanismus von polynuclearen Hydrolysereaktionen*

Bekanntlich reagieren viele Metallionen wie z. B. Fe^{3+} oder Al^{3+} mit Wasser unter Protonenabspaltung und Bildung von Hydroxokomplexen. Es handelt sich dabei um Hydrolysereaktionen der allgemeinen Form

$$(V.3.138) \qquad q\,Me^{z+} + p\,H_2O \rightleftharpoons Me_q(OH)_p^{(qz-p)+} + p\,H^+,$$

wenn man das Hydratwasser unberücksichtigt läßt. Bei derartigen Prozessen können die verschiedensten Produkte mit OH-Gruppen entstehen. Es kann z. B. das ungeladene Hydroxyd $Me(OH)_z$ in molekularer oder kolloider Lösung ohne faßbare Zwischenstufen gebildet werden, es können einzelne oder mehrere einkernige Hydroxokomplexe $Me(OH)^{(z-1)+}$, $Me(OH)_2^{(z-2)+}$, ... oder aber auch polynucleare Typen $Me_q(OH)_p^{(qz-p)+}$ entstehen. Damit ergibt sich die Möglichkeit, die in $3a\alpha$—$3a\delta$ beschriebenen Methoden zur Untersuchung polynuclearer Komplexbildung, die dort allgemein für zwei beliebige Komponenten A und B formuliert wurden, für das Studium von Hydrolysereaktionen zu verwenden.

Dazu hat man Untersuchungen in Lösungen konstanter und hoher Ionenstärke (1—3 m $NaClO_4$) durchzuführen, in denen die Wasserstoffionenkonzentration und, wenn möglich, die Konzentration an freiem Metallion potentiometrisch bestimmt werden. Die Experimente sind über einen möglichst großen Konzentrationsbereich zu erstrecken. SILLÉN u. Mitarb. [8—28] haben in den letzten Jahren zahlreiche Systeme dieser Art untersucht.

Im folgenden wird nach SILLÉN und HIETANEN [5] beschrieben, wie man die Analyse von Hydrolyseprozessen unter Zugrundelegung der „core + links"-Hypothese vornehmen kann. Den Schlüssel dazu liefern die in den Abschnitten $3a\alpha$—$3a\delta$ abgeleiteten allgemeinen Beziehungen, die auf die speziellen Bedingungen, wie sie für Hydrolysereaktionen zutreffen, umgeformt werden müssen.

Wir betrachten ein Metallion Me^{z+}, das mit H_2O nach (V.3.138) unter Bildung von Komplexen der allgemeinen Formel $Me_q(OH)_p^{(qz-p)+}$ reagieren kann. Dabei ist zu bedenken, daß die Gleichgewichtsmessungen in $NaClO_4$-Lösungen nichts darüber aussagen, wie groß der Gehalt der Komplexe an H_2O sowie an Ionen des Mediums Na^+ und ClO_4^- ist.

Die Konzentration an freiem Me^{z+} sei [M], die Gesamtkonzentration an Metallion c_M, die Konzentration an freien Wasserstoffionen, die mit einer geeigneten Elektrode gemessen wird, [H] und der analytische Überschuß von Wasserstoffionen c_H (unter der Annahme, daß Me^{z+} nicht hydrolysiert ist).** Es gelten dann folgende Beziehungen:

$$(V.3.139) \qquad [Me_q(OH)_p] = K_{p,q}[M]^q[H]^{-p},$$

---

* Vgl. auch die Zusammenfassung von SILLÉN [30].
** c_H = Protonenüberschuß im Wasser vermindert um den Protonenunterschuß im Hydroxokomplex.

$$(V.3.140) \quad c_M = [M] + \sum_p \sum_q q\,[Me_q(OH)_p] = [M] + \sum_p \sum_q q\,K_{p,q}[M]^q[H]^{-p},$$

$$(V.3.141) \quad c_H = [H] - [OH] - \sum_p \sum_q p\,[Me_q(OH)_p]$$
$$= [H] - k_w[H]^{-1} - \sum_p \sum_q p\,K_{p,q}[M]^q[H]^{-p}.$$

k_w ist das Ionenprodukt des Wassers. Die Summationen sind über alle Wertepaare (p,q) mit Ausnahme von $(0,1)$ und $(1,0)$ vorzunehmen. (Diese Wertepaare entsprechen Me^{z+} bzw. OH^-.)

Weiterhin gelten für Z, die durchschnittliche Zahl von OH^--Gruppen pro Metallion bzw. die durchschnittliche Zahl von H^+, die pro Metallion abgespalten wird, und für die Komplexitätssumme die Gleichungen

$$(V.3.142) \quad Z = \frac{\sum_p \sum_q p\,[Me_q(OH)_p]}{c_M} = \frac{[H] - c_H - k_w[H]^{-1}}{c_M},$$

$$(V.3.143) \quad c_M - [M] = [M]\left(\frac{\partial S}{\partial[M]}\right)_{[H]},$$

$$(V.3.144) \quad Z \cdot c_M = [H]^{-1}\left(\frac{\partial S}{\partial[H]^{-1}}\right)_{[M]} = -[H]\left(\frac{\partial S}{\partial[H]}\right)_{[M]}$$

und

$$(V.3.145) \quad S = \sum_p \sum_q [M_q(OH)_p] = \sum_p \sum_q K_{p,q}[M]^q[H]^{-p}.$$

[vgl. dazu die Gleichungen $(V.3.3)-(V.3.8)$]. c_M und c_H sind aus der Zusammensetzung jeder untersuchten Lösung bekannt. $[H]$ kann mit einer bestimmten Genauigkeit mit Hilfe einer Glas-, Wasserstoff- oder Chinhydronelektrode gemessen werden. $[M]$ ist in günstig gelagerten Fällen mittels einer Metall-, Amalgam- oder Redox-Elektrode zu bestimmen. Die Experimente werden so vorgenommen, daß c_M im Verlauf einer Meßreihe konstant gehalten wird. Man führt eine Anzahl Meßreihen mit c_{M_1}, c_{M_2}, ... durch, wobei c_H frei variiert werden kann. c_H ist der analytische Überschuß an Wasserstoffionen, den man berechnet, indem man die Hydrolyse vernachlässigt und annimmt, daß die Lösungen nur aus H_2O, H^+ und Me^{z+} sowie den Ionen des verwendeten Neutralsalzes bestehen.

Nach $(V.3.142)$ kann Z berechnet werden, wenn man k_w durch besondere Versuche bestimmt. In vielen Fällen kann man auch das kleine Korrekturglied $k_w[H]^{-1}$ vernachlässigen.

Sind die Daten c_M, c_H, $[H]$ verfügbar, so rechnet man sie auf eine Darstellung $Z(\log[H])_{c_M}$ um. Man findet dann, wenn man Z als Funktion von $\log[H]$ aufträgt, jeweils für einen bestimmten c_M-Wert eine Kurve. Kennt man zusätzlich noch $[M]$, so kann man die Größe

$$(V.3.146) \quad \eta = \log\frac{c_M}{[M]}$$

berechnen und ein $\eta(\log[H])_{c_M}$-Diagramm zeichnen.

Mit den bereits früher diskutierten Methoden kann man nun die Zusammensetzung der gebildeten Komplexe und gegebenenfalls den in Frage kommenden Mechanismus und die Bildungskonstanten bestimmen.

Man erhält die für Hydrolysenprozesse gültigen Beziehungen (V.3.138) und (V.3.139), indem man in den für den allgemeinen Fall gültigen Gleichungen (V.3.1) und (V.3.2) für die reagierenden Stoffe für $A = - H^+$ und für $B = M^{z+}$ setzt. Für die Konzentrationen gelten dann:

$$[B] \rightarrow [M];$$

(V.3.147)
$$[A] \rightarrow [H]^{-1} \quad \text{und}$$

$$c_B \rightarrow c_M \text{ *}$$

Dem komplex gebundenen Anteil A (V.3.5) und (V.3.7) entspricht der Anteil an abgespaltenen Protonen in (V.3.142) und (V.3.144)

$$(V.3.148) \qquad c_A - [A] = c_B Z \rightarrow c_M Z = [H] - c_H - k_w \cdot [H]^{-1}.$$

Die übrigen Bezeichnungen Z, η usw., die verwendet werden, entsprechen vollständig denjenigen in den Abschnitten 3a α bis 3 a δ.

Ermittlung der allgemeinen Formel der entstehenden Komplexe

a) Zusammenfallende Kurven

Stellt man fest, daß die Größen Z und η lediglich von [H] abhängen und unabhängig von c_M sind, findet man also, daß alle Meßpunkte für verschiedene c_M-Werte auf einer einzigen Z (log [H])- bzw. η (log [H])-Kurve liegen, so bedeutet dies, daß nur einkernige Komplexe der allgemeinen Formel $Me(OH)_n$ in merklicher Konzentration vorliegen. Die Gleichgewichtskonstanten können dann nach den Methoden von BJERRUM, LEDEN oder FRONAEUS (vgl. dieses Kap. 2 a, 2 b und 2 c) erhalten werden.

b) Parallele Kurven

In vielen Fällen findet man, daß die Kurven $Z (\log [H])_{c_M}$ für verschiedene c_M-Werte innerhalb der Meßgenauigkeit die gleiche Form besitzen und parallel zueinander verlaufen. Die Parallelverschiebung $\Delta \log [H]$ ist proportional der Differenz $\Delta \log c_M$ der zwei zugehörigen Werte von $\log c_M$. Es gilt

$$(V.3.149) \qquad \left(\frac{\partial \log c_M}{\partial \log [H]} \right)_Z = - R = \text{const},$$

$$(V.3.150) \qquad Z = \text{Funktion von } (\log c_M + R \log [H]) .$$

Ist [M] in dem betrachteten Konzentrationsgebiet gegenüber c_M nicht vernachlässigbar, so folgt, daß alle gebildeten Komplexe die Zusammensetzung

$$(V.3.151) \qquad Me((OH)_t Me)_n \text{ mit } t = - R$$

besitzen. t ist die Konstante der Gleichung (V.3.149), während die Werte von n zunächst unbestimmt bleiben. Aus (V.3.150) und (V.3.151) folgt

$$(V.3.152) \qquad Z = \text{Funktion von } x \text{ alleine; } x = \log c_M - t \log [H] .$$

---

* SILLÉN faßt hier also formal $- H^{-1}$ als „reagierende Komponente" auf. (Vgl. dazu die Ausführungen in der Originalarbeit [5].)

Hat man auch Messungen von [M] zur Verfügung, so kann man $\eta\,(\log[H])_{c_M}$-Kurven zeichnen, die häufig eine Parallelverschiebung um

$$(V.3.153) \qquad \left(\frac{\partial \log c_M}{\partial \log[H]}\right)_\eta = t = \text{const}$$

aufweisen. Es ist

$$(V.3.154) \qquad \eta = \text{Funktion von } x \text{ allein}; \; x = \log c_M - t \log[H]\,.$$

Um zu untersuchen, mit welcher Genauigkeit (V.3.152) und (V.3.154) gelten, kann man Z und η als Funktionen der Variablen [vgl. (V.3.32)]

$$(V.3.155) \qquad x = \log c_M - t \log[H]$$

auftragen. Dann sollten alle Meßpunkte für verschiedene c_B-Werte auf eine einzige Kurve fallen.

Aus Gründen der Zweckmäßigkeit betrachtet man Kurven $y(x)$ [vgl. (V.3.31)], wobei

$$(V.3.160) \qquad y = \frac{Z}{t}$$

ist. Sind nur Z-Daten verfügbar und ist [M] im gesamten Konzentrationsgebiet vernachlässigbar, so ist in diesem Fall bei Gültigkeit von (V.3.149) und (V.3.150) die allgemeine Formel der Komplexe

$$(V.3.161) \qquad (\mathrm{Me(OH)}_t)_n(\mathrm{OH})_r \; \text{mit } r = R$$

(vgl. dazu S. 123). Die Konstante r findet man aus der Parallelverschiebung der experimentellen Kurven und die Konstante t aus der Grenzbeziehung für Z: $t + r/n_\text{max}$ und $t + r/n_\text{min}$ [vgl. (V.3.17)]. Man betrachtet also den niedrigsten Komplex $\mathrm{Me(OH)}_{r+t}$ als Grundkörper („core") und $\mathrm{Me(OH)}_t$ als zweites Aggregat („link"). Die aufzutragenden Funktionen sind dann [vgl. (V.3.39) und (V.3.40)]

$$(V.3.162) \qquad x = \log c_M + r \log[H]\,,$$

$$(V.3.163) \qquad y = \frac{r + t - Z}{r}\,.$$

c) Andere Fälle

Auch wenn die Kurven nicht parallel sind, kann man versuchsweise annehmen, daß die „core + links"-Hypothese gültig ist und die Komplexe eine andere allgemeine Formel besitzen wie z. B. $(\mathrm{Me(OH)}_t)_n(\mathrm{OH})_r$ oder $\mathrm{Me}_s(\mathrm{Me(OH)}_t)_n$ mit $r = -ts$ [vgl. (V.3.9)].

Daten: [H], c_M, Z.

Ist [M] im gesamten Konzentrationsgebiet nicht vernachlässigbar, so gelten die Grenzbeziehungen [vgl. (V.3.18)]

$(V.3.164) \qquad Z \to 0 \qquad$ für zunehmende Werte von $\log[H]$

$$([M] \approx c_M)$$

$\qquad\qquad Z \to t + r/n_\text{max} \qquad$ für abnehmende Werte von $\log[H]$

$$([M] \ll c_M)\,.$$

Für die Parallelverschiebung der $Z(\log[H])_{c_M}$-Kurven gilt [vgl. (V.3.42) und (V.3.44)]

$$(V.3.165) \qquad \left(\frac{\partial \log c_M}{\partial \log[H]}\right)_Z \;\nearrow\; \frac{r + n_{\min}t}{n_{\min}-1} \text{ für } [M] \approx c_M \\ \searrow\; -r \text{ für } [M] \ll c_M \,.$$

Die $Z(\log[H])_{c_M}$-Kurven fallen, vorausgesetzt, daß $n_{\min} = 1$ und $r + t \neq 0$ ist, für $[M] \approx c_M$ zusammen, d. h. die Horizontalverschiebung verschwindet.

Um einen möglichen Wert für r zu prüfen, berechnet man $[H]^r c_M Z$ und trägt diesen Ausdruck als Funktion von $(\log[H])_{c_M}$ auf. Aus der Horizontalverschiebung derartiger Kurven findet man [vgl. (V.3.45)]

$$(V.3.166) \qquad \left(\frac{\partial \log c_M}{\partial \log[H]}\right)_{[H]^r c_M Z} \;\nearrow\; t \text{ für } [M] \approx c_M \\ \searrow\; -r \text{ für } [M] \ll c_M \,.$$

Vermutet man, daß die allgemeine Formel für die Komplexe $(Me(OH)_t)_n$ ist, d. h. daß $r = 0$ ist, so kann man $c_M Z$ als Funktion von $\log\left(c_M - \dfrac{c_M \cdot Z}{t}\right)$ $- t \log[H]$ auftragen. Dann sollten alle für verschiedene Werte von c_M erhaltenen Punkte auf eine einzige Kurve fallen (vgl. S. 129).

Daten: $[M]$, $[H]$, c_M, Z.

Die Grenzsteigungen der $\eta(\log[H])_{c_M}$-Kurven sind [vgl. (V.3.47)]

$$(V.3.167) \qquad \left(\frac{\partial \eta}{\partial \log[H]}\right)_{c_M} = -\left(\frac{\partial \log[M]}{\partial \log[H]}\right)_{c_M} \;\nearrow\; 0 \text{ für } [M] \approx c_M \\ \searrow\; -\left(t + \frac{r}{n_{\max}}\right) \text{ für } [M] \ll c_M \,.$$

Die Horizontalverschiebung dieser Kurven ergibt die Grenzwerte [vgl. (V.3.56)]

$$(V.3.168) \qquad \left(\frac{\partial \log c_M}{\partial \log[H]}\right)_\eta \;\nearrow\; \frac{r + n_{\min}t}{n_{\min}-1} \text{ für } [M] \approx c_M \\ \searrow\; \frac{r + n_{\max}t}{n_{\max}-1} \text{ für } [M] \ll c_M \,.$$

Die Horizontalverschiebung zwischen den Kurven verschwindet somit für $[M] \approx c_M$, wenn $n_{\min} = 1$ und $r + t \neq 0$ ist.

Einen bestimmten Wert für s kann man prüfen, indem man $[M]^{-s} \cdot (c_M - [M])$ als Funktion von $(\log[H])_{c_M}$ bzw. $(\log[H])_{[M]}$ aufträgt und zusieht, ob die Horizontalverschiebung zutreffende Werte für t und $r = -ts$ ergibt [vgl. (V.3.57) u. (V.3.58)]

$$(V.3.169) \qquad \left(\frac{\partial \log c_M}{\partial \log[H]}\right)_{[M]^{-s}(c_M-[M])} \;\nearrow\; t \text{ für } [M] \approx c_M \\ \searrow\; ts = -r \text{ für } [M] \ll c_M$$

$$(V.3.170) \qquad \left(\frac{\partial \log[M]}{\partial \log[H]}\right)_{[M]^{-s}(c_M-[M])} = t \text{ im gesamten Konzentrationsbereich.}$$

Findet man nach den angegebenen Methoden vernünftige Werte für r und t, so ist anzunehmen, daß die „core + links"-Hypothese zur Beschreibung des betrachteten Systems brauchbar ist.

Die Genauigkeit der Daten kann man durch andere graphische Testmethoden prüfen, z. B. indem man $[\mathrm{H}]^r(c_\mathrm{M} - [\mathrm{M}])$ gegen $\log[\mathrm{M}] - t\log[\mathrm{H}]$ aufträgt. In dieser Darstellung sollte man ebenfalls nur eine einzige Kurve finden (vgl. S. 131—132). Man kann auch die Funktionen

$$\frac{c_\mathrm{M} Z}{c_\mathrm{M} - [\mathrm{M}]} \quad \text{oder} \quad \frac{c_\mathrm{M} - [\mathrm{M}]}{c_\mathrm{H}} \quad \text{(vgl. S. 131) verwenden.}$$

d) Einige Beispiele für die Anwendung der Methoden

Von SILLÉN und Mitarbeitern [8—28] sind zahlreiche Hydrolyseprozesse untersucht worden, wobei die beschriebene Methode verwendet wurde, um die Zusammensetzung der Hydroxokomplexe zu bestimmen. Einkernige Hydrolyseprodukte wurden für Hg^{2+} und Tl^{3+} gefunden. In anderen Fällen ergab sich, daß die $Z(\log[\mathrm{H}])c_\mathrm{M}$-Kurven parallel waren und die Anwendung von (V.3.149) und (V.3.151) zu ganzzahligen Werten von t (2 oder 3) führte. Die $\eta(\log[\mathrm{H}])c_\mathrm{M}$-Kurven erwiesen sich, soweit sie verfügbar waren, ebenfalls als parallel und ergaben dieselben Werte für t. In Tab. 11 sind einige Ergebnisse derartiger Untersuchungen [4] angeführt.

Tabelle 11

Metallion	Literaturzitat	Daten	$-R$	Allgemeine Formel
Bi^{3+}	[27]	Z, η	2	$\mathrm{Bi}((\mathrm{OH})_2\mathrm{Bi})_n^{3+n}$; $\mathrm{Bi}(\mathrm{OBi})_n^{3+n}$
Fe^{3+}	[12]	Z, η	2	$\mathrm{Fe}((\mathrm{OH})_2\mathrm{Fe})_n^{3+n}$
UO_2^{2+} . . .	[28]	Z	2	$\mathrm{UO}_2((\mathrm{OH})_2\mathrm{UO}_2)_n^{2+}$; $\mathrm{UO}_2(\mathrm{OUO}_2)_n^{2+}$
Al^{3+} (sauer) .	[29]	Z	3	$\mathrm{Al}((\mathrm{OH})_3\mathrm{Al})_n^{3+}$
Al^{3+} (alkalisch)	[29]	Z	-1	$\mathrm{OH}((\mathrm{OH})_3\mathrm{Al})_n^{-}$ mit Gl. (V.3.161)
Th^{4+}	[13]	Z	3	$\mathrm{Th}((\mathrm{OH})_3\mathrm{Th})_n^{4+n}$; $\mathrm{Th}(\mathrm{OOHTh})_n^{4+n}$

Ermittlung eines Reaktionsmechanismus, Bestimmung der Gleichgewichtskonstanten

Die Klärung der Frage, welche Komplexe vorliegen, und die Bestimmung der zugehörigen Gleichgewichtskonstanten erfolgt nach den in Abschnitt 3 a δ 2 angegebenen Methoden.

Hat man festgestellt, daß in einem gewissen Konzentrationsbereich (V.3.152) und (V.3.154) gültig sind, d. h. daß Z und η Funktionen von $x = \log c_\mathrm{M} - t\log[\mathrm{H}]$ sind, so bedeutet dies, daß die vorliegenden Komplexe die Formel $\mathrm{Me}((\mathrm{OH})_t\mathrm{Me})_n$ besitzen [ausgenommen ist der Spezialfall Gl. (V.3.161) bis (V.3.163)]. Andere Typen von Komplexen liegen nicht in merklicher Konzentration vor. Es ist jedoch noch nicht bekannt, ob nur ein einziger, einige wenige oder aber eine große Zahl von Hydroxokomplexen entstehen. Um diese Frage zu klären, ist es notwendig, die Form der $y(x)$- und, wenn verfügbar, der $\eta(x)$-Kurven zu betrachten.

Für die Bildung der Komplexe $\mathrm{Me}((\mathrm{OH})_t\mathrm{Me})_n$ haben wir Reaktionen vom Typ

$$(\text{V.3.171}) \qquad \mathrm{Me}^{z+} + tn\,\mathrm{H}_2\mathrm{O} + n\,\mathrm{Me}^{z+} \rightleftarrows \mathrm{Me}((\mathrm{OH})_t\mathrm{Me})_n + tn\,\mathrm{H}^+$$

zu betrachten. Die Gleichgewichtskonstante des Gleichgewichtes (V.3.171) sei K_n, dann gilt [vgl. (V.3.27)]

$$(\text{V.3.172}) \qquad c_n = [\mathrm{Me}((\mathrm{OH})_t\mathrm{Me})_n] = K_n[\mathrm{M}]([\mathrm{H}]^{-t}[\mathrm{M}])^n = K_n[\mathrm{M}]\,u^n$$

mit

$$(\text{V.3.173}) \qquad u = [\text{M}]\,[\text{H}]^{-t}\,.$$

Mit

$$(\text{V.3.174}) \qquad f(u) = \sum_n K_n u^n$$

[vgl. (V. 3.28)] erhalten wir [vgl. (V.3.32), (V.3.31) u. (V.3.53)] die Beziehungen

$$(\text{V.3.175}) \qquad x = \log u + \log(1 + f + uf')\,,$$

$$(\text{V.3.176}) \qquad y = uf'(1 + f + uf')^{-1}\,,$$

$$(\text{V.3.177}) \qquad \eta = \log(1 + f + uf')\,.$$

x, y und η sind lediglich Funktionen der Variablen u.

Wie in 3 a δ 2 ausführlich beschrieben wurde, kann man Kurven berechnen und graphisch darstellen, die y und η als Funktionen von x bzw. X und ξ wiedergeben, wobei die Größen X und ξ gleich $x +$ einer Konstanten sind und eine der Gleichgewichtskonstanten k enthalten. Die Beziehungen für die diesen Kurven zugrunde liegenden Mechanismen enthalten entweder eine Gleichgewichtskonstante (k) oder zwei $(k$ und $k_0)$, und man kann drei Hypothesen unterscheiden (vgl. S. 135).

Hypothese I. Es wird kein löslicher Hydroxokomplex gebildet. Festes Me(OH)_t scheidet sich ab, das Löslichkeitsprodukt ist $k^{-1} = [\text{M}][\text{H}]^{-t}$.

Hypothese II. Es bildet sich nur ein einziger löslicher Komplex $\text{Me((OH)}_t\text{Me)}_N$ mit der zugehörigen Gleichgewichtskonstanten $K_N = k^N$.

Hypothese III. Es entsteht eine Serie von Komplexen $\text{Me((OH)}_t\text{Me)}_n$, wobei n jeden positiven ganzzahligen Wert annehmen kann. In diesem Fall werden für die Abhängigkeit von K_n von n die folgenden einfachen Beziehungen [vgl. (V.3.86 a—c)] angenommen:

$$(\text{V.3.178 a}) \qquad K_n = k_0 k^n\,,$$

$$(\text{V.3.178 b}) \qquad K_n = k_0 n k^n\,,$$

$$(\text{V.3.178 c}) \qquad K_n = \frac{k_0 k^n}{n}\,.$$

Hypothese I gibt nur eine mögliche Kurve für $y(X)$ (vgl. die Grenzkurven in Abb. V.8—10) und für $\eta(\xi)$ (vgl. die Grenzkurven in Abb. V.11 und 12).

Hypothese II führt zu einer Schar von Kurven $y(X)_N$ und $\eta(\xi)_N$ mit N als Parameter (Abb. V.8 und 11).

Hypothese III a—c ergibt eine Schar Kurven $y(X)_{k_0}$ bzw. $\eta(\xi)_{k_0}$ (Abb. V.9 a—c und Abb. V.12 a—c) mit k_0 als Parameter.

Die experimentellen $y(x)$- bzw. $\eta(x)$-Kurven sind mit den nach Hypothese I—III berechneten zu vergleichen. Es ist zu prüfen, mit welcher dieser Kurven die experimentelle Kurve durch Verschiebung längs der x-Achse zur Deckung gebracht werden kann.

Man kann verhältnismäßig leicht feststellen, ob die Hypothesen I oder II zutreffen, d. h. ob nur ein Hydrolyseprodukt gebildet wird. Wesentliche Schwierigkeiten ergeben sich hingegen, wenn Hypothese IIIa—c angenommen werden muß. Die einfachen Beziehungen (V.3.178a bis c) stellen eine grobe Vereinfachung gegenüber der Wirklichkeit dar, so daß man fast immer kleinere Abweichungen von dem Verhalten beobachtet, wie es nach diesen Beziehungen zu erwarten ist. Es gelingt jedoch im allgemeinen, mit den nach einer der Beziehungen (V.3.178a—c) berechneten Kurven eine brauchbare Übereinstimmung zu erzielen, indem man geeignete Werte für N bzw. k_0 wählt. Dann kann man die Gleichgewichtskonstante k aus der experimentellen Kurve wie in 3a δ2 angegeben berechnen.

Wenn die Hypothesen I und II auszuschließen sind, so ist es sicher, daß verschiedene polynucleare Komplexe vorhanden sind. Man nimmt dann Komplexe $Me((OH)_t Me)_n$ nach Hypothese III an. Welche speziellen Werte für n zu wählen sind, ist vollkommen unbestimmt. Hypothese IIIa—c gilt für alle positiven n-Werte. Man kann annehmen, daß nur bestimmte Kombinationen einiger n-Werte wie etwa 1, 3, 5 und 7 oder 2, 4, 8, 12 und 16 vorkommen oder aber ein Mechanismus mit einer unbegrenzten Folge von n-Werten zutreffend ist. Eine Entscheidung ist allein auf Grund der Meßdaten nicht möglich.

Beispiel: Hydrolyse des Thorium-Ions, Th^{4+}

Die Methoden, die bisher allgemein beschrieben wurden, sollen nun am Beispiel der Hydrolyse des Th^{4+}-Ions, die von HIETANEN [*13*] untersucht wurde, veranschaulicht werden.

Es wurden Reihen von potentiometrischen Titrationen ausgeführt, indem eine mit einem geringen Überschuß an $HClO_4$ versetzte Thoriumperchloratlösung mit NaOH titriert wurde. Alle Lösungen wurden durch Zusatz von $NaClO_4$ auf 1 molar an ClO_4^- eingestellt. Bei jeder Titration wurde die Gesamtkonzentration c_M an Thorium konstant gehalten, um die Berechnungen einfacher zu gestalten. Die Wasserstoffionen- und Thoriumionenkonzentrationen wurden im Vergleich zur Perchloratkonzentration niedrig gehalten, so daß die Annahme konstanter Aktivitätskoeffizienten berechtigt ist und bei den Rechnungen anstelle der Aktivitäten die Konzentrationen verwendet werden können.

Jede Titration wurde mit einer Säure-Basen-Titration (ohne Thoriumzusatz) begonnen, um das Diffusionspotential zu ermitteln. Dann wurden Thorium-Ionen zugesetzt. Zuerst wurden eine große Menge und dann weitere Mengen gleichzeitig mit NaOH zugegeben, so daß die Gesamtkonzentration c_M an Thorium konstant blieb.

Aus der gemessenen EMK — als Meßelektrode wurde eine Chinhydron- sowie in einigen Fällen eine Wasserstoffelektrode benutzt — kann man [H] berechnen. Aus der jeweiligen Zusammensetzung der Lösung in der Meßzelle berechnet man die analytische Wasserstoffionenkonzentration c_H (unter der Annahme, daß alles Thorium als Th^{4+} zugegen ist). Es ist sodann möglich, die durchschnittliche Zahl Z von Protonen, die pro Thorium abgespalten werden (V.3.142) zu berechnen.

[OH$^-$] kann unter den gewählten Bedingungen in allen Lösungen vernachlässigt werden, so daß

$$(V.3.179) \qquad Z = \frac{[H] - c_H}{c_M}$$

ist. Für die Hydrolyse gilt die allgemeine Gleichung

$$(V.3.180) \qquad q\,Th^{4+} + p\,H_2O \rightleftarrows Th_q(OH)_p^{(q\,4-p)+} + p\,H^+.$$

In Abb. V.14 sind die experimentellen Daten in der $Z(\log[H])_{c_M}$-Darstellung wiedergegeben. Für jede Meßreihe mit konstanter Thoriumkonzentration resultiert eine Kurve. Zur Kontrolle der Reversibilität wurden zwei Titrationen in beiden Richtungen ausgeführt.

Würden nur einkernige Komplexe bei der Hydrolyse entstehen, so müßte Z lediglich eine Funktion von [H] sein, d. h. alle Punkte für verschiedene c_M-Werte sollten auf einer einzigen Kurve liegen. Dies ist nicht

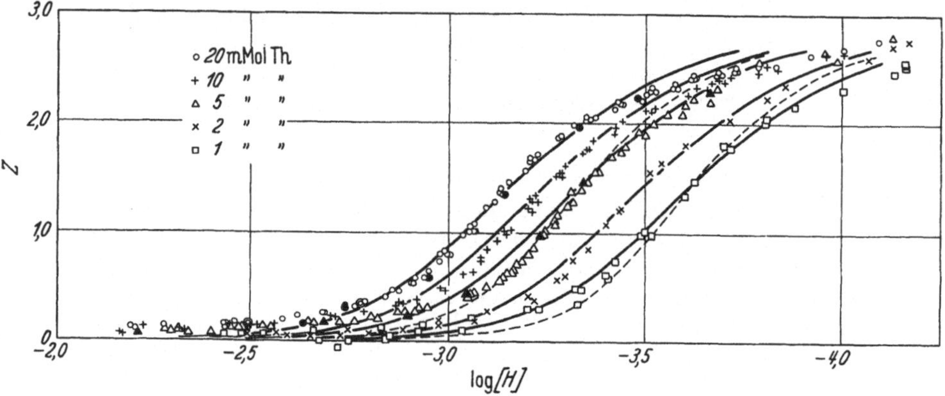

Abb. V.14. Z als Funktion von log [H] für verschiedene Werte von c_M. (20, 10, 5, 2 und 1 mMol Th^{4+}). [Die $Z(\log[H])$-Kurven für verschiedene c_M-Werte wurden nach Hypothese III a berechnet, log $k_0 = -7{,}50$ und $k = 1{,}0$ (ausgezogene Kurven) sowie $k_0 = 0{,}5$ (gestrichelte Kurven)]. Nach HIETANEN [13]

der Fall, so daß mit Sicherheit die Bildung mehrkerniger Typen anzunehmen ist. Mononucleare Komplexe könnten lediglich bei sehr geringen Werten von c_M und Z eine Rolle spielen. Die Meßdaten sind jedoch in diesem Bereich nicht genau genug, um irgendwelche Aussagen darüber liefern zu können.

Man kann nun die Meßdaten unter Annahme der Gültigkeit der „core + links"-Hypothese auswerten. Aus Abb.V.14 ist zu sehen, daß die $Z(\log[H])$-Kurven für verschiedene c_M-Werte praktisch parallel verlaufen, so daß man aus der Parallelverschiebung bezüglich der log [H]-Achse die Größe $-R$ (V.3.149) bestimmen kann. Dazu werden für drei Z-Werte (2,04, 1,50 und 0,75) in Abb.V.14 zur Abszisse parallele Linien eingezeichnet und die zugehörigen Werte von log [H] als Schnittpunkte dieser Linien mit den $Z(\log[H])$-Kurven für 5 verschiedene c_M-Werte abgelesen. Die Fehlergrenze der log [H]-Werte ist in Abb.V.15 angegeben, in der log c_M gegen log [H] aufgetragen ist.

Man erkennt, daß man durch die so erhaltenen Punkte für jeden
Z-Wert Gerade ziehen kann, deren Steigungen sich zu 2,95, 2,80 und 2,93
ergeben. Beachtet man die Fehlergrenzen, so kann man als Steigung den
Wert 3 annehmen. Dann folgt, daß nur Komplexe Me$((OH)_t Me)_n$ mit

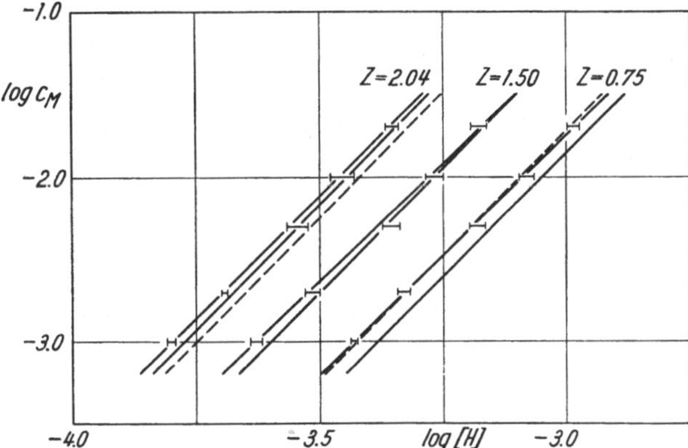

Abb. V.15. Ermittlung der Parallelverschiebung der Kurven. (Für drei verschiedene Werte von Z sind die zugehörigen Werte von log [H] und log c_M gezeichnet. Stark ausgezogene Linien entsprechen den experimentellen Geraden, dünn ausgezogene den nach Hypothese III a für log $k = -7{,}50$; $k_0 = 1{,}0$ und gestrichelte den für $k_0 = 0{,}5$ berechneten Geraden). Nach HIETANEN [13]

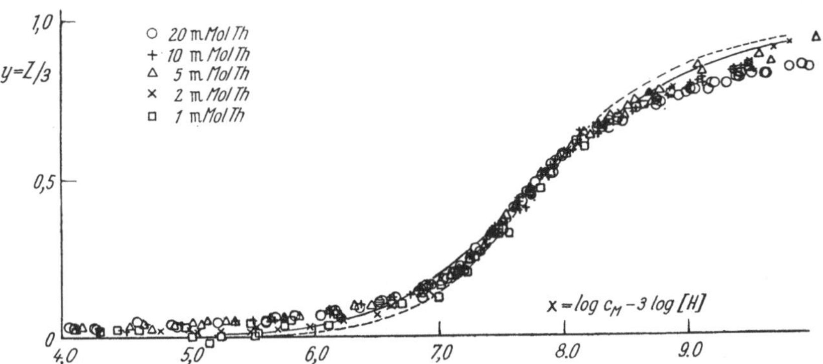

Abb. V.16. Graphische Darstellung der Meßdaten in der Form $y(x)$ mit $t = 3$; $x = \log c_M - 3 \log [H]$, $y = Z/3$. (Ausgezogene Kurve berechnet nach Hypothese III a für log $k = -7{,}50$, $k_0 = 1{,}0$, gestrichelte Kurve für $k_0 = 0{,}5$). Nach HIETANEN [13]

$t = 3 = -R$ in merklicher Konzentration vorkommen. Es sollte dann
Z eine Funktion von

(V.3.181) $$x = \log c_M - 3 \log [H]$$

[vgl. (V.3.155)] sein.

Um dies zu prüfen, trägt man

(V.3.182) $$y = {}^{1}/_{3} Z$$

[vgl. (V.3.160)] als Funktion von x auf. Wie aus Abb. V.16 zu sehen ist,
liegen bei dieser Art der Darstellung alle Punkte tatsächlich praktisch

auf einer einzigen Kurve. Daraus folgt, daß nur Komplexe

$$(V.3.183) \qquad \mathrm{Th((OH)_3Th)}_n^{(4+n)+}$$

im untersuchten Konzentrationsbereich in merklicher Menge vorliegen.

Offen bleibt nun noch die Frage, welche Werte für n anzunehmen sind und welches die zugehörigen Gleichgewichtskonstanten sind.

Eine direkte Analyse der Funktion $y(x)$ mit dem Ziel, $f(u)$ und damit die Koeffizienten in $\sum\limits_{n} K_n u^n$ zu bestimmen [vgl. (V.3.71) bis (V.3.73)], führt infolge der begrenzten Genauigkeit der Meßwerte nicht zum Ziel. HIETANEN verwendet jedoch einen anderen Weg. Nach (V.3.137) gilt

$$(V.3.184) \qquad \frac{d \log g}{d \log u} = \bar{n} = \frac{\sum n c_n}{\sum c_n},$$

wenn $\bar{n}$ die durchschnittliche Zahl von $\mathrm{Th(OH)_3}$-Aggregaten („links") pro Komplex ist. g und u lassen sich [vgl. (V.3.71) u. (V.3.72)] nach

$$(V.3.185) \qquad \log(1+g) = \int\limits_{-\infty}^{x} y\,dx + \log(1-y) + y \log e$$

und

$$(V.3.186) \qquad \log u = x - y \log e - \int\limits_{-\infty}^{x} y\,dx$$

berechnen. Dabei ist

$$(V.3.187) \qquad u = [\mathrm{M}]\,[\mathrm{H}]^{-i} = [\mathrm{M}]\,[\mathrm{H}]^{-3}$$

und

$$(V.3.188) \qquad g = f(u) = \sum\limits_{n} K_n u^n.$$

K_n ist die Gleichgewichtskonstante für die Bildung des n-ten Komplexes nach

$$(V.3.189) \quad (n+1)\,\mathrm{Th^{4+}} + 3\,n\,\mathrm{H_2O} \rightleftarrows \mathrm{Th((OH)_3Th)}_n^{(4+n)+} + 3\,n\,\mathrm{H^+}.$$

Aus Abb. V.16 kann man, wenn man durch alle Punkte eine mittlere Kurve legt, die zu bestimmten y-Werten gehörigen x-Werte entnehmen. Das Integral $\int y\,dx$ kann dadurch auf graphischem Wege ermittelt werden. Damit sind u und g, (V.3.185) und (V.3.186), bestimmt. Die Resultate dieser Berechnungen sind in Tab. 12 angegeben.

Tabelle 12. *Mittlere Werte für $y(x)$ und Werte für die direkte Analyse*

x	y	$\log u + \delta$	$\log\frac{(1+g)}{}-\delta$	x	y	$\log u + \delta$	$\log\frac{(1+g)}{}-\delta$
5,2	0,012	5,1948	$-0,0000_3$	7,6	0,394	7,1721	0,2104
5,4	0,017	5,3897	0,0029	7,8	0,484	5,2452	0,2674
5,6	0,021	5,5842	0,0066	8,0	0,568	7,3035	0,3320
5,8	0,030	5,7752	0,0116	8,2	0,640	7,3514	0,4049
6,0	0,040	5,9638	0,0185	8,4	0,694	7,3946	0,4911
6,2	0,050	6,1505	0,0272	8,6	0,736	7,4334	0,5882
6,4	0,062	6,3341	0,0381	8,8	0,765	7,4707	0,7004
6,6	0,080	6,5121	0,0517	9,0	0,792	7,5032	0,8149
6,8	0,110	6,6800	0,0694	9,2	0,816	7,5320	0,9328
7,0	0,155	6,8340	0,0929	9,4	0,840	7,5560	1,0481
7,2	0,216	6,9704	0,1239	9,6	0,860	7,5773	1,1688
7,4	0,300	7,0826	0,1625	9,8	0,875	7,5973	1,2996

Tabelle 12 gibt die Werte für $\log(1 + g)$ und $\log u$ an, wobei das Integral

$$\delta = \int_{-\infty}^{5,2} y\, dx$$

als Null angenommen wurde. Bei den anschließenden Rechnungen wurde neben $\delta = 0$ noch versuchsweise $\delta = 0{,}0050$ und $\delta = -\,0{,}0150$ angenommen. Aus Abb. V.17 ist zu sehen, daß sich dies im Bereich für $x < 7$

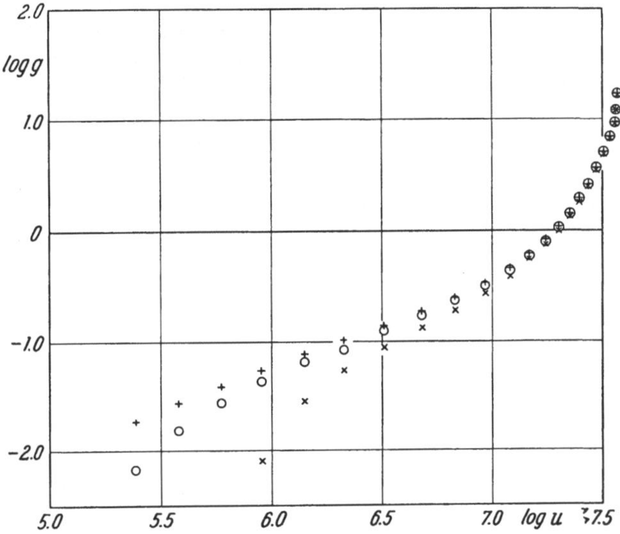

Abb. V.17. $\log g$ als Funktion von $\log u$. [(+) $\delta = 0{,}0050$, (O) $\delta = 0$, (×) $\delta = -0{,}0150$]. Nach HIETANEN [13]

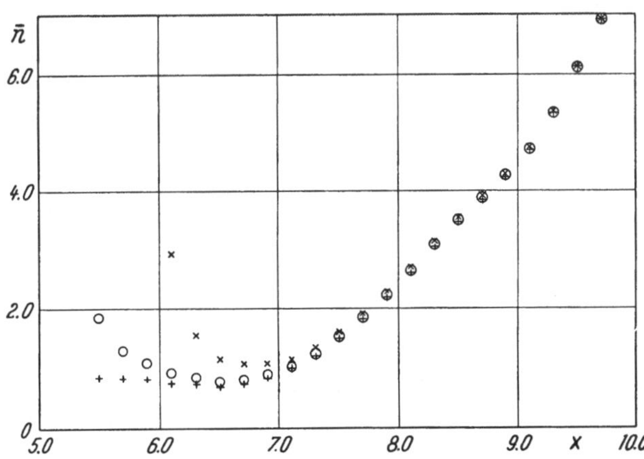

Abb. V.18. $\bar{n}$ als Funktion von x. [(+) $\delta = 0{,}0050$, (O) $\delta = 0$, (×) $\delta = -0{,}0150$]. Nach HIETANEN [13]

bemerkbar macht. Dort weichen die Kurven, die $\log g$ als Funktion von $\log u$ darstellen, für die drei Werte von δ voneinander ab. Für $x > 7$ hat eine Änderung von δ keinen starken Einfluß auf den Verlauf der Kurven.

Wenn nur ein einziger Komplex existieren würde, so hätte man zu erwarten, daß die $\bar{n}$-Kurve in Abb. V.18, in der $\bar{n}$ als Funktion von x aufgetragen ist, beim entsprechenden n-Wert eine zur Abszisse parallele Linie sein müßte. Wenn zwei Komplexe gebildet würden, so wären zwei solcher Linien mit einer Übergangskurve dazwischen zu erwarten. Wenn Komplexe mit einer Reihe von n-Werten bis zu einem maximalen n_{max} gebildet würden, so sollte $\bar{n}$ mit zunehmendem x diesem Grenzwert zustreben. Man sieht aus der Abb. V.18, daß, soweit Meßdaten zur Verfügung stehen, $\bar{n}$ mit wachsendem x zunimmt. Damit ist nachgewiesen, daß im vorliegenden Fall weder einzelne Komplexe überwiegen, noch ein maximaler n-Wert auftritt. Wenn es einen maximalen Komplex gibt, so muß dieser jedenfalls einen n-Wert besitzen, der größer als 6 ist.

Man kann nun prüfen, mit welcher der einfachen Hypothesen I—III die $y(x)$-Kurve von Abb. V.16 in Übereinstimmung ist. Hypothese I (Niederschlagsbildung) und II (Bildung eines einzigen Komplexes) sind auszuschließen. Sicher ist, daß mehr als ein polynuclearer Komplex gebildet wird, und die vorherigen Überlegungen deuten auf die Bildung einer Reihe solcher Komplexe hin, so daß Hypothese III zutreffend sein dürfte.

Nach dieser Hypothese hat man mit einer unbegrenzten Serie polynuclearer Komplexe zu rechnen, und es ist nun zu prüfen, ob die $y(x)$-Kurve mit IIIa, IIIb oder IIIc verträglich ist [vgl. (V.3.86a—c) bzw. (V.3.178a—c)].

Das Verhältnis K_{n+1}/K_n ist die Gleichgewichtskonstante für die Anlagerung eines neuen Aggregates $Th(OH)_3$ nach

$$(V.3.190) \quad Th((OH)_3Th)_n^{(n+4)+} + Th^{4+} + 3H_2O \rightleftharpoons Th((OH)_3Th)_{n+1}^{(n+5)+} + 3H^+$$

[vgl. (V.3.88)]. Nach Hypothese IIIa ist dieses Verhältnis eine Konstante k, nach IIIb $k(1 + n^{-1})$, d. h. es nimmt mit zunehmendem n etwas ab, geht jedoch auf einen Grenzwert k zu. Mit Hypothese IIIc ist das Verhältnis $k(n + 1)^{-1}$ und geht mit zunehmendem n nach Null. Man findet die beste Übereinstimmung mit den experimentellen Punkten der $y(x)$-Kurve, wenn man die folgenden zwei Konstanten benutzt:

$$IIIa \quad k_0 = 0{,}5 - 1{,}0; \quad \log k \approx -7{,}50 \,,$$
$$IIIb \quad k_0 = 0{,}5 - 1{,}0; \quad \log k \approx -7{,}65 \,,$$
$$IIIc \quad k_0 \sim 0{,}1 \quad\quad ; \quad \log k \approx -9{,}15 \,.$$

Alle mit diesen Parametern berechneten Kurven liegen praktisch auf der experimentellen $y(x)$-Kurve. Man findet eine besonders gute Übereinstimmung mit der einfachsten Hypothese IIIa mit $k_0 = 1$, d. h., daß K_1 und alle konsekutiven Konstanten K_{n+1}/K_n gleich sind. Dann gelten die einfachen Beziehungen

$$x + \log k = \log y - 2\log(1 - y)$$

sowie

$$(V.3.191) \quad \log c_M - 3\log[H] - 7{,}50 = \log\frac{3Z}{(3-Z)^2}$$

[vgl. auch (V.3.94)].

Das Ergebnis der Untersuchung ist, daß unter den gegebenen Bedingungen polynucleare Komplexe entstehen, die mit der „core + links"-Hypothese als $Th((OH)_3Th)_n^{4+n}$ formuliert werden können. Dabei kann n verschiedene Werte $1, 2, 3, \ldots$ annehmen, wobei keiner der Komplexe bevorzugt vor den anderen erscheint. Für n wurde keine obere Grenze gefunden. Die Gleichgewichte lassen sich in guter Näherung dadurch beschreiben, daß man für alle aufeinanderfolgenden Schritte (V.3.190) mit $n = 0, 1, \ldots$ dieselbe Gleichgewichtskonstante $k \cong 10^{-7.50}$ annimmt. Nach HIETANEN erscheint es aus Analogiegründen mit den Ergebnissen röntgenographischer und elektronenmikroskopischer Untersuchungen an Thoriumhydroxysulfatkristallen plausibel, eine kettenförmige Struktur der Art $Th\left(\begin{smallmatrix}O\\OH\end{smallmatrix}Th\right)_n^{(4+n)+}$ für die polynuclearen Komplexe anzunehmen.

b) Allgemeine Methode zur Untersuchung von Systemen mit polynuclearer Komplexbildung nach HEDSTRÖM

Die bisher im Abschnitt 3a besprochenen Verfahren zur Untersuchung polynuclearer Systeme waren auf den Fall beschränkt, daß sich die experimentellen Daten [A], [B], c_A, c_B unter Zugrundelegung des „core + links"-Mechanismus interpretieren lassen. Dieser Mechanismus beinhaltet, daß von den theoretisch möglichen Komplexen A_pB_q, die die p—q-Ebene erfüllen, nur jeweils bestimmte Typen gebildet werden, die auf einer Geraden im p—q-Diagramm liegen und die die Zusammensetzung $A_r(A_tB)_n$ bzw. $B_s(A_tB)_n$ aufweisen. r, t und s sind Konstante und n ist jede Zahl, die für p und q ganzzahlige Werte ergibt.

HEDSTRÖM [3] hat eine Methode angegeben*, nach der keinerlei Hypothesen a priori vorausgesetzt, sondern zunächst alle Komplexe der allgemeinen Formel A_pB_q in Rechnung gesetzt werden. Die Zusammensetzung der in einem System unter bestimmten Bedingungen gebildeten Komplexe, d. h. die zugehörigen Werte von p und q sowie die entsprechenden Gleichgewichtskonstanten werden direkt aus den experimentellen Daten berechnet. Voraussetzung ist allerdings, daß hinreichend genaue experimentelle Daten zur Verfügung stehen.

Grundzüge der Methode

Wir betrachten ein Gleichgewicht zwischen zwei Komponenten A und B (B möge z. B. ein Metallion sein) und den aus ihnen gebildeten Komplexen.

$$(\text{V}.3.192) \qquad p\,A + q\,B \rightleftharpoons A_pB_q\,.$$

Es möge eine Folge von Stufengleichgewichten existieren, so daß p und q ganz allgemein jeden positiven ganzzahligen Wert annehmen können. Durch Anwendung des Massenwirkungsgesetzes erhalten wir, wenn wir statt der Aktivitäten die Konzentrationen schreiben können, Gleichungen vom Typ

$$(\text{V}.3.193) \qquad K_{p,q} = \frac{[A_pB_q]}{[A]^p[B]^q}\,.$$

---

* Der folgende Abschnitt stellt einen Auszug aus der Hedströmschen Arbeit [3] dar.

Dabei ist vorausgesetzt, daß unter den üblichen Bedingungen hoher und konstanter Ionenstärke gearbeitet wird. Aus stöchiometrischen Überlegungen folgen für die Gesamtkonzentrationen an A und B die Beziehungen

$$(V.3.194) \qquad c_A = [A] + \sum_p \sum_q p\, K_{p,q} [A]^p [B]^q$$

$$(V.3.195) \qquad c_B = [B] + \sum_p \sum_q q\, K_{p,q} [A]^p [B]^q \qquad \text{mit } p, q \neq \begin{cases} 1,0 \\ 0,1 \end{cases}.$$

Um die allgemeinen Zusammenhänge zwischen [A] und [B] zu finden, werden die Unbekannten p, q und $K_{p,q}$ durch sukzessive partielle Differentiation eliminiert. Nach Definition ist die Komplexitätssumme

$$(V.3.196) \qquad S = \sum_p \sum_q K_{p,q} [A]^p [B]^q .$$

Durch partielle Differentiation von S nach $\ln [A]$ bzw. $\ln [B]$ erhält man

$$(V.3.197) \qquad \left(\frac{\partial S}{\partial \ln [A]} \right)_{[B]} = [A] \left(\frac{\partial S}{\partial [A]} \right)_{[B]} = \sum_p \sum_q p\, K_{pq} [A]^p [B]^q$$

sowie

$$(V.3.198) \qquad \left(\frac{\partial S}{\partial \ln [B]} \right)_{[A]} = [B] \left(\frac{\partial S}{\partial [B]} \right)_{[A]} = \sum_p \sum_q q\, K_{pq} [A]^p [B]^q ,$$

und man findet mit (V.3.194) und (V.3.195)

$$(V.3.199) \qquad \left(\frac{\partial S}{\partial \ln [A]} \right)_{[B]} = c_A - [A] ,$$

$$(V.3.200) \qquad \left(\frac{\partial S}{\partial \ln [B]} \right)_{[A]} = c_B - [B] .$$

Eine zweite Differentiation von (V.3.199) nach $\ln [B]$ und von (V.3.200) nach $\ln [A]$ gibt unter Berücksichtigung der Identität

$$\left(\frac{\partial^2 S}{\partial \ln [A]\, \partial \ln [B]} \right) = \left(\frac{\partial^2 S}{\partial \ln [B]\, \partial \ln [A]} \right) ,$$

$$(V.3.201) \qquad \left(\frac{\partial c_B}{\partial \ln [A]} \right)_{[B]} = \left(\frac{\partial c_A}{\partial \ln [B]} \right)_{[A]} ,$$

womit die Unbekannten p, q und $K_{p,q}$ eliminiert sind.

Gleichung (V.3.201) eignet sich nicht unmittelbar zur Berechnung von [A] aus [B] oder von [B] aus [A], da die beiden Größen nicht explizit ausgedrückt werden können. Sie kann jedoch zu brauchbaren Beziehungen dadurch umgeformt werden, daß man die Variablen geeignet transformiert.

Ein allgemein üblicher Weg, der bei thermodynamischen Funktionen häufig angewendet wird, um eine solche Transformation durchzuführen, besteht in der Einführung der Jacobischen Funktionaldeterminante*. Dann kann (V.3.201) als

$$(V.3.202) \qquad \frac{\partial (c_B,\, \ln [B])}{\partial (\ln [A],\, \ln [B])} = \frac{\partial (c_A,\, \ln [A])}{\partial (\ln [B],\, \ln [A])}$$

---

* Vgl. z. B. MARGENAU, H., u. G. M. MURPHY, The mathematics of physics and chemistry, van Norstrand, New York 1943.

geschrieben werden. Daraus findet man die folgende allgemeine Beziehung zwischen den vorkommenden Variablen

$$(\text{V}.3.203) \qquad J\,(c_B,\, \ln[B]/\ln[A],\, c_A) \equiv \frac{\partial(c_B,\, \ln[B])}{\partial(\ln[A],\, c_A)} = 1\,.$$

Betrachtet man zwei beliebige Größen x und y als unabhängige Variable, so folgt aus (V.3.203)

$$(\text{V}.3.204) \qquad \frac{\partial(c_B,\, \ln[B])}{\partial(x,\, y)} = \frac{\partial(\ln[A],\, c_A)}{\partial(x,\, y)}$$

bzw., wenn man die Determinanten-Schreibweise verwendet,

$$(\text{V}.3.205) \qquad \begin{vmatrix} \left(\dfrac{\partial c_B}{\partial x}\right)_y & \left(\dfrac{\partial c_B}{\partial y}\right)_x \\[2ex] \left(\dfrac{\partial \ln[B]}{\partial x}\right)_y & \left(\dfrac{\partial \ln[B]}{\partial y}\right)_x \end{vmatrix} = \begin{vmatrix} \left(\dfrac{\partial \ln[A]}{\partial x}\right)_y & \left(\dfrac{\partial \ln[A]}{\partial y}\right)_x \\[2ex] \left(\dfrac{\partial c_A}{\partial x}\right)_y & \left(\dfrac{\partial c_A}{\partial y}\right)_x \end{vmatrix}\,.$$

Ist $x = \ln[A]$ und $y = \ln[B]$, so erhält man nach (V.3.204)

$$\left(\frac{\partial c_B}{\partial \ln[A]}\right)_{[B]} = \left(\frac{\partial c_A}{\partial \ln[B]}\right)_{[A]}\,,$$

also Gl. (V.3.201). Mit den fünf Größen c_A, c_B, $\ln[A]$, $\ln[B]$ und $\beta = \dfrac{[B]}{c_B}$ können zehn Paare von unabhängigen Variablen gebildet werden. Einige dieser möglichen Fälle sind nachstehend angegeben. Ganz entsprechend kann man Beziehungen ableiten, die andere Sätze unabhängiger Variablen enthalten.

Nehmen wir c_A und c_B als unabhängige Variable, so nimmt (V.3.204) die Form

$$(\text{V}.3.206) \qquad \left(\frac{\partial \ln[B]}{\partial c_A}\right)_{c_B} = \left(\frac{\partial \ln[A]}{\partial c_B}\right)_{c_A}$$

an. Mit $\alpha = \dfrac{[A]}{c_A}$ und $\beta = \dfrac{[B]}{c_B}$ geht (V.3.206) in

$$(\text{V}.3.207) \qquad \left(\frac{\partial \ln\beta}{\partial c_A}\right)_{c_B} = \left(\frac{\partial \ln\alpha}{\partial c_B}\right)_{c_A}$$

über. Betrachten wir c_B und $\ln[A]$ als unabhängige Variable, so folgt aus (V.3.204)

$$(\text{V}.3.208) \qquad \left(\frac{\partial \ln[B]}{\partial \ln[A]}\right)_{c_B} = -\left(\frac{\partial c_A}{\partial c_B}\right)_{[A]}\,.$$

Für den Spezialfall, daß alle gebildeten Komplexe einkernig bezüglich B sind, d. h. daß nur BA_n-Typen existieren, ist

$$(\text{V}.3.209) \qquad S = [B]\sum_n K_n [A]^n = [B] \cdot f([A])\,.$$

Mit (V.3.199) und (V.3.200) folgt dann

$$(\text{V}.3.210) \qquad c_A = [A] + [B][A] \cdot f'([A]);\ c_B = [B] + [B] \cdot f([A])\,,$$

$$(\text{V}.3.211) \qquad \left(\frac{\partial c_A}{\partial c_B}\right)_{[A]} = \frac{[A] \cdot f'([A])}{1 + f([A])} = \frac{c_A - [A]}{c_B}\,.$$

Für mononucleare Komplexe BA_n nimmt also Gl. (V.3.208) die Form

$$(\text{V.3.212}) \qquad \left(\frac{\partial \ln [B]}{\partial \ln [A]} \right)_{c_B} = - \frac{c_A - [A]}{c_B}$$

an. Diese Gleichung ist die bekannte Bodländersche Beziehung. $\frac{c_A - [A]}{c_B}$ ist die durchschnittliche Ligandenzahl pro Metallion, die von J. BJERRUM mit $\bar{n}$ bezeichnet [vgl. (V.2.6)] und bei mehrkernigen Komplexen von SILLÉN Z genannt wird [vgl. (V.3.7)].

Wählt man c_A und $\ln [B]$ als unabhängige Variable, so erhält man mit (V.3.204) eine analoge Beziehung wie Gl. (V.3.208)

$$(\text{V.3.213}) \qquad \left(\frac{\partial \ln [A]}{\partial \ln [B]} \right)_{c_A} = - \left(\frac{\partial c_B}{\partial c_A} \right)_{[B]}.$$

Nachstehend sind noch vier weitere Beziehungen angegeben, die für andere Paare unabhängiger Variablen Gültigkeit haben.

$$(\text{V.3.214}) \quad c_B, \ln [B]: \left(\frac{\partial \ln [A]}{\partial c_B} \right)_{[B]} \left(\frac{\partial c_A}{\partial \ln [B]} \right)_{c_B} - \left(\frac{\partial c_A}{\partial c_B} \right)_{[B]} \left(\frac{\partial \ln [A]}{\partial \ln [B]} \right)_{c_B} = 1,$$

$$(\text{V.3.215}) \quad c_B, \beta: \left(\frac{\partial c_A}{\partial \ln \beta} \right)_{c_B} \left(\frac{\partial \ln [A]}{\partial c_B} \right)_{\beta} - \left(\frac{\partial \ln [A]}{\partial \ln \beta} \right)_{c_B} \left(\frac{\partial c_A}{\partial c_B} \right)_{\beta} = 1,$$

$$(\text{V.3.216}) \quad \ln [A], \beta:$$

$$\left(\frac{\partial c_A}{\partial \beta} \right)_{[A]} + \left(\frac{\partial \ln [B]}{\partial \ln [A]} \right)_{\beta} \left(\frac{\partial c_B}{\partial \beta} \right)_{[A]} - \left(\frac{\partial c_B}{\partial \ln [A]} \right)_{\beta} \left(\frac{\partial \ln [B]}{\partial \beta} \right)_{[A]} = 0,$$

$$(\text{V.3.217}) \quad \ln [B], \beta:$$

$$\left(\frac{\partial c_B}{\partial \beta} \right)_{[B]} - \left(\frac{\partial \ln [A]}{\partial \beta} \right)_{[B]} \left(\frac{\partial c_A}{\partial \ln [B]} \right)_{\beta} + \left(\frac{\partial c_A}{\partial c_B} \right)_{[B]} \left(\frac{\partial \ln [A]}{\partial \ln [B]} \right)_{\beta} = 0.$$

Die abgeleiteten Beziehungen gelten für den Fall, daß aus zwei komplexbildenden Komponenten A und B eines oder mehrere Aggregate der allgemeinen Form $A_p B_q$ entstehen. A und B können zwei organische Verbindungen sein oder B ein Metallion und A irgendein Ligandenmolekül bzw. Ion, z. B. ein OH^--Ion. Dabei können beliebige ein- oder mehrkernige Komplexe entstehen. Im allgemeinen kennt man bei der Untersuchung eines solchen Systems wenigstens drei der vier Variablen, z. B. c_A, c_B und [B]. Will man [A] berechnen, um die experimentellen Daten durch die entsprechenden Gleichgewichtskonstanten auszudrücken, so kann man dazu Gl. (V.3.206) bzw. (V.3.207) benutzen.

Da (V.3.206) eine partielle Differentialgleichung ist, wird sie von einer unendlichen Zahl von Funktionen $[B](c_A, c_B, [A])$ bzw. $[A](c_A, c_B, [B])$ erfüllt. Die gesuchte Funktion [A] muß sowohl Gl. (V.3.206) als auch die durch die experimentellen Daten gegebenen Randbedingungen erfüllen. Unabhängig vom speziell vorliegenden Reaktionsmechanismus gibt es zwei solcher Forderungen, die befriedigt werden müssen.

$$(\text{V.3.218}) \qquad \begin{array}{lll} \text{a)} & \ln \alpha = 0 & \text{für} \quad c_B = 0, \\ \text{b)} & \ln \beta = 0 & \text{für} \quad c_A = 0. \end{array}$$

Da Gl. (V.3.206) symmetrisch ist, benötigt man jedoch nur eine der Bedingungen und verwendet (V.3.218a). Löst man (V.3.207) nach $\log\alpha$, so erhält man

$$(V.3.219) \qquad \log\alpha = \left[\int_0^{c_B}\left(\frac{\partial\log\beta}{\partial c_A}\right)_{c_B} d c_B\right]_{c_A} \qquad \text{bzw.}$$

$$\log\frac{[A]}{c_A} = \left[\int_0^{c_B}\left(\frac{\partial\log([B]/c_B)}{\partial c_A}\right)_{c_B} d c_B\right]_{c_A}.$$

Mit Hilfe von (V.3.219) kann man in einfacher Weise $\log\alpha$ bestimmen. Dazu trägt man für jede bei konstantem c_B durchgeführte Meßreihe $\log\beta$ gegen c_A auf, bestimmt dann die Ableitungen dieser Kurve bei einem bestimmten c_A-Wert und erhält den entsprechenden Wert für $\log\alpha$ aus der Fläche unter der Kurve, die sich ergibt, wenn man $(\partial\log\beta/\partial c_A)_{c_B}$ gegen c_B aufträgt.

Entsprechend findet man [B] aus den Daten c_A, c_B, [A] mit Hilfe der Beziehung

$$(V.3.220) \qquad \log\beta = \left[\int_0^{c_A}\left(\frac{\partial\log\alpha}{\partial c_B}\right)_{c_A} d c_A\right]_{c_B}.$$

Eine solche graphische Methode zur Bestimmung von [A] (bzw. [B]) setzt voraus, daß die Messungen für eine hinreichend große Zahl verschiedener c_B- (bzw. c_A-)Werte unter Einschluß auch kleiner Konzentrationswerte durchgeführt werden. Aus diesem Grund ist bei der Untersuchung mehrkerniger Systeme stets zu beachten, daß das Konzentrationsgebiet, das man wählt, so groß wie möglich ist.

Zur Bestimmung der Gleichgewichtskonstanten ist es notwendig, [A] und [B] zu kennen. Kann man, wie dies häufig der Fall ist, direkt nur eine der Gleichgewichtskonzentrationen der komplexbildenden Komponenten messen, so kann die zweite nach den beschriebenen Methoden erhalten werden. Ist es möglich, [A] und [B] zu messen, so findet man die gesuchten Gleichgewichtskonstanten $K_{p,q}$ folgendermaßen:

Gl. (V.3.195) kann in

$$(V.3.221) \qquad F_1 = \frac{c_B - [B]}{[A]\,[B]} = \sum_p \sum_q q\, K_{p,q} [A]^{p-1} [B]^{q-1}$$

umgeformt werden. Für $q = 1$ ist F_1 lediglich eine Funktion von [A] und von [B] unabhängig. Für diesen Fall kann man die Konstanten nach einer der Methoden 2a—2c erhalten (einkernige Komplexe).

Um einen Überblick darüber zu gewinnen, wie groß der Bildungsgrad an polynuclearen Typen ist, d. h. welchen Wert q_{max} besitzt, trägt man für einen bestimmten [A]-Wert F_1 gegen [B] auf. Findet man eine Gerade mit I_1 als Ordinatenabschnitt und einer bestimmten Steigung, so sind nur ein- und zweikernige Komplexe A_pB und A_pB_2 vorhanden ($q = 1, 2$). Eine parabolische Kurve entspricht dem Fall, daß auch noch dreikernige Typen A_pB_3 ($q = 3$) vorkommen. Entsprechendes gilt für Kurven höheren

Grades ($q > 3$). Es ist schwer, Kurven höheren Grades voneinander zu unterscheiden. Um den Grad der Kurven zu ermitteln, kann man wie folgt vorgehen.

Als Ordinatenabschnitt der Kurve $F_1([B])_{[A]}$ findet man

$$(V.3.222) \qquad I_1 = \sum_p K_{p,1} [A]^{p-1}.$$

Trägt man nun

$$(V.3.223) \qquad F_2 = \frac{F_1 - I_1}{[A]\,[B]}$$

gegen [B] auf, so ergibt sich als neuer Ordinatenabschnitt

$$(V.3.224) \qquad I_2 = 2 \sum_p K_{p,2} [A]^{p-2}.$$

Man kann so fortfahren, bis die resultierende Kurve $F_q([B])_{[A]}$ eine Gerade wird. Durch ein solches Verfahren findet man die Schritte $q = 1, 2, \ldots$ sukzessive als Ordinatenabschnitte $I_1, I_2, \ldots$. Allgemein gelten die Beziehungen

$$(V.3.225) \qquad F_{q+1} = \frac{F_q - I_q}{[A]\,[B]} \, ,$$

$$(V.3.226) \qquad I_q = q \sum_p K_{p,q} [A]^{p-q}.$$

Im allgemeinen Fall kann p für jeden q-Wert mehr als einen Wert annehmen. Um alle Gleichgewichtskonstanten zu bekommen, muß man die $F_q([B])_{[A]}$-Kurven für verschiedene konstante Werte von [A] miteinander vergleichen. Aus dem resultierenden Gleichungssystem können die Gleichgewichtskonstanten $K_{p,q}$ berechnet werden.

Es ist klar, daß ein solches Verfahren sehr mühsam ist. Wenn man jedoch nicht von vornherein bestimmte Voraussetzungen über den Mechanismus der Komplexbildung wie unter 3 a machen will, ist es allerdings nicht möglich, einfacher vorzugehen. Hinsichtlich der praktischen Anwendung ist zu bedenken, daß die Meßgenauigkeit stets begrenzt ist und es die Meßdaten nach der Einführung einiger weniger Konstanten daher im allgemeinen nicht gestatten, weitere Konstanten zu berechnen. Man kann dann zwischen einer Geraden und einer gekrümmten Kurve im Rahmen der Meßgenauigkeit nicht mehr unterscheiden. Zum Beispiel konnte HEDSTRÖM bei der Untersuchung der Hydrolyse von Fe^{3+} [12] die Meßdaten mit nur drei Konstanten interpretieren, die der Bildung der Typen $FeOH^{2+}$, $Fe(OH)_2^+$ und $Fe_2(OH)_2^{4+}$ entsprechen.

Besteht der Reaktionsmechanismus darin, daß eine sehr große, praktisch unendlich große, Zahl von Schritten ($q = 1, 2, \ldots, \infty$) vorkommt, so findet man auch bei hohen q-Werten keine Gerade, wenn man F_q gegen [B] aufträgt. Dies wurde z. B. bei der Hydrolyse von Bi^{3+} [27] sowie Th^{4+} [5] und UO_2^{2+} [14] gefunden.

c) Kritik der Methoden
zur Untersuchung polynuclearer Komplexbildung

Trotz der bahnbrechenden Arbeiten der Sillénschen Schule ist die Kenntnis der Gleichgewichte in Systemen mit mehrkernigen Komplexen keineswegs so gesichert, wie es bei den einfacheren Systemen mit nur einkernigen Komplextypen der Fall ist. Dies hängt naturgemäß mit der größeren Kompliziertheit der polynuclearen Systeme zusammen. Es ist oftmals schwer — wenn nicht überhaupt unmöglich — zu entscheiden, welcher der verschiedenen angenommenen Mechanismen zur Interpretation der experimentellen Daten im speziellen Fall zutrifft. Die Meßdaten, die eine gewisse Fehlerbreite aufweisen, sind häufig mit mehreren Deutungsmöglichkeiten in Übereinstimmung. So wird durch die Streuung der Meßwerte eine eindeutige Entscheidung erschwert. In der Regel gelingt es nur, die Existenz einer begrenzten Zahl von Komplextypen, z. B. unter Verwendung der „core + links"-Hypothese, wahrscheinlich zu machen und wenige, meist nicht mehr als drei oder vier Gleichgewichtskonstanten zu bestimmen. Manchmal können andere experimentelle Befunde nützliche Hinweise für den Aufbau der möglichen Komplexe geben. Zum Beispiel liegt es im Falle der von HIETANEN [13] untersuchten Hydrolyse des Th^{4+}-Ions auf Grund röntgenographischer Messungen an Thoriumhydroxo-sulfat und -chromat nahe, anzunehmen, daß die polynuclearen Komplexe $Th((OH)_3Th)_n$ $(n = 1, 2, 3, \ldots)$, deren Existenz aus Gleichgewichtsmessungen erschlossen wurde, eine Kettenstruktur

$$\mathrm{Th}\begin{matrix}O\\OH\end{matrix}\mathrm{Th}\begin{matrix}O\\OH\end{matrix}\cdots\mathrm{Th}\begin{matrix}O\\OH\end{matrix}\mathrm{Th}\ \text{bzw.}\ \mathrm{Th}\left(\begin{matrix}O\\OH\end{matrix}\mathrm{Th}\right)_n$$

besitzen. Da man mit EMK-Messungen in einem Medium konstanter Ionenstärke nicht zwischen einem O^{2-} und zwei OH^- unterscheiden kann, ist diese Struktur der aus Meßdaten an hydrolysierten Th^{4+}-Lösungen abgeleiteten Formel $Th((OH)_3Th)_n$ äquivalent.

Es erhebt sich die Frage, ob man in der Praxis bei einem speziellen System wirklich mit hinreichender Sicherheit die Existenz bestimmter polynuclearer Komplextypen mit den angegebenen Verfahren nachweisen kann, oder ob es sich im wesentlichen einfach darum handelt, nach bestimmten Methoden die experimentellen Daten in Beziehung zum Massenwirkungsgesetz zu bringen. Es wäre sehr wichtig, Methoden zu besitzen, die es gestatten würden, die Existenz der verschiedenen auftretenden Komplextypen direkt und unabhängig voneinander zu erfassen. Solange dies nicht der Fall ist, dürfte die Frage, wie man weiter kommen kann, hauptsächlich darauf hinauslaufen, ob es gelingt, Meßverfahren aufzufinden, die eine größere Genauigkeit der Messung erlauben. Dann würde man zumindest zwischen den verschiedenen Mechanismen eine bessere Unterscheidung treffen können.

Literatur

Allgemeine Grundlagen

[1] SILLÉN, L. G.: On the equilibrium in systems with polynuclear complex formation. I. Methods for deducing the composition of the complexes from experimental data. "Core+links"-complexes. Acta Chem. Scand. 8, 299 (1954).

[2] SILLÉN, L. G.: II. Testing simple mechanisms which give "core+links" complexes of composition $B(A_tB)_n$. Acta Chem. Scand. 8, 318 (1954).

[3] HEDSTRÖM, B.: III. Derivation of a generalized Bodländer formula and a general method of calculating equilibrium constants. Acta Chem. Scand. 9, 613 (1955).

[4] BIEDERMANN, G., and L. G. SILLÉN: IV. The transition from polynuclear to mononuclear products. Acta Chem. Scand. 10, 1011 (1956).

[5] HIETANEN, S., and L. G. SILLÉN: Studies on the hydrolysis of metal ions. VIII. Methods for deducing the mechanism of polynuclear hydrolysis reactions. Acta Chem. Scand. 8, 1607 (1954).

[6] SILLÉN, L. G.: Polynuclear complexes formed in the hydrolysis of metal ions. Proceedings of the Symposium on Co-ordination Chemistry. Copenhagen 1953, S. 74.

[7] SILLÉN, L. G.: On equilibrium with polynuclear complexes. Rec. Trav. Chim. Pays-Bas 75, 170 (1955).

Untersuchungen über die Hydrolyse von Metallionen

[8] HIETANEN, S., and L. G. SILLÉN: Studies on the hydrolysis of metal ions. II: The hydrolysis of the mercury(II)-ion, Hg^{2+}. Acta Chem. Scand. 6, 747 (1952).

[9] FORSLING, W., S. HIETANEN and L. G. SILLÉN: III. The hydrolysis of the mercury(I)-ion, Hg_2^{2+}. Acta Chem. Scand. 6, 901 (1952).

[10] BIEDERMANN, G.: V: The hydrolysis of the thallium(III)-ion. Arkiv Kemi 5, 441 (1952).

[11] HEDSTRÖM, B.: VI: The hydrolysis of the iron(II)-ion, Fe^{2+}. Arkiv Kemi 5, 457 (1952).

[12] HEDSTRÖM, B.: VII: The hydrolysis of the iron(III)-ion, Fe^{3+}. Arkiv Kemi 6, 1 (1952).

[13] HIETANEN, S.: IX: The hydrolysis of the thorium ion, Th^{4+}. Acta Chem. Scand. 8, 1626 (1954).

[14] AHRLAND, S., S. HIETANEN and L. G. SILLÉN: X: The hydrolysis of the uranyl ion, UO_2^{2+}. Acta Chem. Scand. 8, 1907 (1954).

[15] BROSSET, C., G. BIEDERMANN and L. G. SILLÉN: XI: The aluminium ion, Al^{3+}. Acta Chem. Scand. 8, 1917 (1954).

[16] ROSSOTTI, F. J. C., and H. S. ROSSOTTI: XII: The hydrolysis of the vanadium (IV)-ion. Acta Chem. Scand. 9, 1177 (1955).

[17] BIEDERMANN, G.: 13. The hydrolysis of the copper(II)-ion, Cu^{2+}. Arkiv Kemi 9, 175 (1955).

[18] BIEDERMANN, G.: 14. The hydrolysis of the indium(III)-ion, In^{3+}. Arkiv Kemi 9, 277 (1955).

[19] ROSSOTTI, F. J. C., and H. S. ROSSOTTI: 15. Partition equilibria in the system ^{114}In/TTA/benzene. Acta Chem. Scand. 10, 779 (1956) (Verteilungsmessungen).

[20] KAKIHANA, H., and L. G. SILLÉN: 16. The hydrolysis of the beryllium-ion, Be^{2+}. Acta Chem. Scand. 10, 985 (1956).

[21] HIETANEN, S.: 17. The hydrolysis of the uranium(IV)-ion, U^{4+}. Acta Chem. Scand. 10, 1531 (1956).

[22] BIEDERMANN, G., M. KILPATRICK, L. POKRAS and L. G. SILLÉN: 18. The scandium ion, Sc^{3+}. Acta Chem. Scand. 10, 1327 (1956).

[23] OLIN, Å.: 19. The hydrolysis of bismuth(III) in perchlorate medium. Acta Chem. Scand. 11, 1445 (1957).

[24] MARCUS, Y.: 20. The hydrolysis of the cadmium ion, Cd^{2+}. Acta Chem. Scand. 11, 690 (1957).

[25] HIETANEN, S.: The mechanism of thorium(IV) and uranium(IV) hydrolysis. Rec. Trav. Chim. Pays-Bas 75, 177 (1955).

[26] BIEDERMANN, G.: The hydrolysis of some tripositive ions. Rec. Trav. Chim. Pays-Bas 75, 184 (1955).

[27] GRANÉR, F., and L. G. SILLÉN: On the hydrolysis of the Bi^{3+}-ion. Repeated oxygen bridging: A new type of ionic equilibrium. Acta Chem. Scand. 1, 631 (1947).

[28] AHRLAND, S.: On the complexity of the uranyl-ion. I. The hydrolysis of the sexvalent uranium in aqueous solution. Acta Chem. Scand. 3, 374 (1949).

[29] BROSSET, C.: On the reaction of the aluminium ion with water. Acta Chem. Scand. 6, 910 (1952).

[30] SILLÉN, L. G.: Quantitative studies of hydrolytic equilibria. Quarterly Rev. Vol. XIII. No. 2, 146 (1959) (Zusammenfassung).

4. Analyse von pH-Titrationskurven

a) Grundlagen

Titriert man eine Säure mit einer Base und trägt den pH-Wert der Lösung, den man potentiometrisch bestimmt, gegen die Menge an zugesetzter Base auf, so erhält man die bekannten charakteristischen pH-Titrationskurven, auch Neutralisationskurven genannt*. In Abb. V.19 sind die Verhältnisse für die Titration einer starken (Kurve a) und einer schwachen Säure (Kurve b) mit einer starken Base schematisch dargestellt.

Der Kurvenverlauf ist in bezug auf den sog. Umschlagpunkt, d. h. den Punkt, an dem die Neutralisationskurve ihre größte Steilheit besitzt, annähernd symmetrisch. Titriert man eine starke Säure mit einer starken Base, so ist der Umschlagpunkt mit dem stöchiometrischen Äquivalenzpunkt (das ist der Punkt, an dem stöchiometrische Mengen von Base und Säure vorhanden sind) identisch. Die pH-Kurven verlaufen in diesem Fall sehr steil und symmetrisch. Bei der Titration schwacher Säuren bzw. Basen erhält man flachere Neutralisationskurven. Die in der Nähe des Äquivalenzpunktes merklich einsetzende Hydrolyse des im Laufe der Neutralisation gebildeten

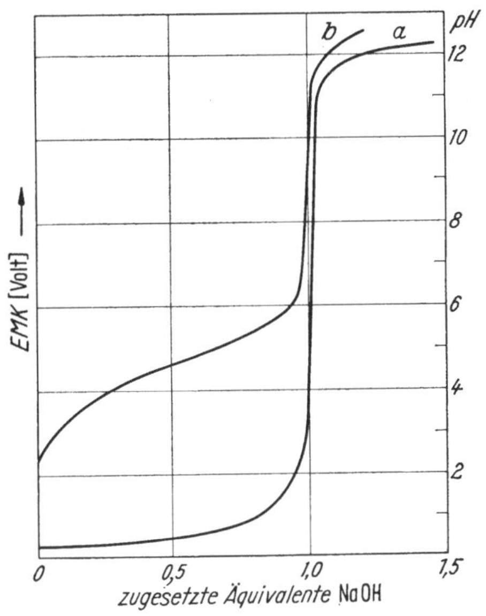

Abb. V.19. Titrationskurve einer starken (a) und einer schwachen (b) Säure mit NaOH. (schematisch)

Salzes verursacht Abweichungen zwischen dem potentiometrisch bestimmten Umschlagpunkt und dem stöchiometrischen Äquivalenzpunkt. Bei genauen Messungen sind diese Abweichungen zu berücksichtigen. Im allgemeinen liegen sie jedoch innerhalb der Genauigkeit der Meßmethode.

Bei der Titration mehrprotoniger Säuren treten, wenn die Dissoziationskonstanten der einzelnen Ionisationsstufen hinreichend verschieden voneinander sind, eine entsprechende Anzahl von Umschlagpunkten in der Titrationskurve auf. Es erweist sich als zweckmäßig, auf der Abszisse die Anzahl der Mole Base pro Mol ursprünglich vorhandener Säure — bzw. die Anzahl der Äquivalente — aufzutragen. Man kann so aus der Form

---

* Über die theoretischen Grundlagen der Säure-Basen-Titration vgl. z. B.

SEEL, F.: Grundlagen der analytischen Chemie und der Chemie in wäßrigen Systemen. S. 247 ff. Weinheim/Bergstraße: Verlag Chemie 1955.

CHARLOT, G., et R. GAUGIN: Les méthodes d'analyse des réactions en solution. S. 50 ff. Paris: Masson et Cie. 1951.

KORTÜM, G.: Lehrbuch der Elektrochemie. S. 282 ff. Wiesbaden: Dietrichsche Verlagsbuchhandlung 1949; 2. Aufl., S. 296 ff. Weinheim/Bergstraße: Verlag Chemie 1957.

der Titrationskurven direkte Schlüsse darauf ziehen, wieviel protonig die vorgelegte Säure ist.

Setzt man der zu titrierenden Säure ein Metallion zu, das mit ihr unter Komplexbildung reagiert, so ändert sich der Verlauf der Titrationskurve in charakteristischer Weise. Außer der Neutralisationsreaktion findet nun gleichzeitig Komplexbildung statt, die ebenfalls von Einfluß auf die Wasserstoffionenkonzentration ist. Man kann somit die Analyse von Neutralisationskurven von Lösungen zum Nachweis und zur quantitativen Untersuchung der Komplexbildung heranziehen. Dies wurde in neuerer Zeit insbesondere von SCHWARZENBACH u. Mitarb. durchgeführt, die die Komplexbildung von Aminopolycarbonsäuren und anderen Chelatbildnern als Grundlage der heute so wichtigen komplexometrischen Titrationsverfahren in zahlreichen Arbeiten systematisch untersuchten*.

Die Messung des pH-Wertes geschieht zweckmäßig potentiometrisch unter Verwendung der üblichen Elektroden.

In den Abschnitten 2 und 3 dieses Kapitels wurden bereits Verfahren beschrieben, bei denen man die Komplexbildung in einem System durch Messung der Wasserstoffionenkonzentration untersucht. Diese Messungen dienten primär dazu, die Konzentration des freien Liganden zu ermitteln (vgl. Methode von J. BJERRUM und FRONAEUS dieses Kapitel 2.a und 2.c). Hier interessiert die gesamte pH-Titrationskurve als solche, aus deren Verlauf die Stabilitätskonstanten der gebildeten Komplexe direkt abgeleitet werden. Die rechnerische Analyse solcher pH-Kurven unterscheidet sich von den früher diskutierten Methoden und wird im folgenden näher erläutert.

b) Bestimmung der vorhandenen Typen von Komplexen und ihrer Bildungskonstanten aus den pH-Titrationskurven, Beispiel: Komplexbildung von Äthylendiamintetraessigsäure mit Erdalkalimetallionen

Man arbeitet folgendermaßen: Zunächst nimmt man eine Titrationskurve unter denselben Bedingungen (gleiche Ionenstärke), unter denen man die Metallkomplexbildung untersuchen will, auf, jedoch ohne Zusatz von Metallionen. Aus dieser pH-Kurve lassen sich die Werte der Dissoziationskonstanten der als Ligand fungierenden Säure bestimmen**. Dann nimmt man Titrationskurven bei Zusatz von entsprechenden Metallionen auf. Daraus lassen sich nun die Stabilitätskonstanten der gebildeten Komplexe berechnen. Dazu ist es notwendig, bestimmte Annahmen über die möglichen Komplexbildungsreaktionen zu machen. Im allgemeinen liegt eine Reihe von Hinweisen über die Art der Komplexbildung vor, so daß die theoretisch möglichen Reaktionsgleichungen von vornherein auf wenige eingeschränkt werden können.

Als ein charakteristisches Beispiel für die direkte Analyse von pH-Titrationskurven sei der Fall der Komplexbildung von Äthylendiamin-

---

* Vgl. G. SCHWARZENBACH: Die komplexometrische Titration (Reihe: Die chemische Analyse Bd. 45) 2. Aufl. Stuttgart: Verlag Enke 1956.
** Vgl. z. B. H. SIMMS: J. Am. Chem. Soc. **48**, 1239 (1926).

tetraessigsäure mit Erdalkalimetallionen, der von Schwarzenbach und Ackermann [5] untersucht wurde, angeführt. Als Metallionen wurden Sr^{2+}, Ba^{2+}, Ca^{2+}, Mg^{2+} sowie außerdem Na^+ und Li^+ verwendet. Äthylendiamintetraessigsäure (EDTA) ist eine vierprotonige Säure. Es existieren die vier Dissoziationsgleichgewichte

$$(V.4.1) \qquad H_4Y \rightleftharpoons H_3Y^- + H^+ \qquad k_1^{(d)} = \frac{[H^+]\,[H_3Y^-]}{[H_4Y]}$$

$$(V.4.2) \qquad H_3Y^- \rightleftharpoons H_2Y^{--} + H^+ \qquad k_2^{(d)} = \frac{[H^+]\,[H_2Y^{--}]}{[H_3Y^-]}$$

$$(V.4.3) \qquad H_2Y^{--} \rightleftharpoons HY^{---} + H^+ \qquad k_3^{(d)} = \frac{[H^+]\,[HY^{---}]}{[H_2Y^{--}]}$$

$$(V.4.4) \qquad HY^{---} \rightleftharpoons Y^{----} + H^+ \qquad k_4^{(d)} = \frac{[H^+]\,[Y^{----}]}{[HY^{---}]}\,.$$

Die Dissoziationskonstanten $k_1^{(d)}, \dots, k_4^{(d)}$ können aus der pH-Kurve abgeleitet werden, die man durch Titration von EDTA mit KOH erhält (Abb. V.20, Kurve 1). Schwarzenbach konnte nachweisen, daß K^+-Ionen praktisch keine Komplexe mit der Säure bilden, indem er Vergleichstitrationen mit Tetramethylammoniumhydroxyd als Base durchführte. Das Tetramethylammonium-Ion bildet mit EDTA sicher keine Komplexe.

Alle Titrationen wurden bei konstanter Ionenstärke in Gegenwart von 0,1 m KCl ausgeführt. Es wurden Titrationskurven bei Zugabe von Na^+, Li^+, Ba^{2+}, Mg^{2+} und Ca^{2+} aufgenommen, die zusammen mit der Titrationskurve, die ohne Metallionenzusatz erhalten wurde, in Abb. V.20 dargestellt sind.

Die Konzentration von EDTA betrug $\sim 10^{-3}$ m, die Metallionenkonzentration mit Ausnahme eines Versuchs (Kurve 6), bei dem äquivalente Mengen EDTA und Ca^{2+} verwendet wurden, $\sim 10-15 \cdot 10^{-3}$ m.

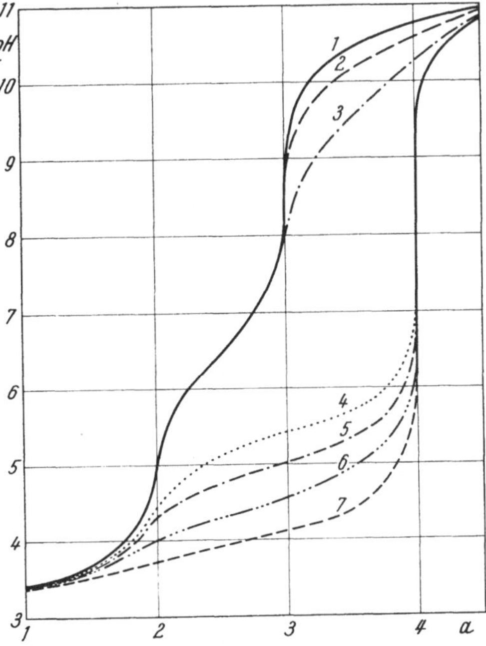

Abb. V.20. Titrationskurven von Äthylendiamintetraessigsäure bei Gegenwart verschiedener Metallionen in 0,1 m KCl für $T = 20°$ C. Kurve 1 ohne Zusatz an Metallionen. Kurve 2 Na^+ Zusatz im Überschuß. Kurve 3 Li^+ Zusatz im Überschuß. Kurve 4 Ba^{2+} Zusatz im Überschuß. Kurve 5 Mg^{2+} Zusatz im Überschuß. Kurve 7 Ca^{2+} Zusatz im Überschuß. Kurve 6 Ca^{2+} und H_4Y in äquivalenten Mengen anwesend. Nach Schwarzenbach u. Ackermann [5]

Der pH-Wert wurde mit Hilfe einer Wasserstoffelektrode gegen eine Silber-Silberchlorid-Elektrode gemessen. Sie bietet gegenüber der Kalomel-Elektrode den Vorteil, daß man die Flüssigkeitspotentiale nicht zu berücksichtigen braucht.

α) Bestimmung der Dissoziationskonstanten von EDTA

In Abb. V.20 ist als Abszisse die Anzahl der Mole Base, die pro Mol ursprünglich vorhandener Säure zugesetzt werden (a), angegeben. Aus der Form der Titrationskurve 1, die in Abwesenheit komplexbildender Metallionen erhalten wurde, sieht man, daß bei $a = 2$ und $a = 3$ wohldefinierte Umschlagpunkte vorhanden sind. Die beiden ersten Schritte der Neutralisation sind nicht voneinander zu trennen und müssen als praktisch gleichzeitig ablaufend betrachtet werden. Den dritten und vierten Schritt hingegen kann man getrennt betrachten.

Für pH-Daten im Gebiet $a \leq 2$ gilt

$$(V.4.5) \qquad [H_4Y] + [H_3Y^-] + [H_2Y^{2-}] = c_s \,,$$

wenn c_s die Gesamtkonzentration an EDTA in Mol/l ist. Die unabhängige Variable a ist gleich der Anzahl Mole Base (KOH), die pro Mol ursprünglich vorhandener EDTA zugesetzt werden, so daß die Konzentration der positiven Kaliumionen $a \cdot c_s$ ist. (Die Kaliumionen, die durch den Neutralsalzzusatz vorhanden sind, werden nicht berücksichtigt.)

Die Elektroneutralitätsbedingung führt zu der Beziehung

$$(V.4.6) \qquad a \cdot c_s + [H^+] = [H_3Y^-] + 2\,[H_2Y^{2-}] \,.$$

Mit (V.4.1), (V.4.2), (V.4.5) und (V.4.6) findet man durch Eliminieren von $[H_4Y]$, $[H_3Y^-]$ und $[H_2Y^{2-}]$

$$(V.4.7) \quad \left\{ \frac{(2-a)\,c_s}{[H^+]} - 1 \right\} k_2^{(d)} - \{a \cdot c_s + [H^+]\} \frac{1}{k_1^{(d)}} [H^+] = (a-1) \cdot c_s + [H^+] \,.$$

Gl. (V.4.7) kann nach $k_1^{(d)}$ und $k_2^{(d)}$ aufgelöst werden, indem man jeweils zwei oder mehr Wertepaare von experimentellen Daten für $[H^+]$ und a verwendet.

SCHWARZENBACH $[4, 10]$ gibt folgende *graphische Näherungsmethode* an:

Gl. (V.4.7) stellt, wie man leicht einsieht, in einem Koordinatensystem mit $x = k_2^{(d)}$ und $y = 1/k_1^{(d)}$ eine Gerade dar, die die Abszisse bei

$$(V.4.8) \qquad A = \frac{[H^+] + (a-1)\,c_s}{\dfrac{(2-a)\,c_s}{[H^+]} - 1}$$

und die Ordinate bei

$$(V.4.9) \qquad B = \frac{(a-1)\,c_s + [H^+]}{[H^+]\,(a \cdot c_s + [H^+])}$$

schneidet. Um $k_2^{(d)}$ und $k_1^{(d)}$ zu bestimmen, berechnet man für eine Reihe von Punkten der Titrationskurve Werte von A und B, trägt diese in ein Koordinatensystem ein und verbindet die Punkte. Für jedes Wertetripel c_s, a, $[H^+]$ erhält man eine Gerade (vgl. Abb. V.21). Alle Geraden gehen durch einen Punkt P, dessen Koordinaten x_0 und y_0 die gesuchten Werte für $k_2^{(d)}$ und $1/k_1^{(d)}$ sind.

Das Verfahren läßt sich auf den Fall erweitern, daß drei Puffergebiete sich überlappen, also drei Dissoziationskonstanten zu bestimmen sind [4].

Im vorliegenden Fall kann die dritte Dissoziationskonstante $k_3^{(d)}$ direkt aus der Titrationskurve bestimmt werden. Der pH-Wert für $a = 2{,}5$ ist gleich $p\,k_3^{(d)}$, da die dritte Dissoziationsstufe von den beiden ersten und der vierten durch gut ausgeprägte Umschlagpunkte getrennt ist.

Für Werte $a > 3$ kann $k_4^{(d)}$ aus der pH-Kurve berechnet werden. Man kann annehmen, daß in diesem Bereich praktisch nur die Reaktion

$$Y^{4-} + H_2O \rightleftharpoons HY^{3-} + OH^-$$

abläuft. Es gilt dann, wenn man die Konzentrationen an H_4Y, H_3Y^- und H_2Y^{2-} als vernachlässigbar ansehen kann,

(V.4.10) $\quad [Y^{4-}] + [HY^{3-}] = c_s$.

Da man weit genug vom Neutralpunkt entfernt ist, trägt die Eigendissoziation des Wassers zur Konzentration an OH^--Ionen praktisch nicht mehr bei, so daß

(V.4.11)

$$[HY^{3-}] = [OH^-] + (4 - a) \cdot c_s$$

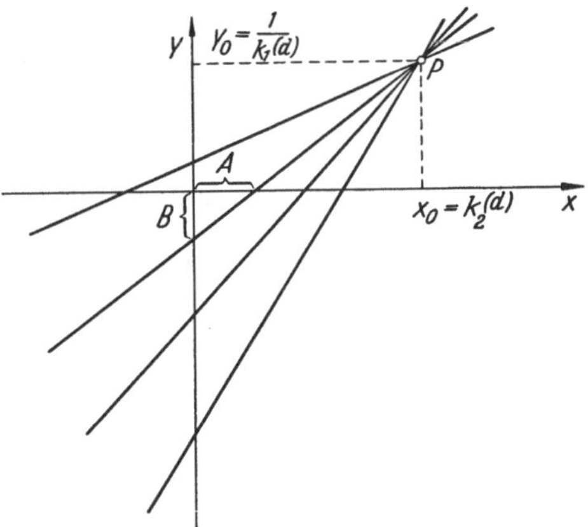

Abb. V.21. Graphische Lösung von Gl. (V.4.7)

gilt. Mit (V.4.4), (V.4.10) und (V.4.11) unter Berücksichtigung von $k_w = [H^+]\,[OH^-]$ folgt dann

(V.4.12) $\qquad k_4^{(d)} = \dfrac{[H^+]\,(a - 3)\,c_s - k_w}{[OH^-] + (4 - a) \cdot c_s}$.

Für k_w ist der Wert für das Ionenprodukt von H_2O bei der Versuchstemperatur und der verwendeten Ionenstärke einzusetzen.

Damit findet man aus den Werten der Titrationskurve 1 in Abb. V.20 die folgenden Dissoziationskonstanten für EDTA bei 20° C in 0,1 m KCl.

Tabelle 13

$p\,k_1^{(d)}$	$p\,k_2^{(d)}$	$p\,k_3^{(d)}$	$p\,k_4^{(d)}$
1,996	2,672	6,163	10,262

Man erkennt aus den pk-Werten, daß zwei der vier Protonen der Säure H_4Y sehr stark sauren Charakter besitzen, was auf die Struktur eines Doppelbetains

$$\begin{array}{ccc}
HOOC-CH_2 & & CH_2-COO^{(-)} \\
\diagdown{}^{(+)} & & {}^{(+)}\diagup \\
HN-CH_2 & -CH_2-NH \\
\diagup & & \diagdown \\
{}^{(-)}OOC-CH_2 & & CH_2-COOH
\end{array}$$

hinweist.

β) Bestimmung der Komplexbildungskonstanten

Aus Abb. V.20 (Kurven 2 und 3) sieht man, daß bei Zusatz von Li^+ und Na^+ lediglich das vierte Dissoziationsgebiet beeinflußt wird, d. h. diese Ionen reagieren noch nicht mit dem Ion H_2Y^{2-}, sondern erst mit HY^{3-} nach

$$M^+ + HY^{3-} \rightleftharpoons MY^{3-} + H^+ .$$

Bei Zusatz von Erdalkaliionen (Kurven 3—7) tritt dagegen eine Beeinflussung über den gesamten Kurvenbereich auf.

Schwarzenbach nimmt zur Deutung die Bildung von zwei Komplexen zwischen den Erdalkalimetallionen und EDTA an. Dabei handelt es sich um die Gleichgewichte

$$(V.4.13) \qquad M^{2+} + HY^{3-} \rightleftharpoons MHY^- \qquad K_{k_1} = \frac{[MHY^-]}{[M^{2+}]\,[HY^{3-}]} ,$$

$$(V.4.14) \qquad M^{2+} + Y^{4-} \rightleftharpoons MY^{2-} \qquad K_{k_2} = \frac{[MY^{2-}]}{[M^{2+}]\,[Y^{4-}]} ,$$

d. h., daß eine stufenweise Komplexbildung nach

$$M^{2+} + H_2Y^{2-} \rightleftharpoons MHY^- + H^+$$

und

$$MHY^- \rightleftharpoons MY^{2-} + H^+$$

erfolgt. Zieht man nur das Gleichgewicht (V.4.14) in Betracht, so bekommt man keine konstanten Werte von K_{k_2}, so daß man die Bildung von MHY^--Komplexen mit berücksichtigen muß.

Die Berechnung der Bildungskonstanten kann rechnerisch oder auch auf graphischem Wege erfolgen, wobei entsprechend vorzugehen ist, wie bei der Bestimmung der Dissoziationskonstanten der Säure H_4Y.

Für $2 \leqq a \leqq 4$ gilt

$$(V.4.15) \qquad c_s = [H_2Y^{2-}] + [HY^{3-}] + [Y^{4-}] + [MHY^-] + [MY^{2-}]$$

und infolge der Elektroneutralitätsbedingung

$$(V.4.16) \quad (a-2)\,c_s + [H^+]$$
$$= [OH^-] + [HY^{3-}] + 2\,[Y^{4-}] + [MHY^-] + 2\,[MY^{2-}] .$$

$[M^{2+}]$ kann unter den vorliegenden Bedingungen (Metallionenkonzentration 10—15 mal größer als die Konzentration an EDTA) in erster Näherung als konstant und gleich der Gesamtmetallionenkonzentration, $[M^{2+}] \cong c_M$, angesehen werden.

Mit (V.4.3), (V.4.4), (V.4.13), (V.4.14), (V.4.15) und (V.4.16) findet man durch geeignete Kombination die Beziehung

$$(V.4.17) \qquad K_{k_2}\,[M^{2+}]\,[Y^{4-}]$$
$$= \left\{ \frac{[H^+]^2}{k_3^{(d)}\,k_4^{(d)}} - 1 \right\} [Y^{4-}] + (a-3)\,c_s + [H^+] - [OH^-] ,$$

in der als Unbekannte lediglich K_{k_2} und $[Y^{4-}]$ stehen. Unter Verwendung der Punkte der experimentell ermittelten Titrationskurve kann man zwei oder mehr Gleichungen vom Typ (V.4.17) aufstellen und die beiden

Unbekannten berechnen. Je mehr experimentelle Punkte man dazu heranzieht, um so genauer kann man K_{k_2} und $[Y^{4-}]$ bestimmen. Aus dem gefundenen Wert für K_{k_2} und den $[Y^{4-}]$-Werten, die verschiedenen a-Werten entsprechen, kann man K_{k_1} auf einfache Weise berechnen.

Die erhaltenen Werte können noch verbessert werden, wenn man anstelle von $[M^{2+}]$ in (V.4.17) den korrigierten Wert

$$(V.4.18) \quad [M^{2+}] = c_M - [MHY^-] - [MY^{2-}]$$

benutzt, wobei die Werte für $[MHY^-]$ und $[MY^{2-}]$ aus den im ersten Rechengang mit $[M^{2+}] \cong c_M$ erhaltenen Werten für K_{k_1} und K_{k_2} bestimmt werden.

Die von SCHWARZENBACH gefundenen Werte für die Komplexbildungskonstanten sind in Tab. 14 enthalten.

Tabelle 14

Komplexbildungskonstanten bei 20° C in 0,1 m KCl

Metallion	$\log K_{k_2}$	$\log K_{k_1}$
Li$^+$		2,79
Na$^+$		1,66
Mg^{2+}	2,28	8,69
Ca^{2+}	3,51	10,59
Sr^{2+}	2,30	8,63
Ba^{2+}	2,07	7,76

c) Bestimmung von Stabilitätskonstanten unter Ausnutzung von Hilfskomplexen

SCHWARZENBACH [13] hat für solche Fälle, in denen mit Polyaminen Chelatkomplexe von hoher Stabilität entstehen und eine direkte Untersuchung nicht möglich ist, eine Modifikation der beschriebenen Methode gewählt. Diese besteht darin, daß das betreffende Polyamin $H_n X$ nicht mit dem Metallkation M selbst, sondern mit einem geeigneten Hilfskomplex MA umgesetzt wird. Dabei ist A ebenfalls ein chelatbildender Ligand. Es handelt sich um Reaktionen vom Typ

$$(V.4.19) \quad MA + H_n X \rightleftharpoons MX + H_m A + (n - m) H^+,$$

wobei für $n \neq m$ Wasserstoffionen entstehen bzw. verschwinden. Kennt man die Stabilitätskonstante für MA und die Dissoziationskonstanten für $H_n X$ und $H_m A$, so kann man indirekt aus der pH-Titrationskurve die gesuchte Bildungskonstante für den Komplex MX bestimmen.

Mit einer solchen indirekten Methode untersuchten SCHWARZENBACH und FREITAG [16, 17] die Bildung gewisser Komplexe mit EDTA. Sie verwendeten dazu die Reaktion

$$(V.4.20) \quad MY^{2-} + H_3 tren^{3+} + M'^{x+} \rightleftharpoons M\,tren^{2+} + M'Y^{x-4} + 3\,H^+ .$$

Y^{4-} ist das Anion der Äthylendiamintetraessigsäure und *tren* bedeutet Triaminotriäthylamin. Bestimmt man die Gleichgewichtskonstante für diese Reaktion durch die Aufnahme von Neutralisationskurven, so kann man die Bildungskonstante für $M'Y^{x-4}$ berechnen, wenn man diejenige für MY^{2-} und $M\,tren^{2+}$ sowie die Dissoziationskonstanten von $H_4 Y$ und $H_3 tren^{3+}$ kennt.

Bei der Beschreibung der Methode von FRONAEUS wurde bereits die Anwendung solcher Hilfskomplexe besprochen (vgl. dieses Kap. 2 c β und 2 c γ).

d) Grenzen der Anwendung und der Genauigkeit der Methode

SCHWARZENBACH [24] hat die Gleichgewichte, die bei der Komplexbildung zwischen Metallionen und Polyaminen auftreten können diskutiert, sowie eine eingehende Analyse der Methode, aus den entsprechenden Neutralisationskurven die Bildungskonstanten solcher Komplexe für den allgemeinen Fall abzuleiten, durchgeführt. Danach ist diese Methode insbesondere zur Erfassung derjenigen Komplexe geeignet, die pro Zentralion nur eine Polyaminmolekel enthalten. Durch geeignete Wahl der experimentellen Bedingungen (Variation des Verhältnisses Metallion zu Polyamin) kann man die vorkommenden möglichen Gleichgewichte auf bestimmte Typen beschränken, so daß die mathematische Auswertung der Meßdaten vereinfacht wird. Wegen näherer Einzelheiten sei auf die Originalarbeit [24] verwiesen.

Die beschriebene Methode der Bestimmung der Komplexkonstanten aus Neutralisationskurven kann nur angewendet werden, wenn die auszuwertenden Puffergebiete innerhalb des pH-Gebietes von etwa 3—11 liegen. Bei Aminen als Liganden kommen zu hohe pH-Werte nicht vor, denn sie sind bekanntlich schwache Protonenacceptoren. Wenn dagegen die gebildeten Komplexe sehr stabil sind, d. h. wenn sich das Gemisch aus M und $H_m X^{m+}$ wie eine starke Säure verhält, so treten pH-Werte unter 3 auf. Solche Verhältnisse fand SCHWARZENBACH bei Cu^{2+} und Hg^+. Die dann auftretenden Schwierigkeiten lassen sich, wie unter 4 c erwähnt, durch Verwendung geeigneter Hilfskomplexpartner überwinden. Damit sind auch die Bildungskonstanten sehr stabiler Komplexe der Messung zugänglich.

Es ist bei allen Untersuchungen notwendig, in einem Medium konstanter Ionenstärke zu arbeiten. Daraus ergeben sich bestimmte Grenzen bezüglich der Konzentration von Metallion und Ligand. Auch die Löslichkeit vieler als chelatbildende Liganden in Frage kommender Polyamine setzt hinsichtlich der Konzentration von vornherein eine Grenze. SCHWARZENBACH arbeitet mit Metallionenkonzentrationen von ~ 10^{-2} m und Ligandenkonzentrationen von ~ 10^{-3} m. Daraus folgt, daß die Komplexe mindestens eine Bildungskonstante von ~ 10 haben müssen, wenn sie noch erfaßt werden sollen. Ist ein Komplex schwächer, so findet die Komplexbildung erst bei so hohen pH-Werten statt, daß dann im allgemeinen Metallhydroxydfällungen auftreten.

Als Genauigkeit der gefundenen pK-Werte der Bildungskonstanten gibt SCHWARZENBACH im Mittel ~ ± 0,1 an.

Literatur

[1] SCHWARZENBACH, G., E. KAMPITSCH u. R. STEINER: Komplexone I. Über die Salzbildung der Nitrilotriessigsäure. Helv. Chim. Acta **28**, 828 (1945).

[2] SCHWARZENBACH, G., E. KAMPITSCH u. R. STEINER: II. Das Komplexvermögen von Iminodiessigsäure, Methyl-Iminodiessigsäure, Aminomalonsäure und Aminomalonsäure-Diessigsäure. Helv. Chim. Acta **28**, 1133 (1945).

[3] SCHWARZENBACH, G., E. KAMPITSCH u. R. STEINER: III. Uramildiessigsäure und ihr Komplexvermögen. Helv. Chim. Acta **29**, 364 (1946).

[4] SCHWARZENBACH, G., A. WILLI u. R. O. BACH: IV. Die Acidität und die Erdalkalikomplexe der Anilindiessigsäure und ihrer Substitutionsprodukte. Helv. Chim. Acta **30**, 1303 (1947).

[5] SCHWARZENBACH, G., u. H. ACKERMANN: V. Die Äthylendiamintetraessigsäure. Helv. Chim. Acta 30, 1798 (1947).

[6] SCHWARZENBACH, G., u. W. BIEDERMANN: VII. Titration von Metallen mit Nitrilotriessigsäure. Endpunktsindikation durch pH-Effekte. Helv. Chim. Acta 31, 331 (1948).

[7] SCHWARZENBACH, G., u. W. BIEDERMANN: VIII. Titration von Metallen mit Uramildiessigsäure. Endpunktsindikation durch pH-Effekte. Helv. Chim. Acta 31, 456 (1948).

[8] SCHWARZENBACH, G., u. W. BIEDERMANN: IX. Titration von Metallen mit Äthylendiamintetraessigsäure. Endpunktsindikation durch pH-Effekte. Helv. Chim. Acta 31, 459 (1948).

[9] SCHWARZENBACH, G., u. W. BIEDERMANN: X. Erdalkalikomplexe von o,o'-Dioxyazofarbstoffen. Helv. Chim. Acta 31, 678 (1948).

[10] SCHWARZENBACH, G., u. H. ACKERMANN: XII. Die Homologen der Äthylendiamintetraessigsäure und ihre Erdalkalikomplexe. Helv. Chim. Acta 31, 1029 (1948).

[11] SCHWARZENBACH, G.: XIII. Chelatkomplexe des Kobalts mit und ohne Fremdliganden. Helv. Chim. Acta 32, 839 (1949).

[12] SCHWARZENBACH, G., H. ACKERMANN u. P. RUCKSTUHL: XV. Neue Derivate der Iminodiessigsäure und ihre Erdalkalikomplexe. Beziehungen zwischen Acidität und Komplexbildung. Helv. Chim. Acta 32, 1175 (1949).

[13] ACKERMANN, H., u. G. SCHWARZENBACH: XVI. Die Bestimmung der Bildungskonstanten besonders stabiler Komplexe der Iminodiessigsäure-Derivate. Helv. Chim. Acta 32, 1543 (1949).

[14] SCHWARZENBACH, G., u. H. ACKERMANN: XVII. Die Diaminocyclohexan-N,N'-tetraessigsäure als Komplexbildner für Erdalkalien. Helv. Chim. Acta 32, 1682 (1949).

[15] SCHWARZENBACH, G., u. J. HELLER: XVIII. Die Eisen(II)- und Eisen(III)-komplexe der Äthylendiamintetraessigsäure und ihre Redox-Gleichgewichte. Helv. Chim. Acta 34, 576 (1951).

[16] SCHWARZENBACH, G., u. E. FREITAG: XIX. Die Bildungskonstanten von Schwermetallkomplexen der Nitrilotriessigsäure. Helv. Chim. Acta 34, 1492 (1951).

[17] SCHWARZENBACH, G., u. E. FREITAG: XX. Stabilitätskonstanten von Schwermetallkomplexen der Äthylendiamintetraessigsäure. Helv. Chim. Acta 34, 1503 (1951).

[18] SCHWARZENBACH, G., u. J. HELLER: XXI. Die Eisenkomplexe der Nitrilotriessigsäure. Helv. Chim. Acta 34, 1889 (1951).

[19] SCHWARZENBACH, G., G. ANDEREGG u. R. SALLMANN: XXIII. Der Phenolsauerstoff als Koordinationspartner. Helv. Chim. Acta 35, 1785 (1952).

[20] SCHWARZENBACH, G., u. J. SANDERRA: XXIV. Die Vanadiumkomplexe der Äthylendiamintetraessigsäure. Helv. Chim. Acta 36, 1089 (1953).

[21] SCHWARZENBACH, G., G. ANDEREGG, W. SCHNEIDER u. H. SENN: XXVI. Über die Koordinationstendenz von N-substituierten Iminodiessigsäuren. Helv. Chim. Acta 38, 1147 (1955).

[22] ANDEREGG, G., u. G. SCHWARZENBACH: XXVIII. Die Stabilität einiger Fe(III)-Komplexe. Der Einfluß der Oxycyclohexylgruppe im Vergleich zu der Oxyäthylgruppe. Die Koordination der Aminogruppe an Fe(III). Helv. Chim. Acta 38, 1940 (1955).

[23] ÅGREN, A., u. G. SCHWARZENBACH: Die Komplexbildung des Zinks mit Dithioweinsäure. Helv. Chim. Acta 38, 1920 (1955).

[24] SCHWARZENBACH, G.: Metallkomplexe mit Polyaminen I. Allgemeines. Helv. Chim. Acta 33, 947 (1950). (Allgemeine Theorie der direkten Analyse von pH-Titrationskurven).

[25] PRUE, J. E., u. G. SCHWARZENBACH: II. Mit Triaminotriäthylamin = „tren". Helv. Chim. Acta 33, 963 (1950).

[26] SCHWARZENBACH, G.: III. Mit Triäthylentetramin = „trien". Helv. Chim. Acta 33, 975 (1950).

[27] PRUE, J. E., u. G. SCHWARZENBACH: IV. Mit Diäthylentriamin = „den". Helv. Chim. Acta 33, 985 (1950).

[28] PRUE, J. E., u. G. SCHWARZENBACH: V. Mit Triaminopropan = „ptn". Helv. Chim. Acta 33, 995 (1950).

[29] SCHWARZENBACH, G., u. A. ZOBRIST: VI. Mit Hydrazin. Helv. Chim. Acta 35, 1291 (1952).

[30] SCHWARZENBACH, G., B. MAISSEN u. H. ACKERMANN: VII. Diamine mit Silber(I). Helv. Chim. Acta 35, 2333 (1952).

[31] SCHWARZENBACH, G., H. ACKERMANN, B. MAISSEN u. G. ANDEREGG: VIII. Äthylendiamin und Silber. Helv. Chim. Acta 35, 2337 (1952).

[32] SCHWARZENBACH, G., u. P. MOSER: X. Mit Tetrakis-(β-Aminoäthyl)-äthylendiamintetraessigsäure = „penten". Helv. Chim. Acta 36, 581 (1953).

[33] SCHWARZENBACH, G., u. R. BAUR: XI. Mit cis- und trans-1,2-Diaminocyclohexan. Helv. Chim. Acta 39, 722 (1956).

Zusammenstellung weiterer Arbeiten über potentiometrische Untersuchungen von Komplexbildungs-Gleichgewichten

ÅGREN, A.: The complex formation between iron(III)-ion and sulfosalicylic acid. (Kombination von potentiometrischen und spektrophotometrischen Messungen.) Acta Chem. Scand. 8, 266 (1954).

ÅGREN, A: The complex formation between iron(III)-ion and some phenols. II. Salicylic acid and p-amino-salicylic acid. (Kombination von potentiometrischen und spektrophotometrischen Messungen.) Acta Chem. Scand. 8, 1059 (1954).

ÅGREN, A.: The complex formation between iron(III)-ion and some phenols. III. Salicylaldehyde, o-hydroacetophenone, salicylamide, methylsalicylate. (Kombination von potentiometrischen und spektrophotometrischen Messungen.) Acta Chem. Scand. 9, 39 (1955).

NÄSÄNEN, R.: Equilibrium in ammoniacal solution of silver nitrate. Acta Chem. Scand. 1, 763 (1947).

NÄSÄNEN, R., and P. LUMME: Potentiometric studies on the equilibria of some copper (II)-hydroxysalts in aqueous salt solutions and involved complex formation. (Potentiometrische und Löslichkeitsmessungen.) Acta Chem. Scand. 5, 13 (1951).

NÄSÄNEN, R.: Potentiometric and spectrophotometric studies on 8-quinolinol and its derivates. II. 8-quinolinol chelate of Ca in aqueous solution. Acta Chem. Scand. 5, 1293 (1951).

NÄSÄNEN, R.: III. 8-quinolinol chelates of Ba, Sr and Mg in aqueous solution. (Potentiometrische und Extinktionsmessungen.) Acta Chem. Scand. 6, 352 (1952).

NÄSÄNEN, R., and U. PENTTINEN: IV. 8-quinolinol chelates of Cd, Zn and Cu in aqueous solution. (Potentiometrische, spektrophotometrische und Löslichkeitsuntersuchungen.) Acta Chem. Scand. 6, 837 (1952).

NÄSÄNEN, R., and A. EKMAN: V. Ionization of 8-quinolinol-5-sulphonic acid in aqueous solution. Acta Chem. Scand. 6, 1384 (1952).

EKMAN, A., and R. NÄSÄNEN: VIII. Calciumchelates of 7-iodo-8-quinolinol-5-sulphonic acid. (Potentiometrische und spektrophotometrische Messungen.) Acta Chem. Scand. 7, 1261 (1953).

NÄSÄNEN, R.: IX. Stability of some metal chelates of 8-quinolinol-3-sulphonic acid in aqueous solution. Acta Chem. Scand. 8, 112 (1954).

AHRLAND, S., and R. LARSSON: The complexity of uranium(IV)-chloride, bromide and thiocyanate. (Gemischte mono- und polynucleare Komplexe.) Acta Chem. Scand. 8, 137 (1954).

SUZUKI, S.: Formation of complex ions used in analytical chemistry. III. Complexes of copper and zinc citrates. J. Chem. Soc. Japan (Pure chem. Sect.) 72, 974 (1951).

ROSSOTTI, F. J. C., and H. ROSSOTTI: Equilibrium studies of polyanions. I. Isopolyvanadates in acid media. (Potentiometrische und spektrophotometrische Methode.) Acta Chem. Scand. 11, 957 (1957).

INGRI, N., G. LANGERSTRÖM, H. FRYDMAN and L. G. SILLÉN: Equilibrium studies of polyanions. II. Polyborates in NaClO$_4$-medium. Acta Chem. Scand. 10, 1034 (1956).

ALTHIN, B., E. WÅHLIN and L. G. SILLÉN: Studies on ionic solutions in diethylether. II. Silver-silver-ion potentials and solubility products of silver halogenides in LiClO$_4$-ether medium. Acta Chem. Scand. 3, 321 (1949).

ÅLIN, B., L. EVERS and L. G. SILLÉN: III. Studies on the soluble silver iodide complex formed in LiClO$_4$-ether solution. Acta Chem. Scand. **6**, 759 (1952).

MANNERSKANTZ, CHR., and L. G. SILLÉN: V. Red-ox titration of positive triphenylmethyl ion with negative triphenylmethyl ion. Acta Chem. Scand. **8**, 1466 (1954).

JONSSON, A., I. QVARFORT and L. G. SILLÉN: Electrometric investigation between mercury and halogen ions. III. The "millimolar" potentials of mercury and the solubility product of mercury(I)-chloride. Acta Chem. Scand. **1**, 461 (1947).

SILLÉN, L. G.: IV. Red-ox titrations of Hg(I, II)-solutions with halogen ions. Acta Chem. Scand. **1**, 473 (1947).

LINDGREN, B., A. JONSSON and L. G. SILLÉN: V. Complexes between Hg^{2+} and Cl$^-$. Acta Chem. Scand. **1**, 488 (1947).

BETHGE, P. O., J. JONEVALL-WESTÖÖ and L. G. SILLÉN: VI. Complexes between Hg^{2+} and Br$^-$ and some equilibria involving solid mercury(I)-bromide. Acta Chem. Scand. **2**, 828 (1948).

QVARFORT, I., and L. G. SILLÉN: VII. Complexes between Hg^{2+} and I$^-$ and some equilibria involving solide mercury(I)-iodide and mercury(II)-iodide. Acta Chem. Scand. **3**, 505 (1949).

SILLÉN, L. G.: VIII. Survey and conclusions. Acta Chem. Scand. **3**, 539 (1949).

VI.

Polarographische Methoden

Die polarographische Untersuchungsmethode wird seit ihrer Einführung durch HEYROVSKÝ* im Jahre 1925 zunehmend für die Bearbeitung analytischer Probleme verwendet. Schon frühzeitig wurde sie auch zur Untersuchung von Komplexbildung in Lösung herangezogen.

Das Grundsätzliche der polarographischen Arbeitsweise ist in zahlreichen Abhandlungen und Monographien** eingehend beschrieben. Von der zu untersuchenden Elektrolytlösung wird dabei die Strom-Spannungskurve unter Verwendung eines Polarographen aufgezeichnet. Als

---

* HEYROVSKÝ, J., u. M. SHIKATA: Rec. trav. chim. Pays-Bas **44**, 496 (1925).

** Literatur über die Grundlagen der Polarographie:

1. HEYROVSKÝ, J.: Polarographie. Wien: Springer Verlag 1941.

2. HEYROVSKÝ, J.: Polarographisches Praktikum. Wien: Springer Verlag 1948.

3. KOLTHOFF, I. M., and J. J. LINGANE: Polarography. Interscience Publ. Inc. New York 1952, Vol. I: Theoretical principles and instrumentation and technique; Vol. II: Inorganic and organic polarography, biological application and amperometric titrations. Chem. Rev. **24**, 1 (1939).

4. HOHN, H.: Chemische Analyse mit dem Polarographen. Wien: Springer Verlag 1937; Z. Elektrochem. **43**, 127 (1937).

5. VERDIER, E. T.: Les principes et les applications de la méthode polarographique d'electroanalyse Paris: Hermann.

6. WILLARD, H. H., L. L. MERRITT and J. A. DEAN: Instrumental methods of analysis. New York 1949.

7. STACKELBERG, M. v.: Polarographische Arbeitsmethoden. Berlin: De Gruyter 1950.

8. STACKELBERG, M. v.: Die wissenschaftlichen Grundlagen der Polarographie. Z. Elektrochem. **45**, 466 (1939).

9. Vgl. auch G. KORTÜM: Lehrbuch der Elektrochemie. Weinheim/Bergstr.: Verlag Chemie 1957.

10. SEMERANO, G.: Bibl. Polarografica 1922—1949; Suppl. Ricérca Sci. **19**, (1949); **21** (1951).

Bezugselektrode dient im allgemeinen eine großflächige Kalomelnormal-elektrode und als Indicatorelektrode eine Quecksilbertropfelektrode (oder auch eine rotierende Mikro-Platinelektrode). Eine solche Stromspannungskurve hat im Prinzip die in Abb. VI.1 angegebene Gestalt. Mit wachsender Spannung bleibt die Stromstärke zunächst praktisch konstant (genau betrachtet wird eine geringe Zunahme beobachtet) und hängt von der Polarisation eines jeden Quecksilbertropfens und der angelegten Spannung ab. Es fließt ein sogenannter Grundstrom. Bei einem bestimmten Potential, dem Abscheidungs- oder Reduktions-Potential, das für jeden Stoff einen charakteristischen Wert besitzt, steigt die Stromstärke stark an, um dann bei weiterer Erhöhung der Spannung wieder praktisch konstant (bzw. mit geringer Zunahme) zu verlaufen. Es fließt ein Sättigungsstrom, der sogenannte Diffusionsstrom (i_D), der von der Anzahl der Ionen, die während der Lebensdauer eines Quecksilbertropfens an diesen herandiffundieren können, abhängig ist. Der Diffusionsstrom ist somit der Konzentration der Ionen in der Lösung proportional. Man setzt der zu untersuchenden Lösung stets einen indifferenten Elektrolyten (z. B. KCl oder $NaClO_4$) in großem, etwa 100fachem, Überschuß zu, um die Heranführung der

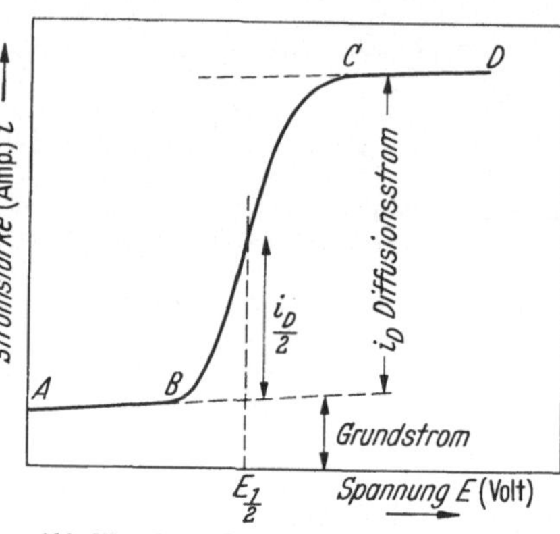

Abb. VI.1 Strom-Spannungskurve (schematisch)

11. Heyrovský, J., u. P. Zuman: Einführung in die praktische Polarographie. Berlin: VEB Verl. Technik 1959.

12. Tachi, I.: Polarography. Kyoto 1954.

13. Meites, L.: Polarographic techniques. New York: Intersci. Publ. Inc. 1955.

14. Scholander, A.: Introduction to practical polarography. Kopenhagen: J. Gjellerups Forlag 1950.

15. Shinagawa, M.: Polarography. Kyoritu 1952.

16. Zuman, P.: Základy polarografie (Grundlagen der Polarographie). Prag: Přirodověd. Vyd. 1952.

17. Heyrovský, J., u. J. Forejt: Oscilografická polarografie (Die oscillographische Polarographie). Prag: SNTL 1953.

18. Milner, G. C. W.: The principles and applications of polarography. London: Longmans, Green 1957.

19. Brdička, R.: Polarographie. In E. Bamann u. K. Myrbäck: Methoden der Enzymforschung. Leipzig: G. Thieme 1940.

20. Heyrovský, J.: Polarographie. In W. Böttger: Physikalische Methoden der analytischen Chemie. Leipzig: Akad. Verlagsgesellschaft 1938—1949; Bd. II 1938 S. 260, Bd. III 1939 S. 422, Bd. II, 2. Aufl. 1949, S. 120.

21. Heyrovský, J.: Polarographie. In J. D'Ans: Chemisch-technische Untersuchungsmethoden. Ergänzungsband zu Bd. I, 8. Ausg. S. 75. Berlin: Springer-Verlag 1939.

22. Delahay, P.: New instrumental methods in electrochemistry .New York: Intersci. Publ. Inc. 1954.

23. Lingane, J. J.: Electroanalytical chemistry. 2. Aufl. Interscience Publ. Inc., New York 1958.

Ionen an die Indicatorelektrode durch Überführung praktisch auf Null herabzusetzen. Dadurch gelangen die reduzierbaren Teilchen nur durch Diffusion an die Elektrode.

Sind mehrere reduzierbare Stoffe mit verschiedenen hinreichend unterschiedlichen Abscheidungspotentialen in der Lösung zugegen, so beobachtet man im allgemeinen die entsprechende Anzahl Stufen oder „Wellen", von denen jede einer bestimmten Molekül- bzw. Ionensorte zugehört (Abb. VI.2).

Die verschiedenen Diffusionsströme addieren sich nach

$$i_{D(\text{ges.})} = \sum_j i_{D(j)} = \sum_j k_j c_j \,,$$

wenn j Ionen mit den Konzentrationen $c_1, c_2, \ldots, c_j$ vorliegen. Diese Beziehung gilt streng nur für kleine Konzentrationen im Bereich $c < 10^{-3}$ m.

Für eine Quecksilbertropfelektrode ist die Stärke des

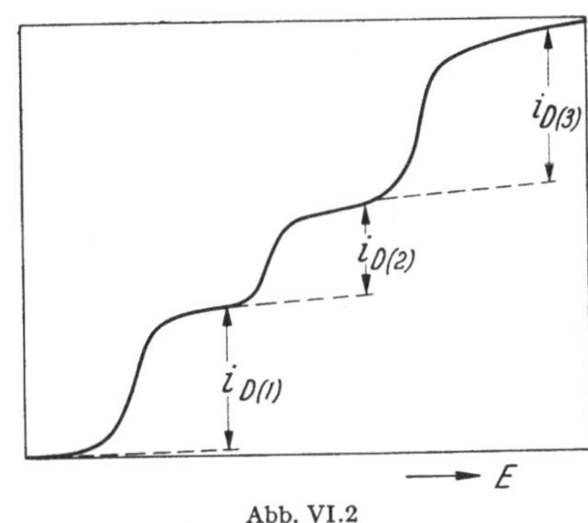

Abb. VI.2

Diffusionsstromes (in Mikroamp.) durch die Beziehung von ILKOVIČ*

$$i_D = 605 \cdot n \cdot D^{1/2} \cdot m^{2/3} \cdot t^{1/6} \cdot c$$

gegeben, wenn D der Diffusionskoeffizient des elektrolysierten Moleküls bzw. Ions in cm² · sec⁻¹, c seine Konzentration in Millimol · l⁻¹ bzw. Milligramm · l⁻¹, m die Ausflußgeschwindigkeit des Quecksilbers aus der Austrittscapillare in Milligramm · sec⁻¹, t die Tropfdauer, d. h. die Zeit für die Bildung eines Tropfens in Sekunden und n die Anzahl der Elektronen ist, die bei der Elektrolyse pro Molekül bzw. Ion übergehen. Durch Vergleich mit $i_D = k \cdot c$ findet man den Koeffizienten k zu

$$k = \underbrace{605 \cdot n \cdot D^{1/2}}_{\substack{\text{Diffusions-}\\\text{stromkonstante}}} \cdot \underbrace{m^{2/3} \cdot t^{1/6}}_{\substack{\text{Capillar-}\\\text{konstante}}} .**$$

Eine für die Polarographie wichtige Größe ist das Halbwellenpotential $E_{1/2}$, das ist das der halben Wellenhöhe (bei $i_D/2$) entsprechende Potential (Abb. VI.1). Für eine bestimmte Substanz besitzt das Halbwellenpotential einen charakteristischen Wert***. Es ist unabhängig von

---

* ILKOVIČ, D.: Coll. Czechoslov. Chem. Communs. **6**, 498 (1934); Journ. Chim. Physique **35**, 129 (1938).

** D kann nach der Beziehung $D = 2{,}67 \cdot 10^{-7} \dfrac{\Lambda}{z}$ abgeschätzt werden, wenn Λ die Äquivalentleitfähigkeit des Ions bei der entsprechenden Temperatur in Ω^{-1} cm² äquiv.⁻¹ und z seine Ladung ist.

*** VLČEK, A.: Tabulky Půlvlnových Potenciálů Anorganických Depolarisátorů. (Tabellen der Halbwellenpotentiale anorganischer Depolarisatoren.) Prag: Verl. d. Akademie d. Wissenschaften, 1956.

der Konzentration der reduzierbaren Substanz und der Art der Elektroden. Bei Anwesenheit mehrerer reduzierbarer Substanzen findet man für
jede eine deutlich ausgeprägte Welle, wenn die Differenz der Halbwellenpotentiale $\geqq \sim 0,1\text{—}0,2$ Volt ist.

Der Bereich der Verwendbarkeit der Quecksilbertropfelektrode geht
von etwa $+0,3$ bis $-1,8$ Volt (gemessen gegen die Kalomelstandardelektrode). Bei Verwendung von Lithium- bzw. Tetraalkylammonium-
Leitsalzzusatz kommt man bis $-2,0$ bzw. $-2,6$ Volt. Die zu untersuchende Substanz muß in echter Lösung vorliegen und gegen Oxydation,
Reduktion oder Zersetzung — verursacht durch äußere Einwirkung —
resistent sein.

Die Form der Stromspannungskurve und damit das Halbwellenpotential kann durch verschiedene Einflüsse geändert werden. So werden
z. B. die Reduktionspotentiale von Metallionen, die in Lösung als Aquo-
Komplexe vorliegen, durch Komplexbildung mit anderen Liganden verändert. Im allgemeinen beobachtet man eine Verschiebung der Halbwellenpotentiale bei Komplexbildung zu mehr negativen Werten. Durch
Untersuchung dieser Verschiebung als Funktion der Konzentration an
komplexbildender Substanz kann man Auskunft über die Zusammensetzung der Komplexe und die Komplexkonstanten erhalten. Das Halbwellenpotential kann auch durch eine Änderung des pH-Wertes der
Lösung beeinflußt werden. Der Grund dafür ist, daß entweder die Natur
der vorliegenden Komplexe geändert wird oder aber die Produkte der
Elektrolyse Veränderungen unterliegen. Der Vorteil der polarographischen Methoden gegenüber anderen elektrometrischen Verfahren beruht
darauf, daß nur eine ganz geringe Menge der Lösung elektrolysiert wird
und man außerdem sehr kleine Konzentrationen des zu untersuchenden
Materials verwenden kann. Quantitative polarographische Untersuchungen sind in der Regel (Ausnahmen vgl. Abschnitt 1.b) nur möglich, wenn
folgende Voraussetzungen erfüllt sind:

Grundsätzlich muß die Reduktion des Metallkomplexes an der
Quecksilbertropfelektrode reversibel und so schnell verlaufen, daß die
Gleichgewichtseinstellung momentan erfolgt. Nur wenn diese Bedingung
erfüllt ist, sind Störeffekte, wie z. B. das Auftreten von Überspannungen,
ausgeschlossen, und nur dann ist die Diffusion der Stoffe an der Tropfenoberfläche der einzige kinetische Vorgang, der auf den Strom von
Einfluß ist.

Der Analysenlösung, in der die zu untersuchenden Substanzen mit
einer Konzentration von $\sim 10^{-3}$ m vorliegen, wird ein Zusatzelektrolyt
in etwa hundertfacher Konzentration zugesetzt (Leitsalzzusatz). Wie
bereits erwähnt, wird dadurch erreicht, daß die reduzierbaren Teilchen
nur durch Diffusion an die Tropfelektrode gelangen.

Die Bedingung der Reversibilität der Elektronenüberführung ist
besonders wichtig. Sie bedarf im Einzelfall stets einer genauen Überprüfung (vgl. Fußnote S. 199).

Bei den nachfolgenden Überlegungen wird zur Vereinfachung angenommen, daß die mit dem Metallion Komplexe bildende Substanz in
so großem Überschuß vorliegt, daß die Komplexkonzentration vernach-

lässigbar klein gegenüber der Konzentration der komplexbildenden Komponente ist. Dann kann die Konzentration der komplexbildenden Substanz an der Tropfenoberfläche in guter Näherung gleich ihrer Gesamtkonzentration in der Lösung gesetzt werden.

1. Grundlagen

Bei der polarographischen Untersuchung von Metallkomplexen in Lösung kann man vier Fälle unterscheiden. Es liege *ein* Komplex MX_n vor, dessen Bildungsgleichgewicht durch die Gleichung

$$(VI.1.1) \qquad M + n\,X \underset{k-}{\overset{k+}{\rightleftharpoons}} MX_n$$

beschrieben wird und der nach

$$(VI.1.2) \qquad MX_n \overset{n\ominus}{\rightleftharpoons} \text{Produkte}$$

an der Tropfelektrode reduziert wird. Gl. (VI.1.2) stellt die Reduktion summarisch dar und sagt nichts über den Mechanismus aus.

Fall A: Das Gleichgewicht (VI.1.1) stellt sich — verglichen mit der Tropfzeit — schnell ein, die Elektronenüberführung (VI.1.2) erfolgt reversibel.

Man findet in den polarographischen Kurven nur eine Stufe der Reduktion von MX_n, mit einem Potential, das negativer ist als das der Reduktionsstufe des Aquoions. Bei Überschuß der Ligandenkomponente X kann man aus dem Vergleich des Normalpotentials mit dem nunmehr verschobenen Halbwellenpotential die Komplexbildungskonstante und aus der Verschiebung die Anzahl der Liganden berechnen [1—6].

Fall B: Das Gleichgewicht (VI.1.1) stellt sich schnell ein, die Elektronenüberführung (VI.1.2) erfolgt jedoch irreversibel.

Bei Überschuß des Komplexbildners X zeigt das Polarogramm nur eine Stufe. Diese kann negativer oder positiver als die Stufe des Aquoions sein. Unter diesen Umständen kann man nur qualitative Schlußfolgerungen über die Komplexbildung ziehen.

Fall C: Gleichgewicht (VI.1.1) stellt sich nur langsam ein.

In den Polarogrammen sind bei geeigneter Komplexbildnerkonzentration zwei Stufen sichtbar, von denen eine der Reduktion des Komplexes, die andere der Reduktion des Aquoions entspricht. Die Stufenhöhen sind den Konzentrationen der einzelnen Komponenten in der Lösung proportional. Aus der Abhängigkeit des Verhältnisses der Stufenhöhen der beiden Stufen von der Konzentration des Komplexbildners X kann die Komplexbildungskonstante bestimmt werden, aus der Steilheit der Dissoziationskurve die Anzahl der Liganden [4, 5].

Fall D: Das Gleichgewicht (VI.1.1) stellt sich in einer mit der Tropfzeit vergleichbaren Zeit ein.

Bei geeigneten Ligandenkonzentrationen findet man in den Polarogrammen zwei Stufen. Eine entspricht der Reduktion des Komplexions, die andere Stufe der Reduktion des Aquoions. Die gesamte Stufenhöhe entspricht zwar der analytischen Metallkonzentration, die Höhe der

Komplexstufe entspricht jedoch nicht der Gleichgewichtskonzentration an Komplex in der Lösung. Die Höhe dieser Stufe ist durch die Geschwindigkeit der Komplexbildung mit der Geschwindigkeitskonstanten k^+ begrenzt. Wird die Gleichgewichtskonstante mit einer unabhängigen Methode bestimmt, kann man die Konstante k^+ berechnen. Ist der Zerfall geschwindigkeitsbestimmend, so ist die Stufe, die dem Metallaquoion entspricht, kinetischer Natur [4, 5].

Im folgenden werden diese Fälle diskutiert. Bei allen Überlegungen gehen wir von der Gleichung für das Potential der Tropfelektrode

$$(VI.1.3) \qquad E = E^0 - \frac{RT}{nF} \ln \frac{a_{red}}{a_{ox}}$$

aus, wobei E^0 das Normalpotential für die entsprechende Reaktion, n die Anzahl der beteiligten Elektronen und a_{red} bzw. a_{ox} die Aktivitäten der Reaktionsteilnehmer in der reduzierten bzw. oxydierten Stufe bedeuten.

a) Gleichgewichtseinstellung, schnell im Vergleich zur Tropfzeit, Elektronenüberführung reversibel [1—6]

Nach LINGANE [1] kann |man die folgenden Spezialfälle unterscheiden.

α) Reduktion des Metallions zum metallischen Zustand unter Bildung von Amalgam mit dem Quecksilber der Tropfelektrode.

β) Reduktion (oder Oxydation) des Zentralions zu einer niedrigeren (oder höheren) Oxydationsstufe.

γ) Schrittweise Reduktion über mehrere Stufen, gekennzeichnet durch das Auftreten von mehreren getrennten Wellen.

α) Reduktion des Metallions zum Metall

Die Reduktion eines komplexen Metallions zum metallischen Zustand unter gleichzeitiger Amalgambildung kann durch die Gleichung

$$(VI.1.4) \qquad MX_p^{(n-pb)+} + n \ominus + Hg \rightleftharpoons M(Hg) + pX^{b-}$$

beschrieben werden, wenn X die Ligandenkomponente, p die Koordinationszahl, M das Zentralion und M(Hg) das entstehende Amalgam bedeutet. Nach HEYROVSKÝ und ILKOVIČ* läßt sich die Reduktion eines Metallkomplexes (VI.1.4) formal als Summe der beiden Teilreaktionen

$$(VI.1.5) \qquad MX_p^{(n-pb)+} \rightleftharpoons M^{n+} + pX^{b-}$$

und

$$(VI.1.6) \qquad M^{n+} + n \ominus + Hg \rightleftharpoons M(Hg)$$

auffassen. Verläuft die Reaktion (VI.1.5) schnell und die Reduktion (VI.1.6) an der Quecksilbertropfelektrode reversibel, so ist das Potential

---

* HEYROVSKÝ, J., u. D. ILKOVIČ: Coll. Czechoslov. Chem. Commun. **7**, 198 (1935).

der Tropfelektrode in jedem Punkt der Welle durch

$$(VI.1.7) \qquad E = E^{\circ}_{am} - \frac{RT}{nF} \ln \frac{C^{\circ}_{am} \cdot f_{am}}{a_{Hg} \cdot C^{\circ}_{M} \cdot f_{M}}$$

gegeben. Der Index am bezieht sich auf das Amalgam, der Index M auf das freie Metallion. Die Größen C° bedeuten Konzentrationen an der Tropfenoberfläche, a_{Hg} ist die Aktivität des Quecksilbers an der Tropfenoberfläche und f sind die Aktivitätskoeffizienten. Das Normalpotential des Metallamalgams E°_{am} ist als elektromotorische Kraft der Zelle, Bezugselektrode/M^{n+}/M (Hg) definiert, wenn $\frac{C^{\circ}_{am} \cdot f_{am}}{C^{\circ}_{M} \cdot f_{M} \cdot a_{Hg}} = 1$ ist.

Das an der Tropfenoberfläche gebildete Amalgam ist sehr verdünnt. Daher kann man a_{Hg} praktisch gleich der Aktivität des reinen Quecksilbers setzen und als konstant ansehen. Dann geht (VI.1.7) in

$$(VI.1.8) \qquad E = \varepsilon - \frac{RT}{nF} \ln \frac{C^{\circ}_{am} \cdot f_{am}}{C^{\circ}_{M} \cdot f_{M}}$$

mit

$$\varepsilon = E^{\circ}_{am} + \frac{RT}{nF} \ln a_{Hg}$$

über. Stellt sich — wie vorausgesetzt — das Gleichgewicht (VI.1.5) hinreichend schnell im Vergleich zur Tropfdauer ein, so kann die Metallionenkonzentration an der Tropfenoberfläche durch

$$(VI.1.9) \qquad C^{\circ}_{M} = K^{(d)} \frac{C^{\circ}_{MX_{p}} \cdot f_{MX_{p}}}{(C^{\circ}_{X} \cdot f_{X})^{p} \cdot f_{M}}$$

ersetzt werden, wenn $K^{(d)}$ die Bruttodissoziationskonstante des Komplexes $MX_{p}^{(n-pb)+}$ ist. C°_{X} und $C^{\circ}_{MX_{p}}$ sind die Konzentrationen von X^{b-} und des Komplexes an der Elektrodenoberfläche. Aus (VI.1.8) folgt mit (VI.1.9)

$$(VI.1.10) \qquad E = \varepsilon + \frac{RT}{nF} \ln \frac{K^{(d)} \cdot f_{MX_{p}}}{f_{am} \cdot (f_{X})^{p}} - \frac{RT}{nF} \ln \frac{C^{\circ}_{am} \cdot (C^{\circ}_{X})^{p}}{C^{\circ}_{MX_{p}}} \cdot$$

Das Potential der Tropfelektrode sowie die verschiedenen Konzentrationen an der Elektrodenoberfläche ändern sich periodisch während der Lebensdauer eines Quecksilbertropfens, da die Elektrodenoberfläche infolge des Wachsens und Fallens jedes Tropfens eine periodische Änderung erfährt. Im folgenden sind deshalb stets die Mittelwerte dieser Größen während der Lebensdauer eines Tropfens gemeint.

Um die Gleichung der polarographischen Welle zu erhalten, müssen die in (VI.1.10) enthaltenen Konzentrationen als Funktion der Stromstärke ausgedrückt werden. Infolge der geringen Dicke der Diffusionsschicht kann man das Konzentrationsgefälle in der Umgebung der Quecksilbertröpfchen praktisch als linear ansehen. Dann nimmt die Konzentration des Komplexions an der Oberfläche des Tropfens direkt proportional zum Ansteigen des Stromes längs der Welle ab und es gilt

$$(VI.1.11) \qquad i = k_{MX_{p}}(C_{MX_{p}} - C^{\circ}_{MX_{p}})$$

bzw.

$$(VI.1.12) \qquad C^{\circ}_{MX_{p}} = C_{MX_{p}} - \frac{i}{k_{MX_{p}}} \cdot$$

i ist der Mittelwert der Stromstärke bei jedem gegebenen Wert des Potentials der Tropfelektrode während der Lebensdauer eines Tropfens, C_{MXp} ist die Komplexkonzentration in der Lösung zum Unterschied zu C°_{MXp}, der Komplexkonzentration an der Tropfenoberfläche. Der Proportionalitätsfaktor k_{MXp} ist durch die Ilkovičsche Gleichung (vgl. Einleitung)

$$(VI.1.13) \qquad k_{MXp} = 605 \cdot n \cdot D^{1/2}_{MXp} \cdot m^{2/3} \cdot t^{1/6} \quad \text{(für } 25° \text{ C)}$$

gegeben und hängt von dem Diffusionskoeffizienten D_{MXp} des Komplexions ab. Ist der Diffusionsstrom i_D erreicht, so hat C°_{MXp} einen konstanten Minimalwert angenommen, der so klein ist, daß er gegenüber C_{MXp} vernachlässigt werden kann. Dann folgt aus (VI.1.11)

$$(VI.1.14) \qquad i_D = k_{MXp} \cdot C_{MXp} .$$

Diese Beziehung zwischen Diffusionsstrom und Konzentration des reduzierbaren Teilchens ist die Grundlage für die polarographische Analyse. Mit (VI.1.14) geht (VI.1.11) in

$$(VI.1.15) \qquad C^{\circ}_{MXp} = \frac{i_D - i}{k_{MXp}}$$

über.

Für die Amalgamkonzentration folgt

$$(VI.1.16) \qquad C^{\circ}_{am} = \frac{i}{k_{am}} ,$$

da die Konzentration des gebildeten Amalgams in jedem Punkt der Welle der Stromstärke direkt proportional ist. Der Proportionalitätsfaktor k_{am} ist durch eine der Gl. (VI.1.13) entsprechende Beziehung definiert, in der der Diffusionskoeffizient D_{am} des Amalgams steht.

Die Konzentration der Ligandenkomponente wächst, da sie ein Produkt der Elektrodenreaktion ist, mit zunehmender Stromstärke.

$$(VI.1.17) \qquad C^{\circ}_{X} = C_{X} + \frac{i}{k_{X}} \cdot p ,$$

wobei k_{X} sich nach (VI.1.13) unter Verwendung des Diffusionskoeffizienten D_{X} von X^{b-} ergibt. Nach Voraussetzung liegt die Ligandenkomponente X^{b-} in so großem Überschuß vor, daß die Komplexkonzentration demgegenüber vernachlässigbar klein ist. Dann kann man das Glied $p(i/k_{X})$ vernachlässigen und die Konzentration von X^{b-} an der Tropfelektrode mit der Gesamtkonzentration identifizieren.

$$(VI.1.18) \qquad C^{\circ}_{X} = C_{X} .$$

Setzt man die Werte für C°_{MXp}, C°_{am} und C°_{X} (VI.1.15), (VI.1.16) und (VI.1.18) in Gl. (VI.1.10) ein, so folgt (für eine Temperatur von 25° C)

$$(VI.1.19) \qquad E = E_{1/2} - \frac{RT}{nF} \ln \frac{i}{i_D - i} = E_{1/2} - \frac{0,0591}{n} \log \frac{i}{i_D - i} ,$$

wobei das Halbwellenpotential durch

$$(VI.1.20) \quad E_{1/2} = \varepsilon + \frac{RT}{nF} \ln \frac{K^{(d)} \cdot f_{MX_p} \cdot k_{am}}{f_{am} \cdot k_{MX_p}} - p \frac{RT}{nF} \ln C_X \cdot f_X$$

$$= \varepsilon + \frac{0{,}0591}{n} \log \frac{K^{(d)} \cdot f_{MX_p} \cdot k_{am}}{f_{am} \cdot k_{MX_p}} - p \frac{0{,}0591}{n} \log C_X \cdot f_X$$

gegeben ist. Damit ist der Zusammenhang zwischen Strom und Spannung abgeleitet.

Gl. (VI.1.19) gestattet es, die Reversibilität der Reaktion (VI.1.4) zu prüfen. Trägt man die gemessenen Werte von $\log \frac{i}{i_D - i}$ gegen die Werte von E auf, so findet man bei Reversibilität der Reaktion eine Gerade mit der Neigung $-0{,}0591/n$. Aus dieser Geraden erhält man somit zudem Auskunft darüber, wie groß die Zahl n der bei der Reduktion beteiligten Elektronen ist. Aus Gl. (VI.1.20) sieht man, daß das Halbwellenpotential unabhängig von der Konzentration des Komplexes ist, denn in dieser Gleichung kommt weder C_{MX_p} noch die von C_{MX_p} abhängige Größe i_D vor. Im Mittelpunkt der Welle wird wegen $i = i_D/2$ der Ausdruck $\log \frac{i}{i_D - i}$ gleich Null*.

Aus (VI.1.19) und (VI.1.20) kann man die stöchiometrische Zusammensetzung des Komplexes sowie seine Dissoziationskonstante ermitteln.

Die Koordinationszahl p findet man aus der Abhängigkeit des Halbwellenpotentials $E_{1/2}$ von der Aktivität der komplexbildenden Komponente X^{b-}. Aus (VI.1.20) folgt

$$(VI.1.21) \qquad \frac{\Delta E_{1/2}}{\Delta \log (C_X \cdot f_X)} = - p \frac{0{,}0591}{n} .$$

Man kann p somit graphisch bestimmen, indem man $E_{1/2}$ gegen $\log (C_X f_X)$ aufträgt. In der Regel genügt es, statt der Aktivität die Konzentration des Liganden zu verwenden.

Ist der Komplex von der Form $MA_a B_b$, so kann man in einer ersten Versuchsreihe die Konzentration von A variieren und diejenige von B konstant halten und in einer zweiten Versuchsreihe umgekehrt verfahren. Die Werte für a und b findet man nach

$$\left| \frac{\Delta E_{1/2}}{\Delta \log (C_A \cdot f_A)} \right|_{C_{B/B}} = - a \frac{0{,}0591}{n} ,$$

$$\left| \frac{\Delta E_{1/2}}{\Delta \log (C_B \cdot f_B)} \right|_{C_{A/A}} = - b \frac{0{,}0591}{n} .$$

Für einen polynuclearen Komplex $M_m X_p$ gilt für die Abhängigkeit des Halbwellenpotentials von der Aktivität des Metallions die Beziehung

$$\frac{\Delta E_{1/2}}{\Delta \log (C_M \cdot f_M)} = \frac{0{,}0591}{n} \left(1 - \frac{1}{m} \right) .$$

---

* Dieses Reversibilitätskriterium ist jedoch allein noch ungenügend (vgl. Fußnote, S. 199).

Aus Gl. (VI.1.20) sieht man, daß das Halbwellenpotential vom Logarithmus der Dissoziationskonstanten $K^{(d)}$ des betreffenden Komplexions abhängt. Es ist um so negativer, je kleinere Werte $K^{(d)}$ besitzt, d. h. je stabiler der Komplex ist. Man kann somit $K^{(d)}$ im Prinzip direkt aus den experimentell erhaltenen Werten der Halbwellenpotentiale berechnen.

Im allgemeinen bestimmt man jedoch $K^{(d)}$ aus der Differenz zwischen dem Halbwellenpotential des komplexen Metallions $E_{1/2}$ und dem Halbwellenpotential des einfachen hydratisierten Metallions $(E_{1/2})_\mathrm{M}$. Das Halbwellenpotential des einfachen Aquoions ist durch

$$(VI.1.22) \qquad (E_{1/2})_\mathrm{M} = \varepsilon - \frac{RT}{nF} \ln \frac{f_{am} \cdot k_\mathrm{M}}{f_\mathrm{M} \cdot k_{am}}$$

gegeben*. k_M ist nach der Ilkovičschen Gleichung proportional der Quadratwurzel aus dem Diffusionskoeffizienten des einfachen Metallions. Aus (VI.1.20) und (VI.1.22) folgt für die Differenz der beiden Halbwellenpotentiale

$$(VI.1.23) \quad E_{1/2} - (E_{1/2})_\mathrm{M} = \frac{0{,}0591}{n} \log \frac{K^{(d)} \cdot f_{\mathrm{MX}p} \cdot k_\mathrm{M}}{f_\mathrm{M} \cdot k_{\mathrm{MX}p}} - p\, \frac{0{,}0591}{n} \log C_\mathrm{X} \cdot f_\mathrm{X} \cdot$$

Diese Gleichung gibt die Verschiebung des Halbwellenpotentials bei Komplexbildung an.

Die Halbwellenpotentiale können nur auf $\sim \pm 2$ bis 3 Millivolt genau gemessen werden. Daher ist die Berücksichtigung der Aktivitätskoeffizienten f_M, f_X und $f_{\mathrm{MX}p}$ meist nur von geringer Bedeutung. Der Quotient der Konstanten $k_\mathrm{M}/k_{\mathrm{MX}p} = (D_\mathrm{M}/D_{\mathrm{MX}p})^{1/2}$ liegt häufig so dicht bei eins, daß Gl. (VI.1.23) näherungsweise in der Form

$$(VI.1.24) \qquad E_{1/2} - (E_{1/2})_\mathrm{M} \cong \frac{0{,}0591}{n} \log K^{(d)} - p\, \frac{0{,}0591}{n} \log C_\mathrm{X}$$

geschrieben werden kann. Für höhere Genauigkeitsansprüche wird $k_\mathrm{M}/k_{\mathrm{MX}p}$ aus dem Verhältnis der für das einfache und das komplexe Metallion beobachteten Diffusionsströme bei Gleichheit aller Versuchsbedingungen einschließlich der Konzentrationen bestimmt. Es gilt nach (VI.1.14)

$$(VI.1.25) \qquad \frac{k_\mathrm{M}}{k_{\mathrm{MX}p}} = \frac{(i_D)_\mathrm{M}}{(i_D)_{\mathrm{MX}p}} \cdot$$

Die Größe $\dfrac{0{,}0591}{n} \log K^{(d)}$ kann durch die Differenz $E° - E°_\mathrm{M}$ der Normalpotentiale der Reaktionen

$$\mathrm{MX}_p^{(n-pb)+} + n\, \ominus \rightleftharpoons \mathrm{M} + p\,\mathrm{X}^{b-}$$

und

$$\mathrm{M}^{n+} + n\, \ominus \rightleftharpoons \mathrm{M}$$

ausgedrückt werden, so daß Gl. (VI.1.24) in

$$E_{1/2} - (E_{1/2})_\mathrm{M} \cong E° - E°_\mathrm{M} - p\, \frac{0{,}0591}{n} \log C_\mathrm{X}$$

übergeht.

---

* LINGANE, J. J.: J. Am. Chem. Soc. **61**, 2099 (1939).
STACKELBERG, M. v.: Z. Elektrochem. **45**, 466 (1939).

β) Reduktion des komplexen Metallions zu einer niedrigeren bzw. Oxydation zu einer höheren Wertigkeitsstufe

Ein solcher Vorgang wird durch die Reaktionsgleichung

$$(VI.1.26) \qquad MX_p^{(n-pb)+} + \nu \ominus \rightleftharpoons MX_q^{(n-\nu-qb)+} + (p-q)\,X^{b-}$$

beschrieben. Als Reduktion verläuft die Reaktion von links nach rechts, als Oxydation von rechts nach links.

Die möglichen Typen polarographischer Wellen, die man beobachtet, sind in Abb. VI.3 dargestellt. Liegt in der Lösung nur die oxydierte Form des Komplexions vor, so erhält man eine Kurve vom Typ 1, die vollkommen kathodisch ist. Kurve 2 gibt den anderen Extremfall an. Nur die reduzierte Form des Komplexions ist vorhanden, so daß eine rein anodische Welle resultiert. Liegen das Ion der höheren und das der niedrigeren Oxydationsstufe in praktisch gleichen Konzentrationen vor, so findet man eine Kurve vom Typ 3, die gemischt kathodisch-anodisch ist. Entsprechend vertikal verschobene gemischt kathodisch-anodische Kurven findet man bei anderen Konzentrationsverhältnissen beider Oxydationsstufen. Alle diese Stromspannungskurven haben gleiches Halbwellenpotential.

Für nicht reversible Reaktionen besitzt die gemischt kathodisch-anodische Welle die Form der Kurve 4. Es tritt dann entweder bei der kathodischen oder bei der anodischen Reaktion oder auch bei beiden eine mehr oder weniger große Überspannung auf, wodurch die Halbwellenpotentiale verschiedene Werte annehmen.

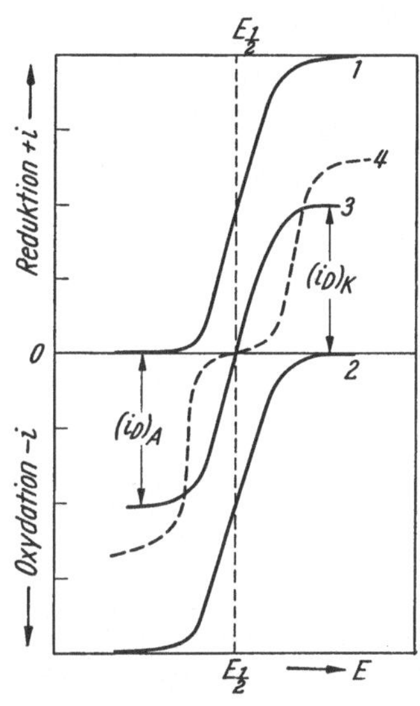

Abb. VI.3. Schematische Darstellung polarographischer Wellen, die bei der Reduktion bzw. der Oxydation einer Substanz von einem Oxydationszustand zu einem anderen auftreten können. Nach Lingane [1]

Unter der Voraussetzung, daß man die Aktivitäten mit den Konzentrationen identifizieren kann, gilt für das Potential der Tropfelektrode

$$(VI.1.27) \qquad E = E° - \frac{0{,}0591}{\nu} \log \frac{C_{red}^{\circ}}{C_{ox}^{\circ}} - \frac{(p-q)}{\nu}\, 0{,}0591 \log C_X \, ,$$

wenn C_{red}° und C_{ox}° die Konzentrationen des Komplexions in der reduzierten und der oxydierten Stufe an der Tropfenoberfläche, C_X die Gesamtkonzentration an X^{b-} und $E°$ das Normalpotential der Reaktion (VI.1.26) sind. (Die Ligandenkomponente soll, wie allgemein üblich, in großem Überschuß vorliegen.)

Der kathodische bzw. der anodische Diffusionsstrom ist jeweils der Konzentration der oxydierten bzw. der reduzierten Form des Komplexes in der Lösung proportional.

$$(VI.1.28) \qquad (i_D)_{\mathrm{K}} = k_{ox} \cdot C_{ox},$$

$$(VI.1.29) \qquad - (i_D)_{\mathrm{A}} = k_{red} \cdot C_{red}.$$

Die k-Werte sind durch die Ilkovičsche Gleichung (VI.1.13) definiert.

Unter der Annahme, daß die Konzentrationsänderungen sowohl der reduzierten als auch der oxydierten Form des Komplexions an der Elektrodenoberfläche der Stromstärke direkt proportional sind, gelten die Beziehungen

$$(VI.1.30) \qquad C_{red}^{\circ} = C_{red} + \frac{i}{k_{red}} = \frac{-(i_D)_{\mathrm{A}} + i}{k_{red}},$$

$$(VI.1.31) \qquad C_{ox}^{\circ} = C_{ox} - \frac{i}{k_{ox}} = \frac{(i_D)_{\mathrm{K}} - i}{k_{ox}}.$$

Aus (VI.1.27) folgt mit (VI.1.30) und (VI.1.31) die für die kathodische wie auch für die anodische und die gemischte Welle geltende Gleichung

$$(VI.1.32) \qquad E = E_{1/2} - \frac{0{,}0591}{\nu} \log \frac{i - (i_D)_{\mathrm{A}}}{(i_D)_{\mathrm{K}} - i}$$

mit

$$(VI.1.33) \qquad E_{1/2} = E^{\circ} - \frac{0{,}0591}{\nu} \log \frac{k_{ox}}{k_{red}} - \frac{(p - q)}{\nu} \, 0{,}0591 \log C_{\mathrm{X}}.$$

Gl. (VI.1.32) gestattet [vgl. (VI.1.19)], die Reversibilität der Reaktion (VI.1.26) zu prüfen. Trägt man $\log \frac{i - (i_D)_{\mathrm{A}}}{(i_D)_{\mathrm{K}} - i}$ gegen E auf, so muß man eine Gerade der Steigung $-0{,}0591/\nu$ erhalten. Da die durch Gl. (VI.1.32) beschriebene polarographische Welle symmetrisch in bezug auf ihren Mittelpunkt ist, ist das Halbwellenpotential unabhängig von der Konzentration an Komplex in der oxydierten bzw. reduzierten Stufe und nur von der Konzentration C_{X} der Ligandenkomponente abhängig.

Die Differenz der Koordinationszahlen beider Stufen erhält man aus der Verschiebung des Halbwellenpotentials bei Variation von C_{X}.

$$(VI.1.34) \qquad \frac{\Delta E_{1/2}}{\Delta \log C_{\mathrm{X}}} = - \frac{0{,}0591}{\nu} (p - q).$$

Ist $p = q$, dann ist das Halbwellenpotential nach Gl. (VI.1.33) konstant und unabhängig von der Konzentration der Ligandenkomponente. Im allgemeinen ist $k_{ox}/k_{red} = (D_{ox}/D_{red})^{1/2} \cong 1$, so daß für $C_{\mathrm{X}} = 1$ m das Halbwellenpotential mit dem Normalpotential E° des betreffenden Systems identisch ist. Sind die Diffusionskoeffizienten der beiden Komplexionen wesentlich voneinander verschieden, so muß man den Wert für k_{ox}/k_{red} berücksichtigen. Er kann experimentell aus dem Verhältnis von kathodischem zu anodischem Diffusionsstrom in Lösungen gleicher Konzentrationen von oxydierter und reduzierter Form erhalten werden.

Man kann die Bruttodissoziationskonstanten $K_{ox}^{(d)}$ und $K_{red}^{(d)}$ der an der Reaktion (VI.1.26) beteiligten Komplexe $\mathrm{MX}_{p}^{(n - p\,b)+}$ und $\mathrm{MX}_{q}^{(n - \nu - q\,b)+}$

wie im Fall 1 a α aus der Differenz der Halbwellenpotentiale berechnen, die man bei der teilweisen Reduktion des komplexen Metallions und bei der teilweisen Reduktion des entsprechenden einfachen Aquoions erhält.

Für das einfache hydratisierte Metallion gilt

$$(VI.1.35) \qquad M^{n+} + \nu \ominus \rightleftharpoons M^{(n-\nu)+}$$

und für das komplexe Metallion die Reaktionsgleichung (VI.1.26). Die Differenz der Normalpotentiale E° und E_M° der Reaktionen (VI.1.26) und (VI.1.35) ist — vorausgesetzt, daß die gleiche Anzahl Elektronen beteiligt ist — gleich der normalen elektromotorischen Kraft der Reaktion

$$(VI.1.36) \qquad MX_p^{(n-pb)+} + M^{(n-\nu)+} \rightleftharpoons MX_q^{(n-\nu-qb)+} + M^{n+} + (p-q)\, X^{b-}.$$

$$(VI.1.37) \qquad E_R^\circ = E^\circ - E_M^\circ.$$

Weiterhin ist aber

$$(VI.1.38) \qquad E_R^\circ = \frac{RT}{\nu F} \ln K_R,$$

wenn K_R die Gleichgewichtskonstante der Reaktion (VI.1.36) ist, die sich als Quotient der Bruttodissoziationskonstanten der an der Reaktion (VI.1.26) beteiligten Komplexe schreiben läßt.

$$(VI.1.39) \qquad K_R = \frac{K_{ox}^{(d)}}{K_{red}^{(d)}}.$$

Hieraus folgt

$$(VI.1.40) \qquad E^\circ - E_M^\circ = \frac{RT}{\nu F} \ln \frac{K_{ox}^{(d)}}{K_{red}^{(d)}}.$$

Das Halbwellenpotential für die Reduktion eines einfachen Metallions nach Gl. (VI.1.35) zu einer niedrigeren Wertigkeitsstufe steht mit dem Normalpotential E° in folgendem Zusammenhang

$$(VI.1.41) \qquad (E_{1/2})_M = E_M^\circ - \frac{0,0591}{2\,\nu} \log \frac{(D_{ox})_M}{(D_{red})_M},$$

wenn $(D_{ox})_M$ und $(D_{red})_M$ die Diffusionskonstanten der oxydierten und reduzierten Form des einfachen Aquoions sind. [Gl. (VI.1.41) gilt nur, wenn man die Aktivitätskoeffizienten gleich 1 setzen kann.]

Da der Quotient der Diffusionskonstanten im allgemeinen nahe bei 1 liegt, so wird $(E_{1/2})_M \cong E_M^\circ$. Aus dem gleichen Grund kann das zweite Glied in Gl. (VI.1.33) vernachlässigt werden, so daß in brauchbarer Näherung

$$(VI.1.42) \qquad E_{1/2} \cong E^\circ - \frac{(p-q)}{\nu}\, 0,0591 \log C_X$$

gilt. Dann folgt für die Differenz beider Halbwellenpotentiale

$$(VI.1.43) \qquad E_{1/2} - (E_{1/2})_M \cong E^0 - E_M^\circ - \frac{(p-q)}{\nu}\, 0,0591 \log C_X$$

und unter Berücksichtigung von (VI.1.40)

$$(VI.1.44) \qquad E_{1/2} - (E_{1/2})_M \cong \frac{0{,}0591}{\nu} \log \frac{K_{ox}^{(d)}}{K_{red}^{(d)}} - \frac{(p-q)}{\nu} 0{,}0591 \log C_X .$$

Nach Gl. (VI.1.44) hängt die Verschiebung des Halbwellenpotentials vom Verhältnis der Dissoziationskonstanten von oxydiertem und reduziertem Komplexion sowie ferner von der Konzentration der Ligandenkomponente ab. Wie man leicht einsieht, gilt

$$(VI.1.45) \qquad E_{1/2} - (E_{1/2})_M \lesseqgtr 0 \ \text{für} \ (C_X)^{(p-q)} \gtreqless \frac{K_{ox}^{(d)}}{K_{red}^{(d)}} .$$

Aus (VI.1.44) lassen sich die Dissoziationskonstanten $K_{ox}^{(d)}$ und $K_{red}^{(d)}$ berechnen. Ist eine Konstante bekannt, so kann die andere sofort ermittelt werden. Sind beide unbekannt, so können zwei Gleichungen der Form (VI.1.44) mit verschiedenen Konzentrationen C_X angesetzt und daraus beide Konstanten bestimmt werden.

γ) Schrittweise Reduktion über mehrere Oxydationsstufen

Es gibt Fälle, bei denen die Reduktion an der Quecksilbertropfelektrode von einer höheren zu einer niedrigeren Wertigkeitsstufe schrittweise erfolgt, wodurch im Polarogramm je nach der Zahl der Schritte zwei oder mehrere getrennte Wellen erscheinen können. Sehr häufig wird beobachtet, daß zwei getrennte Wellen auftreten und die Reduktion in zwei Stufen nach

$$(VI.1.46) \qquad MX_p^{(n-pb)+} + \nu \ominus \rightleftharpoons MX_q^{(n-\nu-qb)+} + (p-q)\,X^{b-} ,$$

$$(VI.1.47) \qquad MX_q^{(n-\nu-qb)+} + (n-\nu) \ominus + Hg \rightleftharpoons M\,(Hg) + q\,X^{b-}$$

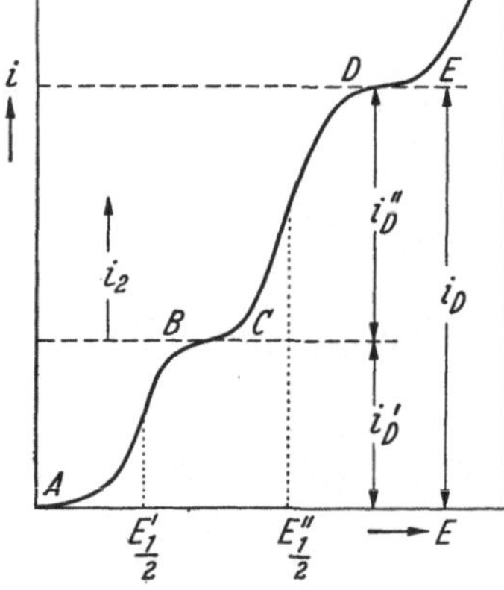

Abb. VI.4. Schematisches Polarogramm für eine schrittweise Reduktion. Nach LINGANE [1]

bis zum Amalgam verläuft. In Abb. VI.4 ist das zugehörige Polarogramm dargestellt.

Unter der Annahme, daß die Reaktionen an der Tropfelektrode reversibel sind, gilt für das Potential der ersten Welle, die der Reaktion (VI.1.46) entspricht,

$$(VI.1.48) \qquad E = E_1^\circ - \frac{RT}{\nu F} \ln \frac{C_{red}^\circ\, C_X^{(p-q)}}{C_{ox}^\circ} ,$$

wenn E_1° das zugehörige Normalpotential ist. Die Verhältnisse entsprechen vollkommen denjenigen bei den unter 1. a β diskutierten Fällen, so daß analog zu Gl. (VI.1.32) mit $(i_D)_A = 0$ und Gl. (VI.1.33) die Beziehungen

$$(VI.1.49) \qquad E = E_{1/2}' - \frac{0{,}0591}{\nu} \log \frac{i}{i_D' - i}$$

sowie

$$(VI.1.50) \qquad E_{1/2}' = E_1^\circ - \frac{0{,}0591}{\nu} \log \frac{k_{ox}}{k_{red}} - \frac{(p-q)}{\nu} 0{,}0591 \log C_X$$

gelten. Für die zweite Welle, die der Reaktion (VI.1.47) entspricht, lautet die Beziehung für das Potential der Tropfelektrode

$$(VI.1.51) \qquad E = E_2^{\circ} - \frac{RT}{(n-v)\,F} \ln \frac{C_{am}^{\circ}\, C_X^{q}}{C_{red}^{\circ}},$$

wenn E_2° das zugehörige Normalpotential ist. In Gl. (VI.1.48) und (VI.1.51) sind die Konzentrationen anstelle der Aktivitäten geschrieben.

Obwohl das Potential der Tropfelektrode in der ersten und der zweiten Welle durch verschiedene Reaktionen bestimmt wird, ist der Strom in jedem Punkt der polarographischen Kurve von der Diffusionsgeschwindigkeit der oxydierten Komplexionen abhängig.

Für beide Diffusionsströme gilt nach der Gleichung von ILKOVIČ [vgl. (VI.1.13) u. (VI.1.14)]

$$(VI.1.52) \qquad i_D' = k' \cdot v \cdot D_{ox}^{1/2} \cdot C_{ox} = k_1 \cdot C_{ox}$$

$$(VI.1.53) \qquad i_D'' = k' \cdot (n-v) \cdot D_{ox}^{1/2} \cdot C_{ox} = k_2 \cdot C_{ox}.$$

Beide Diffusionsströme verhalten sich also zueinander wie v zu $(n-v)$. Für den Gesamtdiffusionsstrom i_D findet man dann

$$(VI.1.54) \qquad i_D = i_D' + i_D'' = k' \cdot n \cdot D_{ox}^{1/2} \cdot C_{ox} = k \cdot C_{ox}.$$

Im Bereich der ersten Welle (A → B) ist die Konzentration des reduzierten Komplexions an der Tropfenoberfläche

$$(VI.1.55) \qquad (C_{red}^{\circ})_{A \to B} = \frac{i}{k_{red}}.$$

Ist der erste Diffusionsstrom i_D' erreicht (B → C), so hat C_{red}° einen maximalen Wert angenommen, der sich mit (VI.1.52) und (VI.1.55) zu

$$(VI.1.56) \qquad (C_{red}^{\circ})_{B \to C} = \frac{i_D'}{k_{red}} = \frac{k_1 \cdot C_{ox}}{k_{red}} = \left(\frac{D_{ox}}{D_{red}}\right)^{1/2} \cdot C_{ox}$$

ergibt. Sind die Diffusionskoeffizienten der oxydierten und der reduzierten Form des Komplexes gleich, so ist die maximale Konzentration der reduzierten Form an der Tropfenoberfläche, wenn der erste Diffusionsstrom i_D' erreicht ist, gleich der Konzentration der oxydierten Form in der Lösung.

Wächst das Potential über den Punkt C hinaus, so fällt der Wert von C_{red}°, um schließlich beim Punkt D, wenn der zweite Diffusionsstrom erreicht ist, auf den Wert Null abzusinken. Die Konzentration der oxydierten Form an der Tropfenoberfläche ist, wenn der Punkt B erreicht ist, praktisch auf Null abgesunken. Sie bleibt für alle über B hinausgehenden Werte des Potentials vernachlässigbar klein.

Unter der Annahme, daß die Abnahme von C_{red}° der Zunahme des Stromes im Bereich der zweiten Welle direkt proportional ist, gilt

$$(VI.1.57) \qquad (C_{red}^{\circ})_{C \to D} = \frac{i_D'}{k_{red}} - b \cdot i_2,$$

wenn i_2 der um i'_D verminderte Gesamtstrom ist (vgl. Abb. VI.4). Für b folgt unter Berücksichtigung der Tatsache, daß C°_{red} im Punkt D $(i_2 = i''_D)$ gleich Null wird,

$$(VI.1.58) \qquad b = \frac{i'_D}{k_{red} \cdot i''_D} = \frac{v}{k_{red}(n-v)} \,,$$

womit Gl. (VI.1.57) in

$$(VI.1.59) \qquad (C^\circ_{red})_{C \to D} = \frac{i'_D}{k_{red} \cdot i''_D}(i''_D - i_2) = \frac{v}{k_{red}(n-v)}(i''_D - i_2)$$

übergeht. Gl. (VI.1.51) nimmt dann unter Berücksichtigung von $C^\circ_{am} = \dfrac{i_2}{k_{am}}$ die Form an

$$(VI.1.60) \qquad E = E''_{1/2} - \frac{0,0591}{(n-v)} \log \frac{i_2}{i''_D - i_2}$$

mit

$$(VI.1.61) \qquad E''_{1/2} = E^\circ_2 - \frac{0,0591}{(n-v)} \log \frac{k_{red}(n-v)}{k_{am} v} - q \frac{0,0591}{(n-v)} \log C_X \,.$$

Gl. (VI.1.60) besitzt dieselbe Gestalt wie Gl. (VI.1.19). Sie geht in diese über, wenn man i_2 durch i und $(n-v)$ durch n ersetzt. Gl. (VI.1.61) unterscheidet sich von Gl. (VI.1.20) dadurch, daß die Dissoziationskonstante des reduzierten Komplexes nicht auftritt. Aus den Gln. (VI.1.48) und (VI.1.60) ist zu entnehmen, daß man die zweistufige Reduktion zum Amalgam in die zwei Schritte Reduktion von der höheren zur niedrigeren Oxydationsstufe und anschließende Reduktion zum Metall unter Amalgambildung zerlegen kann. Die Ermittlung der Komplexzusammensetzung und der Komplexkonstanten bei Fällen stufenweiser Reduktion kann also auf die beiden Fälle 1 a α und 1 a β zurückgeführt werden.

Die Reversibilität der Reaktionen (VI.1.46) und (VI.1.47) kann leicht überprüft werden, wenn man die Potentialdifferenz zwischen zwei gegebenen Punkten der experimentell gefundenen Wellen mit dem Wert, den man aus den Wellengleichungen berechnet, vergleicht. Zum Beispiel kann man die Potentiale $E_{1/4}$ und $E_{3/4}$ in den Punkten, die $i = {}^1/_4\, i_D$ und $i = {}^3/_4\, i_D$ entsprechen, verwenden. Wenn die Welle die symmetrische Form

$$E = E_{1/2} - \frac{0,0591}{n} \log \frac{i}{i_D - i}$$

besitzt, gilt

$$(VI.1.62) \qquad E_{3/4} - E_{1/4} = -\frac{0,0591}{n} \log \frac{3}{1/3} = \frac{0,058}{n}$$

(Reversibilitätskriterium von Tomeš*).

δ) Beispiel für die Anwendung der polarographischen Untersuchungsmethode, Kupfer(II)-Komplexe mit organischen Liganden

Ein Beispiel für die Anwendung der polarographischen Methode, das dem unter 1 a γ diskutierten Fall entspricht, liegt in den Untersuchungen von Onstott und Laitinen [49] über die Komplexbildung von Cu^{2+} mit α, α'-Dipyridyl vor.

---

* Tomeš, J.: Collection Czechoslov. Chem. Communs. 9, 12, 81, 150 (1937).

Die Reduktion des Kupfer(II)-Dipyridyl-Komplexes erfolgt nach

(VI.1.63) $\qquad Cu^{II}X_p^{2+} + \ominus \rightleftharpoons Cu^I X_q^+ + (p-q)\,X$

(VI.1.64) $\qquad Cu^I X_q^+ + \ominus + Hg \rightleftharpoons Cu\,(Hg) + q\,X$

in zwei Stufen, die sich durch zwei Wellen im Polarogramm zu erkennen geben. Zunächst entsteht ein Kupfer(I)-Dipyridyl-Komplex, der dann zu metallischem Kupfer unter Amalgambildung mit dem Quecksilber der Tropfelektrode reduziert wird.

Bei der Temperatur von 25° C gilt nach (VI.1.43) für die Differenz der Halbwellenpotentiale des einfachen und des komplexen Ions bei der Reduktion von der II- zur I-wertigen Stufe die Beziehung

$$(VI.1.65)\quad E_{1/2}^{II\to I} - (E_{1/2})_M^{II\to I} = 0{,}0591 \log \frac{K_{ox}^{(d)}}{K_{red}^{(d)}} - (p-q)\,0{,}0591 \log (C_X f_X).$$

Das Verhältnis der Diffusionskoeffizienten und der Aktivitätskoeffizienten des Cu(I)- und des Cu(II)-Komplexes ist in Näherung als 1 angenommen.

Für die zweite Stufe der Reduktion, Cu(I)-Komplexion zum Amalgam, gilt mit Gl. (VI.1.24)

$$(VI.1.66)\quad E_{1/2}^{I\to 0} - (E_{1/2})_M^{I\to 0} = 0{,}0591 \log K_{red}^{(d)} - q \cdot 0{,}0591 \log (C_X f_X),$$

wenn man in Näherung die Diffusionskonstante des einfachen Metallions und die des Kupfer(I)-Komplexes als identisch ansieht und das Verhältnis der Aktivitätskoeffizienten beider Ionen gleich 1 setzt. $K_{ox}^{(d)}$ ist die Bruttodissoziationskonstante des Kupfer(II)- und $K_{red}^{(d)}$ diejenige des Kupfer(I)-Komplexes. $C_X f_X$ ist die Aktivität des Liganden Dipyridyl, der in fünfzig- bis zweihundertfachem Überschuß gegenüber dem Metallion zugegen ist.

In Tab. 1 sind die Ergebnisse der polarographischen Messungen am System Cu^{2+}/dipyr zusammengestellt. Die Spalten 1 und 2 enthalten die Konzentrationen an Cu^{2+} und Dipyridyl in Millimol/l, die Spalten 4 und 5 das zugehörige Halbwellenpotential in Volt und die Stärke des Diffusionsstromes in μAmp. In der dritten Spalte sind die Werte für die Steigung der Kurve angeführt, die man durch Auftragen von $\log \dfrac{i}{i_D - i}$ gegen die Spannung der Tropfelektrode findet. Man sieht daraus, daß beide Prozesse reversibel sind.

Als Steigung der resultierenden Geraden findet man im Mittel $\sim 0{,}065$, wodurch die Voraussetzung [Gln. (VI.1.63) u. (VI.1.64)] bestätigt wird, daß bei beiden Reaktionen je ein Elektron beteiligt ist. Man erkennt dies auch daran, daß die in Spalte 6 angegebenen Werte der Diffusionsstromkonstanten annähernd konstant sind.

Die Zusammensetzung der Kupfer-Dipyridyl-Komplexe ergibt sich aus einer graphischen Darstellung, in der der Logarithmus der Dipyridylkonzentration gegen das zugehörige Halbwellenpotential aufgetragen wird. In Abb.VI.5 sind die beiden Geraden dargestellt, die man auf diese

Tabelle 1. *Ergebnisse polarographischer Messungen am System* $Cu^{2+}/dipyr$. (Diffusionsstrom für die erste Welle bei $-0,35$ Volt, für die zweite Welle bei $-0,80$ Volt gemessen)

Konzentration		Steigung	$-E_{1/2}$	i_D	$\dfrac{i_D}{C \cdot m^{2/3} \cdot t^{1/6}}$
Cu^{2+} mMol	Dipyridyl mMol				
Reduktion Cu(II) → Cu(I)					
0,103	4,7	0,072	0,164	0,255[b]	1,50
0,051	5,0	0,072	0,168	0,115[b]	1,35
0,103	7,9	0,067	0,180	0,230[b]	1,35
0,103	9,7	0,065	0,186	0,231[b]	1,36
0,205	19,4[a]	0,065	0,201	0,472	1,39
0,103	19,7[a]	0,064	0,203	0,237	1,39
0,103	19,7[a]	0,060	0,200	0,237	1,39
0,205	39,4[a]	0,060	0,210	0,450	1,32
0,103	39,6[a]	0,061	0,210	0,230	1,35
0,103	39,6[a]	0,061	0,211	0,223	1,31
Reduktion Cu(I) → Amalgam					
0,103	4,7	0,068	0,425	0,213	1,26
0,051	5,0	0,066	0,436	0,103	1,22
0,103	7,9	0,069	0,450	0,205	1,21
0,103	9,7	0,067	0,458	0,215	1,27
0,205	19,4[a]	...	...	0,460	1,36
0,103	19,7[a]	0,065	0,499	0,218	1,29
0,103	19,7[a]	0,065	0,499	0,225	1,33
0,205	39,4[a]	...	...	0,445	1,31
0,103	39,6[a]	0,063	0,536	0,215	1,27
0,103	39,6[a]	0,061	0,538	0,212	1,25

a: mit Dipyridyl gesättigt, *b:* i_D bei $-0,32$ Volt gemessen.

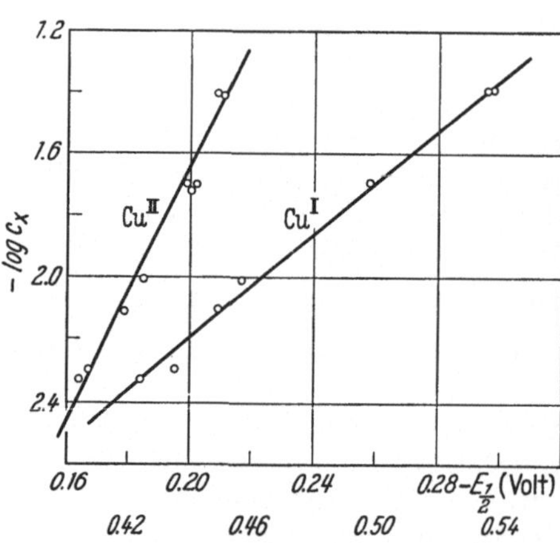

Abb. VI.5. Logarithmus der Dipyridylkonzentration als Funktion des Halbwellenpotentials. (Obere Skala Reduktion des Cu(II)-, untere Skala Reduktion des Cu(I)-Komplexions). Nach ONSTOTT und LAITINEN [49]

Weise erhält. Für die Reaktion (VI.1.64) bekommt man q aus der Steigung der Geraden; verwendet man das der Reaktion (VI.1.63) zugehörige Halbwellenpotential, so findet man aus der Steigung der entsprechenden Geraden $p-q$.

Für den Kupfer(I)-Komplex beträgt die reziproke Steigung 0,122, woraus $q=2$ folgt (der theoretische Wert für $q=2$ ist 0,118); für den Kupfer(II)-Komplex ist die reziproke Steigung 0,049 entsprechend $p-q=1$ (der theoretische Wert für $p-q=1$ ist 0,059). Damit ist nachgewiesen, daß unter den Versuchsbedingungen Cu^I einen Bis-Dipyridyl-Komplex $Cu(dipyr.)_2^+$ und Cu^{II} einen Tris-Dipyridyl-Komplex $Cu(dipyr.)_3^{2+}$ bildet.

Die Dissoziationskonstanten beider Komplexe werden nach den Gln. (VI.1.65) und (VI.1.66) bestimmt. Man benötigt dazu die Halbwellenpotentiale $(E_{1/2})_M^{II \to I}$ und $(E_{1/2})_M^{I \to 0}$ für die freien hydratisierten Kupferionen. Das Halbwellenpotential $(E_{1/2})_M^{II \to I}$ für die Reduktion des Cu²⁺- zum Cu⁺-Ion entspricht dem Standard-Potential Cu²⁺/Cu⁺ von — 0,079 Volt. Das Halbwellenpotential $(E_{1/2})^{I \to 0}$ für die Reduktion des Cu⁺ zum Metall ist der Messung nicht direkt zugänglich. Es läßt sich jedoch indirekt erhalten (vgl. die Originalarbeit). Für die beiden Dissoziationskonstanten findet man, wenn man den Aktivitätskoeffizienten des Dipyridyls gleich 1 setzt, $K_{red}^{(d)} = 6{,}3 \cdot 10^{-15}$ und $K_{ox}^{(d)} = 1{,}4 \cdot 10^{-18}$.

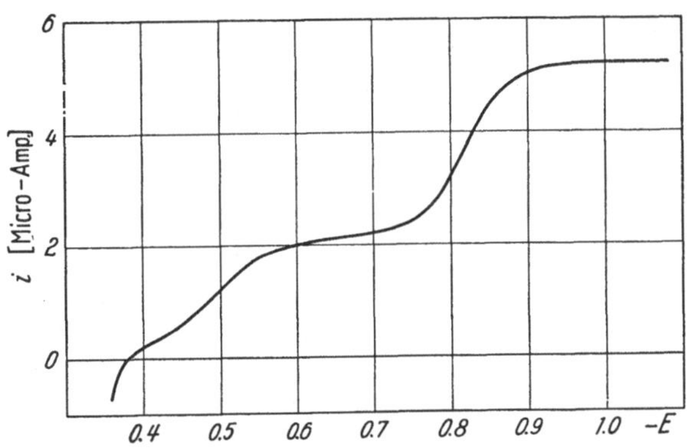

Abb. VI.6. Polarogramm von 10^{-3} m Cuen$_2^{2+}$ in 0,1 m Äthylendiamin, 1,6 m Thioharnstoff und 0,1 m KNO$_3$ mit Zusatz von 0,01% Gelatine. Nach Onstott und Laitinen [49]

Onstott und Laitinen konnten für das System Cu²⁺/o-Phenanthrolin keine definierten Resultate erhalten. Der Sättigungsstrom ist in diesem Fall nicht allein von der Diffusion bestimmt. Außerdem machen sich Adsorptionseffekte störend bemerkbar.

Auch bei irreversiblen Reaktionen lassen sich qualitative Aussagen durch Analyse der Polarogramme machen. Onstott und Laitinen [49] untersuchten das Äthylendiamin-Kupfer(II)-Komplexion Cu en$_2^{2+}$ bei Gegenwart eines Überschusses von Äthylendiamin und Thioharnstoff. Ein typisches Polarogramm ist in Abb. VI.6 zu sehen. Das Auftreten zweier getrennter Wellen deutet darauf hin, daß es sich um eine zweistufige Reaktion handeln muß, die Reduktion also zunächst zu einem Kupfer(I)-Komplex sodann zum Amalgam erfolgt.

Die Experimente zeigen, daß das Halbwellenpotential der Reduktion von Cu^I zum Amalgam mit der Thioharnstoffkonzentration ebenso variiert, wie dies für die Reduktion des von den Autoren zuvor untersuchten Systems Cu⁺/Thioharnstoff beobachtet wurde. Daraus folgt, daß bei der zweiten Reaktionsstufe kein Cu(I)-Äthylendiaminkomplex, sondern ein Cu(I)-Tetrathioharnstoff-Komplex reduziert wird. Ein solcher Thioharnstoff-Komplex muß sich dann offenbar

bei der Reduktion des Bis-Äthylendiamin-Komplexes des Cu^{II} gebildet
haben. Damit sind die beiden Reaktionsstufen

(VI.1.67) $\qquad Cu^{II} en_2^{2+} + 4 \, th + \ominus \rightleftharpoons Cu^I (th)_4^+ + 2 \, en$

und

(VI.1.68) $\qquad Cu^I (th)_4^+ + \ominus + Hg \rightleftharpoons Cu\,(Hg) + 4 \, th$

nachgewiesen. Die genauere Analyse ergibt, daß die Reaktion (VI.1.67)
irreversibel ist. Dies folgt aus einer graphischen Darstellung, die $\log \dfrac{i}{i_D - i}$
als Funktion des Potentials der Tropfelektrode enthält. Der eigentliche
irreversible Schritt ist vermutlich der Austausch von Äthylendiamin
gegen Thioharnstoff (th). Aus Abb. VI.6 ist zu sehen, daß dieser Austausch jedoch so schnell erfolgen muß, daß ein definiertes Diffusions-
stromgebiet erreicht wird, ehe die weitere Reduktion zum Amalgam
einsetzt. Infolge des irreversiblen Teilschrittes sind nur diese qualitativen
Aussagen möglich.

ε) Spezialfall: Depolarisation durch Substanzen, die mit Quecksilber Komplexe bilden

Besondere Verhältnisse liegen dann vor, wenn Substanzen in der
Lösung zugegen sind, die mit Quecksilber Komplexe bilden, wobei
anodische Oxydationsstufen des Quecksilbers entstehen*. An der Oberfläche der Quecksilbertropfelektrode bilden sich Quecksilber(I)- und
Quecksilber(II)-Ionen. Für das Potential der Elektrode gilt, wenn man
nur die Hg^{2+}-Ionen betrachtet,

(VI.1.69) $\qquad E = E_0 + \dfrac{RT}{nF} \ln C^{\circ}_{Hg^{2+}} = E_0 + \dfrac{0,0591}{2\,F} \log C^{\circ}_{Hg^{2+}}\,,$

wobei E_0 das Normalpotential Hg^{2+}/Hg und $C^{\circ}_{Hg^{2+}}$ die Konzentration der
Quecksilber(II)-Ionen an der Elektrodenoberfläche ist. Bildet der Komplexbildner X mit den Hg^{2+}-Ionen einen Komplex HgX_n^{2+} nach

$$Hg^{2+} + n\,X \rightleftharpoons HgX_n^{2+}\,,$$

so reagieren die bei hinreichend positiven Potentialen an der Elektrode
gebildeten Hg^{2+}-Ionen mit diesem Komplexbildner. Der entstandene
Komplex diffundiert von der Elektrode ab, und es entstehen durch
anodische Oxydation des Quecksilbers weitere Hg^{2+}-Ionen. Durch Ver-
brauch des Komplexbildners bildet sich ein Konzentrationsgefälle aus,
und der Komplexbildner diffundiert zur Elektrode. Für die Stromstärke
gelten dann die Beziehungen

(VI.1.70) $\qquad i = 605 \cdot \dfrac{2}{n}\, D_X^{1/2} \cdot t^{1/6} \cdot m^{2/3}\,(C_X^{\circ} - C_X)$

sowie $\qquad\qquad = 605 \cdot \dfrac{2}{n}\, D_X^{1/2} \cdot t^{1/6} \cdot m^{2/3} \cdot C_X^{\circ} + i_D = k_X \cdot C_X^{\circ} + i_D$

(VI.1.71) $\qquad i = -\,605 \cdot 2\, D_K^{1/2} \cdot t^{1/6} \cdot m^{2/3} \cdot C^{\circ}_{HgX_n^{2+}} = -\,k_K \cdot C^{\circ}_{HgX_n^{2+}}\,.$

---

* HEYROVSKÝ, J., u. D. ILKOVIČ: Collection Czechoslov. Chem. Communs.
7, 198 (1935).

D_X ist der Diffusionskoeffizient des Komplexbildners und D_K derjenige des Komplexes. Die Gleichung der polarographischen Welle besitzt dann unter Berücksichtigung des Ausdruckes für die Bildungskonstante

$$K = \frac{C_{\mathrm{HgX}_n^{2+}}}{C_{\mathrm{Hg}^{2+}} \cdot C_\mathrm{X}^n}$$

die Form

(VI.1.72)
$$E = E_0 + \frac{0{,}0591}{2\,F} \log \left[\frac{k_\mathrm{X}^n}{k_K} \cdot \frac{-\,i^n}{K\,(i - i_D)^n} \right].$$

Das Halbwellenpotential ist durch

(VI.1.73)
$$E_{1/2} = E_0 + \frac{0{,}0591}{2\,F} \log \left[\frac{2^{n-1}\,D_\mathrm{X}^{1/2}}{n \cdot D_K^{1/2}\,K\,C_\mathrm{X}^{n-1}} \right]$$

gegeben. Man erkennt, daß das Halbwellenpotential für $n \geqq 2$ von der Konzentration des Komplexbildners abhängt. Mit den angegebenen Gleichungen konnten z. B. die anodischen Wellen in Lösungen von Sulfit-, Rhodanid- und Thiosulfat-Ionen gedeutet werden [7]. Ferner wurde die Dissoziationskonstante des Hg^{2+}-Komplexes der Äthylendiamintetraessigsäure [8] bestimmt, wobei in diesem Fall die Dissoziation der Säure berücksichtigt werden muß.

b) Fälle mit irreversibler Reduktion der Metallkomplexe

Die bisher abgeleiteten Beziehungen gelten für den Fall, daß der Komplex in der Lösung reversibel nach (VI.1.1) dissoziiert und die Elektronenüberführung reversibel verläuft*. Ist diese Voraussetzung erfüllt, so können aus den Polarogrammen — wie in Abschnitt 1 a beschrieben wurde — die Bruttoformeln und die Stabilitätskonstanten der Komplexverbindungen ermittelt werden [1—6].

Es erhebt sich die Frage nach dem Mechanismus der Reduktion. Diese kann auf eine solche Weise stattfinden, daß bei einem bestimmten Potential die geringfügige Konzentration an freien Metallionen durch direkte Abscheidung an der Elektrode erniedrigt und dadurch das

---

* *Die Prüfung auf Reversibilität* kann folgendermaßen vorgenommen werden:

1. Bei Red-Ox-Reaktionen nimmt man die anodische und kathodische Stromspannungskurve des Systems auf. Das Halbwellenpotential $E_{1/2}$ muß in beiden Fällen den gleichen Wert besitzen (vgl. Abb. VI.3 Kurven 1, 2 und 3).

2. Die Kurve $E = f\left(\log \dfrac{i}{i_D - i}\right)$ muß bei reversiblen Systemen eine Gerade mit der Steigung $\dfrac{0{,}0591}{n}$ ergeben (Gl. VI.1.19), wenn n die Zahl der bei der Red-Ox-Reaktion beteiligten Elektronen pro Molekül bzw. Ion der elektrolysierten Substanz ist. Im Fall nicht reversibler Systeme gilt für die Steigung $\dfrac{0{,}0591}{n \cdot x}$, wobei x konstant oder variabel sein kann. Weiterhin ist das Reversibilitätskriterium von TOMEŠ Gl. (VI.1.62) von Nutzen.

3. Eine weitere Möglichkeit zur Prüfung auf Reversibilität bietet die oscillographische Methode [J. HEYROVSKÝ u. J. FOREJT: Z. physik. Chem. **93**, 77 (1943); LINGANE, J. J.: Anal. Chem. **21**, 55 (1949); KALDOVA: Oscillographic polarography, in Advances in Polarography. Interscience Publ. Inc., New York (im Druck)].

Gleichgewicht (VI.1.1) gestört wird. Die Folge davon ist eine auf Wiederherstellung dieses Gleichgewichtes gerichtete Reaktion. Verläuft die Gleichgewichtseinstellung verglichen mit der Tropfzeit hinreichend schnell, wie dies häufig der Fall ist, so wird das Gleichgewicht praktisch augenblicklich wiederhergestellt, und der Strom ist alleine durch die Diffusion des Komplexes begrenzt. Es wird also lediglich das freie Metallion reduziert. Ist die Gleichgewichtseinstellung zwischen freiem Metallion und komplexem Metallion nicht schnell genug, so erneuert sich während der Tropfzeit die Konzentration an freien Metallionen, die durch Abscheidung erniedrigt wird, nicht merklich, so daß nun auch das Komplexion selbst reduziert werden kann. Erfolgt die Reduktion des Komplexions ebenfalls reversibel, so werden bei Überschuß des Komplexbildners sowohl die freien als auch die komplex gebundenen Ionen in ein und derselben Stufe reduziert, die bei negativerem Potential als diejenige des reinen Aquoions liegt. Bei Durchdringungskomplexen und manchen anderen unterliegt häufig der ganze Komplex der Reduktion, die reversibel verläuft.

Stellt sich zwar das Dissoziationsgleichgewicht (VI.1.1) schnell ein, erfolgt jedoch die Reduktion des freien Metallions irreversibel (*Fall B*), so ist bei Überschuß der komplexbildenden Komponente ebenfalls nur eine Stufe im Polarogramm sichtbar. Diese kann ein negativeres oder positiveres Potential als diejenige des Aquoions zeigen. Quantitative Schlußfolgerungen über die Komplexbildung können nicht gezogen werden.

Stellt sich das Gleichgewicht (VI.1.1) gegenüber der Tropfzeit langsam oder mit ihr vergleichbar ein (*Fall C* und *D*), so können — wie im folgenden erläutert wird — auch dann quantitative Aussagen gemacht werden, wenn der Komplex irreversibel reduziert wird [4, 5]. Bei geeigneten Konzentrationen des Komplexbildners beobachtet man in diesen Fällen zwei Stufen im Polarogramm. Die erste positivere Welle entspricht der Reduktion der freien Metallionen, die zweite Welle der direkten Reduktion des Komplexions.

Unter der Voraussetzung, daß die Zerfalls- und Bildungsgeschwindigkeit des Komplexes MX_n nicht zu groß ist, d. h. daß sich das Gleichgewicht (VI.1.1) gegenüber der Tropfzeit langsam einstellt (*Fall C*), ist die Höhe der ersten Reaktionsstufe der Konzentration der freien Metallionen in der Lösung proportional. Die Komplexbildungskonstante läßt sich dann folgendermaßen bestimmen:

Die analytische Ligandenkonzentration (Gesamtligandenkonzentration) ist

$$(VI.1.74) \qquad c_X = n\,[MX_n] + [X]\,.$$

Die analytische Konzentration an Metall (Gesamtmetallkonzentration) ist durch

$$(VI.1.75) \qquad c_M = [M] + [MX_n]$$

gegeben. Bedeutet i_D die Stufenhöhe der freien Metallionen bei Abwesenheit von X und i_l die Stufenhöhe bei Anwesenheit des Liganden und sind die Diffusionskoeffizienten für das komplexe und das freie Metallion praktisch gleich, so gelten die Beziehungen

$$(VI.1.76) \qquad i_D = k \cdot c_M = k\{[M] + [MX_n]\}$$

und

$$(VI.1.77) \qquad i_l = k \cdot [M] \, .$$

k ist der Proportionalitätsfaktor, der sich als Produkt aus Diffusionsstromkonstante und Capillarkonstante ergibt. Für die Komplexbildungskonstante

$$K = \frac{[MX_n]}{[M]\,[X]^n}$$

findet man dann

$$(VI.1.78) \qquad K = \frac{(i_D - i_l)}{i_l \left[c_X - n \cdot c_M \left(1 - \dfrac{i_l}{i_D}\right)\right]^n} \, .$$

Ist die Gleichgewichtseinstellung (VI.1.1) mit der Tropfzeit vergleichbar (Fall D), so hat die erste Stufe kinetischen Charakter*. In den Ausdruck für die polarographische Welle geht u. a. die Geschwindigkeitskonstante des langsamsten Teilschrittes der Elektrodenreaktion ein. Ein solcher Fall liegt z. B. bei den von Koryta und Kössler [9, 10] untersuchten Schwermetallkomplexen mit Nitrilotriessigsäure vor. Das Gleichgewicht ist von der Form

$$(VI.1.79) \qquad M^{++} + HX^{2-} \underset{k-}{\overset{k+}{\rightleftharpoons}} MX^- + H^+ \quad \text{mit } H_3X = HN\overset{(+)}{\underset{\diagdown CH_2COO^-}{\diagup CH_2COOH}{\longleftarrow COOH}}$$

(Komplexon I)

Die erste polarographische Welle, die der Reduktion von M^{++} entspricht, ist um den Betrag des kinetischen Stromes erhöht, der durch die Geschwindigkeit des Zerfalls von Komplexon-Komplex

$$(VI.1.81) \qquad MX^- + H^+ \overset{k-}{\longrightarrow} M^{++} + HX^{2-}$$

bestimmt ist. Bei den Untersuchungen wurde die Wasserstoffionenkonzentration durch Pufferlösungen konstant gehalten. Strom-Spannungskurven sind in Abb. VI.7 dargestellt.

---

* Über kinetische Ströme in der Polarographie vgl. z. B.:

Hans, W.: Z. Elektrochemie **59**, 623 (1955) (zusammenfassender Artikel).

Koutéky, J., u. R. Brdička: Collection Czechoslov. Chem. Communs. **12**, 337 (1947); Chem. Listy **40**, 66 (1946).

Brdička, R.: Collection Czechoslov. Chem. Communs. **12**, 212 (1947).

Brdička, R.: Collection Czechoslov. Chem. Communs. **19**, 41 (1957).

Koryta, J.: Collection Czechoslov. Chem. Communs. **23**, 1408 (1958); Chem. Listy **51**, 1544 (1957).

Koryta, J.: Sonderheft Z. physik. Chem. (Leipzig) über das Polarographische Kolloquium in Dresden (Juni 1957), S. 157.

Koryta, J.: Polarography of complex compounds, in Advances in Polarography, Interscience Publ. Inc., New York (im Druck).

Wenn die erste polarographische Stufe rein diffusionsbestimmt wäre, so müßte man die Komplexbildungskonstante entsprechend Gl. (VI.1.78) nach

$$(VI.1.82) \qquad K = \frac{[MX^-]}{[M^{++}][X^{3-}]} = \frac{(i_D - i_l)[H^+]}{i_l\left[c_X - c_M\left(1 - \frac{i_l}{i_D}\right)\right] \cdot K_3^{(d)}}$$

bestimmen können, wobei $K_3^{(d)} = \dfrac{[H^+] \cdot [X^{3-}]}{[HX^{2-}]}$ die dritte Dissoziationskonstante der Nitriloessigsäure ist. Nach dieser Beziehung findet man jedoch keine konstanten Werte für die Komplexbildungskonstante. Außerdem

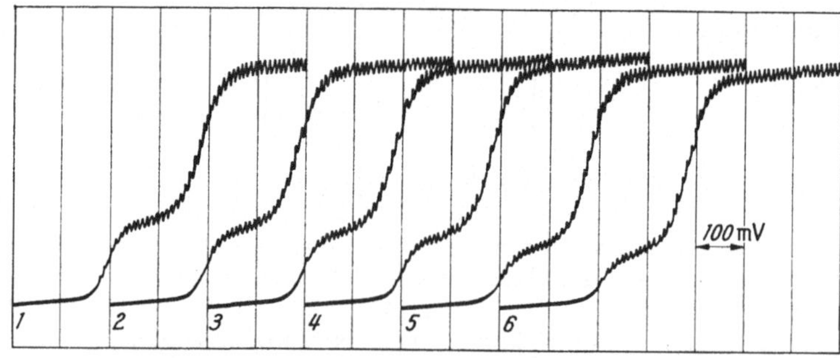

Abb. VI.7. Polarogramme von Cd^{2+} bei Zugabe von Nitriloessigsäure verschiedener Konzentration (Tropfzeit 3,2 sec, pH = 4,62). Nach KORYTA

Kurve 1: $2 \cdot 10^{-4}$ m Cd^{2+}; $3 \cdot 10^{-3}$ m H_3X
Kurve 2: $2 \cdot 10^{-4}$ m Cd^{2+}; $4 \cdot 10^{-3}$ m H_3X
Kurve 3: $2 \cdot 10^{-4}$ m Cd^{2+}; $5 \cdot 10^{-3}$ m H_3X
Kurve 4: $2 \cdot 10^{-4}$ m Cd^{2+}; $7 \cdot 10^{-3}$ m H_3X
Kurve 5: $2 \cdot 10^{-4}$ m Cd^{2+}; $1 \cdot 10^{-2}$ m H_3X
Kurve 6: $2 \cdot 10^{-4}$ m Cd^{2+}; $1,5 \cdot 10^{-2}$ m H_3X

zeigt sich, daß die Höhe der ersten Stufe nicht entsprechend der Ilkovičschen Gleichung der Quadratwurzel der Durchflußgeschwindigkeit des Quecksilbers proportional ist. Die Tatsache, daß bei zunehmender Durchflußgeschwindigkeit des Quecksilbers der kinetische Anteil an der Stufenhöhe vermindert wird, hat KORYTA [9, 10] dazu geführt, anstatt der Quecksilbertropfelektrode eine modifizierte strömende Quecksilberelektrode (eine sog. Strahlelektrode) zu verwenden. Das Prinzip dieser Elektrode besteht darin, daß der Quecksilberstrahl, der aus einer vergleichsweise breiten konischen Capillare austritt, durch ein Glasplättchen unterbrochen wird. Dies bewirkt, daß die Diffusionsschicht an der Elektrodenoberfläche so schnell erneuert wird, daß kinetische Ströme an ihr nicht mehr in Erscheinung treten können. Mit der Quecksilberstrahlelektrode erhaltene Polarogramme sind in Abb. VI.8 dargestellt.

Man kann somit durch Verwendung geeigneter Strahlelektroden, bei denen die Berührungsdauer der Lösung mit der Quecksilberoberfläche so kurz ist, daß nicht mehr genügend freie Metallionen durch Dissoziation nach (VI.1.81) zur Verfügung gestellt werden können, um die erste Stufe zu erhöhen, die Bildungskonstanten nach Gl. (VI.1.82) bestimmen.

Damit ist dieser Fall durch einen experimentellen Kunstgriff auf den Fall C zurückgeführt.

Besitzt die Komplexbildungskonstante einen sehr großen Wert, so kann die beschriebene Methode nicht verwendet werden. Je nach dem Verhältnis der Konzentration des Metallions zur Konzentration des Komplexbildners nähert sich entweder das erste oder das zweite Glied

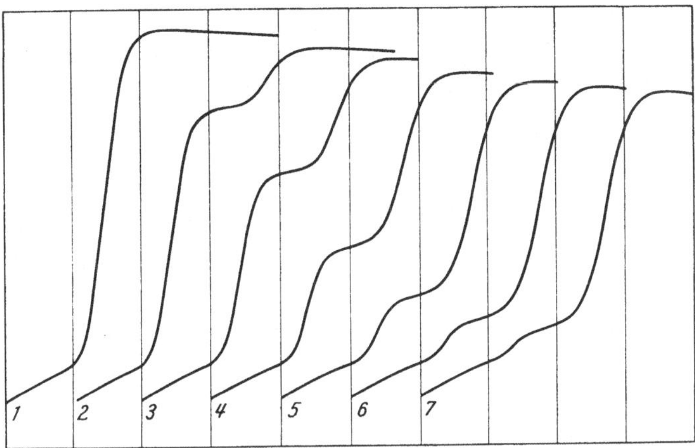

Abb. VI.8. Stromspannungskurven von Cd^{2+} mit Nitriloessigsäure, erhalten mit Hilfe der Quecksilberstrahlelektrode. [10^{-3} m CdBr$_2$, pH = 4,28 (Acetatpuffer), μ = 0,2, KCl-Zusatz]. Nach KORYTA u. KÖSSLER [9]

Kurve Nr.	1	2	3	4	5	6	7
Konz. an Komplexon I in 10^{-4} mol/l	0	3,92	7,69	14,81	27,59	48,49	78,05

im Nenner von Gl. (VI.1.78) dem Wert Null. Es ist jedoch möglich, in solchen Fällen die Bruttoformel des Komplexes mit Hilfe einer amperometrischen Titration (vgl. Kap. VII) festzustellen.

Bei solchen Komplexen, die große Werte der Stabilitätskonstanten besitzen, erweist es sich als vorteilhaft, die Konstanten polarographisch durch Austausch des Metallions im Komplex zu bestimmen. SCHWARZENBACH und Mitarbeiter [11, 12] haben auf diesem Wege für eine Reihe von Schwermetallkomplexen der Äthylendiamintetraessigsäure und der 1,2-Diamino-cyclohexan-tetraessigsäure die Bildungskonstanten ermittelt. Bei den Komplexon-Komplexen handelt es sich um 1:1-Komplexe, bei denen auf ein Metallion ein Ligandenmolekül kommt.

Das Metallion A bilde mit X einen Komplex AX von bekannter großer Komplexbildungskonstante K_{AX}. Bei äquivalenter Konzentration von Metall und Komplexbildner ist dann die Stufe des freien Metallions nicht zu beobachten. Die Komplexbildungskonstante K_{BX} eines anderen bei negativeren Potentialen reduzierbaren Metallions B läßt sich folgendermaßen bestimmen:

Die Stufenhöhe des Metallions A bei der Konzentration c_A in Abwesenheit des Komplexbildners sei i_0. Befindet sich in der Lösung eine äquivalente Konzentration an Komplexbildner ($c_X = c_A$) und eine bestimmte Konzentration c_B des Metalles B, so stellt sich ein Austauschgleichgewicht

$$(VI.1.83) \qquad AX + B \rightleftharpoons BX + A$$

ein, wobei ein Teil der Ionen A aus dem Komplex befreit wird und die Stufe mit der Höhe i_A liefert. Im Gleichgewicht ist

$$(VI.1.84) \qquad [X] = \frac{[AX]}{[A] \cdot K_{AX}} = \frac{[BX]}{[B] \cdot K_{BX}} \,.$$

Für das Verhältnis der Komplexbildungskonstanten, das gleich der Gleichgewichtskonstanten des Austauschgleichgewichtes (VI.1.83) ist, folgt

$$(VI.1.85) \qquad \frac{K_{BX}}{K_{AX}} = \frac{[BX]\,[A]}{[AX]\,[B]} = \frac{[A]^2}{(c_A - [A])\,(c_B - [B])}$$
$$= \frac{i_A^2 \cdot c_A}{(i_0 - i_A) \cdot (c_B i_0 - c_A i_A)} \,.$$

Bei Kenntnis von K_{AX} kann die gesuchte Konstante K_{BX} mit Hilfe der aus Strom-Spannungskurven zu entnehmenden Stufenhöhen i_0 und i_A

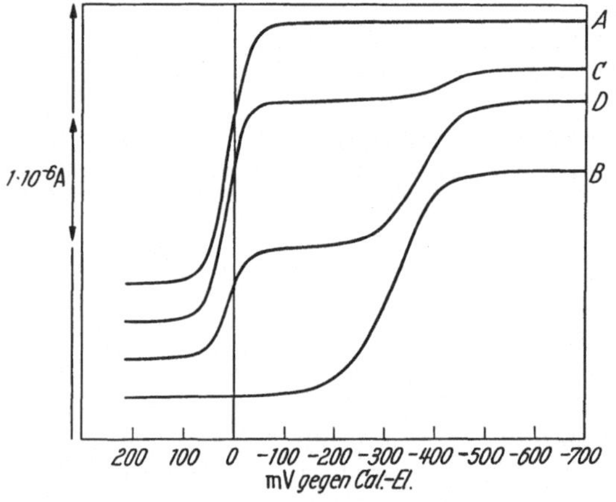

Abb. VI.9. Strom-Spannungskurven von Gleichgewichtsmischungen mit 1,2-Diaminocyclohexantetracetat (Y^{4-}). Nach SCHWARZENBACH u. Mitarb. [12]

Kurve A Cu^{2+}-Standardwelle $\quad c_{Cu} = 10^{-3}$ m
Kurve B CuY^{2-}-Standardwelle $c_{Cu} = 10^{-3}$ m; $c_Y = 10^{-3}$ m
Kurve C Gemisch $Cu^{2+}, Ga^{3+} \quad c_{Cu} = 0,9345 \cdot 10^{-3}$ m
$\qquad\qquad\qquad\qquad\qquad c_{Ga} = 0,9632 \cdot 10^{-3}$ m
$\qquad\qquad\qquad\qquad\qquad c_Y = 0.9345 \cdot 10^{-3}$ m
Kurve D Gemisch $Cu^{2+}, Yb^{3+} \quad c_{Cu} = 10^{-3}$ m
$\qquad\qquad\qquad\qquad\qquad c_{Yb} = 0,5948 \cdot 10^{-3}$ m
$\qquad\qquad\qquad\qquad\qquad c_Y = 10^{-3}$ m.

berechnet werden. In Abb. VI.9 sind als Beispiel Polarogramme von Gleichgewichtsmischungen mit 1,2-Diaminocyclohexan-tetraacetat dargestellt.

Das Gleichgewicht (VI.1.83) wird in unmittelbarer Nachbarschaft der Elektrode durch Entladung des freien Metallions gestört. Daher kann die

beschriebene Methode nur dann verwendet werden, wenn die Wieder-
einstellung des Gleichgewichtes während der Lebensdauer eines Tropfens
nicht merklich stattfindet. Bei Komplexen mit Äthylendiamintetraacetat
ist diese Bedingung nach den Untersuchungen von BRIL und KRUM-
HOLZ* erfüllt**.

2. Ermittlung der Bildungskonstanten von Komplexen aus polarographischen Daten bei stufenweiser Komplexbildung nach DE FORD und HUME

Eine Methode, um aus polarographischen Messungen bei den Fällen,
in denen reversible, sich schnell einstellende Stufengleichgewichte vorliegen, die Bruttobildungskonstanten der einzelnen Komplextypen zu
ermitteln, wurde von DE FORD und HUME [14] angegeben.

a) Grundzüge der Methode

Die Reduktion zum Metall möge unter Amalgambildung stattfinden.
Für Komplexe der allgemeinen Formel $MX_p^{(n-pb)+}$ gelten dann die Gleichungen (VI.1.4), (VI.1.5) und (VI.1.6) des vorigen Abschnitts.

$$(VI.2.1) \qquad MX_p^{(n-pb)+} + n \ominus + Hg \rightleftharpoons M(Hg) + pX^{b-} ,$$

$$(VI.2.2) \qquad MX_p^{(n-pb)+} \rightleftharpoons M^{n+} + pX^{b-} ,$$

$$(VI.2.3) \qquad M^{n+} + n \ominus + Hg \rightleftharpoons M(Hg) .$$

Das Potential der Tropfelektrode ist — Reversibilität der Elektroden-
reaktionen vorausgesetzt — nach (VI.1.8) durch

$$(VI.2.4) \qquad E = \varepsilon - \frac{RT}{nF} \ln \frac{C_{am}^{\circ} \cdot f_{am}}{C_M^{\circ} \cdot f_M}$$

---

* BRIL, K., u. P. KRUMHOLZ: J. Phys. Chem. **57**, 874 (1953).

** Man kann in bestimmten Fällen auch den Unterschied des Diffusionskoeffizienten von freiem und komplex gebundenem Metallion benutzen, um die Stabilitätskonstante des Metallkomplexes zu bestimmen[+]. Dieser Unterschied ist manchmal —
wie z. B. bei Thallium und seinen Komplexverbindungen — beträchtlich. Für den
mittleren Diffusionskoeffizienten $\overline{D}$ für gleichzeitige Diffusion von freiem und
komplex gebundenem Metallion gilt im Falle eines 1:1-Komplexes

$$\overline{D} = \frac{D_M + D_{MX} \cdot K_{MX}[X]}{1 + K_{MX}[X]} ,$$

wenn D_M und D_{MX} die Diffusionskoeffizienten des freien Metallions M und des
Komplexions MX und K_{MX} die Stabilitätskonstante des Komplexes bedeuten. [X]
ist die Konzentration der komplexbildenden Komponente, die in hinreichendem
Überschuß zugegen sein muß.

D_M und D_{MX} bestimmt man aus den Diffusionsgrenzströmen des Metallions in
Abwesenheit und bei Gegenwart eines Überschusses von X. Man kann dieses Verfahren nur verwenden, wenn M und MX in der Lösung in vergleichbaren Konzentrationen vorliegen und das Gleichgewicht

$$M + X \rightleftharpoons MX$$

sich schnell einstellt.

\+ KAČENA, V., u. L. MATOUŠEK: Collection Czechoslov. Chem. Communs. **18**,
294 (1953).

ZÁBRANSKY, Z: ebenda (im Druck).

Vgl. auch J. KORYTA: Polarography of complex compounds, in Advances in
Polarography, Interscience Publ. Inc., New York (im Druck).

gegeben. Da die an der Elektrodenoberfläche entstehenden Amalgame sehr verdünnt sind, kann f_{am} in Näherung gleich 1 gesetzt werden. Die Stabilität der Komplexe $MX_p^{(n-pb)+}$ wird durch die Werte der Stabilitätskonstanten K_p gemessen, die nach dem Massenwirkungsgesetz durch

$$(VI.2.5) \qquad K_p = \frac{C_{MX_p} \cdot f_{MX_p}}{C_M \cdot f_M (C_X \cdot f_X)^p}$$

definiert sind. C bedeuten die Konzentrationen in der Lösung und f die zugehörigen Aktivitätskoeffizienten. Die Indices MX_p, M und X beziehen sich auf den betreffenden Komplex, das freie Metallion und den Liganden.

Ist die komplexbildende Ligandenkomponente X^{b-} in so großem Überschuß vorhanden, daß ihre Konzentration an der Elektrodenoberfläche (gekennzeichnet durch den Index °) praktisch gleich ihrer Konzentration in der Lösung ist, so folgt

$$(VI.2.6) \qquad C^\circ_{MX_p} \cdot f_{MX_p} = K_p \cdot C^\circ_M \cdot f_M (C_X \cdot f_X)^p \ .$$

Durch Summation über die verschiedenen Komplexe, von denen für jeden eine Gleichung von der Form (VI.2.5) gilt, erhält man

$$(VI.2.7) \qquad C^\circ_M \cdot f_M = \frac{\sum\limits_p C^\circ_{MX_p}}{\sum\limits_p \dfrac{K_p (C_X \cdot f_X)^p}{f_{MX_p}}} \ .$$

Mit (VI.2.7) geht (VI.2.4) in

$$(VI.2.8) \qquad E = \varepsilon - \frac{RT}{nF} \ln \frac{C^\circ_{am} \sum\limits_p \dfrac{K_p (C_X \cdot f_X)^p}{f_{MX_p}}}{\sum\limits_p C^\circ_{MX_p}}$$

über. Bei Gegenwart eines großen Überschusses eines indifferenten Elektrolyten und praktisch vollständiger Unterdrückung der Überführung ist der Sättigungsstrom in jedem Punkt der polarographischen Welle durch

$$(VI.2.9) \qquad i = \sum\limits_p i_p = k \sum\limits_p I_p (C_{MX_p} - C^\circ_{MX_p})$$

gegeben, wenn k die Capillarkonstante ($m^{2/3} \cdot t^{1/6}$) und I_p die Diffusionsstromkonstante des Komplexes MX_p ($605 \cdot n \cdot D_{MX_p}^{1/2}$) ist.

Aus (VI.2.5), (VI.2.6) und (VI.2.9) erhält man

$$(VI.2.10) \qquad i = k \cdot I_c \sum\limits_p (C_{MX_p} - C^\circ_{MX_p}) \ ,$$

wenn I_c die experimentell bestimmbare Diffusionsstromkonstante ist, die mit den Konstanten I_p der einzelnen Komplexe nach der Gleichung

$$(VI.2.11) \qquad I_c = \frac{\sum\limits_p \dfrac{I_p K_p (C_X \cdot f_X)^p}{f_{MX_p}}}{\sum\limits_p \dfrac{K_p (C_X \cdot f_X)^p}{f_{MX_p}}}$$

zusammenhängt. Für den Diffusionsstrom gilt dann [vgl. (VI.1.14)]

$$(VI.2.12) \qquad i_D = k \cdot I_c \cdot \sum_p C_{MX_p} \,.$$

Die Amalgamkonzentration an der Elektrodenoberfläche ist als Funktion der Stromstärke durch

$$(VI.2.13) \qquad i = k \cdot I_{am} \cdot C^{\circ}_{am}$$

gegeben, wobei I_{am} die Konstante des Diffusionsstromes der Metallatome im Quecksilber ist. Aus (VI.2.8), (VI.2.10), (VI.2.12) und (VI.2.13) erhält man für das Halbwellenpotential des reduzierbaren Ions bei Gegenwart der Ligandenkomponente

$$(VI.2.14) \qquad E_{1/2} = \varepsilon - \frac{RT}{nF} \ln \frac{I_c}{I_{am}} \sum_p \frac{K_p (C_X \cdot f_X)^p}{f_{MX_p}} \,.$$

Das Halbwellenpotential des einfachen Metallaquoions ist durch

$$(VI.2.15) \qquad (E_{1/2})_M = \varepsilon - \frac{RT}{nF} \ln \frac{I_M}{f_M \cdot I_{am}}$$

definiert.

Das Halbwellenpotential des einfachen Metallions für den Fall, daß sein Aktivitätskoeffizient den Wert 1 besitzt, ist dann

$$(VI.2.16) \qquad (E^{\circ}_{1/2})_M = (E_{1/2})_M - \frac{RT}{nF} \ln f_M = \varepsilon - \frac{RT}{nF} \ln \frac{I_M}{I_{am}} \,.$$

Aus den Gln. (VI.2.14) und (VI.2.16) erhält man

$$(VI.2.17) \qquad F_0(X) = \sum_p \frac{K_p \cdot C^p_X \cdot f^p_X}{f_{MX_p}}$$

$$= \text{antilog} \left\{ 0,435 \, \frac{nF}{RT} \left[(E^{\circ}_{1/2})_M - E_{1/2} \right] + \log \frac{I_M}{I_c} \right\},$$

wenn man den auf der rechten Seite der Gleichung stehenden experimentell bestimmbaren Ausdruck mit dem Symbol $F_0(X)$ bezeichnet. Wir führen nun eine Funktion $F_1(X)$ von der Form

$$(VI.2.18) \qquad F_1(X) = \left[F_0(X) - \frac{K_0}{f_M} \right] \Big/ C_X \cdot f_X$$

ein, wobei K_0 die Bildungskonstante des nullten Komplexes ist, die den Wert 1 besitzt. Trägt man $F_1(X)$ gegen $C_X f_X$ auf und extrapoliert auf $C_X = 0$, so erhält man als Ordinatenabschnitt K_1/f_{MX}. Entsprechend findet man K_2/f_{MX_2} durch Auftragen von $F_2(X)$ gegen $C_X \cdot f_X$ und Extrapolation auf $C_X = 0$.

$$(VI.2.19) \qquad F_2(X) = \left[F_1(X) - \frac{K_1}{f_{MX}} \right] \Big/ C_X \cdot f_X \,.$$

Analog erhält man die Bildungskonstanten der höheren Komplexe mit $p = 2, 3, \ldots$

Man sieht aus Gl. (VI.2.17), daß die erste Ableitung von $F_0(X)$ nach $C_X \cdot f_X$ für $C_X = 0$ gleich $F_1(X)$ ist. Trägt man $F_0(X)$ einschließlich des Wertes $F_0(X) = 1$ bei $C_X = 0$ als Funktion von $C_X \cdot f_X$ auf, so ist die Steigung der so erhaltenen Kurve bei $C_X = 0$ gleich dem Wert von $F_1(X)$ bei

$C_X = 0$. Die Steigung der Kurve, die man erhält, wenn man $F_1(X)$ als Funktion von $C_X \cdot f_X$ aufträgt, ist für $C_X = 0$ gleich dem Wert der Funktion $F_2(X)$ bei $C_X = 0$. Entsprechendes gilt für die höheren Komplexionen. Messungen der Steigung der $F_p(X)$-Kurven bei $C_X = 0$ können somit zur Kontrolle der K_p-Werte herangezogen werden, die man durch Extrapolation gefunden hat.

Die mathematische Form der $F_p(X)$-Funktionen hat einige wichtige Konsequenzen. Man findet, daß diejenige $F_p(X)$-Kurve [$F_p(X)$ als Funktion von $C_X f_X$], die dem maximal auftretenden p-Wert entspricht, eine zur Konzentrationsachse parallele Gerade ist. Dem nächst niedrigeren Komplex mit $p - 1$ entspricht eine Gerade, die eine positive Steigung aufweist. Alle übrigen $F_p(X)$-Funktionen für die niedrigeren Komplexe sind gekrümmt. Diese charakteristische Eigenschaft der $F_p(X)$-Funktionen ist eine wertvolle Hilfe, um die Zahl der Komplexe eines gegebenen Systems zu übersehen. Sie gestatten zudem eine qualitative Kontrolle der Versuchsergebnisse (vgl. Abb. VI.10 und VI.11).

b) Beispiel für die Anwendung der Methode, Polarographische Untersuchung des Systems Cd^{2+}/SCN^-

Von DE FORD, CAVE und HUME [15] wurde die Komplexbildung zwischen Cadmium und Rhodanid untersucht. Die Rhodanid-Konzentration (es wurde KSCN verwendet) wurde bei konstanter Ionenstärke von $\mu = 2{,}00$ im Bereich 0,1—2,0 m variiert. In Tab. 2 sind die gemessenen Halbwellenpotentiale und zugehörigen Diffusionsströme in Abhängigkeit von der Rhodanidionenkonzentration angegeben.

Tabelle 2. *Analyse der Halbwellenpotentiale von Cd^{2+}/SCN^-*

Konzentration an KSCN Mol/l	Halbwellenpotential $E_{1/2}$ Volt	Diffusionsstrom i_D, μAmp.	$F_0(X)$	$F_1(X)$	$F_2(X)$	$F_3(X)$	$F_4(X)$
0,0	−0,5724	7,56	(1,00)	. . .	. . .	. . .	. .
0,1	−0,5847	7,34	2,65	16,5	55	. . .	. .
0,2	−0,5943	7,29	5,57	22,8	59	. . .	. .
0,3	−0,6011	7,24	9,44	28,1	57	. . .	. .
0,4	−0,6071	7,22	15,00	35,0	60	. . .	. .
0,5	−0,6142	7,08	26,4	50,8	80	. . .	. .
0,7	−0,6235	7,08	53,8	75,4	92	51	65
1,0	−0,6343	7,07	123,6	122,6	112	56	50
1,5	−0,6516	7,06	467	311	200	96	60
2,0	−0,6646	7,03	1274	637	313	128	60
			$K_0 =$ 1,00	$K_1 =$ 11	$K_2 =$ 56	$K_3 =$ 6	$K_4 =$ 60

Die Werte der $F_p(X)$-Funktionen und der ermittelten Bildungskonstanten K_1—K_4 sind ebenfalls in Tab. 2 enthalten. Man findet bei Auswertung der Meßdaten Komplexe mit $p = 1, 2, 3$ und 4, $Cd(SCN)^+$, $Cd(SCN)_2$, $Cd(SCN)_3^-$ und $Cd(SCN)_4^{2-}$. Die zugehörigen $F_p(X)$-Funktionen sind in Abb. VI.10 und Abb. VI.11 gezeichnet. Man sieht, daß die Funktion $F_4(X)$ zur Abszisse parallel verläuft und die Funktion $F_3(X)$ eine

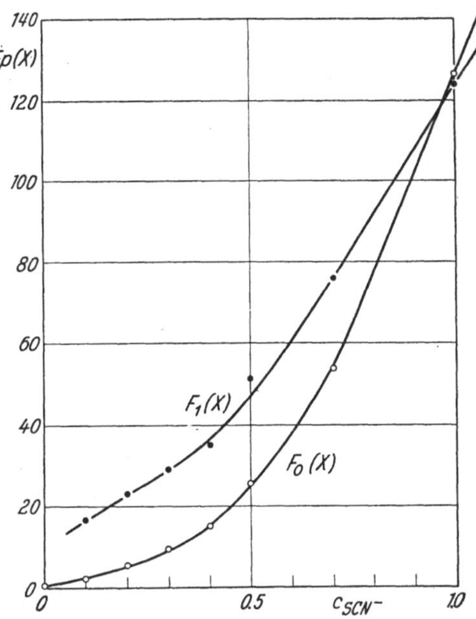

Abb. VI.10. Werte der Funktionen $F_0(X)$ und $F_1(X)$ für das System Cd²⁺/SCN⁻. Nach DE FORD u. HUME [15]

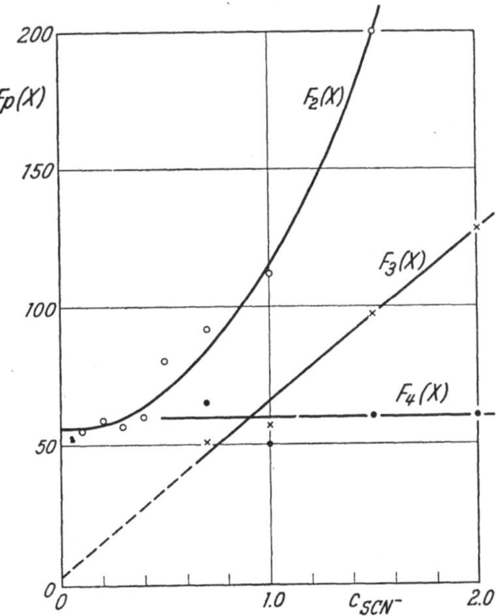

Abb. VI.11. Werte der Funktionen $F_2(X)$, $F_3(X)$ und $F_4(X)$ für das System Cd²⁺/SCN⁻. Nach DE FORD u. HUME [15]

Gerade mit positiver Steigung ist. Die Funktionen $F_2(X)$, $F_1(X)$ und $F_0(X)$ sind gekrümmte Kurven. In Abb. VI.12 ist die Verteilung der verschiedenen Komplextypen als Funktion der Konzentration an Rhodanid dargestellt.

Die Konstanten $K_1, \ldots, K_4$ sind infolge der experimentell bedingten Unsicherheiten mit den Fehlern $\pm 0,5$, ± 2, ± 5 und ± 10 behaftet.

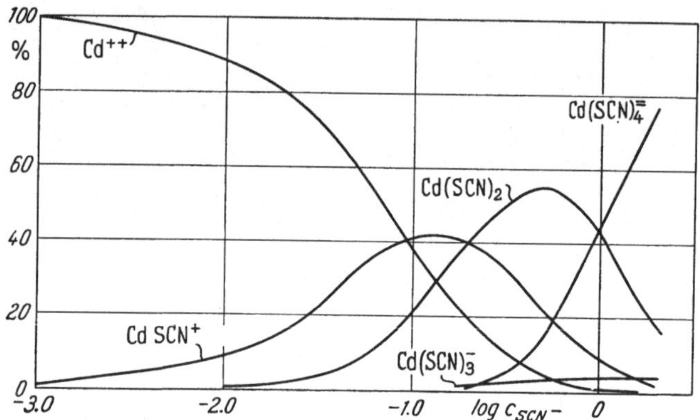

Abb. VI.12. Prozentische Verteilung von Cadmium-Rhodanato-Komplexen als Funktion der Rhodanid-Konzentration. Nach DE FORD u. HUME [15]

3. Bestimmung der Stabilitätskonstanten von Komplexen bei stufenweiser Komplexbildung nach der Methode der kleinsten Quadrate

Bei der Bestimmung der Stabilitätskonstanten aus polarographischen Daten im Fall stufenweiser Komplexbildung kann man, wie KIVALO und RASTAS [24] gezeigt haben, die Methode der kleinsten Quadrate verwenden. Dieses Verfahren wurde von F. J. C. ROSSOTTI und H. S. ROSSOTTI* auch herangezogen, um die Konstanten aus potentiometrischen Messungen zu gewinnen.

Die Arbeit der Auswertung vereinfacht sich weitgehend, wenn man die unabhängige Variable, das ist die Konzentration des freien Liganden, in gleichmäßigen Intervallen variiert. Da bei polarographischen Untersuchungen die Ligandenkomponente im allgemeinen in großem Überschuß gegenüber dem Metallion vorhanden ist, kann man die Konzentration an freiem Liganden praktisch immer mit der Gesamtkonzentration an zugesetzter Ligandenkomponente identifizieren. Diese kann leicht in geradzahligen Intervallen verändert werden. Die Bedingung der Gleichheit beider Konzentrationen ist um so besser angenähert, je weitgehender die Komplexe dissoziiert sind, d. h. wenn es sich um schwache Komplexe handelt. Sind $K_1, \ldots, K_4$ die Bruttobildungskonstanten der einkernigen Komplexe $MX, \ldots, MX_4$, so läßt sich nach LEDEN [vgl. (V.2.63)] eine Funktion

(VI.3.1) $F([X]) = K_1 + K_2[X] + K_3[X]^2 + K_4[X]^3$

* ROSSOTTI, F. J. C., u. H. S. ROSSOTTI: Acta Chem. Scand. **9**, 1166 (1955).

definieren, wenn [X] die Konzentration des freien Liganden ist, die im Falle der üblichen polarographischen Arbeitsweise im allgemeinen in brauchbarer Näherung durch die Gesamtligandenkonzentration C_X ersetzt werden kann.

$$(VI.3.2) \qquad F([X]) = K_1 + K_2 \cdot C_X + K_3 \cdot C_X^2 + K_4 \cdot C_X^3 .$$

$F([X])$ ist eine Funktion, deren jeweilige Werte man aus den polarographischen Halbwellenpotentialen bei konstanter Ionenstärke erhalten kann. Sie steht mit der von DE FORD und HUME [vgl. (VI.2.17)] definierten Funktion $F_0(X)$ im Zusammenhang

$$(VI.3.3) \qquad F([X]) = \frac{F_0(X) - 1}{C_X} = F_1(X) ,$$

ist also identisch mit der Funktion $F_1(X)$, Gl. (VI.2.18). $F_0(X)$ kann nach

$$(VI.3.4) \qquad F_0(X) = \text{antilog} \left\{ 0,4343 \, \frac{nF}{RT} \, \Delta E_{1/2} + \log \frac{I_M}{I_C} \right\}$$

mit

$$(VI.3.5) \qquad \Delta E_{1/2} = (E^0_{1/2})_M - E_{1/2}$$

aus den experimentellen Daten berechnet werden. I_M und I_C sind die Diffusionsstromkonstanten des Metallaquoions und der Komplex onen [vgl. (VI.2.11)]; $(E^0_{1/2})_M$ ist das Halbwellenpotential des Metallaquoions und $E_{1/2}$ das Halbwellenpotential bei Zusatz von Ligandenkomponente.

Setzt man für $C_X = C_X^* + t \cdot h$, wenn C_X^* ein Wert der Ligandenkonzentration in der Mitte des untersuchten Konzentrationsintervalls ist, h ein konstantes Inkrement bezüglich der Ligandenkonzentration bedeutet und t die ganzzahligen Werte $-n, \ldots, -2, -1, 0, 1, 2, \ldots, n$ annimmt, so folgt

$$(VI.3.6) \qquad F(C_X^* + t \cdot h) = F(t) = a + bt + ct^2 + dt^3 .$$

$F(t)$ ist die experimentell zu bestimmende Funktion der Variablen t. Das Problem besteht nun darin, die vier Koeffizienten a, b, c und d aus einem Satz von $2n + 1$ simultanen Gleichungen zu bestimmen, die aus $2n + 1$ Experimenten gewonnen werden.

Für die Ermittlung der Koeffizienten haben KIVALO und RASTAS zwei verschiedene Verfahren angegeben [24, 25], die auf der Methode der kleinsten Quadrate beruhen. Wegen der Einzelheiten sei auf die Originalarbeiten verwiesen. Die Bildungskonstanten erhält man sodann aus den Koeffizienten nach

$$(VI.3.7) \qquad
\begin{aligned}
K_1 &= a - \frac{b}{h} C_X^* + \frac{c}{h^2} C_X^{*2} - \frac{d}{h^3} C_X^{*3} , \\[4pt]
K_2 &= \frac{b}{h} - \frac{2c}{h^2} C_X^* + \frac{3d}{h^3} C_X^{*2} , \\[4pt]
K_3 &= \frac{c}{h^2} - \frac{3d}{h^3} C_X^* , \\[4pt]
K_4 &= \frac{d}{h^3} .
\end{aligned}$$

(Sind z. B. nur 3 Komplexe anwesend, ist $d = 0$.)

Die nach diesem Verfahren erhaltenen Werte der Stabilitätskonstanten sind genauer als die auf graphischem Wege durch Extrapolation der $F_p(X)$-Funktionen nach DE FORD und HUME (vgl. dieses Kapitel, Abschnitt 2.a) gewonnenen. Man kann die Größe der experimentellen Fehler gut übersehen, und es ist möglich, genauere Angaben über die Fehler der erhaltenen Konstanten zu machen.

4. Ermittlung der Bildungskonstanten bei stufenweiser Komplexbildung nach RINGBOM und ERIKSSON

Bei den bisher behandelten Methoden war Voraussetzung, daß die Konzentration des Liganden an der Tropfenoberfläche gleich der Ligandenkonzentration in der übrigen Lösung gesetzt werden kann. Weiterhin wurde gefordert, daß das Zentralion an der Elektrode reversibel reduziert wird. RINGBOM und ERIKSSON [26] zeigten, daß man die polarographische Methode auch dann anwenden kann, wenn die erste Voraussetzung nicht erfüllt ist. Ist die zweite Forderung nicht erfüllt, verläuft also die Reduktion an der Tropfelektrode irreversibel, so kann man sich helfen, indem man eine indirekte Methode unter Verwendung eines geeigneten Indicatorions benutzt.

a) Direkte Methode, Konzentration des freien Liganden an der Tropfenoberfläche verschieden von der Konzentration des freien Liganden in der übrigen Lösung

Für den Fall der Bildung *eines* Komplexes MX_p wurde bei Reduktion zum Metall und Amalgambildung Gl. (VI.1.24)

$$(VI.4.1) \qquad \Delta E_{1/2} = E_{1/2} - (E_{1/2})_M = - \frac{RT}{nF} \ln (K_p \cdot C_X^p)$$

abgeleitet. $(E_{1/2})_M$ und $E_{1/2}$ sind die Halbwellenpotentiale einer Lösung des Metallions ohne Ligandenzusatz (z. B. einer Metallperchlorat-Lösung) und mit Zusatz der Ligandenkomponente, K_p ist die Bruttobildungskonstante des Komplexes und C_X die Gesamtkonzentration des Liganden. Gl. (VI.4.1) gilt, wenn man die Aktivitätskoeffizienten nicht berücksichtigt. Bei ihrer Ableitung wurde angenommen, daß nur ein einziger Komplex unter den Versuchsbedingungen vorliegt und die Ligandenkomponente in so großem Überschuß gegenüber dem Metallion zugegen ist, daß man die Ligandenkonzentration an der Elektrodenoberfläche mit der Gesamtligandenkonzentration und mit der Konzentration des Liganden im Lösungsinneren gleichsetzen kann [vgl. (VI.1.18)]. Sie ist nicht verwendbar, wenn der Überschuß an X gegenüber M nicht genügend groß ist und wenn es sich um schwache Komplexe handelt. MX_p ist in der Regel der Komplex mit maximaler Ligandenzahl. Um eine allgemeingültige Beziehung zu erhalten, muß man alle Komplexgleichgewichte berücksichtigen, d. h. die stufenweise Bildung von MX_p, wie dies von DE FORD und HUME [14] (vgl. dieses Kapitel, Abschnitt 2) durchgeführt worden ist. Außerdem ist für den allgemeinen Fall in Betracht zu ziehen,

daß die Konzentrationen an der Tropfenoberfläche und im Lösungsinneren nicht dieselben sind. Im folgenden werden nachstehende Bezeichnungen verwendet:

	in der Lösung	an der Elektroden-oberfläche
Gesamtkonzentration des Liganden	C_X	C_X
Gesamtkonzentration an Metall	C_M	$C_M^\circ = \dfrac{i_D - i}{i_D} \cdot C_M$
Konzentration an freiem Metallion	$[M]$	$[M^\circ]$
Konzentration an freiem Liganden	$[X]$	$[X^\circ]$

Die Konzentrationen an der Elektrodenoberfläche sind durch den
oberen Index $^\circ$ gekennzeichnet, i ist der gemessene Strom, i_D der Diffusionsstrom. Die Gesamtkonzentration des Liganden an der Elektrodenoberfläche ist bekannt, die Gesamtmetallkonzentration an der Elektrodenoberfläche kann bei Kenntnis von i und i_D berechnet werden. Die
Konzentration des freien Metallions an der Elektrodenoberfläche ergibt
sich aus der Beziehung

$$(VI.4.2) \qquad \Delta E = E - E_M = - \frac{RT}{nF} \ln \frac{C_M^\circ}{[M^\circ]} = - \frac{RT}{nF} \ln \frac{\dfrac{i_D - i}{i_D} \cdot c_M}{[M^\circ]},$$

wenn E das Potential einer Metallperchloratlösung mit Ligandenzusatz
und E_M das Potential ohne Zusatz der Ligandenkomponente bei einer
bestimmten Stromstärke ist. Für $i = i_D/2$ ist $\Delta E = \Delta E_{1/2}$ gleich der
Differenz der Halbwellenpotentiale.

Zur Untersuchung stufenweiser Komplexbildung mit den einkernigen
Typen MX, MX_2, .., MX_p mißt man ΔE für verschiedene Werte der
Ligandenkonzentration C_X. Zur Berechnung ist es notwendig, ΔE und C_X
als Funktionen der Gleichgewichtskonstanten auszudrücken. Es gilt
die Gleichung [vgl. (V.2.85)]

$$(VI.4.3) \quad C_M^\circ = \frac{i_D - i}{i_D} \cdot C_M = [M^\circ] (1 + K_1 [X^\circ] + K_2 [X^\circ]^2 + \cdots + K_p [X^\circ]^p)$$

und damit

$$(VI.4.4) \qquad \Delta E = - \frac{RT}{nF} \ln (1 + K_1 [X^\circ] + K_2 [X^\circ]^2 + \cdots + K_p [X^\circ]^p).$$

Weiterhin ist [vgl. (V.2.86)]

$$(VI.4.5) \quad C_X = [X^\circ] + [M^\circ] (K_1 [X^\circ] + 2 \cdot K_2 [X^\circ]^2 + \cdots + p \cdot K_p [A^\circ]^p).$$

Man mißt Serien von ΔE-Werten für verschiedene Werte von C_X und
berechnet $[X^\circ]$ sowie die Konstanten K_1, K_2, ..., K_p mit Hilfe der
Gleichungen (VI.4.2), (VI.4.4) und (VI.4.5). Für $p = 1$ und $p = 2$ gestaltet sich die Berechnung einfach, für $p > 2$ erhält man Gleichungen
höherer Ordnung, deren Lösung komplizierter ist. Einen Näherungswert
für K_1 findet man aus Experimenten mit geringer Ligandenkonzentration
unter der Annahme, daß unter diesen Bedingungen praktisch nur MX
vorliegt. Entsprechend kann man aus Experimenten bei hohen Liganden-

konzentrationen die Konstante K_p für den Komplex maximaler Ligandenzahl näherungsweise bestimmen. Gl. (VI.4.4) geht dann in

$$\text{(VI.4.6)} \qquad \Delta E = - \frac{RT}{nF} \ln(K_p \cdot [X^\circ]^p)$$

über. Die Werte für die übrigen Stabilitätskonstanten kann man durch sukzessive Approximation z. B. nach der Methode von LEDEN (vgl. Kapitel V. 2 b) oder FRONAEUS (vgl. Kapitel V. 2 c) erhalten. Ebenso kann die graphische Methode von DE FORD und HUME (vgl. dieses Kapitel, Abschnitt 2), die ähnlich derjenigen von LEDEN ist, verwendet werden. Die Konzentrationen an der Tropfenoberfläche werden nach den Gln. (VI.4.2) bis (VI.4.5) berechnet.

Ist das Zentralion nicht reversibel reduzierbar oder oxydierbar, jedoch der Ligand, so sind die Stabilitätskonstanten polarographisch auf analoge Weise zu bestimmen. Die Berechnung erweist sich in diesem Fall als einfacher und kann nach der Bjerrumschen Methode (vgl. Kapitel V. 2a) erfolgen.

b) Indirekte Methode unter Verwendung eines Indicatorions

In einer großen Zahl von Fällen verläuft die Reduktion des Metalls an der Tropfelektrode nicht reversibel, so daß man aus direkten polarographischen Untersuchungen keine quantitativen Schlüsse ziehen kann. RINGBOM und WILKMAN* zeigten, daß man ein nichtreduzierbares Metallion amperometrisch titrieren kann, wenn man ein geeignetes Indicatorion zusetzt. Entsprechend kann man die Konzentration eines nichtreduzierbaren Metallions bei Zugabe eines Indicatorions auf polarographischem Wege bestimmen.

Wir betrachten den Fall, daß die Bildungskonstanten $\varkappa_1, \ldots, \varkappa_p$ der Komplexbildung zwischen einem Metallion M und einem Liganden X bestimmt werden sollen, M jedoch nicht reduzierbar ist oder irreversibel reduziert wird. Man setzt dem System ein reversibel reduzierbares Indicatorion, z. B. Cd^{2+} (oder Pb^{2+}) zu, das mit X seinerseits Komplexe bildet. Die Komplexkonstanten $K_1, \ldots, K_p$ des Systems Indicatorion/X seien bekannt. Weiterhin soll die Cadmium-Welle im Polarogramm vor der M-Welle erscheinen. Es gilt nach Gl. (VI.4.4) die Beziehung

$$\text{(VI.4.7)} \quad \Delta E = - \frac{RT}{nF} \ln (1 + K_1 [X^\circ] + K_2 [X^\circ]^2 + \cdots + K_p [X^\circ]^p) ,$$

aus der man bei Kenntnis der Werte der Bildungskonstanten die gesuchte Konzentration von X an der Tropfenoberfläche berechnen kann. Man setzt dem System M/X etwas Cadmiumperchlorat zu und bestimmt die Verschiebung des Halbwellenpotentials gegenüber dem Halbwellenpotential, das man mißt, wenn nur Cadmiumperchlorat anwesend ist. Aus einer graphischen Darstellung, die ΔE als Funktion von $[X^\circ]$ angibt, kann man die Ligandenkonzentration ablesen.

Gibt man M-Ionen zu einer Lösung von Cd^{2+}-Ionen und Liganden X, so reagieren die Ionen M mit einem Teil der vorhandenen Liganden, so

---

* RINGBOM, A., u. B. WILKMAN: Acta Chem. Scand. 3, 22 (1949).

daß die Konzentration $[X^0]$ an freiem Liganden abnimmt. Die bei der Indicatormethode resultierenden Polarogramme sind in Abb. VI.13 schematisch dargestellt.

Kurve I erhält man, wenn man eine Cadmiumperchloratlösung polarographiert, Kurve II ist die polarographische Welle einer Cadmiumperchloratlösung mit Zusatz der Ligandenkomponente, Kurve III ergibt sich, wenn man zu der unter II benutzten Lösung Ionen M bekannter Konzentration zusetzt.

Die Berechnung der Komplexkonstanten gestaltet sich nach der indirekten Methode einfacher als bei direkter Bestimmung des Zentralions.

Für die durchschnittliche Ligandenzahl [vgl. (V.2.3)]

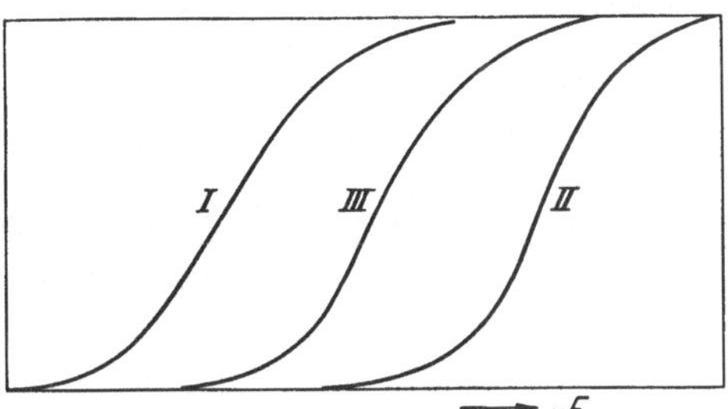

Abb. VI.13. Bestimmung der Ligandenkonzentration mit Hilfe der Indicatormethode. Nach RINGBOM u. ERIKSSON [26] I. Indicatorion, II. Indicatorion/Ligand, III. Indicatorion/ Metallion/Ligand

an der Elektrodenoberfläche gilt für die Cadmiumkomplexe die Beziehung

$$(VI.4.8) \qquad (\overline{n}^\circ)_{Cd} = \frac{K_1[X^\circ] + 2\,K_2[X_0]^2 + \cdots + p\,K_p[X^\circ]^p}{1 + K_1[X^\circ] + K_2[X^\circ]^2 + \cdots + K_p[X^\circ]^p}.$$

Man kann $(\overline{n}^\circ)_{Cd}$ wie üblich als Funktion von $\log[X^\circ]$ darstellen. Werden nur einkernige Komplexe gebildet, so hängt $(\overline{n}^\circ)_{Cd}$ nicht von der Cadmiumkonzentration C_{Cd} ab. Die durchschnittliche Ligandenzahl für das Ion M kann dann nach

$$(VI.4.9) \qquad (\overline{n}^\circ)_M = \frac{C_X - [X^\circ] - (\overline{n}^\circ)_{Cd} \cdot \dfrac{i_D - i}{i_D} \cdot C_{Cd}}{C_M}$$

berechnet werden. Die gesuchten Bildungskonstanten $\varkappa_p$ der Komplexe $MX, MX_2, \ldots, MX_p$ können nach der Bjerrumschen Methode (vgl. Kapitel V. 2 a δ) erhalten werden, da man nunmehr die Bildungskurve $(\overline{n}^\circ)_M = f(-\log[X^\circ])$, bzw. die Bildungsfunktion, die die allgemeine Form

$$(VI.4.10) \qquad \sum_{p=0}^{p=p} \{(\overline{n}^\circ)_M - p\}\,[X^\circ]^p \varkappa_p = 0$$

besitzt, kennt. Voraussetzung für die Verwendung der indirekten Methode ist, daß das Indicatorion auf jeden Fall reversibel reduzierbar ist. Ist das Metallion M nicht reversibel reduzierbar, so läuft die Reaktion zwischen M und dem Liganden nicht augenblicklich ab. Es ist dann keineswegs sicher, daß die Ionen M mit den an der Quecksilberoberfläche in Freiheit gesetzten Liganden im Gleichgewicht sind, wenn man auch die Konzentrationen an der Elektrodenoberfläche berechnen kann.

Bei Verwendung von Cd^{2+} als Indicatorion kann man die Konzentration der folgenden Liganden bestimmen: Cl^-, Br^-, I^-, NO_2^-, SCN^-, NH_3, $CH_3CO_2^-$. CN^- bildet starke Komplexe mit Cd^{2+}, die Reduktion erfolgt jedoch nicht völlig reversibel.

Wenn $[X]$ und $[X^\circ]$ nicht sehr verschieden sind, so kann man den Fehler, der durch eine unvollkommene Gleichgewichtseinstellung verursacht wird, vernachlässigen. Alle Cadmiumkomplexe mit den angegebenen Liganden, mit Ausnahme von CN^-, sind so schwach, daß zwischen [X] und [X°] keine meßbare Differenz existiert, wenn $i \leq i_D/2$ ist.

Die Genauigkeit der indirekten Methode hängt von der Stärke der Indicatorkomplexe ab. Je größer deren Stabilität ist, um so höher ist die erreichbare Präzision.

Mit dieser Methode ist es möglich, konsekutive Stabilitätskonstanten von Metallkomplexverbindungen zu ermitteln, wenn weder das Zentralion noch der Ligand polarographisch bestimmt werden können.

5. Polarographische Unterscheidung von cis- und trans-Isomeren

Bei den üblichen polarographischen Untersuchungen wird die Heranführung von Ionen an die Kathode durch Überführung durch Zusatz eines Überschusses eines indifferenten Elektrolyten unterdrückt, so daß der beobachtete Sättigungsstrom praktisch ein reiner Diffusionsstrom ist.

Setzt man keinen derartigen Elektrolyten zu, so ist der Sättigungsstrom sowohl von der Überführung der Ionen als auch von der Diffusion abhängig. Man hat dann die Möglichkeit, zwischen cis- und trans-Formen von Komplexionen vom Typ $MA_4B_2^{n\pm}$ zu unterscheiden [32, 33].

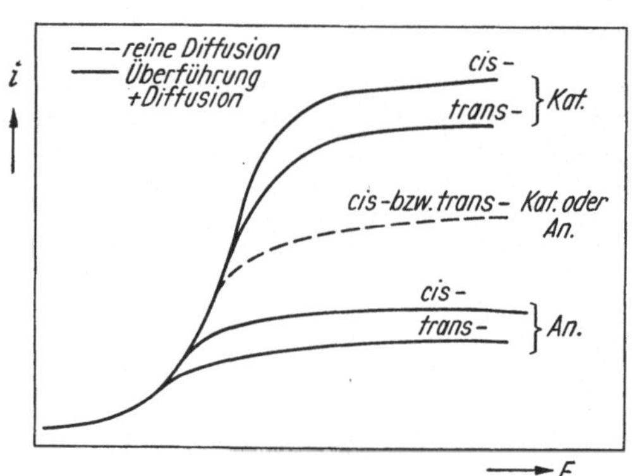

Abb. VI.14. Polarographische Wellen bei cis-trans Isomeren von Komplexen (schematisch)

Beide Isomere wandern in derselben Richtung, jedoch zeigt die cis-Form die größere Wanderungsgeschwindigkeit. Sie liefert somit einen größeren Sättigungsstrom als die trans-Form. Dies gilt sowohl für anionische als auch für kationische Komplexe, wobei der Sättigungsstrom für beide Formen anionischer Komplexe geringer und für beide Formen kationischer Komplexe größer ist als der reine Diffusionsstrom bei Unterdrückung der Überführung (vgl. Abb. VI.14).*

HOLTZCLAW und SHEETZ [30] berichten über eine polarographische Unterscheidung von cis- und trans-Isomeren, die zwei negative Gruppen enthalten. Bei Anwesenheit von KCl als indifferentem Zusatzelektrolyten wird die cis-Form der Komplexe $Co(NH_3)_4(NO_2)_2^+$, $Coen_2(NO_2)_2^+$ und $Coen_2(SCN)(NO_2)^+$ bei positiveren Werten des Potentials reduziert als die trans-Form (vgl. Tab. 3). Komplexe, die nur eine oder keine negative Gruppe aufweisen, wie $Coen_2NH_3NO_2^{++}$, $Coen_2(NH_3)SCN^{++}$ und $Coen_2(NH_3)_2^{+++}$, zeigen diesen Unterschied nicht.

---

* Gegen dieses Verfahren sind neuerdings Einwände gemacht worden [vgl. R. G. WILKINS u. M. J. G. WILLIAMS in Modern Coordination Chemistry S. 194. Interscience Publ., Inc., New York, London 1960].

Bei Pt(II)-Komplexen $[Pt^{II}A_2B_2]^{2+}$ mit neutralen Liganden wird hingegen die cis-Form bei negativeren Werten des Halbwellenpotentials reduziert als die trans-Form [35].

Tabelle 3. *Halbwellenpotentiale bei cis- und trans-Komplexen des III-wertigen Kobalts*

Komplex	Halbwellenpotential gemessen gegenüber einer ges. Kalomelelektrode (in Volt)
$Co^{III}(NH_3)_4(NO_2)_2^+$ cis	$-0,05$
trans	$-0,21$
Co^{III} en$_2$ $(NO_2)_2^+$ cis	$-0,24$
trans	$-0,27$
Co^{III} en$_2$ (SCN) $(NO_2)^+$ cis	$-0,04$
trans	$-0,12$

6. Über den Anwendungsbereich der polarographischen Methode

Zusammenfassend ist zur Anwendung der polarographischen Methode bei der Untersuchung von Komplexgleichgewichten in Lösung folgendes zu bemerken:

1. Voraussetzung für die Brauchbarkeit der Methode ist — von wenigen Ausnahmefällen abgesehen (vgl. dieses Kapitel 1 b) —, daß die betreffenden Reaktionen an den Elektroden schnell und reversibel ablaufen. In vielen Fällen ist diese Forderung nicht oder nur ungenügend erfüllt. Reduktionen, bei denen das Metall nicht aus dem Komplex abgeschieden wird, sondern bei denen nur die Oxydationsstufe des im Komplex gebundenen Metallions geändert wird, sind in der Regel nur dann reversibel, wenn die oxydierte und die reduzierte Form des Komplexions gleiche Zusammensetzung haben und es sich außerdem um einelektronige Vorgänge handelt. Dies gilt jedoch nur, wenn beide Stufen Normalkomplexe oder Durchdringungskomplexe sind. Die Reduktion eines Durchdringungskomplexes zu einem Normalkomplex [z. B. $Co^{III}(NH_3)_6^{3+} \rightarrow Co^{II}(NH_3)_6^{2+}$] verläuft irreversibel. In manchen Fällen werden auch Komplexe verschiedener Zusammensetzung der oxydierten und reduzierten Form reversibel reduziert [z. B. $Fe^{III}(C_2O_4)_3^{3-} \rightarrow Fe^{II}(C_2O_4)_2^{2-}$]. Besonders stabile Komplexe werden unter Umständen direkt reduziert, so daß praktisch keine oder nur unvollständige Dissoziation stattfindet, wodurch besondere Verhältnisse auftreten können. Die Reduktion ist bei Komplexen mit Metallen, die Amalgame bilden, in der Regel reversibel.

2. Polarographische Untersuchungen sind in Lösungen vorzunehmen, in denen die komplexbildende Komponente gegenüber dem Metall in großem Überschuß vorliegt, bzw. die bezüglich dieser Komponente gepuffert sind. Dann kann die Konzentration des Komplexbildners an der Elektrodenoberfläche mit seiner Gesamtkonzentration identifiziert werden (Ausnahme vgl. 4a). Es ist bei konstanter und hoher Ionenstärke zu arbeiten, die durch Zugabe eines indifferenten „Leitsalzes" eingestellt wird.

3. Einige der abgeleiteten Gleichungen [z. B. (VI.1.24), (VI.1.42) bis (VI.1.44) und (VI.1.60), (VI.1.61)] gelten nur, wenn die Diffusionskonstanten von Komplexionen und einfachem Metallaquoion bzw. von oxydierter und reduzierter Form des Komplexes nicht zu verschieden sind. In den entsprechenden Beziehungen wird dann der Quotient der Diffusionskonstanten näherungsweise gleich 1 gesetzt. Unterscheiden sich die Diffusionskonstanten, so muß ihr Verhältnis in den Gleichungen berücksichtigt werden.

4. Die Bruttoformel eines Komplexions läßt sich bei reversibler Elektrodenreaktion einwandfrei feststellen, wenn der Komplex über einen hinlänglich großen Konzentrationsbereich der komplexbildenden Komponente eine konstante, stöchiometrisch eindeutig definierte Zusammensetzung besitzt. Sind mehrere Komplexe im untersuchten Konzentrationsintervall gleichzeitig anwesend, so kann man — Reversibilität der Elektrodenreaktion vorausgesetzt — nach den in den Abschnitten 2—4 angegebenen Methoden die Bruttoformeln der vorhandenen einkernigen Komplextypen bestimmen. Die polarographisch ermittelten Stabilitätskonstanten sind im allgemeinen mit einer etwas größeren Unsicherheit belastet, als dies bei Verwendung potentiometrischer Methoden der Fall ist. Die polarographischen Wellen besitzen meist nicht die Idealgestalt, sondern sind mehr oder weniger verzerrt, so daß die Bestimmung der Halbwellenpotentiale unsicher wird. (Inkonstanz des Sättigungsstromes, zu geringe Steilheit des Anstieges der Welle.) Alle so bestimmten Komplexkonstanten gelten nur für das Lösungsmittel, in dem die Untersuchungen vorgenommen wurden. Da die Lösungen stets einen indifferenten Zusatzelektrolyten in hohen Konzentrationen enthalten, werden die Aktivitätskoeffizienten der Reaktionsteilnehmer dadurch wesentlich beeinflußt. Deswegen ist die polarographische Methode gegenüber Untersuchungen mit ruhenden Elektroden prinzipiell benachteiligt, bei denen man einen solchen Zusatzelektrolyten von vornherein nicht benötigt. Andererseits bietet sie jedoch, wie bereits einleitend ausgeführt, gewisse Vorteile, die in speziellen Fällen für ihre Anwendung den Ausschlag geben können.

5. Eine Ausdehnung der polarographischen Methode auf Fälle irreversibler Reaktionen ist allgemein deswegen nicht möglich, da dort neben der Konzentrationspolarisation zusätzliche Polarisationseffekte auftreten, die einer rechnerischen Behandlung nur schwer zugänglich sind*. In speziellen Fällen (vgl. 1 b) lassen sich jedoch auch hier Aussagen machen. Oftmals kann man sich durch Verwendung der indirekten Methode mit Indicatorionen (vgl. 4 b) helfen.

---

* Über die theoretische Behandlung irreversibler polarographischer Wellen vgl. z. B.:

KERN, D. M.: J. Am. Chem. Soc. **76**, 4234 (1954).
DELAHAY, P.: J. Am. Chem. Soc. **75**, 1190 (1953).
KIVALO, P., K. B. OLDHAM u. H. A. LAITINEN: J. Am. Chem. Soc. **75**, 4148 (1953).
BERZINS, T., u. P. DELAHAY: J. Am. Chem. Soc. **75**, 5716 (1953).
KIVALO, P.: J. Am. Chem. Soc. **75**, 3286 (1953).

Literatur

Zusammenfassende Arbeiten über die Grundlagen der polarographischen Methode

[1] LINGANE, J. J.: Interpretation of polarographic waves of complex metal ions. Chem. Rev. **29**, 1 (1941).

[2] STACKELBERG, M. v., u. H. v. FREYHOLD: Polarographische Untersuchungen an Komplexen in wäßrigen Lösungen. Z. Elektrochem. **46**, 120 (1940).

[3] SARTORI, G.: Polarography of metal complexes. International Symposium on the chemistry of coordination compounds. Roma 1957. „La Ricerca Scientifica" **28**, 196 (1958). [J. Inorg. Nucl. Chem. **8**, 196 (1958).]

[4] KORYTA, J.: Polarographie komplexer Verbindungen. Chem. Technik **7**, 464 (1955).

[5] KORYTA, J.: Polarographie der Komplexverbindungen und ihre analytischen Anwendungen. Acta Chim. Hung. **9**, 363 (1956).

[6] SOUCHAY, P., et J. FAUCHERRE: Potentials polarographiques et constitution des ions complexes. Bull. Soc. Chim. France (1947) 529.

Arbeiten über verschiedene spezielle Methoden

[7] KOLTHOFF, I. M., and C. S. MILLER: Waves involving electrooxidation of mercury at the dropping mercury electrode. J. Am. Chem. Soc. **63**, 1405 (1941).

[8] MATYSKA, B., u. I. KÖSSLER: Polarographische Studie der Komplexbildung von Quecksilber mit Äthylendiamintetraessigsäure. Collection Czechoslov. Chem. Communs. **16**, 221 (1951); Chem. Listy **45**, 254 (1951).

[9] KORYTA, J., u. I. KÖSSLER: Polarographische Bestimmung der Komplexbildungskonstanten der Schwermetallkomplexe der Nitrilotriessigsäure. Experientia (Basel) **6**, 136 (1950); Chem. Listy **44**, 128 (1950).

[10] KORYTA, J., u. I. KÖSSLER: Die polarographische Bestimmung der Stabilitätskonstanten von Komplexen, die von Schwermetallen mit Schwarzenbachs Komplexonen gebildet werden. Collection Czechoslov. Chem. Communs. **15**, 241 (1950).

[11] WHEELWRIGHT, E. J., F. H. SPEDDING and G. SCHWARZENBACH: The stability of rare earth complexes with ethylenediaminetetraacetic acid. J. Am. Chem. Soc. **75**, 4196 (1953).

[12] SCHWARZENBACH, G., R. GUT u. G. ANDEREGG: Komplexone XXV. Die polarographische Untersuchung von Austauschgleichgewichten. Neuere Daten der Bildungskonstanten von Metallkomplexen der Äthylendiamintetraessigsäure und der 1,2-Diaminocyclohexan-tetraessigsäure. Helv. Chim. Acta **37**. 937 (1954).

[13] ACKERMANN, H., u. G. SCHWARZENBACH: Komplexone XXII. Die Kinetik des Austausches des Y^{-4} zwischen Cd^{2+} und Cu^{2+}. Helv. Chim. Acta **35**, 485 (1952).

Methode DE FORD und HUME

[14] DE FORD, D. D., and D. N. HUME: The determination of consecutive formation constants of complex ions from polarographic data. J. Am. Chem. Soc. **73**, 5321 (1951).

[15] HUME, D. N., D. D. DE FORD and G. C. B. CAVE: A polarographic study of the cadmium thiocyanate complexes. J. Am. Chem. Soc. **73**, 5323 (1951).

[16] FRANK, R. E., and D. N. HUME: A polarographic study of Zn-thiocyanate complexes. J. Am. Chem. Soc. **75**, 1736 (1953).

[17] HERSHENSON, H. M., M. E. SMITH and D. N. HUME: A polarographic, potentiometric and spectrophotometric study of lead nitrate complexes. J. Am. Chem. Soc. **75**, 507 (1953).

[18] KIVALO, P., and P. EKARI: A polarographic study of the bromo complexes of cadmium. Variation of the stability constant with ionic strength. Suomen Kemistilehti B **30**, 116 (1957).

[19] TUR'YAN, YA. I, und G. SEROVA: Die polarographische Bestimmung der Zusammensetzung der Nickelpyridin-Komplexe. Zhur. Fiz. Khim. **31**, 2200 (1957).

[20] KWANG-HSIEN HSU, CHIO JEN and CHIN-SUI YEN: The evaluation of successive stability constants of complex ions from polarographical data. (Ermittlung der Diffusionskonstanten der einzelnen Komplexionen aus dem gemessenen Diffusionsstrom). Hua Hsüeh Hsüeh Pao **22**, 447 (1956).

[21] Cozzi, D., and F. Pantani: The polarographic behaviour of rhodium(III) chloro-complexes. International Symposium on the chemistry of coordination compounds. Roma 1957. „La Ricerca Scientifica" **28**, 385 (1958). (J. Inorg. Nucl. Chem.).

[22] Rebertus, R. L., H. A. Laitinen and J. C. Bailar: A polarographic study of the hydrazine complexes of zink. J. Am. Chem. Soc. **75**, 3051 (1953).

[23] Senise, P., and P. Delahay: A polarographic study of thallium pyrophosphate complexes. J. Am. Chem. Soc. **74**, 6128 (1952).

Methode der kleinsten Quadrate

[24] Kivalo, P., and J. Rastas: A method for the calculation of stability constants of complexes. Suomen Kemistilehti **B 30**, 128 (1957).

[25] Rastas, J., and P. Kivalo: Application of successive differences in the calculation of formation constants. Suomen Kemistilehti **B 30**, 143 (1957).

Indicatormethode

[26] Ringbom, A., and L. Eriksson: The evaluation of complexity constants from polarographic data. Acta Chem. Scand. **7**, 1105 (1953).

[27] Eriksson, L.: The complexity constants of cadmium chloride and bromide. Acta Chem. Scand. **7**, 1146 (1953).

[28] Kivalo, P., and R. Luoto: Polarographic determination of stability constants using the indicator method. Suomen Kemistilehti **B 30**, 163 (1957).

Unterscheidung von cis- und trans-Komplexen

[29] Holtzclaw, H. F.: Dissertation. University of Illinois, 1947.

[30] Holtzclaw, H. F., and D. P. Sheets: Polarographic studies of several cis- and trans-coordination compounds of cobalt(III). J. Am. Chem. Soc. **75**, 3053 (1953).

[31] Holtzclaw, H. F.: Polarographic reduction of cis- and trans-dinitrotetrammin-cobalt(III)-chloride in chloride, tartrate and citrate media. J. Am. Chem. Soc. **73**, 1821 (1951).

[32] Vgl. Bailar, J. C.: The chemistry of the coordination compounds. S. 587. New York: Reinhold Publ. Corp. 1956.

[33] Holtzclaw, H. F.: Polarographic behaviour of isomeric inorganic coordination compounds. J. Phys. Chem. **59**, 300 (1955).

[34] Maksimyuk, E. A., und G. S. Ginzburg: Zhur. Obshch. Khim. **26**, 1572 (1956). J. Gen. Chem. **26**, 1763 (1956).

[35] Hall, J. L., and R. A. Plowman: Polarography of some coordination compounds of platinum. Australian J. Chem. **9**, 14 (1956).

Beispiele zur polarographischen Untersuchung über Komplexbildung in Lösung

[36] Lingane, J. J.: Polarographic characteristic of stannous and cupric tartrate complexes and amperometric titration of tin with cupric ion in tartrate medium. J. Am. Chem. Soc. **65**, 866 (1943).

[37] Lingane, J. J.: Polarographic behaviour of chloro- and bromo-complexes of stannic tin. J. Am. Chem. Soc. **67**, 919 (1945).

[38] Lingane, J. J.: Polarographic investigation of oxalate, citrate and tartrate complexes of Fe^{3+} and Fe^{2+} ion. J. Am. Chem. Soc. **68**, 2448 (1946).

[39] Lingane, J. J., and F. Nishida: Polarographic characteristics of chloro-complexes of $+5$ antimony. J. Am. Chem. Soc. **69**, 530 (1947).

[40] Lingane, J. J., and L. Meites: Polarographic characteristics of vanadium in oxalate solutions. J. Am. Chem. Soc. **69**, 1021 (1947).

[41] Lingane, J. J., and R. L. Pecsock: Quantitative interpretation of the polarographic hydrolysis current of chromic ion. J. Am. Chem. Soc. **71**, 425 (1949).

[42] Pecsock, R. L., and J. J. Lingane: Polarography of chromium(II). J. Am. Chem. Soc. **72**, 189 (1950).

[43] Hume, D. N., and I. M. Kolthoff: The oxidation potential of the chromo-cyanide — chromi cyanide couple and the polarography of the chromium-cyanide complexes. J. Am. Chem. Soc. **65**, 1897 (1943).

[44] HUME, D. N., and I. M. KOLTHOFF: A polarographic study of cobalt cyanide complexes. J. Am. Chem. Soc. 71, 867 (1949).

[45] HUME, D. N., and I. M. KOLTHOFF: The polarography of the nickel cyanide complex and the solubility and constitution of nickel cyanide. J. Am. Chem. Soc. 72, 4423 (1950).

[46] LAITINEN, M. A., J. C. BAILAR, H. F. HOLTZCLAW and J. V. QUAGLIANO: Polarographic investigation of hexamminecobalt(III)-chloride in various supporting electrolytes. J. Am. Chem. Soc. 70, 2999 (1948). (Bildung von Überkomplexen).

[47] LAITINEN, H. A., E. I. ONSTOTT, J. C. BAILAR and S. SWANN: Polarographic studies of Cu-complexes. I. Ethylenediamine, diethylenediamine, propylene-diamine, glycine-compounds. J. Am. Chem. Soc. 71, 1550 (1949).

[48] LAITINEN, H. A., and E. I. ONSTOTT: III. Pyrophosphate complexes. J. Am. Chem. Soc. 72, 4729 (1950).

[49] ONSTOTT, E. I., and H. A. LAITINEN: II. Dipyridyl, orthophenanthroline and thiourea complexes. A double complex system. J. Am. Chem. Soc. 72, 4724 (1950).

[50] DOUGLAS, B. E., H. A. LAITINEN and J. C. BAILAR: Polarography of some cadmium complexes. J. Am. Chem. Soc. 72, 2484 (1950).

[51] LAITINEN, H. A., and E. I. ONSTOTT: Adsorption and reduction of tetrachloro-platinate(II)-ion at the dropping mercury electrode. J. Am. Chem. Soc. 72, 4565 (1950).

[52] ONSTOTT, E. I.: Polarography of ethylenediamine tetraacetate complexes of europium. J. Am. Chem. Soc. 74, 3773 (1952).

[53] LAITINEN, H. A., and P. KIVALO: Polarographic reduction of $Co(NH_3)_6^{3+}$. II. The effect of complexing agents. J. Am. Chem. Soc. 75, 2198 (1953).

[54] LAITINEN, H. A., A. J. FRANK and P. KIVALO: III. The effect of non-complex-ing agents. J. Am. Chem. Soc. 75, 2865 (1953).

[55] SCHAAP, W. B., H. A. LAITINEN and J. C. BAILAR: Polarography of iron oxalates, malonates and succinates. J. Am. Chem. Soc. 76, 5868 (1954).

[56] LAITINEN, H. A., and M. W. GRIEB: Polarographic study of the tris-ethylene-diamine-Co(III)-ion. J. Am. Chem. Soc. 77, 5201 (1955).

[57] MEITES, L.: Polarographic studies of metal complexes. I. The copper(II)-tartrates. J. Am. Chem. Soc. 71, 3269 (1949).

[58] MEITES, L.: II. Copper(II)-citrates. J. Am. Chem. Soc. 72, 180 (1950).

[59] MEITES, L.: III. Copper(II)-oxalates and carbonates. J. Am. Chem. Soc. 72, 184 (1950).

[60] MEITES, T., and L. MEITES: IV. The lead(II)-tartrates and oxalates. J. Am. Chem. Soc. 73, 1161 (1951).

[61] MEITES, L.: V. The cadmium(II)-zinc(II)-, and iron(III)-citrates. J. Am. Chem. Soc. 73, 3727 (1951).

[62] PECSOCK, R. L., and E. F. MAVERICK: A polarographic study of the titanium ethylenediamine-tetraacetate complexes. J. Am. Chem. Soc. 76, 358 (1954).

[63] PECSOCK, R. L., and R. S. JURET: Polarographic characteristics of vanadium complexes with ethylenediaminetetraacetic acid. J. Am. Chem. Soc. 75, 1202 (1953).

[64] PECSOCK, R. L.: A polarographic study of the oxalato complexes of titanium. J. Am. Chem. Soc. 73, 1304 (1951).

[65] LI, N. C., and E. DOODY: Polarographic, potentiometric and conductometric studies of the aspartate and alaninate complexes of copper. J. Am. Chem. Soc. 72, 1891 (1950).

[66] LI, N. C., and E. DOODY: Metal amino acid complexes. III. Polarographic and potentiometric studies on complex formation between copper(II) and amino acid ion. J. Am. Chem. Soc. 74, 4148 (1952).

[67] LI, N. C., and E. DOODY: Copper(II) and zinc(II) complexes of some amino acids and glycyleglycine. J. Am. Chem. Soc. 75, 221 (1954).

[68] HOLTZCLAW, H. F., K. W. R. JOHNSON and F. W. HENGEVELD: Polarographic reduction of the copperderivates of several 1,3-diketones. J. Am. Chem. Soc. 74, 3776 (1952).

[69] Keefer, R. M.: Polarographic determination of cupric glycinate and cupric alaninate complex ions. J. Am. Chem. Soc. 68, 2329 (1946).
[70] Kern, D. M.: A polarographic study of the perborate complex. J. Am. Chem. Soc. 77, 5458 (1955).
[71] Hamm, R. E., and C. M. Shuler: Polarographic study of chromium(III)-chlorid solutions. J. Am. Chem. Soc. 73, 1240 (1951).
[72] Hamm, R. E., and R. E. Davis: Complex ions of chromium(III): Reactions between hexaquo-chromium ion and oxalate ion. J. Am. Chem. Soc. 75, 3085 (1953).
[73] Page, J. A., and G. Wilkinson: The polarographic chemistry of ferrocene and ruthenocene and metal hydrocarbon ions. J. Am. Chem. Soc. 74, 6149 (1952).
[74] Neumann, W. F., J. R. Havill and I. Feldmann: The uranyl-citrate system. II. Polarographic studies on the 1:1 complex. J. Am. Chem. Soc. 73, 3593 (1951).
[75] Banks, Ch. V., and J. H. Patterson: A polarographic investigation of iron-sulfosalicylate complex ions. J. Am. Chem. Soc. 73, 3062 (1951).
[76] Schufle, J. A., M. F. Stabbs and R. E. Witman: A study of indium(III)-complexes by polarographic methods. J. Am. Chem. Soc. 73, 1013 (1951).
[77] Wills, J. B., J. A. Friend and C. P. Mellor: The polarographic reduction of cobaltammines and related compounds. J. Am. Chem. Soc. 67, 1680 (1945).
[78] Calvin, M., and R. H. Bailes: Polarographic reduction of Cu(II)-chelates. II. Stability of chelate compounds. J. Am. Chem. Soc. 68, 949 (1946).
[79] Schaap, W. B., J. A. Davis and W. H. Nebergall: Polarographic study of the complex ions of tin in fluoride solution. J. Am. Chem. Soc. 76, 5226 (1954).
[80] Flannery, R. J., B. Ke, M. W. Grieb and D. Trivick: Polarographic study of Cu(II)-complexes with ethanoleamine and some derivates. J. Am. Chem. Soc. 77, 2996 (1955).
[81] Kivalo, P.: Polarography of $Coen_3^{3+}$-ion in the absence of excess of complexing agent. J. Am. Chem. Soc. 77, 2678 (1955).
[82] Rulfs, Ch. L., and G. A. Stoner: The polarographic reduction of ferric ion in fluoride media. J. Am. Chem. Soc. 77, 2653 (1955).
[83] Nyman, C. J., D. H. Roe and D. B. Masson: Polarographic investigation of the ethylenediamine, 1,2-propanediamine and diethylenetriamine complexes of Hg(I). J. Am. Chem. Soc. 77, 4191 (1955).
[84] Nyman, C. J., E. W. Murbach and G. B. Millard: A potentiometric, pH and polarographic study of the complex ions of Zn(II) and ethylenediamine. J. Am. Chem. Soc. 77, 4194 (1955).
[85] Wassiljew, A. M., und W. J. Prouchina: Polarographische Untersuchung der Stabilität von Chlorid- und Bromidkomplexen des Cadmiums und Bleis. J. analyt. Chem. U.S.S.R. 6, 218 (1951).

VII.

Konduktometrische und amperometrische Verfahren

Bei der konduktometrischen Methode bestimmt man die Leitfähigkeit der auf Komplexbildung zu untersuchenden Lösung. Die amperometrische Methode beruht auf der Messung der Stromstärke bei einem geeignet gewählten Potential, bei dem die Diffusion den Strom bestimmt. Leitfähigkeit sowie Stromstärke sind Meßgrößen, die lineare Funktionen der Konzentrationen sind. Es ist

$$Z = \sum_i y_i c_i \, ,$$

wenn Z die gemessene physikalische Eigenschaft, c_i die Konzentration der i-ten Komponente und y_i ein Proportionalitätsfaktor ist. Entsprechendes gilt z. B. auch für die Lichtabsorption einer Lösung mit i verschiedenen absorbierenden Komponenten. Die früher besprochenen potentiometrischen Methoden sind wesentlich selektiver. Durch Messung der elektromotorischen Kraft einer geeigneten galvanischen Kette bestimmt man stets die Konzentration eines bestimmten Ions.

Man führt die Messungen als Titrationen aus, indem man zu der in einer Meßzelle befindlichen Lösung, die das Metallion enthält, portionsweise aus einer Bürette eine die Ligandenkomponente enthaltende Lösung zusetzt und jeweils die Leitfähigkeit bzw. die Stärke des Diffusionsstromes ermittelt.

Im einzelnen verfährt man so, daß man bei konduktometrischen Titrationen eine Meßzelle mit geeigneten Elektroden (Elektroden aus platiniertem Platinblech) benutzt und die Änderung des Widerstandes bzw. der Leitfähigkeit als Funktion der zugesetzten Menge Reagenzlösung bestimmt. Die Widerstandsmessung erfolgt nach der Kompensations- oder nach der Ausschlagmethode*. Dabei wird in der Meßzelle, um eine gute Durchmischung zu erzielen, gerührt. Außerdem ist auf Temperaturkonstanz zu achten. Neuerdings wird auch die Methode der Hochfrequenztitration** zunehmend verwendet.

Amperometrische Titrationen werden im Prinzip analog durchgeführt. Man mißt bei konstantem Potential den Diffusionsstrom als Funktion der zugesetzten Menge Reagenzlösung. Die apparative Anordnung gleicht weitgehend derjenigen, die für polarographische Untersuchungen

---

* Literatur über konduktometrische Titrationen:

JANDER, G., u. P. PFUNDT: Die konduktometrische Maßanalyse und andere Anwendungen der Leitfähigkeitsmessung auf chem. Probleme. Stuttgart: Verlag Enke 1945.

CHARLOT, G., et D. BÉZIER: Méthodes modernes d'analyse quantitative minéral. 3. Aufl. Paris: Masson et Cie. 1955. Englische Übersetzung: Methuen & Co. Ltd. London, New York: John Wiley & Sons, Inc. 1957.

LINGANE, J. J.: Electroanalytical Chemistry. New York: Interscience Publ. Inc. 1953. 2. Aufl. 1958.

GLASSTONE, S.: Introduction to Electrochemistry. New York: Van Nostrand 1942.

KOLTHOFF, I. M., and H. A. LAITINEN: pH and Electrotitrations. New York: John Wiley & Sons 1944.

JANDER, G., u. K. F. JAHR: Maßanalyse II, Sammlg. Göschen. Berlin: W. de Gruyter & Co. 1935.

CHARLOT, G., et R. GAUGIN: Les méthodes d'analyse des réactions en solution. Paris: Masson et Cie. 1951.

** Literatur über Hochfrequenztitration:

CRUSE, K., u. R. HUBER: Hochfrequenztitration. Die chemische Analyse mit Hochfrequenz ohne galvanischen Kontakt zwischen Lösung und Elektrode. Weinheim/Bergstraße: Verlag Chemie 1957.

BLAKE, G.: Conductometric analysis at radio frequency. Chapman & Hall 1950.

HUND, A.: High frequency measurements. New York: McGraw Hill 1951.

Vgl. auch Anal. Chem. **24**, 1236 (1952); Anal. Chem. **25**, 86 (1953); Anal. Chim. Acta **13**, 487 (1955).

DELAHAY, P.: New instrumental methods in electrochemistry-theory, instrumentation, and applications to analytical and physical chemistry. Interscience Publ. Inc., New York 1954. Part III: High frequency methods.

verwendet wird*. Man kann eine Quecksilbertropfelektrode in Verbindung mit einer großflächigen Kalomelnormalelektrode benutzen oder an Stelle der Tropfelektrode vorteilhaft auch eine rotierende Mikroplatinelektrode verwenden. Die Stärke des Diffusionsstromes kann mit einem geeigneten Galvanometer gemessen werden. Die Versuchsbedingungen sind wie bei polarographischen Arbeiten zu wählen, damit der gemessene Diffusionsstrom den Konzentrationen proportional ist.

Die amperometrische Methode besitzt gegenüber der konduktometrischen den Vorteil, daß man sie für solche Ionen in der Lösung, die an der Hg-Tropfelektrode reduziert werden, weitgehend selektiv gestalten kann, während man bei konduktometrischen Messungen stets alle in der Lösung vorhandenen Ionen erfaßt. Durch geeignete Einstellung des Reduktionspotentials kann man erreichen, daß die Stromstärke lediglich der Konzentration eines bestimmten Metallions proportional ist, wenn andere — weniger reduzierbare — Ionen zugegen sind.

Die *Leitfähigkeit* $\Lambda\,[\Omega^{-1}\cdot\mathrm{cm}^{-1}]$ einer Lösung, die i Ionensorten enthält, ist

$$\Lambda = \sum_i \lambda_i z_i c_i\,,$$

wenn c_i die Konzentration des i-ten Ions in Grammäquivalenten pro cm³, z_i seine Ladung und $\lambda_i[\Omega^{-1}\cdot\mathrm{cm}^2]$ eine für das Ion charakteristische Konstante, die sog. Äquivalentleitfähigkeit ist. λ_i ist die Leitfähigkeit eines Würfels von 1 cm Kantenlänge, der eine Lösung von 1 g-Äquivalent des Ions i enthält.

Die individuellen Äquivalentleitfähigkeiten sind (wenigstens in erster Näherung) additiv. Die Additivität gilt jedoch strenggenommen nur für sehr verdünnte Lösungen. Die in der Literatur in Tabellen angegebenen λ_i-Werte für einzelne Ionen sind durch Extrapolation auf unendliche Verdünnung gewonnen worden. In realen Lösungen sind die Wechselwirkungskräfte zwischen den Ionen in Betracht zu ziehen, so daß die gemessene Leitfähigkeit mehr oder weniger von der aus den entsprechenden Tabellenwerten berechneten abweicht.

Im allgemeinen mißt man in der Praxis nicht die Leitfähigkeit Λ, sondern bestimmt das Leitvermögen L einer Flüssigkeitssäule, deren Querschnitt und Länge von der verwendeten Meßzelle abhängen. Es ist

$$L = K\Lambda = K\sum_i \lambda_i\cdot z_i\cdot c_i\,,$$

wobei K die für die benutzte Zelle charakteristische Zellenkonstante ist, die durch Eichmessungen mit Lösungen bekannter Leitfähigkeit

---

* Literatur über amperometrische Titrationen:

KOLTHOFF, I. M.: Anal. Chim. Acta **2**, 606 (1948); Anal. Chem. **21**, 565 (1949).
LAITINEN, H. A.: Anal. Chem. **21**, 66 (1949); **24**, 46 (1952).
PARKS, T. D.: Anal. Chim. Acta **6**, 553 (1952).
GAUGIN, R., et G. CHARLOT: Anal. Chim. Acta **8**, 65 (1953).
DUYCKAERTS, G., and T. H. PITANCE: 1st Congress on Polarography, S. 51, Prag.
CHARLOT, G. et R. GAUGIN: Les méthodes d'analyse des réactions en solution. Paris: Masson et Cie. 1951.
CHARLOT, G., et D. BÉZIER: Méthodes modernes d'analyse quantitative minéral. 3. Aufl. Paris: Masson et Cie. 1955.

bestimmt wird. Mit der Leitfähigkeitsmethode kann man bis zu einer unteren Konzentrationsgrenze von $\sim 10^{-4}$ m arbeiten.

Für die *Stärke des Diffusionsstromes* gilt

$$i_D = k_D \cdot c \,,$$

wenn man, wie bei amperometrischen Untersuchungen allgemein üblich, bei einer Potentialdifferenz arbeitet, die so gewählt ist, daß nur ein Ion elektrolysiert wird: c ist die Konzentration des Ions und k_D ein Proportionalitätsfaktor (Kapitel VI. S. 181). Der Anwendungsbereich der amperometrischen ist größer als derjenige der potentiometrischen Methoden. Viele Substanzen, bei denen man das Gleichgewichtspotential nicht messen kann, da sich das Gleichgewicht zu langsam einstellt, können durch Anwendung einer Überspannung elektrolysiert werden und sind somit der amperometrischen Untersuchung zugänglich.

Die untere Konzentrationsgrenze der Methode beträgt 10^{-4}—10^{-5} m.

1. Bestimmung der Brutto-Formel sowie der Dissoziationskonstanten bei Bildung eines Komplexes

Trägt man bei einer konduktometrischen bzw. amperometrischen Titration die Leitfähigkeit bzw. die Stärke des Diffusionsstromes als Funktion der zugesetzten Menge Reagenzlösung auf, so erhält man bei weitgehend quantitativer Reaktion als Titrationskurven Geraden, die sich im Äquivalenzpunkt schneiden. Dies beobachtet man immer dann, wenn die zur Indikation verwendete physikalische Meßgröße eine lineare Funktion der Konzentrationen der anwesenden Teilchen ist. Läuft die zur Komplexbildung führende Reaktion nicht quantitativ ab, so sind die Titrationskurven in der Nachbarschaft des Äquivalenzpunktes mehr oder weniger gekrümmt und weichen von der geraden Form ab. Man kann dann den Äquivalenzpunkt durch Extrapolation der geraden Teile der Titrationskurve bis zu ihrem Schnittpunkt bestimmen.

Im folgenden sei allgemein der Fall diskutiert, daß sich aus den Ionen A und B nach

$$(VII.1.1) \qquad a\,\mathrm{A} + b\,\mathrm{B} \rightleftharpoons \mathrm{A}_a\mathrm{B}_b$$

ein Komplex der Formel $\mathrm{A}_a\mathrm{B}_b$ bildet. Die Reaktion (VII.1.1) soll durch Titration einer Lösung von A der Konzentration c_0 mit einer Lösung von B untersucht werden. Die Konzentration an jeweils zugesetztem B sei $x \cdot c_0$. Zur Indikation werde irgendeine physikalische Eigenschaft Z herangezogen, die eine lineare Funktion der Konzentrationen der Ionen ist. Es gilt dann

$$(VII.1.2) \qquad Z = y_\mathrm{A}\,[\mathrm{A}] + y_\mathrm{B}\,[\mathrm{B}] + y_{\mathrm{A}_a\mathrm{B}_b}\,[\mathrm{A}_a\mathrm{B}_b] \,,$$

wenn y_A, y_B und $y_{\mathrm{A}_a\mathrm{B}_b}$ die Proportionalitätsfaktoren für die Teilchen A, B und $\mathrm{A}_a\mathrm{B}_b$ sind. Zur Diskussion des Verlaufes der Titrationskurve $Z = f(x\,c_0)$ betrachten wir zunächst die beiden Grenzfälle:

I. Es findet keine Reaktion beim Zusammengeben von A und B statt. Dann gilt für die Konzentrationen

$$(VII.1.3) \qquad [A] = c_0$$
$$[B] = x \cdot c_0$$
$$[A_a B_b] = 0 \, .$$

II. Der Komplex $A_a B_b$ entsteht in quantitativer Reaktion. Dann hat man im Bereich vor dem Äquivalenzpunkt $(x < b/a)$, am Äquivalenzpunkt $(x = b/a)$ und im Bereich nach dem Äquivalenzpunkt $(x > b/a)$ folgende Konzentrationsverhältnisse

(VII.1.4)		$x < \dfrac{b}{a}$	$x = \dfrac{b}{a}$	$x > \dfrac{b}{a}$
	$[A]$	$c_0\left(1 - \dfrac{a}{b}\,x\right)$	0	0
	$[B]$	0	0	$c_0\left(x - \dfrac{b}{a}\right)$
	$[A_a B_b]$	$\dfrac{x c_0}{b}$	$\dfrac{c_0}{a}$	$\dfrac{c_0}{a}$

Für die gesuchte Funktion $Z = f(x c_0)$ folgt dann für die drei Bereiche mit (VII.1.2) und (VII.1.4)

$$\alpha) \qquad x < \frac{b}{a} \qquad Z = y_A c_0 - (a\,y_A - y_{A_a B_b})\frac{x c_0}{b}$$
$$(VII.1.5) \quad \beta) \qquad x = \frac{b}{a} \qquad Z = y_{A_a B_b}\frac{c_0}{a}$$
$$\gamma) \qquad x > \frac{b}{a} \qquad Z = (y_{A_a B_b} - b\,y_B)\frac{c_0}{a} + y_B x c_0 \, .$$

Man sieht, daß die Titrationskurve aus zwei Geraden (VII.1.5 α) und (VII.1.5 γ) besteht, die sich am Äquivalenzpunkt (VII.1.5 β) schneiden. Die Steigung der Geraden (VII.1.5 α) ist $\dfrac{y_{A_a B_b} - a\,y_A}{b}$, diejenige der Geraden (VII.1.5 γ) y_B (vgl. Abb.VII.1).

Im allgemeinen liegt ein zwischen den beiden Extremfällen I. und II. liegender Fall vor, nämlich der, daß die Reaktion (VII.1.1) nicht quantitativ abläuft, sondern sich ein bestimmtes Gleichgewicht einstellt, das durch eine Dissoziationskonstante

$$(VII.1.6) \qquad K^{(d)} = \frac{[A]^a\,[B]^b}{[A_a B_b]}$$

gekennzeichnet ist. Dies macht sich in der Titrationskurve durch Abweichung von der geraden Form bemerkbar (gestrichelte Kurve in Abb.VII.1). Dann gelten die Beziehungen

$$(VII.1.7) \qquad [A] + a[A_a B_b] = c_0 \, ,$$
$$(VII.1.8) \qquad [B] + b[A_a B_b] = x c_0 \, .$$

Speziell für den Äquivalenzpunkt $P\left(x = \dfrac{b}{a}\right)$ findet man mit (VII.1.7), (VII.1.8) und (VII.1.6)

$$\text{(VII.1.9)} \qquad K^{(d)} = \frac{[\mathrm{A}]^{a+b}}{c_0 - [\mathrm{A}]} \cdot \frac{b^b}{a^{b-1}} \,,$$

$$\text{(VII.1.10)} \qquad K^{(d)} = \frac{[\mathrm{B}]^{a+b}}{\dfrac{b}{a}\, c_0 - [\mathrm{B}]} \cdot \frac{a^a}{b^{a-1}}$$

und

$$\text{(VII.1.11)} \qquad K^{(d)} = \frac{(c_0 - a\,[\mathrm{A}_a\mathrm{B}_b])^a \left(\dfrac{b}{a}\, c_0 - b\,[\mathrm{A}_a\mathrm{B}_b]\right)^b}{[\mathrm{A}_a\mathrm{B}_b]} \,.$$

Der Unterschied ΔZ zwischen der experimentellen Titrationskurve und der Kurve für quantitativen Umsatz kann zur Bestimmung der Dissoziationskonstanten $K^{(d)}$ verwendet werden.

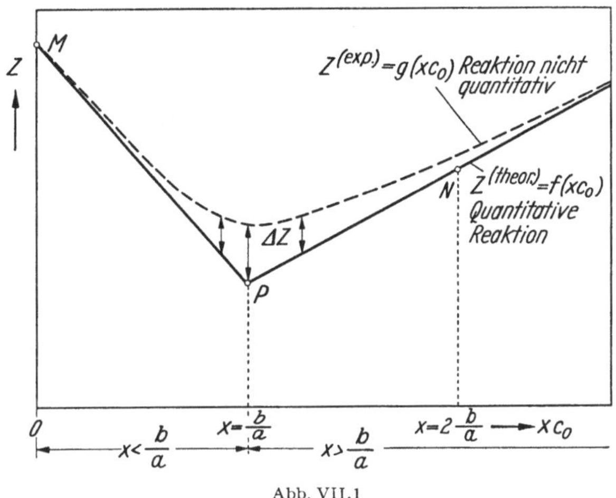

Abb. VII.1

Es sei $[\mathrm{A}]_{exp.}$ die Konzentration an A, die in der Lösung, die den teilweise dissoziierten Komplex enthält, tatsächlich vorliegt, $[\mathrm{A}]_{theor.}$ die Konzentration, die vorliegen würde, wenn Reaktion (VII.1.1) quantitativ zu $\mathrm{A}_a\mathrm{B}_b$ abläuft.

Wir definieren

$$\text{(VII.1.12)} \qquad \Delta[\mathrm{A}] = [\mathrm{A}]_{exp.} - [\mathrm{A}]_{theor.} = \varepsilon\, c_0 \,.$$

Für entsprechende Werte $\Delta[\mathrm{B}]$ und $\Delta[\mathrm{A}_a\mathrm{B}_b]$ gelten die Beziehungen

$$\text{(VII.1.13)} \qquad \Delta[\mathrm{B}] = \frac{b}{a}\, \varepsilon\, c_0$$

und

$$\text{(VII.1.14)} \qquad \Delta[\mathrm{A}_a\mathrm{B}_b] = -\frac{\varepsilon c_0}{a} \,.$$

Dann folgt für $\Delta Z = Z_{(exp.)} - Z_{(theor.)}$ mit (VII.1.2)

$$\text{(VII.1.15)} \qquad \Delta Z = \varepsilon c_0 \left(y_\mathrm{A} + \frac{b}{a}\, y_\mathrm{B} - \frac{y_{\mathrm{A}_a\mathrm{B}_b}}{a} \right) \,.$$

15*

Kennt man die Koeffizienten y_A, y_B und $y_{A_a B_b}$ und bestimmt man den Ordinatenunterschied ΔZ zwischen der experimentellen und der theoretischen Titrationskurve, so kann man ε nach (VII.1.15) berechnen. Zwischen ε und $K^{(d)}$ besteht am Äquivalenzpunkt die Beziehung

$$(VII.1.16) \qquad K^{(d)} = \frac{b^b}{a^{b-1}} \cdot \frac{\varepsilon^{a+b}}{1-\varepsilon} \, c_0^{a+b-1},$$

die man aus (VII.1.9) mit (VII.1.12) bzw. (VII.1.10) mit (VII.1.13) erhält.

Ist die Dissoziation von $A_a B_b$ vergleichsweise gering, so besitzen die Grenztangenten an die $Z_{exp.} = g(x c_0)$-Kurve praktisch die theoretische Steigung. Dann ist, wie man durch Vergleich von (VII.1.2) mit (VII.1.15) sieht, der Koeffizient ε gleich dem b/a-fachen der Differenz der Steigungen beider Grenztangenten. Diese Beziehung ist wichtig, da man oftmals die y-Werte nicht oder nur unzureichend kennt. ε kann auch nach $Z_M^{(theor.)} + Z_N^{(theor.)} - 2\, Z_P^{(theor.)}$ bestimmt werden, wobei die Punkte M, N und P x-Werten von 0, $2\,\frac{b}{a}$ und $\frac{b}{a}$ entsprechen (Abb. VII.1).

Man kann die Dissoziationskonstante $K^{(d)}$ außerdem auf graphischem Wege aus der Titrationskurve bestimmen*.

Der Faktor ε läßt sich im Prinzip auch wie folgt ermitteln: Gl. (VII.1.15) kann für den Äquivalenzpunkt in der Form

$$(VII.1.17) \qquad Z_{A_a B_b}^{(exp.)} = Z_{A_a B_b}^{(theor.)} + \varepsilon \left(y_A c_0 + \frac{b}{a}\, y_B\, c_0 - \frac{y_{A_a B_b}}{a}\, c_0 \right)$$
$$= Z_{A_a B_b}^{(theor.)} + \varepsilon \left(Z_A + Z_B - Z_{A_a B_b}^{(theor.)} \right)$$

geschrieben werden. Z_A, Z_B und $Z_{A_a B_b}^{(theor.)}$ sind die Werte der Funktion Z für die reinen Substanzen A, B und $A_a B_b$, wenn sie mit den Konzentrationen c_0, $\frac{b}{a} \cdot c_0$ und $\frac{c_0}{a}$ jeweils alleine in der Lösung vorhanden sind. $Z_{A_a B_b}^{(theor.)}$ ist also der Z-Wert für den Komplex, wenn dieser sich nach Gl. (VII.1.1) in quantitativer Reaktion gebildet hat und mit der Konzentration $\frac{c_0}{a}$ vorliegt (keine Dissoziation). Dann gilt

$$(VII.1.18) \qquad \varepsilon = \frac{Z_{A_a B_b}^{(exp.)} - Z_{A_a B_b}^{(theor.)}}{Z_A + Z_B - Z_{A_a B_b}^{(theor.)}} = \frac{Z_{A_a B_b}^{(exp.)} - Z_{A_a B_b}^{(theor.)}}{Z_{A_a B_b}^{\circ} - Z_{A_a B_b}^{(theor.)}} \cdot$$

$Z_A + Z_B = Z_{A_a B_b}^{\circ}$ läßt sich dadurch bestimmen, daß man Lösungen untersucht, die reines A und reines B enthalten. Dabei ist vorausgesetzt, daß A und B nicht mit dem Lösungsmittel reagieren. Die Bestimmung von $Z_{A_a B_b}^{(theor.)}$ ist im allgemeinen mit Schwierigkeiten verbunden. Selbst im Falle eines 1 : 1-Komplexes AB ist $Z_{A_a B_b}^{(theor.)}$ direkt nur bestimmbar, wenn für eine der Komponenten A (oder B) Z gleich Null ist und es gelingt, durch Überschuß dieser Komponente die Dissoziation so weit zurückzudrängen, daß praktisch in der Lösung nur der Komplex AB vorliegt. Man ermittelt dann $Z_{A_a B_b}^{(theor.)}$ durch Messungen an Lösungen des Komplexes, die eine der Komponenten A (oder B) in sehr großem Überschuß enthalten.

---

* Vgl. z. B. CHARLOT, G., et R. GAUGIN: Les méthodes d'analyse des réactions en solution, S. 78. Paris: Masson et Cie, 1951.

$Z_{A_a B_b}^{(theor.)}$ kann aber auch graphisch bestimmt werden. Aus (VII.1.18) und (VII.1.16) folgt

$$(VII.1.19) \qquad Z_{A_a B_b}^{(exp.)} =$$

$$\frac{a^{\frac{b-1}{a+b}}}{b^{\frac{b}{a+b}}} K^{(d)\,\frac{1}{a+b}} \left[Z_A + Z_B - Z_{A_a B_b}^{(theor.)} \right]^{\frac{a+b-1}{a+b}} \left[\frac{Z_A + Z_B - Z_{A_a B_b}^{(exp.)}}{c_0^{a+b-1}} \right]^{\frac{1}{a+b}} + Z_{A_a B_b}^{(theor.)}.$$

Trägt man $Z_{A_a B_b}^{(exp.)}$ gegen $\left[\dfrac{Z_A + Z_B - Z_{A_a B_b}^{(exp.)}}{c_0^{a+b-1}} \right]^{\frac{1}{a+b}}$ auf, so resultiert eine

Gerade, deren Steigung

$$\frac{a^{\frac{b-1}{a+b}}}{b^{\frac{b}{a+b}}} K^{(d)\,\frac{1}{a+b}} \left[Z_A + Z_B - Z_{(A_a B_b)}^{(theor.)} \right]^{\frac{a+b-1}{a+b}}$$

ist und die die Ordinatenachse bei $Z_{A_a B_b}^{(theor.)}$ schneidet. Durch Messungen mit zunehmender Verdünnung kann man somit durch graphische Extrapolation $Z_{A_a B_b}^{(theor.)}$ erhalten.

Mit der beschriebenen Methode ist es möglich, ein Komplexion zu erfassen, bzw. mehrere, wenn deren Existenzbereiche durch hinreichende Konzentrationsintervalle voneinander getrennt sind. Bei den üblichen Fällen stufenweiser Komplexbildung mit einer Reihe von konsekutiven Komplexionen, deren Existenzgebiete sich überdecken, ist das Verfahren nicht brauchbar. Man kann dann höchstens noch qualitative Schlüsse ziehen. Im allgemeinen verwendet man die konduktometrische bzw. amperometrische Titrationsmethode dazu, um aus den Schnittpunkten der Titrationskurven die stöchiometrische Zusammensetzung der vorhandenen Komplexe zu bestimmen. Für die quantitative Ermittlung der Dissoziationskonstanten empfiehlt es sich, nach Möglichkeit andere Verfahren, wie z. B. potentiometrische, mit heranzuziehen, da die aus den Titrationskurven abgeleiteten Konstanten meist mit größerer Unsicherheit behaftet sind.

2. Indirekte Analyse
von konduktometrischen Titrationskurven

Durch Analyse des Verlaufs konduktometrischer Titrationskurven lassen sich qualitative Aussagen über die in der Lösung ablaufenden Reaktionen und damit über gebildete Komplexverbindungen machen. Dazu ist es notwendig, die experimentellen Titrationskurven mit theoretisch berechneten Kurven zu vergleichen, die man unter Annahme bestimmter Reaktionen aus den individuellen Leitfähigkeiten der beteiligten Ionen konstruieren kann. Ein solches indirektes Verfahren setzt also stets gewisse Vorstellungen über den möglichen Reaktionsablauf voraus. Dieser kann dann durch Vergleich der berechneten Leitfähigkeit mit der experimentellen wahrscheinlich gemacht werden.

Ein instruktives Beispiel für diese Arbeitsweise ist eine von ERD-MANN [26] durchgeführte Untersuchung wäßriger Chrom(III)-sulfat-lösungen. Chrom(III)-sulfatlösungen verschiedener thermischer Vor-behandlung und Alterung wurden mit NaOH konduktometrisch titriert. Durch Vergleich der experimentellen Titrationskurven mit Kurven, die unter der Annahme, daß bestimmte Komplextypen entstehen, berechnet wurden, konnte ERDMANN die Existenz einer Reihe von zweikernigen Chromsulfato- und Chromhydroxosulfato-Komplexen wahrscheinlich machen und ihre Verteilung in Abhängigkeit von der Vorbehandlung der Lösungen abschätzen.

Ebenso wurde von KÜNTZEL, ERDMANN u. Mitarb. [27] die Komplex-bildung von Chrom(III) mit Dicarbonsäuren mit Hilfe konduktometri-scher Titrationen studiert.

SHUTTLEWORTH [28—32] hat sich in einer Reihe von Arbeiten über Komplexbildung von Chrom(III) mit Oxalat, Malonat, Succinat usw. der indirekten Analyse konduktometrischer Titrationskurven bedient. Wegen näherer Einzelheiten sei auf die Originalarbeiten verwiesen.

Literatur

Amperometrische Methode

[1] STOCK, J. T.: Polarography of quinoline derivatives. Part V. Amperometric determination of copper with quinoline-8-carboxylic acid. J. Chem. Soc. (London) **1949**, 2470.

[2] MEITES, L.: Polarographic studies on metal complexes. I. Copper(II)-tartrates. J. Am. Chem. Soc. **71**, 3271 (1949).

[3] BOBTELSKY, M., and J. JORDAN: The metallic complexes of tartrates and citrates and behavior in dilute solutions. I. The cupric and nickelous complexes. J. Am. Chem. Soc. **67**, 1824 (1945).

[4] SOUCHAY, P.: Proc. Internat. Polarogr. Congress Prag 1951, I. Teil S. 327.

Konduktometrische Methode

[5] PURKAYASTHA, B. C.: Hydrochlorid acid complexes of glucine. J. Indian Chem. Soc. **25**, 81 (1941).

[6] BOBTELSKY, M., and J. JORDAN: The metallic complexes of tartrates and citrates and behavior in dilute solutions. I. The cupric and nickelous complexes. J. Am. Chem. Soc. **67**, 1824 (1945).

[7] HALDAR, B. C.: Studies on complex carbonates of uranium by thermometric and conductometric methods. J. Indian Chem. Soc. **23**, 503 (1946).

[8] PURKAYASTHA, B. C.: Fluorberyllates. J. Indian Chem. Soc. **24**, 256 (1947).

[9] BISWAS, A. B.: Physicochemical studies of complex formation between molybdic and tartaric acids. Part V. Electrometric studies. J. Indian Chem. Soc. **24**, 345 (1947).

[10] WORMSER, Y.: Détermination de la formule du complex cobaltochlorhydrique. Bull. Soc. Chim. France **1948**, 395.

[11] BHATTACHARYA, A. K., and H. C. GAUR: Physicochem. studies on the compo-sition of complex ferro and ferricyanides. Part III. Conductometric studies on the composition of copper ferrocyanide. J. Indian Chem. Soc. **25**, 27 (1948).

[12] DEY, A. K., and A. K. BHATTACHARYA: Physicochem. studies in the formation of complex stannioxalates. Part I. Conductometric study of the $Sn(OH)_4$-$H_2C_2O_4$-system. J. Indian Chem. Soc. **25**, 571 (1948).

[13] vgl. auch A. E. MARTELL u. M. CALVIN, Chemistry of the metal chelate compounds, Prentice-Hall, Inc. New York, 2 nd ed. 1953 S. 34 f.

[14] BHATTACHARYA, A. K., and H. C. GAUR: Part VI. Conductometric study on the composition of cadmium ferrocyanide. J. Indian Chem. Soc. **25**, 220 (1948).

[15] MONK, C. B.: The condensed phosphoric acids and their salts. Part III. Polyphosphates and general summary. J. Chem. Soc. (London) **1949**, 427.

[16] MONK, C. B.: Part II. Pyrophosphates. J. Chem. Soc. (London) **1949**, 423.

[17] DAVIES, C. W., and C. B. MONK: Part I. Metaphosphates. J. Chem. Soc. (London) **1949**, 413.

[18] JONES, H. W., C. B. MONK and C. W. DAVIES: Part IV. Dissociation constants of some trimetaphosphates. J. Chem. Soc. (London) **1949**, 2693.

[19] JONASSEN, H. B., and T. H. DEXTER: Inorganic complexes containing polydentate groups. I. The complex ions formed between copper(II) and ethylenediamine. J. Am. Chem. Soc. 71, 1553 (1949).

[20] GAUGIN, R.: Étude du complex $Hg(CN)_2$. Anal. Chim. Acta 3, 489 (1949).

[21] BERTIN, M.: Formule du complex ferri-citrique. Bull. Soc. Chim. France 16, 489 (1949).

[22] DEUTSCH, A., and S. OSOLING: Conductometric and potentiometric studies on the stoichiometry and equilibria of the boric acid-mannitol complexes. J. Am. Chem. Soc. 71, 1637 (1949).

[23] GAUR, H. C., and A. K. BHATTACHARYA: Physicochem. studies on the composition of complex ferro and ferricyanides. Part IX. Conductometric and thermometric studies on the composition of copper ferricyanide. J. Indian Chem. Soc. 27, 131 (1950).

[24] JENKINS, I. L., and C. B. MONK: The conductivities of some complex cobalt chlorides and sulfates. J. Chem. Soc. (London) **1951**, 68.

[25] GAUR, J. N., and A. K. BHATTACHARYA: Composition of mercury ferro and ferricyanides by physicochemical methods. Part I. Study of the composition of mercury ferrocyanide by conductometric method. J. Indian Chem. Soc. 28, 473 (1951).

[26] ERDMANN, H.: Konstitutionsermittlung von Sulfato-Chrom(III)-Komplexen mit Hilfe von Leitfähigkeitsmessungen. Angew. Chem. 64, 500 (1952).

[27] KÜNTZEL, A., H. ERDMANN, H. SPAHRKÄS u. O. MISCHITZ: Untersuchungen über die Entstehung einfacher, maskierter Chromkomplexe. VII. Die Konstitution von Chromkomplexen mit Dicarbonsäureestern. Das Leder 5, 73 (1954).

[28] SHUTTLEWORTH, S. G.: A conductometric study of chromium oxalate complex ions. J. Am. Chem. Leather Chemists Ass. 45, 41 (1950).

[29] SHUTTLEWORTH, S. G.: A conductometric study of chromium malonate complex ions. J. Am. Chem. Leather Chemists Ass. 45, 169 (1950).

[30] SHUTTLEWORTH, S. G.: A conductometric study of chromium maleate, fumarate and succinate complex ions. J. Am. Chem. Leather Chemists Ass. 45, 296 (1950).

[31] SHUTTLEWORTH, S. G.: A conductometric study of chromium complex ions formed by long chain dibasic acids. J. Am. Chem. Leather Chemists Ass. 45, 302 (1950).

[32] SHUTTLEWORTH, S. G.: A conductometric study of chromium lactate complex ions. J. Am. Chem. Leather Chemists Ass. 45, 447 (1950).

[33] SINGH, R. S., and S. PRAKASH: Studies on complex formation with colloidal mercurisulfosalicylic acid. II. Complex aluminium mercurisulfosalicylate. J. Indian Chem. Soc. 34, 807 (1957).

[34] SAXENA, R. S.: Conductometric studies on the composition of mercuric ferricyanide complex. Z. anal. Chem. 160, 353 (1958).

Hochfrequenztitrationsmethode

[35] GOROCHOWSKI, W. M., u. G. G. MAKSJUTOWA: Untersuchung der Zusammensetzung von Komplexverbindungen durch Hochfrequenz-Titration. Zhur. Neorg. Khim. Bd. II, Ausg. 3, 606 (1957).

[36] HARA, R., and P. W. WEST: High frequency titrations involving chelation with ethylenediamine-tetraacetic acid. I. Chelation studies. Anal. Chim. Acta 11, 264 (1954). — II. Quantitative determination of some divalent metals. Anal. Chim. Acta 12, 72 (1955). — III. Determination of uranyl ion. Anal. Chim. Acta 12, 285 (1955). — IV. Complexation of thorium nitrate. Anal. Chim. Acta 13, 189 (1955).

VIII.

Spektrophotometrische Methoden

Mit der fortschreitenden Entwicklung brauchbarer lichtelektrischer Spektralphotometer gewinnen in neuerer Zeit spektrophotometrische Methoden zur Untersuchung von Komplexgleichgewichten in Lösung zunehmend an Bedeutung*. Für die Lichtabsorption einer Lösung, die *eine* absorbierende Substanz enthält, gilt das Lambert-Beersche Gesetz

$$E \equiv \log \frac{I_0}{I} = \varepsilon \cdot c \cdot d \ .$$

Dabei ist I_0 die Intensität des einfallenden (monochromatischen) Lichtes, I die Intensität des Lichtes, nachdem es eine Schicht der Dicke d [cm] durchlaufen hat, c [Mol/l] die Konzentration der gelösten Substanz und ε für eine bestimmte Wellenlänge λ eine stoffspezifische Konstante, der sogenannte molare dekadische Extinktionskoeffizient. E wird als Extinktion (im angelsächsischen Schrifttum als optical density d) bezeichnet. Die Größe I_0/I wird Opazität (Undurchlässigkeit) und ihr Reziprokes $I/I_0 = T$ Transparenz (Durchlässigkeit) genannt.

Das Lambert-Beersche Gesetz gilt nur als Grenzgesetz unter idealen Bedingungen:

1. Es gilt lediglich für streng monochromatisches Licht. (In der Praxis verwendet man für Absorptionsmessungen als Lichtquellen entweder Spektrallampen mit linienhafter Emission — z. B. eine Quecksilberlampe — und benutzt geeignet ausgefiltertes Licht, das Linien bestimmter Wellenlängen entspricht, oder man bedient sich kontinuierlicher Lichtquellen, etwa einer Wasserstoff- oder einer Wolfram-Lampe. In diesem Fall benötigt man Filter engen Durchlässigkeitsbereiches oder aber einen Monochromator. Die modernen lichtelektrischen Spektrophotometer verwenden in der Regel das letztere Prinzip.)

---

* Näheres über die apparativen Methoden der Spektrophotometrie vgl. z. B.

Gibbs, T. R. P.: Optical methods of chemical analysis. New York: McGraw Hill 1944.

Brode, W. R.: Chemical spectroscopy. New York: J. Wiley and Sons 1943.

Weissberger, A.: Physical methods of organic chemistry, Bd. 2. New York: Interscience Publ. Inc. 1945/46, 2 nd ed.

West, W., in A. Weissberger: Physical methods of organic chemistry. Vol. 1, Part II, chap. 22, New York: Interscience Publ. Inc. 1949.

Willard, H. H., L. L. Merritt and J. A. Dean: Instrumental methods of analysis, Princeton, New Jersey: Van Norstrand 1949.

Charlot, G., et D. Bézier: Méthodes modernes d'analyse quantitative, 2e édition. Paris: Masson et Cie. 1949. Engl. Übersetzung Methuen & Co., Ltd., London, New York: J. Wiley and Sons 1957.

Löwe, F.: Optische Messungen des Chemikers und Mediziners. Dresden u. Leipzig: Theodor Steinkopf 1949.

Kortüm, G.: Kolorimetrie, Photometrie und Spektrophotometrie, 3. Aufl. Berlin-Göttingen-Heidelberg: Springer-Verlag 1955.

Mellon, M. G.: Analytical absorption spectroscopy, absorptiometry and colorimetry. New York: J. Wiley and Sons 1950.

Vogel, A. I.: A textbook of quantitative inorganic analysis, 2 nd ed. London: Longmans 1951.

2. Das Gesetz ist nur für hinreichend verdünnte Lösungen erfüllt, in denen praktisch keine Wechselwirkungen zwischen den absorbierenden Molekülen auftreten. Diese Bedingung ist in der Regel bei Konzentrationen von $c < 10^{-2}$ m gegeben.

3. Es gilt nicht für fluorescierende Lösungen und für Suspensionen.

4. Größere Abweichungen treten auf, wenn die absorbierenden Moleküle bei Konzentrationsänderungen ihren Molekularzustand verändern (z. B. Assoziation, Dissoziation).

Eine ausführliche Diskussion des Gültigkeitsbereiches des Lambert-Beerschen Gesetzes wurde von KORTÜM (siehe Fußnote S. 232) gegeben. Liegen in einer Lösung *verschiedene* absorbierende Gebilde vor, so addieren sich die Einzelextinktionen zur Gesamtextinktion

$$E \equiv \log \frac{I_0}{I} = \sum_i E_i = \sum_i \varepsilon_i \cdot c_i \cdot d = (\varepsilon_1 \cdot c_1 + \varepsilon_2 c_2 + \cdots \varepsilon_i c_i)\, d \,.$$

Die Extinktion ist also — vorausgesetzt, daß die Wechselwirkungen zwischen den einzelnen absorbierenden Komponenten hinreichend klein sind — eine lineare Funktion der Konzentrationen.

Bei der spektrophotometrischen Untersuchung von Gleichgewichten verfährt man häufig so, daß man zur Messung diejenigen Wellenlängen verwendet, die den Absorptionsmaxima der Komplexionen entsprechen. Es ist außerdem zweckmäßig, an solchen Stellen zu messen, an denen der Unterschied in den Extinktionskoeffizienten zwischen den einzelnen absorbierenden Komponenten der Lösung möglichst groß ist. Besonders günstige Verhältnisse für die rechnerische Auswertung liegen dann vor, wenn die die Komplexe bildenden Komponenten in freier Form nicht absorbieren und somit in einem geeignet gewählten Spektralbereich die Lichtabsorption praktisch ausschließlich auf die vorhandenen Komplexe zurückzuführen ist.

Bei den im folgenden beschriebenen Methoden ist Gültigkeit des Lambert-Beerschen Gesetzes vorausgesetzt. Außerdem wird — von Ausnahmen abgesehen — angenommen, daß die Aktivitäten in guter Näherung mit den Konzentrationen identifiziert werden können.

1. Die Methode der kontinuierlichen Veränderungen*

Wir betrachten die Bildung eines einkernigen Komplexes AB_n aus den Komponenten A und B nach

$$\text{(VIII.1.1)} \qquad\qquad A + nB \rightleftharpoons AB_n \,.$$

---

* Die wesentlichen Grundlagen des Verfahrens wurden bereits 1910 von IWAN OSTROMISSLENSKY [1] sowie 1912 von R. B. DENISON [2] angegeben. P JOB [3] hat 1928 eine ausführliche Diskussion sowie Erweiterungen der Methode publiziert, die heute allgemein unter seinem Namen als „Jobsche Methode" bekannt ist. [Vgl. auch OSTROMISSLENSKY, I.: J. Russ. Phys. Chem. Ges. **42**, 1332, 1500 (1910). — RUFF, O.: Chem. Ztg. **13**, 1003 (1910); Z. angew. Chem. **23**, 1830 (1910); Z. phys. Chem. **76**, 21 (1911); Ber. **44**, 548 (1911). — CORNEC, E., u. G. URBAIN: Bull. Soc. Chim. France **25**, 215 (1919). — SHIBATA, Y., T. INOUYE u. Y. NAKATSUKA: Japan J. Chem. I, 1(1922).]

Die Dissoziationskonstante, die die Stabilität von AB_n angibt, ist dann

(VIII.1.2)
$$K^{(d)} = \frac{[A] \cdot [B]^n}{[AB_n]}.$$

Von jeder der beiden Komponenten A und B wird je eine Stammlösung beliebiger Konzentration hergestellt. Mischt man die beiden Stammlösungen in verschiedenen Verhältnissen derart miteinander, daß die Summe der Mengen der Einzellösungen konstant ist, so gibt es eine Mischlösung bestimmter Zusammensetzung, für die der Gehalt an AB_n einen Maximalwert besitzt („composition maximum" nach JOB). Wie die Rechnung ergibt [7], ist die Zusammensetzung dieser Mischung mit maximalem Gehalt an Komplex im allgemeinen Fall eine Funktion der Konzentrationen der beiden Stammlösungen sowie der Gleichgewichtskonstanten (VIII.1.2). Sind beide Stammlösungen äquimolar, so entfällt die Abhängigkeit von der Konzentration der Stammlösungen sowie von der Gleichgewichtskonstanten. Dann enthält diejenige Lösung eine maximale Menge der Komplexverbindung, die die Komponenten A und B in einem solchen Mischungsverhältnis enthält, wie sie im Komplex AB_n vorliegen. Die Feststellung, bei welcher Zusammensetzung der aus den äquimolaren Stammlösungen bereiteten Mischlösung die Komplexkonzentration ein Maximum aufweist, gestattet somit direkt das Verhältnis der Komponenten in der Komplexverbindung, d. h. die Komplexzusammensetzung, anzugeben. Aus der Zusammensetzung solcher Mischlösungen, die aus nichtäquimolaren Stammlösungen bereitet werden und die die maximale Komplexkonzentration besitzen, kann man dann anschließend die Gleichgewichtskonstante berechnen.

Die Ermittlung derjenigen Mischlösung, die die maximale Komplexkonzentration aufweist, kann auf verschiedene Weise erfolgen. Der einfachste Fall liegt vor, wenn man die Komplexkonzentration in der Lösung direkt messen kann. Meist ist dies nicht möglich, so daß man praktisch immer darauf angewiesen ist, geeignete physikalische Eigenschaften der Mischlösung als Funktion ihrer Zusammensetzung zu untersuchen. Ist die gewählte physikalische Eigenschaft der Lösung unabhängig von beiden Reaktionspartnern A und B und hängt sie nur von der Komplexkonzentration ab, so findet man, daß die Kurve, die die Werte der Eigenschaft in Abhängigkeit von der Zusammensetzung darstellt, einen Extremwert an der Stelle der „composition maximum" besitzt. Ist die gewählte physikalische Eigenschaft von A, B und AB_n abhängig und setzt sich ihr Wert additiv aus den Werten der einzelnen Reaktionsteilnehmer zusammen*, so bildet man die Differenz zwischen dem gemessenen Wert der Eigenschaft und dem für den Fall, daß keine Komplexbildung stattfindet, berechneten Wert. Diese Differenz wird als Funktion der Zusammensetzung der Mischlösung aufgetragen. Die resultierende Kurve besitzt einen Extremwert bei der Zusammensetzung der Mischlösung, die

---

* Die physikalische Eigenschaft Z muß von der Form $Z = \sum_i y_i c_i$ sein, wenn c_i die Konzentration der i-ten Komponente und y_i ein Proportionalitätsfaktor ist. Lichtabsorption, optisches Drehvermögen, Leitfähigkeit sind z. B. solche Eigenschaften.

der stöchiometrischen Zusammensetzung des Komplexes entspricht. Bei nichtadditivem Verhalten der gewählten physikalischen Eigenschaft ist die Methode allerdings nicht zu verwenden. Das Lichtabsorptionsvermögen genügt im allgemeinen der Additivitätsforderung, so daß man Extinktionsmessungen zur Ermittlung der Mischlösung mit maximaler Konzentration der Komplexverbindung benutzen kann. Die Methode, die von JOB [3] zunächst nur für den Fall entwickelt worden war, daß sich nach (VIII.1.1) eine einzige Komplexverbindung bildet, wurde von VOSBURGH und COOPER [4] für den Fall der Bildung mehrerer Komplexe erweitert. Zum Beispiel bilde sich nach

$$(VIII.1.3) \qquad \mathrm{AB}_n + q\,\mathrm{B} \rightleftharpoons \mathrm{AB}_{n+q}$$

zusätzlich zu (VIII.1.1) ein zweiter Komplex, für dessen Dissoziationskonstante

$$(VIII.1.4) \qquad K^{(d)\prime} = \frac{[\mathrm{AB}_n]\,[\mathrm{B}]^q}{[\mathrm{AB}_{n+q}]}$$

gilt.

Wir betrachten zunächst die Bildung nur einer einzigen Komplexverbindung AB_n nach (VIII.1.1).

Zwei äquimolare Lösungen von A und B der Konzentration m Mol/l werden in verschiedenen Verhältnissen derart gemischt, daß immer x Volumeneinheiten von B zu $1-x$ Volumeneinheiten von A gegeben werden ($x < 1$). Sind c_1, c_2 und c_3 die Konzentrationen von A, B und AB_n in der Mischlösung, so gelten für jede der Mischungen die Beziehungen:

$$(VIII.1.5) \qquad \begin{aligned} &\text{a)} \quad c_1 = m\,(1-x) - c_3 \\ &\text{b)} \quad c_2 = m\,x - n\,c_3 \\ &\text{c)} \quad c_3 K^{(d)} = c_1 \cdot c_2^n\; {*}. \end{aligned}$$

Die Bedingung für ein Maximum der Konzentration an Komplex in Abhängigkeit vom Mischungsverhältnis x lautet

$$(VIII.1.6) \qquad \frac{d\,c_3}{d\,x} = 0\,.$$

Mit (VIII.1.5a—c) folgt durch Differentiation nach x unter Berücksichtigung von (VIII.1.6) nach Eliminieren von c_1, c_2 und c_3

$$(VIII.1.7) \qquad n = \frac{x}{1-x}\; {**}.$$

Die experimentelle Bestimmung des x-Wertes, für den c_3 ein Maximum ist, gestattet dann nach (VIII.1.7) n zu ermitteln.

Trägt man die Differenz zwischen der gemessenen und der für den Fall, daß keine Komplexbildung vorliegt, berechneten Extinktion gegen die Zusammensetzung x auf, so erhält man eine Kurve, die einen Extremwert aufweist. Es soll nun gezeigt werden, daß das Maximum von c_3 mit dem Extremwert dieser Kurve zusammenfällt.

---

* Die Gleichgewichtskonzentrationen werden hier mit c bezeichnet.

** Für einen mehrkernigen Komplex $\mathrm{A}_p\mathrm{B}_q$ lautet die entsprechende Beziehung

$$x = \frac{q}{p+q}\;; \quad q = \frac{p\,x}{1-x}\,.$$

Sind ε_1, ε_2 und ε_3 die molaren dekadischen Extinktionskoeffizienten von A, B und AB_n für eine bestimmte Wellenlänge λ, so ist die Extinktion der Lösung, wenn d die Länge des Lichtweges, d. h. die Schichtdicke der Cuvette ist,

$$(VIII.1.8) \qquad E = d\,(\varepsilon_1 c_1 + \varepsilon_2 c_2 + \varepsilon_3 c_3)\ .$$

Die Differenz Y zwischen der durch (VIII.1.8) angegebenen Extinktion der Mischlösung und der Extinktion, die die Lösung haben würde, wenn keine Komplexbildung stattfände, ist dann

$$(VIII.1.9) \qquad Y = d\,[\varepsilon_1 c_1 + \varepsilon_2 c_2 + \varepsilon_3 c_3 - \varepsilon_1 m\,(1 - x) - \varepsilon_2 m \cdot x]\ .$$

Durch Differentiation von (VIII.1.9) nach x unter Berücksichtigung von (VIII.1.5a und b) ist sofort zu sehen, daß, wenn c_3 ein Maximum hat, Y für $\varepsilon_3 > \varepsilon_1 + n\varepsilon_2$ ein Maximum und für $\varepsilon_3 < \varepsilon_1 + n\varepsilon_2$ ein Minimum besitzt.

Bilden sich nach (VIII.1.1) und (VIII.1.3) zwei Komplexverbindungen AB_n und AB_{n+q}, so gelten analog zu (VIII.1.5a—c) folgende Beziehungen

$$(VIII.1.10) \qquad
\begin{aligned}
&\text{a)} \quad c_1 = m\,(1 - x) - c_3 - c_4 \\
&\text{b)} \quad c_2 = m\,x - n c_3 - (n + q)\,c_4 \\
&\text{c)} \quad c_3 \cdot c_2{}^q = K^{(d)'} \cdot c_4\ ,
\end{aligned}$$

wenn c_4 die Gleichgewichtskonzentration von AB_{n+q} ist.

Durch entsprechende Überlegungen wie im Fall der Bildung eines Komplexes findet man

$$(VIII.1.11) \qquad n = \frac{x}{1 - x} + \frac{q\,(n + q)}{m\,(1 - x)}\,c_4\ ,$$

$$(VIII.1.12) \qquad n + q = \frac{x}{1 - x} - \frac{n q}{m\,(1 - x)}\,c_3\ *.$$

Liegen die Verhältnisse hinsichtlich der Stabilität der beiden Komplexe so, daß c_4 klein ist, wenn c_3 ein Maximum besitzt, so kann das zweite Glied in (VIII.1.11) vernachlässigt werden. n ist also zu bestimmen, wenn das Maximum in c_3 experimentell aufgefunden werden kann. Entsprechend sieht man aus (VIII.1.12), daß $n + q$ in Abhängigkeit von einem Maximum in c_4 aus dem Mischungsverhältnis der Lösungen A und B unter der Voraussetzung erhalten werden kann, daß c_3 gegenüber c_4 vernachlässigbar klein ist. Der Fall der Bildung von 3 Komplexen, der von KATZIN und GEBERT [5] diskutiert worden ist, läßt sich, wenn die Existenzbereiche der Komplexionen hinreichend gegeneinander abgegrenzt sind, auf den besprochenen Fall der Bildung zweier Komplexe

---

* Für die Bildung von 3 Komplexen AB_n, AB_{n+q} und AB_{n+q+r} lauten die entsprechenden Beziehungen, wenn die jeweiligen Gleichgewichtskonzentrationen c_3, c_4 und c_5 sind,

$$n = \frac{x}{1 - x} + \frac{q\,(n + q)\,(c_3 + c_4) + r\,(n + r + 2\,q)\,c_5}{m\,(1 - x)}\ ,$$

$$n + q = \frac{x}{1 - x} - \frac{n q c_3 - r\,(q + r + n)\,c_5}{m\,(1 - x)}\ ,$$

$$n + q + r = \frac{x}{1 - x} - \frac{n\,(q + r)\,c_3 + r\,(q + n)\,c_4}{m\,(1 - x)}\ .$$

zurückführen. Liegt nämlich eine meßbare Menge des dritten Komplexes vor, so sollte diejenige des ersten sehr klein sein, so daß sie praktisch vernachlässigbar ist. Es genügt dann, nur zwei Komplexverbindungen gleichzeitig zu betrachten.

Die Verwendung von Extinktionsmessungen zur Bestimmung derjenigen Zusammensetzung der Mischlösung, die dem Konzentrationsmaximum der gebildeten Komplexe entspricht, ist im Fall der Bildung von zwei (oder mehreren) Komplexionen nicht so einfach wie für den Fall der Bildung einer Verbindung.

Wenn $\varepsilon_2 = 0$ ist, B zur Absorption also keinen Beitrag liefert — eine Bedingung, die häufig in einem größeren Spektralbereich erfüllt ist —, so gilt für die Extinktion jeder Mischlösung

$$(\text{VIII.1.13}) \qquad E = d(\varepsilon_1 c_1 + \varepsilon_3 c_3 + \varepsilon_4 c_4) \, .$$

Die Differenz Y der Extinktionen ist entsprechend Gl. (VIII.1.9) durch

$$(\text{VIII.1.14}) \qquad Y = d[\varepsilon_1 c_1 + \varepsilon_3 c_3 + \varepsilon_4 c_4 - \varepsilon_1 m(1-x)]$$

gegeben. Durch Differentiation von (VIII.1.14) nach x und Kombination mit der Ableitung der Gl. (VIII.1.10a) nach x

$$\frac{dc_1}{dx} = -m - \frac{dc_3}{dx} - \frac{dc_4}{dx}$$

folgt

$$(\text{VIII.1.15}) \qquad \frac{dY}{dx} = d\left[(\varepsilon_3 - \varepsilon_1)\frac{dc_3}{dx} + (\varepsilon_4 - \varepsilon_1)\frac{dc_4}{dx}\right] \, .$$

Aus (VIII.1.15) ist zu sehen, daß der Extremwert von Y nicht mit demjenigen von c_3 oder c_4 übereinzustimmen braucht, da nicht notwendig dc_3/dx oder dc_4/dx gleich Null ist, wenn $dY/dx = 0$ ist. Der Wert von x, für den $dY/dx = 0$ ist, variiert mit den Werten der Extinktionskoeffizienten und damit mit der Wellenlänge.

Es ist jedoch möglich, durch geeignete Wahl der Wellenlängen, bei denen die Messungen durchgeführt werden, Aussagen über die stöchiometrische Zusammensetzung der gebildeten Komplexverbindungen zu erhalten.

Kann man für die Extinktionsmessung eine Wellenlänge so wählen, daß $\varepsilon_4 = \varepsilon_1$ und $\varepsilon_3 \neq \varepsilon_1$ ist, so entspricht der Extremwert in Y dem Maximum in c_3. Für $\varepsilon_3 = \varepsilon_1$ und $\varepsilon_4 \neq \varepsilon_1$ entspricht der Extremwert von Y dem Maximum in c_4.

Gibt es eine Wellenlänge, für die ε_3 gleich ε_4 ist, so lautet die Bedingung für den Extremwert von Y

$$\frac{dc_3}{dx} + \frac{dc_4}{dx} = 0 \, .$$

Sind die Komplexe hinreichend stabil, d. h. sind die Werte der Gleichgewichtskonstanten genügend groß, so ist c_4 und damit dc_4/dx sehr klein, wenn c_3 einen Maximalwert annimmt. Dann stimmt der Extremwert von Y in guter Näherung mit dem Maximum in c_3 überein.

Weiterhin kann man zeigen, daß eine davon etwas verschiedene Y-Funktion einen Extremwert aufweist, wenn c_4 einen Maximalwert angenommen hat, vorausgesetzt, daß ε_4 merklich größer ist als ε_3. Jenseits des Punktes maximaler AB_n-Konzentration wird aus AB_n bei Zugabe von mehr B AB_{n+q} gebildet. Wenn $\varepsilon_4 = \varepsilon_3$ ist, so beobachtet man bei diesem Vorgang keine Änderung der Lichtabsorption. Ist dagegen $\varepsilon_4 > \varepsilon_3$, so wird die Extinktion zunehmen, wenn man B zusetzt. Y' sei die Differenz zwischen der gemessenen Extinktion und der unter der Annahme, daß alles A zu AB_n umgesetzt sei, jedoch keine Weiterreaktion zu AB_{n+q} stattfindet, berechneten Extinktion. Weiterhin sei angenommen, daß die Komplexe so stabil sind, daß, wenn eine beträchtliche Menge AB_{n+q} vorliegt, praktisch keine meßbare Menge A mehr vorhanden ist. Dann folgt als Extremwertbedingung für Y'

$$(\varepsilon_4 - \varepsilon_3)\,\frac{d\,c_4}{d\,x} = 0\;.$$

Hieraus sieht man, daß für $\varepsilon_4 - \varepsilon_3 \neq 0$ $d\,c_4/d\,x = 0$ sein muß, d. h. also c_4 ein Maximum besitzt.

Nach der beschriebenen Methode kann man feststellen, ob die Komponenten A und B unter Komplexbildung miteinander reagieren, welche Bruttoformeln den gebildeten Komplexen zukommen und welche Werte die Gleichgewichtskonstanten näherungsweise besitzen. Voraussetzung ist, daß sich die Komplexe in ihren Lichtabsorptionseigenschaften von den sie aufbauenden Bestandteilen hinreichend unterscheiden und daß sie eine gewisse Stabilität aufweisen. Durch Experimente mit äquimolaren Lösungen kann die Komplexzusammensetzung nur dann mit Sicherheit ermittelt werden, wenn einkernige Komplexe gebildet werden. Entstehen nach

$$\text{(VIII.1.16)} \qquad\qquad p\,\mathrm{A} + q\,\mathrm{B} \rightleftharpoons \mathrm{A}_p\mathrm{B}_q$$

mehrkernige Typen, so liefert die Methode nur das Verhältnis

$$\text{(VIII.1.17)} \qquad\qquad n = \frac{q}{p} = \frac{x}{1-x}$$

der Komponenten im Komplex. Die richtigen p- und q-Werte findet man anschließend bei Experimenten mit nichtäquimolaren Lösungen, da man bei der Berechnung von $K^{(d)}$ nur mit den korrekten q- und p-Werten eine Konstante erhält.

Hängt der Wert von x, bei dem Y einen Extremwert besitzt, von der Wellenlänge des für die Extinktionsmessung verwendeten Lichtes ab, so deutet dies — wie gezeigt wurde — darauf hin, daß A und B mehrere Komplexe bilden. Wenn nur eine einzige Komplexverbindung entsteht, hat Y bei einem festen x-Wert unabhängig von der benutzten Wellenlänge einen Extremwert.

Zur *Bestimmung der Gleichgewichtskonstanten* kann man verschiedene Methoden verwenden [2, 3, 6, 7, 8, 9].

Nach JOB [3] bestimmt man $K^{(d)}$ aus Experimenten mit Mischungen nichtäquimolarer Lösungen. Eine Methode, um bei 1 : 1-Komplexen für äquimolare Stammlösungen die Komplexkonstanten aus den Differenzkurven direkt zu bestimmen, wurde von SCHWARZENBACH [6, 36] sowie SCHAEPPI und TREADWELL [7] angegeben. Nach HAGENMULLER [8] kann man die Konstante, wie im folgenden beschrieben wird, ebenfalls aus der Differenzkurve für äquimolare Mischungen ermitteln.

Wir betrachten die Reaktion (VIII.1.1), für die n aus dem Maximum der Kurve $Y = f(x)$ abgelesen werden kann. Für einen Punkt P der Kurve seien die Konzentrationen an A, B und AB_n c_1, c_2 und c_3. Dem Punkt P entspricht eine Zusammensetzung der Mischung aus x Volumenteilen Stammlösung B und $1 - x$ Volumenteilen Stammlösung A.

Dann gelten die Beziehungen

$$(VIII.1.18) \qquad \frac{c_1 + c_3}{c_2 + nc_3} = \frac{1 - x}{x}$$

[vgl. (VIII.1.5a) u. (VIII.1.5b)] sowie

$$(VIII.1.19) \qquad K^{(d)} = \frac{c_1 \cdot c_2^n}{c_3} \cdot \frac{f_1 \cdot f_2^n}{f_3},$$

wenn f_1, f_2 und f_3 die Aktivitätskoeffizienten von A, B und AB_n sind. Mit (VIII.1.7) gilt dann für den Punkt M, der dem Kurvenmaximum entspricht, wenn die zugehörigen Konzentrationen c_1', c_2' und c_3' sind,

$$(VIII.1.20) \qquad \frac{c_1' + c_3'}{c_2' + nc_3'} = \frac{1}{n}.$$

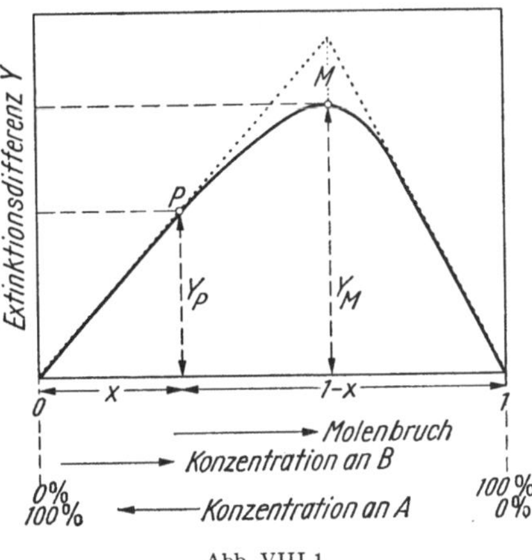

Abb. VIII.1

Für $K^{(d)}$ folgt, wenn man bei konstanter Ionenstärke arbeitet, so daß die Aktivitätskoeffizienten praktisch gleich bleiben,

$$(VIII.1.21) \qquad K^{(d)} = \frac{c_1' \cdot c_2'^n}{c_3'} \cdot \frac{f_1 \cdot f_2^n}{f_3}.$$

Ist m die Molarität der Stammlösungen, so gilt ferner

$$(VIII.1.22) \qquad c_1 + c_2 + (1 + n)\, c_3 = c_1' + c_2' + (1 + n)\, c_3' = m.$$

Die Komplexkonzentration ist den entsprechenden Ordinatenabschnitten Y proportional (vgl. Abb.VIII.1). Dann folgt, wenn das Verhältnis der Extinktionsdifferenzen $Y_P : Y_M$ für die Punkte P und M den Wert a besitzt

$$(VIII.1.23) \qquad \frac{c_3}{c_3'} = \frac{Y_P}{Y_M} = a.$$

Mit (VIII.1.18), (VIII.1.19), (VIII.1.20), (VIII.1.21) und (VIII.1.22) erhält man

$$(VIII.1.24) \qquad K^{(d)} = \frac{f_1 \cdot f_2^n}{f_3}\, \frac{1}{c_3}\left[\frac{m}{\dfrac{x}{1-x}+1} - c_3\right]\left[\frac{m}{\dfrac{1-x}{x}+1} - nc_3\right]^n,$$

$$(VIII.1.25) \qquad K^{(d)} = \frac{f_1 \cdot f_2^n}{f_3}\, \frac{1}{c_3'}\left[\frac{m}{n+1} - c_3'\right]\left[\frac{m}{\dfrac{1}{n}+1} - nc_3'\right]^n.$$

(VIII.1.23), (VIII.1.24) und (VIII.1.25) bilden ein System von 3 Gleichungen mit drei unabhängigen Variablen c_3, c_3' und $K^{(d)}$, dessen Lösung die gesuchte Konstante $K^{(d)}$ ergibt. Die Lösung kann z. B. in einfacher Weise auf graphischem Wege erfolgen [8].

Als Beispiel für die Anwendung der Methode sind in Abb. VIII.2 die Ergebnisse von Untersuchungen am System Fe^{3+}/Citrat-Ion dargestellt.

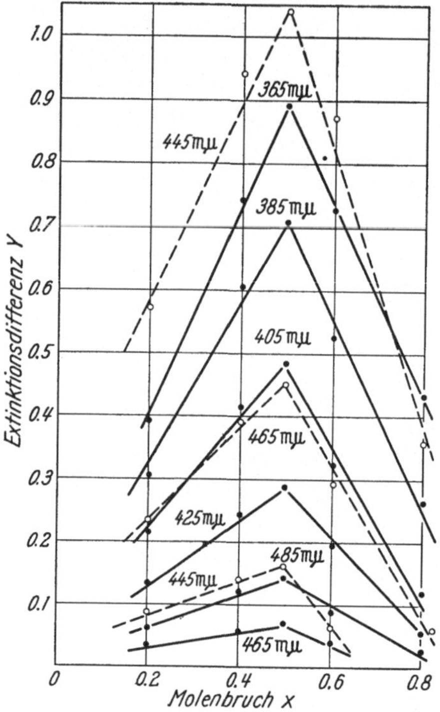

Abb.VIII.2. System Fe^{3+}/Citrat-Ion. Bildung eines 1 : 1-Komplexes. Nach Lanford u. Ouinan [17]

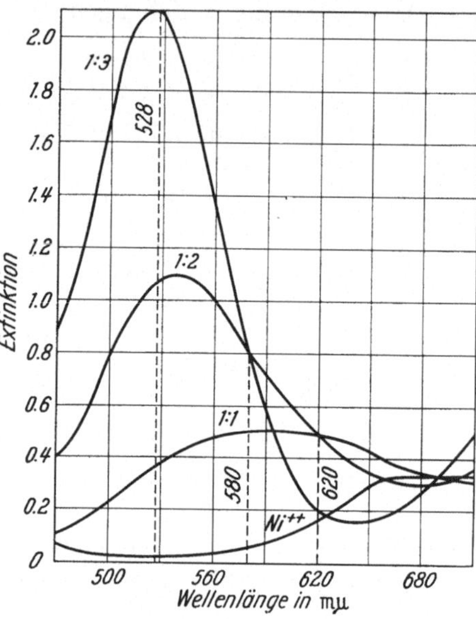

Abb. VIII.3. Lichtabsorption von wäßrigen Lösungen von 0,02 m Nickelsulfat und 0,02 m Nickelsulfat mit 0,02 m, 0,04 m und 0,06 m o-Phenanthrolin. Nach Vosburgh u. Cooper [4]

Die durch gestrichelte Linien verbundenen Meßpunkte wurden an Lösungen gewonnen, die sich bezüglich der Konzentration um den Faktor 10 von denjenigen unterscheiden, denen Meßpunkte entsprechen, die durch ausgezogene Linien verbunden sind. Das von der verwendeten Wellenlänge unabhängige Maximum bei $x = 0{,}5$ zeigt, daß nur eine Komplexverbindung mit dem Komponentenverhältnis 1 : 1 gebildet wird [17].

Bei Untersuchungen des Systems Ni^{2+}/Orthophenanthrolin in wäßriger Lösung findet man nach Vosburgh und Cooper [4] drei Komplexionen, nämlich $Ni(\text{o-phen})^{2+}$, $Ni(\text{o-phen})_2^{2+}$ und $Ni(\text{o-phen})_3^{2+}$. In Abb. VIII.3 sind die Extinktionsverhältnisse für Lösungen von Ni^{2+} mit o-phen dargestellt, außerdem ist die Extinktionskurve für Ni^{2+} in rein wäßriger Lösung gezeichnet. Die Ni^{2+}/o-phen-Lösungen enthalten Ni^{2+} und o-phen im Verhältnis 1 : 1, 1 : 2 und 1 : 3. Für die Untersuchungen wurden die drei Wellenlängen 620, 580 und 528 mμ als geeignet ausgewählt. Bei 620 mμ besitzt z. B. die 1 : 1-Mischung dieselbe Extinktion wie die 1 : 2-Mischung, während die 1 : 3-Mischung eine geringere Extinktion aufweist.

Die Extinktionswerte bei diesen Wellenlängen sind für verschiedene Mischungen von Nickelsulfat und o-Phenanthrolin gegen den Molenbruch x in Abb.VIII.4 aufgetragen. Die Gerade im untersten Bild ist die erwartete Extinktion für den Fall, daß keine Reaktion stattfindet. Die Differenz zwischen der gemessenen Extinktionskurve und dieser Geraden ergibt die Y-Kurve, die ein Maximum bei $x = 0,475$ besitzt, welches nahe bei $x = 0,5$ liegt, also eine Komplexbildung mit dem Komponentenverhältnis 1 : 1 anzeigt. In der mittleren Abbildung entspricht die Gerade der zu erwartenden Extinktion, die die Lösung hätte, wenn sich zwar Ni(o-phen)$^{2+}$ gebildet hat, aber keine Weiterreaktion mit überschüssigem o-phen stattfindet. Die Extinktion der hypothetischen Ni(o-phen)$^{2+}$-Lösung wurde aus dem Wert der Extinktionskurve für 580 mμ bei $x = 0,25$ und dem Wert für Ni^{2+} aus Abb.VIII.3 durch Extrapolation gewonnen. Die Differenz zwischen der gemessenen Extinktionskurve und der Geraden ergibt Y' mit einem Maximum bei $x = 0,685$. $x = 0,667$ würde einem Komponentenverhältnis von 1 : 2 entsprechen. Analog wurde das Maximum in Y'' im obersten Diagramm erhalten, das bei $x = 0,754$ liegt

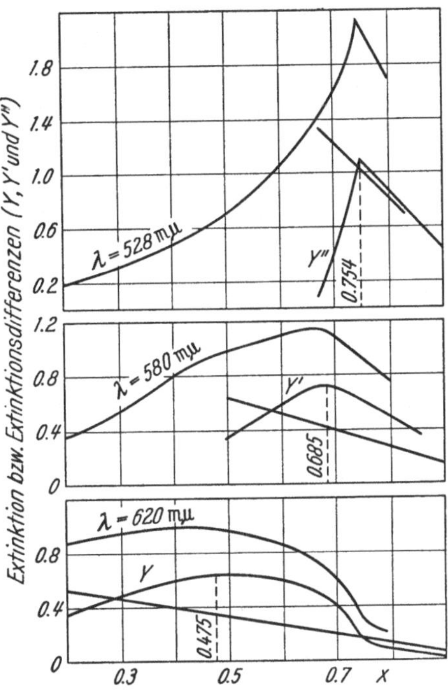

Abb. VIII.4. Extinktion und Extinktionsdifferenzen von Mischungen von 1 — x Volumenteilen 0,1 m Nickelsulfatlösung mit x Volumenteilen 0,1 m o-Phenantrolinlösung für die Wellenlängen 528, 580 und 620 mμ. Gerade Linien sind die berechneten Extinktionskurven, für den Fall, daß keine Reaktion bzw. nur Reaktion zum 1 : 1 und 1 : 2 Komplex auftritt. Die Kurven Y, Y' und Y'' sind die berechneten Extinktionsdifferenzen zwischen der gemessenen Extinktionskurve und diesen Geraden. (Schichtdicke 10 cm, die Extinktionswerte der Zeichnung ergeben sich durch Multiplikation mit dem Faktor 0.75 aus den gemessenen). Nach VOSBURGH u. COOPER [4]

und der Bildung eines 1:3-Komplexes entspricht. Man kann also auf diese Weise die Existenz dreier Nickel-o-phen-Komplexe wahrscheinlich machen.

Eine eingehende kritische Analyse des Gültigkeitsbereiches der Methode der kontinuierlichen Veränderungen wurde von WOLDBYE [10] durchgeführt.

Man muß zwischen dem Fall der Bildung eines einzigen Komplexes und dem der stufenweisen Bildung verschiedener Komplextypen unterscheiden. Die Voraussetzungen für die Anwendung der Methode sind im ersten Fall:

a) Jede der reagierenden Komponenten A und B muß eine „definierte Formel" besitzen, d. h. die Komponenten dürfen nicht zusätzlich an anderen Gleichgewichten als dem betrachteten Komplexbildungsgleichgewicht teilnehmen*.

b) Das Massenwirkungsgesetz, geschrieben mit den Konzentrationen statt den Aktivitäten, muß anwendbar sein.

c) Es darf nur ein einziger Komplex gebildet werden.

Die Bedingung a) ist häufig realisiert. Wenn eine Komponente eine Base ist, die Protonen aufnehmen kann, also an einem Säure-Basen-Gleichgewicht beteiligt ist, kann man die Methode dann anwenden, wenn man den pH-Wert konstant hält (Verwendung geeigneter Puffersysteme).

Um der Forderung b) zu genügen, ist es notwendig, die Experimente bei konstanter Ionenstärke in einem Salzmedium relativ hoher Konzentration bei geringer Konzentration der komplexbildenden Komponenten durchzuführen. Ein Arbeiten unter derartigen Bedingungen schließt die Verwendung solcher physikalischer Eigenschaften wie Gefrierpunktserniedrigung und Leitfähigkeit als Meßgrößen weitgehend aus. Die Resultate von Untersuchungen, die sich dieser Eigenschaften bedienen, sind in quantitativer Hinsicht unzuverlässig. Die Lichtabsorption ist hingegen eine brauchbare physikalische Größe.

Bedingung c) ist von besonderer Wichtigkeit. Wie die zahlreichen Untersuchungen über Komplexbildung in den letzten Jahren gezeigt haben, scheinen Fälle, in denen nur ein einziger Komplex gebildet wird, im allgemeinen eine seltene Ausnahme darzustellen. Wenn der Komplex maximaler Koordination die Formel AB hat (solche Fälle sind bekannt), ist Bedingung c) sicher erfüllt. Meist sind jedoch mehrere Komplexe vor-

---

* Die Komplikationen, die auftreten, wenn die Komponenten A und B an zusätzlichen Gleichgewichten wie z. B. Hydrolysenreaktionen

$$A + H_2O \rightleftharpoons AOH + H$$

$$AOH + H_2O \rightleftharpoons A(OH)_2 + H$$

$$\cdots \cdots \cdots \cdots \cdots \cdots \cdots ,$$

Säure-Basen-Gleichgewichten

$$B + H \rightleftharpoons BH$$

$$BH + H \rightleftharpoons BH_2$$

$$\cdots \cdots \cdots \cdots \cdots$$

oder Polymerengleichgewichten

$$s A \rightleftharpoons A_s$$

$$t B \rightleftharpoons B_t$$

teilnehmen, wurden im einzelnen von N. P. Komar behandelt.

Vgl. Komar, N. P.: Die spektrophotometrische Untersuchung von Komplexverbindungen in Systemen, die durch Hydrolyse und vorherige Komplexbildung kompliziert werden. Zhur. Fis. Khim. 28, 2142 (1954).

Ionengleichgewichte, ihre spektrophotometrische Untersuchung und Anwendung in der analytischen Chemie. Uchenye Zapiski Kharkov Univ. Trudy Khim. Fak. i. Nauch.-Issledovatel. Inst. Khim. Kharkov Gosudarstv. Univ. 18, 117 (1957). (Arbeiten der chem. Fakultät und des chem. Forschungsinstituts der staatlichen Universität Charkow „A. M. Gorki".) Dort weitere Literaturangaben.

handen, die immer stufenweise gebildet werden, so daß die nach der Methode der kontinuierlichen Veränderungen gewonnenen Gleichgewichtskonstanten häufig ungenau sind. WOLDBYE diskutiert am Beispiel des Systems Cu^{2+}/NH_3, das auch von JOB [3] untersucht wurde, die Schwierigkeiten, die dadurch auftreten können. JOB [3] konnte durch Untersuchung der Extinktion äquimolarer Lösungen von Cu^{2+} und NH_3 lediglich die Existenz von Tetramminkomplexen $Cu(NH_3)_4^{2+}$ nachweisen. Die Komplexe mit geringerem NH_3-Gehalt (1, 2 u. 3 NH_3), die nach den Untersuchungen von J. BJERRUM* bestimmte Existenzbereiche besitzen, absorbieren bei der benutzten Wellenlänge von 615 mμ gegenüber dem Tetramminkomplex so schwach, daß ihre Identifizierung nach dieser Methode auf Schwierigkeiten stößt. Wegen der Einzelheiten sei auf die Originalarbeit [3] verwiesen.

Die Methode der kontinuierlichen Veränderungen ist im allgemeinen nur in denjenigen Fällen, in denen 1:1-Komplexe gebildet werden, brauchbar. Sie liefert hier die richtigen Werte der Dissoziationskonstanten. In allen anderen Fällen jedoch ist sie lediglich als ein höchstens halbquantitatives Verfahren zu verwenden, das orientierende Hinweise gibt. Selbst bei Untersuchungen, die sich über größere Konzentrationsbereiche erstrecken, können die Schlüsse über auftretende Komplexe unvollständig und die ermittelten Konstanten unzuverlässig sein.

Bei konsekutiver Komplexbildung, dem von VOSBURGH und COOPER [4] und allgemein von KATZIN und GEBERT [5] behandelten Fall, ist ebenfalls die Gültigkeit von a) und b) zu fordern. Als dritte Bedingung c) kommt hier hinzu, daß die Komplexkonstanten so groß sein müssen, daß es möglich wird, die Differenzkurve der Extinktionen in Intervalle einzuteilen, wobei in jedem dieser Intervalle eine oder mehrere Komplexkonzentrationen vernachlässigbar sind. Dann können die einzelnen gefundenen Differenzkurven jeweils nur einem Komplexion zugeordnet werden. Die Auswahl der für die Messungen geeigneten Wellenlängen geschieht meist in der von VOSBURGH und COOPER [4] angegebenen Weise. Es werden Lösungen, die A und B im Verhältnis 1:1, 1:2, ..., 1:6 enthalten, angesetzt und die Absorptionsspektren aufgenommen. Man nimmt an, daß die aufgenommenen Spektren in Näherung mit den Spektren der 1:1, 1:2, ..., 1:6-Komplexe übereinstimmen. Aus den so gewonnenen Spektren sucht man dann die geeigneten Wellenlängen für die Untersuchungen heraus. Diese müssen bestimmten Bedingungen (vgl. dazu S. 237 u. 238) genügen. UNDERWOOD, TORIBARA und NEUMANN [11] geben ein etwas anderes Verfahren an, bei dem jedoch die Grundannahmen dieselben sind.

Die Verteilung eines Zentralions auf die verschiedenen Komplextypen ist allein von der Konzentration des freien Liganden abhängig. Im allgemeinen ist es keineswegs so, daß z. B. einem Verhältnis Metallionenkonzentration zu Ligandenkonzentration wie 1:6 in einer Lösung bevorzugt die Bildung eines AB_6-Komplexes entspricht. Zum Beispiel findet man beim System Ni^{2+}/NH_3 bei Mischung einer 0,5 m Ni^{2+}- und einer

---

* BJERRUM, J. u. E. J. NIELSEN: Acta Chem. Scand. 2, 297 (1948).

3,0 m NH_3-Lösung 50% $Ni(NH_3)_5^{2+}$, 25% $Ni(NH_3)_6^{2+}$ und 25% $Ni(NH_3)_4^{2+}$. Erst bei viermal konzentrierteren Lösungen überwiegt weitgehend $Ni(NH_3)_6^{2+}$. Bei der Ermittlung der Spektren der einzelnen Komplexe zur Auswahl der für die Methode geeigneten Wellenlängen ist es daher notwendig zu untersuchen, ob die Spektren von 1 : 1, 1 : 2, ..., 1 : 6-Lösungen mit der Konzentration merkliche Änderungen erfahren oder nicht.

Voraussetzung des Verfahrens der kontinuierlichen Veränderungen war, daß die Existenzbereiche der einzelnen Komplexionen genügend groß sein müssen, so daß weitaus der größte Teil des Zentralions in Form eines bestimmten Komplexes bei geeigneten Konzentrationen an freiem Liganden vorliegt. Dies ist, wie potentiometrische Untersuchungen von J. Bjerrum* an verschiedenen Systemen gezeigt haben, nicht immer der Fall. Oft sind nicht mehr als 50% in Form des betreffenden Komplexes bei allen möglichen Werten der Konzentration an freiem Liganden vorhanden.

Aus den dargelegten Gründen ist verständlich, warum die Methode in vielen Fällen unvollständige Aussagen liefert. Sind die notwendigen Voraussetzungen für die Anwendung der Methode nicht gegeben, so findet man, wenn man die Extinktionsdifferenzen gegen den Molenbruch aufträgt, im allgemeinen zwar Maxima, die Deutung derselben führt jedoch zu unrichtigen Resultaten.

Weiterhin wurde von Woldbye [10] ein Vergleich der Methode der kontinuierlichen Veränderungen mit dem Verfahren der korrespondierenden Lösungen nach J. Bjerrum (vgl. dieses Kapitel, Abschnitt 7) durchgeführt. Letzteres Verfahren ist in seiner Anwendung ebenfalls sehr einfach und gestattet über die Bildungsfunktion (vgl. Kapitel V. 2a) die individuellen Bildungskonstanten zu berechnen. Der Vorteil des Bjerrumschen Verfahrens gegenüber der Methode der kontinuierlichen Veränderungen besteht darin, daß man einerseits quantitative Ergebnisse in Form von Komplexkonstanten erhalten kann. Andererseits kann man in solchen Fällen, in denen die Extinktionskoeffizienten oder auch die Komplexkonstanten Werte besitzen, die die experimentelle Genauigkeit verringern, dies eindeutig aus den Resultaten erkennen **, ***.

Literatur

[1] Ostromisslensky, I.: Über eine neue, auf dem Massenwirkungsgesetz fußende Analysenmethode einiger binärer Verbindungen. Ber. **44**, 268, 1189 (1911).

---

* Vgl. z. B. Bjerrum, J.: Metal ammine formation in aqueous solution. 2. Aufl. Kopenhagen: P. Haase u. Son 1957.

** Jones, M. M., u. K. K. Innes haben neuerdings in einer Arbeit [J. Phys. Chem. **62**, 1005 (1958)] ebenfalls den Anwendungsbereich der Jobschen Methode diskutiert. Sie betrachten besonders die Fehler, die von dem Effekt der Aktivitätskoeffizienten auf die Ermittlung des Molverhältnisses, bei dem die Komplexkonzentration ihren Maximalwert besitzt, herrühren. Außerdem werden die Fehler untersucht, die darauf beruhen, daß die für die Messung benutzte physikalische Eigenschaft nicht genau eine lineare Funktion der Konzentration ist.

*** Sommer, L., u. M. Hniličková [Bull. Soc. Chim. France **1959**, 36] diskutieren eingehend den Anwendungsbereich der Methode der kontinuierlichen Veränderungen bei Hydrolyseprozessen und bei Bildung von gemischten Komplexen (ausführliche Literaturzusammenstellung).

[2] Denison, R. B.: Contribution to the knowledge of liquid mixtures. I. Property-composition curves and molecular changes which take place on forming binary liquid mixtures. II. Chemical combination in liquid binary mixtures as determined by study of property-composition curves. Trans. Faraday Soc. **8**, 20, 35 (1912).

[3] Job, P.: Recherches sur la formation de complexes minéraux en solution et sur leur stabilité. Ann. Chim. Phys. **9**, 113 (1928); vgl. auch Compt. rend. **180**, 928 (1925).

[4] Vosburgh, W. C., and G. R. Cooper: Spectrophotometric investigation of complexes in solution. J. Am. Chem. Soc. **63**, 437 (1941).

[5] Katzin, L. I., and E. Gebert: Spectrophotometric investigation of cobaltnitrat in organic solvents. J. Am. Chem. Soc. **72**, 5455 (1950); (Drei Komplexe anwesend).

[6] Schwarzenbach, G.: Komplexonc XIII. Chelatkomplexe des Kobalts mit und ohne Fremdliganden. Helv. Chim. Acta **32**, 839 (1949).

[7] Schaeppi, Y., u. W. D. Treadwell: Über die kolorimetrische Bestimmung einiger Farbkomplexe. Helv. Chim. Acta **31**, 577 (1948).

[8] Hagenmuller, P.: Nouvelle méthode de détermination de la constante de dissociation d'un complex en solution. Compt. rend. **230**, 2190 (1950); vgl. auch Ann. Chim. Phys. **6**, 5 (1951).

[9] Charlot, G., et R. Gaugin: Les méthodes d'analyse des réactions en solution. S. 75. Paris: Masson & Cie 1951.

[10] Woldbye, F.: On the method of continuous variations. Acta Chem. Scand. **9**, 299 (1955).

[11] Underwood, A. L., T. Y. Toribara and W. F. Neumann: Beryllium complexes with naphthazarin and alkannin. J. Am. Chem. Soc. **72**, 5597 (1950).

Zusammenstellung einiger Arbeiten über Untersuchungen an Komplexsystemen nach der Methode der kontinuierlichen Veränderungen

[12] Job, P.: Sur la constitution des solutions chlorhydriques des sels de cobalt. Compt. rend. **196**, 181 (1933).

[13] Job, P.: Sur la constitution des solutions bromhydriques de sels de cobalt. Compt. rend. **198**, 827 (1934).

[14] Chrétien, A., et E. Eich: Étude sur la réaction entre l'iodure de potassium et l'iodure de bismuth trivalent en solution dans l'acetone. Bull. Soc. Chim. France **5** Ser. A, 1102 (1937).

[15] Haendler, H. M.: Copper-II and nickel-II-complex ions of diethylenetriamine. J. Am. Chem. Soc. **64**, 686 (1942).

[16] Gould, R. K., and W. C. Vosburgh: A study of some complex ions in solution by means of a spectrophotometer. J. Am. Chem. Soc. **64**, 1630 (1942).

[17] Lanford, O. E., and J. R. Quinan: A spectrophotometric study of reaction of ferric ion and citric acid. J. Am. Chem. Soc. **70**, 2900 (1948).

[18] Foley, R. T., and R. C. Anderson: Spectrophotometric studies of complex formation with sulfosalicylic acid. I. with Fe(III). J. Am. Chem. Soc. **70**, 1195 (1948).

[19] Foley, R. T., and R. C. Anderson: II. with uranyl ion. J. Am. Chem. Soc. **71**, 909 (1949).

[20] Turner, S. E., and R. C. Anderson: III. with copper(II). J. Am. Chem. Soc. **71**, 912 (1949).

[21] Kingery, W. D., and D. N. Hume: A spectrophotometric investigation of bismuththiocyanate complexes. J. Am. Chem. Soc. **71**, 2393 (1949).

[22] Harvey, J. L., C. I. Tewsbury and H. M. Haendler: Cu(II)- and Ni(II)-complex ions of hydroxyethylenediamine. J. Am. Chem. Soc. **71**, 3641 (1949).

[23] Sandell, E. B., and D. C. Spindler: The solubel complex of ferric ion and 8-hydroxyquinoline. J. Am. Chem. Soc. **74**, 3807 (1949).

[24] Jonassen, H. B., and B. E. Douglas: Inorganic complexes containing polydentate groups. II. The complexes formed between triethylenetetramine and Ni(II). J. Am. Chem. Soc. **71**, 4094 (1949).

[25] Babko, A. K., u. Mitarb.: Arbeiten in: Zhur. obshcheĭ Khim. **15**, 745, 758, 874 (1945); **16**, 33, 968, 1549, 1633 (1946); **17**, 443 (1947); **21**, 1949 (1951).

Compt. rend. Acad. Sci. U.R.S.S. **52**, 37 (1946). Zhur. Anal. Khim. **1**, 106 (1946); **2**, 33 (1947) und weitere Arbeiten.

[26] KATZIN, L. I., and E. GEBERT: Spectrophotometric investigation of cobaltous chloride. J. Am. Chem. Soc. **72**, 5464 (1950).

[27] VARTAPÉTIAN, O.: Spektrophot. Untersuchung eines Glykokoll-Bleinitrat-Komplexes in wäßrig. Lsg. Compt. rend. **230**, 648 (1950).

[28] BARWINOK, M. Ss.: Spektrophotometrische Untersuchung der Maxima im Zusammensetzung-Eigenschaftsdiagramm in Cobalthalogenidlösungen bei Änderung der Konzentration des Systems. Zhur. Obshcheĭ Khim. **21**, 1207, 1408, 1417 (1951).

[29] PECSOCK, R. L.: A polarographic study of oxalato complexes of titanium. J. Am. Chem. Soc. **73**, 1304 (1951).

[30] VARTAPÉTIAN, O., u. P. SAKELLARIDIS: Spektrophotometrische Untersuchung des Oxalowolframsäure-Komplexes. Compt. rend. **234**, 1621 (1952).

[31] TSCHAKIRIAN, A., u. O. VARTAPÉTIAN: Spektrophotometrische Studie des Oxalomolybdänsäure-Komplexes. Compt. rend. **234**, 212 (1952).

[32] BOBTELSKY, M., et C. HEITNER: Complexes métalliques de l'aldéhyde salicylique, leurs compositions et structures, comportement et stabilité. II. La spectrophotométrie de l'aldéhyde salicylique et ses complexes avec des cations incolorés en solution. III. avec des cations colorés. Bull. Soc. Chim. France **1952**, 938, 943.

[33] LIEBMAN, A. M., and R. C. ANDERSON: Spectrophotometric studies of complex formation with sulfosalicylic acid. V. with Cr(III). J. Am. Chem. Soc. **74**, 2111 (1952).

[34] YAFFE, R. P., and A. F. VOIGT: Spectrophotometric investigation of some complexes of ruthenium. I. Ruthenium/thiocyanate system. J. Am. Chem. Soc. **74**, 2500 (1952).

[35] DORTA-SCHAEPPI, Y., H. HÜRZELER u. W. D. TREADWELL: Über die Stöchiometrie und Extinktion gelöster Alizarinlacke mit Kationen der Titanreihe. Helv. Chim. Acta. **34**, 797 (1951).

[36] SCHWARZENBACH, G., u. A. WILLI: Metallindikatoren III. Die Komplexbildung der Brenzkatechin-3,5-disulfosäure (=Trion) mit dem Eisen(III)-ion. Helv. Chim. Acta **34**, 528 (1951).

[37] BRIGANDO, J.: Application de la méthode des variations continues à l'étude d'un complex de cobalt-histidine. Compt. rend. **237**, 163 (1953).

[38] VALLADAS-DUBOIS, S.: Étude physicochimique d'un complex de l'ion argent et de histidine en milieu neutre. Compt. rend. **237**, 164 (1953).

[39] COOPER, S. S., and J. O. HIBBITS: Analysis of lead dithizonate by the method of continuous variation. J. Am. Chem. Soc. **75**, 5084 (1953).

[40] HAMM, R. E., and R. H. PERKINS: Complex ions of chromium. V. Reactions of malonate ion with chromium(III). J. Am. Chem. Soc. **77**, 2083 (1955).

[41] SAKELLARIDIS, P.: Determination of the (equilibrium) constant by the method of continuous variation between iodine and calcium iodide in aqueous solution. Bull. Soc. Chim. France **1958**, 282.

2. Die logarithmische Methode nach BENT und FRENCH [1]

Für eine Reaktion

$$(VIII.2.1) \qquad m\,A + n\,B \rightleftharpoons A_m B_n$$

ist die Bruttodissoziationskonstante des Komplexes $A_m B_n$ durch

$$(VIII.2.2) \qquad K^{(d)} = \frac{[A]^m \cdot [B]^n}{[A_m B_n]}$$

definiert. Durch Logarithmieren folgt

$$(VIII.2.3) \qquad \log [A_m B_n] = m \cdot \log [A] + n \cdot \log [B] - \log K^{(d)}.$$

Man kann die Faktoren m und n und damit die Zusammensetzung des Komplexes A_mB_n folgendermaßen bestimmen: Hält man [A] konstant und variiert [B], so ist $\log[A_mB_n]$ eine lineare Funktion von $\log[B]$. Die Extinktion einer Lösung, die aus A und B gemischt wird, ist bei geeigneten Absorptionsverhältnissen der Komponenten der Konzentration der gebildeten Komplexverbindung A_mB_n proportional. Dies ist dann der Fall, wenn man die Messungen in einem Spektralbereich durchführt, in dem der Komplex Absorptionsbanden besitzt, die Komponenten dagegen praktisch nicht absorbieren. Dann ist $\log[A_mB_n]$ proportional $\log E$. Trägt man nun den Logarithmus der Extinktion bei konstanter Konzentration der Komponente A und unter Variation der Konzentration der Komponente B gegen $\log[B]$ auf, so resultiert eine Gerade mit der Neigung n. Umgekehrt erhält man eine Gerade mit der Neigung m, wenn man bei konstanter Konzentration von B und Variation von [A] $\log E$ gegen $\log[A]$ aufträgt. Findet man bei solchen Auftragungen Abweichungen von der Geraden, so deutet dies auf Störreaktionen hin, das heißt, daß außer (VIII.2.1) noch andere Reaktionen stattfinden.

Meistens arbeitet man mit stark verdünnten Lösungen. Dann kann man, wenn die Verdünnung hinreichend groß und A_mB_n nicht sehr stabil ist, die Gleichgewichtskonzentrationen von A und B in Näherung durch die Gesamtkonzentrationen c_A und c_B ersetzen, da der Komplex A_mB_n praktisch vollständig dissoziiert ist. Es gilt dann

$$\text{(VIII.2.4)} \qquad \log[A_mB_n] \sim m \cdot \log c_A + n \cdot \log c_B - \log K^{(d)} \,,$$

d. h. man findet im Grenzfall unendlicher Verdünnung Gerade, wenn man $\log E$ bei konstantem c_B gegen $\log c_A$ bzw. bei konstantem c_A gegen $\log c_B$ aufträgt*.

Abb. VIII.5 und 6 zeigen die Ergebnisse von Messungen am System Fe^{3+}/SCN^- nach BENT und FRENCH [1]. Die experimentellen Werte sind durch Kreise dargestellt. Die gestrichelten Kurven sind die Geraden, die man für bestimmte Werte von m und n zu erwarten hat. Der in verdünnten Lösungen entstehende Komplex hat mit $m = n = 1$ die Formel $Fe(SCN)^{2+}$.

In der von BENT und FRENCH [1] beim System Fe^{3+}/SCN^- verwendeten Form ist die Methode lediglich für stark verdünnte Systeme brauchbar, da nur bei diesen näherungsweise eine Identifizierung der Gleichgewichtskonzentration mit der Gesamtkonzentration erlaubt ist. Dies setzt aber Komplexe geringerer Stabilität voraus, die bei hinreichender Verdünnung weitgehend in ihre Bestandteile dissoziiert sind. In Fällen von stufenweiser Komplexbildung findet man auf diese Weise immer den Komplex mit der niedrigsten Ligandenzahl.

Für konzentriertere Systeme ist das Verfahren dann anwendbar, wenn man die exakte Gl. (VIII.2.3) zugrunde legt und die Konzentration

---

* Findet man beim Auftragen von $\log E$ gegen $\log c_B$ ($c_A = $ const) eine Gerade der Steigung 1, so folgt nicht notwendig, daß auch $n = 1$ ist. Dies gilt nur, wenn der Komplex hinreichend dissoziiert ist, da für den Fall des Dissoziationsgrades Null die Neigung der Geraden immer den Wert 1 besitzt.

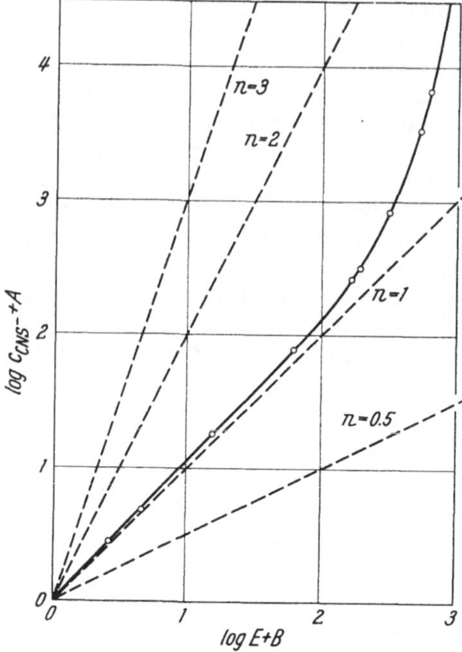

Abb. VIII.5. System Fe^{3+}/SCN^-. Konstante Konzentration an Fe^{3+}, variable Konzentration an SCN^-. log $c_{SCN} = f(\log E)$; (A und B sind willkürliche Konstanten). Nach BENT u. FRENCH [1]

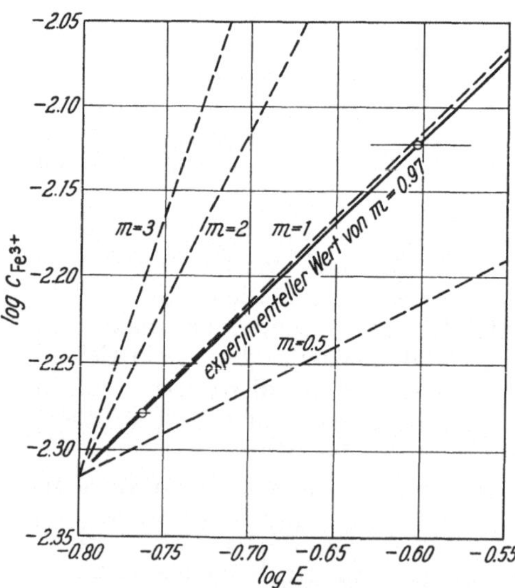

Abb. VIII.6. System Fe^{3+}/SCN^-. Konstante Konzentration an SCN^-, variable Konzentration an Fe^{3+}. log $c_{SCN} = f(\log E)$. Nach BENT u. FRENCH [1]

der nicht komplex gebundenen Komponente jeweils gesondert mit Hilfe geeigneter Methoden bestimmt. So konnten SCHEFFER und HAMMAKER [3] die Existenz von MnF_6^{3-} und CrF^{2+} in konzentrierten Lösungen nachweisen, indem sie die Logarithmen der Gleichgewichtskonzentrationen der Ionen Mn^{3+} und F^- bzw. Cr^{3+} und F^- gegen log E auftrugen. Die Konzentration an freiem, nicht komplex gebundenem F^- wurde durch EMK-Messung mit einer Amalgam-Bleifluorid-Elektrode bestimmt, die Konzentration an freiem Mn^{3+} durch Messung des Redox-Potentials von mit MnF_2 gesättigten Lösungen. Wegen näherer Einzelheiten sei auf die Originalarbeit [3] verwiesen.

Liegen mehrere Komplexe vor, die sich stufenweise bilden, so kann man die Methode nur dann verwenden, wenn sie in voneinander abgegrenzten Konzentrationsbereichen existieren. Bei gleichzeitiger Anwesenheit merklicher Mengen eines zweiten Komplexes treten Komplikationen auf, so daß in diesem Fall eine eindeutige Bestimmung von m und n nicht mehr möglich ist.

Literatur

[1] BENT, H. E., and C. L. FRENCH: The structure of ferric-thiocyanate. J. Am. Chem. Soc. **63**, 568 (1941).

[2] MOORE, R. L., and R. C. ANDERSON: Spectrophotometric investigation on Ce(IV)-sulfat complexes. J. Am. Chem. Soc. **67**, 167 (1945).

[3] SCHEFFER, E. R., and E. M. HAMMAKER: Some fluoride complexes of di- and tervalent metal ions in aqueous solution. J. Am. Chem. Soc. **72**, 2575 (1950).
[4] CHARLOT, G., et R. GAUGIN: Les méthodes d'analyse des réactions en solution. S. 84. Paris: Masson et Cie. 1951.

3. Die Methode des Neigungsverhältnisses nach HARVEY und MANNING [1]

Bei Bildung einer Komplexverbindung nach

$$(VIII.3.1) \qquad m\,A + n\,B \rightleftharpoons A_m B_n$$

bestehen folgende Beziehungen zwischen den Gesamtkonzentrationen c_A und c_B sowie den Gleichgewichtskonzentrationen [A], [B] und [$A_m B_n$] der Komponenten A und B und des Komplexes $A_m B_n$

$$(VIII.3.2) \qquad c_A = [A] + m \cdot [A_m B_n] \,,$$

$$(VIII.3.3) \qquad c_B = [B] + n \cdot [A_m B_n] \,.$$

Ist $c_B =$ const und die Komponente B in genügend großem Überschuß gegenüber der Komponente A vorhanden ($c_B \gg c_A$), so daß das Gleichgewicht (VIII.3.1) praktisch völlig auf der Seite des undissoziierten Komplexes liegt, so ist die Konzentration des Komplexes ([A] $\sim$ 0)

$$(VIII.3.4) \qquad [A_m B_n] = c_A/m \,.$$

Für die Extinktion einer Lösung der Schichtdicke d findet man, wenn die Extinktionskoeffizienten des Komplexes und der Komponente B ε_K und ε_B sind,

$$(VIII.3.5) \qquad E_1 = d \left[\frac{\varepsilon_K\, c_A}{m} + \varepsilon_B \cdot \text{const} \right],$$

da nach Voraussetzung [A] $\sim$ 0 ist und der konstante Überschuß an B einen praktisch konstanten Extinktionsbeitrag liefert ([B] $\sim c_B$).

Die Extinktion ist unter diesen Bedingungen eine lineare Funktion von c_A. Die Neigung der Geraden, die man erhält, wenn man E_1 gegen c_A aufträgt, ist

$$(VIII.3.6) \qquad s_1 = \frac{\varepsilon_K \cdot d}{m} \,.$$

Hält man die Konzentration von A konstant und ist A in genügendem Überschuß vorhanden, so gelten die zu (VIII.3.5) und (VIII.3.6) analogen Beziehungen

$$(VIII.3.7) \qquad [A_m B_n] = c_B/n$$

und

$$(VIII.3.8) \qquad E_2 = d \left[\frac{\varepsilon_K \cdot c_B}{n} + \varepsilon_A \cdot \text{const} \right].$$

Trägt man E_2 gegen c_B auf, so erhält man eine Gerade der Neigung

$$(VIII.3.9) \qquad s_2 = \frac{\varepsilon_K \cdot d}{n} \,.$$

Für das Neigungsverhältnis folgt dann

$$(VIII.3.10) \qquad \frac{s_1}{s_2} = \frac{n}{m} \,.$$

Die Zusammensetzung des Komplexes kann also direkt aus dem Verhältnis der Steigungen der Geraden bestimmt werden. Die Methode ist nur für stabile Komplexe verwendbar, bei denen bei Überschuß einer komplexbildenden Komponente die Dissoziation praktisch vernachlässigbar ist. Stärker dissoziierende Komplexe würden einen extrem großen Überschuß der Komponente erfordern, so daß die Lösung in bezug auf den gebildeten Komplex so stark verdünnt wird, daß dann eine Messung der Extinktion praktisch nicht mehr durchführbar ist. Außerdem stehen unter Umständen die Löslichkeitsverhältnisse der Verwendung eines sehr großen Überschusses einer Komponente entgegen.

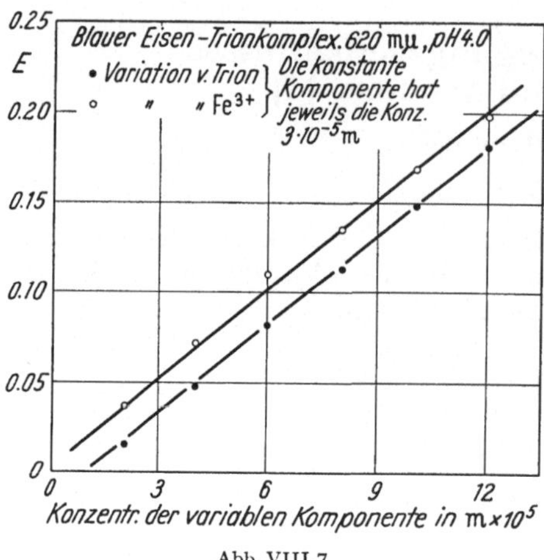

Abb. VIII.7

HARVEY und MANNING [1] untersuchten mittels der beschriebenen Methode das System Fe^{3+}/ Trion (Trion = 1,2-Dihydroxybenzol-3,5-disulfonat). Die Bildung von Komplexen des dreiwertigen Eisens mit Trion ist bereits visuell durch charakteristische Farbänderungen in Abhängigkeit vom pH-Wert der Lösungen zu erkennen. Bei pH < 5,6 sind die Lösungen blau, bei 5,7 < pH < 6,9 purpur und bei pH > 7 rot gefärbt. Die Zusammensetzung der gebildeten Komplexe läßt sich nach der Methode des Neigungsverhältnisses bestimmen. Man führt bei den entsprechenden pH-Werten Extinktionsmessungen durch, wobei einmal die Konzentration an Fe^{3+} variiert und die Trion-Konzentration in konstantem Überschuß gehalten wird und zum anderen die Trion-Konzentration variiert und die Fe^{3+}-Konzentration in konstantem Überschuß gehalten wird. Abb. VIII.7 und 8 zeigen die Geraden, die sich ergeben,

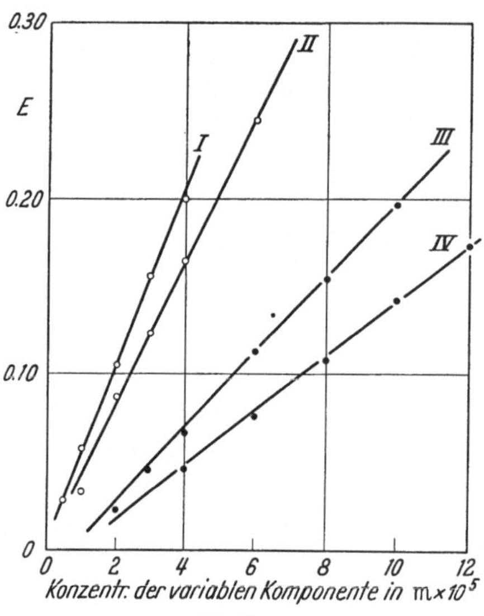

Abb. VIII.8

I u. IV. roter Eisen-Trionkomplex pH 9,6; 480 mμ
Die konstante Komponente hat die Konzentration
2·10⁻⁵ m
II u. III. purpurfarbiger Eisen-Trionkomplex
pH 6.0; 560 mμ
Die konstante Komponente hat die Konzentration
3·10⁻⁵ m
• Variation von Trion   ○ Variation von Fe³⁺

wenn man die Extinktionswerte gegen die variable Konzentration aufträgt. Für den blauen Komplex wurden die Messungen bei 620 mμ, für den roten bei 480 mμ und für den purpurfarbigen bei 560 mμ durchgeführt. Für den blauen Komplex findet man aus dem Neigungsverhältnis $m : n = 1 : 1$, für den purpurfarbigen $1 : 2$ und für den roten $1 : 3$. Diese Werte konnten durch eine Paralleluntersuchung nach der Methode der kontinuierlichen Veränderungen (vgl. dieses Kapitel, Abschn. 2) bestätigt werden.

Literatur

[1] HARVEY, A. E., and D. L. MANNING: Spectrophotometric methods of establishing empirical formulas of coloured complexes in solution. J. Am. Chem. Soc. 72, 4488 (1950).
[2] HARVEY, A. E., and D. L. MANNING: Spectrophotometric studies of empirical formulas of complex ions. J. Am. Chem. Soc. 74, 4744 (1952).

4. Die Methode von Edmonds und Birnbaum [1]

Wird durch Mischen zweier Lösungen, von denen eine die Komponente A und die andere die Komponente B enthält, nach

$$(VIII.4.1) \qquad A + nB \rightleftharpoons AB_n$$

eine Komplexverbindung gebildet, ist die Konzentration der Komponenten in den einzelnen Lösungen c_A und c_B und ist x die Umsatzvariable, so gilt

$$(VIII.4.2) \qquad K^{(d)} = \frac{(c_A - x)(c_B - n \cdot x)^n}{x} \, .$$

Für $c_B \gg c_A$ vereinfacht sich (VIII.4.2) zu

$$(VIII.4.3) \qquad K^{(d)} = \frac{(c_A - x) \cdot c_B^n}{x} \, .$$

Hält man c_A konstant und variiert c_B, so erhält man für zwei verschiedene Werte c_{B_1} und c_{B_2} der Ausgangskonzentration von B, wenn x und y die zugehörigen Mengen an gebildetem AB_n sind,

$$(VIII.4.4) \qquad K^{(d)} = \frac{(c_A - x) \cdot c_{B_1}^n}{x} = \frac{(c_A - y) \cdot c_{B_2}^n}{y} \, .$$

Dann folgt für c_A:

$$(VIII.4.5) \qquad c_A = \frac{x \cdot y (c_{B_1}^n - c_{B_2}^n)}{y \cdot c_{B_1}^n - x c_{B_2}^n}$$

und damit für $K^{(d)}$

$$(VIII.4.6) \qquad K^{(d)} = \frac{c_{B_1}^n \cdot c_{B_2}^n (x - y)}{y \cdot c_{B_1}^n - x \cdot c_{B_2}^n} \, .$$

Absorbiert bei einer bestimmten Wellenlänge praktisch nur der Komplex AB_n, so ist die Extinktion, wenn ε der Extinktionskoeffizient von AB_n und d die Länge des Lichtweges ist,

$$(VIII.4.7) \qquad \text{für die Ausgangskonzentration } c_{B_1} \quad E_1 = \varepsilon \cdot x \cdot d \, ,$$
$$\text{für die Ausgangskonzentration } c_{B_2} \quad E_2 = \varepsilon \cdot y \cdot d \, ,$$

so daß man mit (VIII.4.6)

(VIII.4.8)
$$K^{(d)} = \frac{c_{B_1}^n \cdot c_{B_2}^n (E_1 - E_2)}{E_2 \cdot c_{B_1}^n - E_1 \cdot c_{B_2}^n}$$

erhält. Nach (VIII.4.8) kann man die Konstante $K^{(d)}$ aus je zwei Extinktionsmessungen berechnen, bei denen die Konzentration der Komponente A konstant gehalten und die Komponente B in großem Überschuß in zwei verschiedenen Konzentrationen zugesetzt wird.

Man ermittelt denjenigen Wert von n, für den (VIII.4.8) einen konstanten Zahlenwert ergibt.

Das Verfahren wurde von EDMONDS und BIRNBAUM [1] am System Fe^{3+}/SCN^- überprüft und die Existenz eines $Fe(SCN)^{2+}$-Komplexes nachgewiesen. In Abb. VIII.9 ist die Konzentration von Fe^{3+} bzw. SCN^- gegen die Durchlässigkeit aufgetragen.

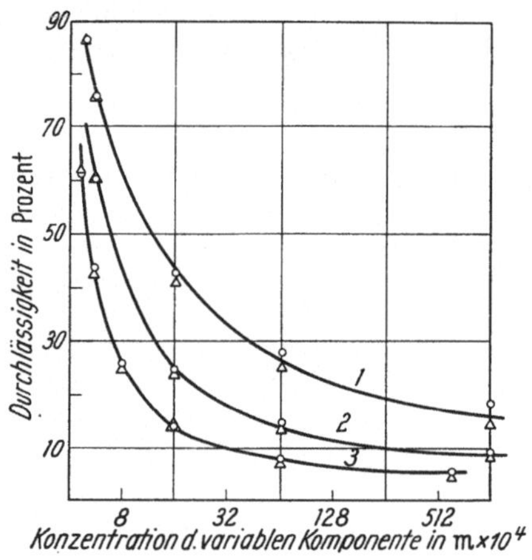

Abb. VIII.9. System Fe^{3+}/SCN^-. Nach EDMONDS u. BIRNBAUM [1]

o SCN^- als variable Komponente
△ Fe^{3+} als variable Komponente
Kurve 1 Konzentration der konstanten Komponente $5 \cdot 10^{-4}$ m
Kurve 2 Konzentration der konstanten Komponente 10^{-3} m
Kurve 3 Konzentration der konstanten Komponente $2 \cdot 10^{-3}$ m

Dabei fallen die entsprechenden Kurven für konstante Fe^{3+}-Konzentration und variable SCN^--Konzentration mit denjenigen für konstante SCN^--Konzentration und variable Fe^{3+}-Konzentration zusammen. Für $K^{(d)}$ findet man den Wert $0,0079 \pm 0,0006$.

Literatur

[1] EDMONDS, S. M., and N. BIRNBAUM: Ferricthiocyanate. J. Am. Chem. Soc. 63, 1471 (1941).
[2] HARVEY, A. E., and D. L. MANNING: Spectrophotometric methods of establishing empirical formulas of coloured complexes in solution. J. Am. Chem. Soc. 72, 4488 (1950).

5. Die Methode des molaren Verhältnisses [1]

Mit dem Verfahren des molaren Verhältnisses kann man ebenso wie mit der Methode des Neigungsverhältnisses (Abschnitt 3) und der logarithmischen Methode (Abschnitt 2) lediglich Hinweise auf die Bruttoformeln der gebildeten Komplexe erhalten. Bei der zu erläuternden Methode mißt man die Extinktion von Lösungen, die durch Mischung von Stammlösungen der komplexbildenden Komponenten A und B erhalten werden. Dabei wird die Konzentration von A (oder B) konstant gehalten und diejenige von B (oder A) variiert. Wird ein Komplex A_mB_n gebildet, der eine hinreichende Stabilität besitzt, so erhält man, wenn man die Extinktion der Mischlösungen gegen das Molverhältnis B/A aufträgt, eine Kurve, die an dem Punkt einen Knick aufweist, in dem das molare Verhältnis der Komponenten A und B in der Lösung demjenigen im Komplex entspricht.

Wir betrachten zunächst den Fall, daß der gebildete Komplex sehr stabil, d. h. nicht merklich in seine Bestandteile dissoziiert ist. Die Extinktion der Mischlösungen ist, wenn man in einem Spektralbereich mißt, in dem im wesentlichen nur die Komplexverbindung absorbiert, proportional der Komplexkonzentration. Sie nimmt in dem Maße praktisch linear zu, wie der Komplex durch Zugabe der variablen Komponente gebildet wird. Ist in der Lösung das molare Verhältnis der Komponenten A und B erreicht, das dem Verhältnis im Komplex entspricht, so wird kein weiterer Komplex mehr gebildet. Bei fortgesetzter Zugabe der Komponente B (oder A) bleibt die Extinktion unverändert. Absorbiert die variable Komponente ebenfalls, so nimmt die Extinktion bei weiterer Zugabe zwar noch zu, aber in einem anderen Maße als vorher.

Ist der gebildete Komplex A_mB_n merklich in seine Bestandteile dissoziiert, so erhält man im Diagramm Extinktion/Molverhältnis der Komponenten keine Geraden mit scharfem Knickpunkt, sondern Kurven mit mehr oder weniger kontinuierlichem Übergang. Dann kann man $m : n$ nicht mehr genau ablesen. Eine Extrapolation ergibt häufig unsichere Werte.

In manchen Fällen kann man dennoch einen scharfen Knickpunkt erhalten, indem man einen inerten Elektrolyten zusetzt und dadurch die Dissoziation weitgehend zurückdrängt. Dieser Kunstgriff wurde von HARVEY und MANNING [7] bei der Untersuchung des Systems Fe^{3+}/Trion verwendet. In Abb. VIII.10 sind die Meßresultate für den roten Eisen-

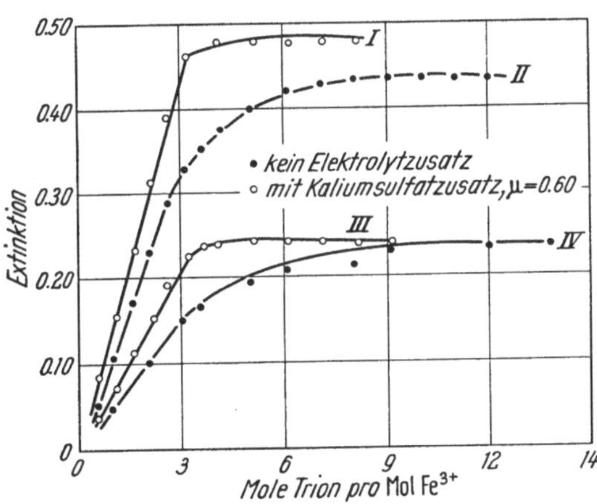

Abb. VIII.10. Fe^{3+}/Trion. Nach HARVEY u. MANNING [7]

Trionkomplex (pH $= 9{,}6$) angegeben. Die Kurven I und III zeigen bei einem Verhältnis Fe^{3+}/Trion von $1:3$ einen verhältnismäßig gut ausgeprägten Knick. Sie wurden durch Einstellen einer Ionenstärke von $\mu = 0{,}6$ durch Kaliumsulfatzusatz erhalten. Die Kurven II und IV, bei denen sich die Dissoziation des Komplexes stark bemerkbar macht und die daher keine scharfen Knicke zeigen, wurden ohne Kaliumsulfatzusatz gewonnen. Die Versuchsergebnisse beweisen die Existenz eines $1:3$-Komplexes.

Eine Diskussion des Falles stufenweiser Komplexbildung wurde von MEYER und AYRES [3] durchgeführt. Ein Metallion M möge mit einer Ligandenkomponente A nach

$$(VIII.5.1) \qquad\qquad M + n_i A \rightleftharpoons MA_{n_i}$$

eine Reihe von Komplexverbindungen bilden. n_i kann dabei die Werte $n_0, n_1, \ldots, n_N$ annehmen. Insgesamt werden also N Komplexe gebildet, von denen jedem eine Bruttodissoziationskonstante

$$(VIII.5.2) \qquad\qquad K_{n_i}^{(d)} = \frac{[M] \cdot [A]^{n_i}}{[MA_{n_i}]}$$

entspricht. Es wird vorausgesetzt, daß bei konstanter Ionenstärke gearbeitet wird, so daß die Konstanten $K_{n_i}^{(d)}$ durch die Konzentrationen der Reaktionsteilnehmer ausgedrückt werden können.

Die Werte $n_0, n_1, \ldots, n_N$ sind eine Folge von zunehmenden ganzen oder gebrochenen Zahlen, die durch die Stöchiometrie der Komplexe bestimmt sind. Werden mehrkernige Komplexe vom Typ $M_q A_p$ gebildet, so sind die n_i gleich p/q. Das erste Glied einer solchen Reihe von Komplexen MA_{n_0} ist gleich M, entspricht also dem freien Zentralion. Die Dissoziationskonstante dieses niedrigsten hypothetischen Komplexes wird gleich 1 gesetzt.

Mißt man die Extinktion bei einer geeigneten Wellenlänge λ für eine Reihe von Lösungen, deren gesamte molare Konzentration an Metallion m und an Ligandenkomponente $y \cdot m$ ist, und trägt man die gemessenen Extinktionswerte gegen y auf, so erhält man eine Kurve, deren Form durch die Stöchiometrie und die Dissoziationskonstanten der einzelnen Komplexe sowie die Gesamtmetallkonzentration m der Lösungen bestimmt wird.

Wir betrachten zunächst die Verhältnisse für den Fall eines *idealen* Systems, in dem eine solche Beziehung zwischen den Dissoziationskonstanten und den Konzentrationen besteht, daß der Einfluß der Dissoziation auf die Form der Extinktionskurve geringer ist als die Meßfehler bei der Extinktionsmessung. Wenn der y-Wert dem molaren Verhältnis für die Bildung eines Komplexes MA_{n_j} entspricht $(n_j < n_N)$, ist die Konzentration dieses Komplexes gleich m. Die Extinktion ist durch $E = m \cdot d \cdot \varepsilon_{n_j}$ gegeben, wenn ε_{n_j} der molare Extinktionskoeffizient des Komplexes ist. Entsprechend ist für den Komplex $MA_{n_{j+1}}$ bei $y = n_{j+1}$ die Extinktion durch die Beziehung $E = m \cdot d \cdot \varepsilon_{n_{j+1}}$ bestimmt.

Für den dazwischenliegenden Bereich des Molverhältnisses, d. h. für dazwischenliegende y-Werte, ist die Extinktion durch

$$(\text{VIII.5.3}) \qquad E(y)_{n_j \leqq y \leqq n_{j+1}} = m \cdot d \left(\varepsilon_{n_j} + (y - n_j) \frac{\varepsilon_{n_{j+1}} - \varepsilon_{n_j}}{n_{j+1} - n_j} \right)_{n_j \leqq y \leqq n_{j+1}}$$

gegeben. Für den Komplex mit dem größten molaren Verhältnis MA_{n_N} gilt für die Extinktion

$$(\text{VIII.5.4}) \qquad E(y)_{y \geqq n_N} = m \cdot d \left(\varepsilon_{n_N} + \varepsilon_A (y - n_N) \right)_{y \geqq n_N},$$

wenn ε_A der Extinktionskoeffizient des freien Liganden A ist. Durch Summation über alle j erhält man als Ausdruck für die gesamte Extinktionskurve

$$(\text{VIII.5.5}) \qquad E(y) = \sum_{j=0}^{N} m \cdot d \left(\varepsilon_{n_j} + (y - n_j) \frac{\varepsilon_{n_{j+1}} - \varepsilon_{n_j}}{n_{j+1} - n_j} \right)_{n_j \leqq y \leqq n_{j+1}}$$
$$+ m \cdot d \left(\varepsilon_{n_N} + \varepsilon_A (y - n_N) \right)_{y \geqq n_N}.$$

Im idealen Fall ist $E(y)$ eine kontinuierliche Kurve, die sich aus geraden Abschnitten (vgl. Abb.VIII.11) zusammensetzt. Dabei beobachtet man bei jedem molaren Verhältnis $y = n_j$, bei dem ein Komplex gebildet wird, eine Änderung der Steigung der Geraden.

Man findet keine Änderung der Steigung bei $y = n_j$, wenn die spezielle Bedingung

$$(\text{VIII.5.6}) \qquad \text{Steigung } 1 = \frac{\varepsilon_{n_j} - \varepsilon_{n_{j-1}}}{n_j - n_{j-1}} = \frac{\varepsilon_{n_{j+1}} - \varepsilon_{n_j}}{n_{j+1} - n_j} = \text{Steigung } 2$$

gilt. Diese Bedingung kann zwar bei einigen Wellenlängen gegeben sein, es ist jedoch äußerst unwahrscheinlich, daß sie über einen größeren Spektralbereich Gültigkeit besitzt. Beobachtet man keine Änderung der Steigung innerhalb eines bestimmten Wellenlängenbereiches, so kann man daraus schließen, daß die Existenz der entsprechenden Komplexe in diesem Gebiet nicht durch direkte spektrophotometrische Messungen nach der Methode des molaren Verhältnisses nachgewiesen werden kann. Findet man dagegen über den gesamten meßbaren Spektralbereich hinweg keine Änderung der Neigung der $E(y)$-Kurve, so ist dies ein sehr starkes Argument dafür, daß Komplexe der entsprechenden Zusammensetzung im untersuchten System nicht existieren.

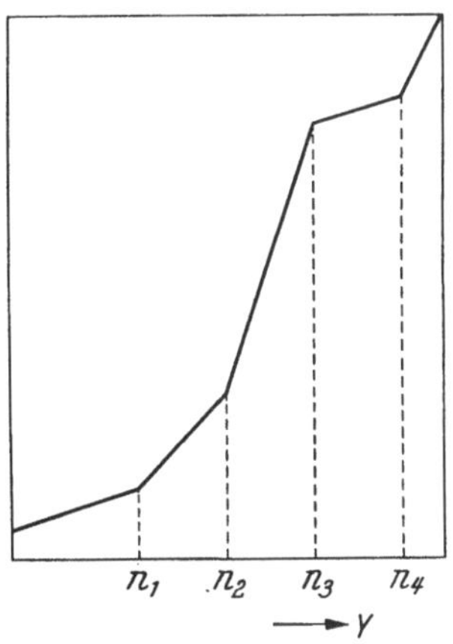

Abb. VIII.11.
Funktion $E(y)$ im idealen Fall

Im *nichtidealen* Fall sind die einzelnen Komplexe MA_{n_i} merklich dissoziiert. Es ist im Prinzip stets möglich, die Dissoziation durch Erhöhung der Konzentration oder durch Neutralsalzzusatz zurückzudrängen. Die praktische Durchführbarkeit hängt von den Löslichkeitsverhältnissen ab. Gelingt es, die Dissoziation weitgehend zurückzudrängen, so erhält man eine Funktion $E(y)$, wie sie in Abb. VIII.12 dargestellt ist. Man kann die Stöchiometrie der Komplexe dadurch ermitteln, daß man die geraden Teile der Kurve verlängert und die Schnittpunkte der so erhaltenen Geraden zur Bestimmung der n_i heranzieht.

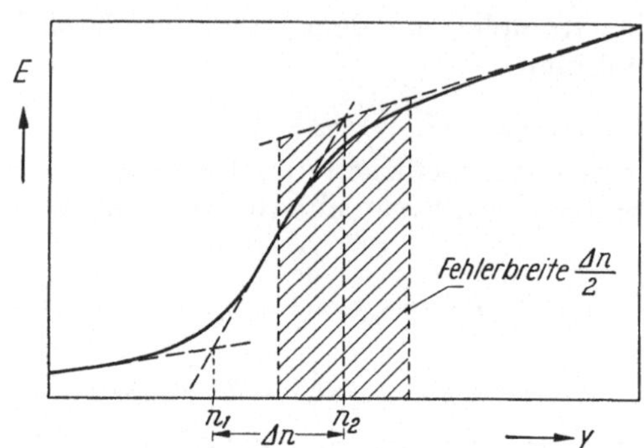

Abb. VIII.12. Funktion $E(y)$ bei geringer Dissoziation der Komplexe

Um die Genauigkeitsgrenzen dieser Extrapolationsmethode abzuschätzen, wird die folgende Überlegung durchgeführt.

Es gilt die Beziehung

$$(VIII.5.7) \qquad m = \sum_{i=0}^{N} [MA_{n_i}] = [M] \sum_{i=0}^{N} \frac{[A]^{n_i}}{K_{n_i}^{(d)}} .$$

Eliminiert man $[M]$ aus den entsprechenden Ausdrücken des Massenwirkungsgesetzes für $[MA_{n_i}]$ und $[MA_{n_j}]$, so erhält man

$$(VIII.5.8) \qquad [MA_{n_i}] = \frac{K_{n_j}^{(d)}}{K_{n_i}^{(d)}} [MA_{n_j}] \cdot [A]^{(n_i - n_j)} .$$

Da die Dissoziation eines Mols des j-ten Komplexes nach

$$MA_{n_j} \rightleftharpoons MA_{n_i} + (n_j - n_i) \, A$$

$(n_j - n_i)$ Mole A liefert, gilt für eine Lösung der Konzentration $y = n_j$

$$(VIII.5.9) \qquad [A] = \sum_{i=0}^{N} (n_j - n_i) [MA_{n_i}] = [M] \sum_{i=0}^{N} (n_j - n_i) \frac{[A]^{n_i}}{K_{n_i}^{(d)}} .$$

Die Extinktion setzt sich nach

$$(VIII.5.10) \qquad E = d \sum_{i=0}^{N} [MA_{n_i}] \, \varepsilon_{n_i}$$

additiv aus den Einzelextinktionen aller Komplexe zusammen.

Wir definieren den Bruchteil von m, der in Form des i-ten Komplexes vorliegt, durch $f_{n_i} = [MA_{r_i}]/m$ und den dissoziierten Anteil von m durch $F = (f_{n_j \, (ideal)} - f_{n_j})/f_{n_j \, (ideal)}$, wenn MA_{n_j} die Hauptkomponente für den Fall ist, daß das System als ideal angesehen werden kann. Der absolute Wert des relativen Fehlers, der durch die Dissoziation bei der Extinktionsmessung auftritt, ist gleich $(E_{ideal} - E_{real})/E_{ideal} = \Delta E/E$. Für $y = n_j$ gilt dann

$$(VIII.5.11) \qquad \frac{\Delta E}{E} = \frac{m \cdot d \cdot \varepsilon_{nj} - d \sum\limits_{i=0}^{N} [MA_{ni}]\,\varepsilon_{ni}}{m \cdot d \cdot \varepsilon_{nj}} = 1 - \frac{\sum\limits_{i=0}^{N} f_{ni} \cdot \varepsilon_{ni}}{\varepsilon_{nj}}.$$

Unter der Voraussetzung, daß die Dissoziation vergleichsweise gering ist, kann man in Näherung annehmen, daß nur jeweils die Hauptkomponente und die beiden benachbarten Komponenten zur Extinktion beitragen. Dann erhält man

$$(VIII.5.12) \qquad \frac{\Delta E}{E} = (1 - f_{nj}) - f_{nj-1}\,\frac{\varepsilon_{nj-1}}{\varepsilon_{nj}} - f_{nj+1}\,\frac{\varepsilon_{nj+1}}{\varepsilon_{nj}}$$
$$= F - f_{nj-1}\,\frac{\varepsilon_{nj-1}}{\varepsilon_{nj}} - f_{nj+1}\,\frac{\varepsilon_{nj+1}}{\varepsilon_{nj}},$$

da $y = n_j$ und $f_{nj\,(ideal)} = 1$ ist und aus der Definition von F folgt, daß $(1 - f_{nj})/1 = F$ ist.

Gl. (VIII.5.12) kann durch die Steigungen, die nach (VIII.5.6) definiert sind, ausgedrückt werden. Man findet dann

$$(VIII.5.13) \qquad \frac{\Delta E}{E} = \frac{f_{nj-1}\,(n_j - n_{j-1}) \cdot \text{Steigung 1} - f_{nj+1}\,(n_{j+1} - n_j) \cdot \text{Steigung 2}}{\varepsilon_{nj}}.$$

Nimmt man weiterhin an, daß die Konzentration von A gegenüber der Konzentration der Komplexe MA_{nj-1} und MA_{nj+1} vernachlässigbar ist, so folgt

$$(VIII.5.14) \qquad \frac{[MA_{nj-1}]}{[MA_{nj+1}]} = \frac{f_{nj-1}}{f_{nj+1}} = \frac{n_{j+1} - n_j}{n_j - n_{j-1}},$$

wenn man nur den Komplex MA_{nj} und die beiden Komplexe MA_{nj-1} und MA_{nj+1} betrachtet und [A] in (VIII.5.9) gleich Null setzt. Dabei ist angenommen, daß der Komplex MA_{nj} nur in die beiden benachbarten Komplexe dissoziiert ist, so daß $F = f_{nj+1} + f_{nj-1}$ ist. Mit (VIII.5.14) kann man f_{nj+1} und f_{nj-1} einzeln aus (VIII.5.13) eliminieren und erhält dann eine explizite Gleichung für jeden der jeweils vorhandenen Komplexe. Summiert man über diese Gleichungen, so bekommt man schließlich die vereinfachte Beziehung

$$(VIII.5.15) \qquad \frac{\Delta E}{E} = \frac{F\,(n_{j+1} - n_j)\,(n_j - n_{j-1})}{(n_{j+1} - n_{j-1})} \cdot \frac{\text{Steigung 1} - \text{Steigung 2}}{\varepsilon_{nj}}.$$

Aus der Gleichung ist zu sehen, daß in den Fällen, in denen die Änderung der Steigung gering ist, eine weitgehende Dissoziation zugelassen werden kann. Derartige Verhältnisse liegen dann vor, wenn die Messungen bei Wellenlängen vorgenommen werden, bei denen der betreffende Komplex nur wenig absorbiert. Untersuchungen in diesem Spektralbereich sind jedoch nur von geringem praktischen Interesse. Absorbieren der eine

oder auch beide der benachbarten Komplexe mehr als der dazwischenliegende, so ist es notwendig, die Dissoziation in solchen Grenzen zu
halten, daß die dadurch verursachte Extinktionsänderung geringer ist
als die Meßfehler bei der Extinktionsmessung. Dann erhält man Kurven
$E = f(y)$, die dem idealen Fall weitgehend angenähert sind. Es ist nicht
möglich, eine genaue Angabe über den im speziellen Fall noch zulässigen
Dissoziationsgrad zu machen.

Um zu übersehen, welches die ungefähren Grenzen für die Anwendung
der Methode sind, ist es daher notwendig, einen Erfahrungswert für den
Zusammenhang zwischen Dissoziation und Meßfehler zugrunde zu legen.
Dazu wird angenommen, daß der betrachtete Komplex stärker absorbiert als die beiden benachbarten und daß man bei der Extinktionsmessung für den Dissoziationseffekt denselben Wert ansetzen kann wie
für den Meßfehler. Dieser experimentelle Fehler ist dann gleich F. Der
relative Fehler, der bei Extinktionsmessungen bei Verwendung eines der
üblichen Spektralphotometer, z. B. eines Beckman DU Spektrophoto-
meters, auftritt, liegt im günstigsten Fall bei etwa 1% [vgl. G. H. AYRES,
Anal. Chem. **21**, 652 (1949)]. Die folgenden Überlegungen beruhen auf der
Voraussetzung einer maximalen Dissoziation von 1%. Der Fehlerbereich,
in dem y variiert, hängt, da das jeweilige molare Verhältnis der Komponenten im Komplex sich als Schnittpunkt der entsprechenden geraden
Teile der $E(y)$-Kurve ergibt, von der Steigung dieser geraden Teile und
von dem Intervall zwischen den n_j-Werten ab (vgl. Abb.VIII.12). Der
Fehlerbereich wird als halb so groß wie der Abstand Δn zweier benachbarter Komplexe angenommen. Mit diesen Voraussetzungen und unter
Verwendung der von J. BJERRUM (vgl. Metal ammine formation in
aqueous solution, P. HAASE u. Son, Kopenhagen 1941, S. 25, sowie
V. Kapitel 2.a γ) angegebenen Relationen zwischen den einzelnen Kon-
stanten, die sich aus statistischen Betrachtungen ergeben, läßt sich die
Beziehung

(VIII.5.16)
$$\frac{K^{(d)}_{n_j-1}}{K^{(d)}_{n_j}} \geqq 600 \, \frac{K^{(d)}_{n_j}}{K^{(d)}_{n_j+1}}$$

ableiten. Sie gibt das minimale Verhältnis zwischen den aufeinanderfolgenden Dissoziationskonstanten an, das gegeben sein muß, damit die
Methode angewendet werden kann.

Für folgende drei Typen von Reaktionen läßt sich das Verfahren
nicht verwenden:

1. Reaktionen, bei denen ein entsprechendes Verhältnis der konsekutiven Dissoziationskonstanten nicht gegeben ist.

2. Systeme, die zwar Forderung (VIII.5.16) genügen, aber bei denen
man die Konzentrationen nicht hinreichend hoch wählen kann (z. B.
infolge geringer Löslichkeit der Komponenten), um die Dissoziation auf
das notwendige Maß zurückzudrängen.

3. Systeme, die zwar den Forderungen hinsichtlich Dissoziation und
Konstantenverhältnis genügen, bei denen aber die Extinktionsverhältnisse so ungünstig liegen, daß Absorptionsmessungen nur an Lösungen

geringer Konzentration durchgeführt werden können, die unterhalb der für die Begrenzung der Dissoziation notwendigen Konzentration liegen.

Reaktionen vom Typ 1 und 2 können nur dann nach der Methode des molaren Verhältnisses untersucht werden, wenn es gelingt, die Eigenschaften des Systems durch eine Änderung des Lösungsmittels entsprechend zu verändern. Reaktionen vom Typ 3 würden bei der spektrophotometrischen Untersuchung Cuvetten von extrem geringer Schichtdicke erfordern. In Cuvetten der üblichen Schichtdicken ist der Lichtweg zu lang, um Messungen bei den notwendigen Konzentrationen zu gestatten. Hier kann man sich helfen, indem man eine Differenzmethode verwendet. Man mißt Lösungen des Verhältnisses $y + \Delta y$ gegen eine Standardvergleichslösung des Verhältnisses y. Dadurch ist es möglich, Messungen auch bei hohen Konzentrationen vorzunehmen. Mit einer solchen Differenztechnik kann man zwar die Stöchiometrie der Komplexe bestimmen; man erhält jedoch die zugehörigen Absorptionskurven nur mit gewissen Einschränkungen. Die dann vorliegenden speziellen Verhältnisse bei Absorptionsmessungen (Abweichungen vom Beerschen Gesetz) wurden von HISKEY und YOUNG [Anal. Chem. **23**, 1196 (1951)] diskutiert.

In Fällen, in denen man die Methode des molaren Verhältnisses verwenden kann, bietet sie gegenüber der Methode der kontinuierlichen Veränderungen (vgl. dieses Kapitel, Abschnitt 1) gewisse Vorteile. Da die Konzentration der einen Komponente konstant gehalten wird, vereinfacht sich die Zubereitung der notwendigen Lösungen. Man kann zudem mit kleinen Volumina arbeiten, was dann von Nutzen ist, wenn eine der Komponenten nur in geringen Mengen verfügbar ist. Im idealen Fall benötigt man für jeden im System vorhandenen Komplex weniger als drei Lösungen, von denen einige denjenigen entsprechen, die man üblicherweise benutzt, um geeignete Wellenlängen für die Methode der kontinuierlichen Veränderungen auszuwählen. Besonders günstig ist die Methode des molaren Verhältnisses dann, wenn man Komplexe zu identifizieren hat, die dem Komponentenverhältnis 4 : 1, 5 : 1 und 6 : 1 entsprechen. Bei der Methode der kontinuierlichen Veränderungen gehören zu diesen Verhältnissen Abszissenwerte von 0,800, 0,833 und 0,857, die also sehr dicht zusammenliegen. Ein Fehler von 2% in der Zusammensetzung der Lösungen oder bei der Bestimmung des Extremwertes genügt dann, um die Zusammensetzung der Komplexe um eine Einheit falsch zu liefern. Bei der Methode des molaren Verhältnisses ist der dazu notwendige Fehler 6—10%. Man kann das Verfahren bei beliebigen Wellenlängen benutzen. Bei Verwendung der Methode der kontinuierlichen Veränderungen erweist es sich im Falle mehrerer Komplexe als notwendig, bestimmte Wellenlängen auszuwählen, wobei diese Auswahl immer mit Schwierigkeiten verbunden ist.

MEYER und AYRES [4] haben das System Platin(II)/Zinn(II)-chlorid nach der Methode des molaren Verhältnisses untersucht und konnten die Anwesenheit von Komplexen mit sieben verschiedenen Molverhältnissen von Platin zu Zinn nachweisen.

17*

Literatur

[1] YOE, J. H., and A. L. JONES: Colorimetric determination of iron with disodium-1,2-dihydroxybenzene-3,5-disulfonate. Ind. Eng. Chem. Anal. Ed. **16**, 111(1944).

[2] YOE, J. H., and A. E. HARVEY: Colorimetric determination of iron with 4-hydroxybiphenyl-3-carboxylic acid. J. Am. Chem. Soc. **70**, 648 (1948).

[3] MEYER, A. S., JR., and G. H. AYRES: The mole ratio method for spectrophotometric determination of complexes in solution. J. Am. Chem. Soc. **79**, 49 (1957).

[4] MEYER, A. S., JR., and G. H. AYRES: The interaction of platinum(II) and tin(II) chlorides. J. Am. Chem. Soc. **77**, 2671 (1955).

[5] BOBTELSKY, M., and J. JORDAN: The structure and behavior of ferric tartrate and citrate complexes in dilute solution. J. Am. Chem. Soc. **69**, 2286 (1947).

[6] BOBTELSKY, M., and J. JORDAN: The metallic complexes of tartrates and citrates, their structure and behavior in dilute solutions. I. Cu-Ni-complexes. J. Am. Chem. Soc. **67**, 1824 (1945).

[7] HARVEY, A. E., and D. L. MANNING: Spectrophotometric methods of establishing empirical formulas of coloured complexes in solution. J. Am. Chem. Soc. **72**, 4488 (1950).

[8] HARVEY, A. E., and D. L. MANNING: New spectrophotometric method for establishing formulas of coloured complexes in solution (modified molar ratio method). J. Am. Chem. Soc. **72**, 3217 (1950).

6. Methode zur Bestimmung der Zusammensetzung zweier nebeneinander vorliegender Komplexe mit gleichen Liganden und verschiedenen Zentralionen nach MOLLAND

Von MOLLAND [1] wurde ein Verfahren angegeben, um mit Hilfe von Extinktionsmessungen die stöchiometrische Zusammensetzung zweier im Gleichgewicht nebeneinander vorliegender Komplexe zu bestimmen, die gleiche Liganden, aber verschiedene Zentralionen besitzen.

Ein Ligand R, z. B. eine organische Säure, bilde mit den Metallionen M und N nach

$$(VIII.6.1) \qquad x\,R + y\,M \rightleftharpoons z\,MR + s\,H$$

und

$$(VIII.6.2) \qquad \xi\,R + \eta\,N \rightleftharpoons \zeta\,NR + \sigma\,H$$

Komplexe, wobei Wasserstoffionen entstehen. x, y, z, s und ξ, η, ζ, σ bedeuten die stöchiometrischen Umsetzungszahlen. Die Bezeichnungen MR und NR für die gebildeten Komplexverbindungen sollen nur andeuten, daß diese aus M bzw. N und R bestehen und geben nicht das stöchiometrische Verhältnis Zentralion zu Ligand an. Ist die Wasserstoffionenkonzentration der Lösung hinreichend groß, so daß deren Änderung durch die Komplexbildung nach (VIII.6.1) und (VIII.6.2) praktisch vernachlässigt werden kann, so gelten die Beziehungen

$$(VIII.6.3) \qquad K_1^{(d)} = \frac{[R]^x \cdot [M]^y}{[MR]^z} \;;\; K_2^{(d)} = \frac{[R]^\xi \cdot [N]^\eta}{[NR]^\zeta}$$

und damit

$$(VIII.6.4) \qquad const = \frac{[M]^{y\xi} \cdot [NR]^{x\zeta}}{[N]^{x\eta} \cdot [MR]^{z\xi}} \,.$$

Die Ausgangskonzentrationen der Komponenten M, N und R, die zur Komplexbildung in Lösung zusammengebracht werden, seien b, c und a. Zu Anfang seien keine Komplexe zugegen.

Die Konzentrationen an M und N sollen gegenüber der Konzentration von R so groß gehalten werden, daß sie während der Reaktion praktisch als konstant angesehen werden können (b und $c \gg a$).

Nachdem sich das Gleichgewicht eingestellt hat, bestimmt man die Konzentration des MR-Komplexes spektrophotometrisch. Die Extinktion, die man für eine R, M und N enthaltende Lösung findet, sei E_1. E_2 sei die Extinktion, die man mißt, wenn ein großer Überschuß M zu einer Lösung von R der Konzentration k gegeben wird, wobei R praktisch vollständig in den Komplex MR überführt wird. Dann gilt, wenn in dem Spektralbereich, in dem gemessen wird, lediglich MR absorbiert,

$$(\text{VIII.6.5}) \qquad E_2 : E_1 = \frac{k \cdot z}{x} : [\text{MR}]* \,,$$

da die Konzentration an MR im Fall der alleinigen Bildung dieses Komplexes aus M und R (bei großem Überschuß von M) kz/x ist.

Aus (VIII.6.5) folgt

$$(\text{VIII.6.6}) \qquad [\text{MR}] = \frac{k \cdot z \cdot E_1}{x \cdot E_2} \,.$$

Für die Menge der Säure R, die nicht zur Komplexbildung verbraucht wird, findet man

$$(\text{VIII.6.7}) \qquad a - \frac{x}{z}\,[\text{MR}] = a - \frac{k}{E_2} \cdot E_1 \,.$$

Die gebildete Menge NR ist

$$(\text{VIII.6.8}) \qquad [\text{NR}] = \frac{\zeta}{\xi}\left(a - \frac{k}{E_2} \cdot E_1\right) .$$

Es wurde vorausgesetzt, daß die Konzentrationen an M und N so groß sind, daß man sie praktisch als konstant ansehen kann, so daß $[\text{M}] = b$ und $[\text{N}] = c$ ist. Durch Einsetzen dieser Werte in (VIII.6.4) folgt mit (VIII.6.6) und (VIII.6.8)

$$(\text{VIII.6.9}) \qquad \text{const} = \frac{b^{y\xi}\left(a - \dfrac{k}{E_2}E_1\right)^{x\zeta}}{c^{x\eta} \cdot (E_1)^{z\xi}} \,.$$

Das Verhältnis x/y kann experimentell folgendermaßen bestimmt werden: Die maximale Konzentration des Komplexes MR, die man bekommen kann, wenn man zu einer Lösung, die R mit der Konzentration p enthält, M zugibt, ist $p \cdot z/x$. Diese Konzentration wird näherungsweise erreicht, wenn man M in großem Überschuß zusetzt. Umgekehrt kann man aber auch so vorgehen, daß man R in großem Überschuß zu einer Lösung von M mit der Konzentration q gibt und dann den Komplex MR mit der maximalen Konzentration $q \cdot z/y$ erhält. Bezeichnen wir die beiden an diesen Lösungen gemessenen Extinktionen mit E_p und E_q, so gilt, wenn ε der Extinktionskoeffizient von MR ist,

$$(\text{VIII.6.10}) \qquad \varepsilon = \frac{E_p}{\dfrac{z}{x} \cdot p} = \frac{E_q}{\dfrac{z}{y} \cdot q}$$

---

* Die Extinktionswerte sind auf die gleiche Schichtdicke bezogen.

und damit

$$(VIII.6.11) \qquad x/y = p \cdot E_q/q \cdot E_p.$$

Der Wert von x/y, der nach (VIII.6.11) gefunden werden kann, gibt das Verhältnis von M zu R im Komplex an. Zum Beispiel würde $x/y = 4$ im einfachsten Fall MR_4 entsprechen, d. h. also $x = 4$, $y = 1$ und $z = 1$. (Es wären allerdings auch mehrkernige Komplexe, z. B. M_2R_8, mit $x/y = 4$ zu vereinbaren.)

Für konstante Werte von b und c kann Gl. (VIII.6.9) in der Form

$$(VIII.6.12) \qquad \text{const} = \frac{\left(a - \dfrac{k}{E_2} E_1\right)^{\frac{x\zeta}{z\xi}}}{E_1}$$

geschrieben werden. Zur Bestimmung des Verhältnisses ζ/ξ hält man b und c konstant und in großem Überschuß und variiert a. Ist E_{1m} die gemessene Extinktion bei der Konzentration a_m und E_{1n} diejenige bei der Konzentration a_n, so gilt

$$(VIII.6.13) \qquad \frac{\zeta}{\xi} = \frac{z}{x} \cdot \frac{\log E_{1m} - \log E_{1n}}{\log\left(a_m - \dfrac{k}{E_2} E_{1m}\right) - \log\left(a_n - \dfrac{k}{E_2} E_{1n}\right)}.$$

Wird a und b konstant gehalten, so geht (VIII.6.9) in

$$(VIII.6.14) \qquad \text{const} = \frac{\left(a - \dfrac{k}{E_2} E_1\right)^{x}}{c^{\frac{x\eta}{z}} \cdot (E_1)^{z\xi/\zeta}}$$

über. Variiert man c und bestimmt die Extinktionswerte, so findet man für das Verhältnis η/ζ mit den zwei Konzentrationen c_m und c_n und den zugehörigen Extinktionen E_{1m} und E_{1n}

$$(VIII.6.15)$$

$$\frac{\eta}{\zeta} = \frac{\left[\log\left(a - \dfrac{k}{E_2} E_{1m}\right) - \dfrac{z\xi}{x\zeta} \log E_{1m}\right] - \left[\log\left(a - \dfrac{k}{E_2} E_{1n}\right) - \dfrac{z\xi}{x\zeta} \log E_{1n}\right]}{\log c_m - \log c_n}.$$

Hat man auf diese Weise die Verhältnisse x/y, ζ/ξ und η/ζ gefunden, so kann man die stöchiometrische Zusammensetzung der beiden Komplexe MR und NR angeben.

Die Methode wurde von MOLLAND [1] an dem System Eisen(III)-sulfat/Kupfersulfat/8-Hydroxychinolin-5-sulfonsäure überprüft. Die Komplexe $Fe^{III}(C_9H_6O_4NS)_3$ und $Cu^{II}(C_9H_6O_4NS)_2$ konnten nachgewiesen werden.

Literatur

[1] MOLLAND, J.: Inner complex salts of 8-hydroxyquinoline-5-sulfonic acid. J. Am. Chem. Soc. 62, 541 (1940).

7. Spektrophotometrische Methode zur Untersuchung von Stufengleichgewichten nach J. Bjerrum. Verfahren der korrespondierenden Lösungen

J. Bjerrum [1] hat eine Methode angegeben, um Stufengleichgewichte vom Typ

$$(VIII.7.1) \qquad M + A \rightleftharpoons MA$$

$$MA + A \rightleftharpoons MA_2$$

$$\cdots \cdots \cdots \cdots$$

$$MA_{N-1} + A \rightleftharpoons MA_N$$

zu untersuchen. Das im folgenden beschriebene Verfahren der korrespondierenden Lösungen kann verwendet werden, wenn die Voraussetzungen a)—d) erfüllt sind:

a) Die Eigenabsorption von A muß so gering sein, daß sie gegenüber der Absorption der gebildeten Komplexe vernachlässigbar ist. Im allgemeinen läßt sich ein geeigneter Spektralbereich finden, in dem dies der Fall ist.

b) Es ist notwendig, in einem Neutralsalzmedium hoher und konstanter Ionenstärke zu arbeiten, damit das Massenwirkungsgesetz in seiner klassischen Form mit den Konzentrationen angewendet werden kann.

c) Das Lambert-Beersche Gesetz muß für die einzelnen Komplextypen Gültigkeit besitzen, d. h. die Extinktion muß sich additiv aus den Einzelextinktionen nach $E = d \sum\limits_{n=0}^{N} \varepsilon_n [MA_n]$ zusammensetzen.

d) Die Komponenten, die an den Gleichgewichten (VIII.7.1) beteiligt sind, dürfen weder dissoziiert, noch assoziiert sein.

Wie aus der Theorie der reversiblen Stufengleichgewichte* (vgl. Kapitel V, Abschn. 2) folgt, gilt für die durchschnittliche Zahl $\bar{n}$ der Liganden, die an ein Zentralion gebunden sind,

$$(VIII.7.2) \qquad \bar{n} = \frac{\sum\limits_{0}^{N} n K_n [A]^n}{\sum\limits_{0}^{N} K_n [A]^n} = \frac{K_1[A] + 2 K_2 [A]^2 + \cdots + N K_N [A]^N}{1 + K_1[A] + K_2[A]^2 + \cdots + K_N[A]^N},$$

wenn [A] die Konzentration des freien Liganden, N die maximale Koordinationszahl (Maximalwert von n) und K_n die Bruttobildungskonstante für eine Serie von n Stufen ist, die durch

$$(VIII.7.3) \qquad K_n = \frac{[MA_n]}{[M]\,[A]^n} = k_1 k_2 \ldots k_n = \prod^{N} k_n$$

definiert ist. Die individuellen Bildungskonstanten für die einzelnen Stufen k_n sind durch Gleichungen der Form

$$(VIII.7.4) \qquad k_n = \frac{[MA_n]}{[MA_{n-1}]\,[A]}$$

---

* Bjerrum, J.: Metal ammine formation in aqueous solution. 2. Aufl. Kopenhagen: P. Haase and Son 1957.

gegeben. Gleichung (VIII.7.2) gibt die durchschnittliche Zahl der gebundenen Liganden als Funktion der Konzentration des freien Liganden an. Diese Funktion wird als Bildungsfunktion des Systems bezeichnet und die Kurve, die $\bar{n}$ als Funktion von $-\log[A] = p[A]$ angibt, als Bildungskurve (vgl. Kapitel V, Abschn. 2.a.α). Ist es gelungen, die Bildungskurve eines Systems experimentell zu bestimmen, so kann man daraus nach verschiedenen Verfahren (vgl. Kapitel V, Abschn. 2. a. δ u. 2. d) die Bildungskonstanten für die auftretenden Komplextypen ermitteln.

$\bar{n}$ läßt sich, wenn c_A die Gesamtligandenkonzentration $\left(c_A = [A] + \right.$

$\left. + \sum\limits_0^N n[MA_n] \right)$ und c_M die Gesamtkonzentration an Metallion

$\left(c_M = \sum\limits_0^N [MA_n] \right)$ ist, nach

$$(VIII.7.5) \qquad \bar{n} = \frac{c_A - [A]}{c_M}$$

berechnen, wenn [A] experimentell bestimmt wird.

Da nach (VIII.7.2) $\bar{n}$ allein eine Funktion der Konzentration des freien Liganden ist, kann man die Bildungsfunktion und die unbekannte Ligandenkonzentration spektrophotometrisch ermitteln. Dazu untersucht man, welche zwei Lösungen verschiedener Gesamtkonzentrationen c_A', c_M' und c_A'', c_M'' die gleiche prozentuale Verteilung der Komplexe besitzen, d. h. die gleiche Extinktion aufweisen. Für solche „korrespondierenden" Lösungen gelten dann die Beziehungen

$$(VIII.7.6) \qquad \bar{n} = \frac{c_A' - [A]}{c_M'} = \frac{c_A'' - [A]}{c_M''} \, ,$$

$$(VIII.7.7) \qquad \bar{n} = \frac{c_A' - c_A''}{c_M' - c_M''} \, ,$$

$$(VIII.7.8) \qquad [A] = \frac{c_M' c_A'' - c_M'' c_A'}{c_M' - c_M''} \, .$$

Korrespondierende Lösungen können nach zwei Methoden aufgefunden werden.

a) Die Methode der kolorimetrischen Titration

Gibt man in die beiden Cuvetten eines Vertikalkolorimeters gleiche Volumina einer Komplexlösung, so besitzen bei gleicher Länge des Lichtweges beide Lösungen identische Extinktion. Setzt man aus einer Bürette zu einer der Lösungen eine bestimmte Menge Lösungsmittel zu, so ändert sich die Extinktion, da jetzt eine andere Verteilung der Komplexe als vorher vorhanden ist. Aus einer zweiten Bürette gibt man nun solange eine Lösung des Liganden bekannten Gehaltes zu, bis die Extinktion wieder den ursprünglichen Wert angenommen hat, also in beiden Cuvetten gleiche Werte besitzt. Wurden x cm³ Lösungsmittel und y cm³

Ligandenlösung mit der Konzentration a zugesetzt, so ist die Konzentration des freien Liganden

$$(\text{VIII.7.9}) \qquad [A] = \frac{a \cdot y}{(x + y)}.$$

Damit kann $\bar{n}$ nach (VIII.7.5) berechnet werden. Auf diese Weise ist es möglich, eine Reihe von korrespondierenden Lösungen zu finden und eine Bildungskurve zu konstruieren.

Erhält man bei Verdünnung und anschließender Zugabe von Ligandenlösung nicht mehr dieselbe Extinktion wie in der Vergleichslösung, so deutet dies darauf hin, daß die Komplexbildung nicht nach dem Schema (VIII.7.1) vor sich geht. Man muß dann andere zusätzliche Reaktionen, z. B. Bildung polynuclearer Komplexe, mit in Betracht ziehen. Andererseits zeigt die Anwendbarkeit der Methode an, daß mit Sicherheit einfache Stufengleichgewichte vom Typ (VIII.7.1) vorliegen.

b) Das Eichkurvenverfahren

Bei dieser Methode benutzt man monochromatisches Licht und bedient sich eines Spektralphotometers. Für eine Serie von Lösungen konstanter Konzentration an $M(c'_M)$ und zunehmender Ligandenkonzentration (c'_A) mißt man für eine Wellenlänge λ die Extinktionswerte und trägt diese gegen die Ligandenkonzentration auf. Man bekommt dann eine Kurve $E_\lambda = f(c'_A)$. Man bestimmt nun für irgendwelche Lösungen mit anderen Konzentrationen an M und A (c''_M und c''_A) die Extinktionswerte und kann nun aus der gezeichneten $E_\lambda = f(c'_A)$-Kurve den jeweiligen Wert von c'_A ablesen, für den bei der Konzentration c'_M an Metallion die Extinktion identisch mit derjenigen der untersuchten Lösung ist. Nach (VIII.7.8) und (VIII.7.7) berechnet man dann $[A]$ und $\bar{n}$ und kann so die gesuchte Bildungsfunktion $\bar{n} = p[A]$ bestimmen.

Das Eichkurvenverfahren liefert genauere Werte, als das kolorimetrische Titrationsverfahren.

Ist bei einem Stufengleichgewicht das Verhältnis zwischen den durch (VIII.7.4) definierten individuellen Konstanten hinreichend groß {größer als das Vierfache des statistischen Verhältnisses [vgl. Kapitel V.2.a γ, Gl. (V.2.22)]}, so kann man aus der dann vorliegenden Wellenform der Bildungskurve direkt die Anzahl der im Gleichgewicht vorhandenen Komplexe ablesen. Sind die individuellen Konstanten hingegen einander sehr ähnlich, so daß die einzelnen Gleichgewichtsschritte sich weitgehend überlagern, findet man eine S-Form der Bildungskurve (vgl. Abb. V.1 u. Abb. V.4). Dann erhält man aus der Bildungskurve keine direkten Angaben über die Existenz der intermediären Komplexe. Ihre Anwesenheit läßt sich lediglich aus den Werten der Konstanten, die man aus der Bildungskurve ableiten kann, erkennen. Die Bestimmung der Bildungskonstanten läuft auf die Lösung eines Gleichungssystems mit sovielen Unbekannten hinaus, als Komplexe in der Lösung enthalten sind. Ihre Zahl wird durch N begrenzt. Im Falle einer wellenförmigen Bildungskurve mit weitgehend getrennten Einzelschritten vereinfacht sich die Aufgabe. Zum Beispiel zeigt das Auftreten einer Stufe bei $\bar{n} = 2$ an, daß erst nachdem der Komplexbildner A vollständig in den 1 : 2-Komplex MA_2 eingebaut ist, die Bildung höherer Komplexe merklich einsetzt. Dann kann man k_1 und k_2 gesondert aus einem Gleichungssystem mit zwei Unbekannten bestimmen.

In Abb.VIII.13 ist die von J. BJERRUM [1] für das System Cu^{2+}/NH_3 gefundene Bildungskurve dargestellt, die nach verschiedenen Methoden bestimmt wurde. Die mit einem König-Martens Photometer erhaltenen

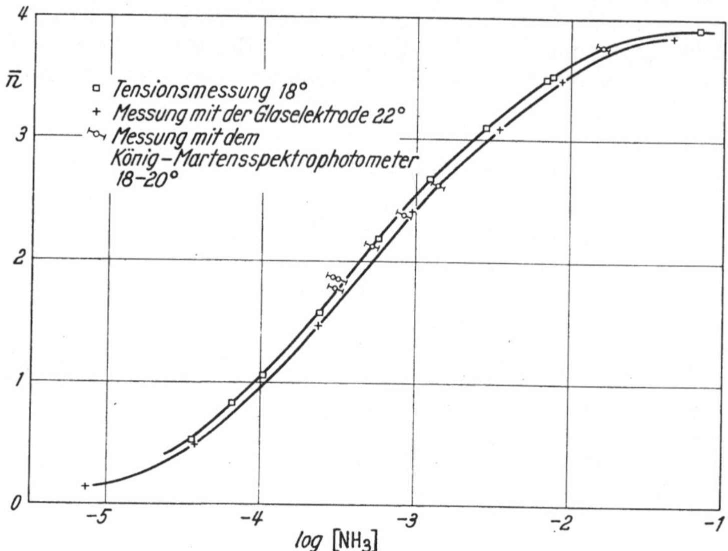

Abb. VIII.13. Bildungskurve für das System Cu^{2+}/NH_3. (2 m NH_4NO_3). Nach J. BJERRUM [1]

Werte der Bildungskurve passen sich gut den mit Hilfe von pH-Messungen mit einer Glaselektrode sowie den durch Tensionsmessungen gewonnenen an.

Die Ergebnisse einer Untersuchung von J. BJERRUM [2] am System Cu^{2+}/Cl^- sind in Abb. VIII.14 enthalten. Verwendet wurde Kupfer(II)-Chlorid in wäßriger Lösung mit Zusätzen von HCl, LiCl, $MgCl_2$ und $CaCl_2$. Im unteren Teil der Abb.VIII.14 ist die S-förmige Bildungskurve gezeichnet. Durch Analyse dieser Kurve erhielt BJERRUM für die Temperatur 20 °C die individuellen Bildungskonstanten $k_1 \lesssim 1$, $k_2 \sim 0,1-0,4$, $k_3 \sim 0,02-0,06$ und $k_4 \sim 0,003-0,01$, die den Komplexen $CuCl^+$, $CuCl_2$, $CuCl_3^-$ und $CuCl_4^{--}$ zuzuordnen sind. Die Verteilung dieser Komplexe in Abhängigkeit von der Chlorionenkonzentration ist im oberen Teil der Abbildung dargestellt.

Die Messungen wurden bei 436 mμ durchgeführt. Für hohe Chlorionenkonzentrationen wurde für die Berechnung der Bildungsfunktion die

Beziehung

$$-\frac{d \log \varepsilon_{436}}{d\,[\text{Cl}^-]} = \left(\frac{0{,}4343}{[\text{Cl}^-]} + B\right)(4 - \bar{n})$$

benutzt, die unter der Voraussetzung abgeleitet wurde, daß das System im Konzentrationsbereich $3{,}5 < c_{Ion} < 10\text{—}12$ m durch einen mittleren

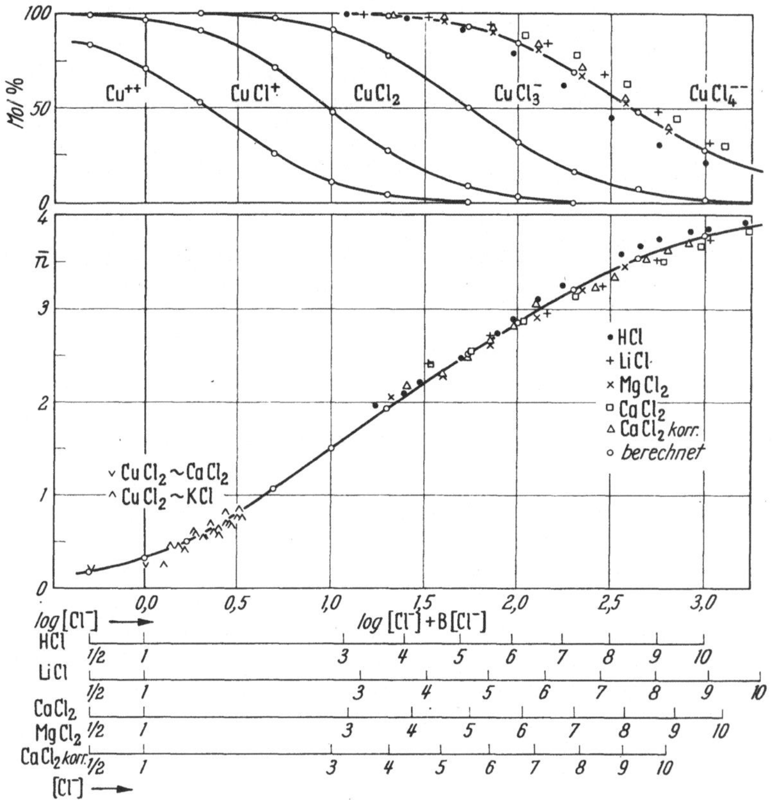

Abb. VIII.14. Übersicht über die Ergebnisse von spektrophotometrischen Untersuchungen am System Cu²⁺/Cl⁻ nach J. Bjerrum [2]. In der unteren Abbildung ist die Bildungsfunktion $\bar{n}$ als Funktion von log [Cl⁻] für den Bereich geringer und als Funktion von log [Cl⁻] + B [Cl⁻] für das Gebiet höherer Salzkonzentrationen dargestellt. In der oberen Abbildung, die auf dieselbe Abszisse bezogen ist, ist die Verteilung der einzelnen Kupferchlorokomplexe angegeben. Verschiedene Konzentrationsskalen, von denen jede einem der benutzten Chloride entspricht, sind unten in die Abbildung eingezeichnet

Aktivitätskoeffizienten F beschrieben werden kann, der mit der Gesamtkonzentration über die Gleichung

$$\log F = A + B \cdot c_{Ion}$$

zusammenhängt, wenn A und B für die verschiedenen Salzmedien charakteristische Konstante sind.

Literatur

[1] BJERRUM, J.: A new optical principle for the investigation of step equilibria. Kgl. Danske Videnskab. Selskab. math.-fys. medd. **21**, No. 4 (1944).

[2] BJERRUM, J.: Studies in acido complex formation. I. Optical investigation of cupric chloride in mixtures with other chlorides. Kgl. Danske Videnskab. Selskab. math.-fys. medd. **22**, No. 18 (1946).

[3] BJERRUM, J., and C. K. JØRGENSEN: Consecutive formation of aquo metallic ions in alcoholic solution. Acta Chem. Scand. **7**, 951 (1953).

[4] JØRGENSEN, C. K.: Aquo ion formation. II. The first transition group in ethanol. Acta Chem. Scand. **8**, 175 (1954).

[5] WOLDBYE, F.: On the method of continuous variation. Acta Chem. Scand. **9**, 299 (1955). (Vergleich der Methode der korrespondierenden Lösungen mit der Methode der kontinuierlichen Veränderungen.)

[6] SHCHUKAREV, S. A., u. O. A. LOBANEVA: Die Verwendung der Spektrophotometrie beim Studium der Komplexbildung in Lösung. Vestnik Leningrad. Univ. **11**, No. 16, Ser. Fiz. i. khim. Nr. **3**, 64 (1956). (Modifikation der Bjerrumschen Methode.)

8. Spektrophotometrische Methode zur Untersuchung sukzessiver Komplexbildung nach NEWMAN und HUME

NEWMAN und HUME [1] haben in allgemeiner Form das Problem untersucht, aufgrund spektrophotometrischer Messungen die Bildungskonstanten zu bestimmen, wenn nacheinander mehrere einfache und gemischte Komplexe gebildet werden. Als kompliziertester Fall wird das gleichzeitige Auftreten von drei verschiedenen Komplextypen behandelt.

a) Der Fall gemischter Komplexe MX_aY_b mit Liganden von verschiedenem Koordinationswert

Wir betrachten ein System, das neben einem Metallion M zwei Sorten von Liganden X und Y enthält. Diese können verschiedene Koordinationswerte besitzen, z. B. kann ein Ligand der einen Sorte nur eine, ein solcher der anderen Sorte dagegen zwei Koordinationsstellen besetzen. Die maximale Koordinationszahl n für den Liganden X braucht somit nicht mit derjenigen für den Liganden Y identisch zu sein.

Es wird vorausgesetzt, daß durch einen genügend großen Überschuß an Liganden das Metallion seine maximale Koordination erreicht, d. h., daß die einfachen bzw. gemischten Komplexe mit maximaler Ligandenzahl zugegen sind.

Folgende Gleichgewichte sind zu betrachten:

$$(VIII.8.1) \qquad MX_{n-m}Y_s + mX \rightleftharpoons MX_n + sY\,,$$

$$(VIII.8.2) \qquad MX_{n-m-p}Y_{s+w} + pX \rightleftharpoons MX_{n-m}Y_s + wY\,.$$

Sie werden durch die beiden Gleichgewichtskonstanten

$$(VIII.8.3) \qquad k_n = \frac{[MX_n] \cdot [Y]^s}{[MX_{n-m}Y_s] \cdot [X]^m}$$

und

$$(VIII.8.4) \qquad k_{n-m} = \frac{[MX_{n-m}Y_s] \cdot [Y]^w}{[MX_{n-m-p}Y_{s+w}] \cdot [X]^p}$$

beschrieben. Die Extinktion ist im allgemeinen Fall, wenn in dem betreffenden Spektralbereich nur die drei Komplexe absorbieren (Schichtdicke 1 cm),

(VIII.8.5) $\quad E = \varepsilon_n [MX_n] + \varepsilon_{n-m} [MX_{n-m}Y_s] + \varepsilon_{n-m-p}[MX_{n-p-m}Y_{s+w}]$.

ε ist der jeweilige Extinktionskoeffizient für die betreffende Komplexverbindung.

Ist lediglich der Ligand X in großem Überschuß gegenüber M zugegen, so gilt für die Extinktion

(VIII.8.6) $\qquad\qquad\qquad E_0 = \varepsilon_n \cdot c_{M0}$,

wenn c_{M0} die Gesamtkonzentration an M ist und alles Metallion als MX_n vorliegt ($c_{M0} = [MX_n]$).

Bei Versuchen mit einem großen Überschuß an X und Y gilt für die Gesamtkonzentration an M

(VIII.8.7) $\quad c_M = [MX_n] + [MX_{n-m}Y_s] + [MX_{n-m-p}Y_{s+w}]$.

Ist die Gesamtkonzentration $c_X + c_Y$ an Liganden groß gegenüber c_M, so findet man durch Einsetzen von (VIII.8.3), (VIII.8.5) und (VIII.8.6) in (VIII.8.7).

$$(VIII.8.8) \qquad [MX_{n-m}Y_s] = \frac{E - \varepsilon_{n-m-p}c_M}{\varepsilon_{n-m} + \dfrac{E_0}{c_{M_0}} k_n \dfrac{c_X^m}{c_Y^s} - \varepsilon_{n-m-p}\left(1 + k_n \dfrac{c_X^m}{c_Y^s}\right)}$$

sowie

$$(VIII.8.9) \qquad [MX_{n-m-p}Y_{s+w}] = \frac{c_M \left[\varepsilon_{n-m} + \dfrac{E_0}{c_{M_0}} k_n \dfrac{c_X^m}{c_Y^s}\right] - E\left(1 + k_n \dfrac{c_X^m}{c_Y^s}\right)}{\varepsilon_{n-m} + \dfrac{E_0}{c_{M_0}} k_n \dfrac{c_X^m}{c_Y^s} - \varepsilon_{n-m-p}\left(1 + k_n \dfrac{c_X^m}{c_Y^s}\right)} .$$

Mit (VIII.8.8) und (VIII.8.9) erhält man unter Berücksichtigung von (VIII.8.4)

$$(VIII.8.10) \qquad k_{n-m} = \frac{(E - c_M \varepsilon_{n-m-p})\, c_Y^w}{\left[c_M\left(\varepsilon_{n-m} + \dfrac{E_0}{c_{M_0}} k_n \dfrac{c_X^m}{c_Y^s}\right) - E\left(1 + k_n \dfrac{c_X^m}{c_Y^s}\right)\right] c_X^p}$$

und damit

$$(VIII.8.11)$$
$$E = k_{n-m}\left\{\left[k_n\left(E_0 \frac{c_M}{c_{M_0}} - E\right)\frac{c_X^m}{c_Y^s} - E + \varepsilon_{n-m}c_M\right]\frac{c_X^p}{c_Y^w}\right\} + \varepsilon_{n-m-p}c_M .$$

Gl. (VIII.8.11) gilt für drei Komplexe, die alle zur Absorption beitragen.

c_M, c_{M_0}, c_X und c_Y sind bekannt, E und E_0 werden durch spektrophotometrische Messungen ermittelt, ε_{n-m}, k_n, m und s können aus anderen Beziehungen, die im folgenden angegeben werden, bestimmt werden. Für p und w setzt man probeweise Werte ein. Die richtigen Werte hat man gefunden, wenn man beim Auftragen von E gegen den Klammerausdruck der rechten Seite von Gl. (VIII.8.11) eine Gerade erhält, deren Steigung k_{n-m} beträgt. ε_{n-m-p} ergibt sich aus dem Ordinatenabschnitt.

Bei allen folgenden Beziehungen zur Bestimmung der Konstanten trägt man die linke Seite gegen die in Klammern { } geschriebenen Ausdrücke der rechten Seite auf. Die gesuchten Konstanten erhält man aus der Steigung sowie dem Ordinatenabschnitt der resultierenden Geraden.

Wählt man eine Wellenlänge, bei der nur MX_n und $MX_{n-m}Y_s$ zur Extinktion beitragen [$\varepsilon_{n-m-p} = 0$ in Gl. (VIII.8.11)], so gilt

$$\text{(VIII.8.12)} \quad k_n \left(E_0 \frac{c_M}{c_{M_0}} - E\right) \frac{c_X^m}{c_Y^s} - E = \frac{1}{k_{n-m}} \left\{E \frac{c_Y^w}{c_X^p}\right\} - \varepsilon_{n-m} c_M.$$

(3 Teilchen von denen zwei absorbieren, $\varepsilon_{n-m-p} = 0$)

Damit kann man k_{n-m} und ε_{n-m} graphisch ermitteln.

Kann man eine Wellenlänge finden, bei der nur MX_n absorbiert, so gilt die Beziehung

$$\text{(VIII.8.13)} \quad \log\left[\frac{k_n\left(E_0 \frac{c_M}{c_{M_0}} - E\right) \frac{c_X^m}{c_Y^s} - E}{E}\right] = \left\{\log \frac{c_Y^w}{c_X^p}\right\} - \log k_{n-m},$$

(3 Teilchen von denen nur eines absorbiert, $\varepsilon_{n-m-p} = 0$, $\varepsilon_{n-m} = 0$)

die aus (VIII.8.11) mit $\varepsilon_{n-p-m} = 0$ und $\varepsilon_{n-m} = 0$ durch Logarithmieren hervorgeht. Man findet k_{n-m} auf graphischem Wege.

Damit erhält man mit (VIII.8.11), (VIII.8.12) und (VIII.8.13) für drei verschiedene Wellenlängen drei Werte von k_{n-m}, die übereinstimmen müssen.

Bei Verwendung von Gl. (VIII.8.13) wird k_n als bekannt vorausgesetzt. Man kann den k_n-Wert dadurch prüfen, daß man (VIII.8.13) in der Form

$$\text{(VIII.8.14)} \quad \left(\frac{E_0 \frac{c_M}{c_{M_0}} - E}{E}\right) \frac{c_X^m}{c_Y^s} = \frac{1}{k_n k_{n-m}} \left\{\frac{c_Y^w}{c_X^p}\right\} + \frac{1}{k_n}$$

(3 Teilchen von denen nur eines absorbiert, $\varepsilon_{n-m-p} = 0$, $\varepsilon_{n-m} = 0$)

verwendet und die linke Seite der Gleichung gegen den Klammerausdruck auf der rechten Seite aufträgt. k_n ergibt sich aus dem Ordinatenabschnitt der Geraden.

Aus (VIII.8.11) kann man entsprechende Beziehungen für alle übrigen Fälle ableiten, in denen etwa MX_n nicht absorbiert, dagegen $MX_{n-m}Y_s$ und $MX_{n-m-p}Y_{s+w}$ usw.

Die angegebenen Gleichungen können dann verwendet werden, wenn man m und s sowie k_n und ε_{n-m} kennt. Um diese Größen zu bestimmen, wählt man zweckmäßig die experimentellen Bedingungen so, daß nur zwei Komplexe anwesend sind, wodurch alle Glieder mit k_{n-m} gleich

Null werden. Gl. (VIII.8.12) geht für zwei Komplexe MX_n und $MX_{n-m}Y_s$ in

$$\text{(VIII.8.15)} \qquad E = k_n \left\{ \left(E_0 \frac{c_M}{c_{M_0}} - E \right) \frac{c_X^m}{c_Y^s} \right\} + \varepsilon_{n-m} c_M$$

(2 Teilchen, die beide absorbieren $[MX_{n-m-p} Y_{s+w}] = 0$)

über. Nimmt man die richtigen Werte für m und s an, so erhält man, wenn man E als Funktion des Klammerausdruckes auf der rechten Seite der Gleichung aufträgt, eine Gerade mit der Steigung k_n und dem Ordinatenabschnitt $\varepsilon_{n-m} c_M$.

Für den Fall, daß bei einer Wellenlänge gemessen wird, bei der nur MX_n absorbiert, folgt mit $\varepsilon_{n-m} = 0$

$$\text{(VIII.8.16)} \qquad \log \left(\frac{E_0 \dfrac{c_M}{c_{M_0}} - E}{E} \right) = - \left\{ \log \frac{c_X^m}{c_Y^s} \right\} - \log k_n$$

(2 Teilchen von denen nur eines absorbiert, $\varepsilon_{n-m} = 0$, $[MX_{n-m-p} Y_{s+w}] = 0$).

Mit dieser Gleichung kann man wiederum k_n graphisch bestimmen.

s, m, w und p sind für gemischte Komplexe mit verschiedenem Koordinationswert der Liganden nicht direkt zu erhalten. Man bekommt die richtigen Werte dadurch, daß man probiert, für welche Werte dieser Faktoren sich bei der graphischen Darstellung Gerade ergeben; außerdem muß man für verschiedene Wellenlängen dieselben Werte der Gleichgewichtskonstanten finden.

Sind die Gleichgewichte vom Typ

$$MY_{n-m}X_s + m\,Y \rightleftharpoons MY_n + s\,X$$

und

$$MY_{n-m-p}X_{s+w} + p\,Y \rightleftharpoons MY_{n-m}X_s + w\,X \,,$$

so gelten die Gleichungen (VIII.8.10) bis (VIII.8.16) ebenfalls, wenn man c_X und c_Y vertauscht.

Zur Anwendung der Methode

Zunächst mißt man die Absorption einer Lösung von M mit X, für die $c_X \gg c_{M_0}$ ist und verwendet Gl. (VIII.8.6) zur Bestimmung von ε_n. Dann untersucht man Lösungen, die außer dem Metallion beide Ligandenkomponenten X und Y enthalten. Man arbeitet bei konstanter oder variabler Konzentration des Metallions und verschiedenen Verhältnissen $c_X : c_Y$. Wählt man $c_X + c_Y > c_M$ und arbeitet man bei einem hinreichend großen Verhältnis $c_X : c_Y$, so liegen im allgemeinen nur zwei Komplexe, nämlich MX_n und $MX_{n-m}Y_s$, vor, d. h. es existiert praktisch nur das Gleichgewicht (VIII.8.1).

Gl. (VIII.8.15) gilt bei allen Wellenlängen und Gl. (VIII.8.16) für solche Wellenlängen, bei denen nur MX_n absorbiert. Auf graphischem Wege findet man mit geeignet gewählten Werten für m und s aus der entsprechenden Geraden nach (VIII.8.15) k_n sowie ε_{n-m}. c_M, c_{M_0}, c_X und c_Y sind bekannt, E und E_0 werden gemessen. Mit den gleichen Werten für m

und s muß man nach (VIII.8.16) bei entsprechender Auftragung eine Gerade der Steigung -1 mit dem Ordinatenabschnitt $\log k_n$ bekommen, vorausgesetzt, daß bei der Wellenlänge, bei der E und E_0 gemessen werden, nur MX_n absorbiert. Auf diese Weise erhält man drei Werte für k_n, die übereinstimmen müssen. c_M ist bei diesen Untersuchungen so zu wählen, daß man im günstigsten Extinktionsbereich arbeitet.

Treten Abweichungen von der Geraden [Gln. (VIII.8.15) u. (VIII.8.16)] auf, so deutet dies auf die Anwesenheit von drei Komplextypen hin, Gleichgewicht (VIII.8.2) ist noch zu berücksichtigen. In diesem Fall muß man die Gleichungen (VIII.8.11), (VIII.8.12), (VIII.8.13) und (VIII.8.14) verwenden. In der Regel findet man solche Abweichungen bei einem kleineren Verhältnis von $c_X : c_Y$.

Wenn man eine Wellenlänge so wählen kann, daß von den 3 Komplexen nur einer absorbiert, kann man (VIII.8.13) und (VIII.8.14) verwenden. Anwendung von (VIII.8.13) erfordert die Kenntnis von k_n. Mit den richtigen Werten von w und p kann man $\log k_{m-n}$ als Ordinatenabschnitt finden. Die entsprechende Gerade muß die Steigung $+1$ besitzen. Zur Prüfung des k_n-Wertes verwendet man Gleichung (VIII.8.14), mit deren Hilfe man außerdem k_{n-m} bestimmen kann.

Für Wellenlängen, bei denen zwei Komplexe absorbieren, bekommt man mit (VIII.8.12) k_n und ε_{n-m}. Im Falle, daß alle drei Komplexe zur Absorption beitragen, erhält man k_n und ε_{n-m} mit Hilfe von Gl. (VIII.8.11).

Hinweise für die Auswahl geeigneter Wellenlängen, bei denen eine bestimmte Zahl von Komplextypen absorbiert, kann man dadurch bekommen, daß man die Gesamtabsorptionskurven des Systems bei verschiedenen Werten des Verhältnisses $c_X : c_Y$ miteinander vergleicht.

b) Der Fall gemischter Komplexe MX_aY_b mit Liganden von gleichem Koordinationswert

Wenn beide Sorten von Liganden die gleiche Zahl von Koordinationsstellen am Zentralion besetzen*, ist $s = m$ und $w = p$. Die Gleichgewichte sind dann von der Art

$$(VIII.8.17) \qquad MX_{n-m}Y_m + mX \rightleftharpoons MX_n + mY$$

und

$$(VIII.8.18) \qquad MX_{n-m-p}Y_{m+p} + pX \rightleftharpoons MX_{n-m}Y_m + pY$$

mit den zugehörigen Konstanten

$$(VIII.8.19) \qquad k_n = \frac{[MX_n] \cdot [Y]^m}{[MX_{n-m}Y_m] \cdot [X]^m}$$

und

$$(VIII.8.20) \qquad k_{n-m} = \frac{[MX_{n-m}Y_m] \cdot [Y]^p}{[MX_{n-m-p}Y_{m+p}] \cdot [X]^p} \; .$$

---

* Es muß sich dabei um zwei einzählige, zweizählige usw. Liganden X und Y handeln.

Man findet die den Gln. (VIII.8.11) bis (VIII.8.16) entsprechenden Beziehungen, indem man w durch p und s durch m ersetzt. Die Anwendung dieser Beziehungen erfolgt analog wie unter a). Man hat dabei den Vorteil, daß man keine Annahmen zur Ermittlung von m und p machen muß. s und w erscheinen nicht in den Gleichungen. m und p können direkt aus den Steigungen der Geraden, die den Gln. (VIII.8.16) und (VIII.8.13) entsprechen, erhalten werden.

c) Der Fall einfacher Komplexe MX_a

α) Bestimmung der Konstanten der Endglieder in der Reihe der sukzessiven Komplexe

Die Gleichgewichtskonstanten der letzten zwei oder drei Glieder in der Reihe einfacher Komplexe MX, MX_2, . . . , MX_{n-1}, MX_n ($n =$ maximale Koordinationszahl) findet man unter Verwendung der Beziehungen für gemischte Komplexe mit Liganden von gleichem Koordinationswert des Abschnitts b). Man erkennt sofort die Identität mit dem Fall gemischter Komplexe, wenn man bedenkt, daß das Lösungsmittel, also z. B. H_2O, die Stelle von Y einnimmt. Es liegt somit im Prinzip immer der Fall gemischter Komplexe vor. Die Koordination von Lösungsmittelmolekülen wird im allgemeinen nicht besonders berücksichtigt. Arbeitet man in wäßrigen Lösungen unter der Bedingung konstanter Aktivität des Wassers — dies kann man durch konstante und hohe Ionenstärke und geringe Konzentration von M und X erreichen —, so kann die konstante Wasseraktivität mit in die Gleichgewichtskonstante einbezogen werden. Man schreibt dann die Komplexe, ohne die koordinierten Lösungsmittelmoleküle zu berücksichtigen. Wir haben in diesem Fall die Gleichgewichte

$$(VIII.8.21) \qquad MX_{n-m} + mX \rightleftharpoons MX_n$$

$$(VIII.8.22) \qquad MX_{n-m-p} + pX \rightleftharpoons MX_{n-m}$$

zu betrachten, die durch die Gleichgewichtskonstanten

$$(VIII.8.23) \qquad k_n = \frac{[MX_n]}{[MX_{n-m}]\,[X]^m}$$

und

$$(VIII.8.24) \qquad k_{n-m} = \frac{[MX_{n-m}]}{[MX_{n-m-p}]\,[X]^p}$$

beschrieben werden können. Es gelten die für den gemischten Fall b) gültigen Beziehungen, in denen die Y enthaltenden Glieder entfallen.

Bei den Untersuchungen variiert man nicht das Verhältnis $c_X : c_Y$ wie unter a) und b) (Y ist als Lösungsmittel in großem Überschuß vorhanden, und seine Konzentration ist praktisch konstant), sondern $c_X : c_M$, wobei $c_X \gg c_M$ gehalten wird.

Man erhält so die beiden Gleichgewichtskonstanten k_n und k_{n-m} sowie die drei Extinktionskoeffizienten ε_n, ε_{n-m} und ε_{n-m-p} der drei letzten möglichen Komplexe mit maximaler Zahl von Liganden X pro Metallion.

β) Bestimmung der Konstanten der Anfangsglieder in der Reihe der sukzessiven Komplexe

Die folgenden Beziehungen gelten für die Bestimmung der beiden ersten Gleichgewichtskonstanten. Dabei handelt es sich um Gleichgewichte vom Typ

$$(VIII.8.25) \qquad M + qX \rightleftharpoons MX_q \, ,$$

$$(VIII.8.26) \qquad MX_q + rX \rightleftharpoons MX_{q+r}$$

mit den Konstanten

$$(VIII.8.27) \qquad k_q = \frac{[MX_q]}{[M] \cdot [X]^q}$$

$$(VIII.8.28) \qquad k_{q+r} = \frac{[MX_{q+r}]}{[MX_q] \cdot [X]^r} \, .$$

Sind die Komplexe schwach (stark dissoziiert), so muß man, um hinreichende Komplexbildung zu erhalten, die Ligandenkonzentration c_X sehr groß gegenüber c_M wählen. Dann kann man die Änderung der Konzentration des Liganden durch Komplexbildung praktisch vernachlässigen.

Bei Komplexen mit größeren Werten der Komplexkonstanten ist es unter Umständen notwendig, die Konzentration von c_X und c_M in der gleichen Größenordnung zu halten, damit sich die ersten Komplextypen der Reihe bilden.

Ist die Konstante k_{q+r} des zweiten Gleichgewichtes größer als diejenige des ersten k_q, so muß man c_M hinreichend groß gegenüber c_X wählen, um die Bildung des zweiten Komplexes MX_{q+r} zu verhindern. Bei sehr großem Überschuß von M gegenüber X wird bei Komplexbildung die Konzentration des Zentralions praktisch nicht geändert.

Im folgenden werden die für diese drei Fälle gültigen Gleichungen angegeben.

$\beta.\alpha$) $c_X \gg c_M$

Die Extinktion ist, wenn M, MX_q und MX_{q+r} absorbieren,

$$(VIII.8.29) \qquad E = \varepsilon_M [M] + \varepsilon_q [MX_q] + \varepsilon_{q+r}[MX_{q+r}].$$

Eine Lösung, die nur M mit der Konzentration c_{M_0} enthält, zeigt, wenn das freie Zentralion absorbiert, die Extinktion

$$(VIII.8.30) \qquad E_0' = \varepsilon_M \cdot c_{M_0} \, .$$

Hält man M gegenüber X in großem Überschuß, so entsteht der erste Komplex MX_q praktisch quantitativ. Für einen Spektralbereich, in dem nur MX_q zur Absorption beiträgt, gilt dann für die Extinktion

$$(VIII.8.31) \qquad E_0'' = \varepsilon_q \cdot c_{X_0} \, ,$$

wenn c_{X_0} die Konzentration an X ist. Die Gesamtkonzentration an M ist für jeden Versuch durch die Beziehung

$$(VIII.8.32) \qquad c_M = [M] + [MX_q] + [MX_{q+r}]$$

gegeben.

Für die verschiedenen möglichen Fälle lassen sich folgende Gleichungen ableiten, aus denen man auf graphischem Wege die gesuchten Konstanten erhalten kann.

3 Teilchen, die alle absorbieren; ε_M und ε_q bekannt

$$(VIII.8.33) \quad E = \frac{1}{k_{q+r}} \left\{ \left[\frac{1}{k_q} (\varepsilon_M \cdot c_M - E) \frac{1}{c_X^q} - E + \varepsilon_q c_M \right] \frac{1}{c_X^r} \right\} + \varepsilon_{q+r} c_M$$

3 Teilchen, von denen zwei absorbieren; $\varepsilon_{q+r} = 0$, ε_M bekannt

$$(VIII.8.34) \quad \log \left[\frac{1}{k_q} \left(E_0' \frac{c_M}{c_{M_0}} - E \right) \frac{1}{c_X^q} - E + E_0'' \frac{c_M}{c_{X_0}} \right] = r \{ \log c_X \} + \log k_{q+r}$$

3 Teilchen, von denen zwei absorbieren; $\varepsilon_{q+r} = 0$, ε_q bekannt

$$(VIII.8.35) \quad k_q \left(E_0'' \frac{c_M}{c_{X_0}} - E \right) c_X^q - E = k_q k_{q+r} \{ E c_X^{q+r} \} - \varepsilon_M c_M$$

3 Teilchen, von denen zwei absorbieren; $\varepsilon_M = 0$, ε_q bekannt

$$(VIII.8.36) \quad E = \frac{1}{k_{q+r}} \left\{ \left(E_0'' \frac{c_M}{c_{X_0}} - E - \frac{E}{k_q c_X^q} \right) \frac{1}{c_X^r} \right\} + \varepsilon_{q+r} c_M$$

3 Teilchen, von denen zwei absorbieren; $\varepsilon_{q+r} = 0$, ε_M bekannt

$$(VIII.8.37) \quad \frac{1}{k_q} \left(E_0' \frac{c_M}{c_{M_0}} - E \right) \frac{1}{c_X^q} - E = k_{q+r} \{ E c_X^r \} - \varepsilon_q c_M$$

3 Teilchen, von denen zwei absorbieren; $\varepsilon_q = 0$, ε_M bekannt

$$(VIII.8.38) \quad E = \frac{1}{k_{q+r}} \left\{ \left[\frac{1}{k_q} \left(E_0' \frac{c_M}{c_{M_0}} - E \right) \frac{1}{c_X^q} - E \right] \frac{1}{c_X^r} \right\} + \varepsilon_{q+r} c_M$$

3 Teilchen, von denen eines absorbiert; $\varepsilon_{q+r} = 0$, $\varepsilon_M = 0$, ε_q bekannt

$$(VIII.8.39) \quad \log \left[\left(\frac{E_0'' \frac{c_M}{c_{X_0}} - E}{E} \right) c_X^q - \frac{1}{k_q} \right] = (q + r) \{ \log c_X \} + \log k_{q+r}$$

3 Teilchen, von denen eines absorbiert; $\varepsilon_{q+r} = 0$, $\varepsilon_q = 0$, ε_M bekannt

$$(VIII.8.40) \quad \log \left[\frac{1}{k_q} \left(\frac{E_0' \frac{c_M}{c_{M_0}} - E}{E} \right) \frac{1}{c_X^q} - 1 \right] = r \{ \log c_X \} + \log k_{q+r}$$

3 Teilchen, von denen eines absorbiert; $\varepsilon_q = 0$, $\varepsilon_M = 0$

$$(VIII.8.41) \quad E = - \left\{ \frac{1}{k_{q+r}} \left(1 + \frac{1}{k_q c_X^q} \right) \frac{E}{c_X^r} \right\} + \varepsilon_{q+r}$$

2 Teilchen, die beide absorbieren; $[MX_{q+r}] = 0$, ε_M und ε_q bekannt

$$(VIII.8.42) \quad \log \left(\frac{E_0' \frac{c_M}{c_{M_0}} - E}{E - E_0'' \frac{c_M}{c_{X_0}}} \right) = q \{ \log c_X \} + \log k_q$$

2 Teilchen, die beide absorbieren; $[MX_{q+r}] = 0$, ε_q bekannt

$$(VIII.8.43) \qquad E = k_q \left\{ \left(E_0'' \frac{c_M}{c_{X_0}} - E \right) c_X^q \right\} + \varepsilon_M \cdot c_M$$

2 Teilchen, die beide absorbieren; $[MX_{q+r}] = 0$, ε_M bekannt

$$(VIII.8.44) \qquad E = \frac{1}{k_q} \left\{ \left(E_0' \frac{c_M}{c_{M_0}} - E \right) \frac{1}{c_X^q} \right\} + \varepsilon_q c_M$$

2 Teilchen, von denen eines absorbiert; $[MX_{q+r}] = 0$, $\varepsilon_M = 0$, ε_q bekannt

$$(VIII.8.45) \qquad \log \left(\frac{E}{E_0'' \dfrac{c_M}{c_{X_0}} - E} \right) = q \left\{ \log c_X \right\} + \log k_q$$

2 Teilchen, von denen eines absorbiert; $[MX_{q+r}] = 0$, $\varepsilon_q = 0$, ε_M bekannt

$$(VIII.8.46) \qquad \log \left(\frac{E_0' \dfrac{c_M}{c_{M_0}}}{E} \right) = q \left\{ \log c_X \right\} + \log k_q \, .$$

$\beta.\beta$) $c_X \sim c_M$

Oftmals bestimmt man die erste Konstante k_q, indem man c_M und c_X in der gleichen Größenordnung hält. Dann gelten die Beziehungen

$$(VIII.8.47) \qquad E = \varepsilon_M [M] + \varepsilon_q [MX_q] \, ,$$

$$(VIII.8.48) \qquad c_M = [M] + [MX_q] \, ,$$

$$(VIII.8.49) \qquad c_X = [X] + q [MX_q] \, .$$

Mit (VIII.8.47) bis (VIII.8.49) und (VIII.8.27) folgt

$$(VIII.8.50) \qquad k_q = \frac{E - \varepsilon_M \cdot c_M}{\left[\dfrac{E(\varepsilon_q - \varepsilon_M) - \varepsilon_q (E - \varepsilon_M c_M)}{\varepsilon_M} \right] \left[c_X - q \dfrac{E - \varepsilon_M c_M}{\varepsilon_q - \varepsilon_M} \right]^q} \, .$$

Aus (VIII.8.50) erhält man mit (VIII.8.30) und (VIII.8.31) die folgenden Gleichungen:

2 Teilchen, die beide absorbieren; $[MX_{q+r}] = 0$
(VIII.8.51)

$$\log \left(\frac{E - E_0' \dfrac{c_M}{c_{M_0}}}{E_0'' \dfrac{c_M}{c_{X_0}} - E} \right) = q \left\{ \log \left[c_X - q \left(\frac{E - E_0' \dfrac{c_M}{c_{M_0}}}{\dfrac{E_0}{c_{X_0}} - \dfrac{E_0'}{c_{M_0}}} \right) \right] \right\} + \log k_q$$

2 Teilchen, von denen eines absorbiert; $[MX_{q+r}] = 0$, $\varepsilon_q = 0$

$$(VIII.8.52) \qquad \log \left(\frac{E_0' \dfrac{c_M}{c_{M_0}} - E}{E} \right) = q \left\{ \log \left[c_X - q \left(c_M - \frac{E}{E_0'} c_{M_0} \right) \right] \right\} + \log k_q$$

2 Teilchen, von denen eines absorbiert; $[MX_{q+r}] = 0$, $\varepsilon_M = 0$

$$(VIII.8.53) \qquad \log \left(\frac{E}{E_0'' \dfrac{c_M}{c_{X_0}} - E} \right) = q \left\{ \log \left(c_X - q \frac{E}{E_0''} c_{X_0} \right) \right\} + \log k_q \, .$$

Mit Hilfe dieser Gleichungen kann man k_q und q graphisch erhalten. Häufig ist q gleich eins, so daß die bei der graphischen Darstellung von (VIII.8.51) bis (VIII.8.53) resultierenden Geraden die Steigung 1 besitzen müssen.

$\beta.\gamma)\ c_M \gg c_X$

In den Fällen, in denen das Verhältnis k_{q+r}/k_q hinreichend groß ist, ist es zur Bestimmung von k_q notwendig, M gegenüber X in großem Überschuß anzuwenden.

Dann gilt

$$\text{(VIII.8.54)} \qquad c_M = [M].$$

Man erhält die (VIII.8.51) und (VIII.8.53) entsprechenden Gleichungen:

2 Teilchen, die beide absorbieren; $[MX_{q+r}] = 0$

(VIII.8.55)

$$\log\left(\frac{E - E_0'\,\dfrac{c_M}{c_{M_0}}}{\dfrac{E_0''}{c_{X_0}}}\right) = q\left\{\log\left[c_X - q\left(\frac{E - E_0'\,\dfrac{c_M}{c_{M_0}}}{\dfrac{E_0''}{c_{X_0}}}\right)\right]\right\} + \log k_q$$

2 Teilchen, von denen eines absorbiert; $[MX_{q+r}] = 0$, $\varepsilon_M = 0$

$$\text{(VIII.8.56)} \qquad \log\left(\frac{E}{E_0''}\,c_{X_0}\right) = q\left\{\log\left(c_X - q\,\frac{E}{E_0''}\,c_{X_0}\right)\right\} + \log k_q.$$

Die gesuchte Konstante des ersten Komplexes k_q kann man auf graphischem Wege bestimmen, wenn man für q den richtigen Wert annimmt.

Mit Hilfe der Methode ist es möglich, die beiden ersten (vgl. c.β) sowie die beiden höchsten (vgl. c.α) Gleichgewichtskonstanten zu bestimmen, wenn eine Reihe aufeinanderfolgender Komplexe vorliegt. In sehr günstigen Fällen gelingt es weiterhin noch, die auf die beiden ersten Konstanten folgende Konstante [z. B. nach der Näherungsmethode von Kingery und Hume, J. Am. Chem. Soc. **71**, 2393 (1949)] zu ermitteln.

Das beschriebene Verfahren wurde von Hume u. Mitarb. [2, 3] zur Untersuchung der Systeme In^{3+}/Br^- und Bi^{3+}/Cl^- benutzt. Es konnten die Komplexe $BiCl^{++}$, $BiCl_2^+$, $BiCl_3$, $BiCl_4^-$ und $BiCl_5^{--}$ sowie $InBr^{++}$, $InBr_2^+$, $InBr_3$ und $InBr_4^-$ nachgewiesen und die zugehörigen Bildungskonstanten bestimmt werden. Außerdem wurde der Fall gemischter Wismut-Chloro-Bromo-Komplexe [4] studiert.

Literatur

[1] Newman, L., and D. N. Hume: Determination of successive formation constants by spectrophotometry. J. Am. Chem. Soc. **79**, 4571 (1957).

[2] Newman, L., and D. N. Hume: A spectrophotometric study of the bismuth-chloride complexes. J. Am. Chem. Soc. **79**, 4576 (1957).

[3] Burns, E. A., and D. N. Hume: A spectrophotometric study of the indium-bromide complexes. J. Am. Chem. Soc. **79**, 2704 (1957).

[4] Newman, L., and D. N. Hume: A spectrophotometric study of the mixed ligand complexes of bismuth with chloride and bromide. J. Am. Chem. Soc. **79**, 4581 (1957).

9. Methode nach Janssen für mehrstufige Gleichgewichte, wenn der Ligand eine mehrbasische Säure ist

Das Verfahren [1] ist zur Ermittlung der Komplexkonstanten bei stufenweiser Komplexbildung geeignet. Vorausgesetzt wird, daß die Extinktionskoeffizienten des Liganden und der anwesenden Komplexverbindungen bekannt sind. Im Prinzip kann man die Methode für eine beliebige Anzahl von Stufen verwenden, praktisch ist sie jedoch auf zweistufige Gleichgewichte beschränkt, da man bei höherstufigen im allgemeinen nicht die Extinktionen aller beteiligten Komplexe kennt.

Wir wollen annehmen, daß als Ligand eine mehrbasische Säure LH_j fungiert, die unter Abspaltung von maximal j Protonen j Koordinationsstellen an einem Metallion M besetzen kann und Komplexe der Form $ML, ML_2, \ldots, ML_n$ bildet.

$$\text{(VIII.9.1)} \qquad M + L \rightleftharpoons ML$$
$$ML + L \rightleftharpoons ML_2$$
$$\cdots \cdots \cdots$$
$$ML_{n-1} + L \rightleftharpoons ML_n .$$

Die einzelnen Stufen des Gleichgewichtes (VIII.9.1) werden durch die individuellen Bildungskonstanten

$$\text{(VIII.9.2)} \qquad k_n = \frac{[ML_n]}{[ML_{n-1}]\,[L]}$$

bzw. die Bruttobildungskonstanten

$$\text{(VIII.9.3)} \qquad K_n = k_1 \cdot k_2 \ldots k_n = \frac{[ML_n]}{[M] \cdot [L]^n}$$

beschrieben.

Für die stufenweise Dissoziation der Säure LH_j sind Gleichgewichte vom Typ

$$\text{(VIII.9.4)} \qquad LH_j \rightleftharpoons LH_{j-1} + H$$
$$LH_{j-1} \rightleftharpoons LH_{j-2} + H$$
$$\cdots \cdots \cdots \cdots$$

maßgebend. Man kann die Reaktionen (VIII.9.4) auch umgekehrt als Bildung von Wasserstoffkomplexen auffassen und die entsprechenden Bruttobildungskonstanten $K_j^{(H)}$ sowie die individuellen Bildungskonstanten $k_j^{(H)}$ zur Beschreibung verwenden.

$$\text{(VIII.9.5)} \qquad K_j^{(H)} = \frac{[LH_j]}{[L]\,[H]^j} = k_1^{(H)}\,k_2^{(H)} \ldots k_j^{(H)} .$$

Weiterhin werden die folgenden Definitionen eingeführt:

[M]   Konzentration an freiem nicht komplexgebundenem Metallion
C_L Konzentration an nicht komplex gebundenem Liganden

$$\text{(VIII.9.6)} \qquad C_L = [L] + [LH] + [LH_2] + \cdots + [LH_j]$$

[L]   Konzentration an freiem Liganden in der basischen Form, in der das Ligandenmolekül mit dem Metallion Komplexe bildet

$[LH_j]$ Konzentration an nicht komplex gebundenem sauren Liganden LH_j

$[ML_n]$ Konzentration an Komplex ML_n

T_M Gesamtkonzentration an Metallion

T_L Gesamtkonzentration an Liganden

$\varepsilon_1, \varepsilon_2, \ldots, \varepsilon_n$ Extinktionskoeffizienten der Komplexe $ML, ML_2, \ldots, ML_n$

ε_M Extinktionskoeffizient des freien Metallions M

ε_L mittlerer Extinktionskoeffizient des Liganden $(E = \varepsilon_L \cdot C_L \cdot d)$

E Extinktion $\log \dfrac{I_0}{I}$

$$(VIII.9.7) \quad A = \sum_{j=0}^{j=j} K_j^{(H)} [H]^j = 1 + K_1^{(H)} [H] + K_2^{(H)} [H]^2 + \cdots + K_j^{(H)} [H]^j$$

$$= 1 + \frac{[LH]}{[L]} + \frac{[LH_2]}{[L]} + \cdots + \frac{[LH_j]}{[L]}.$$

Wir betrachten ein zweistufiges Gleichgewicht mit ML und ML_2, wobei als Ligand eine zweibasische Säure LH_2 vorliegt. Dann gelten die Beziehungen

$$(VIII.9.8) \qquad T_L = C_L + [ML] + 2\,[ML_2]\,,$$

$$(VIII.9.9) \qquad T_M = [M] + [ML] + [ML_2]$$

und

$$(VIII.9.10) \qquad E = \varepsilon_M [M] + \varepsilon_L \cdot C_L + \varepsilon_1 [ML] + \varepsilon_2 [ML_2]\,,$$

wenn die Extinktionsmessungen in Cuvetten von 1 cm Schichtdicke ausgeführt werden. Für [L] erhält man aus (VIII.9.6) und (VIII.9.7)

$$(VIII.9.11) \qquad\qquad [L] = \frac{C_L}{A}\,.$$

Für die beiden individuellen Bildungskonstanten k_1 und k_2 gelten dann die Beziehungen

$$(VIII.9.12) \qquad\qquad k_1 = \frac{[ML] \cdot A}{[M] \cdot C_L}\,,$$

$$(VIII.9.13) \qquad\qquad k_2 = \frac{[ML_2] \cdot A}{[ML] \cdot C_L}\,.$$

Kann man die beiden Stufen der Komplexbildung getrennt betrachten, so gilt für die erste Stufe $([ML_2] = 0)$

$$(VIII.9.14) \quad k_1 = \frac{(E - \varepsilon_M T_M - \varepsilon_L T_L)\,(\varepsilon_1 - \varepsilon_M - \varepsilon_L)\,A}{\{(\varepsilon_1 - \varepsilon_L)\,T_M + \varepsilon_L T_L - E\}\,\{(\varepsilon_1 - \varepsilon_M)\,T_L + \varepsilon_M T_M - E\}} \quad *$$

und für die zweite Stufe $([M] = 0)$

$$(VIII.9.15) \quad k_2 = \frac{\{(\varepsilon_1 - \varepsilon_L)\,T_M + \varepsilon_L T_L - E\}\,\{\varepsilon_L + \varepsilon_1 - \varepsilon_2\}\,A}{\{(\varepsilon_2 - \varepsilon_1)\,T_L - (\varepsilon_2 - 2\,\varepsilon_1)\,T_M - E\}\,\{(\varepsilon_2 - 2\,\varepsilon_L)\,T_M + \varepsilon_L T_L - E\}}\,.$$

---

* Beziehungen, die von einigen anderen Autoren erhalten wurden, sind spezielle Fälle der Gleichung (VIII.9.14).

Vgl. Babko, A. K.: Zhur. Obshcheĭ Khim. 17, 443 (1947).

Schwarzenbach, G., u. W. Biedermann: Helv. Chim. Acta 31, 678 (1948).

Schwarzenbach, G., u. J. Heller: Helv. Chim. Acta 34, 1876 (1951).

Foley, R. T., and R. C. Anderson: J. Am. Chem. Soc. 70, 1195 (1948); 71, 909 (1949).

Ist eine getrennte Betrachtung der beiden Stufen nicht erlaubt, so darf man keine der Konzentrationen vernachlässigen. Es ist dann nicht möglich, aus den Gleichungen (VIII.9.8), (VIII.9.9) und (VIII.9.10) die beiden Konstanten zu erhalten.

Kennt man jedoch k_1, z. B. aus Untersuchungen an Lösungen mit großem Überschuß an Metallion, so kann man (VIII.9.12) zur Berechnung der Konzentrationen verwenden. Mit Hilfe von (VIII.9.8), (VIII.9.9) und (VIII.9.10) können alle Konzentrationen durch C_L ausgedrückt werden.

$$(VIII.9.16) \quad [ML] = \frac{(\varepsilon_M - \varepsilon_2) \, T_L - 2 \, \varepsilon_M \, T_M + 2 \, E - (2 \, \varepsilon_L - \varepsilon_2 + \varepsilon_M) \, C_L}{2 \, \varepsilon_1 - \varepsilon_2 - \varepsilon_M} ,$$

$$(VIII.9.17) \quad [M] = \frac{(2 \, \varepsilon_1 - \varepsilon_2) \, T_M - (\varepsilon_1 - \varepsilon_2) \, T_L - E + (\varepsilon_L + \varepsilon_1 - \varepsilon_2) \, C_L}{2 \, \varepsilon_1 - \varepsilon_2 - \varepsilon_M} .$$

Setzt man (VIII.9.16) und (VIII.9.17) in (VIII.9.12) ein, so folgt die quadratische Gleichung

$$(VIII.9.18) \quad (\varepsilon_L + \varepsilon_1 - \varepsilon_2) \, \frac{k_1}{A} \, C_L^2 + \left[\{(2 \, \varepsilon_1 - \varepsilon_2) \, T_M - (\varepsilon_1 - \varepsilon_2) \, T_L - E\} \, \frac{k_1}{A} \right.$$
$$\left. + (2 \, \varepsilon_L - \varepsilon_2 + \varepsilon_M) \right] C_L + [2 \, \varepsilon_M \, T_M - (\varepsilon_M - \varepsilon_2) \, T_L - 2 \, E] = 0 ,$$

deren Lösung C_L ergibt. Dann können die Konzentrationen [ML] und [ML$_2$] berechnet werden, und man findet mit (VIII.9.13) die Konstante k_2. Gleichung (VIII.9.18) hat nur dann eine positive Lösung, wenn

$$(VIII.9.19) \quad \frac{2 \, \varepsilon_M \, T_M - (\varepsilon_M - \varepsilon_2) \, T_L - 2 \, E}{\varepsilon_L + \varepsilon_1 - \varepsilon_2} < 0$$

ist. Damit die Werte der Konstanten genügend genau sind, müssen die Unterschiede zwischen den molaren Extinktionskoeffizienten möglichst groß sein.

Mit (VIII.9.14), (VIII.9.15) und (VIII.9.18) ist es möglich, k_1 und k_2 einzeln aus jedem Punkt der experimentellen photometrischen Titrationskurve $E = f(\text{pH})$ zu berechnen*. Diese erhält man, wenn man die Extinktion saurer Lösungen, die das Metallion und den Liganden in bestimmtem Verhältnis enthalten, in Abhängigkeit vom pH-Wert aufträgt.

Von JANSSEN [1] wurde auf diese Weise die Komplexbildung von Cu^{2+} mit 8-Hydroxychinolin-5-sulfosäure in Äthanol/Wasser-Mischungen untersucht. Lösungen, die den Liganden und verschiedene Konzentrationen von Kupferperchlorat enthalten, wurden mit $HClO_4$ auf genau 0,01 m angesäuert und dann mit einer Lösung von etwa 1,5 m NaOH titriert. Unter diesen Bedingungen kann die sehr kleine Volumenänderung bei tropfenweisem Zusatz von NaOH vernachlässigt und die Ionenstärke als praktisch konstant angesehen werden ($\mu = 0,01$). Bei jedem NaOH-Zusatz wurden der pH-Wert der Lösung sowie die zugehörige

---

* Eine geeignete Meßzelle für photometrische Titrationen ist in der Originalarbeit [1] angegeben.

Extinktion bestimmt. In Abb.VIII.15 sind für einige Meßreihen die Extinktions-pH-Kurven gezeichnet. Es wurde bei der Wellenlänge 385 mμ gemessen.

Auf der Abszissenachse sind Werte einer Größe B aufgetragen, die mit der Wasserstoffionenkonzentration nach

$$- \log[H] = B + \log U_H$$

in Zusammenhang steht [Van Uitert u. Haas: J. Am. Chem. Soc. 75, 451 (1953)]. $\log U_H$ kann durch Titration einer 0,01 m $HClO_4$ mit NaOH ermittelt werden.

E' ist im vorliegenden Fall die gegen Luft gemessene Extinktion, aus der man E erhalten kann, wenn man die entsprechende Korrektur für das reine Lösungsmittel berücksichtigt.

Aus der Kurve I (kein Kupferzusatz) kann man $k_2^{(H)}$ und für jeden pH-Wert den zugehörigen ε_L'-Wert bestimmen. Aus einer analogen zweiten Meßreihe bekommt man $k_1^{(H)}$. Bei der Kurve II ist $T_L = 2\,T_M$. Da Kupferperchlorat bei 385 mμ praktisch nicht absorbiert, ist $\varepsilon_M = 0$. Dann kann man ε_2' aus dem horizontalen Teil der Kurve II bestimmen. Bei den Bedingungen, unter denen Kurve IV aufgenommen ist (Überschuß an Cu^{2+}), wird nur ML gebildet. Der gerade Teil der Kurve liefert ε_1'.

Mit $\varepsilon_M = 0$ vereinfachen sich die Beziehungen (VIII.9.14), (VIII.9.15) und (VIII.9.18), da alle Glieder mit ε_M entfallen. Berücksichtigt man, daß

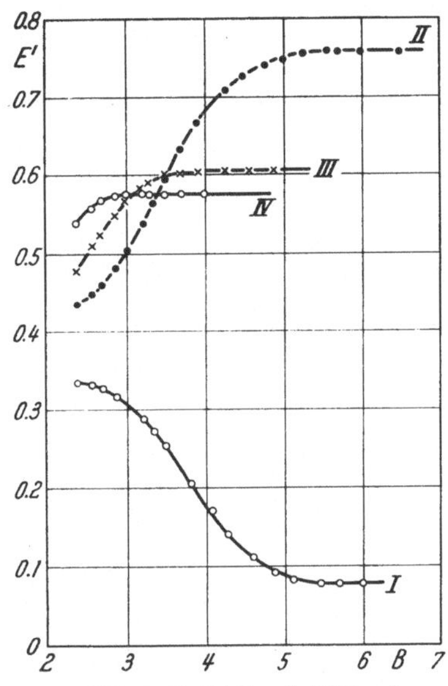

Abb. VIII.15. Extinktion (bei 385 mμ) von Lösungen von 1×10^{-4} m 8-Hydroxychinolin-5-sulfosäure mit verschiedenen Mengen $Cu(ClO_4)_2$. Kurve I: Konzentration an $Cu(ClO_4)_2 = 0$; Kurve II: Konzentration an $Cu(ClO_4)_2 = 0,5 \times 10^{-4}$ m; Kurve III: Konzentration an $Cu(ClO_4)_2 = 1 \times 10^{-4}$ m; Kurve IV: Konzentration an $Cu(ClO_4)_2 = 2,5 \times 10^{-4}$ m. Nach Janssen [1]

$\varepsilon_L = E_L/T_L$, $\varepsilon_1 = E_1/T_L$ und $\varepsilon_2 = 2\,E_2/T_L$ ist, so sieht man, daß in den vereinfachten Beziehungen nur die Differenzen der gemessenen Extink-

Tabelle 1. *k_j-Werte von 8-Hydroxychinolin-5-sulfo-säure in Äthanol/Wasser-Mischungen*

Volumen-prozente Äthanol	$\log U_H$	$\log k_1^{(H)}$	$\log k_2^{(H)}$
0	—	8,64	4,03
26,3	−0,08	9,25	3,82
51,7	−0,26	9,79	3,54
75,0	−0,38	10,30	3,39

tionswerte auftreten. Daraus ergibt sich, daß es in diesem Fall nicht notwendig ist, die Lösungsmittelkorrektur für die Extinktion zu berücksichtigen. Die Rechnungen können mit E' bzw. ε' durchgeführt werden. Dies gilt jedoch nicht mehr, wenn $\varepsilon_M \neq 0$ ist.

In Tab. 1 sind die $k_j^{(H)}$-Werte der 8-Hydroxychinolin-5-sulfosäure in Äthanol/Wasser-Mischungen angegeben, in Tab. 2 die für eine Mischung von 75% Äthanol/Wasser ermittelten Bildungskonstanten.

Tabelle 2. *Zur Berechnung der Bildungskonstanten von Kupfer-8-Hydroxychinolin-5-sulfosäure-Komplexen in 75% Äthanol/Wasser* ($E_1' = 0{,}577$; $E_2' = 0{,}760$)

Kurve	B	E_L'	E'	verwendete Beziehung	$\log k_1$	$\log k_2$
III	2,40	0,337	0,480	(VIII.9.14)	14,25	
IV	2,40	0,337	0,538	(VIII.9.14)	14,17	
IV	2,58	0,333	0,559	(VIII.9.14)	14,25	
II	2,70	0,329	0,459	(VIII.9.18)		12,52
II	3,22	0,290	0,540	(VIII.9.18)		12,30
II	3,71	0,224	0,635	(VIII.9.18)		12,36

(Die k_2-Werte wurden mit $\log k_1 = 14{,}21$ erhalten.)

Literatur

[1] Janssen, M. J.: A new spectrophotometric method for the evaluation of complex-stability constants. Rec. trav. Chim. Pays-Bas 75, 1397 (1956).
Ähnliche Methoden vgl. z. B.:
[2] Schwarzenbach, G., u. W. Biedermann: Komplexone X. Erdalkalikomplexe von o,o'-Dioxyazofarbstoffen. Helv. Chim. Acta 31, 678 (1948).
[3] Heller, J., u. G. Schwarzenbach: Metallindikatoren IV. Die Aciditätskonstanten und die Eisenkomplexe der Chromotropsäure. Helv. Chim. Acta 34, 1876 (1951). (Photometrische Titration, Extinktionsmessungen als Funktion des pH-Wertes.)

10. Methode zur Untersuchung stufenweiser Komplexbildung nach Jazimirskij

Jazimirskij [1] hat eine Methode angegeben, die Bildungskonstanten

$$(VIII.10.1) \qquad K_n = \frac{[MA_n]}{[M]\,[A]^n}$$

einer Reihe stufenweise gebildeter einkerniger Komplexe MA, MA_2, ..., MA_n durch Messung der Extinktionsänderung von Lösungen, die A und M enthalten, zu bestimmen. Das Verfahren benutzt geeignete Hilfsfunktionen, aus denen die Konstanten durch Extrapolation auf den Wert Null der Variablen gewonnen werden. Man arbeitet wie üblich bei konstanter Ionenstärke.

Die Extinktionskoeffizienten der einzelnen Komplexe werden, wie auch bei der Bjerrumschen Methode der korrespondierenden Lösungen (vgl. dieses Kapitel, Abschnitt 7) für die Berechnung der Stabilitätskonstanten nicht benötigt.

Mißt man die Extinktion E einer Reihe von Lösungen, die aus M und A gemischt werden, so erhält man eine entsprechende Anzahl von Werten für den mittleren molaren Extinktionskoeffizienten $\bar{\varepsilon}$. Es ist

$$(VIII.10.2) \qquad \bar{\varepsilon} = \frac{E}{c_M \cdot d},$$

wenn d die Schichtdicke und c_M die Gesamtkonzentration an Metallion ist. Tragen im untersuchten Spektralbereich zur Absorption nur das Metallion und die gebildeten Komplexe bei — absorbiert also der Ligand A im Spektralgebiet, in dem gemessen wird, nicht — so gilt

$$(VIII.10.3) \qquad \frac{E}{d} = \varepsilon_M [M] + \varepsilon_1 [MA] + \varepsilon_2 [MA_2] + \cdots + \varepsilon_n [MA_n].$$

$\varepsilon_M, \varepsilon_1, \varepsilon_2, \ldots, \varepsilon_n$ sind die Extinktionskoeffizienten für M, MA, MA_2, ..., MA_n und [M], [MA], $[MA_2]$, ..., $[MA_n]$ die Gleichgewichtskonzentrationen dieser Gebilde.

Mit

$$(VIII.10.4) \qquad c_M = [M] + [MA] + [MA_2] + \cdots + [MA_n]$$

und (VIII.10.2), (VIII.10.3) sowie den Gleichungen der Form (VIII.10.1) für die Bruttobildungskonstanten $K_1, K_2, \ldots, K_n$ findet man

$$(VIII.10.5) \qquad \bar{\varepsilon} = \frac{\varepsilon_M + \varepsilon_1 K_1 [A] + \varepsilon_2 K_2 [A]^2 + \cdots + \varepsilon_n K_n [A]^n}{1 + K_1 [A] + K_2 [A]^2 + \cdots + K_n [A]^n}.$$

Subtrahiert man ε_M auf beiden Seiten von (VIII.10.5), so folgt

$$(VIII.10.6) \qquad \Delta \bar{\varepsilon} = \frac{\Delta \varepsilon_1 K_1 [A] + \Delta \varepsilon_2 K_2 [A]^2 + \cdots + \Delta \varepsilon_n K_n [A]^n}{1 + K_1 [A] + K_2 [A]^2 + \cdots + K_n [A]^n} *,$$

wobei $\Delta \bar{\varepsilon} = \bar{\varepsilon} - \varepsilon_M$, $\Delta \varepsilon_1 = \varepsilon_1 - \varepsilon_M$, $\Delta \varepsilon_2 = \varepsilon_2 - \varepsilon_M$, ..., $\Delta \varepsilon_n = \varepsilon_n - \varepsilon_M$ ist. Gleichung (VIII.10.6) gilt nicht nur für die Extinktionskoeffizienten, sondern auch für die Extinktionen, wenn man alle Messungen in Cuvetten gleicher Schichtdicke vornimmt.

Durch Reihenversuche findet man eine große Zahl von $\Delta \bar{\varepsilon}$-Werten und damit auch eine große Zahl von Gleichungen der Form (VIII.10.6). Das Problem besteht darin, die Koeffizienten $\Delta \varepsilon_i K_i$ in diesen Gleichungen zu bestimmen.

JAZIMIRSKIJ benutzt dazu Hilfsfunktionen, die auf den Wert Null der Veränderlichen extrapoliert werden.

Unter Verwendung der Hilfsfunktion

$$(VIII.10.7) \qquad f_1 = \frac{\Delta \bar{\varepsilon}}{[A]}$$

geht (VIII.10.6) in

$$(VIII.10.8) \qquad f_1 = \frac{\Delta \varepsilon_1 K_1 + \Delta \varepsilon_2 K_2 [A] + \Delta \varepsilon_3 K_3 [A]^2 + \cdots + \Delta \varepsilon_n K_n [A]^{n-1}}{1 + K_1 [A] + K_2 [A]^2 + K_3 [A]^3 + \cdots + K_n [A]^n}$$

über. Extrapoliert man f_1 auf die Konzentration Null des Liganden, so erhält man

$$(VIII.10.9) \qquad \lim_{[A] \to 0} f_1 = a_1 = \Delta \varepsilon_1 K_1.$$

---

* Entsprechende Beziehungen gelten für beliebige Eigenschaften, die eine lineare Funktion der Konzentration der Komponenten des Systems sind.

Die Extrapolation kann graphisch erfolgen. Man trägt auf der Abszisse die Gleichgewichtskonzentration des Liganden und auf der Ordinate f_1 auf. $a_1 = \Delta \varepsilon_1 K_1$ erhält man als Ordinatenabschnitt.

Differentiation der Funktion f_1 und Extrapolation der Ableitung auf die Konzentration Null des Liganden liefert

$$(\text{VIII}.10.10) \qquad \lim_{[A] \to 0} \frac{df_1}{d[A]} = a_2 = \Delta \varepsilon_2 K_2 - \Delta \varepsilon_1 K_1^2 .$$

Man kann a_2 auch mit der Hilfsfunktion

$$(\text{VIII}.10.11) \qquad f_2 = \frac{f_1 - a_1}{[A]}$$

durch Extrapolation auf $[A] \to 0$ finden.

$$(\text{VIII}.10.12) \qquad \lim_{[A] \to 0} f_2 = a_2 = \Delta \varepsilon_2 K_2 - \Delta \varepsilon_1 K_1^2 .$$

Entsprechend erhält man allgemein mit der Hilfsfunktion

$$(\text{VIII}.10.13) \qquad f_i = \frac{f_{i-1} - a_{i-1}}{[A]}$$

durch Extrapolation auf $[A] \to 0$ einen Wert für a_i

$$(\text{VIII}.10.14) \qquad \lim_{[A] \to 0} f_i = a_i = \Delta \varepsilon_i K_i - \Delta \varepsilon_1 \cdot K_1^i .$$

Man findet so die Koeffizienten $\Delta \varepsilon_i K_i$, die neben den gesuchten Brutto-bildungskonstanten noch die unbekannten $\Delta \varepsilon_i$ enthalten. Um aus den Extrapolationsgleichungen (VIII.10.14) die Unbekannten $\Delta \varepsilon_i$ und K_i zu bestimmen, benötigt man nochmals dieselbe Zahl (i) anderer Gleichungen, die diese Größen enthalten.

Dazu wird eine neue Variable y eingeführt, die durch die Gleichung

$$(\text{VIII}.10.15) \qquad y = \frac{1}{[A]}$$

definiert ist. Dividiert man Zähler und Nenner von (VIII.10.6) durch $[A]$, so erhält man unter Berücksichtigung von (VIII.10.15)

$$(\text{VIII}.10.16) \qquad \Delta \bar{\varepsilon} = \frac{\Delta \varepsilon_n K_n + \Delta \varepsilon_{n-1} K_{n-1} y + \cdots + \Delta \varepsilon_1 K_1 y^{n-1}}{K_n + K_{n-1} y + \cdots + K_1 y^{n-1} + y^n} .$$

Extrapolation von $\Delta \bar{\varepsilon}$ auf den Nullwert von y ergibt

$$(\text{VIII}.10.17) \qquad \lim_{y \to 0} \Delta \bar{\varepsilon} = b_1 = \Delta \varepsilon_n .$$

Ferner gilt

$$(\text{VIII}.10.18) \qquad \lim_{y \to 0} \frac{d\Delta \bar{\varepsilon}}{dy} = (\Delta \varepsilon_{n-1} - \Delta \varepsilon_n) \frac{K_{n-1}}{K_n} .$$

Dieses Ergebnis findet man auch mit der Hilfsfunktion

$$(\text{VIII}.10.19) \qquad \varphi_1 = \frac{\Delta \bar{\varepsilon} - b_1}{y}$$

und Extrapolation auf den Wert $y \to 0$

$$(\text{VIII}.10.20) \qquad \lim_{y \to 0} \varphi_1 = b_2 = (\Delta \varepsilon_{n-1} - \Delta \varepsilon_n) \frac{K_{n-1}}{K_n} .$$

Nach dem gleichen Schema werden die Funktionen φ_2, φ_3, . . . , φ_{n-1} aufgestellt und auf $y \to 0$ extrapoliert. Kombiniert man die Extrapolationsgleichungen (VIII.10.14) mit den Gleichungen der Form (VIII.10.20), so kann man alle Koeffizienten in (VIII.10.6) bestimmen. Damit kennt man die Bildungskonstanten der n Komplexe.

Sind z. B. nur zwei Komplexe MA und MA_2 vorhanden, so gelten die Beziehungen

$$(\text{VIII.10.9}) \qquad a_1 = \Delta\varepsilon_1 K_1$$

$$(\text{VIII.10.12}) \qquad a_2 = \Delta\varepsilon_2 K_2 - \Delta\varepsilon_1 K_1^2$$

$$(\text{VIII.10.17}) \qquad b_1 = \Delta\varepsilon_2$$

$$(\text{VIII.10.20}) \qquad b_2 = (\Delta\varepsilon_1 - \Delta\varepsilon_2)\,\frac{K_1}{K_2}\,.$$

Durch Lösen dieses Gleichungssystems findet man K_1, K_2 sowie $\Delta\varepsilon_1$ und $\Delta\varepsilon_2$.

$$(\text{VIII.10.21}) \qquad K_1 = \frac{a_1 b_1 - a_2 b_2}{a_1 b_2 + b_1^2}\,,$$

$$(\text{VIII.10.22}) \qquad K_2 = \frac{a_1^2 + a_2 b_1}{a_1 b_2 + b_1^2}\,,$$

$$(\text{VIII.10.23}) \qquad \Delta\varepsilon_1 = \frac{a_1^2 b_2 + a_1 b_1^2}{a_1 b_1 - a_2 b_2}\,,$$

$$(\text{VIII.10.24}) \qquad \Delta\varepsilon_2 = b_1\,.$$

Die nach der Extrapolationsmethode gefundenen Koeffizienten in Gl. (VIII.10.6) müssen weiter überprüft werden, indem man im gesamten Konzentrationsbereich der komplexbildenden Komponente A die berechneten Werte mit den experimentellen vergleicht.

Bei sehr stabilen Komplexen kann die Bestimmung der Gleichgewichtskonzentration [A] des Liganden Schwierigkeiten bereiten. Sind die Komplexe nicht sehr stabil, so unterscheidet sich die Gesamtkonzentration des Liganden nicht wesentlich von der Gleichgewichtskonzentration ($c_A \approx [A]$).

Von Jazimirskij und Fjodorowa [2] wurde dieses Verfahren benutzt, um die Stabilitätskonstanten von Chrom(II)-acetat-Komplexen zu bestimmen.

Literatur

[1] Jazimirskij, K. B.: Berechnung der Stabilitätskonstanten bei stufenweiser Komplexbildung durch Untersuchung der physikalisch-chemischen Eigenschaften der Lösungen. Zhur. Neorg. Khim. Bd. 1, 10, 2306 (1956).

[2] Jazimirskij, K. B., u. T. I. Fjodorowa: Stabilität von Chrom(II)-acetat-Komplexen. Zhur. Neorg. Khim. Bd. 1, 10, 2310 (1956).

11. Die Bedeutung isosbestischer Punkte für die Untersuchung von Komplexbildungsgleichgewichten

Untersucht man Komplexbildungsgleichgewichte, indem man bei konstanter Konzentration c_A der einen Komponente A die Konzentration c_B der zweiten Komponente variiert (c_{B_1}, c_{B_2}, . . .) und jeweils die

Extinktionskurven $E_{cB_1} = f_1(\lambda)$, $E_{cB_2} = f_2(\lambda)$, ... mißt, so findet man mitunter isosbestische Punkte, d. h. Punkte gleichbleibender Extinktion [1, 2, 3, 4, 18]. Abb. VIII.16 zeigt als Beispiel die Absorptionsspektren einer Lösung von KNO_2, der steigende Mengen $CdCl_2$ zugesetzt wurden. Man erkennt bei $\lambda = 337$ $m\mu$ einen isosbestischen Punkt, in dem sich alle Extinktionskurven schneiden [14].

Isosbestische Punkte sind also die gemeinsamen Schnittpunkte von (mindestens drei) aufeinanderfolgenden Extinktionskurven, deren E- und λ-Koordinaten unverändert bleiben. Für einen isosbestischen Punkt gilt somit die Beziehung

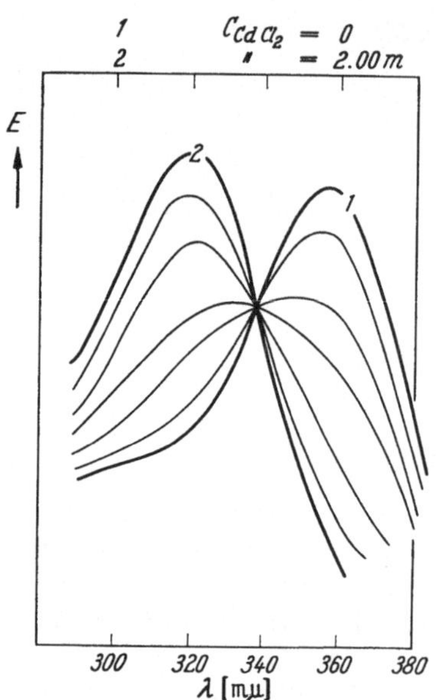

Abb. VIII.16. Absorptionsspektren einer Lösung von 0,0221 m KNO_2 bei Zusatz von $CdCl_2$ (0 — 2,00 m)

$$\text{(VIII.11.1)} \qquad |E(c_B)|_\lambda = \text{const *.}$$

Die Bedingungen für das Auftreten solcher ausgezeichneter Punkte bei *Gleichgewichtsreaktionen* sind:

1. Die Gesamtmenge der einen komplexbildenden Komponente muß konstant sein.

2. Die in steigenden Mengen zugesetzte, die Gleichgewichtslage verändernde andere Komponente darf in dem betreffenden Spektralgebiet nicht absorbieren**.

3. Es müssen bestimmte Beziehungen zwischen den Extinktionskoeffizienten und den stöchiometrischen Umsetzungszahlen der am Gleichgewicht beteiligten absorbierenden Komponenten erfüllt sein.

Zudem ist die Gültigkeit des Lambert-Beerschen Gesetzes für jede der absorbierenden Komponenten vorauszusetzen.

Zum Beispiel gilt für ein Gleichgewicht vom Typ

$$\text{(VIII.11.2)} \qquad a\text{A} + b\text{B} \rightleftharpoons \text{A}_a\text{B}_b$$

mit $\varepsilon_B = 0$ als dritte Bedingung für das Auftreten eines isosbestischen Punktes

$$\text{(VIII.11.3)} \qquad \varepsilon_A = \varepsilon_{A_a B_b} \cdot \frac{1}{a},$$

---

* Bei der spektrophotometrischen Untersuchung kinetischer Vorgänge treten ebenfalls mitunter isosbestische Punkte auf. Es gilt eine zu (VIII.11.1) entsprechende Beziehung $|E(t)|_\lambda = $ const, wenn t die Reaktionszeit ist [1, 18].

** Isosbestische Punkte können ganz allgemein nur dann beobachtet werden, wenn die Gesamtmenge der zur Absorption beitragenden miteinander reagierenden Ausgangskomponenten konstant ist. Nicht absorbierende Reaktionsteilnehmer treten dabei nicht in Erscheinung. Bei gerichteten zeitabhängigen Reaktionen — also bei der Untersuchung kinetischer Vorgänge — ist diese Bedingung immer erfüllt, bei Gleichgewichtsreaktionen nur dann, wenn die das Gleichgewicht verschiebende Komponente nicht absorbiert.

wenn man die molaren dekadischen Extinktionskoeffizienten der Gleichgewichtspartner mit ε bezeichnet.

Für die Extinktion der Lösung der Gesamtkonzentration c_A an A mit den zugesetzten Mengen c_{B_1}, c_{B_2}, ... von B gelten die Beziehungen

$$E_{cB_1} = \varepsilon_A \, [A_{(1)}] + \varepsilon_{A_a B_b} \, [A_a B_{b(1)}]$$
$$E_{cB_2} = \varepsilon_A \, [A_{(2)}] + \varepsilon_{A_a B_b} \, [A_a B_{b(2)}] \; *$$
$$\cdots\cdots\cdots\cdots\cdots\cdots ,$$

wenn [A] und $[A_a B_b]$ die Gleichgewichtskonzentrationen an A und an Komplex $A_a B_b$ sind und die Ziffern (1), (2), ... sich auf die jeweils zugesetzten Mengen der Komponente B beziehen. Mit

$$c_A = [A_{(1)}] + a \, [A_a B_{b(1)}] = [A_{(2)}] + a \, [A_a B_{b(2)}] = \cdots$$

erhält man

$$E_{cB_1} = \varepsilon_A \, [A_{(1)}] + \varepsilon_{A_a B_b} \frac{1}{a} \, (c_A - [A_{(1)}])$$

$$E_{cB_2} = \varepsilon_A \, [A_{(2)}] + \varepsilon_{A_a B_b} \frac{1}{a} \, (c_A - [A_{(2)}])$$

$$\cdots\cdots\cdots\cdots\cdots\cdots\cdots$$

Mit der Bedingung (VIII.11.1) für das Auftreten eines isosbestischen Punktes

$$E_{cB_1} = E_{cB_2} = E_{cB_3} = \cdots$$

folgt

$$\varepsilon_A \cdot ([A_{(1)}] - [A_{(2)}]) = \frac{1}{a} \, \varepsilon_{A_a B_b} \, ([A_{(1)}] - [A_{(2)}])$$

$$\cdots\cdots\cdots\cdots\cdots\cdots\cdots\cdots\cdots$$

woraus sich Gl. (VIII.11.3) ergibt.

Ein spezieller Fall des Gleichgewichtes (VIII.11.2) liegt dann vor, wenn es sich bei der Komponente B um Wasserstoffionen handelt.

(VIII.11.4) $\qquad\qquad\qquad$ $A + H \rightleftharpoons AH$.

Bei solchen Säure-Basen-Gleichgewichten — etwa bei Farbindicatoren [10, 13] — beobachtet man häufig isosbestische Punkte, für deren Auftreten als Bedingung

(VIII.11.5) $\qquad\qquad\qquad$ $\varepsilon_A = \varepsilon_{AH}$

gilt. Oftmals liegen die Verhältnisse so, daß eine Komponente A, z. B. ein Metallion, mit einer Komponente B einen Komplex AB_b bildet, wobei B an einem Säure-Basen-Gleichgewicht beteiligt ist.

(VIII.11.6) $\qquad\quad$ I) $\quad A + b B \rightleftharpoons AB_b$

$\qquad\qquad\qquad\quad$ II) $\quad BH = B + H$.

Bei der experimentellen Untersuchung kann man so vorgehen, daß man die Gesamtkonzentrationen c_A und c_B konstant hält und das Gleichgewicht (VIII.11.6,I) mittelbar über die Wasserstoffionenkonzentration beeinflußt (VIII.11.6,II). Für den Fall, daß HB und B in dem betreffenden Spektralgebiet nicht absorbieren [6], sind die Verhältnisse analog

---

* Die Extinktion ist auf die Schichtdicke 1 cm bezogen.

denen beim Gleichgewicht (VIII.11.2), und es gilt (VIII.11.3) mit $a = 1$. Absorbieren B und (oder) HB, so können keine isosbestischen Punkte auftreten.

Verändert man die Lage des Gleichgewichtes (VIII.11.2) bei Konstanthaltung der Konzentrationen c_A und c_B der Komponenten durch Änderung der Temperatur, so kann man auch dann isosbestische Punkte erhalten, wenn $\varepsilon_B \neq 0$ ist und alle drei am Gleichgewicht beteiligten Stoffe absorbieren*. Die Bedingung für das Auftreten von isosbestischen Punkten ist, wie man leicht einsieht,

$$a\varepsilon_A + b\varepsilon_B = \varepsilon_{A_aB_b} \; .$$

Bei der spektrophotometrischen Untersuchung von *Stufengleichgewichten* vom Typ

$$(VIII.11.7) \quad A + B \rightleftharpoons AB \qquad\qquad k_1 = \frac{[AB]}{[A]\,[B]}$$

$$AB + B \rightleftharpoons AB_2 \qquad\qquad k_2 = \frac{[AB_2]}{[AB]\,[B]}$$

$$\cdots\cdots\cdots\cdots \qquad\qquad \cdots\cdots\cdots\cdots$$

$$AB_{N-1} + B \rightleftharpoons AB_N \qquad\qquad k_N = \frac{[AB_N]}{[AB_{N-1}]\,[B]}$$

können isosbestische Punkte auftreten, wenn außer Bedingung 1) und 2) die Bedingung 3) für jedes einzelne Gleichgewicht gilt, sowie zusätzlich das Verhältnis der aufeinanderfolgenden individuellen Bildungskonstanten k_{n-1}/k_n solche Werte besitzt, daß in einem bestimmten Konzentrationsintervall von B praktisch nur die zwei benachbarten Komplexe AB_{n-1} und AB_n vorliegen. Das heißt, daß die von J. BJERRUM** definierte Bildungsfunktion

$$\bar{n} = \frac{c_B - [B]}{c_A} = \frac{\sum\limits_{n=1}^{n=N} n\, K_n [B]^n}{1 + \sum\limits_{n=1}^{n=N} K_n [B]^n} \qquad [\text{vgl. Gl. (V.2.6)}]$$

$(K_n = k_1 \cdot k_2 \cdots k_n)$

so beschaffen ist, daß die Bildungskurve $\bar{n} = f(-\log [B])$ einen wellenförmigen Verlauf aufweist (vgl. Kapitel V.2.a γ).

Aus diesen Überlegungen folgt, daß das Auftreten eines isosbestischen Punktes *eine* definierte Gleichgewichtsstufe anzeigt. Insbesondere kann man, wenn man isosbestische Punkte bei der spektrophotometrischen Untersuchung von konsekutiven Gleichgewichten beobachtet, folgern, daß in dem betreffenden Konzentrationsintervall praktisch nur die zwei benachbarten Komplexe einer bestimmten Stufe des Schemas (VIII.11.7) gleichzeitig nebeneinander vorkommen. Voraussetzung ist allerdings, daß lediglich die in (VIII.11.7) angegebenen Reaktionen und keine anderweitigen Nebenreaktionen ablaufen.

---

* Bei derartigen Untersuchungen ist vorausgesetzt, daß die Extinktionskoeffizienten im entsprechenden Temperaturintervall praktisch temperaturunabhängig sind.

** BJERRUM, J.: Metal ammine formation in aqueous solution. (Theory of reversible step reactions). 2. Aufl. Kopenhagen: Haase and Son, 1957.

Einer besonderen Betrachtung bedarf der Fall, daß außer den Konsekutivgleichgewichten vom Typ (VIII.11.7) $X \rightleftharpoons Y \rightleftharpoons Z$ noch *Simultangleichgewichte* $X \rightleftharpoons X'$, $Y \rightleftharpoons Y'$ und $Z \rightleftharpoons Z'$ vorliegen. Das Reaktionsschema ist dann von der Form

$$\text{(VIII.11.8)} \qquad \begin{array}{ccccc} X & \overset{k_1}{\underset{}{\rightleftharpoons}} & Y & \overset{k_2}{\underset{}{\rightleftharpoons}} & Z \\ k_0' \updownarrow & & k_1' \updownarrow & & k_2' \updownarrow \\ X' & & Y' & & Z' \end{array} \quad,$$

wenn k_1 und k_2 die individuellen Bildungskonstanten der durch Zugabe steigender Mengen einer Komponente B zu X entstehenden Teilchen Y und Z und k_0', k_1' und k_2' die Gleichgewichtskonstanten der Simultangleichgewichte sind. In (VIII.11.8) sind nur die zur Lichtabsorption beitragenden Gleichgewichtspartner angegeben. Die Komponente B soll in dem betreffenden Spektralbereich nicht absorbieren.

Bestimmt man eine Reihe von Extinktionskurven, indem man c_X konstant hält und c_B variiert, so können nur dann isosbestische Punkte auftreten, wenn die Lage der Simultangleichgewichte nicht durch die Komponente B beeinflußt wird, die die Lage der Konsekutivgleichgewichte bestimmt. Dieser Fall ist vergleichsweise selten. Voraussetzung ist allerdings, daß das Verhältnis der individuellen Bildungskonstanten k_1/k_2 von solcher Größenordnung ist, daß man jeweils in einem bestimmten Konzentrationsbereich von B eine der Gleichgewichtsfolgen

$$\begin{array}{ccc} X & \rightleftharpoons & Y \\ \updownarrow & & \updownarrow \\ X' & & Y' \end{array} \qquad \text{oder} \qquad \begin{array}{ccc} Y & \rightleftharpoons & Z \\ \updownarrow & & \updownarrow \\ Y' & & Z' \end{array}$$

praktisch als isoliert ansehen kann.

Als Beispiel für eine Reaktion nach Schema (VIII.11.8) sei die Komplexbildung eines Metallions M mit einer Ligandenkomponente B angeführt, wenn gleichzeitig Hydrolyse stattfindet. Es werde in einem gepufferten Medium gearbeitet.

$$\text{(VIII.11.9)} \qquad M + B \rightleftharpoons MB \qquad\qquad k_1 = \frac{MB}{[M]\,[B]}$$

$$MB + B \rightleftharpoons MB_2 \qquad\qquad k_2 = \frac{[MB_2]}{[MB]\,[B]}$$

$$\text{(VIII.11.10)} \qquad M + H_2O \rightleftharpoons M(OH) + H \qquad k_0' = \frac{[M(OH)]}{[M]}$$

$$MB + H_2O \rightleftharpoons MB(OH) + H \qquad k_1' = \frac{[MB\,(OH)]}{[MB]}$$

$$MB_2 + H_2O \rightleftharpoons MB_2(OH) + H \qquad k_2' = \frac{[MB_2(OH)]}{[MB_2]} \;\;.$$

Durch das Puffersystem wird [H] konstant gehalten, so daß [H] zusammen mit [H_2O] in die Gleichgewichtskonstanten k_0', k_1' und k_2' einbezogen werden kann.

X, Y und Z in Schema (VIII.11.8) entsprechen M, MB und MB_2 und X', Y' und Z' den Hydroxoverbindungen M(OH), MB(OH) und MB_2(OH). Letztere entstehen durch Reaktion mit dem in großem Überschuß vorliegendem nicht absorbierendem Lösungsmittel H_2O. Die nichtabsorbierende komplexbildende Komponente B beeinflußt bei konstanter Wasserstoffionenkonzentration die Simultangleichgewichte (VIII.11.10) nicht, so daß bei entsprechendem Verhältnis k_1/k_2 isosbestische Punkte auftreten können. Mit zunehmenden Werten von c_B kann zunächst ein isosbestischer Punkt für die erste Gleichgewichtsfolge, dann nach dessen Verschwinden ein zweiter für die zweite Gleichgewichtsfolge beobachtet werden. Als Bedingung für das Auftreten der isosbestischen Punkte gilt, wie man leicht nachrechnen kann:

$$(VIII.11.11) \qquad \frac{\varepsilon_X + k_0' \varepsilon_{X'}}{1 + k_0'} = \frac{\varepsilon_Y + k_1' \varepsilon_{Y'}}{1 + k_1'} \qquad \text{I.P. Nr. 1}$$

$$\frac{\varepsilon_Y + k_1' \varepsilon_{Y'}}{1 + k_1'} = \frac{\varepsilon_Z + k_2' \varepsilon_{Z'}}{1 + k_2'} \qquad \text{I.P. Nr. 2}$$

In einem ungepufferten System, bei dem sich die Wasserstoffionenkonzentration in Abhängigkeit von c_B ändert, können keine isosbestischen Punkte auftreten, da die Lage der Simultangleichgewichte mittelbar durch B beeinflußt wird.

Andererseits kann man bei Konsekutivgleichgewichten, deren Lage über den pH-Wert indirekt eingestellt wird [5, 6], das Auftreten von simultanen Hydrolysegleichgewichten mit großer Wahrscheinlichkeit ausschließen, wenn man isosbestische Punkte beobachtet.

Bei der Beurteilung, ob es sich bei konstanten Überschneidungspunkten aufeinanderfolgender Extinktionskurven wirklich um isosbestische Punkte handelt, ist zu berücksichtigen, daß durch die *Meßungenauigkeit* bestimmte Grenzen gesetzt sind. So können durch die Meßungenauigkeit konstante Schnittpunkte vorgetäuscht werden, die in Wirklichkeit keine isosbestischen Punkte sind, wodurch man zu falschen Schlußfolgerungen gelangen kann.

Dies soll im folgenden am Modell eines Zweistufengleichgewichtes [18]

$$(VIII.11.12) \qquad X \rightleftharpoons Y \rightleftharpoons Z$$
$$(A \rightleftharpoons AB \rightleftharpoons AB_2)$$

diskutiert werden, bei dem alle drei Teilchen absorbieren. Die nichtabsorbierende die Gleichgewichtsverschiebung verursachende Komponente B ist in (VIII.11.12) der Einfachheit halber weggelassen.

In Abb.VIII.17 sind die prozentualen Konzentrationen der Gleichgewichtspartner X, Y und Z in Abhängigkeit vom Logarithmus der Gesamtkonzentration von B für die Werte der individuellen Bildungskonstanten $k_1 = 10^{-2}$ und $k_2 = 10^{-3}$ aufgetragen.

Im Konzentrationsbereich $0 < \log c_B < 1,4$ beträgt die Konzentration an Z weniger als 0,5%, so daß sich Z nicht bemerkbar macht. Trägt man die Extinktion $E(\lambda_1)$ bei der Wellenlänge λ_1 des zu erwartenden ersten isosbestischen Punktes (IP 1), für den $\varepsilon_X^{(1)} = \varepsilon_Y^{(1)}$ sein muß, gegen

$\log c_B$ auf, so erhält man zunächst eine zur Abszisse parallele Gerade $E(\lambda_1) = \mathrm{const.}$ Der bei $\log c_B > 1{,}4$ gemessene Extinktionswert nimmt dann laufend zu oder ab, je nachdem ob $\varepsilon_Z^{(1)} \gtrless \varepsilon_X^{(1)} = \varepsilon_Y^{(1)}$ ist, d. h. der IP 1 verschwindet. Bei einer Meßungenauigkeit von $\pm 1\%$ kann das Verschwinden des IP 1 jedoch unter der Annahme, daß $\varepsilon_X^{(1)} = \varepsilon_Y^{(1)} = 3\,\varepsilon_Z^{(1)}$ ist, erst bei $\log c_B > \approx 1{,}8$ festgestellt werden, wo [Z] inzwischen auf über 2% angestiegen ist. Dieser Fall liegt allerdings noch relativ günstig. Sind die Extinktionskoeffizienten $\varepsilon_X^{(1)} = \varepsilon_Y^{(1)}$ von $\varepsilon_Z^{(1)}$ um weniger als den Faktor 3

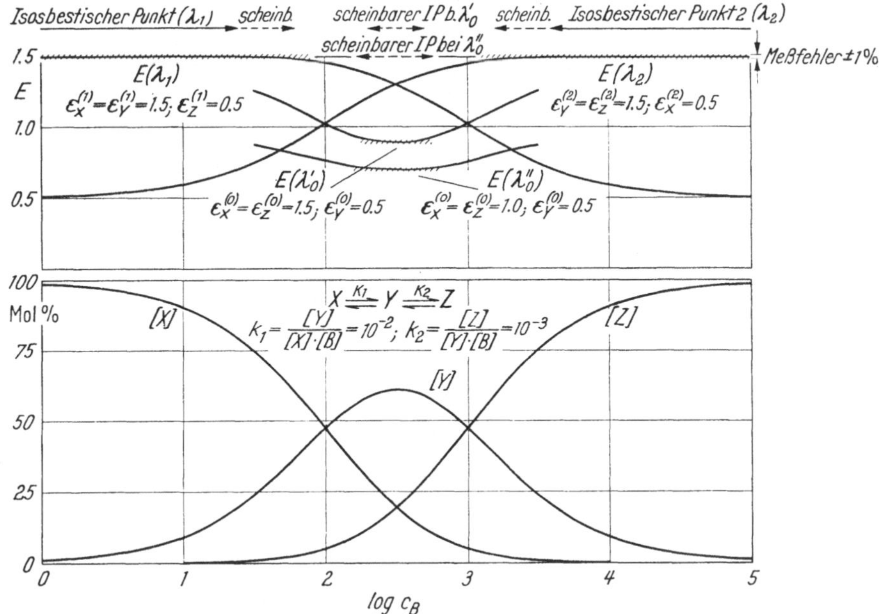

Abb. VIII.17. Konzentrations- und Extinktionsverlauf bei einem zweistufigen Gleichgewicht als Funktion des Logarithmus der Gesamtkonzentration an komplexbildender Komponente

verschieden, so bleibt der IP 1 im Rahmen der Meßgenauigkeit scheinbar noch erhalten, während die Konzentration von Z inzwischen merkliche Beträge erreicht haben kann. Es empfiehlt sich somit grundsätzlich, alle auf dem Vorhandensein von isosbestischen Punkten gründenden quantitativen Berechnungen nur anhand von Extinktionsdaten vorzunehmen, die in einem Konzentrationsintervall Δc_B gemessen werden, das in hinreichendem Abstand von den Grenzkonzentrationen c_B liegt, die dem Auftreten und Verschwinden des isosbestischen Punktes entsprechen.

Entsprechendes gilt für einen bei höheren Konzentrationen von B auftretenden zweiten isosbestischen Punkt (IP 2), der dem Gleichgewicht $Y \rightleftharpoons Z$ zuzuordnen ist und der bei dem in Abb. VIII.17 dargestellten Beispiel zu erwarten ist. Die bei der Wellenlänge λ_2 dieses Punktes gemessene Extinktion $E(\lambda_2)$ als Funktion von $\log c_B$ wird erst für $\log c_B > 3{,}6$ einen konstanten Wert annehmen. Die Meßungenauigkeit läßt jedoch schon bei $\log c_B > \approx 3{,}2$ den IP 2 erscheinen, wo die Konzentration von X noch etwas über 2% liegt ($\varepsilon_Y^{(2)} = \varepsilon_Z^{(2)} = 1{,}5$; $\varepsilon_X^{(2)} = 0{,}5$). Je weniger sich $\varepsilon_Y^{(2)} = \varepsilon_Z^{(2)}$ und $\varepsilon_X^{(2)}$ unterscheiden, um so stärker ist der Einfluß der Meßungenauigkeit auf die Feststellung, wann die betreffende Gleichgewichtsstufe alleine vorliegt.

Unter bestimmten Bedingungen kann sogar im Rahmen der Meßfehler noch ein weiterer isosbestischer Punkt (IP 0) vorgetäuscht werden, der in dem Konzentrationsbereich zwischen dem Verschwinden des IP 1 und dem Auftreten des IP 2 beobachtet werden kann. In der Nähe des Konzentrationsmaximums von Y kann — je nach dem Konstantenverhältnis — auch über einen größeren Konzentrationsbereich von c_B hinweg $\dfrac{d[Y]}{dc_B} \approx 0$ bleiben. Spektral gesehen liegt dann ein absorbierender quasi inerter Körper konstanter Grundabsorption vor, dessen Konzentration sich praktisch nicht ändert. Auftretende Extinktionsänderungen werden dann nur durch [X] und [Z] bestimmt, deren Gesamtmenge nunmehr praktisch ebenfalls konstant ist. Bei einer Wellenlänge λ_0, für die $\varepsilon_X^{(0)} = \varepsilon_Z^{(0)}$ ist, kann dann ein IP O im Bereich $2{,}3 < \log c_B < 2{,}7$ ($\varepsilon_X^{(0)} = \varepsilon_Z^{(0)} = 3\,\varepsilon_Y^{(0)}$) bzw. für $2{,}2 < \log c_B < 2{,}8$ ($\varepsilon_X^{(0)} = \varepsilon_Z^{(0)} = 2\,\varepsilon_Y^{(0)}$) dadurch vorgetäuscht werden, daß die Streuungen der Messung einen „konstanten" Wert für $E(\lambda_0)$ vortäuschen (vgl. Abb.VIII.17). Der Existenzbereich eines solchen vorgetäuschten isosbestischen Punktes ist dabei um so größer, je flacher das Konzentrationsmaximum von Y ist, je weniger sich $\varepsilon_Y^{(0)}$ von den (identischen) Extinktionskoeffizienten von X und Z unterscheidet und je größer die Meßungenauigkeit ist.

Aus diesen Überlegungen folgt, daß man bei der Ansprache konstanter Schnittpunkte aufeinanderfolgender Extinktionskurven als isosbestische Punkte sehr vorsichtig sein muß. Auf keinen Fall sollte deshalb das Auftreten eines nicht ganz sauberen Schnittpunktes kritiklos mit einer definierten, isolierten Gleichgewichtsstufe identifiziert werden. Eine Hilfe für die Beurteilung der „Echtheit" eines isosbestischen Punktes ist dann gegeben, wenn mehrere isosbestische Punkte gleichzeitig nebeneinander vorliegen. Der isosbestische Punkt mit dem kleinsten Existenzbereich (hervorgerufen durch die größte Meßgenauigkeit, d. h. das günstigste Verhältnis der Extinktionskoeffizienten) ist für die Festlegung des Konzentrationsintervalles Δc_B, in dem praktisch eine isolierte Gleichgewichtsstufe vorliegt, heranzuziehen. Sind außer einem als isosbestischen Punkt angesprochenen Punkt gleichzeitig wandernde Kurvenschnittpunkte vorhanden, so ist in der Regel der isosbestische Punkt nur vorgetäuscht.

Aus dem Auftreten eines (oder mehrerer gleichzeitig vorliegender) IP kann man also — mit den angegebenen Einschränkungen — auf das Vorhandensein einer isolierten Gleichgewichtsstufe mit in der Regel zwei absorbierenden Gleichgewichtspartnern schließen, z. B. bei konsekutiven Gleichgewichten nach Schema (VIII.11.12) auf $X \rightleftharpoons Y$. Es gilt dann (im entsprechenden Konzentrationsintervall Δc_B) $[X] + [Y] = \text{const}$ und $\varepsilon_X = \varepsilon_Y$.

Diese Tatsache erleichtert oder ermöglicht die Bestimmung der zugehörigen Gleichgewichtskonstanten aus den Extinktionsmessungen. Ist man über den Chemismus der Reaktionsfolge orientiert, so wird durch Messungen bei der Wellenlänge des isosbestischen Punktes die Zahl der Variablen eingeschränkt, die in den Beziehungen zur Berechnung der Gleichgewichtskonstanten auftreten können.

Dieses Verfahren benutzt z. B. VAREILLE [5, 6] bei der Untersuchung der stufenweisen Komplexbildung im System Fe^{3+}/Sulfosalicylsäure in Abhängigkeit vom pH-Wert. Mit zunehmendem pH-Wert treten nacheinander zwei isosbestische Punkte bei 549 und bei 459 mμ auf. Damit sind die gemeinsamen Extinktionswerte der an dem betreffenden isolierten Gleichgewicht beteiligten Komplexe für die Wellenlänge des zugehörigen isosbestischen Punktes bekannt. Für die Bildungskonstanten der Eisen(III)-Sulfosalicylsäure-Komplexe gilt

$$k_n = \frac{[FeR_n]\,[H]}{[FeR_{n-1}]\,[RH]} \qquad RH = \;$$

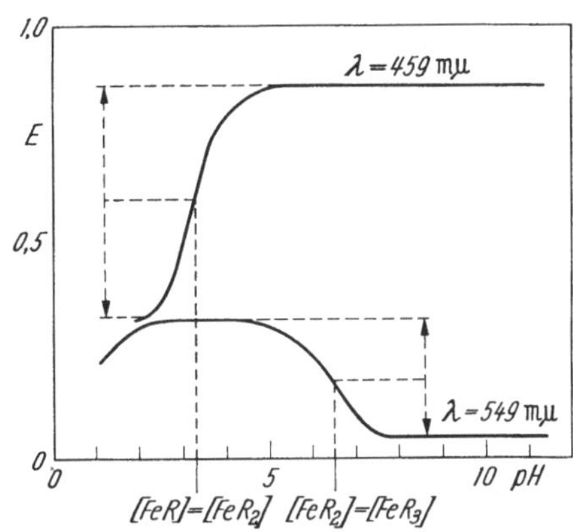

Ist die Extinktion des dem isolierten Gleichgewicht vorhergehenden oder nachfolgenden Komplexes (FeR_{n-1} bzw. FeR_{n+1}) bei der Wellenlänge des isosbestischen Punktes bekannt, so kann man durch einfache Mittelwertbildung den pH-Wert bestimmen, für den $[FeR_n] = [FeR_{n-1}]$ ist. Die Berechnung von k_n vereinfacht sich damit zu

$$\mathrm{p}k_n = \mathrm{pH} - \mathrm{p}[RH]\,.$$

VAREILLE nimmt die Mittelwertbildung, wie aus Abb.VIII.18 hervorgeht, auf graphischem Wege vor.

Abb. VIII.18. Extinktion bei den Wellenlängen der isosbestischen Punkte als Funktion des pH-Wertes. Graphische Ermittlung der pH-Werte für die die Konzentration beider benachbarter Komplexe den gleichen Wert besitzt. Nach VAREILLE [5]

Ein etwas anderer Weg der Berechnung der Stabilitätskonstanten wurde von MATTOO [7] gewählt, der ebenfalls die Konstanten der Eisen(III)-Sulfosalicylsäure-Komplexe unter Verwendung der experimentellen Daten von VAREILLE bestimmt hat.

Literatur

[1] SCHLÄFER, H. L., u. O. KLING: Bedeutung isosbestischer Punkte für die spektrophotometrische Untersuchung chemischer Zeitreaktionen und Gleichgewichte. Angew. Chem. **68**, 667 (1956).

[2] WEIGERT, F.: Optische Methoden der Chemie. Kapitel VII., ff. Leipzig 1927.

[3] KORTÜM, G.: Kolorimetrie und Spektrophotometrie. 3. Aufl. S. 34, 40. Berlin: Springer-Verlag 1955.

[4] CHARLOT, G., et R. GAUGIN: Les méthodes d'analyse des réactions en solution. S. 89 ff. Paris: Masson et Cie. 1951.

[5] VAREILLE, L.: Complexes ferriphénoliques. I. Méthode des points isosbestiques. Bull. Soc. Chim. France (1955) 870.

[6] VAREILLE, L.: II. Complexes ferrisulfosalicyliques. Bull. Soc. Chim. France (1955) 872.

[7] MATTOO, B. N.: Stability of metal complexes in solution. I. A spectrophotometric study and its application to ferric-sulfosalicylic acid complexes. Z. physik. Chem. (N. F.) 13, 316 (1957).

[8] SCHWARZENBACH, G., u. H. GYSLING: Metallindikatoren I. Murexid als Indikator auf Calcium- und andere Metallionen. Komplexbildung und Lichtabsorption. Helv. Chim. Acta 32, 1314 (1949).

[9] LIVINGSTON, R., and R. PARISER: The chlorophyll-sensitized photooxidation of phenylhydrazine by methyl red. J. Am. Chem. Soc. 70, 1510 (1948).

[10] BRODE, W. R.: The determination of hydrogen-ion concentration by a spectrophotometric method and the absorption spectra of certain indicators. J. Am. Chem. Soc. 46, 581 (1924).

[11] STENSTROM, W., and N. GOLDSMITH: Determination of the dissociation constants of phenol and the hydroxyl group of tyrosine by means of absorption measurements in the ultra-violet. J. phys. Chem. 30, 1683 (1926).

[12] WATTERS, J. I., and E. D. LOUGHRAN: Spectrophotometric investigation of a mixed complex ion formed by copper(II)-ion with pyrophosphate ion and ethylenediamine. J. Am. Chem. Soc. 75, 4819 (1953).

[13] THIEL, A.: Fortschr. Chem. Phys. Phys. Chem. 18, 13 (1924).

[14] VASSIAN, E. G., and W. H. EBERHARDT: The spectrophotometric determination of the dissociation constant of a cadmiumnitrite complex. J. Phys. Chem. 62, 84 (1958).

[15] DAVIS, M. M., and E. A. McDONALD: J. Research Natl. Bur. Standards 42, 595 (1949).

[16] DAVIS, M. M., and P. J. SCHULMAN: J. Research Natl. Bur. Standards 39, 221 (1947).

[17] SACCONI, L., G. LOMBARDO and P. PAOLETTI: The thermodynamics of the interaction between heterocyclic bases and biacetylbisbenzoylhydrazone-nikkel(II) as reference acceptor in benzene solution. J. Inorg. Nuc. Chem. 8, 217 (1958).

[18] KLING, O., u. H. L. SCHLÄFER: Die Bedeutung isosbestischer Punkte für die spektrophotometrische Untersuchung chemischer Reaktionen. Z. Elektrochem. Ber. der Bunsenges. f. phys. Chem. 65, 142 (1961).

Weitere Literatur über spektrophotometrische Methoden
Arbeiten von methodischem Interesse

HERNITER, J. D.: Determination of the formula of complex ions by spectrophotometric methods. Baskerville Chem. J., City Coll. N. Y. 3, 13 (1952). (Übersicht über die Methode der kontinuierlichen Veränderungen, die logarithmische Methode, die Methode des molaren Verhältnisses, die Methode des Neigungsverhältnisses sowie die Methode von EDMONDS u. BIRNBAUM).

SHCHUKAREV, S. A., u. O. A. LOBANEVA: Die Verwendung der Spektrophotometrie beim Studium der Komplexbildung in Lösung. Vestnik Leningrad. Univ. 11, No. 16, Ser. Fiz. i. Khim. No. 3, 64 (1956). (Vergleich der Methode der kontinuierlichen Veränderungen mit der logarithmischen Methode sowie der Methode der korrespondierenden Lösungen nach J. BJERRUM, eine Modifikation der Bjerrumschen Methode wird angegeben).

KOMAR, N. P.: Spektrophotometrische Bestimmung der Unbeständigkeitskonstanten und optischen Eigenschaften von Komplexverbindungen. Doklady Akad. Nauk. S.S.S.R. 72, 535 (1950). (Methode zur Berechnung der Komplexkonstanten und Extinktionskoeffizienten aus Messungen der Extinktion. Reaktionen vom Typ $B^m + q\,HA \leftrightharpoons BA_q^{m-q} + q\,H$, wenn die Dissoziationskonstante der Säure HA bekannt ist.)

KOMAR, N. P.: Spectrophotometry of multicomponent systems. VII. Determination of the composition of compounds formed in a reaction $mB + nA \rightleftharpoons B_mA_n$ by means of a graph "optical density-initial composition of a mixture", when measurements are made in a part of the spectrum that is absorbed by all the components in the system.

VIII. Determination of the composition of the compounds formed in the reaction $m\,B + n\,EA \rightleftharpoons B_m A_n + n\,E$ by means of a graph "optical density-initial composition of a mixture", when measurements are made at wave lengths that can be absorbed by all the components in the system.

IX. Determination of the composition of a compound following a graph "deflection of the optical density from its additive value-initial composition of the mixture."

X. A spectrophotometric method of determination of dissociation constants of coloured and colourless monobasic acids in solution with low ionic energy.

XI. Determination of the composition of an internal-complex compound formed in a reaction between hydrolyzable metallic ion and a weak acid.

XII. Determination of the equilibrium constant and of coefficients of molar extinction of a complex when the equiponderate system contains products of hydrolysis of the metallic ions as well as undissociated molecules of the reagent.

XIII. A spectrophotometric method of determination the dissociation constants of polybasic acids.

Uchenye Zapiski Kharkov Univ. **54** Trudy Khim. Fak. i. Nauk.-Issledovatel. Inst. Khim. Kharkov Gosudarst. Univ. **12**, 5—75 (1954). Referat Zhur. Khim. 1956, Abstr. No. 15572. cf. Trudy Khim. Pak. i. Nauk.-Issledovatel. Inst. Khim. Kharkov Gosudarst. Univ. **8**, 61 (1951).

KOMAR, N. P.: Ionengleichgewichte, ihre spektrophotometrische Untersuchung und Anwendung in der analytischen Chemie. Uchenye Zapiski Kharkov Univ. **18**, 117 (1957). (Ausführliche Literaturzusammenstellung).

LINDQVIST, I.: A spectrophotometric study of aqueous molybdate solutions. Acta Chem. Scand. **5**, 568 (1951). (Polynucleare Komplexe, Feststellung der verschiedenen Typen).

VINK, H.: Copper complexes in alkaline ethylenediamine solutions. A spectrophotometric study. Arkiv Kemi **11**, 9 (1957). (Theoretische Ableitung der Bestimmung des Bildungsgrades einer absorbierenden Komplexverbindung in Lösung, die mit einer oder mehreren absorbierenden anderen Verbindungen im Gleichgewicht ist für den Fall, daß die Extinktionskoeffizienten von keinem der absorbierenden Gebilde unabhängig voneinander bekannt sind.)

MATTOO, B. N.: Stability of metal complexes in solution. I. A spectrophotometric study, and its application to ferric-sulphosalicylic acid complexes. Z. physik. Chem. (N. F.) **13**, 316 (1957). (Methode zur Bestimmung der Gleichgewichtskonstanten bei stufenweiser Komplexbildung; die Extinktionskoeffizienten sowie die Konzentration des freien Liganden brauchen nicht bekannt zu sein.)

Weitere Arbeiten über die spektrophotometrische Untersuchung von Komplexgleichgewichten

NÄSÄNEN, R., P. LUMME and A.-L. MUKULA: Potentiometric and spectrophotometric studies on 8-quinolinol and its derivates. I. Ionization of 8-quinolinol in aqueous solutions of potassium chloride. Acta Chem. Scand. **5**, 1199 (1951).

NÄSÄNEN, R.: II. 8-quinolinol chelate of calcium in aqueous solution. Acta Chem. Scand. **5**, 1293 (1951).

NÄSÄNEN, R.: III. 8-quinolinol chelates of barium, strontium and magnesium in aqueous solutions. Acta Chem. Scand. **6**, 352 (1952).

NÄSÄNEN, R., and U. PENTTINEN: IV. 8-quinolinol chelates of cadmium, zinc and copper in aqueous solutions. Acta Chem. Scand. **6**, 837 (1952).

NÄSÄNEN, R., and A. EKMAN: V. Ionization of 8-quinolinol-5-sulfonic acid and 7-iodo-8-quinolinolsulfonic acid in aqueous solution. Acta Chem. Scand. **6**, 1384 (1952).

NÄSÄNEN, R.: VI. 8-quinolinol chelates of cobalt, lead and nickel in aqueous solutions. Suomen Kemistilehti B **26**, 11 (1953).

NÄSÄNEN, R.: VII. Ionization of 5-7-dichloro-8-quinolinol in aqueous solution. Suomen Kemistilehti B **26**, 69 (1953).

NÄSÄNEN, R.: A spectrophotometric study on complex formation in dilute aqueous solution of cupric bromide. Acta Chem. Scand. **4**, 816 (1950).

NÄSÄNEN, R.: Complex formation in dilute aqueous solution of cupric chloride. Spectrophotometric determination of equilibrium involving slight complex formation in electrolytic solution. Acta Chem. Scand. **4**, 140 (1950).

NÄSÄNEN, R.: Spectrophotometric study on complex formation between cupric and sulphate ions. Acta Chem. Scand. **3**, 179 (1949). (Berücksichtigung der Aktivitätskoeffizienten.)

NÄSÄNEN, R.: Complexity of copper(II)sulphate. Suomen Kemistilehti B **26**, 67 (1953).

HUGHES, V. L., and A. E. MARTELL: Spectrophotometric determination of the stability of ethylenediamine-tetraacetate chelates. J. Phys. Chem. **57**, 694 (1953).

GAMLEN, G. A., and D. O. JORDAN: Spectrophotometric study of Fe(III)-chloro-complexes. J. Chem. Soc. (London) **1953**, 1435.

KOSSIAKOFF, A., and D. V. SICKMANN: Cupric complex ions. I. Absorption spectra and equilibrium in the cupric nitrite system. J. Am. Chem. Soc. **68**, 442 (1946).

ÅGREN, A.: The complex formation between iron(III) and sulfosalicylic acid. Acta Chem. Scand. **8**, 266 (1954).

ÅGREN, A.: The complex formation between iron(III) ion and some phenols. II. Salicylic acid and p-amino salicylic acid. Acta Chem. Scand. **8**, 1059 (1954).

ÅGREN, A.: III. Salicylaldehyde, o-hydroxyacetophenone, salicylamide and methyl salicylate. Acta Chem. Scand. **9**, 39 (1955).

ÅGREN, A.: IV. The acidity constant of the phenolic group. Acta Chem. Scand. **9**, 49 (1955).

BURNS, E. A., and R. A. WHITEKER: A spectrophotometric study of the thallium(III) nitrate complex. J. Am. Chem. Soc. **78**, 866 (1957).

IX.

Refraktometrische Methoden

Der Brechungsindex n einer Lösung ändert sich im allgemeinen nicht linear mit der Konzentration der gelösten Substanz. Die Molekularrefraktion

$$R_M = \frac{M}{\varrho}\,\frac{(n^2 - 1)}{(n^2 + 2)} \qquad (M = \text{Molekulargewicht,} \quad \varrho = \text{Dichte})$$

ist nach der Theorie eine additive Eigenschaft, wenn keinerlei Wechselwirkung zwischen Lösungsmittelmolekülen und den Molekülen des gelösten Stoffes vorhanden ist. Bei hinreichender Verdünnung ist dies in erster Näherung realisiert.

Man kann somit durch Messung des Brechungsindex von Lösungen, die wechselnde Mengen komplexbildender Komponenten enthalten, die Bildung von Komplexverbindungen untersuchen. Die Messungen können nach verschiedenen Methoden vorgenommen werden*. Häufig wird ein Abbé-Refraktometer verwendet, das es erlaubt, den Brechungsindex auf fünf Dezimalen genau zu bestimmen. Man arbeitet bei konstanter Temperatur und mit monochromatischem Licht. Die Konzentration hält man in der Größenordnung von 10^{-3} m.

In einer Reihe von Arbeiten haben SPACU und POPPER zum Teil in Zusammenarbeit mit MURGULESCU [1—7] das Problem des refrakto-

---

* Vgl. BAUER, N., and K. FAJANS: Kapitel "Refractometry" in A. WEISSBERGER, Physical methods of organic chemistry, Vol. II, S. 1141—1240. New York: Interscience Publ. Inc. 1949.

metrischen Nachweises von Komplexbildung in wäßrigen elektrolytischen Mischlösungen unter Verwendung des Prinzips der kontinuierlichen Veränderungen (vgl. Kapitel VIII.1) behandelt. Es werden die Brechungsindices äquimolarer Lösungen der Komponenten und einer Reihe von Mischlösungen stets gleichbleibender Gesamtmolarität, die aus den Stammlösungen hergestellt werden, gemessen. Setzt man voraus, daß für die aus den Stammlösungen erhaltenen Mischlösungen die Additivitätsregel gilt, so kann man die gefundenen Abweichungen zwischen den gemessenen Werten des Brechungsindex ($n_{exp.}$) und den nach der Additivitätsregel berechneten ($n_{theor.}$) auf die Bildung von Komplexen zurückführen. Die stöchiometrische Zusammensetzung der Komplexe kann dann graphisch ermittelt werden, indem man die Differenz $\Delta n = n_{theor.} - n_{exp.}$ gegen die Zusammensetzung der Mischlösung aufträgt. Anstelle von n kann man auch die spezifischen Refraktionen

$$R = \frac{1}{\varrho} \frac{(n^2 - 1)}{(n^2 + 2)}$$

verwenden und die Differenz der spezifischen Refraktionen $\Delta R = R_{theor.} - R_{exp.}$ gegen die Zusammensetzung auftragen.

Das Hauptproblem bei allen refraktometrischen Untersuchungen ist die Bestimmung von $R_{theor.}$ bzw. $n_{theor.}$, d. h. der spezifischen Refraktion der Mischlösung bzw. des Brechungsindex der Mischlösung. Man berechnet $R_{theor.}$ bzw. $n_{theor.}$ aus den entsprechenden Werten der Stammlösungen, wobei man annimmt, daß keine chemische Reaktion zwischen den Komponenten in der Mischung stattfindet.

Spacu und Popper [2] bestimmten zunächst die spezifische Refraktion einer Mischlösung, die aus Stammlösungen mit den Komponenten 1 und 2 hergestellt wird, nach der klassischen Mischungsregel

$$(IX.1) \qquad R_{theor.} = \frac{p_1 R_1 + p_2 R_2}{p_1 + p_2} \,.$$

p_1 und p_2 sind die prozentualen Anteile der Stammlösungen an gelöster Substanz und R_1 und R_2 die spezifischen Refraktionen. Für den Brechungsindex wird die analoge Beziehung

$$(IX.2) \qquad n_{theor.} = \frac{p_1 n_1 + p_2 n_2}{p_1 + p_2}$$

verwendet. (IX.1) und (IX.2) sollten in erster Näherung gelten, wenn keine chemische Reaktion zwischen den Komponenten stattfindet. Dann müßte die Differenz $R_{theor.} - R_{exp.}$ gleich Null sein, wenn man Mischlösungen von Komponenten untersucht, die mit Sicherheit keine Komplexverbindungen bilden, wie z. B. NaCl und KCl oder $NaNO_3$ und KNO_3. Man findet jedoch in beiden Fällen für diese Differenz von Null verschiedene Werte. Spacu und Popper erhielten beim Auftragen von ΔR gegen die Zusammensetzung der Mischlösung zwei bei dem Verhältnis 1 : 1 von KCl : NaCl sich schneidende Geraden (Abb. IX.1). Dasselbe wurde bei dem System $NaNO_3/KNO_3$ beobachtet.

Nach der Dispersionstheorie ist R durch die Beziehung

(IX.3)
$$R = \frac{4\,\pi\,N\,q\,e_0^2}{3\,m_0\,(\nu_0^2 - \nu^2)}$$

gegeben, wenn N die Anzahl der Atome pro cm³, m_0 und e_0 Masse und Ladung des Elektrons, q die Zahl der Dispersionselektronen jedes Teilchens und ν_0 und ν die Eigenfrequenz des Elektrons bzw. des einfallenden Lichtes ist. In einem starken elektrischen Feld, in dem die Elektronenhüllen eine Deformation erfahren, ändert sich die Eigenfrequenz der Dispersionselektronen. Damit erfährt auch R eine kontinuierliche Änderung mit der Feldstärke. In Lösung herrschen in der Umgebung der Ionen starke inhomogene elektrische Felder, die in dem genannten Sinne wirken können und damit eine Deformation der Elektronenhülle verursachen.

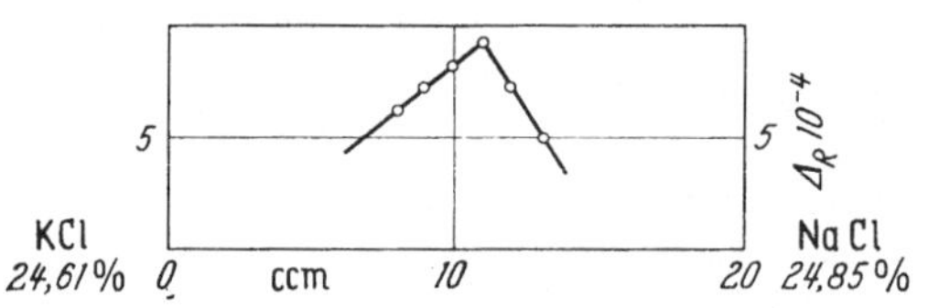

Abb. IX.1. System KCl/NaCl. Nach Spacu u. Popper [2]

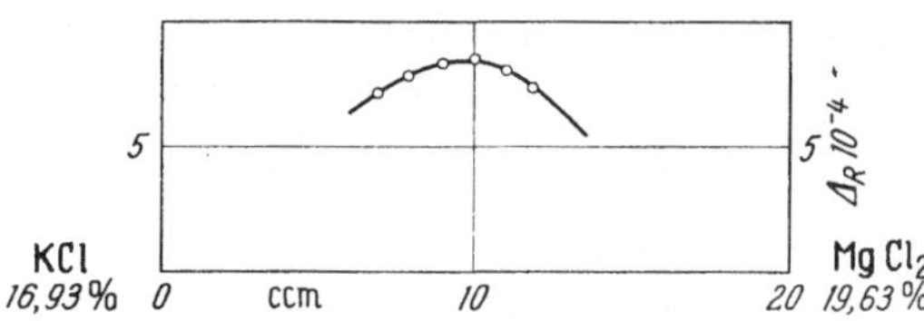

Abb. IX.2. System KCl/MgCl₂. Nach Spacu u. Popper [2]

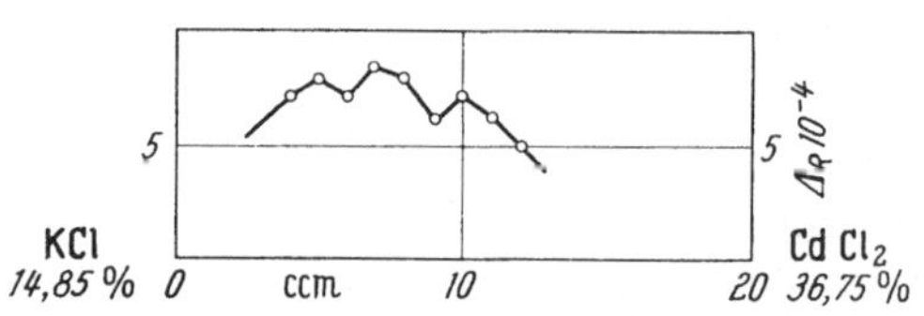

Abb. IX.3. System KCl/CdCl₂. Nach Spacu u. Popper [2]

Die Abweichungen zwischen der gemessenen Refraktion und der nach der Mischungsregel (IX.1) berechneten können demnach sowohl von physikalischen als auch von chemischen Vorgängen abhängen. Abweichungen von der Additivitätsregel sind daher nicht unbedingt auf das Vorhandensein chemischer Verbindungsbildung zurückzuführen. Spacu und Popper [2] versuchten die Frage zu beantworten, wie man aus experimentellen Befunden zwischen beiden Erscheinungen unterscheiden kann.

Bei KCl/NaCl und KNO₃/NaNO₃ findet man, wenn man ΔR gegen die Zusammensetzung aufträgt, Gerade (Abb. IX.1). Daß der Schnittpunkt ungefähr beim Verhältnis 1 : 1 liegt, beruht auf den nahezu gleichen Brechungsindices der Stammlösungen. In diesen Fällen hat man die Abweichungen $R_{theor.} - R_{exp.} \neq 0$ lediglich der Ionendeformation zuzuschreiben.

Nach Spacu und Popper [2] sind die Abweichungskurven bei Verbindungsbildung keine Geraden, sondern kompliziertere gekrümmte Kurven, wie dies aus Abb. IX.2 und Abb. IX.3 zu sehen ist, in denen die für die Systeme KCl/MgCl₂ und KCl/CdCl₂ erhaltenen gezeichnet sind. Aus der Lage der Maxima ergibt sich die Existenz von MgCl₃⁻ sowie CdCl₃⁻, CdCl₄⁻⁻ und CdCl₅⁻⁻⁻. Derartige Untersuchungen sind von diesen Autoren für zahlreiche Salzkombinationen durchgeführt worden [1—7]. Ursprünglich benutzten sie ein graphisches Verfahren [1] zur Bestimmung von $n_{theor.}$, späterhin ein rechnerisches Verfahren [6].

Die Konzentrationsabhängigkeit des Brechungsindex n_i der wäßrigen Lösung eines Salzes kann empirisch in Näherung durch eine Funktion zweiten Grades dargestellt werden.

$$(IX.4) \qquad n_i = n_0 + A_i \cdot c_i + B_i \cdot c_i^2 \,.$$

A_i und B_i sind für einen bestimmten Elektrolyten charakteristische Konstanten, und n_0 ist der Brechungsindex des reinen Wassers. Man kann den Brechungsindex einer Mischung zweier Komponenten als Funktion der Konzentrationen c_1 und c_2 durch eine Reihenentwicklung (nach MacLaurin) der Form

$$(IX.5) \qquad n = f(0,0) + \frac{c_1}{1}\left(\frac{\partial f}{\partial c_1}\right)_0 + \frac{c_2}{1}\left(\frac{\partial f}{\partial c_2}\right)_0 + \frac{c_1^2}{1\cdot 2}\left(\frac{\partial^2 f}{\partial c_1^2}\right)_0 + $$
$$+ \frac{c_2^2}{1\cdot 2}\left(\frac{\partial^2 f}{\partial c_2^2}\right)_0 + 2\frac{c_1 \cdot c_2}{1\cdot 2}\left(\frac{\partial^2 f}{\partial c_1 \cdot \partial c_2}\right)_0 $$
$$+ \cdots + \frac{1}{n!}\left[c_1\left(\frac{\partial f}{\partial c_1}\right)_0 + c_2\left(\frac{\partial f}{\partial c_2}\right)_0\right]^n + \cdots$$

darstellen. $f(0,0)$ ist der Brechungsindex n_0 des reinen Lösungsmittels. Setzt man je eine der Konzentrationen c_1 bzw. c_2 gleich Null, so zerfällt (IX.5) in zwei Entwicklungen nach je einer einzigen Veränderlichen.

$$(IX.6) \qquad \begin{aligned} n_1 &= n_0 + \frac{c_1}{1}\left(\frac{\partial f}{\partial c_1}\right)_0 + \frac{c_1^2}{1\cdot 2}\left(\frac{\partial^2 f}{\partial c_1^2}\right)_0 + \cdots \\ n_2 &= n_0 + \frac{c_2}{1}\left(\frac{\partial f}{\partial c_2}\right)_0 + \frac{c_2^2}{1\cdot 2}\left(\frac{\partial^2 f}{d c_2^2}\right)_0 + \cdots . \end{aligned}$$

Die Beziehungen (IX.6) sind mit den empirischen Beziehungen für die Konzentrationsabhängigkeit des Brechungsindex (IX.4) identisch, wenn man die Reihenentwicklung bereits mit den quadratischen Gliedern abbricht. Führt man dies bei der Entwicklung (IX.5) durch, so folgt durch Koeffizientenvergleich mit (IX.4)

$$(IX.7) \qquad A_1 = \left(\frac{\partial f}{\partial c_1}\right)_0 ; A_2 = \left(\frac{\partial f}{\partial c_2}\right)_0 ; 2B_1 = \left(\frac{\partial^2 f}{\partial c_1^2}\right)_0 ; 2B_2 = \left(\frac{\partial^2 f}{\partial c_2^2}\right)_0 .$$

Weiterhin läßt sich zeigen, daß

$$(IX.8) \qquad \left(\frac{\partial^2 f}{\partial c_1 \partial c_2}\right)_0 = B_1 + B_2$$

ist. Dann folgt

$$(IX.9) \qquad n = n_0 + A_1 c_1 + A_2 c_2 + B_1 c_1^2 + B_2 c_2^2 + (B_1 + B_2)\, c_1 c_2 \,.$$

Da bei der Durchführung der Methode die Mischlösungen durch Mischen von Lösungen der einzelnen Salze bereitet werden, ist Gleichung (IX.9) so zu modifizieren, daß die durch diese Arbeitsweise gegebenen experimentellen Daten verwendet werden können.

Die Stammlösungen mit den Konzentrationen c_1^0 und c_2^0 besitzen die Brechungsindices n_1 und n_2. Die prozentualen Konzentrationen der einzelnen Bestandteile in der Mischlösung, die man aus einem Volumen x der

Lösung 1 und einem Volumen y der Lösung 2 erhält, seien c_1 und c_2. Dann ist

$$(IX.10) \qquad c_1 = \frac{x\,\varrho_1 c_1^0}{x\,\varrho_1 + y\,\varrho_2} \;;\; c_2 = \frac{y\,\varrho_2 c_2^0}{x\,\varrho_1 + y\,\varrho_2} \,,$$

wenn ϱ_1 und ϱ_2 die Dichten der Stammlösungen sind. Durch Einsetzen von (IX.10) in (IX.9) unter Berücksichtigung der Beziehungen

$$(IX.11) \qquad A_1 = \frac{n_1 - n_0}{c_1^0} - B_1 c_1^0; \; A_2 = \frac{n_2 - n_0}{c_2^0} - B_2 c_2^0 \,,$$

die aus (IX.4) folgen, erhält man

$$(IX.12) \qquad n = \frac{x\,n_1\varrho_1 + y\,n_2\varrho_2}{x\,\varrho_1 + y\,\varrho_2} -$$

$$- \frac{x\,y\,\varrho_1\varrho_2}{(x\,\varrho_1 + y\,\varrho_2)^2}\left[(B_1 c_1^0)^2 + (B_2 c_2^0)^2 - (B_1 + B_2)\,c_1^0 c_2^0\right] .$$

Nach (IX.12) kann man den Brechungsindex $n_{theor.}$ der Mischlösung berechnen. Der erste Summand entspricht der klassischen Mischungsregel (IX.2), der zweite ist ein Korrekturglied, das die wegen der interionischen Kräfte vorhandene gegenseitige Beeinflussung der Ionen berücksichtigt. Sind die Konstanten B hinreichend klein, so ist das zweite Glied zu vernachlässigen. Dasselbe gilt, wenn man mit hinlänglich kleinen Konzentrationen arbeitet. In diesen Fällen kommt man mit der klassischen Mischungsregel aus.

Merkliche Abweichungen der gemessenen Brechungsindices $n_{exp.}$ von den nach (IX.12) berechneten $n_{theor.}$ weisen auf chemische Verbindungsbildung hin. Die experimentelle Prüfung von Gleichung (IX.12) führt nach SPACU und POPPER [6] zu befriedigenden Ergebnissen. Bei Systemen wie NaCl/KCl und $NaNO_3$/KNO_3 unterscheiden sich die nach (IX.12) berechneten Brechungsexponenten von den experimentell gefundenen erst in der fünften Dezimalen, so daß die Abweichungen in die Größenordnung der Meßfehler fallen.

Gleichung (IX.12) setzt voraus, daß der Brechungsindex der wäßrigen Lösung eines Salzes durch eine Funktion zweiten Grades in seiner Abhängigkeit von der Konzentration dargestellt werden kann (IX.4). ASMUS und REICH [8] machen geltend, daß eine derartige quadratische Annäherung für $n_{theor.}$ in manchen Fällen nicht genau genug ist. Sie erhielten für das System $CuCl_2$/KCl bei Bestimmung von $n_{theor.}$ nach (IX.12) bzw. nach dem älteren graphischen Verfahren von SPACU [1] eine Kurve, die ein Maximum bei einem Verhältnis von 1:1 der Komponenten aufweist. Damit ist die Existenz von $CuCl_3^-$ wahrscheinlich gemacht. ASMUS und REICH vermuten noch die Existenz eines $CuCl_4^{--}$-Komplexes, dessen Nachweis sie dadurch zu erbringen suchen, daß sie ein anderes Verfahren zur Berechnung von $n_{theor.}$ verwenden. Dann tritt an der entsprechenden Stelle ein zusätzliches Maximum auf.

In der gleichen Arbeit wurden für das System KCl/NaCl, für das SPACU u. Mitarb. [2] zwei sich schneidende Gerade fanden, zwei gekrümmte Kurven erhalten. Damit ist die von SPACU angegebene Unterscheidungsmöglichkeit zwischen rein physikalischen Vorgängen und chemischer Verbindungsbildung in Frage gestellt.

TAHVONEN [12] hat gezeigt, daß die Ergebnisse von SPACU u. Mitarb. am System $BaCl_2$-KCl auf experimentellen Fehlern beruhen. Die Meßfehler in der vierten Dezimale des Brechungsindex sind in der Regel schon so groß, daß keine sicheren Schlüsse über Komplexbildung mehr möglich sind, da die Differenz $\Delta n = n_{exp.} - n_{theor.}$ unsicher wird.

Von O'BRIEN [11] wurde die Komplexbildung von $HgCl_2$ mit Äthylendiamin refraktometrisch untersucht. Es wurde nach der Methode des molaren Verhältnisses gearbeitet. Der Brechungsindex von Lösungen, die beide Komponenten enthalten, wurde gegen das Molverhältnis Äthylendiamin : $HgCl_2$ aufgetragen. Knicke in den resultierenden Kurven deuten die Existenz entsprechender Komplextypen an.

Bei der Anwendung refraktometrischer Messungen zur Untersuchung der Komplexbildung in Lösung erscheint größte Vorsicht geboten [10]. Der refraktometrischen Methode kommt gegenüber anderen Verfahren nur eine untergeordnete Bedeutung zu.

Literatur

[1] SPACU, G., u. E. POPPER: Bull. Soc. Sci. Cluj, Roum. **7**, 400 (1934); **8**, 5 (1934).

[2] SPACU, G., u. E. POPPER: Über refraktometrische Untersuchungen der Lösungen von Salzgemischen und über Ionendeformation. Z. physik. Chem. **B25**, 460 (1934).

[3] SPACU, G., u. E. POPPER: Refraktometrische Untersuchungen wäßriger Lösungen von Salzgemischen. Z. physik. Chem. **B30**, 113 (1935).

[4] SPACU, G., u. E. POPPER: Refraktometrischer Nachweis einer mit Trachyt nicht identischen Verbindung höherer Ordnung in wäßriger Lösung von $MgCl_2/CdCl_2$. Z. physik. Chem. **B35**, 223 (1937).

[5] SPACU, G., u. E. POPPER: Refraktometrische Untersuchung des Systems Natriummolybdat und Mannit in wäßriger Lösung. Z. physik. Chem. **B41**, 112 (1939).

[6] SPACU, G., I. G. MURGULESCU u. E. POPPER: Refraktometrische Eigenschaften der wäßrigen Lösungen von Elektrolytmischungen. Z. physik. Chem. **B52**, 117 (1942).

[7] SPACU, G., u. E. POPPER: Refraktometrische Untersuchungen an drei Systemen aus Aluminiumnitrat, Natriumacetat, Natriumtartrat oder Natriumcitrat. Kolloid Z. **103**, 19 (1943).

[8] ASMUS, E., u. J. G. REICH: Refraktometrische Untersuchungen an wäßrigen elektrolytischen Mischlösungen. Angew. Chem. **61**, 208 (1949).

[9] ERMOLENKO, N. F., and KH. YA. LEVITMAN: Study of molecular association in solution. Physicochemical analysis by measurement of the index of refraction. Zhur. Neorg. Khim. **1**, 1162 (1956).

[10] JOFFE, B. V.: Refractometry for studying complex formation in solutions of electrolytes. I. The system $CdCl_2$-KCl-H_2O. Zhur. Obshche˘ Khim. **26**, 3258 (1956).

[11] O'BRIEN, T. D.: Coordination of mercury. J. Am. Chem. Soc. **70**, 2771 (1948).

[12] TAHVONEN, P. E.: Ann. Acad. Sci. Fennicae **A49**, No. 6 u. 7 (1938). (Kritik der Arbeiten von SPACU u. Mitarb.)

X.

Verwendung von Ionenaustauschern für die Untersuchung von Komplexgleichgewichten in Lösung

1. Grundlagen

Ionenaustauscher können bei der Untersuchung von Gleichgewichten in Lösung oftmals in Fällen angewendet werden, in denen spektrophotometrische oder potentiometrische Methoden versagen.

Ionenaustauscher sind Substanzen, die, in ein hochpolymeres polystyrolähnliches Netzwerk eingebaut, stark saure (z. B. sulfonsaure) bzw. stark basische (z. B. quarternäre Ammonium-)Gruppen enthalten. In der Gebrauchsform sind sie als Salze anzusehen, die entweder ein hochpolymeres Kation oder ein hochpolymeres Anion enthalten. In dem hochpolymeren Netzwerk finden die monomeren Gegenionen sowie Wassermoleküle und andere Ionen Platz. Man spricht unter Bezug auf die austauschbaren monomeren Ionen von *Anionen-* bzw. *Kationen-*Austauschern.

In den letzten Jahren wurde eine große Zahl synthetischer Austauscher entwickelt. Die experimentelle Arbeitstechnik und der apparative Aufwand für Arbeiten mit Ionenaustauschern sind vergleichsweise einfach. Besonders zweckmäßig ist die Arbeitsweise mit Radioisotopen, die in Tracerkonzentrationen verwendet werden, so daß man mit Mikromengen experimentieren kann.

Wegen der Grundzüge der Theorie der Ionenaustauscher sowie der Experimentiertechnik sei auf die verschiedenen zusammenfassenden Darstellungen hingewiesen*.

Für die Lösung eines speziellen Problems ist es wichtig, den dafür geeigneten Austauscher zu wählen, da sonst leicht falsche Resultate

---

* Literatur über Ionenaustauscher:

Samuelson, O.: Ion exchangers in analytical chemistry. New York: John Wiley and Sons 1953.

Nachod, F.: Ion exchange. Theory and application. New York: Acad. Press Inc. 1949.

Kunin, R., and R. Myers: Ion exchange resins. New York: John Wiley and Sons 1950.

Griessbach, R.: Austauschadsorption in Theorie und Praxis. Berlin: Akademie-Verlag 1957.

Austerweil, G. V.: L'échange d'ions et les échangeurs. Paris: Gauthiers-Villars 1955.

Duncan, J. F.: Quart. Revs. (London) **2**, 307 (1948).

Helferich, F.: Ionenaustauscher Bd. I. Grundlagen (Struktur, Herstellung, Theorie). Weinheim/Bergstr.: Verlag Chemie GmbH. 1959. Bd. II u. III in Vorbereitung.

Schubert, J.: Principles of ion exchange. New York: Acad. Press (erscheint 1961).

Kitchner, J. A.: Ion exchange resins. New York: John Wiley and Sons 1957.

Vgl. auch die Artikel über Ionenaustausch in Ann. Rev. Phys. Chem., Ann. Rev. Inc. Palo Alto, Calif.

erhalten werden können. Im allgemeinen benutzt man Austauscher auf organischer Basis. Austauscher mit phenolischen Gruppen besitzen reduzierende Eigenschaften, so daß man sie in manchen Fällen — z. B. beim Arbeiten mit Silber- oder Vanadin-Ionen — nicht verwenden kann. Austauscher vom Phenol-Formaldehyd-Typ sind gegen Oxydationsmittel nicht resistent. Carboxyl- oder Amino-Gruppen können unter Umständen als Liganden für bestimmte Metallionen fungieren, so daß diese fest an den Austauscher gebunden werden. Weiterhin besteht die Möglichkeit, daß funktionelle Gruppen des Austauschers gegen an die Metallionen komplex gebundene Ligandengruppen ausgetauscht werden können, wodurch zusätzliche Komplikationen auftreten. Benutzt man monofunktionell stark saure bzw. stark basische Austauscher, so treten diese Schwierigkeiten im allgemeinen nicht auf. Zudem besitzen solche Austauscher über einen größeren pH-Bereich hinweg eine konstante Austauschkapazität. Der Wert der Austauschkapazität hängt von der Ladung der austauschenden Ionen sowie von der Ionenstärke der Lösung ab.

Bei der Untersuchung von Komplexgleichgewichten bedient man sich zweier Eigenschaften der Austauscher. Die erste Eigenschaft ist die selektive Aufnahme bestimmter Ionen aus der Lösung durch den Austauscher. Liegen Ionen verschiedenen Ladungssinns vor, so nimmt der Austauscher nur die eine Ionensorte auf, nicht dagegen die andere. Entsprechendes gilt für Ionen von gleicher Ladung, aber von verschiedenem Ionenradius (unter Ionenradius ist dabei der Radius des hydratisierten Ions zu verstehen). Die zweite Eigenschaft hängt mit dem Donnan-Gleichgewicht zwischen der äußeren Elektrolytlösung und der Harzphase des Austauschers zusammen. Aus verdünnten Lösungen werden in der Regel bevorzugt Ionen hoher Ladung aufgenommen, aus konzentrierten Lösungen solche niedriger Ladung. Liegen Ionen gleicher Ladung, jedoch mit verschiedenem Radius vor, so werden die Ionen mit geringerem Ionenradius vom Austauscher festgehalten.

Man kann beim Arbeiten mit Ionenaustauschern eine Säulentechnik verwenden, wie sie bei chromatographischen Untersuchungen benutzt wird. Der Austauscher befindet sich dabei in einer Säule, in die man oben die Lösung aufgibt und diese sodann langsam hindurchlaufen läßt. Für die quantitative Untersuchung von Komplexsystemen hat es sich jedoch als günstiger erwiesen, die Lösungen mit einer bestimmten Menge lufttrockenen Austauschers zu schütteln, bis sich das Gleichgewicht eingestellt hat (Batch-Technik). Anschließend trennt man den Austauscher von der Lösung ab, wäscht schnell (am besten unter vermindertem Druck) mit Wasser nach und kann nun das Filtrat analysieren. Die am Austauscher festgehaltenen Ionen können mit einem geeigneten eluierenden Agens ausgewaschen werden. Dann kann man die eluierte Lösung analysieren. Es ist zu berücksichtigen, daß der lufttrockene Austauscher eine gewisse (kleine) Menge des Lösungsmittels festhält.

Die Aufnahme eines Kations M^{z+} durch einen *Kationen*austauscher, der in der Natrium- oder Wasserstoffionenform vorliegt, wird durch die

Gleichgewichte

(X.1.1) $$\text{M}^{z+} + \overline{z\,\text{Na}^+} \rightleftharpoons \overline{\text{M}^{z+}} + z\,\text{Na}^+$$

(X.1.2) $$\text{M}^{z+} + \overline{z\,\text{H}^+} \rightleftharpoons \overline{\text{M}^{z+}} + z\,\text{H}^+$$

bestimmt. Überstrichene Formeln beziehen sich auf die Ionen in der Harzphase des Austauschers, nicht überstrichene auf Ionen in der äußeren Lösung.

Wir betrachten einen Austauscher in der Wasserstoffionenform, der mit einer NaCl-Lösung durch Schütteln in Kontakt gebracht wird, so daß Ionenaustausch stattfindet, bis sich das Gleichgewicht eingestellt hat. Der Austausch besteht darin, daß Na^+-Ionen mit einer gewissen Menge Cl^--Ionen in die Harzphase des Austauschers gehen und die entsprechende Menge von H^+-Ionen aus dem Austauscher in die äußere Lösung übertritt. Sieht man den Austausch als ein Donnan-Gleichgewicht an, so gelten zwischen den Ionenaktivitäten in der Harzphase $(\overline{a_i})$ und der äußeren Lösung (a_i) folgende Beziehungen

(X.1.3) $$\overline{a_{\text{H}+}} \cdot \overline{a_{\text{Cl}-}} = a_{\text{H}+} \cdot a_{\text{Cl}-}\,,$$

(X.1.4) $$\overline{a_{\text{Na}+}} \cdot \overline{a_{\text{Cl}-}} = a_{\text{Na}+} \cdot a_{\text{Cl}-}\,,$$

(X.1.5) $$\frac{\overline{a_{\text{H}+}}}{\overline{a_{\text{Na}+}}} = \frac{a_{\text{H}+}}{a_{\text{Na}+}}\,.$$

Für den Austausch von Ionen A und B mit den Ladungen p und q gilt eine zu (X.1.5) analoge Gleichung

(X.1.6) $$\left(\frac{\overline{a_\text{A}}}{a_\text{A}}\right)^{\frac{1}{p}} = \left(\frac{\overline{a_\text{B}}}{a_\text{B}}\right)^{\frac{1}{q}}\,.$$

Durch Anwendung des Massenwirkungsgesetzes auf das Austauschgleichgewicht eines v-wertigen Ions gegen ein einwertiges

(X.1.7) $$\text{A}^{v+} + \overline{v\,\text{B}^+} \rightleftharpoons \overline{\text{A}^{v+}} + v\,\text{B}^+$$

folgt

(X.1.8) $$K = \frac{\overline{a_\text{A}} \cdot a_\text{B}^v}{a_\text{A} \cdot \overline{a_\text{B}^v}} = \frac{\overline{c_\text{A}} \cdot c_\text{B}^v}{c_\text{A} \cdot \overline{c_\text{B}^v}} \cdot \frac{\overline{f_\text{A}} \cdot f_\text{B}^v}{f_\text{A} \cdot \overline{f_\text{B}^v}}\,,$$

wenn c_i die Konzentrationen und f_i die Aktivitätskoeffizienten bedeuten. Bezieht man die Aktivitätskoeffizienten der Ionen in der Harzphase mit in die Gleichgewichtskonstante ein, so erhält man

(X.1.9) $$K_a = \frac{\overline{f_\text{B}^v}}{\overline{f_\text{A}}} \cdot K = \frac{\overline{c_\text{A}} \cdot c_\text{B}^v}{\overline{c_\text{B}^v} \cdot c_\text{A}} \cdot \frac{f_\text{B}^v}{f_\text{A}}\,.$$

Alle Größen auf der rechten Seite der Gleichung können experimentell bestimmt werden. Für geringe Konzentrationen in der äußeren Lösung gehen die Aktivitätskoeffizienten nach 1, so daß man das Massenwirkungsgesetz mit den Konzentrationen statt den Aktivitäten schreiben kann.

(X.1.10) $$\varkappa = \frac{\overline{c_\text{A}} \cdot c_\text{B}^v}{\overline{c_\text{B}^v} \cdot c_\text{A}} \quad (\varkappa = K_a \text{ für } f_\text{B} = f_\text{A} = 1)\,.$$

Im allgemeinen hängt K_a vom Verhältnis $\overline{c_A}/\overline{c_B}^v$ ab und bleibt nicht konstant, wenn dieses variiert wird. Das bedeutet, daß man die Harzphase nicht als ideale Lösung ansehen darf. In manchen Fällen — insbesondere, wenn Ionen mit ähnlichen Eigenschaften ausgetauscht werden (z. B. K^+ und NH_4^+) — erhält man mit geeigneten Austauschern in einem bestimmten Konzentrationsbereich praktisch konstante Werte für K_a. Für gleichvalente Ionen sind die K_a-Werte näherungsweise gleich 1. Nach der Donnan-Theorie sollte $K = 1$ und K_a gleich dem Verhältnis der Aktivitätskoeffizienten in der Harzphase sein.

Von besonderem Interesse für die Praxis ist die Frage der Verteilung einer Ionensorte zwischen Harzphase und äußerer Lösung, wenn diese Ionensorte in sehr geringer Konzentration (z. B. Tracerkonzentration bei Verwendung radioaktiver Ionen) anwesend ist und ein zweites Ion in großem Überschuß vorliegt. Gl. (X.1.6) geht, wenn

$w =$ Volumen der Harzphase pro Gramm getrockneten Austauschers in cm³,

$g =$ Gewicht des Austauschers in Gramm,

$\overline{b} =$ Millimole des Ions B in der Harzphase,

$b =$ Millimole des Ions B in der äußeren Lösung und

$v =$ Volumen der äußeren Lösung in cm³

bedeuten in

$$(X.1.11) \qquad \frac{\overline{b}}{b} \cdot \frac{v}{g} = w \left(\frac{\overline{a_A}}{a_A} \right)^{\frac{q}{p}} \cdot \frac{f_B}{\overline{f_B}}$$

über. f_B ist der Aktivitätskoeffizient von B in der Lösung und $\overline{f_B}$ der Aktivitätskoeffizient von B in der Harzphase des Austauschers.

Ist das Ion A in großem Überschuß vorhanden, so werden dadurch die Aktivitätskoeffizienten und die Volumenänderung in der Austauscherphase festgelegt. Das heißt $\overline{a_A}$, $\overline{f_B}$ sowie w können als Konstante angesehen werden. Hält man zudem a_A, die Aktivität von A in der äußeren Lösung, konstant — dies geschieht dadurch, daß man eine konstante und hohe Ionenstärke mit einem Salz, das A als Kation enthält, einstellt —, so ist auch f_B, der Aktivitätskoeffizient von B in der Lösung, konstant. Unter diesen speziellen Bedingungen gilt dann

$$(X.1.12) \qquad \frac{\overline{b}}{b} \cdot \frac{v}{g} = l.$$

Die Konstante l wird als Verteilungskoeffizient (von B) bezeichnet. Man sieht, daß unter diesen Bedingungen die Konzentration von B in der Austauscherphase der Konzentration von B in der äußeren Lösung direkt proportional ist. Gl. (X.1.12) gilt für Ionen beliebiger Ladungszahl. Der Gültigkeitsbereich dieser Beziehung wurde von TOMPKINS und MAYER* untersucht. Indem man l-Werte unter variablen experimentellen Bedingungen bestimmt, kann man die optimalen Verhältnisse für eine Trennung kleiner Mengen verschiedener Ionen finden. Das Verhältnis der

---

* TOMPKINS, E. R., and S. W. MAYER: J. Am. Chem. Soc. **69**, 2859 (1947).

Verteilungskoeffizienten von zwei verschiedenen Ionen bei geringen Konzentrationen derselben wird Verteilungsfaktor genannt und ist ein Maß für die Möglichkeit, die beiden Sorten von Ionen zu trennen.

Die in der Lösung vorhandenen Anionen haben im allgemeinen keinen merklichen Einfluß auf das Austauschgleichgewicht (X.1.1) bzw. (X.1.2) eines Kationenaustauschers. Dies ist jedoch dann nicht mehr der Fall, wenn das Kation M^{z+} mit dem Anion L Komplexe ML, ML_2, ..., ML_N bildet.

Ist L ein neutraler Ligand (z. B. H_2O, NH_3, Äthylendiamin), so sind alle Komplexe ML_n kationisch und besitzen dieselbe Ladung wie das freie Kation. Ist L dagegen das Anion einer (ein- oder mehrbasischen) Säure, so können außerdem Komplexe ML_n gebildet werden, die neutral oder anionisch sind.

Kationische Komplexe werden zusammen mit dem freien Kation von der Harzphase des Kationenaustauschers aufgenommen.

$$(\text{X.1.13}) \qquad ML_n^{x+} + \overline{x\,H^+} \rightleftharpoons \overline{ML_n^{x+}} + x\,H^+$$

$$(\text{X.1.14}) \qquad ML_n^{x+} + \overline{x\,Na^+} \rightleftharpoons \overline{ML_n^{x+}} + x\,Na^+ \,.$$

In solchen Fällen kann man die Komplexbildung dadurch studieren, daß man untersucht, welche Menge L in Form von Komplexen am Austauscher festgehalten wird.

Ist der Ligand das Anion einer Säure, so haben alle kationischen Komplexe eine geringere positive Ladung als das freie Kation. Sie werden bei geeigneten Bedingungen, wenn man in genügend verdünnten Lösungen arbeitet, weniger fest am Austauscher festgehalten als das freie Kation. Neutrale oder anionische Komplexe werden von der Harzphase praktisch nicht aufgenommen. So gibt es Fälle, in denen nur die freien Kationen ausgetauscht werden. Da durch die Komplexbildung die Konzentration an freiem Kation verringert wird, resultiert eine Verschiebung des Austauschgleichgewichtes (X.1.1) bzw. (X.1.2) nach der linken Seite.

Für *Anionen*austauscher gelten entsprechende Überlegungen. OH^- bzw. Cl^--Ionen in der Harzphase werden gegen andere in der äußeren Lösung befindliche Anionen ausgetauscht.

$$(\text{X.1.15}) \qquad A^{a-} + \overline{a\,Cl^-} \rightleftharpoons \overline{A^{a-}} + a\,Cl^- \,,$$

$$(\text{X.1.16}) \qquad A^{a-} + \overline{a\,OH^-} \rightleftharpoons \overline{A^{a-}} + a\,OH^- \,.$$

Liegt der Austauscher in der A^{a-}-Form vor, so tritt im Sinne des Gleichgewichtes

$$(\text{X.1.17}) \qquad \overline{y\,A^{a-}} + a\,MA_p^{y-} \rightleftharpoons y\,A^{a-} + \overline{a\,MA_p^{y-}}$$

Austausch mit negativ geladenen Komplexionen der Lösung ein. Man kann die Komplexgleichgewichte studieren, wenn man die vom Austauscher aufgenommene Menge des Metallions bestimmt.

Die verschiedenen Verfahren, wie man mit Kationen- bzw. Anionenaustauschern Komplexgleichgewichte qualitativ und quantitativ untersuchen kann, werden in den folgenden Abschnitten behandelt.

2. Verwendung von Kationenaustauschern
a) Bildung eines neutralen oder anionischen Komplexes, Methode nach Schubert

Schubert u. Mitarb. [*1, 8*] haben eine Methode entwickelt, Komplexbildung mit Hilfe von Kationenaustauschern zu untersuchen, wenn nach

$$(\text{X.2.1}) \qquad \text{M}^{z+} + n\,\text{L}^{x-} \rightleftharpoons \text{ML}_n^{z-x}$$

lediglich *ein* Komplex mit $z \leqq x$ gebildet wird. Das Metallion wird in Tracerkonzentrationen von 10^{-8} m oder weniger als Radioisotop verwendet und seine Verteilung zwischen der äußeren Lösung und der Austauscherphase durch Messung der Strahlungsaktivität bestimmt. Man arbeitet bei konstanter und hoher Ionenstärke durch Zugabe eines Neutralsalzes, so daß für den Verteilungskoeffizienten des Metalls zwischen der Flüssigkeit und der Harzphase Gl. (X.1.12) gilt:

$$(\text{X.2.2}) \qquad \frac{\overline{m}}{m} \cdot \frac{v}{g} = l,$$

$\overline{m}$ und m sind die Konzentrationen des Metalls in der Harzphase und in der äußeren Lösung in Millimolen, v das Volumen der Lösung in cm^3 und g das Gewicht des Austauschers in Gramm.

Mit zwei Messungen unter identischen Bedingungen (v, g, Ionenstärke sowie Gesamtmetallkonzentration c_M konstant) bestimmt man den Verteilungskoeffizienten einmal, wenn keine Ligandenkomponente zugegen ist (l_0), zum anderen bei Anwesenheit des Liganden (l). Das Komplexion ML_n^{z-x}, das die Ladung Null besitzt oder negativ geladen ist, wird vom Kationenaustauscher nicht aufgenommen. Lediglich die freien Metallionen M^{z+} werden ausgetauscht.

Für den ersten Versuch, bei dem die Ligandenkomponente abwesend ist ($c_\text{L} = 0$), folgt mit (X.2.2)

$$(\text{X.2.3}) \qquad [\text{M}] = \frac{\overline{[\text{M}]}}{l_0} \cdot \frac{v}{g},$$

wenn $[\text{M}]$ die Konzentration an Metallion in der Lösung und $\overline{[\text{M}]}$ die Konzentration in der Harzphase ist. Ferner gilt für die Gesamtmetallkonzentration

$$(\text{X.2.4}) \qquad c_\text{M} = [\text{M}] + \overline{[\text{M}]}.$$

Bei Gegenwart der Ligandenkomponente ($c_\text{L} > 0$) ist

$$(\text{X.2.5}) \qquad [\text{M}] + [\text{ML}_n] = \frac{\overline{[\text{M}]}}{l} \cdot \frac{v}{g},$$

denn die Radioaktivität der Flüssigkeit rührt von M und ML_n her. Die Gesamtmetallkonzentration ist

$$(\text{X.2.6}) \qquad c_\text{M} = [\text{M}] + [\text{ML}_n] + \overline{[\text{M}]}.$$

Für die Komplexkonzentration folgt dann

$$[ML_n] = \frac{\overline{[M]}}{l} \cdot \frac{v}{g} - [M]$$

und mit (X.2.3)

(X.2.7)
$$[ML_n] = \overline{[M]}\, \frac{v}{g} \left(\frac{1}{l} - \frac{1}{l_0} \right).$$

Setzt man die Ausdrücke für $[ML_n]$ [Gl. (X.2.7)] und $[M]$ [Gl. (X.2.3)] in die Beziehung für die Bruttodissoziationskonstante des Komplexes

(X.2.8)
$$K^{(d)} = \frac{[M] \cdot [L]^n}{[ML_n]}$$

ein, so findet man

(X.2.9)
$$K^{(d)} = \frac{[L]^n}{\dfrac{l_0}{l} - 1}$$

bzw.

(X.2.10)
$$\log \left(\frac{l_0}{l} - 1 \right) = n \log [L] - \log K^{(d)} = \log R .$$

Trägt man $\log R$ gegen $\log [L]$ auf, so erhält man eine Gerade der Steigung n.

Man kann l_0 aus zwei für verschiedene Konzentrationen des Liganden bestimmten l-Werten berechnen (Ionenstärke und alle übrigen Größen sind konstant zu halten).

(X.2.11)
$$l_0 = \frac{l_{(1)} l_{(2)} \left([L_{(1)}]^n - [L_{(2)}]^n \right)}{l_{(1)} [L_{(1)}]^n - l_{(2)} [L_{(2)}]^n} .$$

Gl. (X.2.9) kann in der Form

(X.2.12)
$$\frac{1}{l} = \frac{1}{l_0} + \frac{[L]^n}{l_0 K^{(d)}} *$$

geschrieben werden. Man findet l_0 graphisch, indem man $1/l$ gegen $[L]^n$ aufträgt, wobei für n die Werte $1, 2, \ldots$ anzunehmen sind. Mit dem richtigen n-Wert resultiert eine Gerade, die für $[L] = 0$ den Ordinatenabschnitt $1/l_0$ besitzt.

Die Methode, die von SCHUBERT u. Mitarb. [1—12] für die Bestimmung der Dissoziationskonstanten zahlreicher 1 : 1-Komplexe verwendet wurde, hat zur Voraussetzung, daß die Metallkonzentration in beiden Phasen sehr klein ist und eine konstante Ionenstärke eingestellt wird. Nur dann ist Gl. (X.2.2) gültig. Ferner wird vorausgesetzt, daß ML_n der einzige Komplex ist, der gebildet wird, daß dieser ungeladen ist oder negative Ladung besitzt und es sich außerdem um einen einkernigen Komplex handelt. Zudem darf keine merkliche Adsorption des Komplexes am Austauscher stattfinden. Eine geringe Aufnahme des Komplexes

---

* Bei großem Überschuß von L ($c_L \gg c_M$) kann [L] näherungsweise durch c_L, die Gesamtkonzentration an L, ersetzt werden.

durch den Austauscher kann ohne größeren Fehler vernachlässigt werden [3]*.

Komplikationen treten auf, wenn leicht hydrolysierbare Ionen vorliegen. Man kann in diesem Fall l_0 und l bei Anwesenheit einer geeigneten Puffersubstanz, die einen Hilfskomplex bildet, messen [10]. Wenn außer L noch ein zweiter komplexbildender Ligand vorliegt, so sind die Überlegungen entsprechend zu modifizieren [3].

Nach der beschriebenen Methode ist die Bestimmung der Dissoziationskonstanten des neutralen oder negativ geladenen Komplexes auf eine Messung der Verteilung des Metalls zwischen Austauscher und Lösung sowie eine Messung von [L], der Konzentration des freien Liganden in der Lösung, zurückgeführt.

Die Methode wurde von FELDMANN u. Mitarb. [14] für den Fall erweitert, daß zwei oder auch drei Komplexe vorliegen. So konnten im System Be^{2+}/Citrat Stabilitätskonstanten für die drei Komplexe BeH_2Cit^+, $BeHCit$ und $BeCit^-$ bestimmt werden**.

Literatur

[1] SCHUBERT, J., E. R. RUSSEL and L. S. MYERS: Dissociation constants of radium-organic acid complexes measured by ion exchange. J. Biol. Chem. **185**, 387 (1950).

[2] SCHUBERT, J.: Ion exchange studies of complex ions as a function of temperature, ionic strength and presence of formaldehyde. J. Phys. Chem. **56**, 113 (1952).

[3] SCHUBERT, J., and A. LINDENBAUM: Stability of alkaline earth-organic acid complexes measured by ion exchange. J. Am. Chem. Soc. **74**, 3529 (1952).

[4] SCHUBERT, J., and J. W. RICHTER: Cation exchange studies on the barium citrate complex and related equilibria. J. Am. Chem. Soc. **70**, 4259 (1948).

[5] SCHUBERT, J., and A. LINDENBAUM: Complexes of calcium with citric acid and tricarballylic acid measured by ion exchange. Nature (London) **166**, 913 (1950).

---

* SCHUBERT und LINDENBAUM [3] führten für den Fall, daß der Komplex ML_n positiv geladen ist und ausgetauscht wird, einen Korrekturfaktor

$$y = 1 - \frac{l_K}{l}$$

ein, mit dem die rechte Seite von Gl. (X.2.9) multipliziert werden muß. l_K ist das Verteilungsverhältnis des Komplexions. Sie bestimmten l_K unter der Annahme, daß man für das Verteilungsverhältnis für ein Komplexion ML_n^+ mit einer positiven Ladung das Verteilungsverhältnis eines anderen einwertigen Ions, wie z. B. Na^+, näherungsweise setzen kann. Dabei ist jedoch zu bedenken, daß die Austauschaffinität für ein Ion sowohl von seinem Hydratationsradius als auch von seiner Ladung abhängt. WARD und WELCH [13] verwenden daher eine andere Methode zur Ermittlung von l_K. Die Bruttodissoziationskonstante ergibt sich dann nach

$$K^{(d)} = \frac{[L]^n (l - l_K)}{l_0 - l} \,.$$

Für $l_K = 0$ geht die Beziehung in (X.2.9) über.

** CONNICK, MAYER und SCHWARTZ [15—17] verwenden ein ähnliches Verfahren wie die Schubertsche Methode, bei dem jedoch empirische Beziehungen für die Aktivitätskoeffizienten benutzt werden. Sie untersuchten die Stabilitätskonstanten von 1 : 1-Komplexen des Ce^{3+} mit Anionen wie Cl^-, NO_3^- und SO_4^{2-}. Es wurde mit Tracer-Konzentrationen von Ce^{141} und Ce^{144} gearbeitet und die Verteilung des Ce^{3+} zwischen Austauscherphase und äußerer Lösung bei Gegenwart der komplexbildenden Anionen bestimmt.

[6] SCHUBERT, J.: Analytical applications of ion exchange separations. Anal. Chem. **22**, 1359 (1950).

[7] SCHUBERT, J.: Complexes of alkaline earth cations including radium with amino acids and related compounds. J. Am. Chem. Soc. **76**, 3442 (1954).

[8] SCHUBERT, J.: The use of ion exchangers for the determination of physical-chemical properties of substances, particularly radiotracers, in solution. I. Theoretical. J. Phys. Colloid Chem. **52**, 340 (1948).
Vgl. auch SCHUBERT, J.: Ann. Rev. Phys. Chem. **5**, 413 (1954). Measurement of complex ion stability by the use of ion exchange resins in D. GLICK, Methods of biochemical analysis Vol. III, 247. New York: Interscience Publ. Inc. 1956.

[9] SCHUBERT, J., and J. W. RICHTER: II. The dissociation constant of strontium citrate and strontium tartrate. J. Phys. Colloid Chem. **52**, 350 (1948).

[10] SCHUBERT, J., and J. W. RICHTER: III. The radiocolloids of zirconium and niobium. J. Colloid Sci. **5**, 376 (1950).

[11] SCHUBERT, J., E. L. LIND, W. M. WESTFALL, P. PFLEGER and N. C. LI: Ion exchange and solvent-extraction studies on Co(II) and Zn(II) complexes of some organic acids. J. Am. Chem. Soc. **80**, 4799 (1958). (Verwendung von Co^{60} und Zn^{65}.)

[12] LI, N. C., W. M. WESTFALL, A. LINDENBAUM, J. M. WHITE and J. SCHUBERT: Manganese-54, uranium-233 and cobalt-60 complexes of some organic acids. J. Am. Chem. Soc. **79**, 5864 (1957).

[13] WARD, M., and G. A. WELCH: The chloride complexes of trivalent plutonium, americum and curium. J. Inorg. Nuclear Chem. **2**, 395 (1956). (Modifikation der Methode von SCHUBERT für positiv geladene Komplexionen.)

[14] FELDMANN, I., T. Y. TORIBARA, J. R. HAVILL and W. F. NEUMAN: The beryllium-citrate system. II. Ion exchange studies. J. Am. Chem. Soc. **77**, 878 (1955).

[15] MAYER, S. W., and S. D. SCHWARTZ: The association of cerous ion with iodide, bromide and fluoride ions. J. Am. Chem. Soc. **73**, 222 (1951).

[16] MAYER, S. W., and S. D. SCHWARTZ: The association of cerous ion with sulfite, phosphate and pyrophosphate. J. Am. Chem. Soc. **72**, 5106 (1950).

[17] CONNICK, R. E., and S. W. MAYER: Ion exchange measurements of activity coefficients and association constants of cerous salts in mixed electrolytes. J. Am. Chem. Soc. **73**, 1176 (1951).

b) Bildung einer Reihe von positiv, neutral und negativ geladenen Komplexen MA^{z-n}, MA_2^{z-2n}, ... MA_j^{z-jn}, Methode von FRONAEUS

α) Grundlagen der Methode

Nach der im vorigen Abschnitt beschriebenen Methode von SCHUBERT können nur ungeladene oder negativ geladene Komplexe erfaßt werden*. In der ursprünglichen Form ist das Verfahren lediglich für den Fall, daß ein einziger Komplex unter Versuchsbedingungen gebildet wird, geeignet.

Die Komplexbildung in einem System, das aus einem Metallion M^{z+} und einem Anion A^{n-} besteht, kann, wie FRONAEUS [1—7] gezeigt hat, unter bestimmten Bedingungen auch dann mit einem Kationenaustauscher untersucht werden, wenn eine Reihe von Komplexen MA^{z-n}, MA_2^{z-2n}, ..., MA_j^{z-jn} gebildet wird, die negativ, neutral oder positiv geladen sein können.

Wir betrachten als Beispiel ein System, bestehend aus einem zweiwertigen Metallion M^{2+} und einem einwertigen Anion A^- [1, 2]. Es bilde sich eine Serie einkerniger Komplexe MA^+, MA_2, ..., MA_j^{2-j}. Die

---

* Wegen der Korrektur für positiv geladene Komplexionen vgl. Fußnote S. 309.

Bildungsgleichgewichte sind durch die Werte der zugehörigen Brutto-bildungskonstanten $K_1, K_2, \ldots, K_j$ gekennzeichnet.

Die Lösungen, die die Komplexionen enthalten, werden mit einem Kationenaustauscher, der in der Natriumionenform vorliegt, geschüttelt, so daß der Austausch M^{2+}—Na^+ und MA^+—Na^+ stattfindet. Der neutrale Komplex MA_2 sowie die negativ geladenen Komplexionen MA_j^{2-j} ($j = 2, 3, \ldots, N$) werden vom Austauscher praktisch nicht aufgenommen. Das Austauschgleichgewicht wird durch

$$(X.2.13) \qquad M^{2+} + \overline{2\,Na^+} \rightleftharpoons \overline{M^{2+}} + 2\,Na^+,$$

$$(X.2.14) \qquad MA^+ + \overline{Na^+} \rightleftharpoons \overline{MA^+} + Na^+$$

beschrieben.

Im folgenden wird dieselbe Bezeichnungsweise für die verschiedenen Größen verwendet, wie sie bei den potentiometrischen Methoden (vgl. Kapitel V.2.a) benutzt wurde. Insbesondere bedeutet:

c'_M, c'_A — Gesamtkonzentration an Metallion M^{2+} bzw. Anion A^- in der Lösung vor Zugabe des Austauschers,

c_M, c_A — Gesamtkonzentration an Metall bzw. Anion in der Lösung nach Zugabe des Austauschers, wenn sich das Austauschgleichgewicht eingestellt hat,

$\overline{[M^{2+}]}, \overline{[MA^+]}, \overline{[Na^+]}$ — Konzentration an M^{2+}, MA^+ und Na^+ (in Mol/l) in der Gewichtseinheit des Austauschers beim Gleichgewicht,

$c_{M(R)}$ — Metallkonzentration im Austauscher,

$$c_{M(R)} = \overline{[MA^+]} + \overline{[M^{2+}]},$$

$$\varphi = \frac{c_{M(R)}}{c_M}$$ — Verhältnis Metallkonzentration in der Harzphase zur Metallkonzentration in der Lösung,

$$\varphi_1 = \left(\frac{1}{\varphi} - \frac{1}{l_0}\right) \Big/ [A^-]\,; \quad (l_0 = \text{const}),$$

$$X = 1 + \sum_{j=1}^{N} K_j [A^-]^j = 1 + s\,; \quad X_j = \frac{X_{j-1} - K_{j-1}}{[A^-]}\,; \quad (X_0 = X;\ K_0 = 1),$$

$$\bar{n} = \frac{c_A - [A^-]}{c_M}\,; \quad \bar{n}_{(R)} = \frac{\overline{[MA^+]}}{c_{M(R)}},$$

$v = $ Anfangsvolumen der Lösung,

$v \cdot \delta = $ Volumen beim Gleichgewicht,

$g = $ Gewicht des Austauschers,

$a = $ Austauschkapazität.

Man arbeitet bei hoher und konstanter Ionenstärke (z. B. $NaClO_4$-Zusatz) und geringer Konzentration an M^{2+} und A^-.

Die Anwendung des Massenwirkungsgesetzes auf die Austauschgleichgewichte (X.2.13) und (X.2.14) liefert die Beziehungen

$$(X.2.15) \qquad \frac{\overline{[M^{2+}]}}{[M^{2+}]} = \varkappa_0 \frac{[Na^+]^2}{\overline{[Na^+]}^2}$$

und

$$(X.2.16) \qquad \frac{\overline{[MA^+]}}{[MA^+]} = \varkappa_1 \cdot \frac{[Na^+]}{\overline{[Na^+]}}.$$

Da die Ionenstärke in der Harzphase des Austauschers und in der äußeren Lösung unter Versuchsbedingungen praktisch konstant ist, sind bei festen Werten der Gesamtkonzentration an Metall in der Harzphase $c_{M(R)}$ auch $\varkappa_0$ und $\varkappa_1$ konstant. Dann gilt

$$(X.2.17) \qquad l_0 = \varkappa_0 \cdot \frac{[\overline{Na^+}]^2}{[Na^+]^2},$$

$$(X.2.18) \qquad l_1 = \varkappa_1 \cdot \frac{[\overline{Na^+}]}{[Na^+]},$$

wobei die Verteilungskoeffizienten l_0 und l_1 Konstanten sind*.

Ist die Gesamtkonzentration an Metallion c_M gegenüber der Konzentration an Neutralsalz, das zur Einstellung konstanter Ionenstärke dient, klein, so ist die Natriumionenkonzentration praktisch in allen Lösungen konstant. Für $[\overline{Na^+}]$ gelten die Beziehungen

$$(X.2.19) \qquad [\overline{Na^+}] = a - 2\,[\overline{M^{2+}}] - [\overline{MA^+}],$$

$$(X.2.20) \qquad [\overline{Na^+}] = a - (2 - \overline{n}_{(R)})\,c_{M(R)},$$

wenn a die Austauschkapazität, die bei manchen Austauschern eine Funktion des pH-Wertes ist, und $\overline{n}_{(R)}$ das Verhältnis der Konzentration von $\overline{MA^+}$ zur Gesamtkonzentration an Metall in der Austauscherphase bedeutet. Mit

$$c_{M(R)} = [\overline{M^{2+}}] + [\overline{MA^+}]$$

sowie (X.2.15), (X.2.16) und (X.2.17), (X.2.18) folgt

$$(X.2.21) \qquad c_{M(R)} = l_0\,[M^{2+}] + l_1\,[MA^+].$$

Durch Kombination mit

$$(X.2.22) \qquad K_1\,[M^{2+}]\,[A^-] = [MA^+]$$

und

$$(X.2.23) \qquad c_M = [M^{2+}] \cdot X = [M^{2+}]\,(1 + s) = [M^{2+}]\left(1 + \sum_{j=1}^{N} K_j\,[A^-]^j\right)$$

erhält man für das Verhältnis der Metallkonzentration in der Austauscherphase zur Metallkonzentration in der äußeren Lösung

$$(X.2.24) \qquad \varphi = \frac{c_{M(R)}}{c_M} = \frac{l_0 + l_1 K_1\,[A^-]}{1 + K_1\,[A^-] + \cdots + K_N\,[A^-]^N} = \frac{l_0 + l_1 K_1\,[A^-]}{1 + s}$$

$$= l_0\,\frac{1 + l\,[A^-]}{1 + s} \quad \text{mit } l = \frac{l_1 K_1}{l_0}.$$

Aus den Gln. (X.2.17), (X.2.18) und (X.2.19), (X.2.20) erkennt man, daß für einen konstanten Wert der Austauschkapazität a (d. h. bei konstantem pH-Wert) und für einen so kleinen Wert von $c_{M(R)}$, daß das Glied $(2 - \overline{n}_{(R)})\,c_{M(R)}$ in (X.2.20) vernachlässigt werden kann, l_0, l_1 und l Konstanten sind.

---

* l_0 und l_1 können nur dann in Näherung als Konstanten angesehen werden, wenn man $[\overline{Na^+}]$ und $[Na^+]$ praktisch konstant halten kann ($NaClO_4$-Neutralsalzzusatz) und wenn unter den gegebenen Bedingungen die Konstanten des Massenwirkungsgesetzes wirkliche Konstanten sind, was keineswegs immer der Fall ist.

Für das Verhältnis der Konzentration von $\overline{\mathrm{MA}}^+$ zur Gesamtmetallkonzentration in der Harzphase ergibt sich dann

$$(\mathrm{X.2.25}) \qquad \overline{n}_{(R)} = \frac{[\overline{\mathrm{MA}^+}]}{c_{\mathrm{M}(R)}} = \frac{\dfrac{l_1 K_1}{l_0}\,[\mathrm{A}^-]}{1 + \dfrac{l_1 K_1}{l_0}\,[\mathrm{A}^-]} = \frac{l\,[\mathrm{A}^-]}{1 + l\,[\mathrm{A}^-]}\;.$$

Für größere Werte von $c_{\mathrm{M}(R)}$ ist das Glied $(2 - \overline{n}_{(R)})\,c_{\mathrm{M}(R)}$ nicht mehr vernachlässigbar. Hält man jedoch $c_{\mathrm{M}(R)}$ konstant, so sind l_0 und l_1 Polynome von $\overline{n}_{(R)}$. Dann ist der Zähler von Gl. (X.2.24) nur bei hinreichend kleinen Werten von $[\mathrm{A}^-]$ in erster Näherung linear in $[\mathrm{A}^-]$. Bezeichnet man die Koeffizienten weiterhin mit l_0 und l, so läßt sich leicht zeigen, daß sie in diesem Fall nicht mehr genau die gleiche Bedeutung haben wie vorher. Gl. (X.2.25) gilt dann nicht mehr. Aus dieser Überlegung ergibt sich, daß es notwendig ist, $c_{\mathrm{M}(R)}$ konstant und so klein als möglich zu halten, damit l_0 und l in Gl. (X.2.24) Konstante bleiben und sich diese Gleichung in einem Konzentrationsbereich von $[\mathrm{A}^-]$ anwenden läßt, der groß genug ist, um eine Berechnung der Komplexkonstanten zuzulassen.

Die bisher durchgeführten Überlegungen gelten für den Fall einkerniger Komplexionen. Werden auch mehrkernige Typen gebildet, so treten in dem Ausdruck für φ im Zähler und Nenner zusätzliche Glieder mit $[\mathrm{M}^{2+}]$, $[\mathrm{M}^{2+}]^2$ usw. als Faktoren auf. Für $c_{\mathrm{M}(R)} \to 0$ und entsprechend für $c_{\mathrm{M}} \to 0$ verschwinden diese Glieder, so daß Gl. (X.2.24) für kleine Werte von $c_{\mathrm{M}(R)}$ allgemein für alle Komplexsysteme des Typs $\mathrm{M}^{2+}/\mathrm{A}^-$ gültig ist.

Zur Berechnung von $c_{\mathrm{M}(R)}$ benutzt man die Beziehung

$$(\mathrm{X.2.26}) \qquad c_{\mathrm{M}(R)} = \frac{v}{g}\,(c_{\mathrm{M}}' - c_{\mathrm{M}} \cdot \delta)\;.$$

c_{M}', c_{M} und δ werden durch Messungen bestimmt. Da der trockene Austauscher beim Zusammenbringen mit der Lösung eine Volumenzunahme erfährt, ist δ stets < 1. Man findet δ als Quotient der Anfangs- und der Gleichgewichtskonzentration des Liganden in Lösungen, für die $c_{\mathrm{M}} = 0$ ist. δ ist bei konstanter Ionenstärke von c_{A} unabhängig. Bei kleinen Werten von $c_{\mathrm{M}(R)}$ kann man in erster Näherung annehmen, daß es auch von c_{M} unabhängig ist. Nimmt der Austauscher m cm³ Wasser aus v cm³ Lösung auf, so ist $\delta \cong 1 - m/v$. Für kleine Werte von m/v ist nur eine näherungsweise Bestimmung von δ notwendig.

Zur Berechnung von $\overline{n}$ kann man in erster Näherung die Beziehung

$$(\mathrm{X.2.27}) \qquad \overline{n} \cong -\frac{c_{\mathrm{A}}}{\varphi} \cdot \left(\frac{\partial \varphi}{\partial c_{\mathrm{A}}}\right)_{c_{\mathrm{M}(R)}}$$

benutzen. Man erhält sie aus Gl. (X.2.24) mit $\dfrac{l_1}{l_0} K_1 \cong 0$ und $c_{\mathrm{A}} \cong [\mathrm{A}^-]$. $[\mathrm{A}^-]$-Werte berechnet man dann mit der Beziehung $[\mathrm{A}^-] = c_{\mathrm{A}} - \overline{n} \cdot c_{\mathrm{M}}$. Diese Näherung ist zur Ermittlung von $[\mathrm{A}^-]$ solange brauchbar, wie c_{M} klein gehalten wird.

Damit ist φ als Funktion der Konzentration des freien Liganden $[A^-]$ mit den Konstanten l_0 und l bestimmt. Die Komplexkonstanten K_j erhält man folgendermaßen:

$\varphi \cdot X$ wird zweimal nach $[A^-]$ differenziert. Mit Gl. (X.2.24) folgt

$$(\text{X.2.28}) \qquad \varphi'' \cdot X + 2\,\varphi' \cdot X' + \varphi \cdot X'' = 0$$

$$\left(\varphi' = \frac{d\,\varphi}{d\,[A^-]}\,;\ \varphi'' = \frac{d^2\varphi}{d\,[A^-]^2}\,;\ X' = \frac{d\,X}{d\,[A^-]}\,;\ X'' = \frac{d^2 X}{d\,[A^-]^2} \right).$$

Setzt man die Ausdrücke für X, X' und X'' ein, so findet man

$$(\text{X.2.29}) \quad \varphi'' + \sum_{j=1}^{N} \left\{ [A^-]^j \cdot \varphi'' + 2\,j\,[A^-]^{j-1} \cdot \varphi' + j\,(j-1)\,[A^-]^{j-2} \cdot \varphi \right\} K_j = 0$$

oder abgekürzt geschrieben

$$(\text{X.2.30}) \qquad \varphi'' + \sum_{j=1}^{N} a_j K_j = 0\,.$$

Aus einer graphischen Darstellung von φ als Funktion von $[A^-]$ kann man φ' bestimmen. φ'' erhält man auf gleiche Weise aus einer Darstellung von φ' als Funktion von $[A^-]$. Hat man N verschiedene Werte von $[A^-]$ ermittelt, die sich über den gesamten Konzentrationsbereich verteilen, und daraus die jeweiligen Werte für φ'' und die Koeffizienten a_j in Gl. (X.2.30) bestimmt, so gewinnt man damit ein System von N linearen Gleichungen, aus denen die Komplexkonstanten K_j berechnet werden können.

Experimentelle Erfahrungen von FRONAEUS haben gezeigt, daß es in der Regel auf diesem Wege nur möglich ist, Werte für K_1 mit hinreichender Genauigkeit zu bestimmen. Die höheren Konstanten $K_2, \ldots, K_N$ werden dann zweckmäßig nach folgender Methode ermittelt: Man extrapoliert $1/\varphi$, das (solange $l < K_1$) eine monoton wachsende Funktion von $[A^-]$ ist, graphisch auf $[A^-] = 0$. Aus Gl. (X.2.24) ergibt sich

$$(\text{X.2.31}) \qquad \frac{1}{l_0} = \lim_{[A^-] \to 0} \frac{1}{\varphi}\,.$$

l_0 kann nicht direkt aus Messungen an einer Lösung mit $c_A = 0$ bestimmt werden, wenn diese Lösung nicht denselben pH-Wert besitzt wie die Lösungen mit $c_A > 0$.

Extrapoliert man die Funktion $\varphi_1 = \left(\dfrac{1}{\varphi} - \dfrac{1}{l_0} \right) \Big/ [A^-]$ graphisch auf $[A^-] = 0$, so findet man [vgl. (X.2.24)]

$$(\text{X.2.32}) \qquad \frac{K_1 - l}{l_0} = \lim_{[A^-] \to 0} \varphi_1\,.$$

Sind l_0 und l auf diesem Wege bestimmt, so kann man das Polynom X berechnen und aus entsprechenden Werten von X und $[A^-]$ die Bruttobildungskonstanten K_j mit der Beziehung

$$(\text{X.2.33}) \qquad X = 1 + \sum_{j=1}^{N} K_j [A^-]^j$$

erhalten.

Im Fall eines Komplexsystems M^{r+}/A^{r-}, bei dem alle Komplexe die Ladung Null oder negative Ladung besitzen, vereinfacht sich die Berechnungsmethode ($l = 0$). l_0 und die Komplexkonstanten K_j können dann direkt aus entsprechenden Werten von $[A^{r-}]$ und der Funktion $1/\varphi$ erhalten werden.

In einer weiteren Arbeit hat FRONAEUS [7] auch den Fall eines Komplexsystems M^{3+}/A^- mit III-wertigem Kation und einwertigem Anion behandelt.

β) Beispiel für die Anwendung der Methode von FRONAEUS, Untersuchung des Systems Cu^{2+}/CH_3COO^-

FRONAEUS [7] hat die beschriebene Methode zur Untersuchung des Systems Cu^{2+}/Ac^- (Ac^- = Acetation) verwendet, das er bereits früher mit Hilfe potentiometrischer Messungen* studiert hatte.

Es wurde ein Kationenaustauscher vom Typ Amberlite IR-105 in der Natriumionenform benutzt und bei einer Ionenstärke von $\mu = 1$ gearbeitet. Die Messungen wurden folgendermaßen ausgeführt:

Zu v Litern der Komplexlösung, die aus

$$c'_M \text{ Millimolen } Cu(ClO_4)_2$$

$$c'_A \text{ Millimolen } NaAc$$

$$0{,}5\,c'_A \text{ Millimolen } HAc$$

und

$$1000 - 3\,c'_M - c'_A \text{ Millimolen } NaClO_4$$

zusammengesetzt wurde, wurden g Gramm des trockenen Austauschers gegeben. Der Quotient g/v hatte bei allen Messungen denselben Wert von $40{,}0 \text{ g} \cdot l^{-1}$, und g betrug ungefähr $0{,}4$ g. Die Lösung wurde mit Austauscher bei $20{,}0°$ C in einem Thermostaten 24 Std. geschüttelt, sodann wurde sie abgetrennt und analysiert.

Die Kupferkonzentration c_M der Lösung wurde colorimetrisch bestimmt (NH_3-Zusatz, $\lambda = 620 \text{ m}\mu$). Die Gleichgewichtskonzentration der Acetationen c_A wurde durch colorimetrische Titration mit $HClO_4$ ermittelt.

Tab. 1 enthält in der ersten Spalte die bekannten Werte von c'_M, in der zweiten und dritten Spalte die gemessenen Werte von c_A und c_M. Zur Berechnung von $c'_M - c_M \cdot \delta$ und φ in den Spalten 4 und 5 wurde ein Wert von $\delta = 0{,}95$ benutzt.

Abb. X.1 zeigt φ als Funktion von c_A und Abb. X.2 $c'_M - c_M \cdot \delta$ als Funktion von c_A. In beiden Fällen ist c'_M Parameter. Aus den Kurven der Abb. X.1 und 2 wurden die Werte der Spalten 2—9 der Tab. 2 erhalten. Der Zusammenhang zwischen φ und $c'_M - c_M \cdot \delta$ bei konstantem c_A erweist sich bei graphischer Darstellung als praktisch linear. Dadurch ist es leicht, auf graphischem Wege diejenigen φ-Werte zu bestimmen, die einem konstanten und niedrigen Wert von $c_{M(R)}$ (d. h. einem niedrigen Wert von $c'_M - c_M \cdot \delta$) entsprechen. Es wurde $c'_M - c_M \cdot \delta = 5{,}0$ mMol oder

---

* FRONAEUS, S.: Dissertation. Lund 1948.

$c_{M(R)}$= 0,125 mMol gewählt. In Spalte 10 der Tab. 2 sind die gefundenen φ-Werte angegeben. Die in Spalte 11 stehenden Werte von c_M wurden aus der Definitionsgleichung für φ berechnet, die Werte von $[A^-]$ in Spalte 12 nach dem oben angegebenen Verfahren.

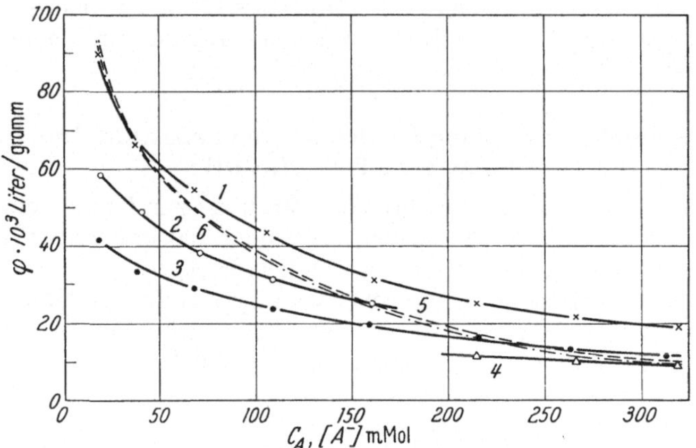

Abb. X.1. Ausgezogene Kurven: φ als Funktion von c_A bei verschiedenen Werten von c_M'. 1. $c_M'=6{,}67$ mMol; 2. $c_M' = 10{,}00$ mMol; 3. $c_M' = 13{,}33$ mMol; 4. $c_M' = 20{,}0$ mMol.
Gestrichelte Kurven: 5. φ als Funktion von c_A bei $c_M'-c_M \cdot \delta = 5{,}00$ mMol; 6. φ als Funktion von $[A^-]$ bei $c_M'-c_M \cdot \delta = 5{,}00$ mMol. Nach FRONAEUS [1]

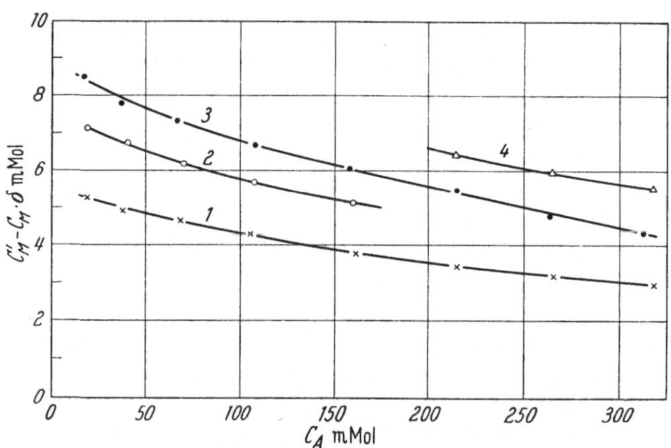

Abb. X.2. $c_M'-c_M \cdot \delta$ als Funktion von c_A bei verschiedenen Werten von c_M. 1. $c_M' = 6{,}67$ mMol; 2. $c_M' = 10{,}00$ mMol; 3. $c_M = 13{,}33$ mMol; 4. $c_M' = 20{,}0$ mMol. Nach FRONAEUS [1]

Die Werte für $(\partial \varphi/\partial c_A)_{c_{M(R)}}$ in Gl. (X.2.27) ergeben sich aus der Kurve 5 in Abb. X.1. Es ist evident, daß die Differenz zwischen c_A und $[A^-]$ sehr klein ist. Für die Wasserstoffionenkonzentration gilt

$$[H^+] = K^{(d)} \cdot \frac{0{,}5\,c_A}{[A^-]},$$

Tabelle 1. *Ergebnisse der Ionenaustauschmessungen am System Cu^{2+}/Ac^-*

c'_M mMol	c_A mMol	c_M mMol	$c'_M - c_M \cdot \delta$ mMol	$\varphi \cdot 10^3$ l·g⁻¹
6,67	20,2	1,47	5,27	89,6
6,67	39,0	1,86	4,90	65,9
6,67	68,5	2,14	4,64	54,2
6,67	106,0	2,49	4,30	43,2
6,67	162,0	3,05	3,77	30,9
6,67	215	3,42	3,42	25,0
6,67	266	3,68	3,17	21,5
6,67	319	3,93	2,94	18,7
6,67	423	4,28	2,60	15,2
6,67	526	4,67	2,23	11,9
10,00	21,3	3,05	7,10	58,2
10,00	42,0	3,45	6,72	48,7
10,00	71,4	4,05	6,15	38,0
10,00	109,1	4,55	5,68	31,2
10,00	161,0	5,14	5,12	24,9
13,33	19,3	5,11	8,48	41,5
13,33	39,0	5,84	7,78	33,3
13,33	68,5	6,33	7,32	28,9
13,33	109,0	7,03	6,65	23,6
13,33	159,0	7,69	6,02	19,6
13,33	216	8,31	5,44	16,4
13,33	264	9,04	4,74	13,1
13,33	313	9,49	4,31	11,4
13,33	417	10,2	3,64	8,9
13,33	521	10,8	3,07	7,1
20,0	215	14,2	6,40	11,3
20,0	266	14,7	5,90	10,0
20,0	318	15,1	5,50	9,1
20,0	422	15,8	4,80	7,6
20,0	526	16,4	4,25	6,5

Tabelle 2. *Bestimmung korrespondierender Werte von c_A, c_M und φ bei einem konstanten Wert für $c'_M - c_M \cdot \delta$*

c_A mMol	$c'_M = 6{,}67$ mMol $c'_M - c_M \cdot \delta$ mMol	$\varphi \cdot 10^3$ l·g⁻¹	$c'_M = 10{,}00$ mMol $c'_M - c_M \cdot \delta$ mMol	$\varphi \cdot 10^3$ l·g⁻¹	$c'_M = 13{,}33$ mMol $c'_M - c_M \cdot \delta$ mMol	$\varphi \cdot 10^3$ l·g⁻¹	$c'_M = 20{,}0$ mMol $c'_M - c_M \cdot \delta$ mMol	$\varphi \cdot 10^3$ l·g⁻¹	$c'_M - c_M \cdot \delta = 5{,}00$ mMol $\varphi \cdot 10^3$ l·g⁻¹	c_M mMol	[A⁻] mMol
20,0	5,25	89,0	7,15	59,0	8,40	41,0			93,5	1,34	19,4
40,0	4,95	66,5	6,70	48,5	7,90	34,5			66,0	1,89	39,0
70,0	4,60	53,5	6,15	38,5	7,30	28,5			49,5	2,53	68,4
100,0	4,30	44,0	5,75	32,5	6,80	24,5			38,5	3,25	97,5
150,0	3,85	33,0	5,20	26,0	6,15	19,5			26,5	4,72	145
200	3,50	26,3			5,55	16,5	6,60	11,7	19,0	6,58	191
250	3,25	22,5			5,00	13,7	6,05	10,4	13,7	9,12	235
300	3,05	19,7			4,45	12,0	5,60	9,3	10,5	11,9	280
400	2,65	15,7			3,75	9,3	4,95	8,0	7,9	15,8	375
500	2,35	12,7			3,20	7,5	4,40	6,7	6,2	20,2	465

wenn $K^{(d)}$ die Dissoziationskonstante der Essigsäure ist. Für verschiedene c_A-Werte ist $c_A/[A^-]$ nahezu konstant, so daß die Wasserstoffionenkonzentration praktisch unverändert bleibt. Damit sind die Bedingungen für die Anwendung von Gl. (X.2.24) gegeben. Die Kurve 6 in Abb. X.1 stellt φ als Funktion von $[A^-]$ bei $c_{M(R)} = 0.125$ mMol $\cdot$ g^{-1} dar.

Die Werte der Ableitungen φ' und φ'' für verschiedene Werte von $[A^-]$, die graphisch bestimmt wurden, sind in Tab. 3 angegeben.

In Tab. 4 sind die Koeffizienten a_j in Gl. (X.2.30) für $[A^-] = 20$, 100, 200 und 400 mMol angeführt.

Tabelle 3. φ, φ' und φ'' als Funktionen von $[A^-]$ für $c_{M(R)} = 0,125$ mMol/g

$[A^-]$ mMol	$\varphi \cdot 10^3$ l $\cdot$ g^{-1}	$- \varphi' \cdot 10^3$ l $\cdot$ g^{-1} $\cdot$ Mol^{-1}	$\varphi'' \cdot 10^3$ l $\cdot$ g^{-1} $\cdot$ Mol^{-2}
20,0	92,5	2200	$1,00 \cdot 10^5$
40,0	65,5	780	$2,05 \cdot 10^4$
70,0	49,0	445	5900
100,0	37,7	315	3600
150	25,5	190	1900
200	17,7	130	1000
250	12,5	78	1000
300	9,6	38	480
400	7,3	20	75

a_1 läßt sich sehr genau bestimmen, für Koeffizienten a_j mit $j > 1$ sind die relativen Fehler wesentlich größer. Da φ'' und a_1 für $[A^-] = 20$ mMol sehr groß im Vergleich zu den Werten der anderen Konzentrationen von $[A^-]$ sind, kann man die erste Bildungskonstante K_1 nach (X.2.30) leicht berechnen. Man erhält $K_1 = 45 \pm 2$. Die Fehler in a_2, a_3 und a_4 machen es unmöglich,

Tabelle 4. Werte der Koeffizienten a_j in Gl. (X.2.30) für verschiedene $[A^-]$-Werte

$[A^-]$ mMol	a_1 l $\cdot$ g^{-1} $\cdot$ Mol^{-1}	a_2 l $\cdot$ g^{-1}	a_3 l $\cdot$ g^{-1} $\cdot$ Mol	a_4 l $\cdot$ g^{-1} $\cdot$ Mol^2
20	$-$ 2400	49	6,6	0,3
100	$-$ 270	$-$ 14	7,3	2,4
200	$-$ 60	$-$ 28	2,0	1,8
400	$-$ 10	$-$ 5,4	3,1	5,7

die Konstanten K_2, K_3 und K_4 aus (X.2.30) zu bestimmen. Um diese Konstanten zu berechnen, wird die Funktion φ^{-1} bestimmt, die in Tab. 5, Spalte 2 enthalten ist.

Tabelle 5. Korrespondierende Werte von $[A^-]$, φ^{-1}, φ_1 und der Polynome X, X_1, X_2 und X_3

$[A^-]$ mMol	φ^{-1} l$^{-1} \cdot$ g	φ_1 l^{-1} g Mol^{-1}	X	X_1 Mol^{-1}	X_2 Mol^{-2}	X_3 Mol^{-3}
0	7,0	195		45	440	
20	10,8	190	2,07	53,5		
40	15,3	205	3,67	67		
70	20,4	190	6,38	77	460	
100	26,5	195	10,2	92	470	
150	39,0	215	19,8	125	530	
200	56,5	245	35,5	173	640	1000
250	80	290	60,0	236	760	1300
300	104	325	91	300	850	1350
400	137	325	155	390	860	1000

Der Zusammenhang zwischen φ^{-1} und $[A^-]$ ist, wie man aus einer graphischen Darstellung erkennt, für kleine Werte von $[A^-]$ nahezu linear. So kann man auf $[A^-] = 0$ extrapolieren und findet $l_0^{-1} = 7{,}0\ l^{-1}\,g$. Die Funktion φ_1 erweist sich als praktisch konstant und hat einen Wert von $195\ l^{-1} \cdot g \cdot Mol^{-1}$ bei $[A^-] \leqq 100$ mMol. Dann kann man $(K_1 - l)\,l_0^{-1}$ mit großer Genauigkeit bestimmen und findet für l den Wert $17 \pm 2\ Mol^{-1}$.

Man kann nun mit den Werten für l_0 und l das Polynom X berechnen. Die Werte für dieses Polynom sind in Spalte 4 der Tab. 5 angegeben. Durch Extrapolation von X_1 auf $[A^-] = 0$ erhält man denselben K_1-Wert wie oben. Extrapoliert man X_2 auf $[A^-] = 0$, so erhält man K_2, und entsprechend findet man mit Hilfe von X_3 die dritte Bildungskonstante K_3. Für K_4 ergibt sich kein Wert, was verständlich ist, da nach den Ergebnissen potentiometrischer Messungen bei einer Acetationenkonzentration von 400 mMol nur etwa 10% von c_M als $CuAc_4^{2-}$ vorliegen. In Tab. 6 sind die mit der Ionenaustauschmethode erhaltenen Bildungskonstanten zusammen mit den auf potentiometrischem Wege gefundenen Konstanten angegeben.

Tabelle 6. *Bruttobildungskonstanten für das System* Cu^{2+}/Ac^-

	Ionenaustausch-methode	Potentiometrische Methode
K_1	45 ± 2	47 ± 1
K_2	440 ± 60	450 ± 50
K_3	1000 ± 300	1150 ± 150
K_4		750 ± 200

Aus der guten Übereinstimmung folgt, daß bei der Untersuchung die Voraussetzungen für die Anwendung von Gl. (X.2.24) erfüllt waren.

Literatur

[1] FRONAEUS, S.: The use of cation exchangers for the quantitative investigation of complex systems. Acta Chem. Scand. **5**, 859 (1951).

[2] FRONAEUS, S.: The use of ion exchangers for the investigation of complex equilibria. Proceedings of the Symposium on Co-ordination Chemistry. S. 61. Copenhagen 1953.

[3] FRONAEUS, S.: The equilibrium between nickel and acetate ions. An ion exchange and potentiometric investigation. Acta Chem. Scand. **6**, 1200 (1952).

[4] FRONAEUS, S.: An ion exchange and extinctometric investigation of the nickel-thiocyanate system. Acta Chem. Scand. **7**, 21 (1953).

[5] FRONAEUS, S.: On the application of the mass action law to cation exchange equilibrium. Acta Chem. Scand. **7**, 469 (1953).

[6] FRONAEUS, S.: An ion exchange study of the cerous sulfate system. Svensk. Kem. Tidskr. **64**, 317 (1952).

[7] FRONAEUS, S.: The investigation of complex systems of the type M^{3+}-A^- by cation exchange. The cerous acetate system. Svensk. Kem. Tidskr. **65**, 19 (1953).

[8] SCHUFLE, J. A., and H. M. EILAND: Indium halide complexes studied by ion-exchange methods. J. Am. Chem. Soc. **76**, 960 (1954).

c) Verwendung von Kationenaustauschern für qualitative Untersuchungen

Bei den bisher behandelten Methoden wurde stets bei sehr kleiner Konzentration an Metallion in einem Neutralsalzmedium hoher und konstanter Konzentration gearbeitet. Nur unter diesen speziellen Bedingungen ist Gl. (X.1.12) gültig, und man kann quantitative Aussagen machen. Nimmt man Untersuchungen in konzentrierteren Lösungen vor, so erhält man lediglich qualitative Informationen über die unter gegebenen Bedingungen vorliegenden Typen von Komplexionen. SALMON u. Mitarb. [1, 2] sowie andere Autoren [3] haben auf diese Weise zahlreiche Systeme bezüglich der vorhandenen Komplexe untersucht.

Wird ein Komplexion ML_n^{x+} zusammen mit dem freien Kation M^{m+} von einem in der Wasserstoffionen-Form vorliegenden Austauscher aufgenommen, so tritt dafür nach Gl. (X.1.13) bzw. (X.1.2) eine entsprechende Menge Wasserstoffionen aus der Harzphase in die äußere Lösung über. Man kann somit die Kapazität des Austauschers als Funktion der aufgenommenen Metall- und Komplexionen ausdrücken.

Als Beispiel betrachten wir einen 1 : 1-Komplex, der aus einem dreiwertigen Kation M^{3+} und einem von einer dreibasischen Säure H_3A abgeleiteten Anion gebildet wird. Es können die Komplexverbindungen MH_2A^{2+}, MHA^+ und MA entstehen, von denen letztere als neutrale Verbindung nicht vom Austauscher aufgenommen wird.

Die Gesamtzahl der Mole aufgenommenen Metalls (Komplexe plus freies Metallion) pro Äquivalent Austauscher sei N_M; die Gesamtzahl der pro Äquivalent Austauscher aufgenommenen Mole des Liganden sei N_A. Dann gelten für ein Äquivalent Austauscher, der M^{3+} und die Komplexe MH_xA^{x+} adsorbiert enthält, die Beziehungen:

$$
\begin{aligned}
\text{Mole Komplex im Austauscher} &= N_A \\
\text{Mole } M^{3+} \text{ im Austauscher} &= N_M - N_A \\
\text{Äquivalente Komplex im Austauscher} &= x \cdot N_A \\
\text{Äquivalente } M^{3+} \text{ im Austauscher} &= 3 (N_M - N_A) \\
\text{Gesamtäquivalente im Austauscher} &= 1 = N_A (x - 3) + 3 N_M .
\end{aligned}
$$

Damit kann man x bestimmen. Ein Wert von 1 zeigt an, daß im wesentlichen MHA^+ gebildet wird, ein Wert von 2, daß praktisch nur MH_2A^{2+} unter den Versuchsbedingungen existiert. Werte von $1 < x < 2$ deuten darauf hin, daß beide Komplextypen nebeneinander vorliegen. Entsprechende Beziehungen lassen sich für 1 : 2-Komplexe und für Komplexe mit Ionen mit anderen Ladungen ableiten. Ist das Anion einwertig, so kann man nach dieser Methode zwischen 1 : 1-, 1 : 2- und höheren Komplexen unterscheiden. Bei derartigen Untersuchungen ist es notwendig, möglichst viele Experimente unter Variation des Verhältnisses Metallkonzentration zu Ligandenkonzentration, des pH-Wertes, der Gesamtsalzkonzentration, der Temperatur usw. vorzunehmen. Auf diese Weise erhält man qualitative Auskunft über die unter den jeweiligen Bedingungen vorkommenden Komplextypen.

An Stelle der Batch-Technik kann man auch die Säulen-Technik verwenden und mit Kolonnen arbeiten, die mit dem Austauscher gefüllt sind. In manchen Fällen erweist es sich als vorteilhaft, die Methode der Ionenaustausch-Chromatographie zu benutzen. Man untersucht dabei, wie am Austauscher festgehaltene Metallionen beim Aufgeben eines eluierenden,

komplexbildenden Agens desorbiert werden [4—7]. Gustavson* und
Adams** haben die Kolonnenmethode zur qualitativen Analyse von
Chromkomplexlösungen und insbesondere von basischen Chromgerb-
flüssigkeiten verwendet.

Literatur

[1] Salmon, J. E.: Complexes involving tervalent iron and orthophosphoric acid.
II. Ion exchange studies of solutions containing phosphate and chloride.
J. Chem. Soc. (London) **1953**, 2644.
[2] Jameson, R. F., and J. E. Salmon: Chromium phosphates: Phase diagramm
and preliminary ion exchange studies of the system chromic oxide-phosphoric
oxide-water at 0° and 40°. J. Chem. Soc. (London) **1955**, 360.
[3] Lister, B. A., and L. A. McDonnald: Some aspects of the solution chemistry
of zirconium. J. Chem. Soc. (London) **1952**, 4315 .
[4] Cunningham, S. G., and G. T. Seaborg: Chemical properties of berkelium.
J. Am. Chem. Soc. **72**, 2790 (1950).
[5] Wish, L., E. C. Freiling and L. R. Bunney: Ion exchange as a separation
method. VIII. Relative elution positions of lanthanide and actinide elements
with lactic acid as eluant at 87°. J. Am. Chem. Soc. **76**, 3444 (1954).
[6] Diamond, R. M., K. Street and G. T. Seaborg: An ion exchange study of
possible hybridized 5f bonding in the actinides. J. Am. Chem. Soc. **76**, 1461
(1954).
[7] Genge, J. A. R., A. Holroyd, J. Salmon and J. G. L. Wall: Phosphoric acid
as complexing eluant in ion exchange chromatography. Chemistry & Industry
357 (1955).

3. Verwendung von Anionenaustauschern

a) Anionenaustauscher als Hilfsmittel bei qualitativen Untersuchungen

Bei einem Komplexsystem, bei dem der Ligand ein Anion ist, kann
man im allgemeinen die Komplexkonstanten der niedrigen kationischen
und der ungeladenen neutralen Typen nach verschiedenen Verfahren bestimmen. Wesentlich komplizierter ist es, die Konstanten für die höheren
anionischen Komplexe zu ermitteln. Oftmals erweist es sich schon als
schwierig, lediglich ihre Existenz nachzuweisen.

In solchen Fällen stellt die Verwendung von Anionenaustauschern
eine wertvolle Hilfe dar, da man damit feststellen kann, ob in einem
System anionische Komplexe gebildet werden und in welchem Umfang
dies bei bestimmten Konzentrationsverhältnissen Zentralion zu Ligand
geschieht. Zum Beispiel konnten Holroyd und Salmon [1] zeigen, daß
III-wertige Metallionen wie Al^{3+}, Cr^{3+}, In^{3+} und Fe^{3+} mit Phosphat
Komplexe bilden, während eine Komplexbildung von Phosphat mit den
II-wertigen Metallionen Ba^{2+}, Cd^{2+}, Ca^{2+}, Cu^{2+}, Co^{2+}, Ni^{2+}, Sr^{2+} und Zn^{2+}
nicht stattfindet.

---

* Vgl. z. B. Gustavson, K. H.: Svensk Kem. Tidskr. **56**, 14 (1944); **58**. 2, 274
(1946); **62**, 165 (1950); **63**, 167 (1951). J. Intern. Soc. Leather Trades' Chemists
30, 446, 264 (1946); **45**, 536 (1950). Ind. Eng. Chem. **17**, 577 (1925). Colloquiums-
ber. Inst. Gerbereichem. Techn. Hochschule Darmstadt **4**, 5 (1949). J. Am. Leather
Chemists' Assoc. **45**, 536 (1950). J. Soc. Leather Trades' Chemists **35**, 160, 270
(1951); **34**, 259 (1950).
** Adams, R.: J. Am. Leather Chemists' Assoc. **41**, 552 (1946).

Man arbeitet bei derartigen Untersuchungen entweder nach der Batch-Technik oder nach der Kolonnen-Technik, gegebenenfalls unter Verwendung geeigneter Elutionsmittel.

SALMON u. Mitarb. [2—5] sowie andere Autoren [6, 7] haben Anionenaustauscher bei Verwendung der Batch-Technik für die Untersuchung von Komplexbildung in Lösung benutzt und ein analoges Verfahren angewendet, wie es bereits in Abschnitt 2.c für Kationenaustauscher beschrieben wurde.

Als Beispiel betrachten wir die Adsorption eines $1:3$-Komplexes $MH_qA_3^{(6-q)-}$, der aus einem Kation M^{3+} und dem von der dreibasischen Säure H_3A abgeleiteten Anion gebildet wird. Die Anzahl der Mole Metall, die am Austauscher (als Komplex) festgehalten werden, sei N_M, die Gesamtzahl der Mole an Anion (freies und komplex gebundenes Anion) sei N_A. Unter identischen Bedingungen (gleicher pH-Wert, usw.) wird das Anion in Abwesenheit des Metallions als $H_bA^{(3-b)-}$ vom Austauscher aufgenommen. Für ein Äquivalent Austauscher gelten dann die Beziehungen:

$$
\begin{aligned}
\text{Mole Komplex im Austauscher} &= N_M \\
\text{Mole freies } H_bA^{(3-b)-} \text{ im Austauscher} &= N_A - 3\,N_M \\
\text{Äquivalente Komplex im Austauscher} &= N_M(6-q) \\
\text{Äquivalente Anion im Austauscher} &= (3-b)\,(N_A - 3\,N_M) \\
\text{Gesamtäquivalente im Austauscher} &= 1 = N_M(3\,b-q-3) + N_A(3-b).
\end{aligned}
$$

Man findet den Wert für $(3-b)$ aus einem Blindversuch. Dann prüft man, für welche Werte von q $(0, 1, 2, \ldots, 5)$ die angegebene Beziehung am besten erfüllt ist. Ist sie nicht mit einem ganzzahligen q-Wert erfüllt, so deutet dies darauf hin, daß eine Mischung verschiedener Komplextypen am Austauscher adsorbiert ist, d. h. unter den Versuchsbedingungen in der Lösung vorkommt. Gibt es keinen unabhängigen Hinweis dafür, daß ein bestimmter Komplextyp (z. B. ein $1:3$-Komplex) vom Austauscher aufgenommen wird, so muß man alle möglichen Fälle in Betracht ziehen. So erhält man für einen $1:2$-Komplex $MH_rA_2^{(0-r)}$ die Beziehung

$$
\text{Gesamtäquivalente im Austauscher}
$$
$$
= 1 = N_M(2\,b-r-3) + N_A(3-b)\,.
$$

Oftmals jedoch sind zumindest einige der theoretisch denkbaren Möglichkeiten von vornherein auszuschließen.

KRAUS und MOORE [8] verwenden die Säulen-Technik zur Untersuchung der Komplexbildung. Es wird die Geschwindigkeit bestimmt, mit der sich eine Zone am Austauscher festgehaltenen Komplexes, den man mit einem radioaktiven Zentralion versehen hat, beim Auswaschen mit einem eluierenden Agens in einer Säule nach unten bewegt. Eine geeignete apparative Anordnung für derartige Experimente, die automatisch die Elutionsgeschwindigkeiten registriert, wurde von KRAUS und MOORE [8] beschrieben.

Die Elutionskonstante ist durch

$$(\text{X.3.1}) \qquad E = \frac{d \cdot A}{V}$$

definiert, wenn d die Strecke in cm ist, um die die Zone mit dem Komplexion in der Säule vom Querschnitt A cm² beim Durchgang von V cm³ des eluierenden Agens wandert*. Die Geschwindigkeit, mit der sich ein adsorbiertes Band durch eine Austauschersäule unter Gleichgewichtsbedingungen hindurchbewegt, ist nach KETELLE u. BOYD** durch die Beziehung

$$(\text{X.3.2}) \qquad \frac{d}{t} = \frac{v}{1 + D/i}$$

gegeben, wenn t die Zeit, v die lineare Fließgeschwindigkeit der Lösung, D der Verteilungskoeffizient*** und i der Bruchteil des Säulenvolumens ist, der nicht vom festen Austauscher erfüllt ist.

Mit

$$(\text{X.3.3}) \qquad tv = \frac{V}{i \cdot A}$$

folgt aus (X.3.1) und (X.3.2)

$$(\text{X.3.4}) \qquad E = \frac{1}{i + D} \, .$$

Für ein Ion, das nicht vom Austauscher aufgenommen wird, z. B. ein Kation, ist $D = 0$ und daher $E = 1/i$. Damit kann man i bestimmen. Ist $D \gg i$, so geht (X.3.4) in

$$(\text{X.3.5}) \qquad E \approx E^* = 1/D$$

über. KRAUS u. Mitarb. [8—11, 13, 15—20] bestimmten die Elutionskonstanten und damit die Verteilungskoeffizienten einer Reihe von Metall-Chlorokomplexen sowohl in HCl-Lösungen bis zu 12 m als auch in HCl-HF-Mischungen. Das Metall wird in Tracerkonzentrationen als Radioisotop verwendet. Die Austauscher liegen in der Chlorionen-Form vor. Das Austauschgleichgewicht für ein negativ geladenes Ion A^{-n} (A^{-n} soll hier ein -n-fach geladenes Komplexion bedeuten) wird durch

$$(\text{X.3.6}) \qquad A^{-n} + \overline{n\,Cl^-} \rightleftharpoons \overline{A^{-n}} + n\,Cl^-$$

---

* E hängt eng mit dem R-Wert zusammen, den man in der Chromatographie verwendet. Dieser ist als Verhältnis der linearen Wanderungsgeschwindigkeiten von adsorbierter Zone zu Eluat definiert [vgl. LeRosen, A. L.: J. Am. Chem. Soc. 64, 1905 (1942); Strain, H. H.: Anal. Chem. 21, 75 (1949); 22, 41 (1950)].

** Ketelle, B. H., and G. E. Boyd: J. Am. Chem. Soc. 69, 2800 (1947).

*** Arbeitet man mit Austauschersäulen, so ist es zweckmäßig, an Stelle des Verteilungskoeffizienten l, den man bei der Batch-Technik benutzt [vgl. (X.1.12)], den Verteilungskoeffizienten D zu verwenden. Zwischen beiden Verteilungskoeffizienten besteht die Beziehung

$$D = \varrho \cdot l \, ,$$

wenn ϱ die Säulendichte in Gramm trockenen Austauschers/cm³ Säulenvolumen ist. D hat die Dimension Menge adsorbierte Substanz pro cm³ Säulenvolumen/Menge Substanz pro cm³ Lösung, l besitzt die Dimension Menge adsorbierte Substanz pro Gramm trocknen Austauschers/Menge Substanz pro cm³ Lösung.

beschrieben. Nach dem Massenwirkungsgesetz folgt

$$\text{(X.3.7)} \qquad K = \frac{(\overline{A^{-n}})\,[Cl^-]^n \cdot f^n_{Cl^-}}{(\overline{Cl^-})^n\,[A^{-n}]\,f_{A^{-n}}}\;.$$

(Runde Klammern bedeuten Aktivitäten, eckige Klammern Konzentrationen.) Unter Versuchsbedingungen sind die Vereinfachungen

$$\text{(X.3.8)} \qquad (\overline{A^{-n}}) = \alpha[\overline{A^{-n}}]$$

sowie

$$\text{(X.3.9)} \qquad (\overline{Cl^-})^n = \text{const}$$

zulässig, denn es wird mit Tracerkonzentrationen von A^{-n} gearbeitet. Für den Verteilungskoeffizienten von A^{-n}

$$\text{(X.3.10)} \qquad D = \frac{[\overline{A^{-n}}]}{[A^{-n}]}$$

gilt unter Berücksichtigung von (X.3.4), (X.3.5), (X.3.7), (X.3.8) und (X.3.9)

$$\text{(X.3.11)} \qquad D = K^* \cdot \frac{f_{A^{-n}}}{f^n_{Cl^-}} \cdot \frac{1}{[Cl^-]^n} = \frac{1 - E \cdot i}{E} = \frac{1}{E^*} \approx \frac{1}{E}\,,$$

wenn $K = K^* \cdot \dfrac{(\overline{Cl^-})^n}{\alpha}$ ist.

Vernachlässigt man die Aktivitätskoeffizienten, so ergibt eine graphische Darstellung von $\log E^*$ (bzw. $\log E$ für kleine E-Werte) als Funktion von $\log[Cl^-]$, wenn nur ein einziger Komplextyp A^{-n} vorliegt, eine Gerade, deren Steigung gleich der Ladung n dieses Komplexions ist. Bei Anwesenheit zweier Typen mit verschiedenen Ladungen resultieren zwei Geraden, die sich bei einer bestimmten Salzsäurekonzentration P schneiden. Der Grad der Elution hängt von der relativen Größe der Chloridionenkonzentration des eluierenden Agens und von P ab. Für $[HCl] < P$ wird das höher geladene Ion zuletzt, für $[HCl] > P$ wird es zuerst eluiert.

Auf diese Weise konnten z. B. die Komplextypen von Zr(IV), Nb(V) [8] und Ta(V) [9] unter Verwendung der durch Neutronenbeschuß der entsprechenden Metalle erhaltenen Isotope Zr^{95}, Nb^{95} und Ta^{182} in HCl-HF-Mischungen verschiedener Zusammensetzung identifiziert werden. Auch Systeme mit Sulfat [12] und Citrat [14] sowie Bromid [22] wurden nach dieser Methode untersucht.

Literatur

[1] HOLROYD, A., and J. E. SALMON: Ion exchange studies of phosphates. I. Ion exchange sorption and pH-titration methods for determination of complex formation. J. Chem. Soc. (London) **1956**, 269.

[2] SALMON, J. E.: Complexes involving tervalent iron and orthophosphoric acid. II. Ion exchange studies of solutions containing phosphate and chloride. J. Chem. Soc. (London) **1953**, 2644.

[3] JAMESON, R. F., and J. E. SALMON: Aluminium phosphates: Phase diagram and ion exchange studies of the system aluminium oxide — phosphoric oxide — water at 25°. J. Chem. Soc. (London) **1954**, 4013.

[4] JAMESON, R. F., and J. E. SALMON: Chromium phosphates: Phase diagram and preliminary ion exchange studies of the system chromic oxide- phosphoric oxide — water at 0° and 40°. J. Chem. Soc. (London) **1955**, 360.

[5] JAMESON, R. F., and J. E. SALMON: Complexes involving tervalent iron and orthophosphoric acid. III. The system ferric oxide — phosphoric oxide — water at 25°. J. Chem. Soc. (London) **1954**, 28.

[6] LISTER, B. A., and L. A. McDONNALD: Some aspects of the solution chemistry of zirconium. J. Chem. Soc. (London) **1952**, 4315.

[7] EVEREST, D. A.: Studies in the chemistry of quadrivalent germanium. III. Ion exchange studies of solutions containing germanium and oxalate. J. Chem. Soc. (London) **1955**, 4415.

[8] KRAUS, K. A., and G. E. MOORE: Anion exchange studies. I. Separation of zirconium and niobium in HCl-HF mixtures. J. Am. Chem. Soc. **73**, 9 (1951).

[9] KRAUS, K. A., and G. E. MOORE: II. Tantalum in some HF-HCl mixtures. J. Am. Chem. Soc. **73**, 13 (1951).

[10] KRAUS, K. A., and G. E. MOORE: III. Protactinium in some HCl-HF mixtures. Separation of niobium, tantalum and protactinium. J. Am. Chem. Soc. **73**, 2900 (1951).

[11] MOORE, G. E., and K. A. KRAUS: IV. Cobalt and nickel in hydrochloric acid solutions. J. Am. Chem. Soc. **74**, 843 (1952).

[12] KRAUS, K. A., and F. NELSON: VIII. Separation of iron and aluminium in sulfate solutions. J. Am. Chem. Soc. **75**, 3273 (1953).

[13] KRAUS, K. A., and F. NELSON: X. Ion exchange in concentrated electrolytes. Gold(III) in hydrochloric acid solutions. J. Am. Chem. Soc. **76**, 984 (1954).

[14] NELSON, F., and K. A. KRAUS: XIII. The alkaline earths in citrate solutions. J. Am. Chem. Soc. **77**, 801 (1955).

[15] KRAUS, K. A., F. NELSON and G. E. MOORE: XVII. Molybdenum(IV), tungsten(IV) in HCl and HCl-HF solutions. J. Am. Chem. Soc. **77**, 3972 (1955).

[16] NELSON, F., and K. A. KRAUS: XVIII. Germanium and arsenic in HCl-solutions. J. Am. Chem. Soc. **77**, 4508 (1955).

[17] KRAUS, K. A., F. NELSON and G. W. SMITH: IX. Adsorbability of a number of metals in hydrochloric acid solutions. J. Phys. Chem. **58**, 11 (1954).

[18] KRAUS, K. A., and G. E. MOORE: Separation of columbium and tantalum with anion exchange resins. J. Am. Chem. Soc. **71**, 3855 (1949).

[19] KRAUS, K. A., and G. E. MOORE: Adsorption of protactinium from hydrochloric acid solutions by anion exchange resins. J. Am. Chem. Soc. **72**, 4293 (1950).

[20] MOORE, G. E., and K. A. KRAUS: Adsorption of iron by anion exchange resins from hydrochloric acid solutions. J. Am. Chem. Soc. **72**, 5792 (1950).

[21] HUFFMANN, E. H., and R. C. LILLY: Anion exchange of complex ions of hafnium and zirconium in HCl-HF mixtures. J. Am. Chem. Soc. **73**, 2902 (1951).

[22] HERBER, R. H., and J. W. IRVINE: Anion exchange studies. I. Bromide complexes of Co(II), Zn(II) and Ga(III). J. Am. Chem. Soc. **76**, 987 (1954).

[23] MARCUS, Y.: The anion exchange of metal complexes. The silver thiosulphate system. Acta Chem. Scand. **11**, 619 (1957).

b) Methode zur Prüfung auf Bildung anionischer Komplexe nach FRONAEUS

Es besteht ein wesentlicher Unterschied zwischen der Verwendung eines Kationen- und der eines Anionenaustauschers zur Untersuchung eines Komplexsystems. Die ionale Zusammensetzung der Harzphase eines Kationenaustauschers kann bei den Messungen als praktisch konstant angesehen werden, da die Metallkonzentration gegenüber der Konzentration des Neutralsalzes sehr klein gehalten werden kann. Die Konzentration des anionischen Liganden muß über einen größeren Bereich variiert werden, so daß ein merklicher Anionenaustausch stattfindet, wenn man ein Neutralsalzmedium und einen Anionenaustauscher benutzt. Daher ist die Verteilung des Metalls zwischen Harzphase und Lösung eine sehr komplizierte Funktion der Ligandenkonzentration. Aus diesem Grund empfiehlt es sich, kein Neutralsalzmedium zu verwenden, sondern den Anionen-Austauscher mit einem Überschuß des Liganden zu sättigen. Damit wird erreicht, daß die ionale Zusammensetzung der Harzphase näherungsweise konstant bleibt. Infolge der Änderung der Aktivitätskoeffizienten in der äußeren Lösung kann man jedoch *keine* quantitative Berechnung der Komplexkonstanten aus den Ergebnissen von Messungen mit Anionenaustauschern vornehmen*.

Arbeitet man unter diesen Bedingungen, wie es z. B. LEDEN** unter Verwendung der Kolonnen-Technik versucht hat, so kann man durch eine Untersuchung der Verteilung des Metalls zwischen Austauscher und äußerer Lösung qualitativ die Existenz anionischer Komplexe nachweisen. Die gemessene Verteilung ist, wie FRONAEUS [1, 2] gezeigt hat, kein Maß für die Konzentration der anionischen Komplexe in der äußeren Lösung. Dies hängt damit zusammen, daß das Nernstsche Verteilungsgesetz nur für ungeladene Komplexe gilt. Für die Verteilung geladener Komplexe ist die Donnan-Gleichung zuständig. Trotzdem kann man durch Bestimmung der Verteilung als Funktion der Ligandenkonzentration Auskunft über die Bildung von Anionenkomplexen im untersuchten Konzentrationsintervall erhalten.

α) Grundlagen der Methode

Wegen der Bezeichnungsweise vgl. 2.b α. M sei ein Zentralion und A ein anionischer Ligand. (Die Ladungen werden nicht angegeben.) Es bilde sich eine Reihe von Komplexen MA, ..., MA$_N$. Ein in der A-Form vorliegender Austauscher wird mit einer Lösung, die M und A enthält geschüttelt, bis sich das Gleichgewicht eingestellt hat. Das gesamte Metall ist dann zwischen der Harzphase des Austauschers und der äußeren Lösung verteilt ($c'_M = c_M + c_{M(R)}$). Führt man die Bruttobildungskonstanten für die verschiedenen Komplextypen ein, so gilt für die äußere Lösung [entsprechend Gl. (X.2.23)] die Beziehung

$$(X.3.12) \qquad c_M = [M] \cdot (1 + \sum_{j=1}^{N} K_j [A]^j) = [M] \cdot X([A])$$

und für die Harzphase

$$(X.3.13) \qquad c_{M(R)} = [\overline{M}] \cdot (1 + \sum_{j=1}^{N} \overline{K_j}[\overline{A}]^j) = [\overline{M}] \cdot X([\overline{A}]) \ .$$

---

* Von MARCUS wurden neuerdings Arbeiten veröffentlicht, in denen gezeigt wird, daß man unter bestimmten Bedingungen doch mit Hilfe von Anionenaustauschern Komplexkonstanten bestimmen kann. Er konnte zeigen, daß die von ihm mit Austauschversuchen erhaltenen Bildungskonstanten für die Systeme Cd^{2+}/NaBr und Zn^{2+}/LiCl befriedigend mit nach potentiometrischen bzw. polarographischen Methoden bestimmten Konstanten übereinstimmen. Dies konnte durch Untersuchungen am System Ag^+/Cl^- weiter gestützt werden. [Y. MARCUS and D. CORYELL, The anion exchange of metal complexes I. Theory; II. The silver-chloride system. Bull. Research Council Israel **A 8**, No. 1, 1; 17 (1959).

** LEDEN, I.: Svensk Kem. Tidskr. **64**, 145 (1952).

Die Komplexkonstanten unterscheiden sich in beiden Phasen, was jedoch für die folgenden Überlegungen ohne Belang ist.

Ist ν der Quotient der absoluten Werte der Ladungen von Zentralion und Ligand, dann gilt nach der Donnan-Gleichung

$$(\text{X.3.14}) \qquad [\overline{M}] \cdot [\overline{A}]^\nu = \varkappa \cdot [M] \cdot [A]^\nu \, ,$$

wobei $\varkappa = \dfrac{f_M \cdot f_{\overline{A}}^\nu}{f_{\overline{M}} \cdot f_A^\nu}$ ein Faktor ist, der die Aktivitätskoeffizienten der zwei Ionen in beiden Phasen enthält. Das experimentell bestimmbare Verhältnis der Metallkonzentration in der Austauscherphase zur Metallkonzentration in der Lösung findet man mit (X.3.12)—(X.3.14) zu

$$(\text{X.3.15}) \qquad \varphi = \varkappa \cdot \frac{X([\overline{A}])}{[\overline{A}]^\nu} \cdot \frac{[A]^\nu}{X([A])} \, .$$

Ist ν ganzzahlig und existiert der ungeladene Komplex MA_ν, so erhält man durch Multiplikation von Zähler und Nenner der Gl. (X.3.15) mit K_ν

$$(\text{X.3.16}) \qquad \varphi = \varkappa \cdot \frac{\alpha_\nu}{\overline{\alpha}_\nu} \, ,$$

wobei $\alpha_\nu = \dfrac{[MA_\nu]}{c_M}$ und $\overline{\alpha}_\nu = \dfrac{[\overline{MA_\nu}]}{c_{M(R)}}$ die Bildungsgrade des Komplexes MA_ν in der Lösung bzw. der Harzphase sind. [Gl. (X.3.16) ergibt sich direkt, wenn man den Nernstschen Verteilungssatz auf den ungeladenen Komplex anwendet und $\varkappa$ als Verteilungskoeffizient auffaßt.]

Unter den angegebenen Versuchsbedingungen ist die Ligandenkonzentration in der Harzphase praktisch konstant. Dies bedeutet, daß auch der Bildungsgrad von MA_ν in der Austauscherphase $\overline{\alpha}_\nu = \dfrac{K_\nu [\overline{A}]^\nu}{X([\overline{A}])}$ konstant ist. Man sieht dann aus Gl. (X.3.16), daß die Verteilung φ dem Bruchteil der Konzentration an Metall in der äußeren Lösung proportional ist, der als ungeladener Komplex vorliegt.

Zur Feststellung, unter welchen Bedingungen φ (bzw. α_ν) ein Maximum besitzt, setzt man $\dfrac{d\varphi}{d[A]} = 0$ und erhält unter Berücksichtigung, daß $\varkappa$ und K_j $(j = 1, \ldots, N)$ Konstante sind,

$$(\text{X.3.17}) \qquad \frac{[A]}{X([A])} \cdot \frac{dX([A])}{d[A]} = \nu \, .$$

Die linke Seite von (X.3.17) ist gleich der von J. Bjerrum eingeführten durchschnittlichen Ligandenzahl $\overline{n}$ [vgl. (V.2.90)]. φ und α_ν besitzen also ein Maximum bei einer Ligandenkonzentration, bei der $\overline{n} = \nu$ ist.

Werden im untersuchten System anionische Komplexe gebildet, so werden diese von der Harzphase mit ihrer hohen Ligandenkonzentration aufgenommen. Der neutrale Komplex wird praktisch nicht adsorbiert, so daß $\overline{\alpha}_\nu$ oder $\dfrac{[\overline{A}]^\nu}{X([\overline{A}])}$ einen sehr kleinen Wert besitzt. Dies hat zur Folge, daß mit zunehmenden Werten von $[A]$ φ zunächst schnell zunimmt, dann bei $\bar{n} = \nu$ ein Maximum erreicht, um bei höheren [A]-Werten, wenn zunehmend anionische Komplexe gebildet werden, wieder abzunehmen. Findet man bei der graphischen Darstellung von φ als Funktion von [A] bzw. c_A ein ausgeprägtes Maximum, so kann man daraus mit Sicherheit schließen, daß im System anionische Komplexe existieren und bei höheren Werten von [A] in merklichen Mengen gebildet werden. Die Ordinatenwerte des Maximums in den $\varphi = f([A])$-Kurven sind ein qualitatives Maß für die Stärke der anionischen Komplexe, wenn man Systeme von gleichem Typ (z. B. Cd^{2+}/Cl^-, Cd^{2+}/Br^-) betrachtet. Werden im System keine anionischen Komplexe gebildet, dann nimmt φ in Gl. (X.3.15) mit zunehmenden Werten von [A] monoton zu und ist für alle [A]-Werte immer $\leqq 1$. Das bedeutet, daß φ in diesem Fall nur sehr geringe Werte besitzt; bei allen Ligandenkonzentrationen nimmt der Austauscher praktisch kein Metall auf. Es ist allerdings zu berücksichtigen, daß durch Adsorption an der Oberfläche der Harzphase etwas Metall festgehalten wird. Für kleine $c_{M(R)}$-Werte ist dieser Adsorptionseffekt nicht immer zu vernachlässigen. Unter Umständen enthält der Austauscher außer den eigentlichen Austauschergruppen fixierte Amin-Gruppen in geringer Konzentration. Diese Amin-Gruppen B können mit M starke Komplexe MB bilden. Dadurch kann es zu zusätzlichen Komplikationen kommen. Wegen der Einzelheiten sei auf die Originalarbeiten [1, 2] verwiesen.

β) Beispiel für die Anwendung der Methode, Untersuchungen an den Systemen Cd^{2+}/Br^-, Cd^{2+}/J^- und Ce^{3+}/Ac^-

FRONAEUS [1] hat die Systeme Cd^{2+}/A^- ($A^- = Br^-$, J^-) nach dem beschriebenen Verfahren unter Verwendung eines Anionenaustauschers vom Typ Amberlite IRA-400, der quaternäre Ammoniumgruppen enthält, untersucht. Als Radioisotop wurde Cd^{115} verwendet. Die Cadmiumkonzentration in der Lösung nach Schütteln mit dem Austauscher konnte durch Messung der β-Aktivität bestimmt werden. Die die Komplexe enthaltenden Lösungen, die mit lufttrockenem Austauscher in der A^--Form geschüttelt wurden, hatten die Zusammensetzung c_M' mMol $Cd(ClO_4)_2$ und c_A' mMol NaBr bzw. NaJ. Bei jeder Meßserie wurde c_M' konstant gehalten.

Abb. X.3 zeigt die Verteilung des Cadmiums zwischen Harzphase und äußerer Lösung als Funktion der Ligandenkonzentration c_A. Die ausgezogene Kurve entspricht dem System Cd^{2+}/Br^-, die gestrichelte Kurve dem System Cd^{2+}/J^-.

Man erkennt bei der Br^--Kurve ein ausgeprägtes Maximum, das anzeigt, daß $\bar{n}$ den Wert 2 erreicht hat. Bei Bromidkonzentrationen > 600 mMol nimmt φ mit zunehmenden Werten von c_A schnell ab, da anionische Komplexe gebildet werden. Für $A^- = J^-$ findet sich das Maximum bei wesentlich höheren φ-Werten, die auf der Zeichnung nicht zu sehen sind. Für $c_A > 900$ mMol nimmt φ ab, da ebenfalls anionische Komplexe gebildet werden. Da das Maximum von $\varphi = f(c_A)$ bei einem höheren φ-Wert liegt als im Falle des Bromids, folgt, daß die Tendenz zur Bildung anionischer Komplexe bei Jodid stärker als beim Bromid ist.

Dieser Befund ist mit den auf anderem Wege von LEDEN* erhaltenen Resultaten in Übereinstimmung. Abb.X.4 zeigt das Ergebnis von Untersuchungen am System Ce^{3+}/CH_3COO^-.

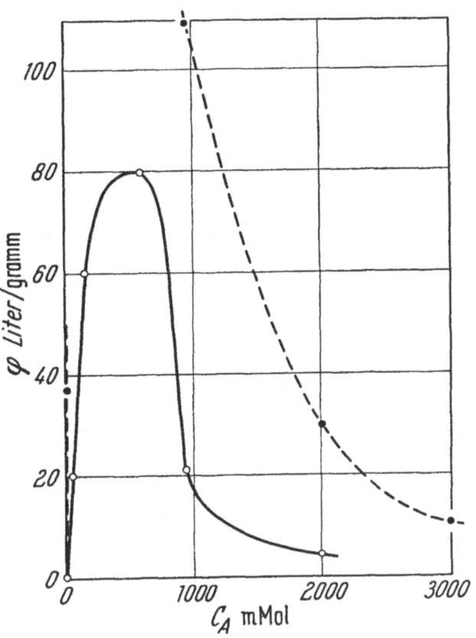

Abb. X.3. Nach FRONAEUS [1]

$\varphi = f(c_A)$ ———— $A^- = Br^-$, - - - - - - $A^- = J^-$

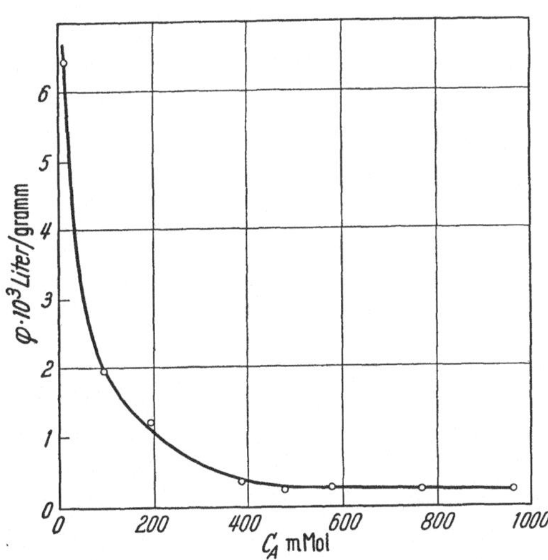

Abb. X.4. Nach FRONAEUS [1]

$\varphi = f(c_A)$, System Ce^{3+}/Ac^-

Hier beobachtet man kein Maximum. φ ist eine monoton abnehmende Funktion und besitzt bei allen Acetatkonzentrationen kleine Werte.

---

* LEDEN, I., Dissertation Lund (1943).

Daraus folgt, daß anionische Acetatkomplexe nicht in merklichen Mengen gebildet werden.

Literatur

[1] FRONAEUS, S.: On the use of anion exchangers for the investigation of complex systems. Svensk Kem. Tidskr. **65**, 1 (1953).
[2] FRONAEUS, S.: An ion exchange study of the formation of anionic complexes in the cupric and cadmium sulfate systems. Acta Chem. Scand. **8**, 1174 (1954).

Weitere Literatur über die Verwendung von Ionenaustauschern zur Untersuchung von Komplexbildung in Lösung

SALMON, J. E.: Some applications of ion exchange in the study of inorganic complexes. Revs. Pure and Appl. Chem. (Australia) **6**, 24 (1956). (Zusammenfassende Übersicht mit vielen Literaturhinweisen.)
FOMIN, V. V.: Bestimmung der Zusammensetzung und der Stabilitätskonstanten von Komplexionen mit Hilfe von Kationenaustauschern. Uspekhi Khim. **24**, 1010 (1955).
FOMIN, V. V., u. V. V. SINKOVSKIĬ: Die Untersuchung von komplexen Cobaltoxalaten mit Hilfe von Anionenaustauschern. Zhur. Neorg. Khim. **1**, 2316 (1956).
EVEREST, D. A.: Chemistry of quadrivalent germanium. III. Ion exchange studies of solutions containing germanium and oxalate. J. Chem. Soc. (London) **1955**, 4415.
WHITEKER, R. A., and N. DAVIDSON: Ion-exchange and spectrophotometric investigation of Fe(III)-sulfate complex ion. J. Am. Chem. Soc. **75**, 3081 (1953).
FOREMAN, J. K., and T. D. SMITH: The nature and stability of complex ions formed by tri-, quadri- and sexivalent plutonium ions with ethylenediaminetetraacetic acid. I. pH-titrations and ion exchange studies. J. Chem. Soc. (London) **1957**, 1752.
FELDMANN, I., and J. R. HAVILL: Some ion exchange studies of the polymerisation of beryllium. J. Am. Chem. Soc. **74**, 2337 (1952).
HOLROYD, A., and J. E. SALMON: Complexes involving tervalent iron and orthophosphoric acid. IV. Evidence for the formation of polynuclear complexes from ion exchange experiments. J. Chem. Soc. (London) **1957**, 959.
FUGER, J.: Ion exchange behaviour and dissociation constants of americium, curium and californium complexes with ethylenediaminetetra-acetic acid. J. Inorg. Nuclear Chem. **5**, 332 (1958).

XI.

Verschiedene andere Methoden

In diesem Kapitel werden einige Hinweise auf Methoden zum Studium der Komplexbildung in Lösung gegeben, die die in den vorhergehenden Abschnitten dargestellten Verfahren teilweise ergänzen. Es handelt sich jedoch vorwiegend um qualitative Methoden, die im allgemeinen lediglich für orientierende Untersuchungen Verwendung finden können.

Die Methode der kontinuierlichen Veränderungen [vgl. VIII. Kapitel, Abschnitt 1] kann auch zur qualitativen Prüfung auf Komplexbildung herangezogen werden, wenn man andere physikalische Eigenschaften als Lichtabsorption, Refraktion und Leitfähigkeit für die Indikation benutzt. Von SIDDHANTA [1] sowie JOB, CHAUVENET und URBAIN [3] wurden *calorimetrische* und von BHATTACHARYA, GAUR, NAYAR und PANDE [4—6] *thermometrische* Messungen verwendet, um die Bruttoformeln von

Komplexverbindungen in Lösung zu ermitteln. SIDDHANTA [2] hat außerdem eine Modifikation der Jobschen Methode angegeben, durch die die experimentelle Methodik vereinfacht wird. Aus Knickpunkten der Kurven $Q = f(c_L)$ sowie $T = f(c_L)$, wenn Q die Wärmetönung, T die Temperatur und c_L die Konzentration an Ligandenkomponente ist, kann man Anhaltspunkte für die stöchiometrische Zusammensetzung gebildeter Komplexe erhalten [7]. Physikalische Eigenschaften mit näherungsweise additivem Charakter, die in geeigneten Fällen zur Indikation dienen können, sind zudem *Gefrierpunktserniedrigung* [8—11], *Siedepunktserhöhung* [12, 13], *Dampfdruckerniedrigung* [14, 15] und *Dichte* [16, 17]. Einige Autoren benutzen auch die *Viscosität* [18—24] sowie die *Oberflächenspannung* [25, 26] und untersuchen deren Änderung in Abhängigkeit von der Zusammensetzung des Systems. In bestimmten Fällen erlaubt die *Volumenänderung* einer Lösung, Schlüsse auf den Ablauf von Reaktionen zu ziehen [27]. Lösungsreaktionen, an denen eine Komponente beteiligt ist, die auch in der Gasphase zugegen ist, kann man durch Messung des *Gasdruckes* über der Lösung untersuchen [28—30]. DE WIJS [28] ermittelte z. B. die Formeln und die Stabilitätskonstanten verschiedener Metallamminkomplexe, indem er den Ammoniakdruck über den Lösungen bestimmte.

Die Änderung der *Überführungszahl* [31, 32] eines Ions beim Verdünnen der Lösung kann auf die Existenz eines Komplexions hinweisen. Zum Vergleich arbeitet man mit einem Salz, dessen völlige Dissoziation sicher ist und das dasselbe Ion enthält. Unter Umständen können auch *Elektrophoresemessungen* [33] nützliche Dienste leisten.

In Fällen, in denen paramagnetische Ionen beteiligt sind, kann die Konzentration von Verbindungen in Lösung durch Messung der *magnetischen Suszeptibilität* bestimmt werden. Die Suszeptibilität ist eine additive Größe, die sich aus den Einzelsuszeptibilitäten aller in Lösung vorhandenen Komponenten ergibt. Bei Abwesenheit einer Reaktion ändert sich die Suszeptibilität einer Substanz linear mit ihrer Konzentration. Findet eine Reaktion statt, so treten Abweichungen von der Linearität auf. PAULING u. Mitarb. [34] untersuchten Lösungen von Ferrihämoglobin durch *magnetische Titration*. Damit bestimmt man die Funktion $\chi = f(c_L)$, wenn χ die Suszeptibilität und c_L die Konzentration an Komplexbildner ist. Es ist auf diese Weise möglich, die Zusammensetzung und die Stabilitätskonstanten der Metallkomplexe mit paramagnetischen Zentralionen zu ermitteln [34—36].

Komplexbildung in Lösungen paramagnetischer Salze kann auch durch Messung der *magnetischen Protonenresonanz* [39, 40] untersucht werden.

VENKATASUBRAMANIAN und andere indische Forscher haben eine Methode angegeben, um aus der *Kompressibilität*, die als Funktion der Lösungszusammensetzung untersucht wird, auf die stöchiometrische Zusammensetzung der vorhandenen Komplexe zu schließen [41, 42]. Dazu wird die Geschwindigkeit von Ultraschall in den Lösungen gemessen.

Aus *infrarotspektroskopischen Untersuchungen* lassen sich im Prinzip ähnlich, wie dies in Kapitel IX für spektrophotometrische Messungen im sichtbaren und ultravioletten Bereich dargelegt wurde, Schlüsse hinsichtlich der Komplexbildung ziehen. Messungen im Infraroten sind besonders geeignet zum Studium organischer Molekülverbindungen [*43—48*].

Mit Hilfe der *Raman-Spektroskopie* kann man zwischen interionischer Wechselwirkung und Komplexbildung unterscheiden. Letztere ergibt im allgemeinen neue charakteristische Linien [*49—53*].

BOBTELSKY [*54*] hat eine Arbeitsmethode entwickelt, um chemische Reaktionen in Suspensionen zu untersuchen. Diese *heterometrische* Methode hat sich insbesondere beim Studium des Verhaltens und der Zusammensetzung von Metallkomplexen mit Citrat, Tartrat, Oxalat und Phosphat bewährt [*54—66*]. BOBTELSKY u. Mitarb. verwenden ein elektrophotometrisches Titrationsverfahren zur Untersuchung der Vorgänge, die während der Bildung von Niederschlägen stattfinden. Monochromatisches oder gefiltertes Licht geht vertikal durch einen zylindrischen Absorptionstrog und fällt auf eine Photometerzelle. In der Absorptionszelle, in der die Reaktion stattfindet, wird kräftig gerührt. Man erhält auf diese Weise heterometrische Titrationskurven, die die Extinktion als Funktion der zugegebenen Menge Komplexbildner angeben. Aus den Knickpunkten dieser Kurven lassen sich Schlüsse auf die Bruttoformeln der entstehenden Verbindungen ziehen. Im allgemeinen empfiehlt es sich, die heterometrischen Messungen mit konduktometrischen und potentiometrischen Titrationen zu kombinieren. Damit gewinnt man detaillierte Angaben über die für die Bildung und Auflösung von Niederschlägen maßgebenden pH-Bedingungen. Die heterometrische Methode erweist sich als brauchbar für zahlreiche analytische Anwendungen [*67*].

Abschließend sei noch ein interessantes Verfahren zur Bestimmung der Stabilitätskonstanten von Calcium- und Strontium-Komplexen angeführt, das sich einer *biologischen* Indikation bedient. HASTINGS, MCLEAN u. Mitarb. [*68*] stellten fest, daß es möglich ist, aus der Amplitude der Kontraktion der Ventrikel des isolierten Froschherzens die Konzentration an freien Calcium-Ionen zu bestimmen. Man vergleicht die Kontraktionsamplitude in Lösungen unbekannter Ca^{2+}-Konzentration mit der Amplitude in Standardlösungen bekannter Konzentration. Bei dieser Arbeitsweise eliminiert man Effekte, die durch die individuelle Beschaffenheit der verwendeten Herzen auftreten können. HASTINGS, MCLEAN u. Mitarb. [*69*] bestimmten auf diese Weise die Stabilitätskonstanten von Calcium- und Strontiumcitratkomplexen. Es ist auch möglich, Magnesiumcitratkomplexe indirekt zu untersuchen. Dazu benutzt man die Austauschreaktion

$$Mg^{2+} + CaCit^- \rightleftharpoons MgCit^- + Ca^{2+}.$$

SCHUBERT und LINDENBAUM [*70*] verwenden eine *enzymatische* Methode zur Bestimmung der Komplexkonstanten.

Literatur

Thermometrie und Calorimetrie

[1] SIDDHANTA, S. K.: The study of imperfect complexes. Part I. Calorimetric study of complexes by Job's method of continued variation. J. Indian Chem. Soc. **25**, 579 (1948).

[2] SIDDHANTA, S. K.: Part II. A modification of Job's method of continued variation. J. Indian Chem. Soc. **25**, 584 (1948).

[3] CHAUVENET, M., P. JOB et G. URBAIN: Analyse thermochimique de solutions. Compt. rend. **171**, 855 (1920).

[4] BHATTACHARYA, A. K., and H. C. GAUR: Physicochem. studies on the composition of complex metallic ferro and ferricyanides. Part I. Composition of copper ferrocyanide by thermometric method. J. Indian Chem. Soc. **24**, 487 (1947).

[5] BHATTACHARYA, A. K., and H. C. GAUR: Part IV. Thermometric study of composition of cadmium ferrocyanide. J. Indian Chem. Soc. **25**, 185 (1948).

[6] NAYAR, M. R., and S. C. PANDE: Formation of complex compounds between lead nitrate and alkali nitrates. Part X. Thermometric titrations. J. Indian Chem. Soc. **28**, 107 (1951).

[7] CRÉMOUX, J., et P. MONDAIN-MONVAL: Composés de Ni(II) avec CN$^-$. Bull. Soc. Chim. France (1949) 700.

Kryoskopische Messungen

[8] CORNEC, E., et G. URBAIN: Formule du complex cadmium-bromure, méthode des variations continues. Bull. Soc. Chim. France **25**, 215 (1919).

[9] SOUCHAY, P.: Étude de tungstates. Thèse, Paris 1945.

[10] DOUCET, Y.: Détermination de la formule de l'acide métamolybdique. J. Phys. Radium **4**, 41 (1943).

[11] SSAWTSCHENKO, G. S. S., u. J. W. TANANAJEW: Über die Formen der komplexen Fluoraluminate in wäßrigen Lösungen. Zhur. Obshcheĭ Khim. **21**, 2735 (1951).

Ebullioskopische Messungen

[12] BOURION, F., et E. ROUYER: Étude des complexes chlorhydriques du cadmium, méthode des variations continues, détermination des constantes. Ann. Chim. **9**, 182 (1928).

[13] ROUYER, M. E.: Condensation de la résorcine en solution aqueuse. Ann. Chim. **13**, 423 (1929).

Dampfdruckerniedrigung

[14] STOCKES, R. H.: A thermodynamic study of bivalent metal halides in aqueous solution. Part XVI. Complex ion formation in zinc halide solutions. Trans. Faraday Soc. **44**, 137 (1948).

[15] WALL, F. T., and P. E. ROUSE: Association of benzoic acid in benzene. J. Am. Chem. Soc. **63**, 3002 (1941).

Dichtemessungen

[16] TIAN, A.: Méthode des variations continues appliquée a la réaction de l'acide phosphorique sur l'éther. Bull. Soc. Chim. France (1946) 407.

[17] CORNEC, E.: Courbe $d = f(x c_0)$, neutralisation de H_3PO_4. Ann. Chim. **2**, 532 (1913).

Viscositätsmessungen

[18] IRANY, E.: The viscosity function. IV. Non-ideal systems. J. Am. Chem. Soc. **65**, 1392 (1943).

[19] RUMPF, M. E.: Complexes chlorhydriques de Ti(IV). Ann. Chim. **8**, 472 (1937).

[20] SRIVASTAVA, L. N., and P. C. BOSE: Formation of complex compounds between potassium chloride and alkaline earth chlorides. Part VII. $KCl\text{-}SrCl_2\text{-}H_2O$, conductivity, viscosity and rheochor. Z. physik. Chem. (Leipzig) **203**, 360 (1954).

[21] PANDE, C. S., and M. P. BHATNAGAR: Formation of complex compounds between urea and alkaline earth halides. Part IV. $BaBr_2\text{-}CO(NH_2)_2\text{-}H_2O$, conductivity and viscosity. Z. physik. Chem. (Leipzig) **203**, 369 (1954).

[22] AGGARWAL, R. C.: A study on the complex compound formation between bivalent and univalent salts in solution. The system $HgCl_2-NH_4Cl-H_2O$; viscosity, conductivity, freezing point depression. Z. physik. Chem. (Leipzig) **207**, 1 (1957).

[23] GORENBEÏN, E. YA., and V. L. PIVNUTEL: Study of complex formation in solutions of ternary systems by the methods of physicochemical analysis. VII. The system aluminium bromide-ether-benzene. Zhur. Obshcheï Khim. **27**, 20 (1957).

[24] GORENBEÏN, E. YA., and P. I. SMOLENTSEV: Physicochemical investigation of complex formation in ternary systems. $SbBr_3-AlBr_3-EtBr$. Ukrain. Khim. Zhur. **16**, 682 (1950).

Oberflächenspannungsmessungen

[25] GLAGOLEVA, A. A.: Zhur. Obshcheï Khim. **17**, 1044 (1947).

[26] ARCAY, G., et M. MARCOT: Application des mesures de tension superficielle à la détermination de sels doubles en solution. Compt. rend. **209**, 881 (1939).

Messung der Volumenänderung

[27] DAVIS, T. L., and A. V. LOGAN: Metalpyridine complex salts. V. Volume change during formation of cyanates and thiocyanates. J. Am. Chem. Soc. **58**, 2153 (1936).

Druckmessungen

[28] DEWIJS, H. J.: La composition et la stabilité de quelques ions métal-ammonique. Rec. Trav. Chim. Pays Bas **44**, 663 (1925).

[29] VAN DYKE, R. E., and C. H. KRAUS: Properties of electrolytic solutions XLII. Conductance of aluminium bromide in nitrobenzene on addition of dimethyl ether at 25°. J. Am. Chem. Soc. **71**, 2694 (1949).

[30] YOUNG, R. C., C. GOODMAN and J. KOVITZ: The determination of the vapor pressure of thoriumacetylacetonate by radioactivity measurements. J. Am. Chem. Soc. **61**, 876 (1939).

Überführungsmessungen

[31] STOCKES, R. H., and B. J. LEVIEN: Transference numbers and activity coefficients in zinc iodide solutions at 25° C. J. Am. Chem. Soc. **68**, 1852 (1946).

[32] TABOURY, F. J., et C. MANGIN: Dissociation électrolytique des complexes d'addition moléculaires à pont hydrogène. Bull. Soc. Chim. France (1948) 47.

Elektrophorese

[33] MONNIER, A. M. et J. CHOUTEAU: Arch. sci. physiol. **1**, 407 (1947).

Magnetische Titrationen

[34] CORYELL, C. D., F. STITT and L. PAULING: The magnetic properties of ferrihemoglobin (methemoglobin) and some of its compounds. J. Am. Chem. Soc. **59**, 633 (1937).

[35] RUSSEL, C. D., G. R. COOPER and W. C. VOSBURGH: Complex ions V. The magnetic moments of some complex ions of nickel and copper. J. Am. Chem. Soc. **65**, 1301 (1943).

[36] SRIVASTAVA, L. N., C. S. PANDE and M. R. NAYAR: Current Sci. (India) **16**, 225 (1947).

[37] LAWRENCE, R. W.: The magnetic susceptibilities of the ions of uranium in aqueous solution. J. Am. Chem. Soc. **56**, 776 (1934).

[38] MULAY, N. L., and P. W. SELWOOD: Magnetic and spectrophotometric studies on ferric perchlorate solutions. J. Am. Chem. Soc. **77**, 2693 (1955).

Magnetische Protonenresonanz

[39] RIVKIND, A.: Study of complex formation in solution by using proton magnetic resonance. Zhur. Neorg. Khim. **2**, 1263 (1957); Doklady Akad. Nauk. S.S.S.R. **100**, 933 (1955).

[40] Connick, R. E., and R. E. Poulson: Nuclear magnetic resonance studies of the aluminium fluoride complexes. J. Am. Chem. Soc. **79**, 5153 (1957).

Ultraschallgeschwindigkeit
[41] Venkatasubramanian, V. S.: Current Sci. (India) **20**, 13 (1951).
[42] Bose, P. C., and L. N. Srivastava: Formation of complex compounds between potassium chloride and alkaline earth chlorides. Part V. Z. physik. Chem. (Leipzig) **205**, 96 (1956).

Infrarot-Messungen
[43] Prigogine, I.: Contribution to the spectroscopic study in the near infrared of the hydrogen bond and the structure of solution. Mém. Ac. roy. Belg. **20**, fasc. 2, 3 (1943).
[44] Sack, H. S., and I. Prigogine: Association of alcohol studied by infrared spectroscopy. Phys. Rev. **59**, 924 (1941).
[45] Kreuzer, J., u. R. Mecke: Spektroskopische Untersuchung der Assoziation von normalen und primären Alkoholen. Z. physik. Chem. **B49**, 303 (1941).
[46] Hoffmann, E. G.: Ultrarotabsorption und Assoziation hydroxylhaltiger Verbindungen. Z. physik. Chem. **B53**, 179 (1943).
[47] Grunwald, E., and W. C. Coburn: Calculation of association constants for complex formation from spectral data. Infrared measurements of hydrogen bonding between ethanol and ethyl acetate and ethanol and acetic anhydride. J. Am. Chem. Soc. **80**, 1322 (1958).
[48] Penneman, R. A., and L. H. Jones: Infrared absorption studies of aqueous ions. II. Cyanide complexes of Cu(I) in aqueous solution. J. Chem. Phys. **24**, 293 (1956).

Raman-Spektren
[49] François, F., et M. L. Delwaulle: Étude d'équilibre chimiques au moyen de l'effet raman. J. chim. phys. **46**, 80 (1949).
[50] Redlich, O., and J. Bigeleisen: The ionisation of strong electrolytes I. General remarks, nitric acid. J. Am. Chem. Soc. **65**, 1883 (1943).
[51] Chédin, J.: Recherches par l'effet raman sur les mélanges sulfonitriques. Ann. Chim. **8**, 243 (1937).
[52] Taboury, F. J., et C. Mangin: Dissociation électrolytique des complexes d'addition moléculaires à pont hydrogène. Bull. Soc. Chim. France (1948) 47.
[53] Young, T. F., L. F. Maranville and H. M. Smith: In W. J. Hamer, The structure of electrolytic solutions. New York: John Wiley and Sons 1959.

Heterometrie
[54] Bobtelsky, H.: Fundamentals of heterometry and their interpretation. Anal. Chim. Acta **13**, 172 (1955).
[55] Bobtelsky, M., and B. Graus: Lead citrates, complexes and salts, their composition, structure and behaviour. J. Am. Chem. Soc. **75**, 4172 (1953).
[56] Bobtelsky, M., and B. Graus: Thorium citrate complexes; their composition, structure and behaviour. J. Am. Chem. Soc. **76**, 1536 (1954).
[57] Bobtelsky, M., and B. Graus: Bull. Research Council Israel **3**, 82 (1953); **4**, 69 (1954).
[58] Bobtelsky, M., et I. Bar-Gadda: Les complexes du cuivre avec les sels alcalines des acides phtaliques, maloniques, succiniques, maléiques, salicyliques, lactiques: constitution et propriétés. Bull. Soc. Chim. France (1953) 276.
[59] Bobtelsky, M., et I. Bar-Gadda: Les complexes du thorium avec les phtalates, malonates, succinates et maléates alcaline; constitution et propriétés. Bull. Soc. Chim. France (1953) 382.
[60] Bobtelsky, M., et I. Bar-Gadda: Complexes du cobalt avec les ions phtalate, malonate, maléate, lactate et salicylate. Étude spectrophotométrique et hétérométrique. Bull. Soc. Chim. France (1953) 687.
[61] Bobtelsky, M., et I. Bar-Gadda: Complexes du Ni avec les ions succinate, phtalate, maléate, malonate, salicylate et lactate. Étude spectrophotométrique et hétérométrique. Bull. Soc. Chim. France (1953) 819.

[62] Bobtelsky, M., and S. Kertes: The polyphosphates of calcium, strontium, barium and magnesium, their complex character, composition and behaviour. J. Appl. Chem. **4**, 419 (1954).

[63] Bobtelsky, M., and S. Kertes: The polyphosphates of cadmium, zinc and lead. The character, composition and behaviour of their complexes. J. Appl. Chem. **5**, 125 (1955).

[64] Bobtelsky, M., and S. Kertes: The polyphosphates of manganese, cobalt, nickel and copper: their complex character, composition and behaviour. J. Appl. Chem. **5**, 675 (1955).

[65] Bobtelsky, M., and A. Ben-Bassat: Oxalates of zirconium: composition, structure and properties. Heterometric study. Bull. Soc. Chim. France (1958) 180.

[66] Bobtelsky, M., and A. Ben-Bassat: Oxalates of thorium: composition, structure and properties. Heterometric study. Bull. Soc. Chim. France (1958) 233.

[67] Analytische Anwendungen der Heterometrie: Vgl. Bobtelsky u. Mitarb.: Anal. Chim. Acta **9**, 163, 168, 281, 374, 446, 525 (1953); **10**, 151, 156, 260, 459, 464 (1954); **11**, 84, 188, 253 (1954); **12**, 248, 263 (1955).

Biologische Methoden

[68] McLean, F. C., and A. B. Hastings: A biological method for the estimation of calcium ion concentration. J. Biol. Chem. **107**, 337 (1934).

[69] Hastings, A. B., F. C. McLean, L. Eichelberger, J. L. Hall and E. DaCosta: The ionisation of calcium, magnesium and strontium citrates. J. Biol. Chem. **107**, 351 (1934).

[70] Schubert, J., and A. Lindenbaum: Studies on the mechanism of protection by aurin-tricarboxylic acid in beryllium poisoning. II. Equilibria involving alkaline phosphatase. J. Biol. Chem. **208**, 359 (1954).

Namenverzeichnis

Sachverzeichnis